BIM 技术系列岗位人才培养项目辅导教材

# BIM 快速标准化建模


人力资源和社会保障部职业技能鉴定中心
工业和信息化部电子通信行业职业技能鉴定指导中心
国家职业资格培训鉴定实验基地
北京绿色建筑产业联盟BIM技术研究与应用委员会
组织编写

BIM 技术人才培养项目辅导教材编委会 编

陆泽荣 叶雄进 主编

中国建筑工业出版社

**图书在版编目(CIP)数据**

BIM快速标准化建模/BIM技术人才培养项目辅导教材编委会编. —北京：中国建筑工业出版社，2018.4

BIM技术系列岗位人才培养项目辅导教材

ISBN 978-7-112-22027-4

Ⅰ.①B… Ⅱ.①B… Ⅲ.①建筑设计-计算机辅助设计-应用软件-技术培训-教材 Ⅳ.①TU201.4

中国版本图书馆CIP数据核字(2018)第056291号

本书为读者详细阐述如何快速建立符合建模标准的模型，并且提供一个快速建模技术学习的案例。本书内容主要围绕BIM模型中不同专业模型的建立来展开讲解，如何使用橄榄山快模快速建立建筑物BIM模型。同时介绍模型创建标准的一些基本概念和方法，便于为模型后期的应用打下基础。第一章主要讲解快速建模软件各项功能的使用方法，第二章讲解模型标准化的内容，第三章结合项目案例讲解完整BIM模型高效率创建过程。

本书适用于所有BIM领域从业人员，所有有意向学习BIM技术的人员，也可作为高校BIM课程的主教材。

* * *

责任编辑：封　毅　毕凤鸣
责任校对：王　瑞

BIM技术系列岗位人才培养项目辅导教材

**BIM快速标准化建模**

人力资源和社会保障部职业技能鉴定中心
工业和信息化部电子通信行业职业技能鉴定指导中心
国家职业资格培训鉴定实验基地
北京绿色建筑产业联盟BIM技术研究与应用委员会
组织编写

BIM技术人才培养项目辅导教材编委会　编

陆泽荣　叶雄进　主编

*

中国建筑工业出版社出版、发行(北京海淀三里河路9号)
各地新华书店、建筑书店经销
北京红光制版公司制版
北京建筑工业印刷厂印刷

*

开本：787×1092毫米　1/16　印张：$23\frac{3}{4}$　字数：585千字
2018年4月第一版　2018年11月第三次印刷
定价：**68.00**元(含增值服务)
ISBN 978-7-112-22027-4
(31856)

# 丛书编委会

# 《BIM快速标准化建模》编写人员名单


**主　　编：**叶雄进　北京橄榄山软件有限公司

陆泽荣　北京绿色建筑产业联盟执行主席

**副 主 编：**李泰峰　北京橄榄山软件有限公司

陈凌辉　一砖一瓦教育科技有限公司

程　伟　北京谷雨时代教育科技有限公司

**编写人员：**

叶　青　欧特克软件（中国）有限公司

郑海波　椭圆方程（深圳）信息技术有限公司

赵小茹　北京橄榄山软件有限公司

# 丛 书 总 序

中共中央办公厅、国务院办公厅印发《关于促进建筑业持续健康发展的意见》（国发办［2017］19号）、住建部印发《2016－2020年建筑业信息化发展纲要》（建质函［2016］183号）、《关于推进建筑信息模型应用的指导意见》（建质函［2015］159号），国务院印发《国家中长期人才发展规划纲要（2010—2020年）》《国家中长期教育改革和发展规划纲要（2010—2020年）》，教育部等六部委联合印发的《关于进一步加强职业教育工作的若干意见》等文件，以及全国各地方政府相继出台多项政策措施，为我国建筑信息化BIM技术广泛应用和人才培养创造了良好的发展环境。

当前，我国的建筑业面临着转型升级，BIM技术将会在这场变革中起到关键作用；也必定成为建筑领域实现技术创新、转型升级的突破口。围绕住房和城乡建设部印发的《推进建筑信息模型应用指导意见》，在建设工程项目规划设计、施工项目管理、绿色建筑等方面，更是把推动建筑信息化建设作为行业发展总目标之一。国内各省市行业行政主管部门已相继出台关于推进BIM技术推广应用的指导意见，标志着我国工程项目建设、绿色节能环保、装配式建筑、3D打印、建筑工业化生产等要全面进入信息化时代。

如何高效利用网络化、信息化为建筑业服务，是我们面临的重要问题；尽管BIM技术进入我国已经有很长时间，所创造的经济效益和社会效益只是星星之火。不少具有前瞻性与战略眼光的企业领导者，开始思考如何应用BIM技术来提升项目管理水平与企业核心竞争力，却面临诸如专业技术人才、数据共享、协同管理、战略分析决策等难以解决的问题。

在“政府有要求，市场有需求”的背景下，如何顺应BIM技术在我国运用的发展趋势，是建筑人应该积极参与和认真思考的问题。推进建筑信息模型（BIM）等信息技术在工程设计、施工和运行维护全过程的应用，提高综合效益，是当前建筑人的首要工作任务之一，也是促进绿色建筑发展、提高建筑产业信息化水平、推进智慧城市建设和实现建筑业转型升级的基础性技术。普及和掌握BIM技术（建筑信息化技术）在建筑工程技术领域应用的专业技术与技能，实现建筑技术利用信息技术转型升级，同样是现代建筑人职业生涯可持续发展的重要节点。

为此，北京绿色建筑产业联盟应工业和信息化部教育与考试中心（电子通信行业职业技能鉴定指导中心）的要求，特邀请国际国内BIM技术研究、教学、开发、应用等方面的专家，组成BIM技术应用型人才培养丛书编写委员会；针对BIM技术应用领域，组织编写了这套BIM工程师专业技能培训与考试指导用书，为我国建筑业培养和输送优秀的建筑信息化BIM技术实用性人才，为各高等院校、企事业单位、职业教育、行业从业人员等机构和个人，提供BIM专业技能培训与考试的技术支持。这套丛书阐述了BIM技术在建筑全生命周期中相关工作的操作标准、流程、技巧、方法；介绍了相关BIM建模软件工具的使用功能和工程项目各阶段、各环节、各系统建模的关键技术。说明了BIM技术在项目管理各阶段协同应用关键要素、数据分析、战略决策依据和解决方案。提出了推动 BIM 在设计、施工等阶段应用的关键技术的发展和整体应用策略。

我们将努力使本套丛书成为现代建筑人在日常工作中较为系统、深入、贴近实践的工具型丛书，促进建筑业的施工技术和管理人员、BIM 技术中心的实操建模人员，战略规划和项目管理人员，以及参加 BIM 工程师专业技能考评认证的备考人员等理论知识升级和专业技能提升。本丛书还可以作为高等院校的建筑工程、土木工程、工程管理、建筑信息化等专业教学课程用书。

本套丛书包括四本基础分册，分别为《BIM 技术概论》、《BIM 应用与项目管理》、《BIM 建模应用技术》、《BIM 应用案例分析》，为学员培训和考试指导用书。另外，应广大设计院、施工企业的要求，我们还出版了《BIM 设计施工综合技能与实务》、《BIM 快速标准化建模》等应用型图书，并且方便学员掌握知识点的《BIM 技术知识点练习题及详解（基础知识篇）》《BIM 技术知识点练习题及详解（操作实务篇）》。2018 年我们还将陆续推出面向 BIM 造价工程师、BIM 装饰工程师、BIM 电力工程师、BIM 机电工程师、BIM 路桥工程师、BIM 成本管控、装配式 BIM 技术人员等专业方向的培训与考试指导用书，覆盖专业基础和操作实务全知识领域，进一步完善 BIM 专业类岗位能力培训与考试指导用书体系。

为了适应 BIM 技术应用新知识快速更新迭代的要求，充分发挥建筑业新技术的经济价值和社会价值，本套丛书原则上每两年修订一次；根据《教学大纲》和《考评体系》的知识结构，在丛书各章节中的关键知识点、难点、考点后面植入了讲解视频和实例视频等增值服务内容，让读者更加直观易懂，以扫二维码的方式进入观看，从而满足广大读者的学习需求。

感谢本丛书参加编写的各位编委们在极其繁忙的日常工作中抽出时间撰写书稿。感谢清华大学、北京建筑大学、北京工业大学、华北电力大学、云南农业大学、四川建筑职业技术学院、黄河科技学院、中国建筑科学研究院、中国建筑设计研究院、中国智慧科学技术研究院、中国铁建电气化局集团、中国建筑西北设计研究院、北京城建集团、北京建工集团、上海建工集团、北京百高教育集团、北京中智时代信息技术公司、天津市建筑设计院、上海 BIM 工程中心、鸿业科技公司、广联达软件、橄榄山软件、麦格天宝集团、海航地产集团有限公司、T-Solutions、上海开艺设计集团、江苏国泰新点软件、文凯职业教育学校等单位，对本套丛书编写的大力支持和帮助，感谢中国建筑工业出版社为这套丛书的出版所做出的大量的工作。

北京绿色建筑产业联盟执行主席　陆泽荣

2018 年 4 月

# 前　言

在国家推进建筑信息工业化的大背景下，随着 BIM 技术在国内的建筑行业不断深入和发展，政府部门，设计单位，施工单位以及行业内的软件企业都在就 BIM 技术的落地应用进行积极探索。住房和城乡建设部与 2015 年 6 月发布了《关于印发推进建筑信息模型应用指导意见的通知》（建质函［2015］159 号），要求到 2020 年末，建筑行业甲级勘察、设计单位以及特技、一级房屋建筑工程施工企业应掌握并实现 BIM 与企业管理系统和其他信息技术的一体化集成应用；到 2020 年末，以下新立项项目勘察设计、施工、运营维护中，集成应用 BIM 的项目比率达 90%：以国有资金投资为主的大中型建筑；申报绿色建筑的公共建筑和绿色生态示范小区。

目前部分省市地区已经制定了相关 BIM 政策。全国运用 BIM 技术的项目比例也在逐步增加。BIM 技术的应用投入人力最大的是 BIM 模型的搭建这个环节。BIM 建模的效率和建模的规范化、信息的标准化存储尤其重要。高效率 BIM 模型创建可以节省 BIM 的成本，提高 BIM 应用的经济效益，规范化的建模对于 BIM 算量和其他后续应用起到铺垫作用。没有 BIM 模型标准，BIM 后续应用难以展开。

在 Autodesk Revit 平台上直接利用 Revit 自带建模功能建模，速度慢效率低，标准化不容易得到保障。采用在 Revit 平台上开发的 Revit 插件则显著加快模型的创建速度和深化修改速度，规范标准型的内容容易得到贯彻应用。本书以具有较广用户基础的橄榄山快模软件为例，来讲解如何利用 Revit 插件来高效率创建标准化 BIM 模型。

在未来的市场上，BIM 技术人才的需求量必将会大大地提高，掌握快速建模、标准化建模的 BIM 人才都将会是促进和带动行业发展的一个不可或缺的力量。为了推广 BIM 人才能力的培养，北京橄榄山软件有限公司应邀编写《BIM 快速标准化建模》。为读者详细阐述如何快速建立符合建模标准的模型，并且提供一个快速建模技术学习的案例。方便大家了解和掌握利用橄榄山软件进行快速建模的方法，为日后的 BIM 技术的大规模应用做好技术准备。

本书内容主要围绕 BIM 模型中不同专业模型的建立来展开讲解，如何使用橄榄山快模快速建立建筑物 BIM 模型。同时向大家介绍模型创建标准的一些基本概念和方法，便于为模型后期的应用打下基础。第一章主要讲解快速建模软件各项功能的使用方法，第二章讲解模型标准化的内容，第三章结合项目案例讲解完整 BIM 模型高效率创建过程。

本书使用的是橄榄山快模软件（下载地址：www.glsbim.com），同时配有练习文件。学习本书需安装快模软件，并与练习文件同步进行。配套的练习文件请从中国建工出版社的网站中下载，进入http://book.cabplink.com/zydown.jsp 页面，搜索图书名称找到对应资源点击下载。（注：配套资源需免费注册网站用户并登录后才能完成下载，资源包解压密码为本书征订号 31856）。

本书编写过程中，李泰峰做了大量的编写和推敲工作，其他副主编对本书的成书起到重要推动作用。赵小茹、苑铖龙、刘恩泽、杨晓霁、张云、王启航等参与内容和练习模型校对工作。向各位参与的编者一并表示感谢！

感谢北京绿色建筑产业联盟对本书编写工作的大力支持，感谢中国建筑工业出版社在本书的编写中给予的全面指导。

由于编者水平有限，本书难免有不当之处，衷心期望各位读者给予指正。

# 目　录

# 第一章　橄榄山软件操作基础

## 本章导读

为了减小建模工作量，加快建模效率，在掌握了 Revit 基础操作之后有必要了解和学习一下 BIM 建模技术方面相关的快速建模软件来进行辅助建模。

目前国内以 Revit 为平台的快速建模软件中，较为具有代表性的软件有橄榄山软件、鸿业软件与理正软件等，其中橄榄山软件是国内较早的 Revit 建模插件，具有多种类型的快速建模工具，是目前市场上评价较高的建模软件，本教材以橄榄山快模软件为主，来讲解利用插件快速完成 BIM 快速建模的方法。

## 本章二维码

1.2.1　快速楼层轴网工具　1.2.2　快速生成构件　1.2.3　模型批量修改工具　1.2.4　房间工具　1.2.5　视图工具　1.3.4　选择工具

1.3.5　其他工具　1.3.6　明细表工具　1.3.7　文件工具　1.4.1　CAD 到 Revit 翻模　1.4.2　链接 DWG 翻模　1.4.3　精细建模

1.4.4　开洞　1.4.5　精细编辑模型　1.4.7　DWG 建模　1.4.8　BIM 信息　1.5.1　风系统翻模　1.5.2　管道翻模

1.5.3　管线打断　1.5.4　管线避让　1.5.6　净空分析　1.6.1　云族库　1.6.2　批量载入族　1.6.3　导出族

## 1.1　橄榄山软件简介

北京橄榄山软件有限公司，致力于为建筑行业提供高效的 BIM 软件，是中国首批 Revit 平台上的综合类插件之一，现专注于在 BIM 主流平台 Revit 上研发橄榄山快模软件。服务的目标客户是 BIM 时代的建筑设计师、BIM 咨询工程师以及 BIM 施工建模人员。

橄榄山快模软件提供了 150 余个功能命令，用于快速、准确地建立建筑的三维模型。橄榄山快模软件推出的建筑 DWG 快速翻模、结构快速翻模和管道快速翻模等产品，可在极短时间内将 DWG 图纸信息自动转换成 Revit 三维模型，大大提高图纸到模型的转换效率。橄榄山快模软件兼容原国内二维时代主流建筑软件的操作习惯，上手简单，易操作，学习成本低，可以在较短的时间内快速掌握软件的使用，帮助 BIM 工作者大幅度地提高工作效率，引领设计者顺畅地进入 BIM 时代。

公司官方网站：http://www.glsbim.com/

## 1.2　橄榄山快模

### 1.2.1　快速楼层轴网工具

**1. 楼层**

**功能**

（1）批量创建、编辑、删除楼层标高（支持任意视图下操作）。

（2）自定义为楼层标高名称添加前后缀，修改楼层名称及层高。

（3）自动创建对应楼层标高平面视图。

**使用方法**

（1）Revit 中，在【橄榄山快模】选项卡中的【快速楼层轴网工具】面板中启动【楼层】标高工具，见图 1.2.1-1。

（2）“定义标准层”：选中当前样板中的某一楼层，设置需要添加的楼层数量、楼层高度以及起始楼层（如果在 2 层上添加，则起始层序号是 3）的前缀、后缀。

（3）点击“当前层上加层”或“当前层下加层”完成新楼层的添加。

（4）“重命名选中楼层”：在当前显示的楼层标高中选择一个或多个楼层（可配合 ctrl 和 shift 键进行选择），可以重新定义其名称（前后缀及楼层名称）。

（5）“删除选中楼层”：在当前显示的楼层标高中选择一个或多个楼层，则会删除选中楼层。

（6）单击“确定”完成楼层标高的创建，将同时创建对应的楼层平面视图。

**注意**

支持在对话框中直接自定义修改楼层标高名称及层高。

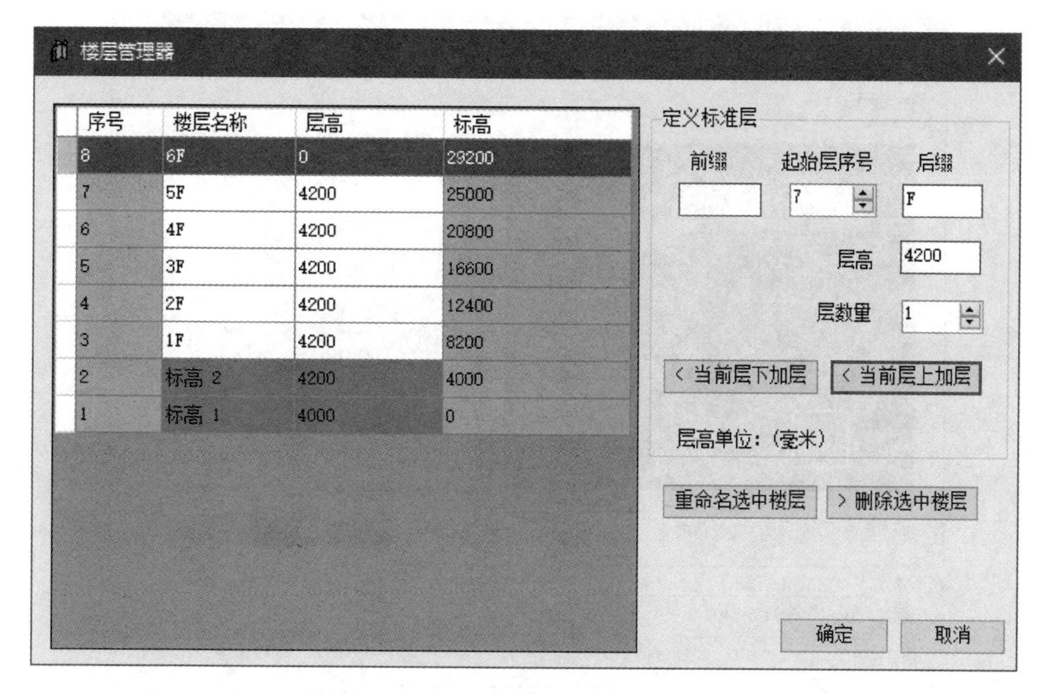


图 1.2.1-1 楼层管理器对话框

**2. 矩形轴网**

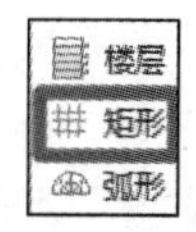


**功能**

(1) 快速创建矩形轴网间距，自定义轴网插入基点、角度。

(2) 自定义指定生成轴号。

(3) 自定义使用轴线、标注样式类型。

(4) 自定义命名规则、跳过原则。

**使用方法**

(1) 在【橄榄山快模】选项卡中的【快速楼层轴网工具】面板中启动【矩形】轴网工具，见图 1.2.1-2。

(2) 选择间距方向：上开、下开、左进、右进。以四种不同的颜色控制不同方向的开间或进深。

(3) 轴间距：可以直接点击提供的间距进行添加，也可以自行增加间距。点击“增新间距”或者右键表格选择“加入新间距”。

① 点击对话框右上角的数字列自动添加到表格。

② 点击表格中部“轴间距”下拉对话框，添加间距。

③ 在中间的数字行手动输入数字，以空格断开，“3＊3600”表示三段 3600 的间距。

(4) 个数：点击表格中部“个数”下拉菜单，选择几段轴间距，上限为 70。

(5) 插入基点：可以选择四个角添加轴网：左下、右下、右上、左上。

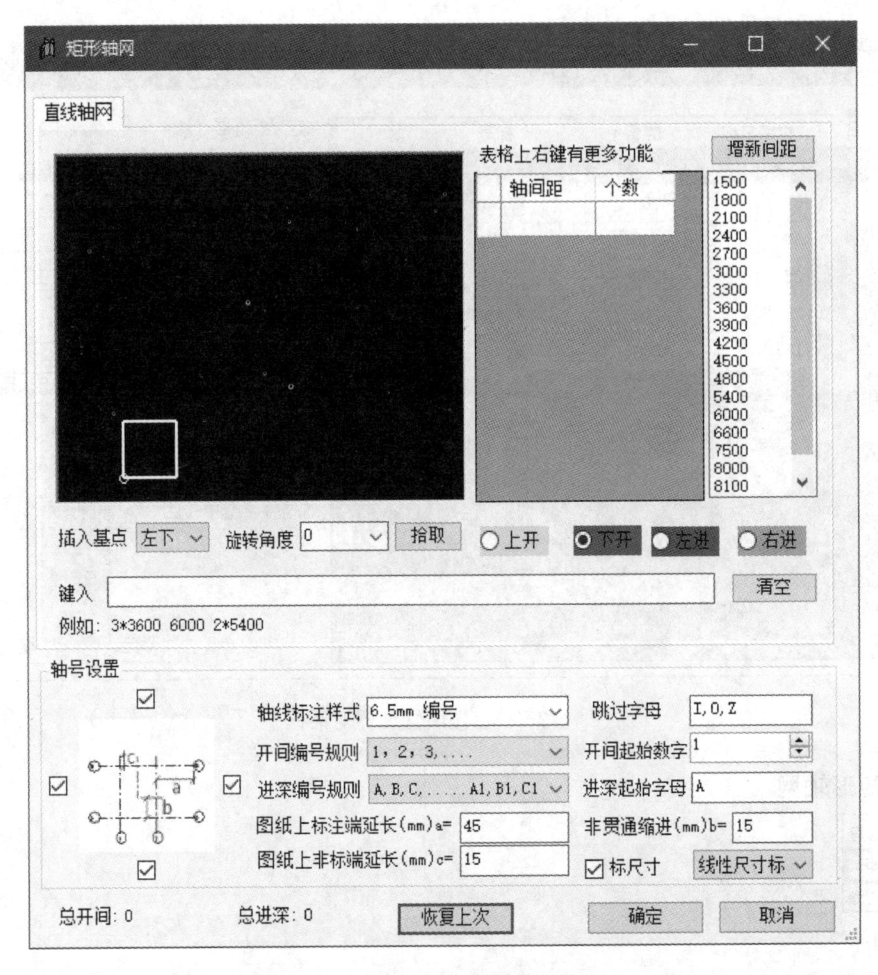


图 1.2.1-2 矩形轴网对话框

（6）旋转角度：可以逆时针旋转轴网，提供了一些常用角度。也可以在视图中拾取角度，点击拾取，在视图中点击方位角度的第一点，再点击方位角度的第二点即可拾取。

（7）轴号设置：可以通过选择是否勾选四个方向的方块来控制生成的轴网轴号是否显示（若勾选则生成轴号，若不勾选则不生成）。

（8）轴线标注样式：点击下拉菜单，选择样板中存在的轴号样式。

（9）跳过字母：默认跳过 I、O、Z 字母，以逗号隔开。也可自行添加其他字母。

（10）开间编号规则：可自定义，数字可加前后缀。可设置起始数字，不超过 100。

（11）进深编号规则：可自定义，字母规则可选择 A1、B1…Z1 或者 AA、BA…ZA 两种格式。可设置起始字母。

（12）图纸上延长线：图纸上标注端延长 a，非贯通缩进 b，图纸上非标端延长 c。

（13）标尺寸：勾选是否给轴网标注尺寸，添加两段尺寸线。在下拉菜单中选择尺寸样式。

（14）总开间/总进深：统计轴网的开间/进深的总和。

（15）恢复上次：在绘制好一个轴网之后，点击该命令，能恢复上次定义的各项数值。

（16）在 Revit 绘图区右键结束本命令，然后点击“取消”，或按键盘上的 ESC 键，或点击对话框中的退出按钮结束本命令。

**注意**

（1）在使用恢复上次的命令时，注意修改轴线号，否则会提示轴线号重复。

（2）如果在设置轴线间距时输入错误的话，可以点击清空重新设置。

**3. 弧形轴网**

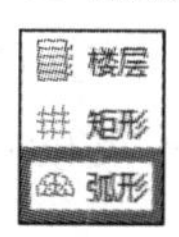


**功能**

橄榄山不仅可以创建矩形轴网，同时也可以创建弧形轴网，基本功能同矩形轴网。可以选择旋转方向是逆时针还是顺时针，标注圆弧尺寸。

（1）快速创建弧形轴网间距，自定义轴网插入基点、角度。

（2）自定义指定生成轴号。

（3）自定义使用轴线，标注样式类型。

（4）自定义命名规则、跳过原则。

**使用方法**

（1）在【橄榄山快模】选项卡中的【快速楼层轴网工具】面板中启动【弧形】轴网工具，见图 1.2.1-3。

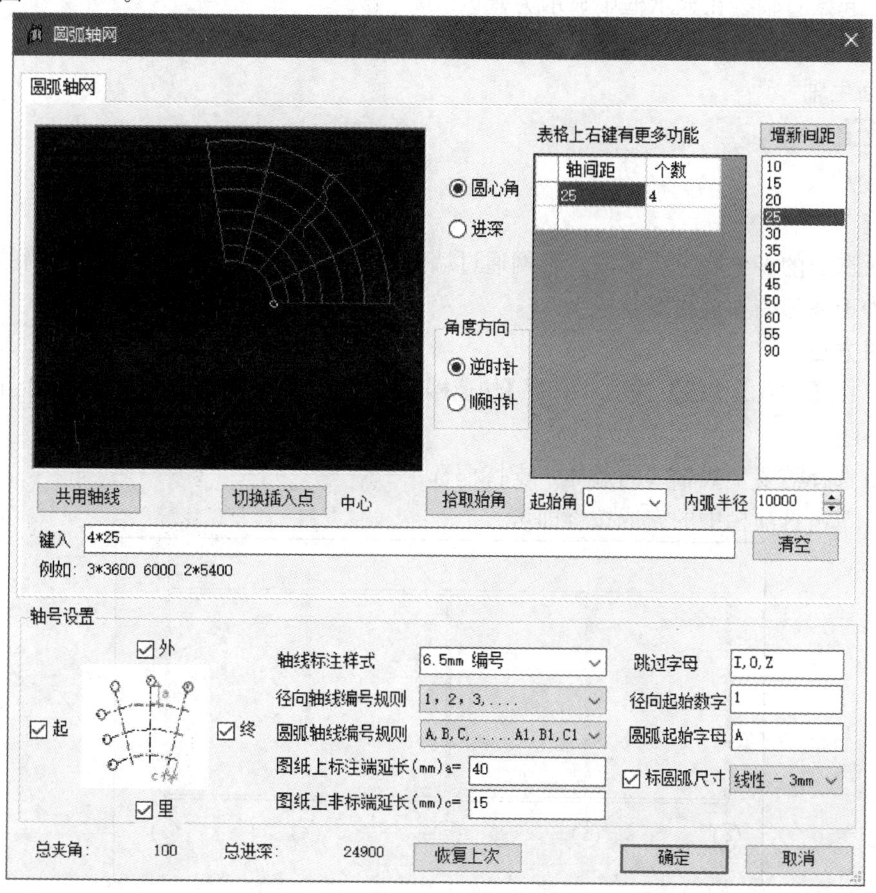


图 1.2.1-3　圆弧轴网对话框

（2）共用轴线：可以选择共用的边界轴线。点击该命令后拾取已创建的直轴线，再点击轴线的侧边选择放置圆弧轴网的位置，之后在对话框中输入或者选择圆心角即可。

（3）切换插入点：有起始边近点、起始边远点、终止边近点、终止边远点以及中心五种插入点的选择。

（4）起始角：定义第一根直轴线的起始角度，方向同轴线角度方向，提供一些常用角度。

（5）拾取始角：可以在视图中拾取角度，点击拾取，在视图中点击方位角度的第一点，再点击方位角度的第二点即可拾取。

（6）内弧半径：设置内侧弧形轴线的半径数值。可以点加减修改数值，也可以直接输入数字。

（7）角度方向：默认水平从左往右为起始直轴线，以此顺时针或逆时针旋转布置轴网。

（8）在 Revit 绘图区右键结束本命令，然后点击“取消”，或按键盘上的 ESC 键，或点击对话框上的退出按钮结束本命令。

**注意**

（1）在使用共用轴线命令时，注意拾取直线轴线，在拾取好轴线之后即可得到默认进深数值。

（2）起始直轴线在显示框中显示为蓝色。

（3）圆心角数值的单位为度。

**4. 墙生轴**

**功能**

由所选中的多个墙生成轴网，轴网通过墙的中心线。轴线延长到所有选中墙的外包矩形，可处理弧形墙和直线墙。

**使用方法**

（1）在【橄榄山快模】选项卡中的【快速楼层轴网工具】面板中启动【墙生轴】工具，见图 1.2.1-4。

（2）选择需要生成轴线的墙体，支持框选。

（3）单击选项栏中的完成按键即可。

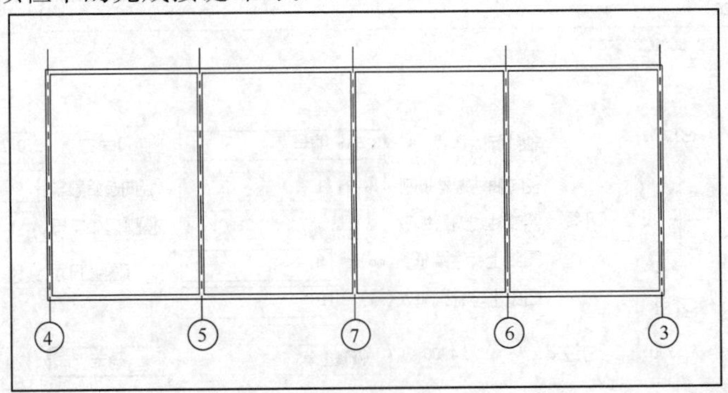


图 1.2.1-4　轴线生成效果

**注意**

墙生轴工具生成的轴线轴号随机进行排序，可使用【轴线重排】或【逐一编号】工具进行编辑。

**5. 线生轴**

**功能**

由选中的多个模型线或详图线直接生成轴网，并且带有线条图层过滤器。可以将导入的DWG中的轴网图层分解成线条后运用此功能直接生成轴网。

**使用方法**

（1）在【橄榄山快模】选项卡中的【快速楼层轴网工具】面板中启动【线生轴】工具，见图1.2.1-5。

（2）单击对话框中的“拾取”按键，拾取需要生成轴线的线（支持模型线、详图线，若是拾取DWG图纸中的线条，需要先在Revit中对图纸进行图层分解操作），拾取完成后单击对话框中的“确定”按键。

（3）选择需要生成轴线的线，支持框选。

（4）单击选项栏中的“完成”按键即可。

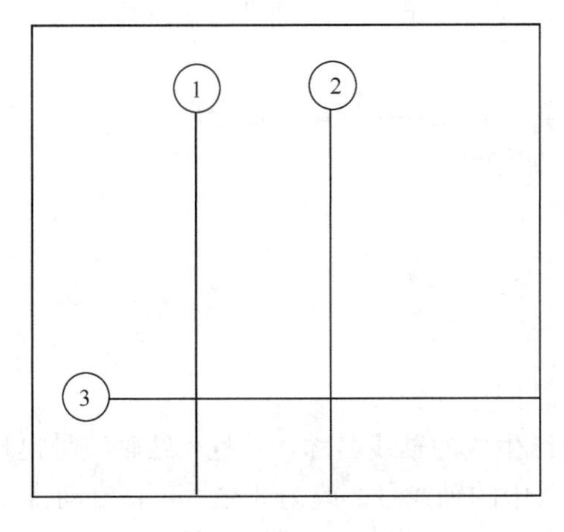


图1.2.1-5 轴线生成效果

**6. 轴号开关**

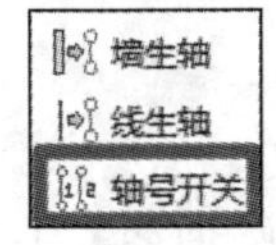


**功能**

可以控制是否在绘图边界对当前区域内不可见的轴号进行显示。

**使用方法**

（1）目前程序默认打开轴号显示，即自动在绘图区域边界位置显示轴号，如图1.2.1-6所示。

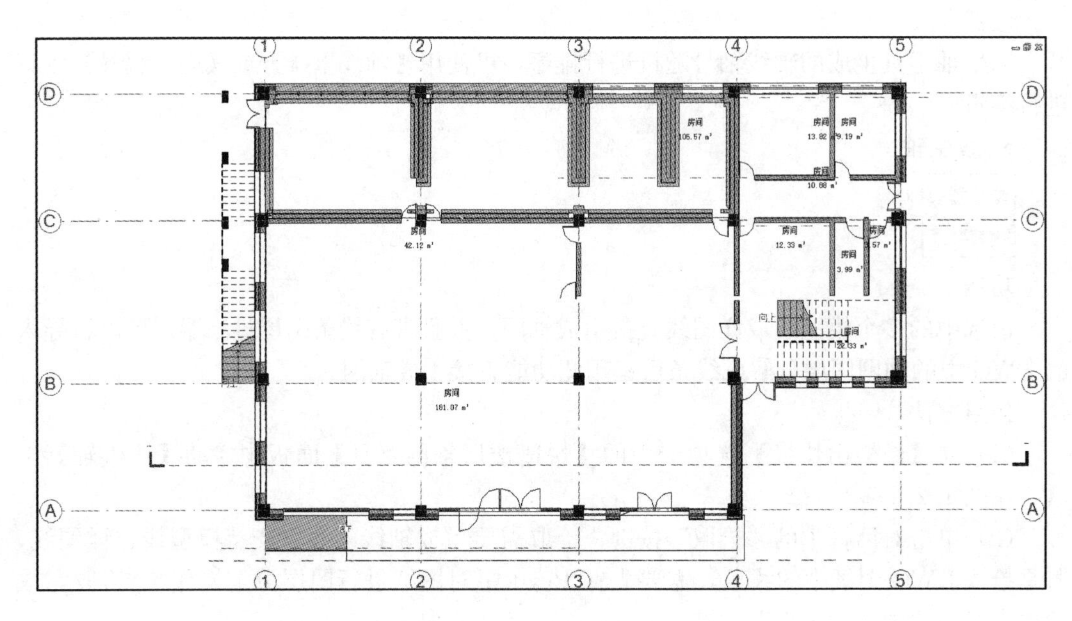


图 1.2.1-6 Revit 平面图

(2) 在【橄榄山快模】选项卡中的【快速楼层轴网工具】面板中启动【轴号开关】命令，则此时会弹出提示对话框，提示“关闭轴号恒显功能，再次点击本按钮可以打开轴号显示”。

(3) 若想要再次显示轴号，则再次启动该命令即可。

**7. 添轴线、改轴号、删轴线**

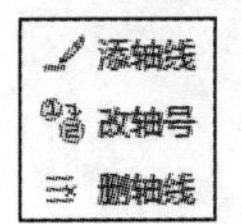


**功能**

(1) 添轴线：为当前轴网添加轴线。

(2) 改轴号：可修改已生成的轴线名称，并且后续轴线号也自行更改。例如轴线号排列为 1、2、3、4…n，将其中的轴线号 2 改为 3 之后，将自动排序为 1、3、4…n+1。

(3) 删轴线：可删除已生成的轴线，并且后续轴线将自动改名保持编号连续。例如点击该命令，再选择轴线号排列为 1、2、3、4…n 中的 2 号轴线，2 号轴线将被删除，并且 3 号轴线将自动变为 2 号轴线，轴线排列为 1、2、3…n−1。

**使用方法**

(1) 添轴线

① 在【橄榄山快模】选项卡中的【快速楼层轴网工具】面板中启动【添轴线】工具。

② 选择需要添加轴线附近的轴线，并在需要添加的一侧点击。

③ 选中轴线的距离和轴号，并单击“确定”即可。

(2) 改轴号

① 在【橄榄山快模】选项卡中的【快速楼层轴网工具】面板中启动【改轴号】工具。

② 拾取需要修改轴号的轴线。

③ 输入新的轴号并单击“确定”即可。

（3）删轴线

① 在【橄榄山快模】选项卡中的【快速楼层轴网工具】面板中启动【删轴线】工具。

② 选择需要删除的轴线即可。

**8. 主转辅**

**功能**

该功能可实现主轴线与辅轴线的转换，后续轴线将自动改名以保持编号连续。例如选择轴线号排列为 1、2、3、4…n 中的 2 号轴线，在弹出的对话框中重命名 2 号轴线为 1/2 号轴线，确定之后，3 号轴线将自动变为 2 号轴线，轴线排列为 1、1/2、2、3…n－1。

**使用方法**

（1）在【橄榄山快模】选项卡中的【快速楼层轴网工具】面板中启动【主转辅】工具。

（2）选择需要修改的轴号，并修改轴线名称，单击“确定”即可。

**9. 轴线重排**

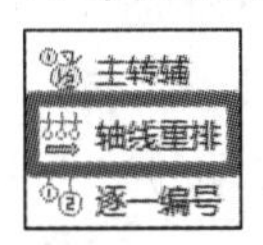


**功能**

对选中的平行直轴线或同心圆弧轴线修改轴号，同时可以选择是否添加尺寸线标注。

**使用方法**

（1）在【橄榄山快模】选项卡中的【快速楼层轴网工具】面板中启动【轴线重排】工具。

（2）选择起始轴线。

（3）选择终止轴线。

（4）点击选择不参与轴号排序的轴线，并单击 ESC 键退出选择。

（5）在弹出的如图 1.2.1-7 所示对话框中添加前后缀，并设置命名规则。

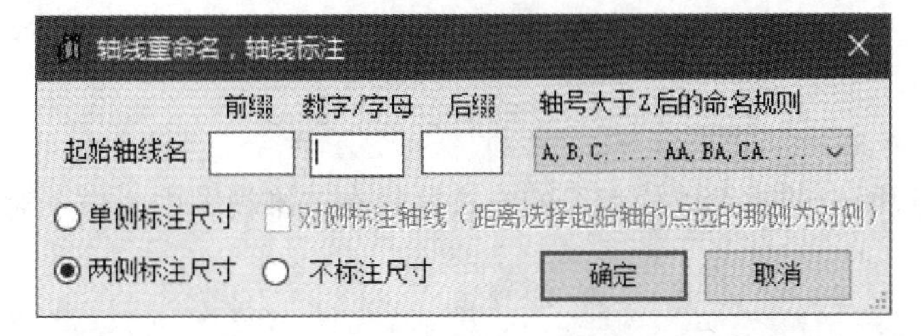


图 1.2.1-7 轴线命名及设置对话框

（6）设置是否进行标注，单击“确定”即可。

**10. 逐一编号**

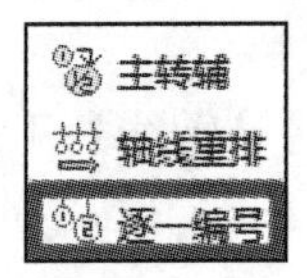


**功能**

逐根重排所选择的轴线、房间和空间，按照鼠标点击的顺序连续重命名。如果是轴号，在当前序号处接首字母。在对话框中选择排序对象类型后，输入希望即将点击对象的前缀、序号和后缀。程序将自动在这个序号的基础上连续递增命名下一个点击对象。可以设置名称相同时如何处理。

**使用方法**

(1) 在【橄榄山快模】选项卡中的【快速楼层轴网工具】面板中启动【逐一编号】工具。

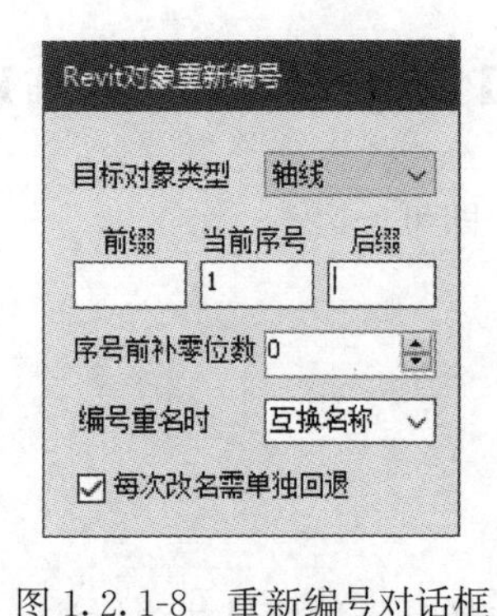


图 1.2.1-8 重新编号对话框

(2) 目标对象类型：对象类型有三种，依此是轴线、房间、空间，选择需要进行重新编号的对象类型。

(3) 为序号添加前后缀和起始的序号。

(4) 序号前补零位数：若是 1，则排序时的序号为 1、2、3……若是 2，则排序时的序号为 01、02、03……若是 3，则排序时的序号为 001、002、003……

(5) 编号重名时：有三种处理方式，不修改编号、互换名称、修改原同名编号，见图 1.2.1-8。

① 不修改编号：对重复编号不进行操作。

② 互换名称：与重复编号进行互换。

③ 修改原同名编号：对原编号（重复的）进行修改。

(6) 每次改名需单独回退：若勾选此选项，在完成编号操作后，进行撤回操作时，每一个编号都需要单独撤回；若不勾选此选项，在完成编号操作后，进行一次撤回即可撤销上一次操作的所有编号。

**11. 三维轴线**

**功能**

可以将平面视图中的轴线以模型线的方式显示在三维视图中，便于对模型进行查看和修改。

**使用方法**

(1) 在【橄榄山快模】选项卡中的【快速楼层轴网工具】面板中启动【三维轴线】工具，弹出如图 1.2.1-9 所示对话框。

(2) 选择要将平面视图中的轴线生成的标高平面，这里根据需要进行勾选即可。

(3) 三维轴线颜色：单击该按键可以自定义选择轴线在三维视图中显示的颜色。

（4）这里提供了三种轴线的生成方式，依次是“全部生成”、“单根生成”、“框选生成”，可以根据需要进行选择。

（5）管理三维轴线：对于已经生成的三维轴线，在某些情况下可能需要进行隐藏或者删除，这里提供了三维轴线的管理工具，能够快速控制三维轴线的显示、隐藏以及删除。

① 全删轴线：快速删除已经生成的三维轴线，恢复到未创建之前的效果。

② 全隐轴线：对已经生成的三维轴线进行隐藏（指的是在三维视图下的隐藏，平面视图中生成完成后已经自动进行了隐藏）。

③ 全显轴线：快速显示隐藏的三维轴线。

**注意**

本工具需要在平面视图中使用，当在三维视图下启动本工具的时候，会弹出要求选择平面视图的对话框，如图 1.2.1-10 所示，根据需要进行选择即可。

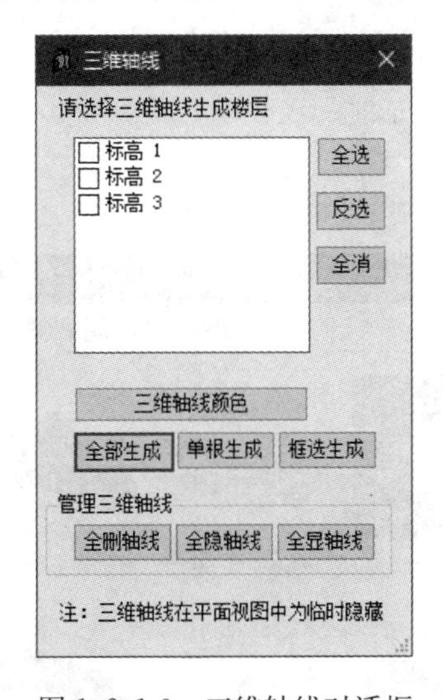


图 1.2.1-9　三维轴线对话框

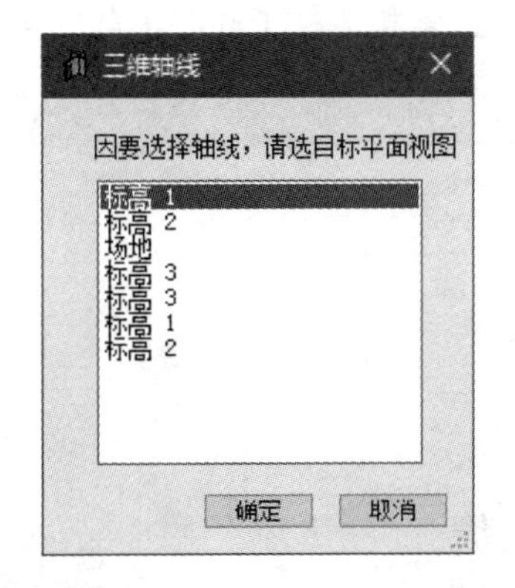


图 1.2.1-10　选择视图对话框

## 1.2.2　快速生成构件

### 1. 标准柱

**功能**

按照已创建的轴网生成柱子。弧形和矩形轴网均支持，可同时创建跨多层的柱，并可选择是否按照楼层打断柱，也可按轴线段拆分柱。可选择柱子偏心距离及旋转角度。

**使用方法**

（1）在【橄榄山快模】选项卡中的【快速生成构件】面板中启动【标准柱】工具，见图 1.2.2-1。

（2）对话框左侧会显示当前样板中可用的柱子类型，根据需要进行选择。

（3）载：若当前样板中无需要柱子族，可以点击“载”按键，此时将打开“橄榄山族

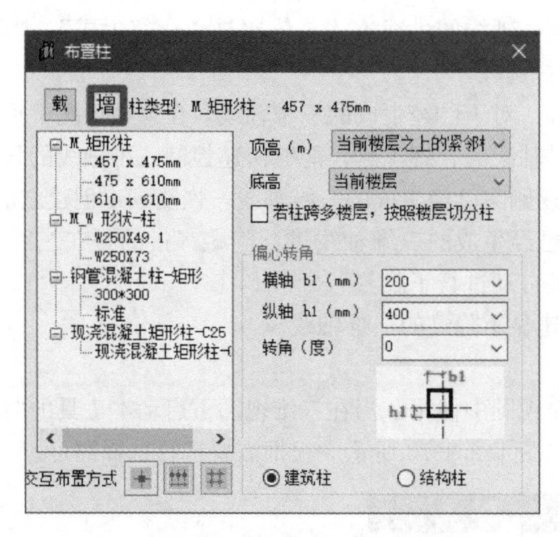


图 1.2.2-1　布置柱对话框

管家”，直接搜索相关柱子族并加载即可，见图 1.2.2-2。

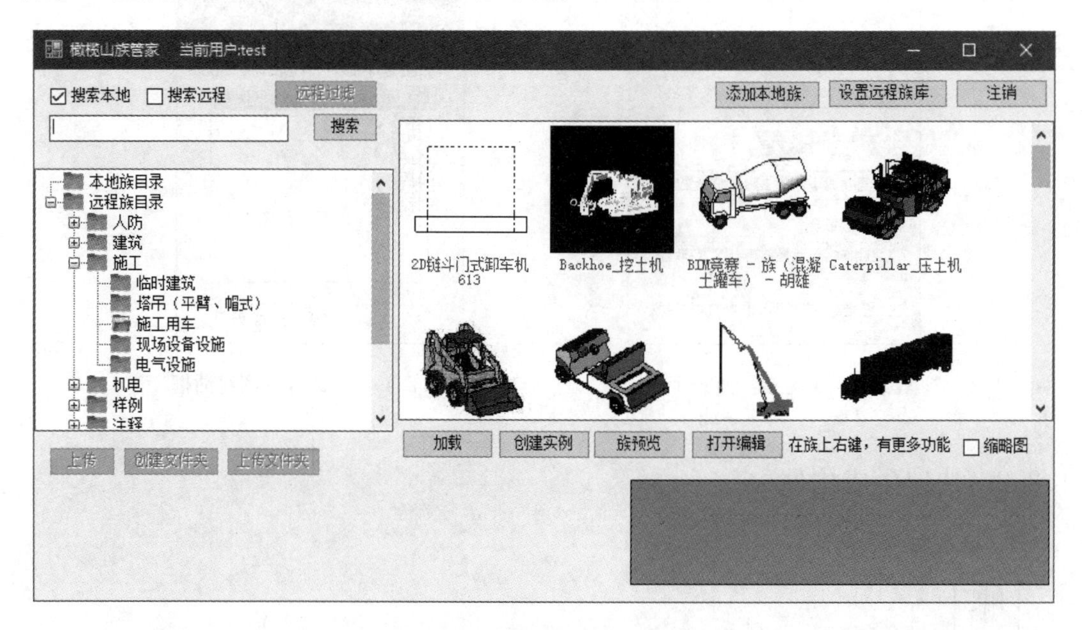


图 1.2.2-2　橄榄山族管家对话框

（4）增：可以利用现有柱子族来创建新的柱子类型。选中当前任意可用柱子类型，点击“增”，为新柱子类型设置名称和参数，点击“确定”即可，见图 1.2.2-3。

（5）设置柱的顶高度和底高度。默认底高度为当前视图的楼层，顶高度为当前楼层紧邻的上一层。

（6）勾选上“若柱跨多楼层，按照楼层切分柱”的话可以将柱按楼层切分开。

（7）偏心转角

① 横轴：水平方向，正值为向右偏移（可以选择柱左右侧与竖向轴线对齐）。

② 纵轴：垂直方向，正值为向上偏移（可以选择柱上下侧与横向轴线对齐）。

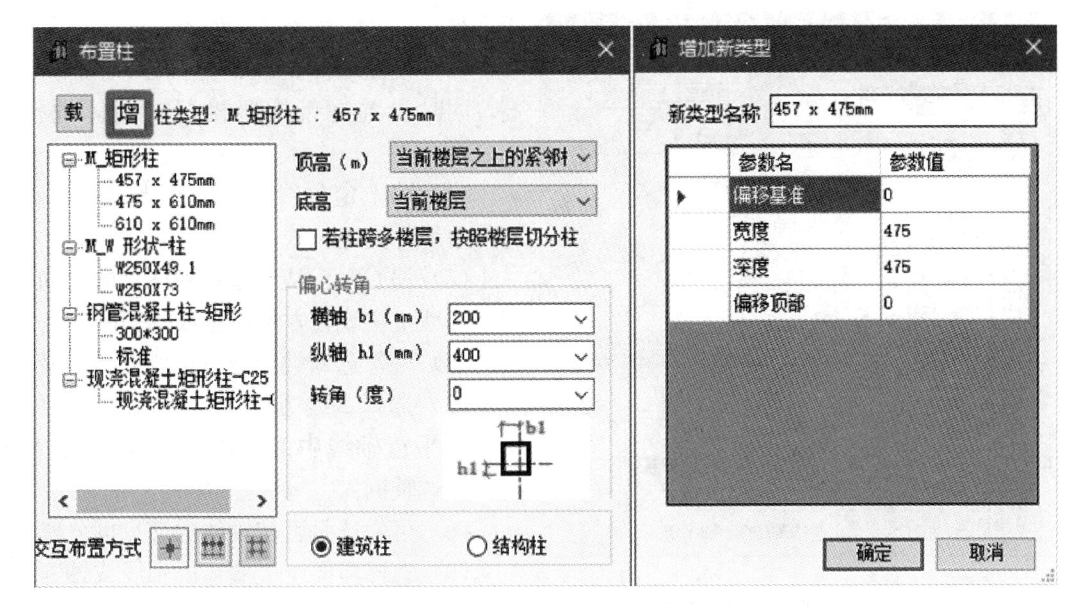


图 1.2.2-3　增加新类型对话框

③ 转角：正值为逆时针方向旋转。

(8) 可以勾选插入柱属于建筑柱或结构柱。

(9) 可以点击最下方的三个按钮，在指定点插入单根柱、单根轴线以及窗选轴网插入柱。

(10) 在 Revit 绘图区右键结束本命令，然后点击“取消”，或按键盘上的 ESC 键，或点击对话框上的“退出”按钮结束本命令。

**注意**

(1) 该功能只能在平面视图中使用。

(2) 增加柱尺寸的时候需要先选择一个类型列表中的柱类型。无法通过增加功能来添加未载入项目的柱类型。

(3) 楼层标高的单位是 m，横轴、纵轴的偏移距离单位是 mm。

(4) 偏心转角支持手动输入数值。

**2. 轴线生墙**

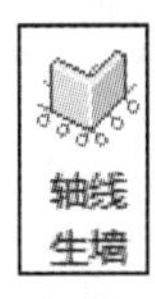


**功能**

按照已创建的轴网生成墙。弧形和矩形轴网均支持，可同时创建跨多层的墙，并可选择是否按照楼层打断墙，也可按轴线段拆分墙。可选择墙定位线及自定义偏心距离。

**使用方法**

(1) 在【橄榄山快模】选项卡中的【快速生成构件】面板中启动【轴线生墙】工具，见图 1.2.2-4。

(2) 对话框左侧选择需要生成的墙体类型（显示的所有可用墙体类型均是基于当前样

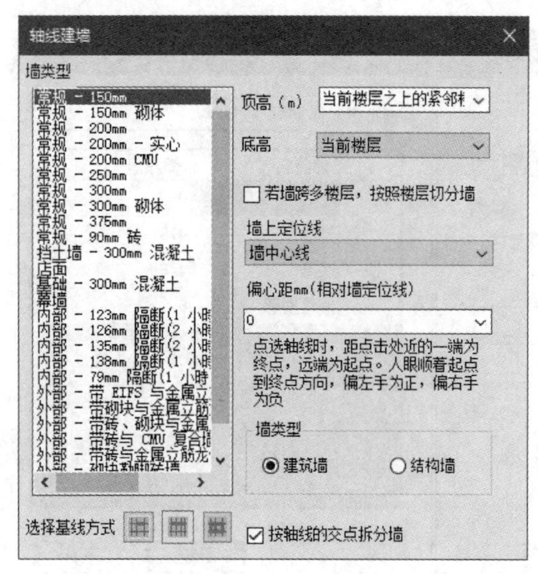


图 1.2.2-4 轴线建墙对话框

板文件）。

（3）设置墙体的顶部标高以及底部标高，同时设置是否按照楼层对墙体进行拆分。

（4）墙上定位线：可选择墙的中心或者外边缘等为定位线。

（5）偏心距：从墙起点到终点的方向，正值为墙定位线在左侧距轴线的间距。

（6）可勾选墙类型为建筑墙或结构墙。

（7）选择基线方式：一个轴线段（位于两个平行轴线中的一段轴线）、单根轴线、窗选轴网。

（8）可勾选是否按轴线的交点拆分墙。

（9）选择需要生成墙体的轴线或轴网。

（10）在 Revit 绘图区右键结束本命令，然后点击“取消”，或按键盘上的 ESC 键，或点击对话框中的“退出”按钮结束本命令。

### 3. 线生墙

**功能**

功能类似于轴线生墙，但拾取的基线为各种类型的线，包括模型线、详图线、房间分隔线或面积边界线。

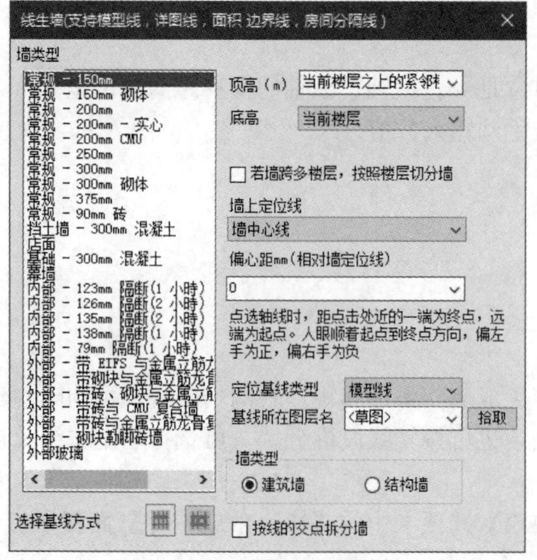


图 1.2.2-5 线生墙对话框

**使用方法**

（1）在【橄榄山快模】选项卡中的【快速生成构件】面板中启动【线生墙】工具，见图 1.2.2-5。

（2）在对话框左侧选择需要生成的墙体类型，显示的可用墙体类型均基于当前样板文件。

（3）设置墙体的顶标高和底标高，若跨多楼层，设置是否需要按照楼层进行切分。

（4）指定墙体的定位线与偏心距。

（5）拾取需要生成墙体的线（若是 DWG 图纸中的线，需要先将图纸分解）。

（6）选择墙体类型。

（7）布置方式有两种，第一种是按照线段，第二种是按照线网，可以选择是否按照线的交叉点对墙进行拆分。

**4. 梁下建墙**

**功能**

（1）利用已经绘制好的梁，在梁下快速创建指定类型的墙体，便于快速绘制斜梁位置的墙体。

（2）支持链接模型。

**使用方法**

（1）在【橄榄山快模】选项卡中的【快速生成构件】面板中启动【梁下建墙】工具，会弹出如图 1.2.2-6 所示对话框。

（2）梁的位置：选择需要在梁下建墙的梁是在当前模型还是在链接模型，根据需要进行选择即可。

（3）选择墙底标高：指定梁下即将生成的墙的墙底标高，这里所显示的标高是基于当前样板文件。

（4）选择墙体类型：指定需要生成的墙体类型，这里显示的墙体类型同样是基于当前样板文件。

（5）单击“确定”，若梁在当前模型，则单击选择需要生墙的梁（支持框选），选择完成后单击选项栏中的“完成”按键即可；若梁在链接模型，则先选择要生墙的梁所在的链接模型，然后再选择梁（支持框选），选择完成后单击选项栏中的“完成”按键即可。

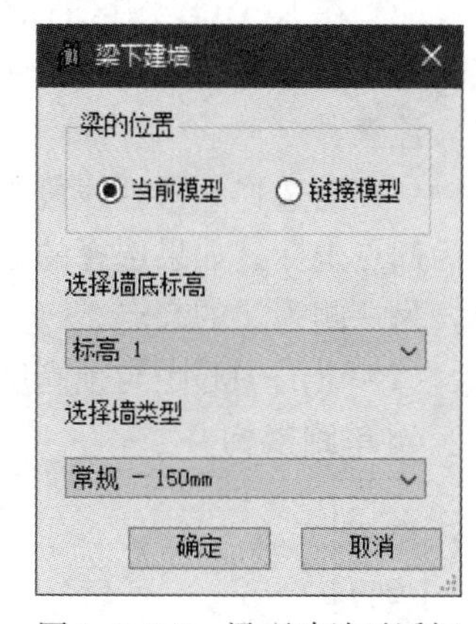

图 1.2.2-6 梁下建墙对话框

**5. 轴线生梁**

**功能**

按照已创建的轴网生成梁。弧形和矩形轴网均支持，可同时创建多楼层的梁，并可选择不同的楼层，也可按轴线段拆分梁。可选择梁的轴线距离与楼层标高的偏移。

**使用方法**

(1) 在【橄榄山快模】选项卡中的【快速生成构件】面板中启动【轴线生梁】工具，见图 1.2.2-7。

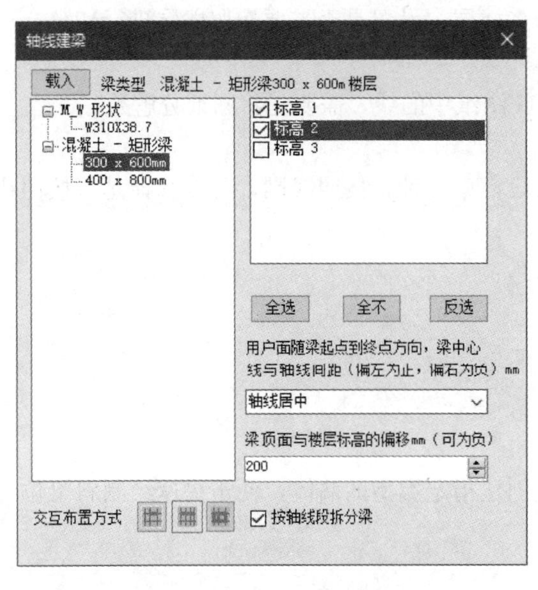


图 1.2.2-7 轴线建梁对话框

(2) 在对话框左侧选择需要生成的梁类型，可用类型基于当前样板文件，若当前无想用的类型，可以点击“载入”，调用打开橄榄山族管家快速搜索和加载需要的梁族。

(3) 楼层：勾选需要添加的楼层，支持全选、全不选和反选。

(4) 梁中心线与轴线间距：从梁的起点到终点的方向的左侧为正偏移，右侧为负偏移。

(5) 梁顶面与楼层标高的偏移：正值表示高于楼层标高的偏移，负值表示低于楼层标高的偏移。

(6) 选择基线方式：一个轴线段（位于两个平行轴线中的一段轴线）、单根轴线、窗选轴网。

(7) 可勾选是否按轴线的交点拆分梁。

(8) 在 Revit 绘图区右键结束本命令，然后点击“取消”，或按键盘上的 ESC 键，或点击对话框上的“退出”按钮结束本命令。

**注意**

(1) 当选择一根轴线段布置梁时，选择点与轴线段端点近的那侧为梁的终点坐标，远端为起点坐标。如果选择的是一整根轴线，则选择点距离整根轴线端点近的那侧为梁的终点，另一侧为梁的起点。

(2) 梁的中心距与顶高度的偏移单位都为 mm。

**6. 单跑楼梯**

**功能**

能够在 Revit 中快速完成对直段单跑楼梯的绘制。

**使用方法**

(1) 在【橄榄山快模】选项卡中的【快速生成构件】面板中启动【单跑楼梯】，此时会弹出如图 1.2.2-8 所示对话框。

(2) 在楼梯类型选项中，可以选择当前项目样板中所包含的楼梯类型，也可以选择新建类型，见图 1.2.2-9、图 1.2.2-10。

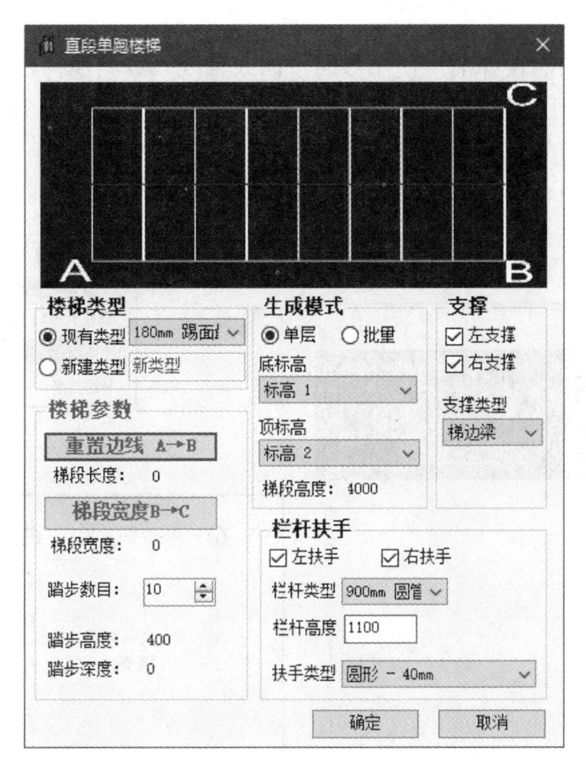


图 1.2.2-8　直段单跑楼梯对话框

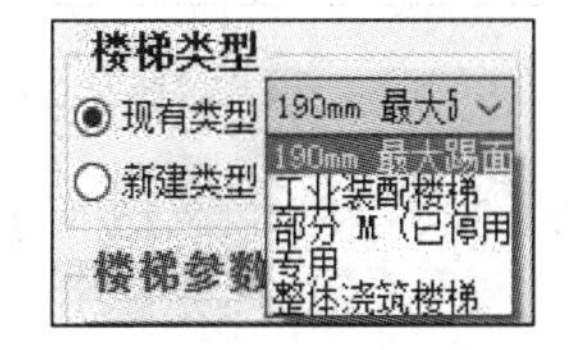


图 1.2.2-9　楼梯现有类型下拉菜单

图 1.2.2-10　新建楼梯类型

(3) 在生成模式选项栏中提供了“单层”和“批量”两种生成方式，可以根据需要进行选择。在底标高和顶标高选项中设置楼梯的生成标高。

需要注意的是：

① 如果选择“单层”进行生成，则顶标高选项会在选择的底标高中自动向上寻找与其最近的标高，底标高选项中仅会显示自动搜索到的标高。例如当前样板文件中已经设置了 4 个标高，分别是标高 1、标高 2、标高 3 和标高 4，若底标高选择了标高 2，则顶标高会自动选择标高 3，且在下拉菜单中仅显示标高 3。

② 如果选择了“批量”方式来进行生成，则在顶标高选项的下拉菜单中会显示底标高中所选标高以上的所有标高。例如在底标高中选择了标高 2，则在顶标高选项下拉菜单中会显示标高 3 和标高 4，而不会再显示标高 1。

(4) 在楼梯参数显示栏中可以设置楼梯梯段的长与宽。

单击“重置边线 A→B”，移动鼠标，按照对话框顶部显示的楼梯示意图拾取 A、B 两点。使用相同的方式来拾取楼梯梯段宽 BC。拾取完成后会自动显示当前提取到的楼梯梯段长度和宽度。

需要注意的是：绘制楼梯前应使用参照平面或轴线（或其他构件）建立可拾取的 A\B\C 点，通常可以利用轴线或参照平面交点来建立 A/B/C 点，A/B、B/C 任意两点的位置可以调换，不同的位置选择会影响楼梯的放置位置和进入方向，下面举例来说明（图 1.2.2-11～图 1.2.2-13）。

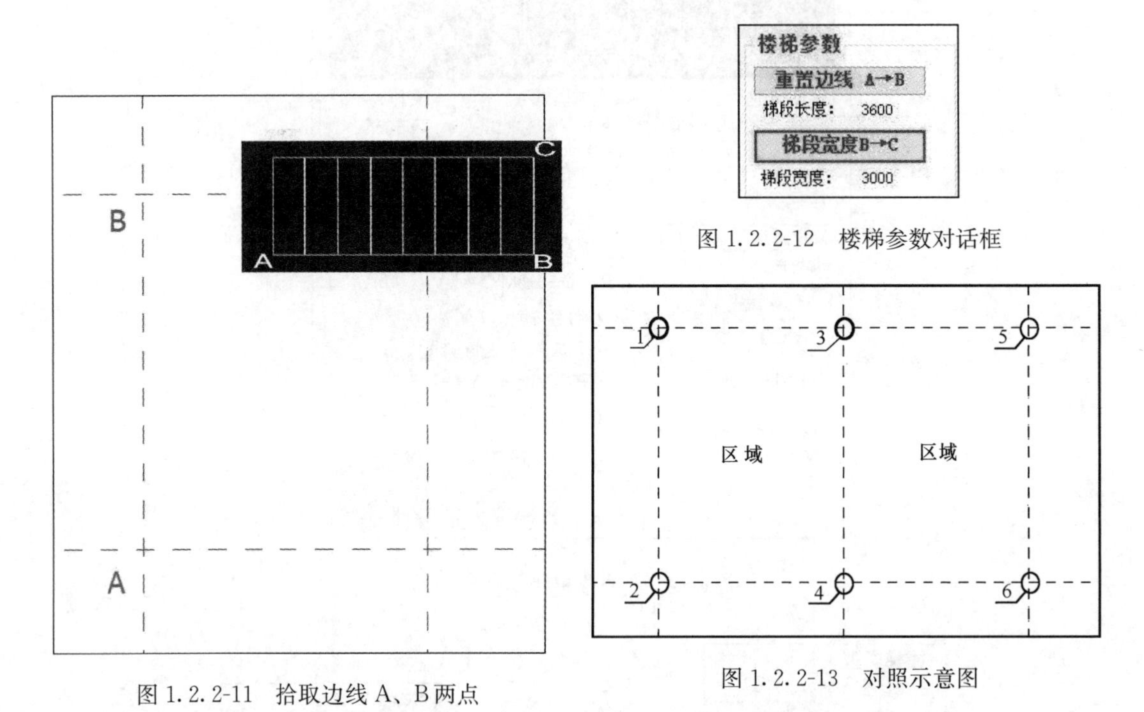


图 1.2.2-12　楼梯参数对话框

图 1.2.2-11　拾取边线 A、B 两点

图 1.2.2-13　对照示意图

情况一：区域 a 为楼梯间位置，进入方向如图 1.2.2-14、图 1.2.2-15 所示，则可按照如下方式选择：

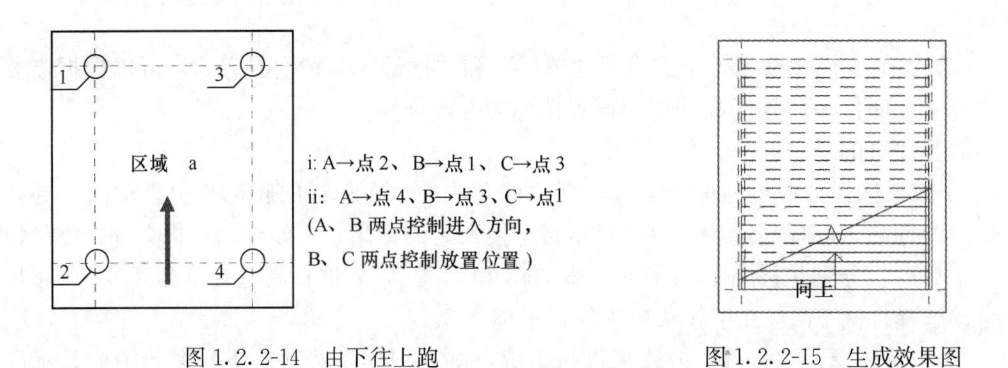


图 1.2.2-14　由下往上跑

图 1.2.2-15　生成效果图

情况二：区域 a 为楼梯间位置，进入方向如图 1.2.2-16、图 1.2.2-17 所示，则可按照如下方式选择：

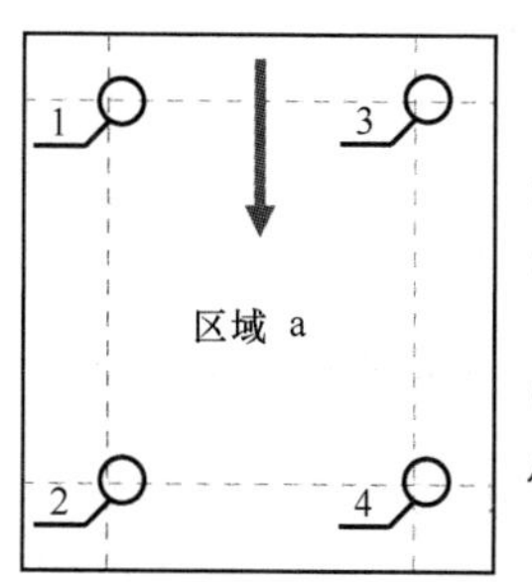


i: A→点 1、B→点 2、C→点 4
ii: A→点 3、B→点 4、C→点 2

(A、B 两点控制进入方向，B、C 两点控制放置位置)

图 1.2.2-16 由上往下跑

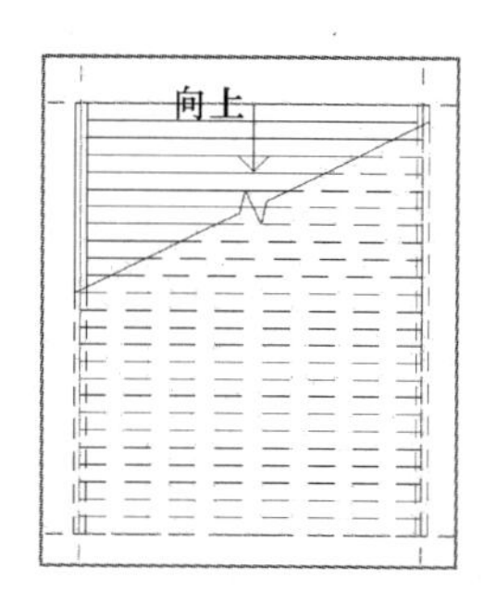

图 1.2.2-17 生成效果图

区域 b 的放置方式与区域 a 类似。

通过单击踏步数目中的上下标识按键，来修改梯段中的踏步数目，程序会自动计算楼梯的踏步高度和踏步深度，见图 1.2.2-18。

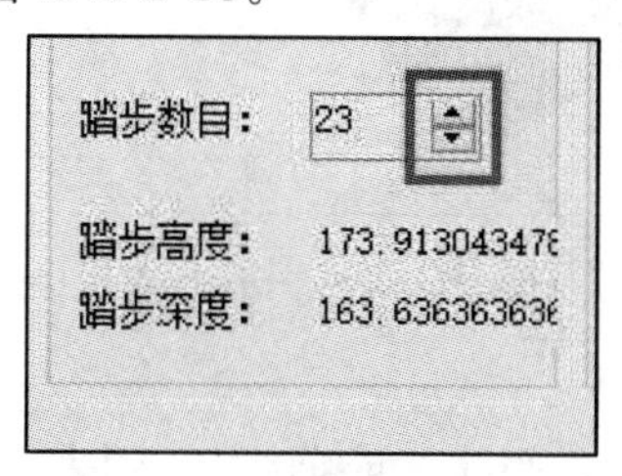

图 1.2.2-18 修改踏步数目

(5)“支撑”选项栏中可以选择支撑的方向以及类型，见图 1.2.2-19。

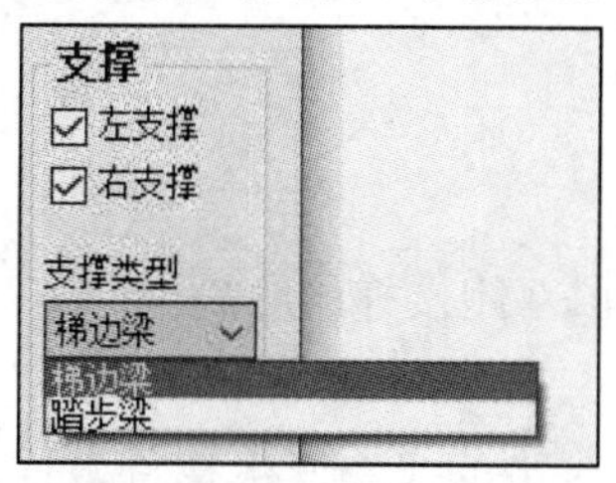

图 1.2.2-19 选择支撑类型

(6)“栏杆扶手”选项栏中设置栏杆类型、扶手类型以及栏杆高度等，见图 1.2.2-20。

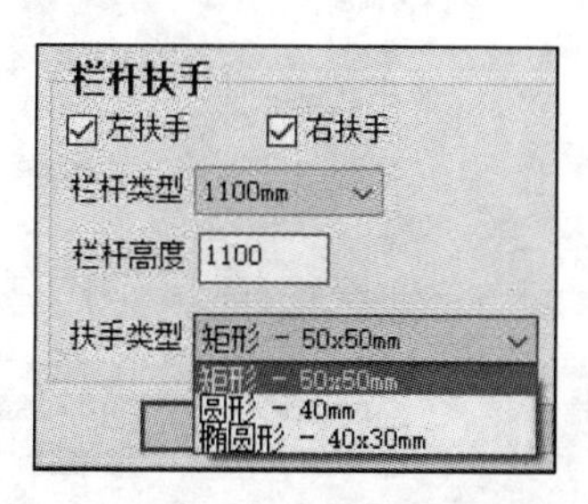

图 1.2.2-20 设置栏杆扶手

(7) 设置完成后单击对话框中的“确定”按键，退出当前对话框，并已经自动生成楼梯，图 1.2.2-21。

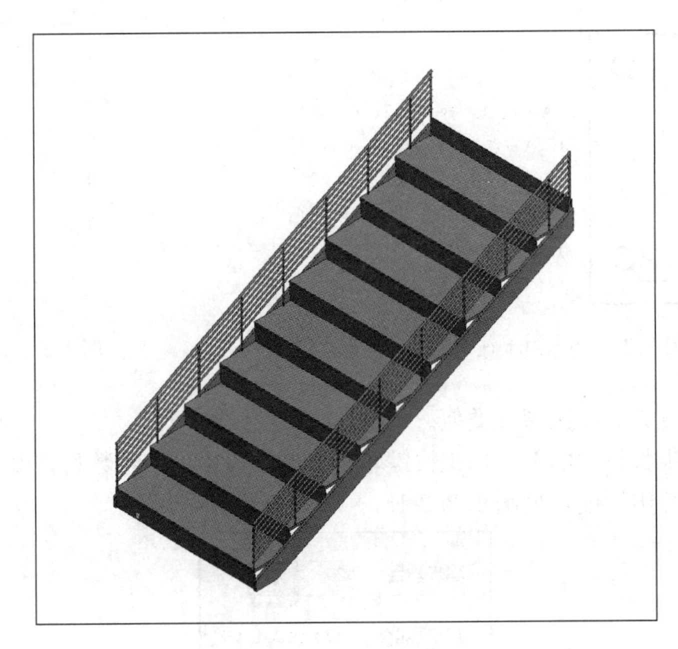

图 1.2.2-21　生成效果

**注意**

需要提前绘制好参照平面或参照线（或轴线），用来拾取点。

**7. 双跑楼梯**

**功能**

能够在 Revit 中快速完成直段双跑楼梯的绘制。

**使用方法**

（1）在【橄榄树快模】选项卡中的【快速生构件】面板中启动【双跑楼梯】，此时会弹出如图 1.2.2-22 所示对话框。

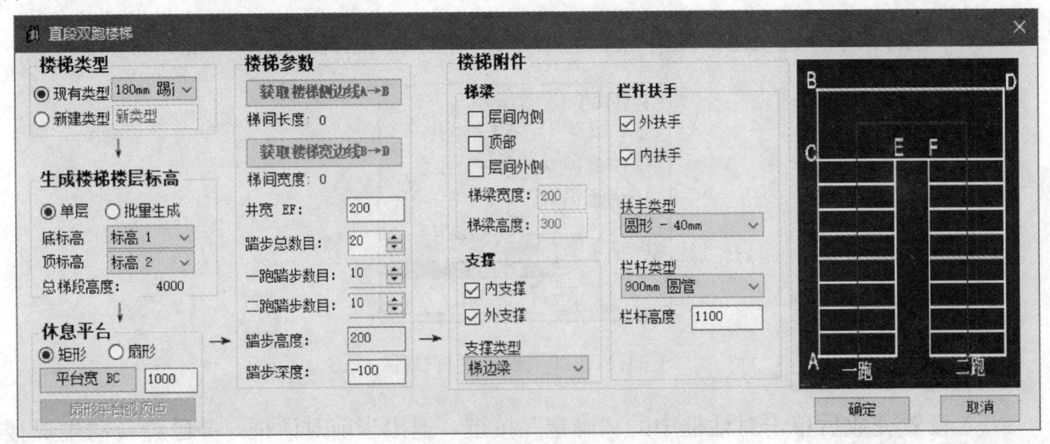


图 1.2.2-22　直段双跑楼梯对话框

（2）在“楼梯类型”选项中，可以选择当前项目样板中所包含的楼梯类型，也可以选择新建类型，见图 1.2.2-23、图 1.2.2-24。

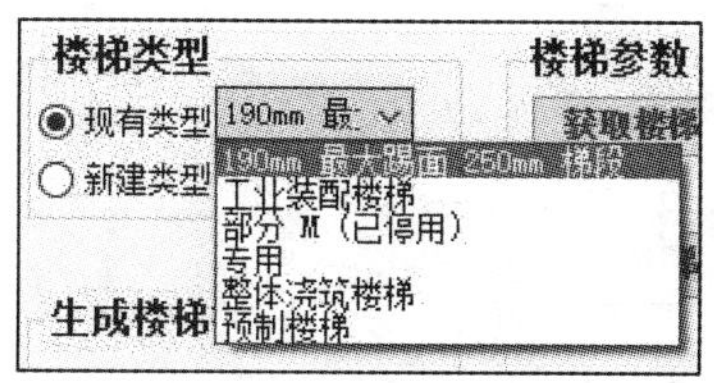

图 1.2.2-23　楼梯类型下拉菜单　　图 1.2.2-24　新建楼梯类型

（3）“生成楼梯楼层标高”选项中提供了“单层”和“批量”两种生成方式，可以根据需要进行选择。在底标高和顶标高中分别设置生成的楼梯的标高。

需要注意的是：

① 如果选择“单层”进行生成，则顶标高选项会在选择的底标高中自动向上寻找与其最近的标高，底标高选项中仅会显示自动搜索到的标高。例如当前样板文件中已经设置了 4 个标高，分别是标高 1、标高 2、标高 3 和标高 4，若底标高选择了标高 2，则顶标高会自动选择标高 3，且在下拉菜单中仅显示标高 3。

② 如果选择了“批量”方式来进行生成，则在顶标高选项的下拉菜单中会显示底标高中所选标高以上的所有标高。例如在底标高中选择了标高 2，则在顶标高选项下拉菜单中会显示标高 3 和标高 4，而不会再显示标高 1。

（4）“休息平台”选项中可以为楼梯的平台设置生成类型，这里提供了“矩形”和“弧形”两种楼梯类型。在“平台宽”中为平台设置宽度，这里可以通过单击“平台宽度 BC”按钮来拾取平台宽度（需要提前绘制可拾取的 B/C 点）。

若选择弧形，则会激活“扇形平台弧顶点”按键，此时可以通过单击该按键来拾取弧顶点。

（5）在“楼梯参数”中设置楼梯梯段的长与宽。

单击“重置边线 A→B”，移动鼠标，按照对话框右侧显示的楼梯示意图拾取 A、B 两点，见图 1.2.2-25。

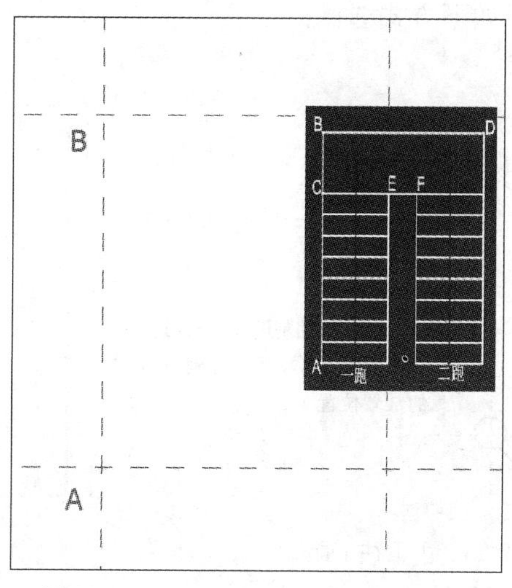


图 1.2.2-25　边线 A、B 两点示意图

使用相同的方式来拾取楼梯梯段宽。

拾取完成后会自动显示当前提取到的楼梯梯段长度和宽度，见图 1.2.2-26。

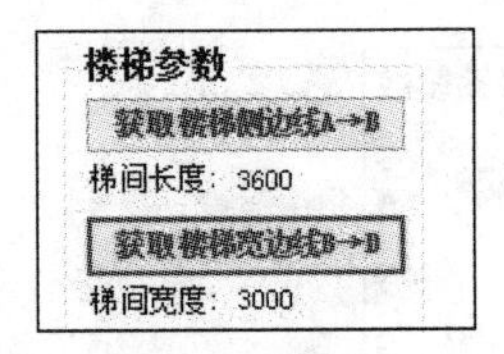


图 1.2.2-26　楼梯参数对话框

绘制楼梯前应使用参照平面或轴线（或其他构件）建立可拾取的 A/B/D 点，通常可以利用轴线或参照平面交点来建立 A/B/D 点，A/B、B/D 任意两点的位置可以调换，不同的位置选择会影响楼梯的放置位置和进入方向，下面举例来说明（图 1.2.2-27）。

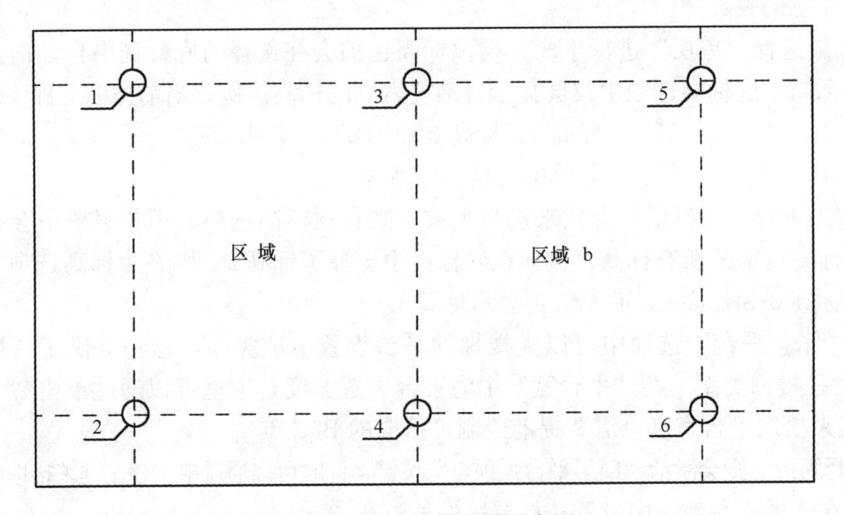


图 1.2.2-27　楼梯区域示意图

情况一：区域 a 为楼梯间位置，进入方向如图 1.2.2-28、图 1.2.2-29 所示，一跑位置靠近边线 3-4，则可按照如下方式选择：

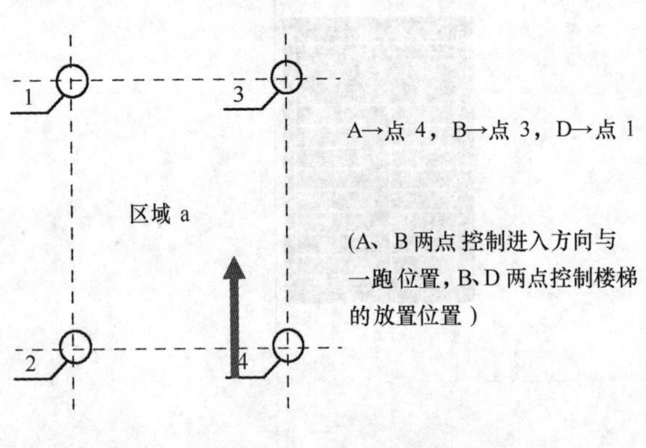


图 1.2.2-28　由下往上跑

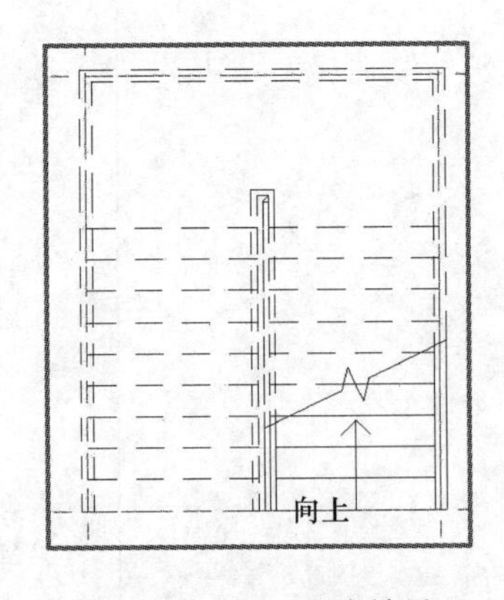


图 1.2.2-29　生成效果

情况二：区域 a 为楼梯间位置，进入方向如图 1.2.2-30、图 1.2.2-31 所示，一跑位置靠近边线 3-4，则可按照如下方式选择：

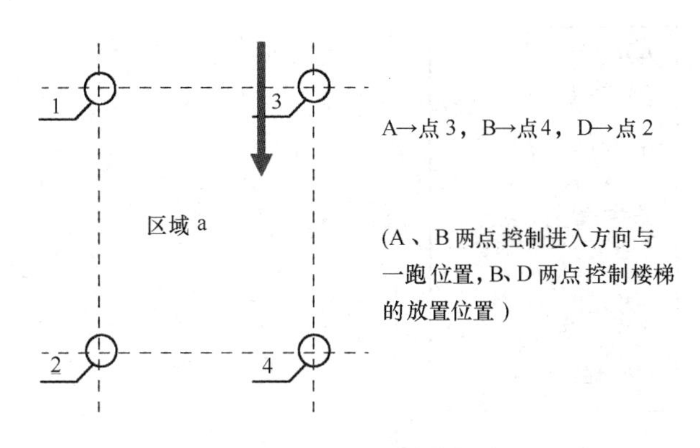


图 1.2.2-30　由上往下跑

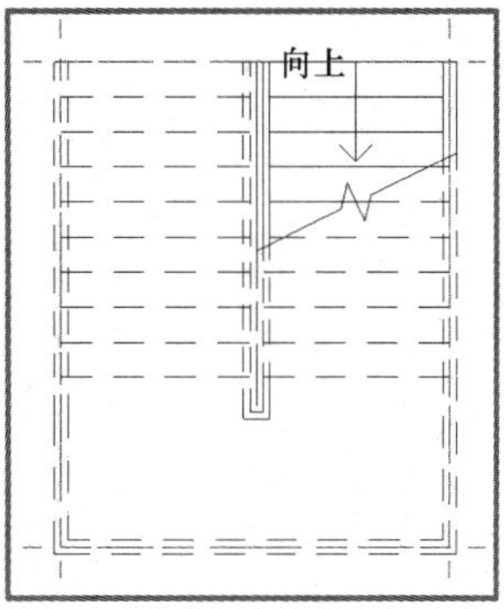

图 1.2.2-31　生成效果

其他情况的操作与上述情况的操作方法类似。

通过单击“踏步数目”中的上下标识按键，来修改梯段中的踏步数目，程序会自动计算楼梯的踏步高度和踏步深度，见图 1.2.2-32。

图 1.2.2-32　梯段踏步设置对话框

(6)“楼梯附件”中分别设置了“梯梁”、“支撑”、“栏杆扶手”选项，方便在生成楼梯的同时直接生成相应附件。

在“梯梁”选项中可以为楼梯选择生成“层间内侧”、“顶部”和“层间外侧”三种形式的梯梁，梯梁界面尺寸可自定义设置，见图 1.2.2-33。

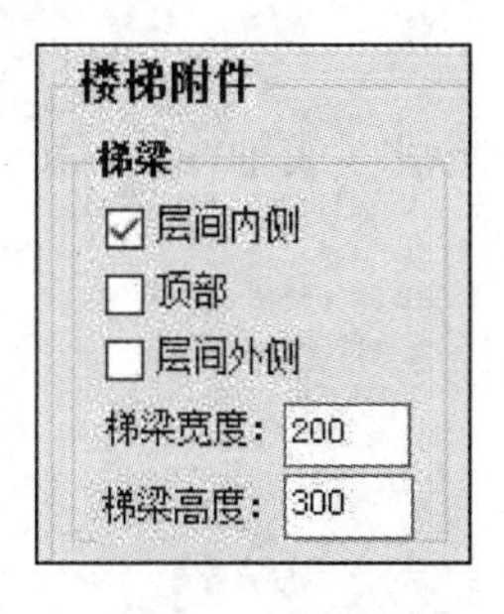


图 1.2.2-33　梯梁设置

需要注意的是，需要提前加载相应的梁族。

在“栏杆扶手”选项中可以为楼梯选择生成“内扶手”和“外扶手”两种形式的扶手，扶手与栏杆类型可选，见图 1.2.2-34。

图 1.2.2-34　设置栏杆扶手

“支撑”中提供了“内支撑”和“外支撑”两种方式，支撑类型提供了“梯边梁”和“踏步梁”两种方式。

（7）设置完成后单击“确定”即可完成对楼梯的绘制，见图 1.2.2-35。

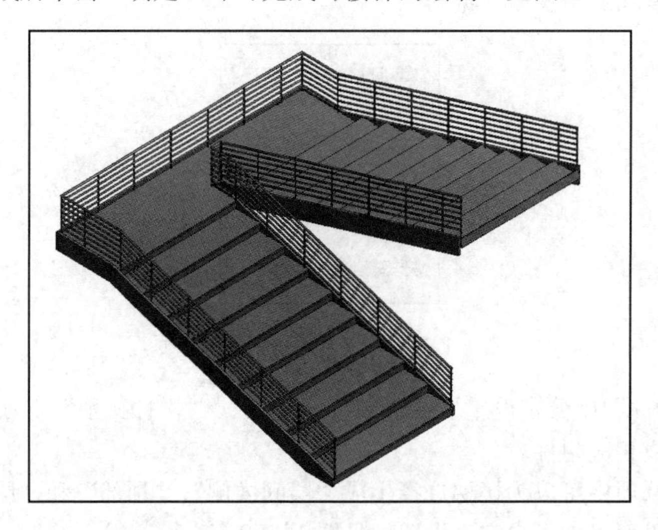

图 1.2.2-35　生成效果

**注意**

需要提前绘制好参照平面或参照线（或轴线），用来拾取点。

## 1.2.3　模型批量修改工具

### 1. 万能刷

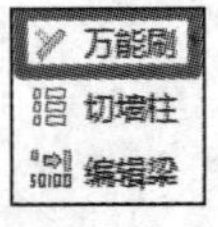


**功能**

可以将同一类对象的类型和参数值刷到同类对象上。批量匹配任何可选对象的类型和参数值，可以自己选择刷哪些参数，用窗选批处理高效修改对象对于同类型的对象的相似修改，只需要先对其中一个对象用 Revit 自带的方法进行修改，编辑完成后，用万能刷功能把源对象的修改结果刷到其他同类别对象上，支持窗选，快速修改模型信息。

**使用方法**

（1）在【橄榄山快模】选项卡中的【模型批量修改工具】面板中启动【万能刷】工具。

（2）选择源对象，并选择需要进行匹配的属性参数，如图 1.2.3-1。（这里以为不同类型的柱子赋予相同的材质为例）。

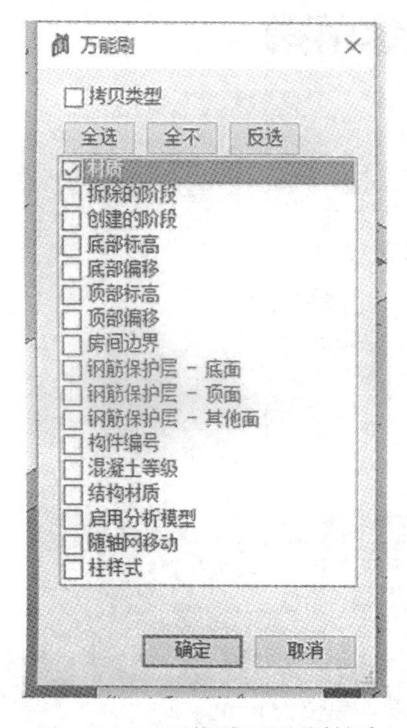


图 1.2.3-1 万能刷匹配不同材质

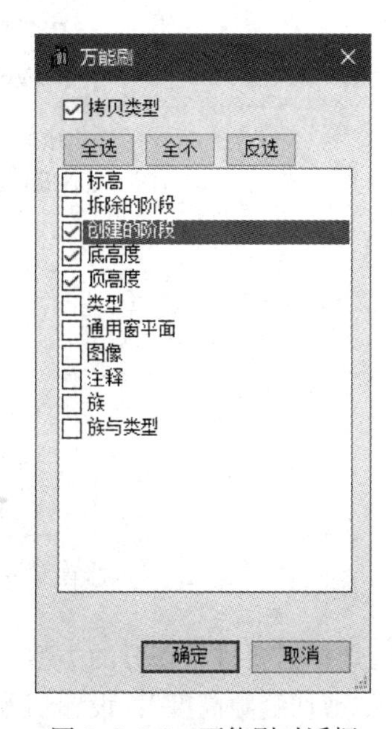


图 1.2.3-2 万能刷对话框

（3）选择需要进行匹配的目标对象，可以进行框选，会自动过滤可进行匹配的类型，见图 1.2.3-2。

（4）单击选项栏中的完成按键即可。

**注意**

“万能刷”对话框中显示的“拷贝类型”选项指的是对族类型进行复制，例如选择一个梁族 300×600 为源对象，如果勾选“拷贝类型”的话，刷到其他的梁族尺寸都将改为 300×600。

**2. 切墙柱**

**功能**

采用批处理的方式用楼层来剪切通长柱和墙。若将墙体或柱子绘制为通长，使用本命令可以将墙、柱构件快速按层切断。如果在创建墙或者柱的时候没有勾选按楼层切分的话，可以使用该命令对已经创建的柱子或墙进行切分。用选择的多个楼层对贯通墙或柱子进行分段，可以批量选择裁剪楼层，可以批量选择墙、柱，并且对切分开的墙、柱间距进行设置。

**使用方法**

（1）在【橄榄山快模】选项卡中的【模型批量修改工具】面板中启动【切墙柱】工具，见图 1.2.3-3。

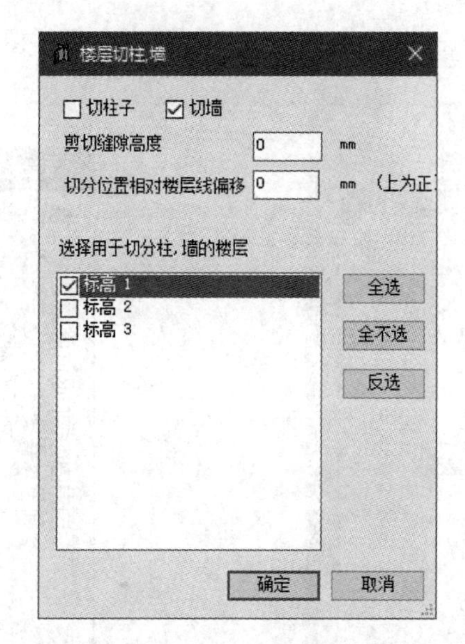


图 1.2.3-3 楼层切柱、墙对话框

（2）选择需要进行切分的类型。

（3）“剪切缝隙高度”：设置切分后的缝隙高度，单位为 mm。

（4）“切分位置相对楼层线偏移”：设置切割位置相对楼层标高的偏移值，其中正值为往上偏移，负值为往下偏移，单位为 mm。

（5）勾选用于切分墙或柱子的楼层，可进行全选、全不选或反选。

（6）点击“确定”，选择要进行切分的墙或柱子，支持框选，选好后点击选项栏中的“完成”即可。

**3. 编辑梁**

**功能**

编辑梁主要是解决平法结构模型翻模后梁的一些属性由于 DWG 表达的原因导致高度或编号信息丢失的问题，该命令能对平法自动翻模的结构模型中的梁进行快速修改。

**使用方法**

（1）在【橄榄山快模】选项卡中的【模型批量修改工具】面板中启动【编辑梁】工具，见图 1.2.3-4。

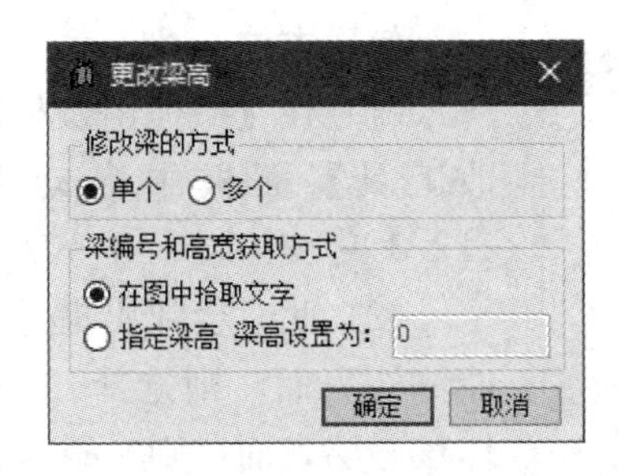


图 1.2.3-4 更改梁高对话框

（2）修改梁的方式：可以指定修改单根梁或者同时修改多根梁。

（3）梁编号和高宽获取方式：可以为要修改的梁指定修改尺寸，或者通过拾取图中的梁编号文字来进行修改。

（4）单击“确定”，选择需要进行修改的梁，拾取梁的标注即可（若选择指定方式，则在选择梁后，同样需要拾取标注来获得梁的编号信息）。

**4. 柱齐墙边**

**功能**

针对已创建好的墙柱相互关系的修改，可使柱子边缘对齐到墙的外边面或是墙核心层表面。

**使用方法**

（1）在【橄榄山快模】选项卡中的【模型批量修改工具】面板中启动【柱齐墙边】工具，见图 1.2.3-5。

（2）此时会弹出提示对话框，若需要将柱对齐到墙体外表面，则选择“是”；若需要将柱子对齐到墙体核心层表面，则选择“否”。

（3）选择需要对齐的墙体边线。

（4）对需要进行对齐的柱子进行选择，支持框选。

（5）选择需要对齐的柱子边线即可。

**注意**

如果是弧形墙的话，请选择单个柱子对齐，最后选择柱子上需对齐的点即可完成对齐操作。

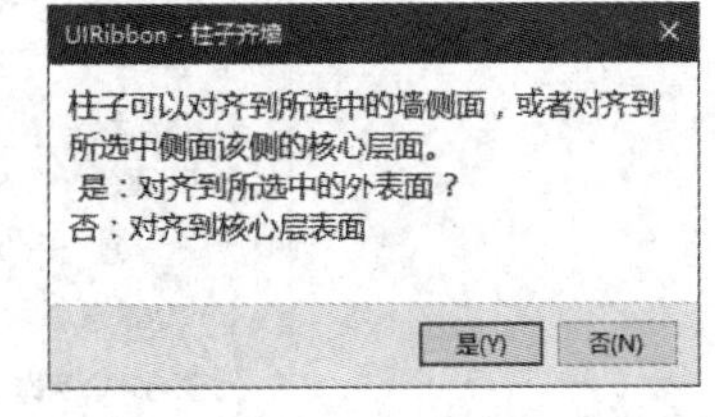


图 1.2.3-5 柱子齐墙提示对话框

**5. 墙齐柱边**

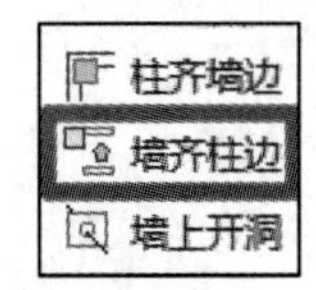


**功能**

针对已创建好的墙柱相互关系的修改，可使墙的外边面或是墙核心层表面对齐到柱边。其操作同“柱齐墙边”，见图 1.2.3-6。

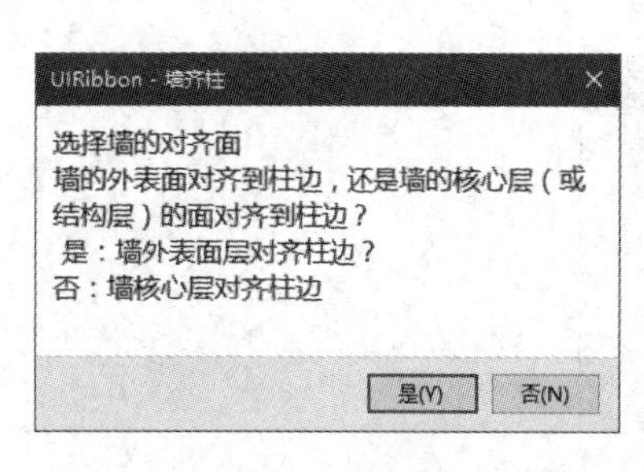


图 1.2.3-6　墙齐柱边提示对话框

**使用方法**

（1）在【橄榄山快模】选项卡中的【模型批量修改工具】面板中启动【墙齐柱边】工具，见图 1.2.3-6。

（2）此时会弹出提示对话框，若需要将柱对齐到墙体外表面，则选择“是”；若需要将柱子对齐到墙体核心层表面，则选择“否”。

（3）选择需要对齐到的柱子边线。

（4）选择需要与柱边对齐的墙体边线即可。

### 6. 墙上开洞

**功能**

（1）为模型中穿墙的水管、风管、桥架进行开洞。

（2）自定义选择是否添加套管，支持自定义修改套管的计算规则。

（3）支持链接模型。

**使用方法**

（1）在【模型深化】选项卡中的【开洞】面板中启动【墙上开洞】工具，见图 1.2.3-7。

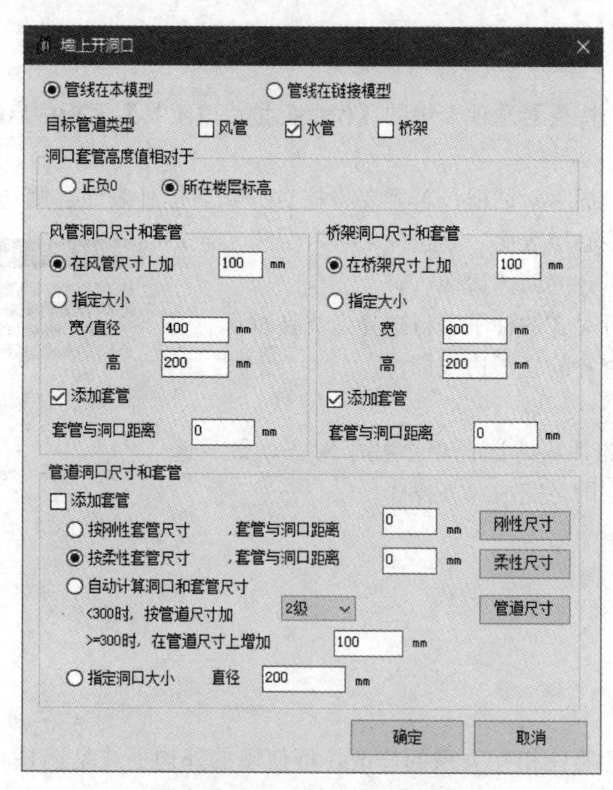


图 1.2.3-7　墙上开洞口对话框

（2）选择管线是在本模型还是在链接模型中（这里允许管线作为链接模型，但不支持将土建模型链接到管线模型中进行操作）。

（3）选择需要进行开洞的管道类型：风管、水管、桥架。

（4）洞口套管高度值相对于：选择生成的洞口以及套管的相对高度表达值。

（5）风管洞口尺寸和套管：设置洞口大小有两种方式，可以根据自己的需要进行选择。

① 在风管/桥架尺寸上加一定的数值。

② 自定义指定洞口大小（宽/高）。

若需要为当前管道添加套管，则可以直接勾选“添加套管”选项，同时指定洞口与套管之间的距离。

（6）桥架洞口尺寸和套管，与风管洞口尺寸和套管的设置方式相同。

（7）管道洞口尺寸和套管，选择是否需要为管道添加套管，若需要生成套管，则勾选“添加套管”选项即可，反之则不勾选。

生成洞口有以下 4 种方式（这里将按照不生成套管的方式讲解，即不勾选“添加套管”选项，生成套管的洞口计算规则与之相同，区别仅在于是否生成套管）。

①“按刚性套管尺寸”：此时程序会首先计算套管大小，再根据套管与洞口的距离来计算洞口大小，最后将不生成套管，只生成洞口。例如要为直径为 150 的管道进行墙上开洞，选择“按照刚性套管尺寸”，设置套管与洞口距离为 20，单击“刚性尺寸”，查看计算规则，见图 1.2.3-8～图 1.2.3-10。

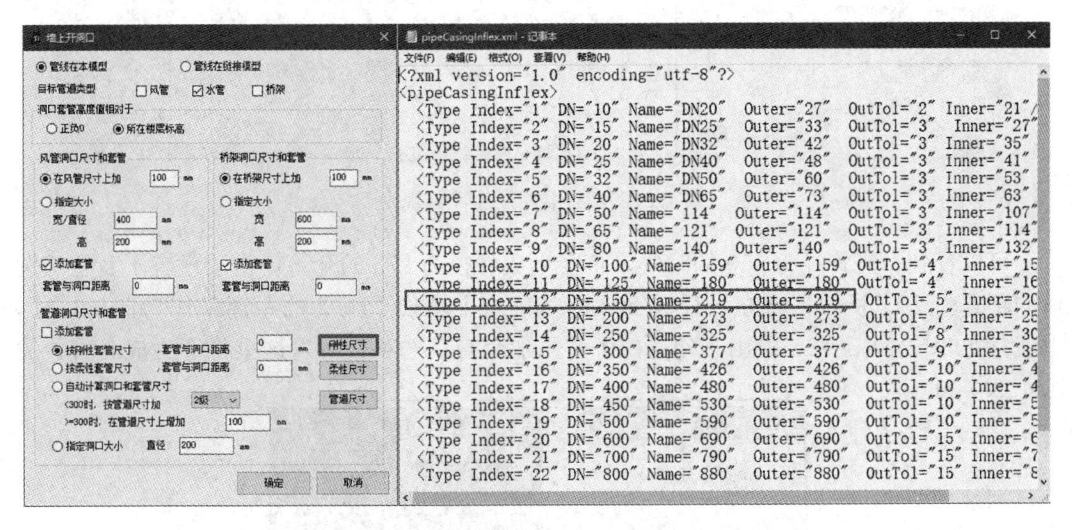


图 1.2.3-8 刚性尺寸计算规则

可以看到，当管径为 150 的时候，将会生成外径为 219 的套管，由于设置了套管与洞口的距离为 20，所以，将在外径为 219 的基础之上增加 20×2 的距离来作为洞口尺寸，也就是 219＋20×2＝259。由于勾选掉了“添加套管”选项，所以这里将不生成套管。

②“按柔性套管尺寸”：程序会首先计算套管大小，再根据套管与洞口的距离来计算洞口大小，最后将不生成套管，只生成洞口。例如，要为直径为 150 的管道进行墙上开洞，选择“按柔性套管尺寸”，设置套管与洞口的距离为 20，单击“刚性尺寸”，查看计算规则。

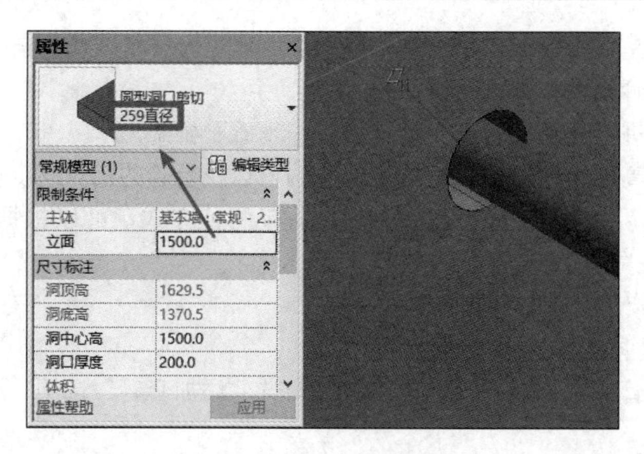


图 1.2.3-9　生成效果

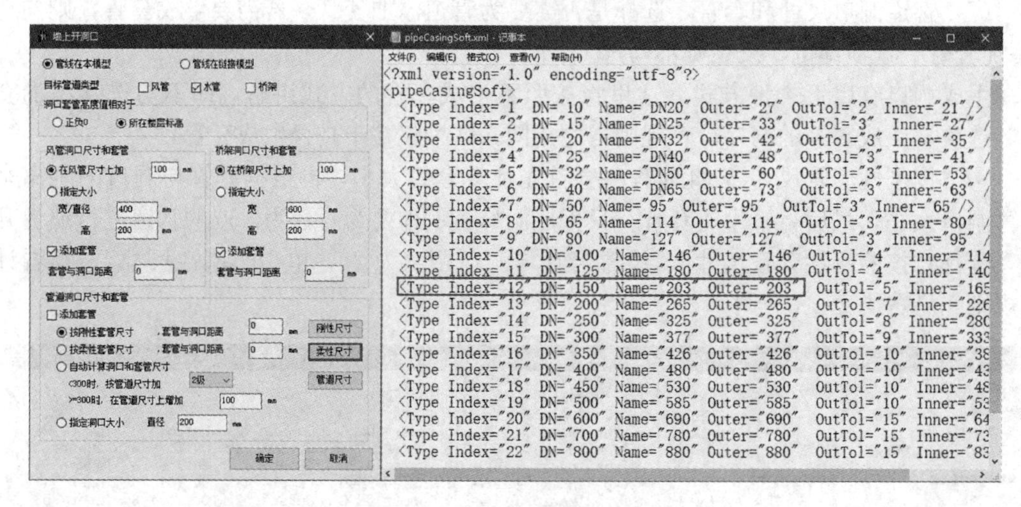


图 1.2.3-10　柔性尺寸计算规则

可以看到，当管径为 150 的时候，将会生成外径为 203 的套管，由于设置了套管与洞口的距离为 20，所以，将在外径为 203 的基础之上增加 20×2 的距离来作为洞口尺寸，也就是 203＋20×2＝243。由于勾选掉了“添加套管”选项，所以这里将不生成套管，见图 1.2.3-11。

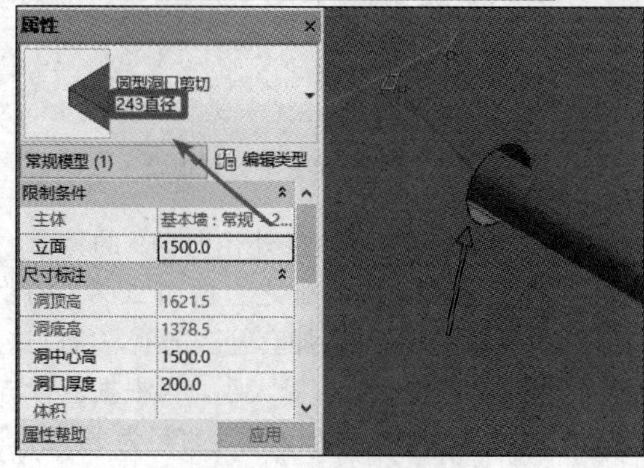


图 1.2.3-11　生成效果

③“自动计算洞口和套管尺寸”：当开洞的管道尺寸小于300的时候，可以选择1级或者2级来为其添加洞口，不同级别对应生成的洞口尺寸将不相同（其计算方式与前两种方式相同，不过此种方式默认洞口与管道之间的距离为0，也就是说，会按照套管的尺寸大小生成洞口），单击“管道尺寸”，查看计算规则，见图1.2.3-12。

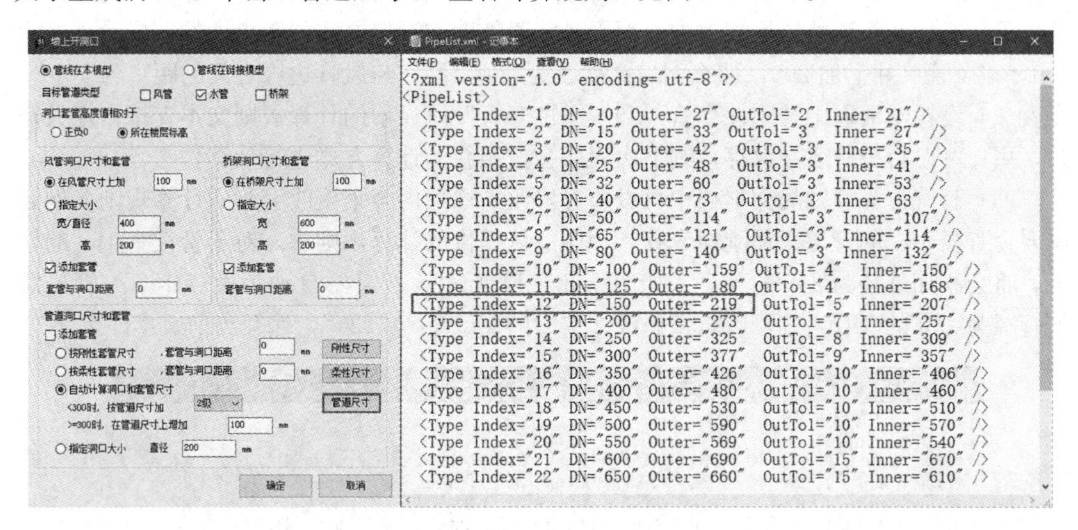


图1.2.3-12　管道尺寸计算规则

“1级”将按照计算规则中开洞管道直径向下推一的管道直径来进行开洞，“2级”则是按照当前管道直径向下推二进行开洞。

例如：要为直径为150的管道进行墙上开洞，选择“自动计算洞口和套管尺寸”，若选择1级，则会按照直径为200的管道计算生成洞口，也就是直径为273；若选择2级，则会按照直径为250的管道计算生成洞口，也就是直径为325，见图1.2.3-13。

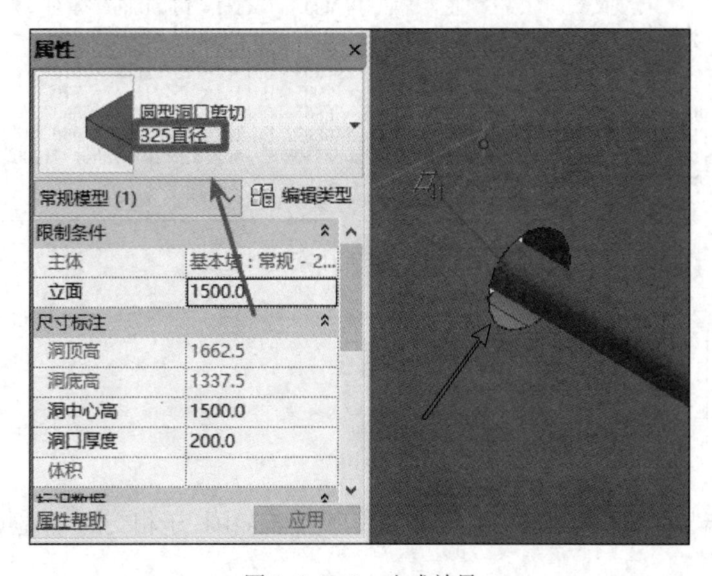


图1.2.3-13　生成效果

④“指定洞口大小”：可以直接为洞口指定大小。

（8）设置完成后单击“确定”，选择需要进行开洞的管道，这里支持框选，然后单击选项栏中的“完成”按键即可。

**注意**

（1）步骤 4 对风管的洞口设置中，若选择“在风管/桥架尺寸上加”选项，则需要注意这里指的是在管道整体尺寸上加，而不是管道外壁与洞口之间的距离，例如风管高度为 300，在风管尺寸上加 200，那么洞口高度就为 500，洞口与风管边缘之间的距离为 100。

（2）设置对话框中“刚性套管”和“柔性套管”所显示的计算规则文本支持自定义修改，用户可以自行修改并保存，则下次程序会按照新的计算方式进行计算。

（3）套管计算规则的文本档中可以通过修改、添加内容来更改套管的计算规则。例如需要为直径 150 的管道添加刚性套管，程序默认提供的计算规则中，对于管径为 150 的管道，将会添加外径为 219 的套管，如图 1.2.3-14 所示，若需要自动为管径 150 的管道添加管径为 230 的套管，则可以直接修改文本中的 Outer＝“230”，保存当前文本即可。

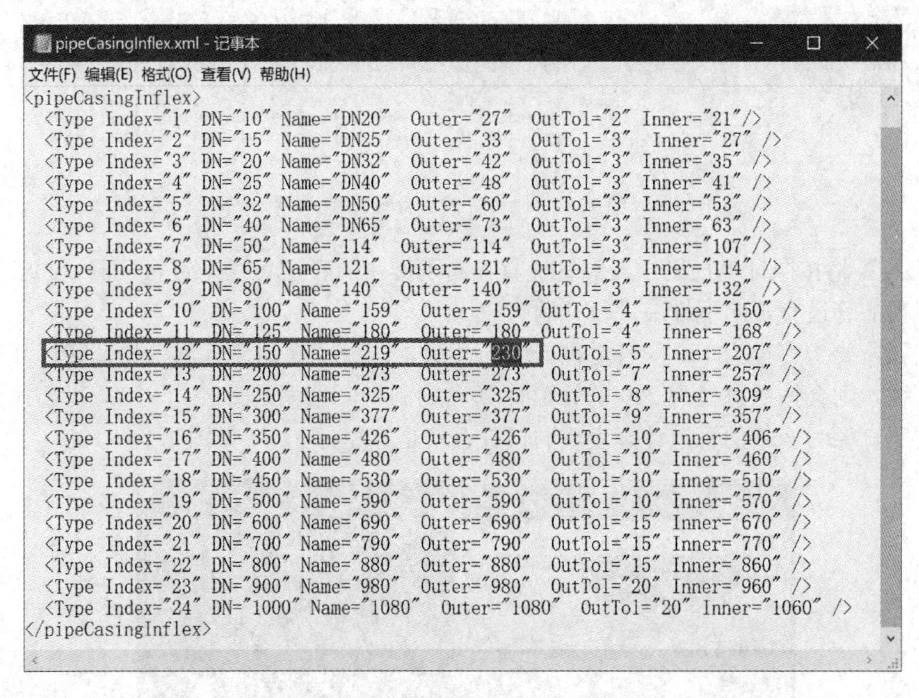


```
<pipeCasingInflex>
  <Type Index="1" DN="10" Name="DN20"  Outer="27"  OutTol="2" Inner="21"/>
  <Type Index="2" DN="15" Name="DN25"  Outer="33"  OutTol="3"  Inner="27" />
  <Type Index="3" DN="20" Name="DN32"  Outer="42"  OutTol="3" Inner="35" />
  <Type Index="4" DN="25" Name="DN40"  Outer="48"  OutTol="3" Inner="41" />
  <Type Index="5" DN="32" Name="DN50"  Outer="60"  OutTol="3" Inner="53" />
  <Type Index="6" DN="40" Name="DN65"  Outer="73"  OutTol="3" Inner="63" />
  <Type Index="7" DN="50" Name="114"  Outer="114"  OutTol="3" Inner="107"/>
  <Type Index="8" DN="65" Name="121"  Outer="121"  OutTol="3" Inner="114" />
  <Type Index="9" DN="80" Name="140"  Outer="140"  OutTol="3" Inner="132" />
  <Type Index="10" DN="100" Name="159"  Outer="159" OutTol="4"  Inner="150" />
  <Type Index="11" DN="125" Name="180"  Outer="180" OutTol="4"  Inner="168" />
  <Type Index="12" DN="150" Name="219"  Outer="230"  OutTol="5" Inner="207" />
  <Type Index="13" DN="200" Name="273"  Outer="273"  OutTol="7" Inner="257" />
  <Type Index="14" DN="250" Name="325"  Outer="325"  OutTol="8" Inner="309" />
  <Type Index="15" DN="300" Name="377"  Outer="377"  OutTol="9" Inner="357" />
  <Type Index="16" DN="350" Name="426"  Outer="426"  OutTol="10" Inner="406" />
  <Type Index="17" DN="400" Name="480"  Outer="480"  OutTol="10" Inner="460" />
  <Type Index="18" DN="450" Name="530"  Outer="530"  OutTol="10" Inner="510" />
  <Type Index="19" DN="500" Name="590"  Outer="590"  OutTol="10" Inner="570" />
  <Type Index="20" DN="600" Name="690"  Outer="690"  OutTol="15" Inner="670" />
  <Type Index="21" DN="700" Name="790"  Outer="790"  OutTol="15" Inner="770" />
  <Type Index="22" DN="800" Name="880"  Outer="880"  OutTol="15" Inner="860" />
  <Type Index="23" DN="900" Name="980"  Outer="980"  OutTol="20" Inner="960" />
  <Type Index="24" DN="1000" Name="1080"  Outer="1080"  OutTol="20" Inner="1060" />
</pipeCasingInflex>
```

图 1.2.3-14　套管计算规则更改

**7. 柱断墙**

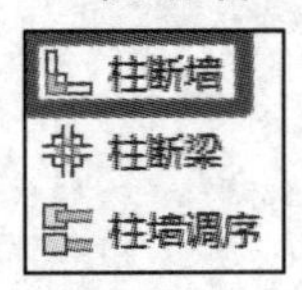


**功能**

（1）修改墙与柱的相交部分，此命令会将所有与选中柱子相交的墙端点对齐到柱子的边缘。

（2）支持链接模型。

（3）将墙体打断成多个部分，端点位于柱子边缘。

**使用方法**

(1) 在【橄榄山快模】选项卡中的【模型批量修改工具】面板中启动【柱断墙】工具，见图 1.2.3-15。

(2) 选择需要切墙的柱子是在当前模型还是在链接模型中。

(3) 选择需要进行切墙的柱子，支持框选。

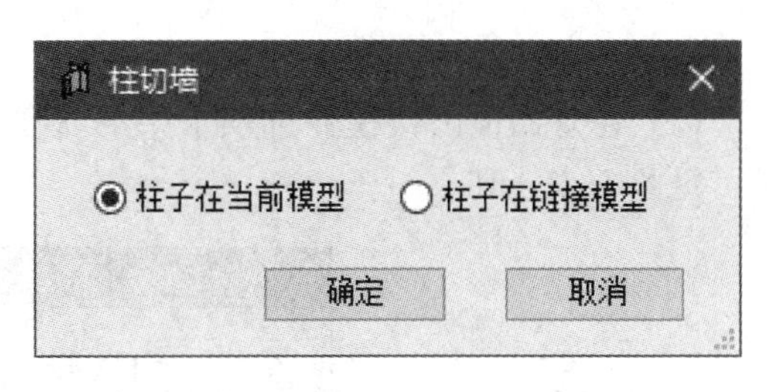


图 1.2.3-15 柱切墙对话框

(4) 框选完成后单击选项栏中的“完成”即可。

**8. 柱断梁**

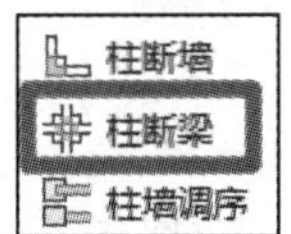


**功能**

(1) 修改梁与柱的相交部分，此命令将所有与选中柱子相交的梁端点对齐到柱子的边缘。

(2) 将梁断开为多个部分，梁端点位于柱子边缘位置。

**使用方法**

(1) 在【橄榄山快模】选项卡中的【模型批量修改工具】面板中启动【柱切梁】工具。

(2) 选择需要进行切梁的柱子，支持框选。

(3) 单击选项栏中的“完成”即可。

**9. 柱墙调序**

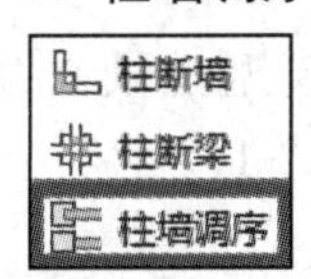


**功能**

批量互换柱与墙的扣减次序（要求 Revit2014 版本及以上）。

**使用方法**

(1) 在【橄榄山快模】选项卡中的【模型批量修改工具】面板中启动【柱墙调序】工具。

(2) 选择需要进行扣减的柱子，支持框选。

(3) 单击选项栏中的“完成”即可。

**10. 墙倒角**

**功能**

可对两个相交的直线墙进行倒角，角度可以不为直角。不适用于两个弧形墙。

**使用方法**

（1）在【橄榄山快模】选项卡中的【模型批量修改工具】面板中启动【墙倒角】工具，见图 1.2.3-16。

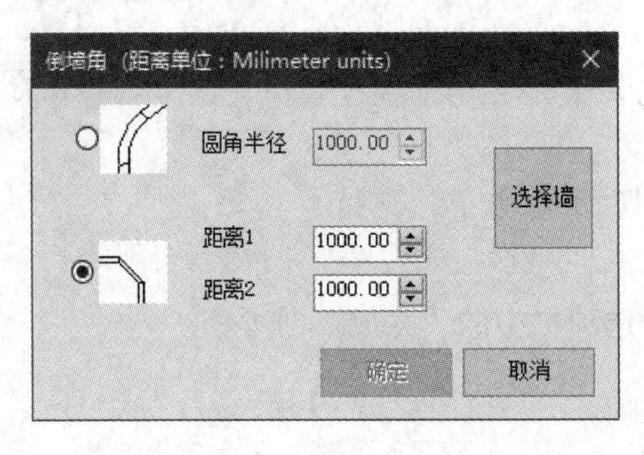


图 1.2.3-16　倒墙角对话框

（2）选择倒角样式。若选择为弧形倒角，则指定圆角半径；若选择为直线段倒角，则指定倒角距离。

（3）点击“选择墙”，拾取需要进行倒角的墙体。

（4）单击“确定”即可。

**11. 墙断开**

**功能**

在选中的墙体或节点处断开墙的连接关系。

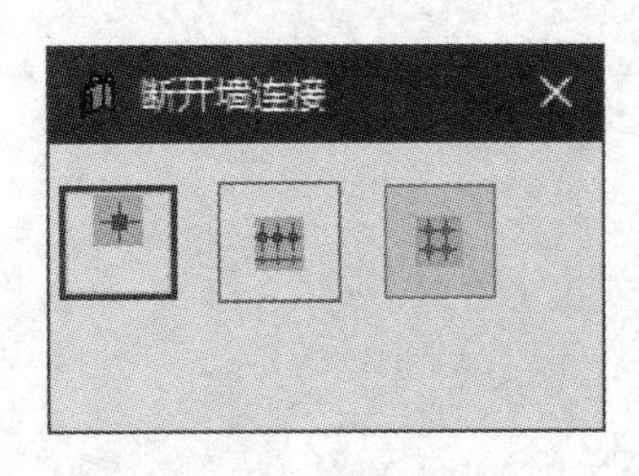


图 1.2.3-17　选择断开墙连接方式对话框

**使用方法**

（1）在【橄榄山快模】选项卡中的【模型批量修改工具】面板中启动【墙断开】工具，见图 1.2.3-17。

（2）对话框中提供了三种断开方式：

① 在墙体一端断开，距离鼠标点击墙体点近的段部会断开。

② 墙体两段都会断开。

③ 框选到的墙体两段都会断开。

**12. 梁齐斜板**

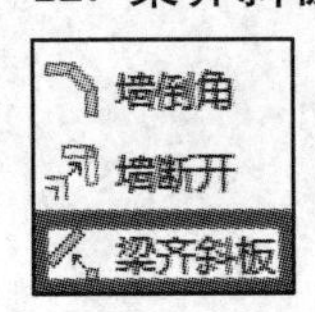


**功能**

可以将斜板或斜屋顶下的梁自动调整对齐到斜板或斜屋顶表面（若坡道用板绘制，也可将坡道下的梁自动对齐）。

**使用方法**

（1）在【橄榄山快模】选项卡中的【模型批量修改工具】面板中启动【梁齐斜板】工具，见图 1.2.3-18。

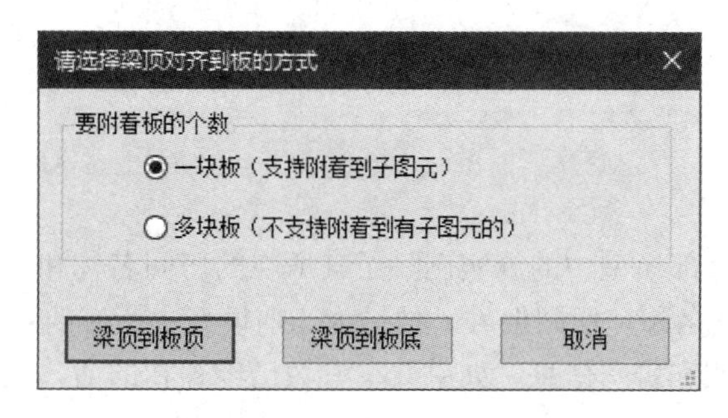


图 1.2.3-18 梁顶对齐到板对话框

（2）选择需要对齐的斜板或者屋面。

（3）选择需要对齐的梁，支持框选。

（4）单击选项栏中的“完成”按键即可。

**注意**

梁需要在楼板的投影范围内

**13. 墙齐梁板**

**功能**

可以批量实现让墙自动对齐到顶部或者底部的梁、板，对齐位置可自定义选择；支持对链接模型中构件的自动对齐。

**使用方法**

（1）在【橄榄山快模】选项卡中的【模型批量修改工具】面板中启动【墙齐梁板】工具，见图 1.2.3-19。

（2）选择梁板所在模型，若在链接模型中，则选择“梁板在链接模型中”选项。

（3）选择对齐方式与对齐构件。对齐方式有上齐与下齐。上齐指将墙体与墙体上部构件（梁或板）进行对齐，下齐指将墙体与墙体下部构件（梁或板）进行对齐。

（4）单击“确定”，选择需要进行对齐操作的墙体，支持框选。

（5）单击选项栏中的“完成”，执行自动对齐操作即可。

**注意**

墙梁相交的时候，程序对齐的墙体为建筑墙，结构墙体在 Revit 中会默认切掉梁；结构墙未与梁相交的时候（墙体顶高度小于梁顶高度），程序可以将结构墙体对齐。

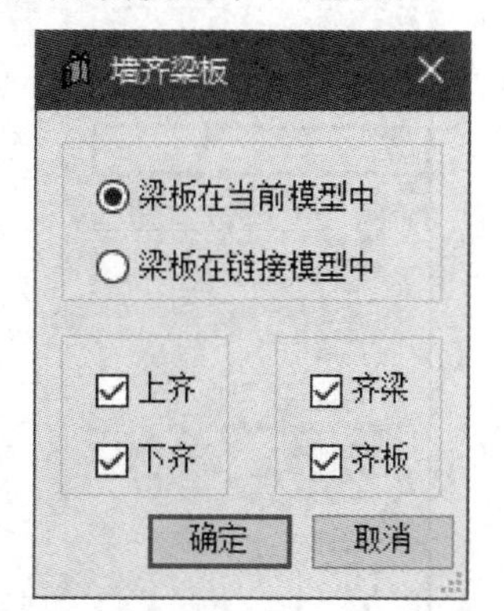


图 1.2.3-19 墙齐梁板对话框

## 1.2.4　房间工具

### 1. 附房间名

**功能**

可以批量处理为全部模型中的族实例赋予其所在的房间名称和房间编号信息。命令自动创建共享参数：房间名称和房间编号。批量为当前模型中所有的可添加房间信息的族实例添加这两个共享参数和房间信息。如果共享参数已经存在的话，该命令将更新族实例的房间名称和房间编号。

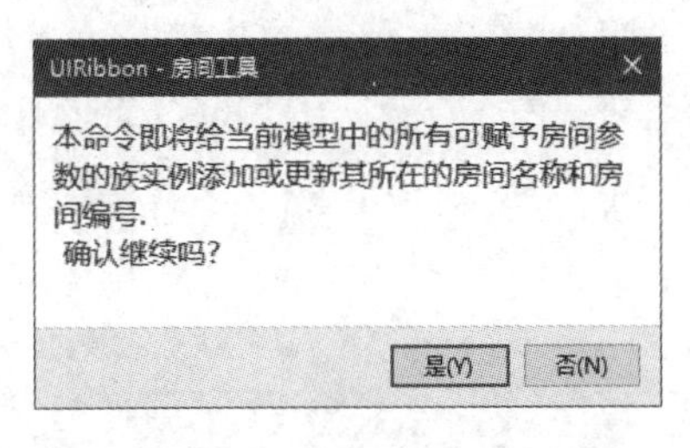


图 1.2.4-1　房间工具提示对话框

**使用方法**

（1）首先需要为模型创建好房间。

（2）在【橄榄山快模】选项卡中的【房间工具】面板中启动【附房间名】工具，弹出如图 1.2.4-1 对话框。

（3）对话框提示“本命令即将给当前模型中的所有可赋予房间参数的族实例添加或更新其所在的房间名称和房间编号，确认继续吗?”点击“是”即可。

（4）选中房间内的任意族实例进行查看。

**注意**

门窗的开启方向需要向房间内，若是向外则无法进行编号，如图 1.2.4-2 所示。

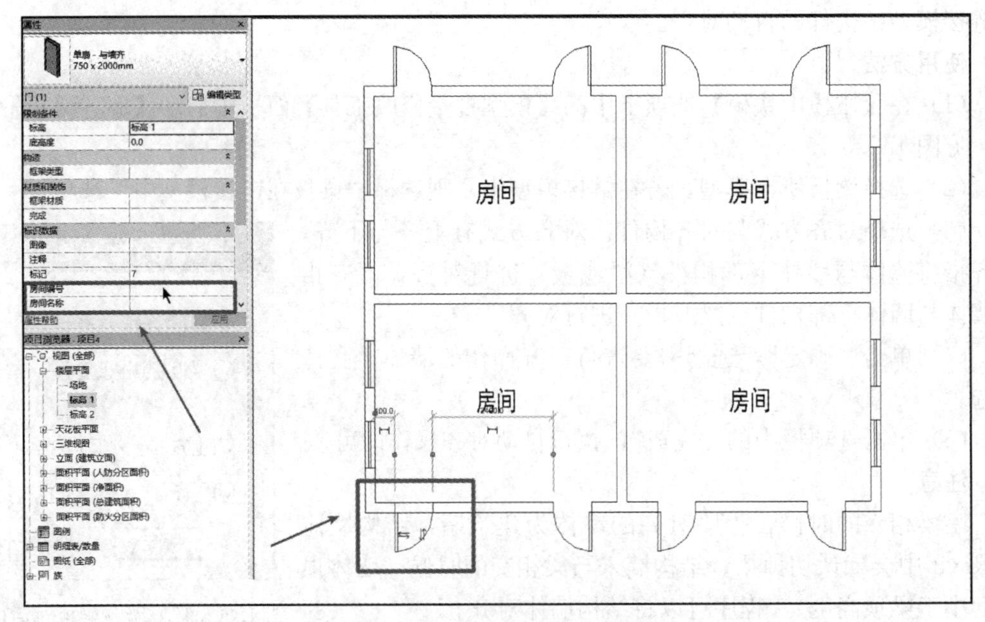


图 1.2.4-2　生成效果示意图

## 2. 批建房间

**功能**

按照楼层为当前模型批量创建房间。

**使用方法**

（1）在【橄榄山快模】选项卡中的【房间工具】面板中启动【批建房间】工具，见图1.2.4-3。

（2）选择需要生成的房间的楼层标高（楼层按照底部标高），单击“确定”即可。

（3）若选择的楼层中已经创建了部分房间，则 Revit 会提示有房间重叠，如图1.2.4-4所示，单击对话框左下角的“删除房间”即可，程序会保留原有房间，删除新生成的房间。

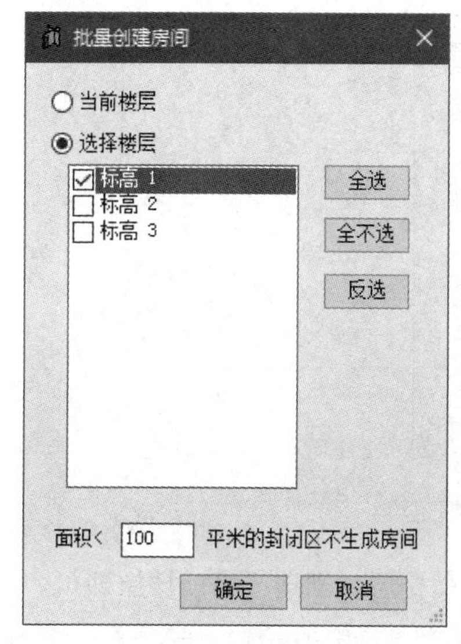


图 1.2.4-3 批量创建房间对话框

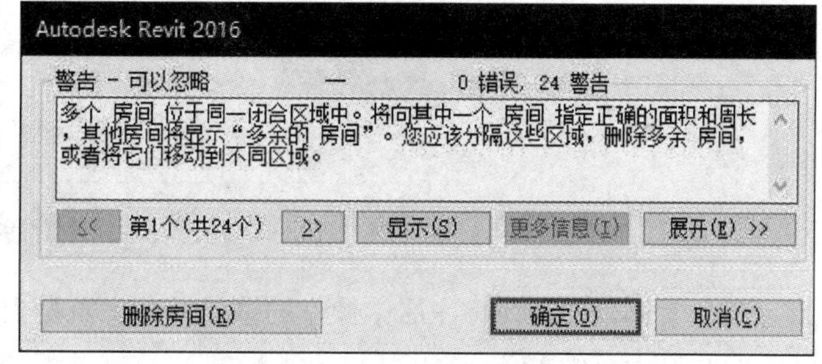


图 1.2.4-4 房间重叠提示框

## 3. 空间改名

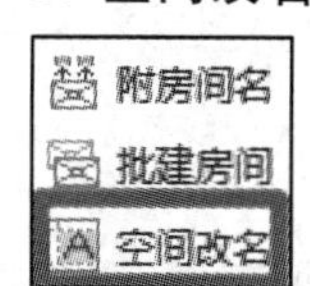


**功能**

批量将空间名称修改为其所在房间的名称。

**使用方法**

（1）在【橄榄山快模】选项卡中的【房间工具】面板中启动【空间改名】工具。

（2）选择需要进行改名操作的空间，支持框选。

（3）单击选项栏中的“完成”即可。

**4. 标注居中**

**功能**

本命令将根据楼层将当前模型内的所有房间的标注居中，包括房间对象的交叉点也居中。

**使用方法**

（1）在【橄榄山快模】选项卡中的【房间工具】面板中启动【标注居中】工具，见图1.2.4-5。

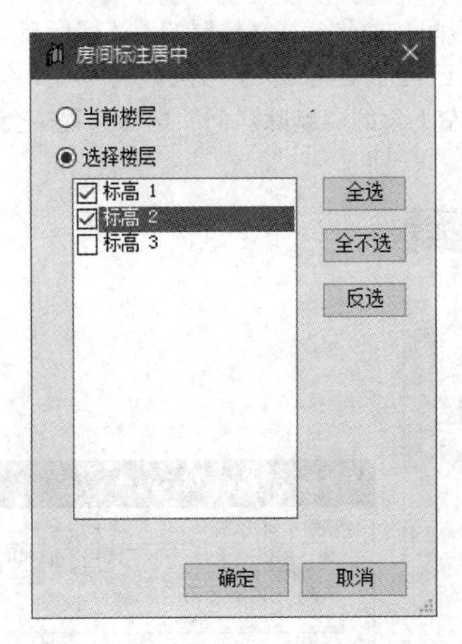


图 1.2.4-5　房间标注居中对话框

（2）勾选需要进行标注居中操作的楼层标高，若是当前楼层，则选择当前楼层即可。

（3）单击"确定"。

**5. 属性刷**

**功能**

该命令的用法类似于万能刷，不过该命令可以在未添加房间的区域自动创建房间。需注意，点击的区域是以图元（墙、楼板和顶棚）和分隔线为界限的区域才可以自动创建房间。

**使用方法**

（1）在【橄榄山快模】选项卡中的【房间工具】面板中启动【属性刷】工具，见图1.2.4-6。

（2）选择源房间（从源房间中选择匹配信息）。

（3）在弹出的对话框中勾选需要进行匹配的参数信息。

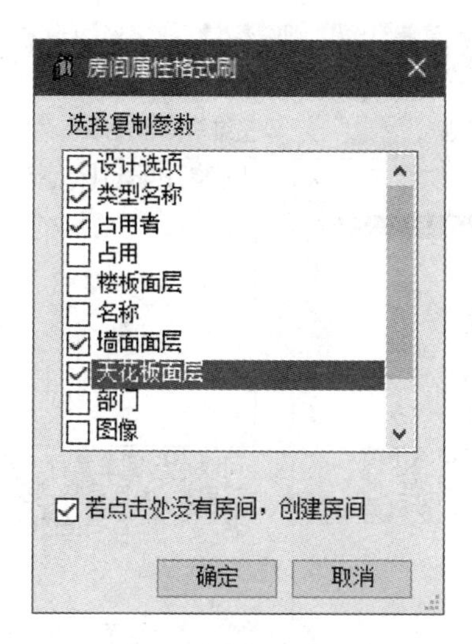


图 1.2.4-6　房间属性格式刷匹配参数对话框

（4）若需要匹配的区域无房间，可以勾选“若点击处没有房间，创建房间”选项，则会在该区域创建房间，同时将选择参数进行匹配。

（5）单击确定，此时鼠标指针变为十字光标，拖动鼠标在目标房间区域单击即可。

**6. 三维房名**

**功能**

按照楼层为当前模型中的房间创建三维视图下可见的房间文字。支持用户自定义房间三维文字中需要添加的字符串组内容。

**使用方法**

（1）首先创建三维文字，本工具将根据创建好的三维文字样式来创建房间的三维文字。

（2）在【橄榄山快模】选项卡中的【房间工具】面板中启动【三维房名】工具，见图 1.2.4-7。

（3）拾取已经创建好的三维文字。

（4）选择需要生成三维文字的楼层标高，若只需要在本层创建，则选择“当前楼层”。

（5）点击“自定义房间名”，在对话框左侧，双击需要与房间名称一同生成三维文字的参数信息将其添加到右侧表达框中，添加完成后可以在右侧对话框中修改参数信息的排序，可以添加回车行等，需要注意的是，不要在右侧的表达框中输入“^”和“ ”字符，见图 1.2.4-8。

（6）单击“确定”返回到上一对话框，再次单击

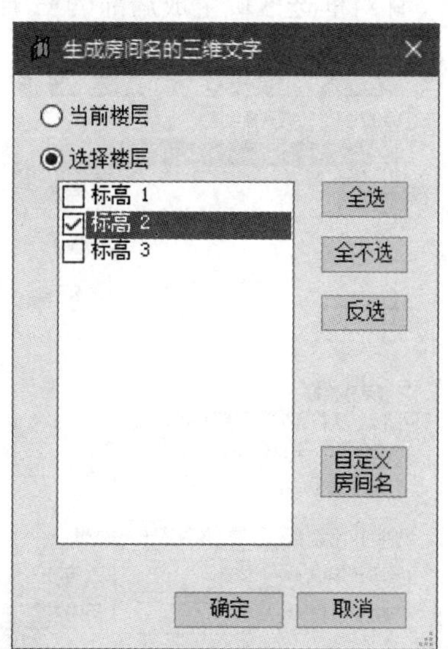


图 1.2.4-7　生成房间名的三维文字对话框

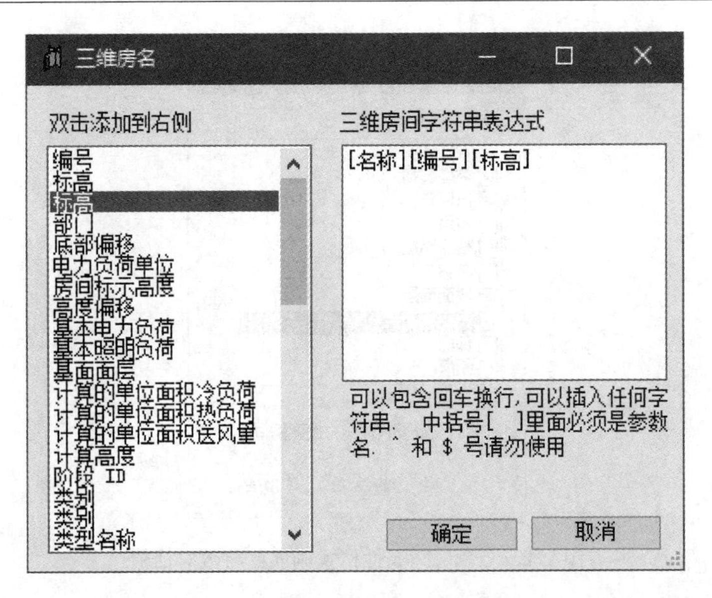


图 1.2.4-8 添加房间名参数表达式对话框

“确定”即可完成操作。

## 1.2.5 视图工具

### 1. 局部 3D

**功能**

针对框选区域生成局部的三维视图，支持自定义选择需要生成局部三维视图的楼层标高以及其上下偏移值；支持自定义选择是否显示剪裁框；支持自定义选择生成为临时视图或永久视图，同时支持自定义命名视图；自定义选择构件的可见性。

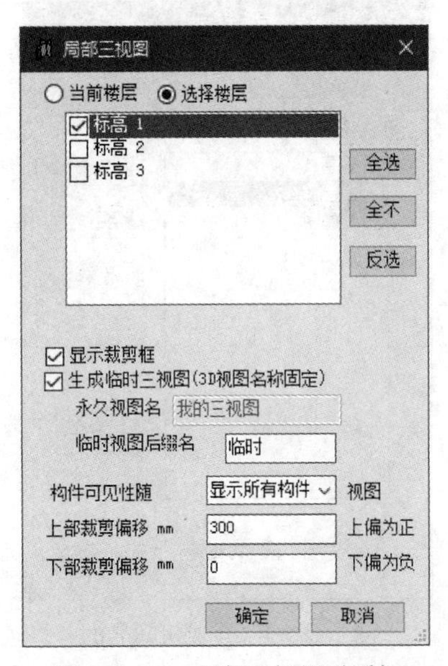


图 1.2.5-1 局部三视图对话框

**使用方法**

（1）在【橄榄山快模】选项卡中的【视图工具】面板中启动【局部 3D】工具，见图 1.2.5-1。

（2）选择需要生成局部三维视图的楼层标高，若只需要在当前楼层生成，则选择“当前楼层”。

（3）选择是否显示剪裁框。

（4）选择是否生成临时三视图，若勾选该选项，则会生成临时三视图，在临时三视图的后缀称框中可以对临时视图名称后缀进行修改；若不勾选，则会生成永久视图，同时激活永久视图命名框，可以进行自定义视图命名。

（5）自定义选择构件的可见性跟随视图。

（6）自定义指定剪裁边界的偏移值，默认正值为向上偏移，负值为向下偏移（下部偏移距离中填写负值）。

（7）设定完成后单击确定即可。

**2. 构件 3D**

**功能**

对所选择的构件生成三视图。

**使用方法**

（1）选择需要进行查看的构件（注意这里需要是可载入族）。

（2）在【橄榄山快模】选项卡中的【视图工具】面板中启动【构件 3D】工具即可。

**3. 楼层 3D**

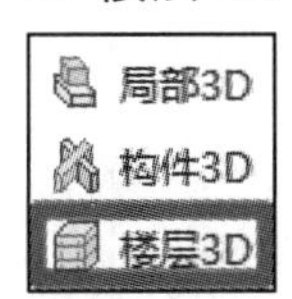


**功能**

快速生成各个楼层的 3D 视图。

**使用方法**

（1）在【橄榄山快模】选项卡中的【视图工具】面板中启动【楼层 3D】工具，见图 1.2.5-2。

（2）勾选需要生成 3D 视图的楼层标高。

（3）勾选是否显示剪裁框。

（4）勾选是否生成临时三视图。

（5）选择将要生成的 3D 视图中的构件的可见性。

（6）设置楼层 3D 视图中的上、下偏移值，默认正值为向上偏移，负值为向下偏移。

（7）单击确定即可。

**注意**

勾选多个楼层时，将会生成连续的楼层 3D 视图，即最低楼层与最高楼层之间的所有楼层。

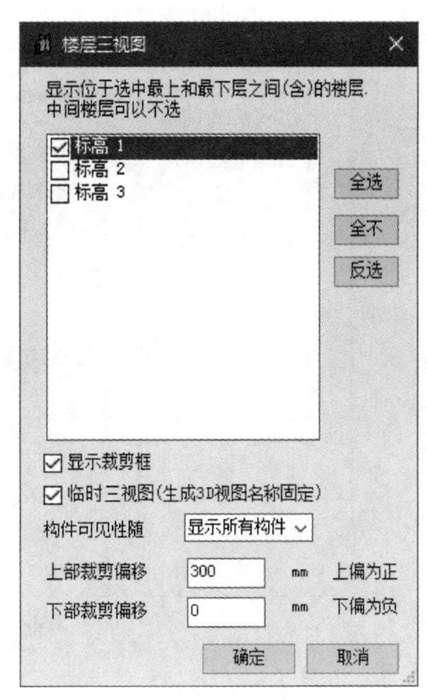


图 1.2.5-2　楼层三视图对话框

**4. 视图切换**

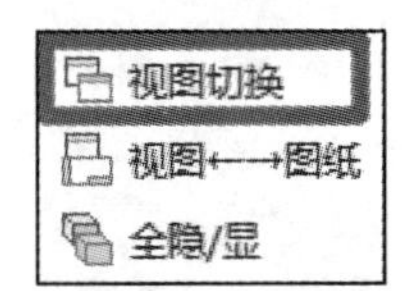


**功能**

在最近打开的两个视图之间快速切换。

**使用方法**

（1）在【橄榄山快模】选项卡中的【视图工具】面板中启动【视图切换】工具，则当前视图会自动切换到最近打开的视图。

（2）建议为本工具设置快捷键，在进行操作时，可以直接通过快捷键来完成视图之间的切换。

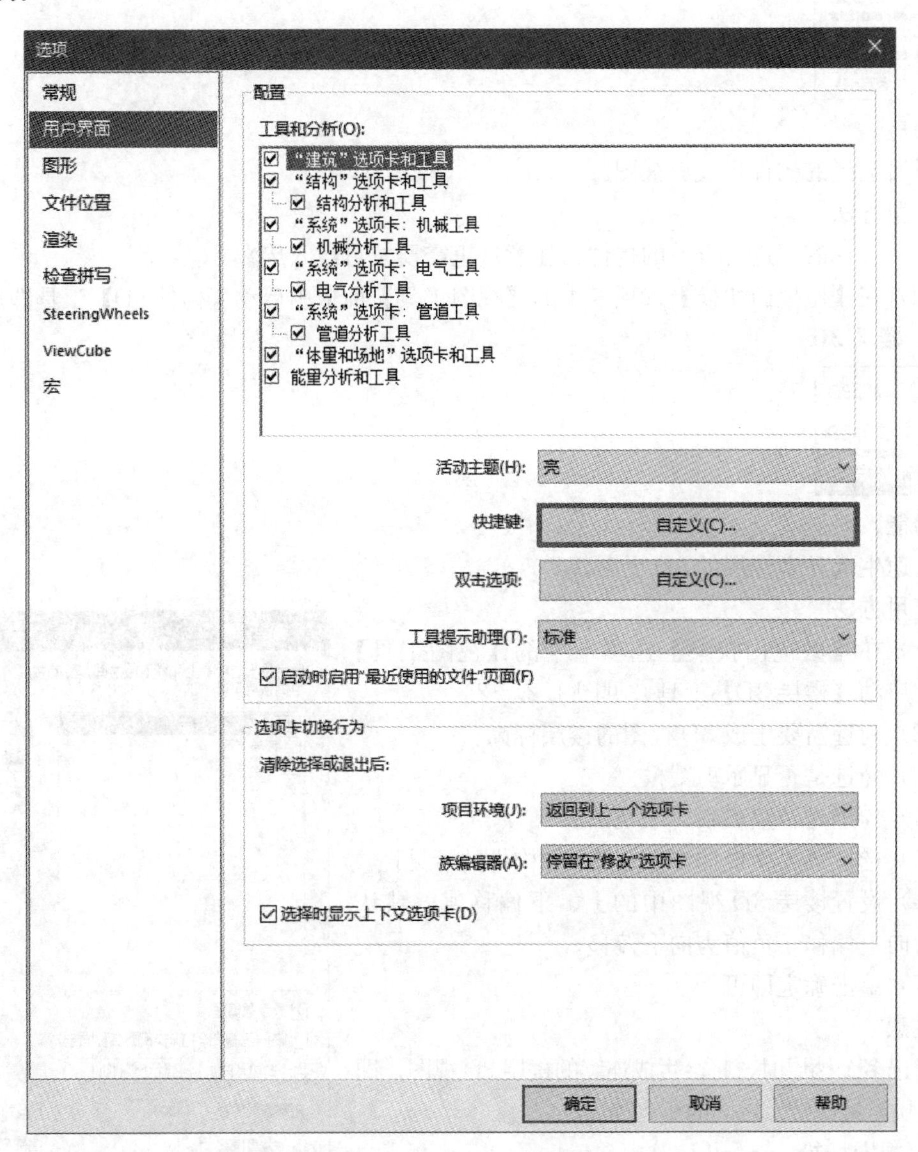


图 1.2.5-3　Revit 用户界面

① 打开 Revit "快捷键" 对话框，见图 1.2.5-3、图 1.2.5-4。

② 在 "搜索" 对话框中输入 "视图切换"，见图 1.2.5-5。

③ 选中 "修改" 命令，在对话框下方输入需要指定的快捷键，然后单击 "指定"，见图 1.2.5-6。

④ 单击 "确定" 即可。

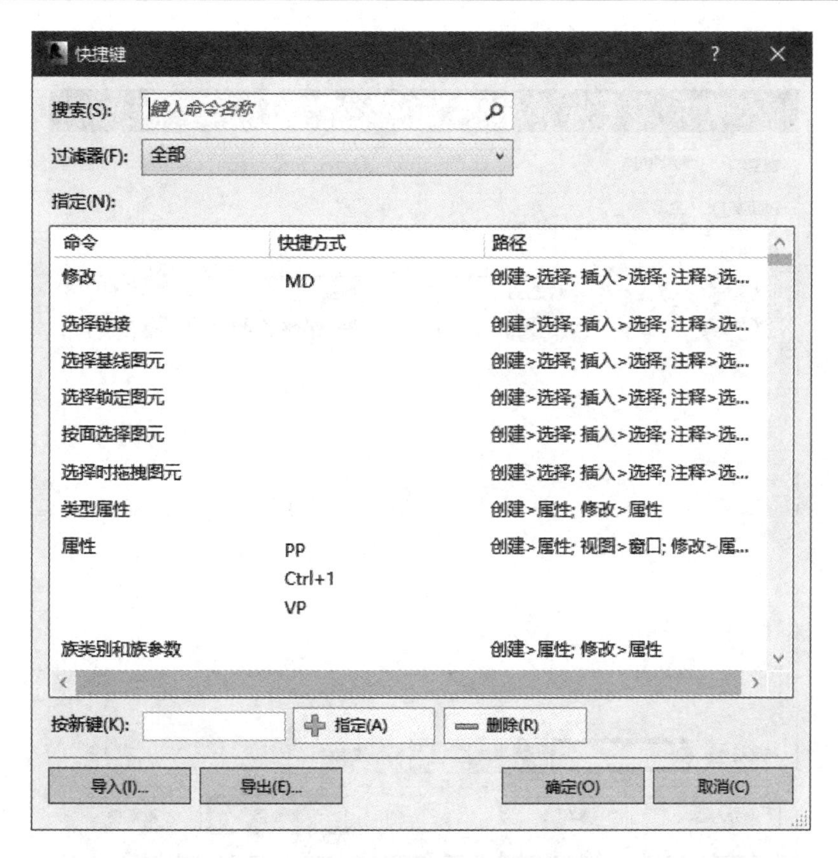


图 1.2.5-4 Revit 快捷键对话框

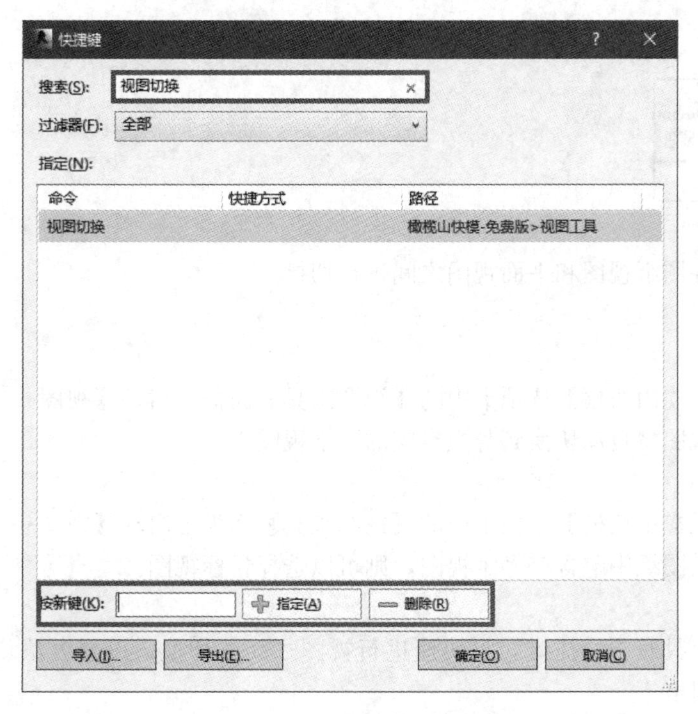


图 1.2.5-5 Revit 搜索工具示意图

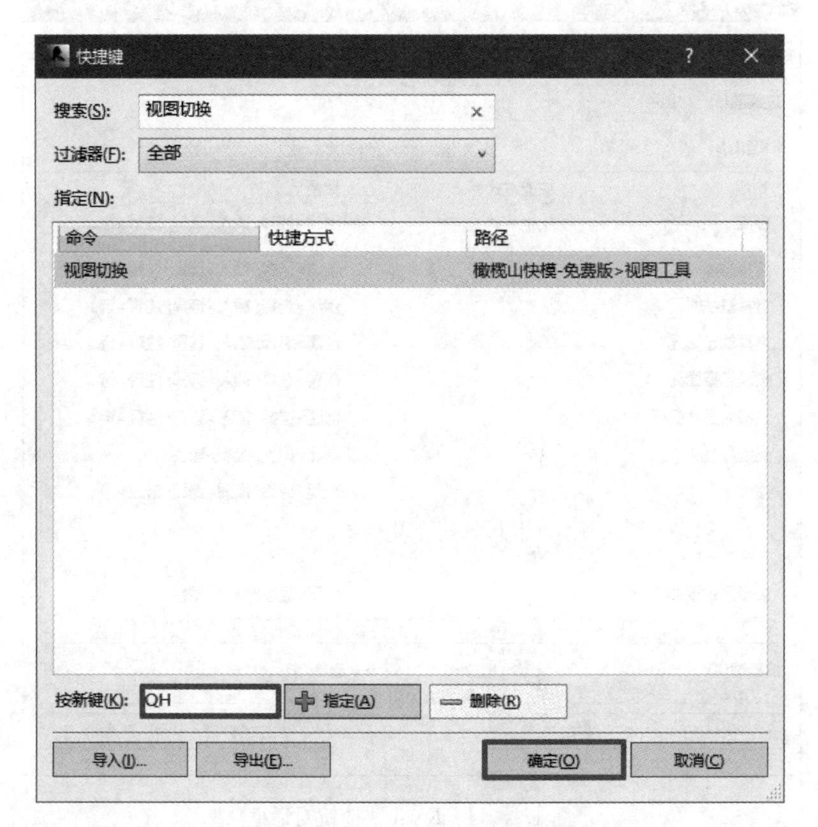


图 1.2.5-6　Revit 指定快捷键示意图

## 5. 视图←→图纸

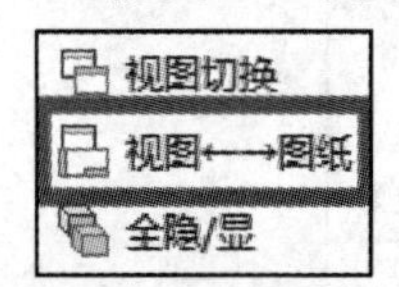


**功能**

可以快速在图纸视图和平面视图之间进行切换

**使用方法**

视图→图纸

(1) 在【橄榄山快模】选项卡中的【视图工具】面板中启动【视图←→图纸】工具。

(2) 此时视图将自动切换到与之对应的图纸视图中。

图纸→视图

(1) 在【橄榄山快模】选项卡中的【视图工具】面板中启动【视图←→图纸】工具。

(2) 若当前图纸中包含有多个视图，则可以选择目标视图。

**注意**

建议为该工具赋予快捷键，可快速进行视图之间的切换，设置方法可参考“视图切换”工具中的讲解。

**6. 全隐/显**

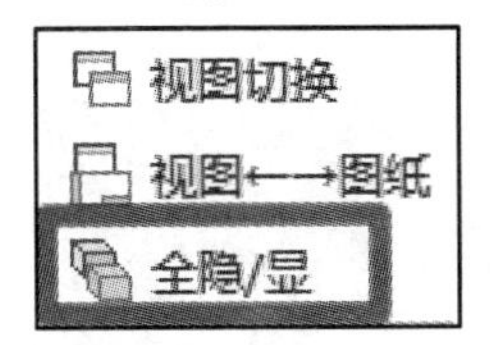


**功能**

可以控制选中构件在所有视图中的显示与隐藏。

**使用方法**

（1）选中需要进行隐藏或者显示的构件。

（2）在【橄榄山快模】选项卡中的【视图工具】面板中启动【全显/隐】工具。

## 1.3 橄榄山快图

### 1.3.1 尺寸标注

**1. 门窗标注**

**功能**

用于创建第三道门窗及洞口的尺寸标注。

**使用方法**

（1）在【快图】选项卡中的【尺寸标注】工具面板中启动【门窗标注】工具。

（2）选择需要进行门窗及洞口标注的墙体。

（3）选择完成后单击选项栏中的“完成”。

（4）指定第三道尺寸线的位置。

**2. 两点标注**

**功能**

在平面视图中对任意两点进行尺寸标注。

**使用方法**

（1）在【快图】选项卡中的【尺寸标注】面板中启动【两点标注】工具。

（2）此时鼠标指针变为十字光标，任意点击两点。

（3）选择放置尺寸线的位置。

**3. 3D 测距**

**功能**

可以方便地在 3D 视图下测量两个面之间的距离。

**使用方法**

（1）在【快图】选项卡中的【尺寸标注】面板中启动【3D 测距】工具。

（2）依次点选需要进行测量的两个面即可，会在绘图区域右上角显示当前的测量距离。

## 1.3.2 文字工具

**1. 改族文字**

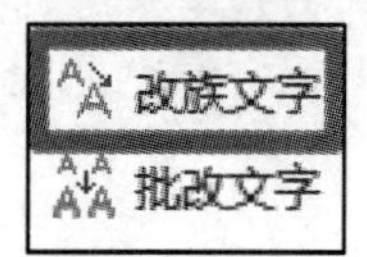


**功能**

修改族编辑器内的文字样式，使用橄榄山工具提供的样式修改族内文字样式，并且可以批量修改（本工具只能在族编辑器中使用）。

**使用方法**

（1）在【快图】选项卡中的【文字工具】面板中启动【改族文字】工具，见图 1.3.2-1。

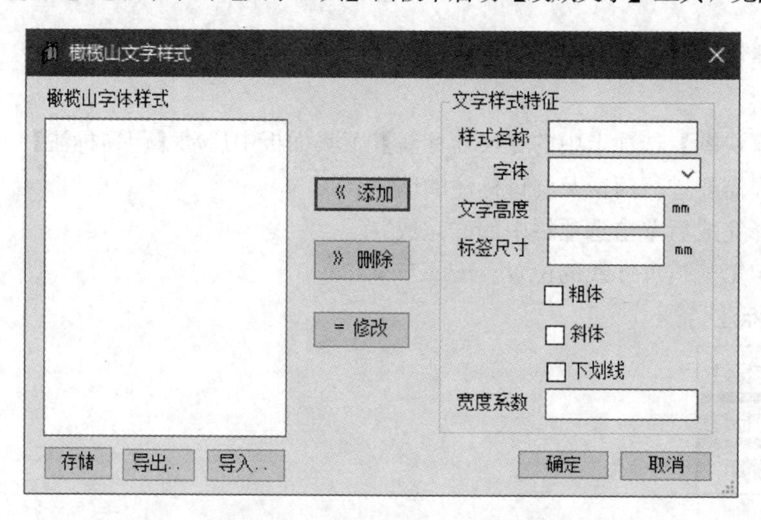


图 1.3.2-1 橄榄山文字样式对话框

（2）为当前族创建一个常用文字样式。

① 指定当前文字样式的名称，例如要为梁注释族指定一个常用的字体样式，则可命名为“梁注释”。

② 设定该注释文字所使用的字体样式，见图 1.3.2-2。

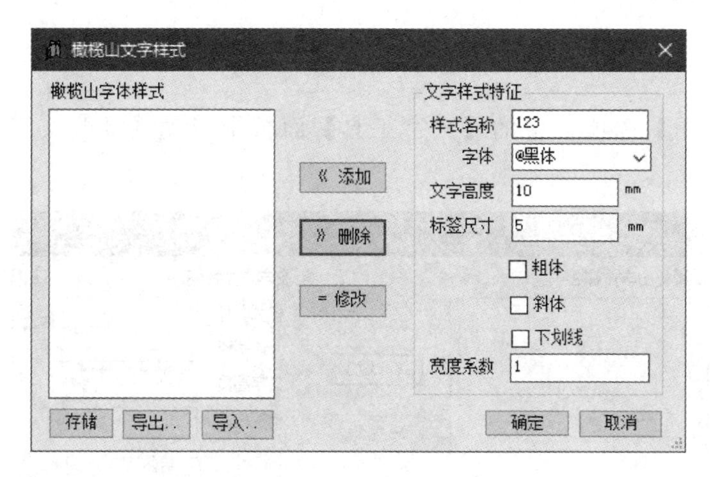


图 1.3.2-2 文字样式设定

③ 设定文字高度。

④ 调整标签尺寸。

⑤ 选择是否勾选“粗体”、“斜体”和“下划线”。

⑥ 设定宽度系数。

(3) 单击对话框中的“添加”将创建好的字体样式添加到库中，见图 1.3.2-3。

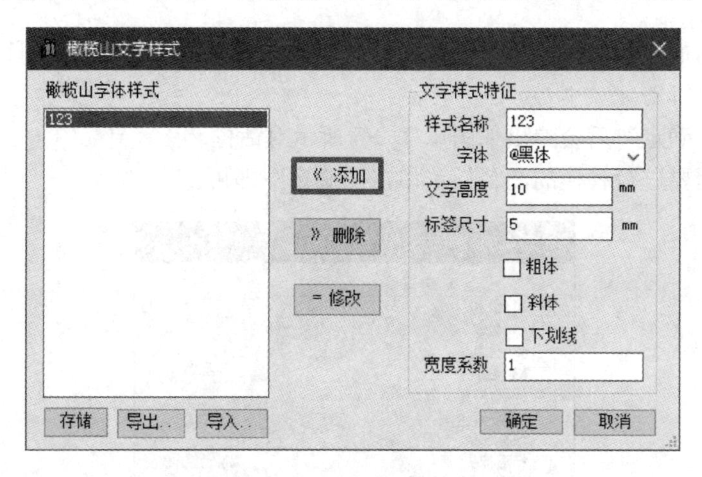


图 1.3.2-3 文字样式添加

橄榄山字体样式库中的文字样式可以进行删除和编辑修改，同时也可以进行保存、导出和导入，方便对已经创建好的文字样式在其他电脑中快速进行使用。

(4) 选择任意一个已经创建好的字体样式，选择族编辑器内需要进行文字样式替换的字体，支持框选，单击选项栏中的“完成”按键即可。

**2. 批改文字**

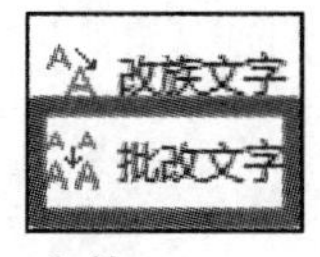


**功能**

修改项目中文字标注的文字样式，其功能与【改族文字】类似，不同的是，【改族文字】是在族编辑器中使用，而【批改文字】可以在项目中使用。可以进行批量修改。

**使用方法**

（1）在【快图】选项卡中的【文字工具】面板中启动【批改文字】工具，见图1.3.2-4。

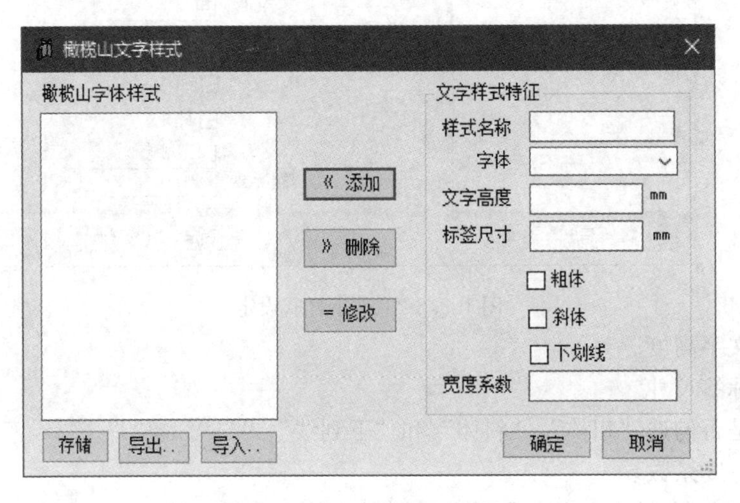


图 1.3.2-4　文字样式对话框

（2）在对话框左侧选择需要进行替换的文字样式（文字样式的创建可以参考对【改族文字】工具的讲解）。

（3）单击“确定”后会弹出如图 1.3.2-5 所示对话框。

（4）选择需要进行替换的注释族，单击“确定”即可。

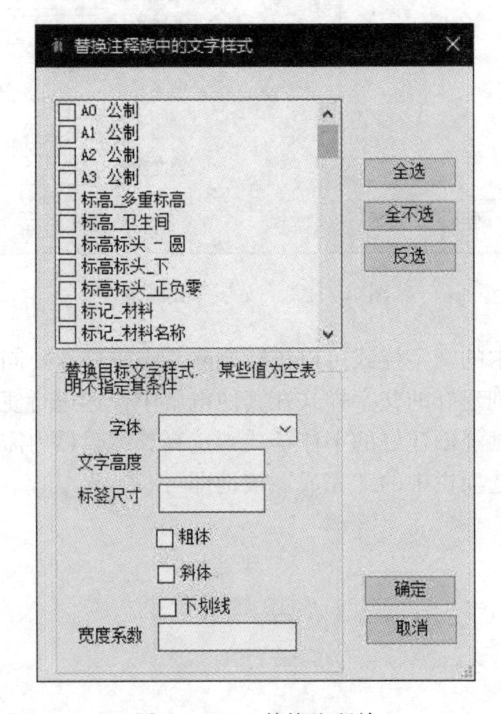


图 1.3.2-5　替换注释族

## 1.3.3 数据统计

### 1. 建筑面积容积率

建筑面积容积率

**功能**

方便统计建筑面积容积率。用楼板法计算建筑面积（概要计算），小的洞口面积不扣除，大的洞口面积可以扣除，需要交互指定多大的大洞口面积界线。

**使用方法**

（1）在【快图】选项卡中的【数据统计】面板中启动【建筑面积容积率】工具，见图1.3.3-1。

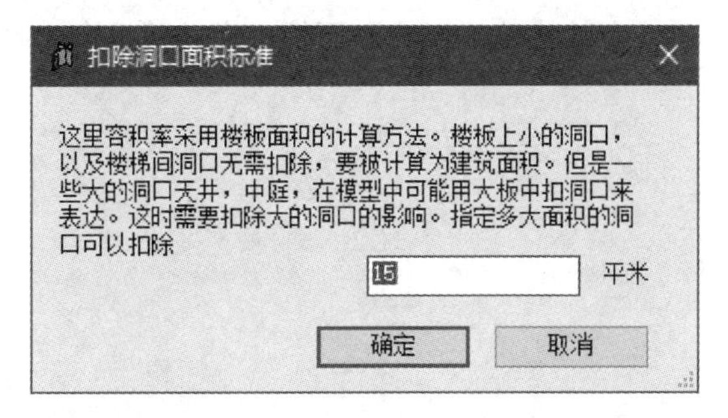


图1.3.3-1　指定需要扣除的洞口面积大小

（2）指定需要扣除的洞口面积，并单击“确定”。

（3）此时会弹出“容积率计算”对话框，如图1.3.3-2所示。

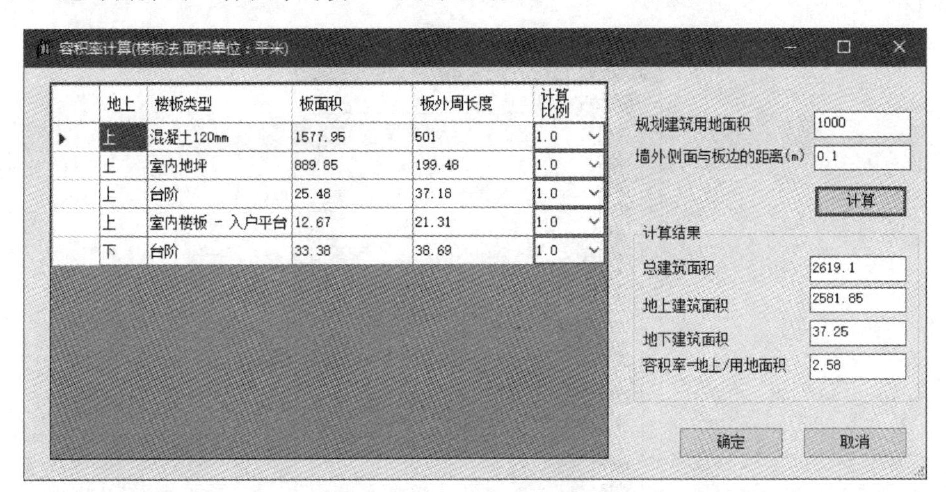


图1.3.3-2　容积率计算对话框

（4）在对话框中会显示当前模型中楼板的相关信息，例如楼板类型、面积等，支持手动双击修改其数据。在对话框右上角填写规划建筑用地面积及墙外侧面与板边的距离，注意这里的单位是 m。

（5）单击“计算”即可。

## 1.3.4　选择工具

### 1. 反向选择

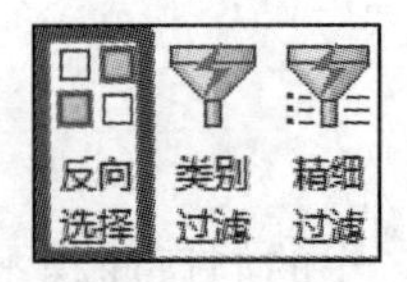


**功能**

将当前视图中除选中的图元之外的所有内容全部选择。

**使用方法**

（1）选择当前视图中的任意图元。

（2）在【快图】选项卡中的【选择工具】面板中启动【反向选择】工具即可，其他图元均会被选中。

### 2. 类别过滤

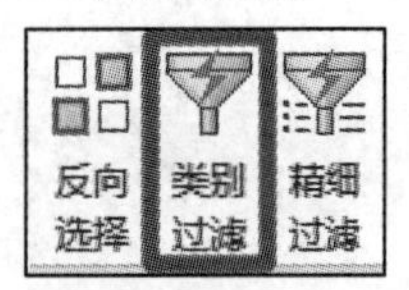


**功能**

可以快速过滤出模型中的某一类别构件。

**使用方法**

（1）在【快图】选项卡中的【选择工具】面板中启动【类别过滤】工具，见图1.3.4-1。

图 1.3.4-1　类别过滤选择框

（2）选择需要进行过滤的类别即可。

**3. 精细过滤**

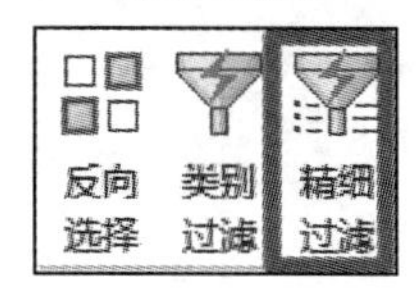


**功能**

“精细过滤”是对 Revit 的过滤功能工具作的一个深化设计，Revit 的过滤功能只能过滤到图元类别而不能过滤到类型，精细过滤可以根据类别选取到类型，同时还可以根据实例参数条件的过滤来精细过滤到某个实例。

**使用方法**

（1）在【快图】选项卡中的【选择工具】面板中启动【精细过滤】工具，会弹出如图1.3.4-2所示对话框。

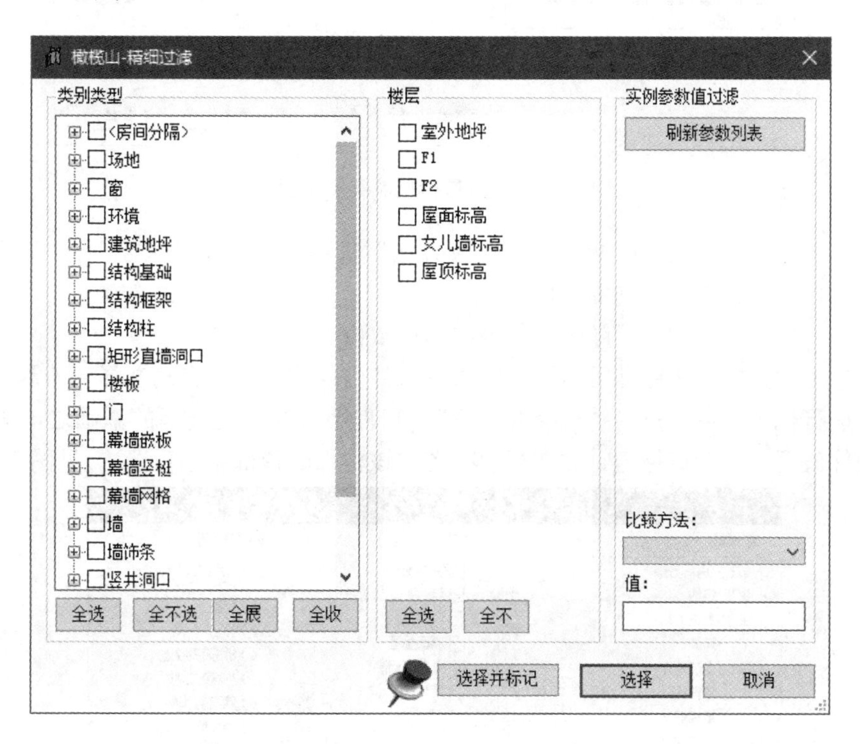


图 1.3.4-2 精细过滤对话框

（2）对话框左侧会显示当前项目中所有的族类别，单击每个族类别前面的加号可以展开当前族类别，并显示该类别下所有的类型。

（3）若想选择某一类型构件，直接勾选类型前面的方框即可。对话框中间部位提供了按照楼层进行选择的选项，勾选需要过滤该类型构件的楼层。

（4）对话框右侧提供了按照实例参数进行过滤的选项。例如对于窗，可以按照窗台高度过滤某些特定的窗；对于墙体，可以按照长度、体积、面积等进行过滤；对于管道，可以按照管径进行过滤等，见图1.3.4-3。

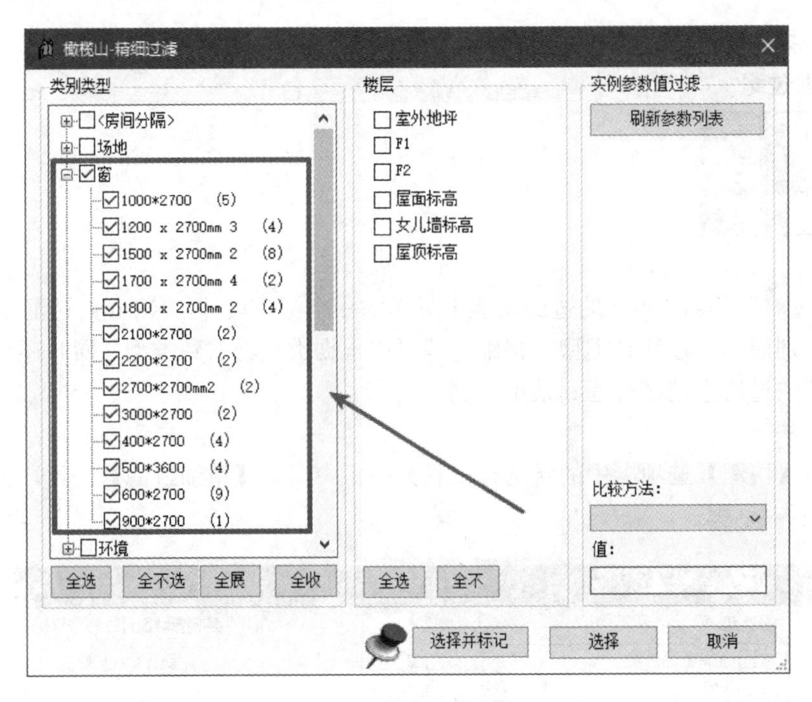


图 1.3.4-3　选择过滤类别类型

（5）对于已选中的实例参数，在“比较方法”选项中提供了“大于”、“等于”、“小于”和“包含”四种限定范围的条件。

（6）在“值”选项中填写限定条件内的具体数值。

（7）单击“选择”按键即可对设定的过滤条件内的构件进行自动选择。若需要对过滤出的构件进行标记，可以点击“选择并标记”，则程序会在自动选择的基础之上为每一个选中的构件放置一个图钉标记（放在当前视图中该构件的顶部中心位置），见图 1.3.4-4。

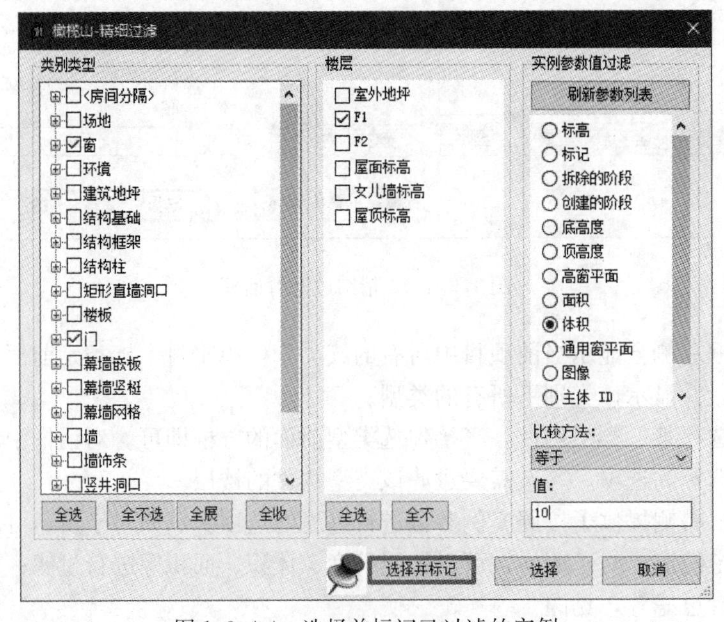


图 1.3.4-4　选择并标记已过滤的实例

## 1.3.5 其他工具

### 1. 批改类型名

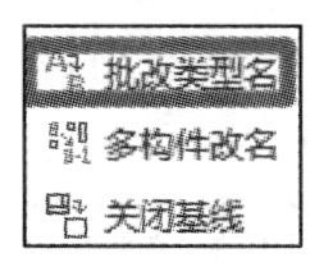


**功能**

(1) 支持自定义修改类型名称。

(2) 自定义为单个或多个类型添加前后缀。

(3) 自定义替换类型名称中的内容。

(4) 批量删除项目中的构件类型。

**使用方法**

对于想要进行名称修改的构件，修改方式有三种：第一种是直接修改类型名称，第二种是为该构件名称添加前后缀，第三种是替换当前构件名称内的部分内容。除了可以进行构件类型的命名之外，还可以进行族的批量删除、导出与搜索。导出指的是导出对话框右侧所显示的构件类型名称等信息。

(1) 修改名称

① 在【快图】选项卡中的【其他工具】面板中启动【批改类型】工具，见图1.3.5-1。

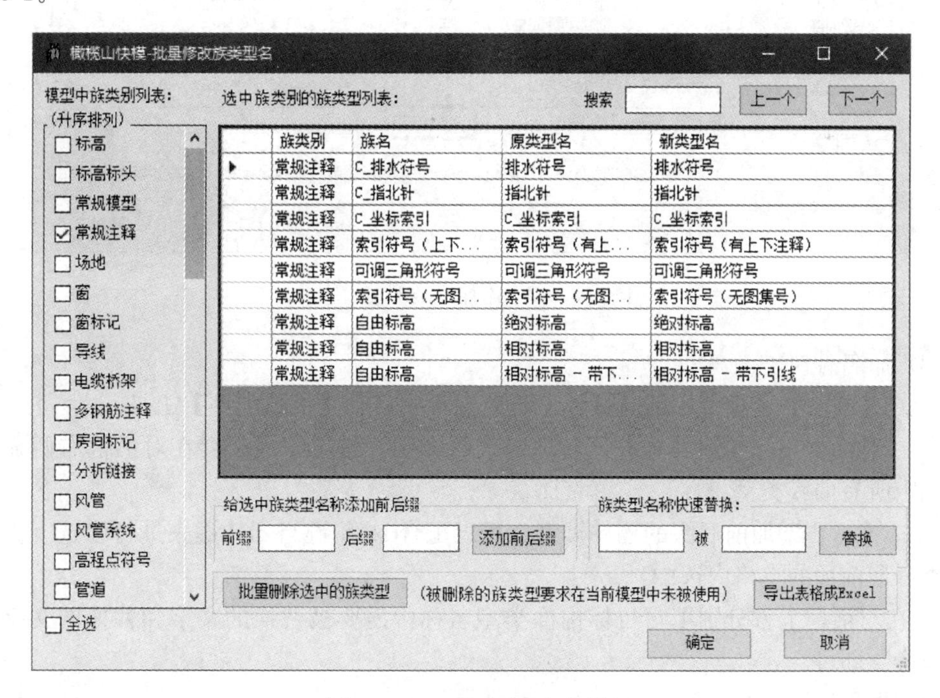


图1.3.5-1 批改类型对话框

② 在对话框左侧勾选需要进行名称修改的类别，勾选完成后会在对话框右侧显示当前类别中所有的族类型。

③ 在需要修改的目标类型的“新类型名”这一选项中双击修改。

（2）添加前后缀

① 在【快图】选项卡中的【其他工具】面板中启动【批改类型】工具。

② 在对话框左侧勾选需要进行名称修改的类别，勾选完成后会在对话框右侧显示当前类别中所有的族类型。

③ 选中需要添加前后缀的构件类型，可以配合 shift 键与 ctrl 键来进行多选（需要在构件类型最前面的空格内选中）。

④ 在对话框下方分别填写需要添加的前缀内容与后缀内容，可以在前后缀内容中添加连字符，添加完成后单击“添加前后缀”即可（支持批量添加），见图 1.3.5-2。

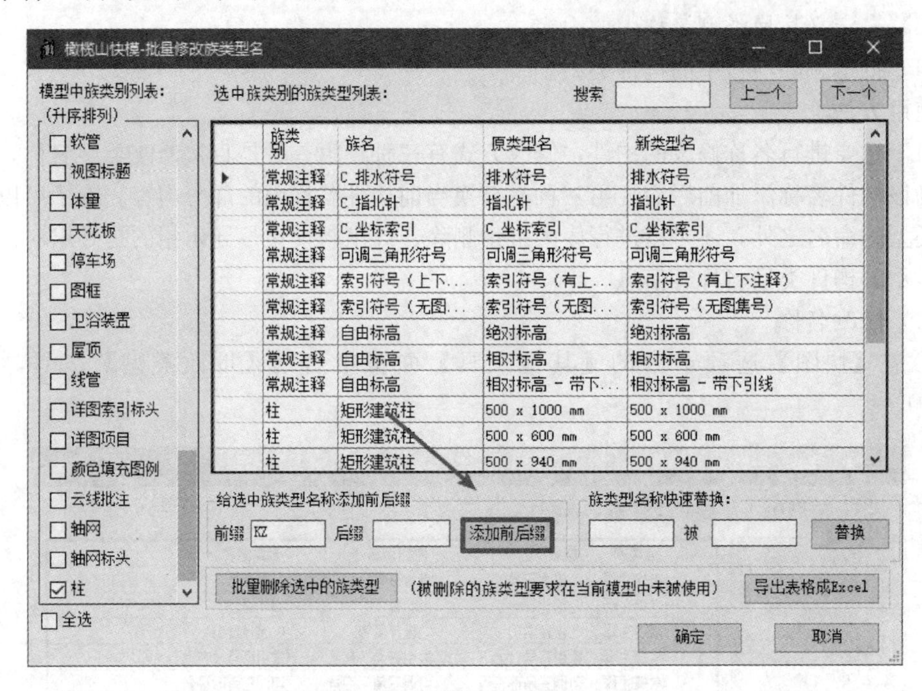


图 1.3.5-2 添加族类型前后缀

（3）命名替换

① 在【快图】选项卡中的【其他工具】面板中启动【批改类型】工具。

② 在对话框左侧勾选需要进行名称修改的类别，勾选完成后会在对话框右侧显示当前类别中所有的族类型。

③ 选中需要添加前后缀的构件类型，可以配合 shift 键与 ctrl 键来进行多选（需要在构件类型最前面的空格内选中）。

④ 在对话框下方分别填写目标构件类型名称中需要被替换的文字和替换的文字，单击“替换”即可。

（4）批量删除

① 在【快图】选项卡中的【其他工具】面板中启动【批改类型】工具。

② 在对话框左侧勾选需要进行名称修改的类别，勾选完成后会在对话框右侧显示当前类别中所有的族类型，见图 1.3.5-3。

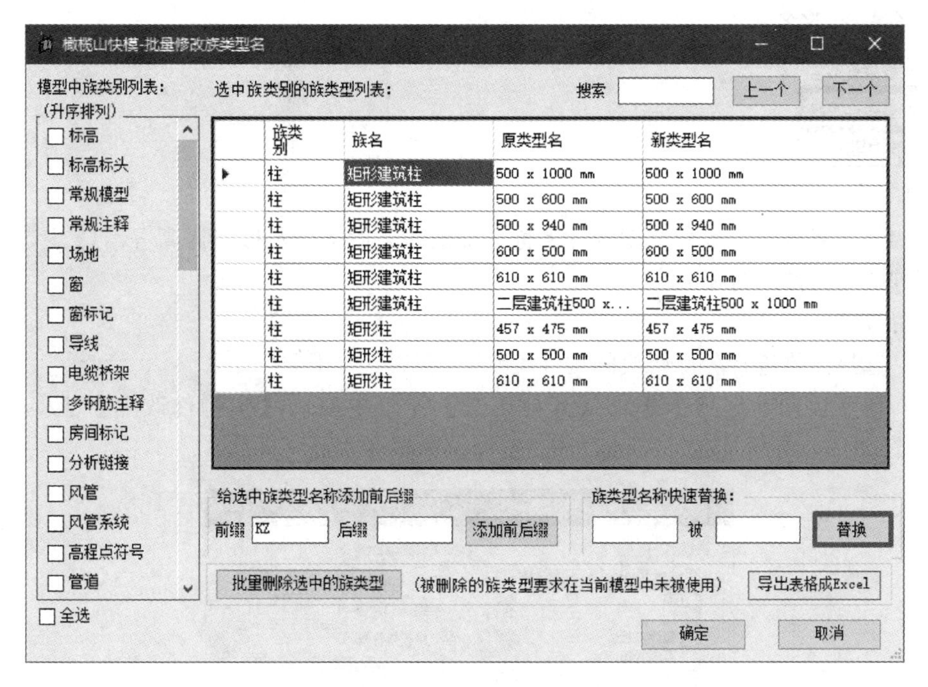


图 1.3.5-3 族类型名称替换

③ 对于项目中不需要的构件类型，可以批量选中后进行删除。

④ 在对话框右侧选中不需要的构件类型，可以配合 shift 键与 ctrl 键来进行多选（需要在构件类型最前面的空格内选中）。

⑤ 单击对话框中的"批量删除选中的族类型"，则选中的类型将被删除，见图 1.3.5-4。

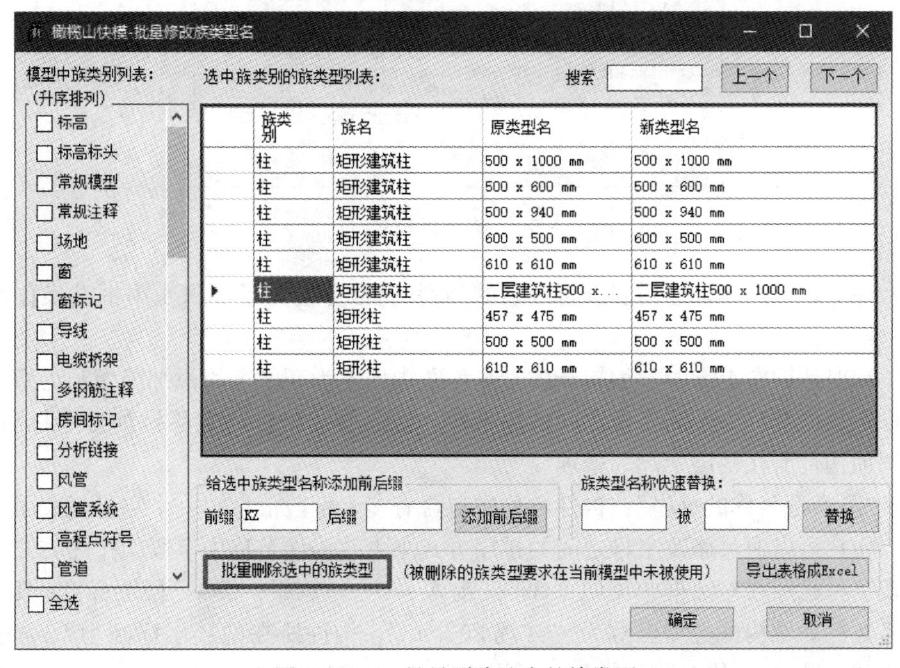


图 1.3.5-4 批量删除选中的族类型

**2. 多构件改名**

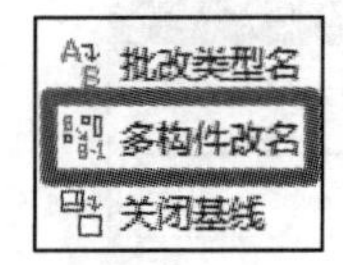


**功能**

多构件改名可以为多种类型构件名称添加前缀、后缀以及楼层标高等信息。支持为一种或多种类型构件同时命名。

**使用方法**

(1) 选择需要进行名称修改的构件类别。

(2) 在【快图】选项卡中的【其他工具】面板中启动【多构件改名】工具，见图1.3.5-5。

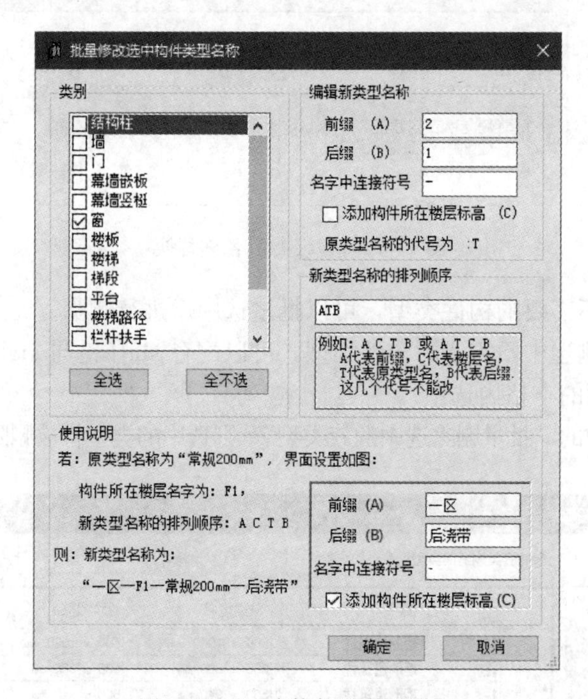


图1.3.5-5 多构件改名对话框

(3) 在对话框左侧勾选需要进行改名的类别(通常方便为了步骤1中框选操作后进行选择)。

(4) 在对话框右上方的“编辑新类型名称”中依此为新的名称添加前缀与后缀，支持自定义设定构件名称中不同字段之间的连字符，若需要为构件的名称添加楼层标高信息，勾选“添加构件所在楼层标高”选项。

(5)“新类型名称的排序”：构件名称中包含有多个字段信息，一个字母代表了一个字段信息，用户可以通过修改字母之间的排序方式来更改构件名称中字段的排序方式。各字段的代表字母已经在对话框中说明：A——前缀；B——后缀；C——楼层标高；T——原类型命名。例如原构件类型名称为“常规200mm”，构件所在的楼层标高为F1，前缀名称添加为“一区”，后缀名称添加为“后浇带”，连字符号为“-”，若设定命名的排序方式为“ACTB”，则最后构件的新名称为“一区-F1-常规 200mm-后浇带”；若设定命名的排序方式为“CATB”，则构件的新名称为“F1-一区-常规 200mm-后浇带”。

（6）单击“确定”即可。

**注意**

该工具是以创建新的类型的方式进行的类型改名。

**3. 关闭基线**

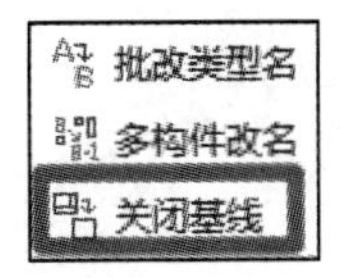


**功能**

快速处理自动生成楼层中的基线显示。

**使用方法**

（1）在【快图】选项卡中的【其他工具】面板中启动【关闭基线】工具，见图 1.3.5-6。

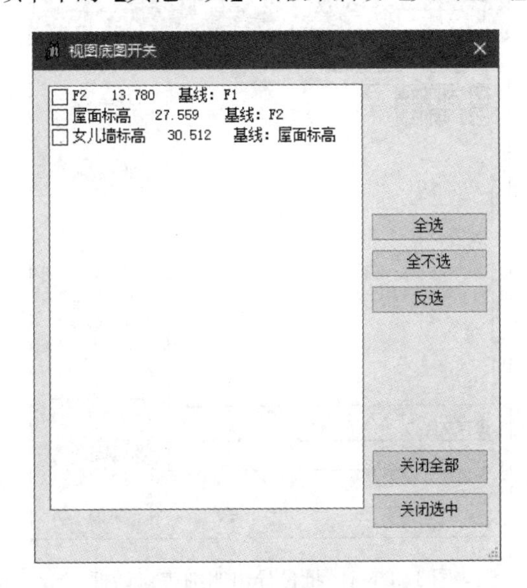


图 1.3.5-6 关闭基线对话框

（2）勾选需要关闭的标高，单击对话框右下角的“关闭选中”即可。

（3）若需要全部关闭，直接单击“关闭全部”即可。

## 1.3.6 明细表工具

**1. Excel 打开**

**功能**

可以将当前明细表在 Excel 表格中打开，进行编辑和保存。

**使用方法**

（1）在【快图】选项卡中的【明细表工具】面板中启动【Excel 打开】工具。

（2）会自动使用 Excel 打开当前明细表，用户可以进行编辑、修改、保存。

**2. 批量导出**

**功能**

将明细表视图中的明细表批量导出为 Excel 文件。

**使用方法**

（1）在【快图】选项卡中的【明细表工具】面板中启动【批量导出】工具，见图 1.3.6-1。

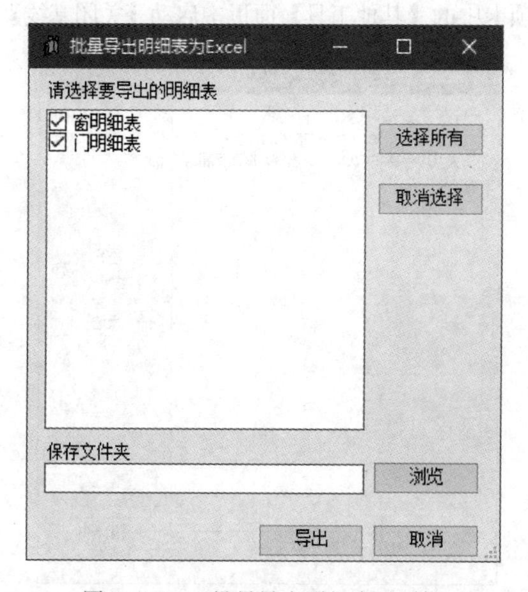


图 1.3.6-1 批量导出明细表对话框

（2）在对话框左侧勾选需要导出为 Excel 文件的明细表名称。

（3）单击“浏览”为导出的文件指定存放路径。

（4）单击“导出”即可。

**3. 加公式**

**功能**

可以自定义公式。为指定列给一个计算公式，用公式命令可以用其他列的值和系数进行加减乘除运算，自由灵活。突破了 Revit 的一些单位限制，公式能保存在明细表中，下次打开后可以自动点击计算来更新明细表的值。计算公式保存在模型中，可以用于进行下次计算。

**使用方法**

（1）在【快图】选项卡中的【明细表工具】面板中启动【加公式】工具，见图 1.3.6-2。

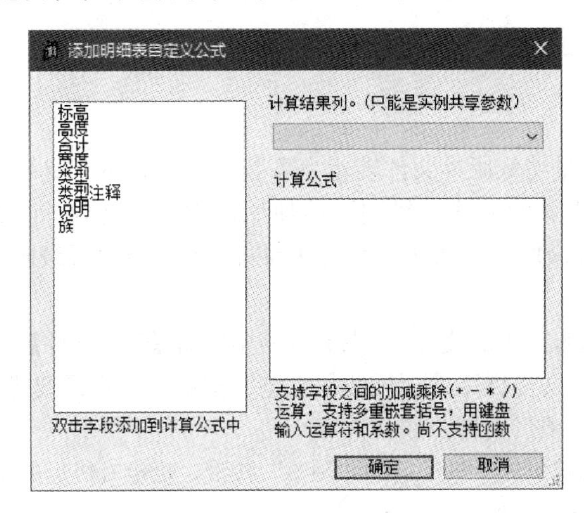


图 1.3.6-2　添加明细表公式对话框

（2）对话框左侧会显示当前明细表中可用字段信息，可以双击字段将其添加到计算公式中。

（3）计算公式中，可以为字段之间添加运算符号，支持多重运算。

（4）指定计算结果列。

（5）单击“确定”即可。

**注意**

指定的计算结果参数需要为共享参数，如果是明细表中添加的字段，则无法对其进行计算。

## 1.3.7　文件工具

**1. 自动保存**

**功能**

可自动保存 Revit 文件，因为 Revit 本身只提示，但不进行保存，所以使用自动保存将提高效率。

**使用方法**

（1）在【快图】选项卡中的【文件工具】面板中启动【自动保存】工具，见图 1.3.7-1。

（2）勾选“自动保存当前文件”选项。

（3）设定每隔多长时间进行一次保存，单击“确定”进行保存。

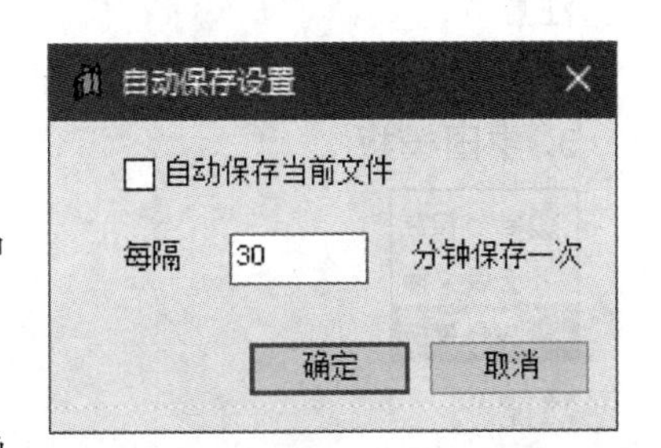


图 1.3.7-1　自动保存设置对话框

**2. 升级文件**

**功能**

Revit 本身无法批量将低版本文件转化为高版本文件，本工具可以将指定目录下的指定类型的文件以升级拷贝的方式升级到当前使用的 Revit 版本。比如可以利用空闲的时间，让 Revit 一次性升级所有的族或工程文件到高版本，节省升级时间。

**使用方法**

（1）在【快图】选项卡中的【文件工具】面板中启动【升级文件】工具，见图 1.3.7-2。

（2）点击“待升级文件夹”选项后的“浏览”按键，指定需要进行升级的文件夹（文件夹内包含需要升级的项目文件、族文件等）。

（3）点击“升级后拷贝到”选项后的“浏览”按键，指定升级后的文件夹拷贝的路径。

（4）勾选需要进行升级的文件类型。

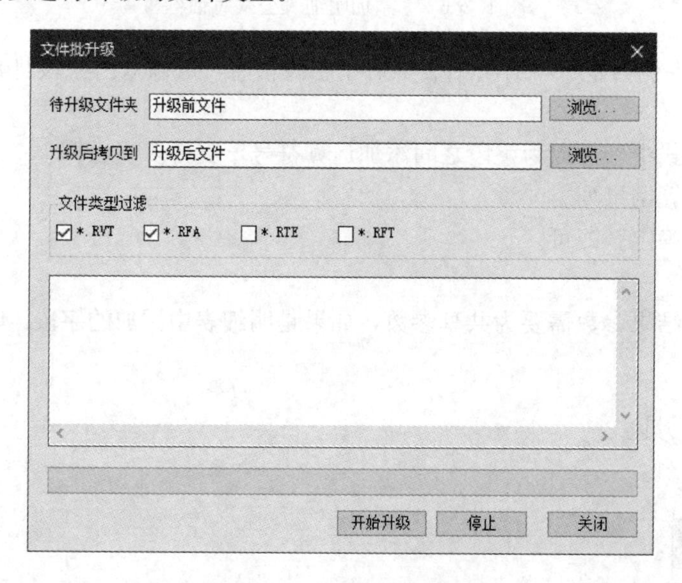


图 1.3.7-2 升级文件对话框

（5）单击“开始升级”即可，升级完成后会在指定的拷贝文件夹内生成升级记录文件。

**注意**

必须指定“升级后拷贝到”的文件路径。

**3. 中国模板**

**功能**

从网络中收集了一些 Revit 模板，无样板文件的用户可以使用该工具进行样板文件的下载和使用（主要是较早版本的样板文件）。

**使用方法**

（1）在【快图】选项卡中的【文件工具】面板中启动【中国模板】工具，见图 1.3.7-3。

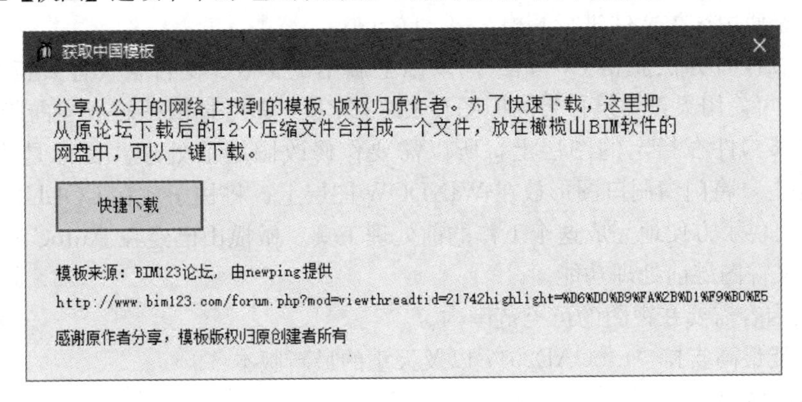


图 1.3.7-3　中国模板对话框

（2）点击“快捷下载”按键即可自动连接到相关资源的百度网盘，用户选择下载使用即可。

## 1.4　橄榄山土建

### 1.4.1　CAD 到 Revit 翻模

#### 1. 建筑翻模 AutoCAD

建筑 DWG 图纸 Revit 自动翻模内容要点

（1）软件及图纸要求

① 软件环境要求

a. 需要 AutoCAD 版本为 2010～2017 中的任意版本，若图纸为天正图纸，则需要安装天正建筑软件。

目前，根据使用的 CAD 版本不同，支持两种天正版本，若使用 CAD2010～CAD2014，默认支持天正 2014，若使用 CAD2015～CAD2016 则默认支持天正 T20。

b. 安装 Revit2013～Revit2018 中的任何一个版本。

c. 安装橄榄山快模 6.0 以上版本。

d. 若用的 Revit 是 2014 版，并且 DWG 中存在异形柱的情况，请安装 Revit2014 的补丁程序 Revit 2014Update Release 2. 补丁下载（https://knowledge.autodesk.com/search-result/caas/downloads/content/revit-2014-update-release-2.html）。

② 图纸要求

a. 若 DWG 文件不是天正软件做出来的，只是以普通的线条和文字来表达（比如理正建筑），本翻模程序也可以将模型中的轴线、轴号、墙、柱子翻成 Revit 模型，门窗完成自动翻模。

b. 若DWG文件是天正建筑T5（含T5）以上格式的图纸，转换成功率非常高。我们强烈推荐大家使用这类文件进行翻模。

c. 若实在没有办法获得T5（含T5）以上版本的DWG文件，只有天正T3格式的DWG文件，可使用天正建筑自带的旧图转换（JTZH）命令把旧图转成当前版本的文件。这个命令要求构件在指定的图层上，所以需要作修改图层前处理。目标是将墙线放在WALL图层上，将门窗洞口图形放在WINDOW图层上，将柱子放在COLUMN图层上，橄榄山软件提供了方便地完成这个工作的前处理工具。橄榄山已经在AutoCAD里面提供了快速天正文件图层前处理功能。

d. 导出内容需要在视图的可见范围内。

e. 本功能最高支持AutoCAD2017以及天正的最新版本T9。

（2）实现功能

a. 将天正DWG文件中的主要构件：轴线、轴线编号、墙、门窗（含门窗编号、门窗开启方向、门窗尺寸）、柱子（含异形柱）、房间转成Revit模型对象。T5（含）以上格式的图纸中，这些对象的转换成功率特别高。其他建筑构件（如阳台、楼板）尚不能转换成Revit模型。

b. 快速将建筑DWG图纸转换成Revit三维模型。中等规模的建筑，转换一个楼层总共只需要2～3分钟时间。

c. 可交互的方式定位转换后的构件在Revit模型中的位置。

d. 可指定只在Revit里面生成部分构件。

e. 在Revit翻模时使用给定的上下楼层确定构件的楼层和高度。

f. 自动将底图带入到Revit中，避免对DWG文件进行拆图分图工作。

g. 操作非常方便，即使没有Revit使用经验，按照这里的步骤说明也可以轻松将DWG转换成Revit模型。

（3）翻模步骤

建筑翻模支持天正图纸和非天正图纸，对于这两种图纸，均可使用相同的方法进行数据提取操作（建议用户使用天正高版本图纸，若使用的为非天正图纸，且识别率较低，可先利用图层前处理工具对图纸进行处理，处理办法会在文章后面说明）。

① 如何判断图纸是否为天正图纸

a. 在CAD中打开属性栏（快捷键为ctrl+1，或者输入命令properties来打开），如图1.4.1-1所示。

b. 选中图纸中的任意门窗、墙体或柱等构件，特性信息栏中若显示与选中构件对应的信息，则图纸为天正图纸，如图1.4.1-2所示。

c. 还有一个简单的办法可以判断是否为天正图纸，即切换CAD中的视图视角，若为天正图纸，则可以看到图纸中的构件具有三维实体信息，若为非天正图纸，则看不到三维信息，见图1.4.1-3。

② CAD中操作

a. 使用CAD打开目标图纸（若是天正图纸，则用天正打开）。

b. 打开天正基线开关（针对天正图纸，非天正图纸不需要进行此操作），见图1.4.1-4。

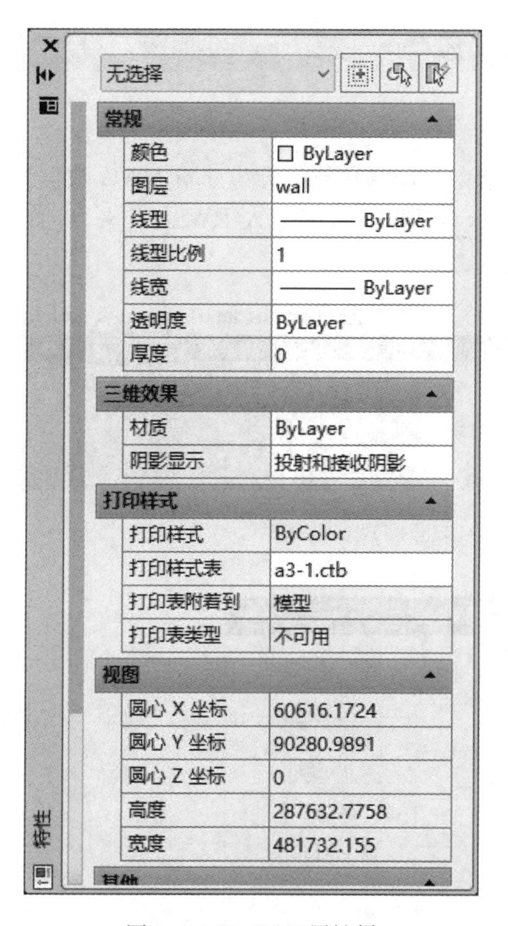


图 1.4.1-1　CAD 属性栏

图 1.4.1-2　特性信息为构建即为天正实体

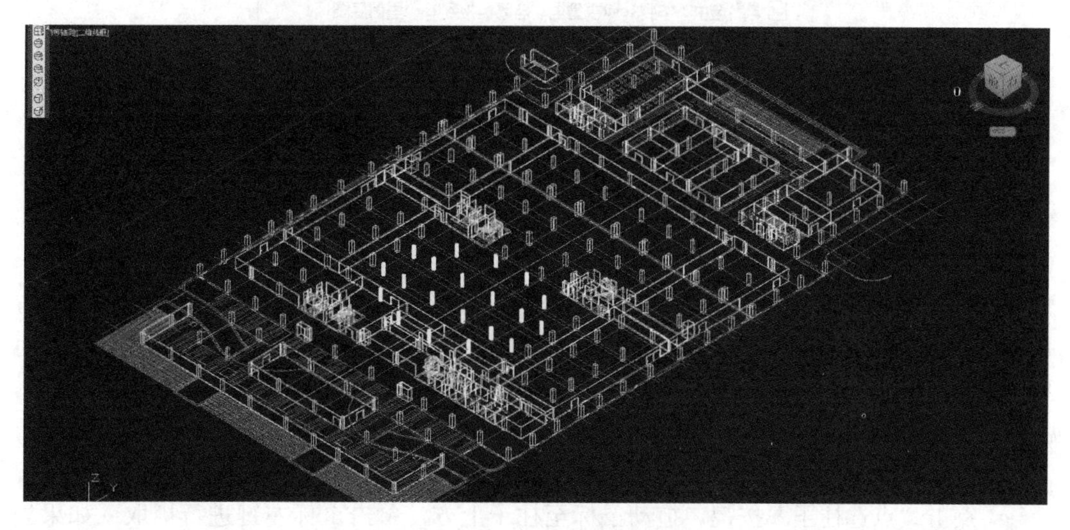

图 1.4.1-3　CAD 天正图纸

模型　1:1　编组　基线　填充　加粗　动态标注

图 1.4.1-4　天正基线开关

c. 在 CAD 功能区的【橄榄山快模】选项卡中启动【建筑－导出建筑 DWG 数据】工具（图 1.4.1-5），此时会弹出如图 1.4.1-6 所示对话框（或者输入 RW 命令来启动该工具，若点击该工具或者输入 RW 命令后无效果）。

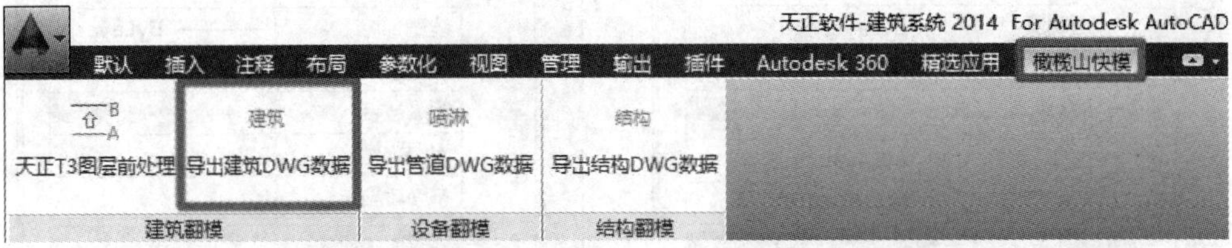

天正软件-建筑系统 2014 For Autodesk AutoCAD
默认　插入　注释　布局　参数化　视图　管理　输出　插件　Autodesk 360　精选应用　橄榄山快模
天正T3图层前处理　建筑　导出建筑DWG数据　喷淋　导出管道DWG数据　结构　导出结构DWG数据
建筑翻模　设备翻模　结构翻模

图 1.4.1-5　橄榄山快模导出建筑 DWG 数据

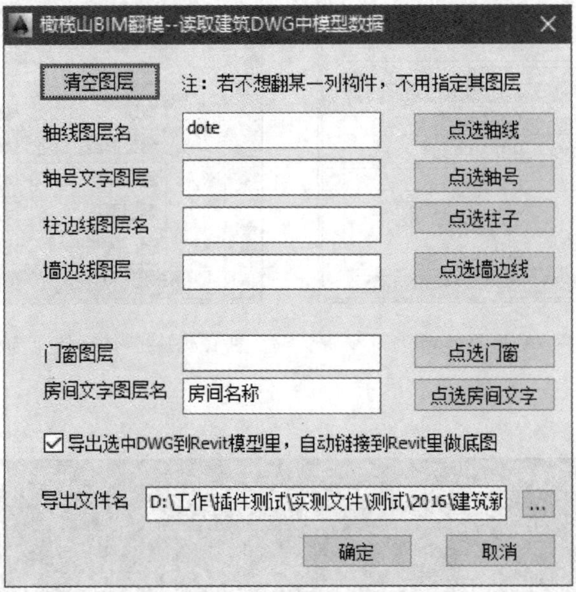

橄榄山BIM翻模--读取建筑DWG中模型数据
清空图层　注：若不想翻某一列构件，不用指定其图层
轴线图层名　dote　点选轴线
轴号文字图层　点选轴号
柱边线图层名　点选柱子
墙边线图层　点选墙边线
门窗图层　点选门窗
房间文字图层名　房间名称　点选房间文字
☑导出选中DWG到Revit模型里，自动链接到Revit里做底图
导出文件名　D:\工作\插件测试\实测文件\测试\2016\建筑新　...
确定　取消

图 1.4.1-6　CAD 建筑翻模对话框

d. 点击“清空图层”按键可以快速将对话框中上一次提取到的数据信息进行清除。

e. 点击“点选轴线”按键，鼠标指针会变为拾取状态，拖动鼠标到图上轴线上方（任意轴线），并单击鼠标左键拾取轴线所在图层，拾取完成后，该图层会被隐藏，同时对话框中会显示已经提取到的图层名称（若图纸中轴线具有多个图层，则拾取所有图层），见图 1.4.1-7。

f. 点击“点选轴号”按键，拖动鼠标至轴号上方，单击鼠标左键进行拾取。

g. 点击“点选柱子”按键，拖动鼠标至柱子上方，单击鼠标左键进行拾取（如果当前图纸是天正 T5（含）以上文件，柱子图元已经是实体，“点选柱子”可以不选取；若图纸中柱子具有多个图层，则拾取所有图层）。

h. 点击"点选墙边线"按键，拖动鼠标至墙体上方，单击鼠标左键进行拾取（如果当前图纸是天正 T5（含）以上文件，墙体图元已经是实体，"点选墙边线"可以不选取；若图纸中墙体具有多个图层，则拾取所有图层）。

i. 点击"点选门窗"按键，拖动鼠标至墙体上方，单击鼠标左键进行拾取（如果当前图纸是天正 T5（含）以上文件，门窗图元已经是实体，"点选门窗"可以不选取；若图纸中门窗具有多个图层，则拾取所有图层）。

j. 点击"点选房间文字"按键，在图上选择一个房间名称的文字。

k. 若勾选"导出选中 DWG 到 Revit 模型里，自动链接到 Revit 里做底图"选项，则程序将自动对翻模区域进行拆图，并在翻模完成后将拆分后的图纸链接到 Revit 中作为底图，便于校验。

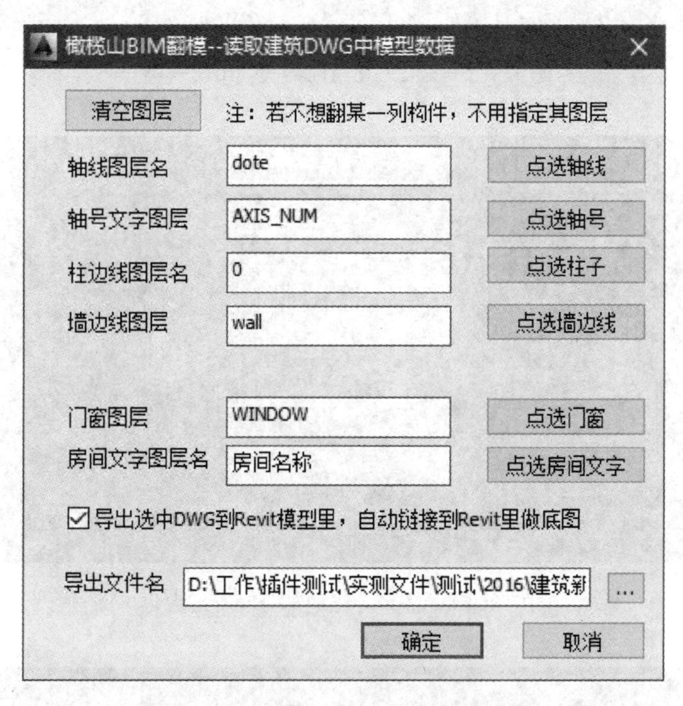


图 1.4.1-7 图层拾取完成

l. 指定导出文件所在的文件夹和文件名，文件扩展名是 GlsA。若不指定，默认与 DWG 文件同名，保存在 DWG 同一个文件夹中。

m. 点击"确定"按键，然后在图上指定对齐点，可以用 F3 键打开捕捉功能，实现精确捕捉。这个对齐点就是将来将模型插入 Revit 时的对齐点。其作用是进行模型的精确定位，实现上下层构件的准确对齐。

n. 框选需要导出（翻模）的标准层（选择局部导出也可以）。可用窗选、点选等多种方式选择需要导出的构件。在确认选择前，需要将当前 CAD 的视图调整到如下状态：

需要导出的楼层的图元在 AutoCAD 中要求全部可见，否则导出不全。将选中的需要导出的图元在当前 CAD 视图中尽可能地最大化显示，这样识别 DWG 信息速度快，节省翻模时间，如图 1.4.1-8～图 1.4.1-10 所示。

o. 单击鼠标右键或者键盘上的空格键来执行提取命令。

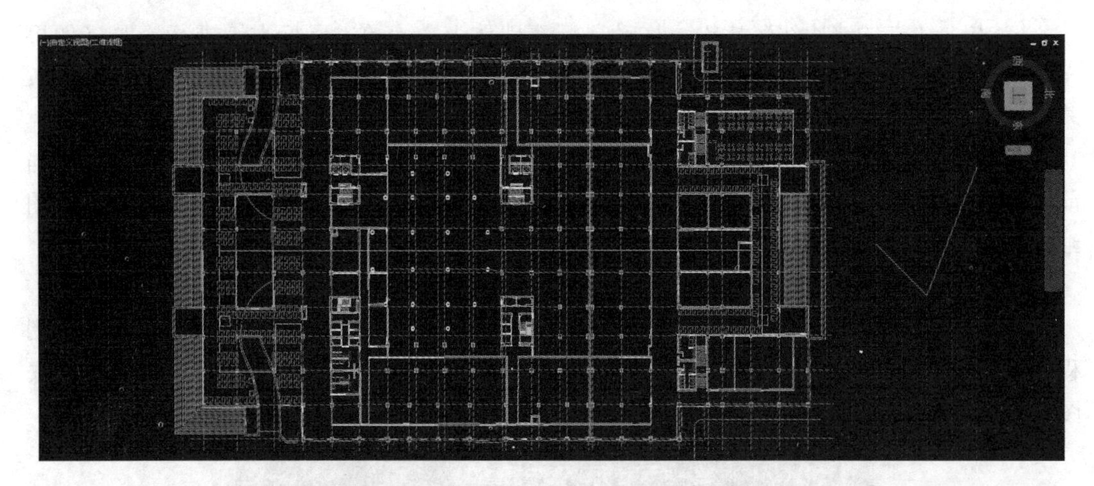

图 1.4.1-8　最大化当前需要导出的视图

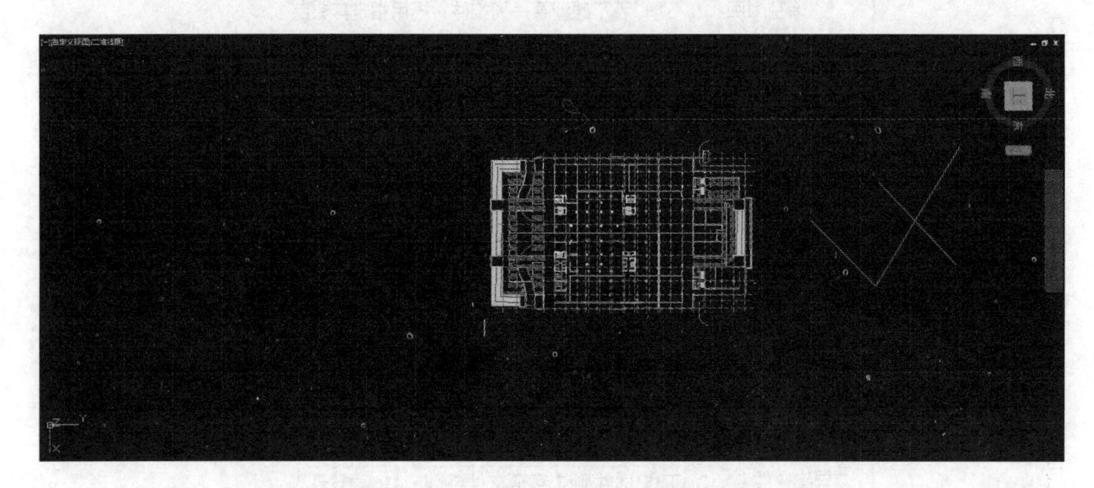

图 1.4.1-9　需要导出的部分没有最大化

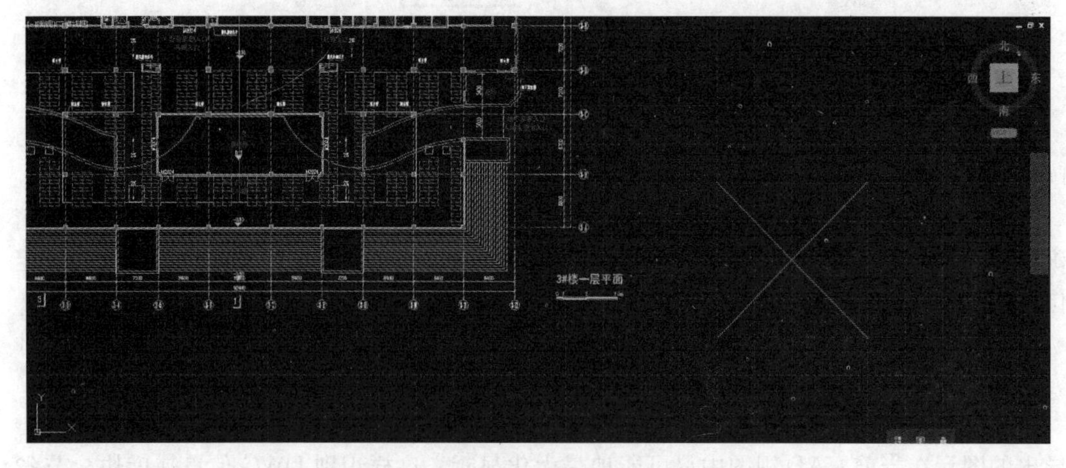


图 1.4.1-10　需要导出的部分图形不可见

p. 提取完成后可按 F2 键查看提取到的数据，见图 1.4.1-11。

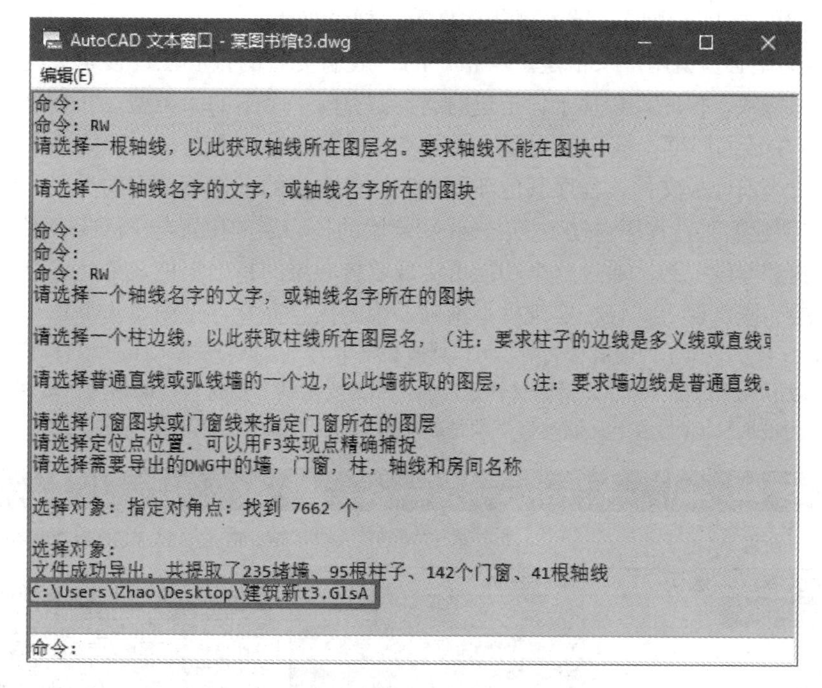


图 1.4.1-11 提取到的数据信息及文件保存路径

③ Revit 中操作

a. 在【CLS 土建】选项卡中的【CAD 到 Revit 翻模】工具面板中启动【建筑翻模 Auto CAD】命令。

b. 浏览到需要翻模的中间数据文件所在路径，选择该文件（建筑专业后缀名称是 GlsA），见图 1.4.1-12。

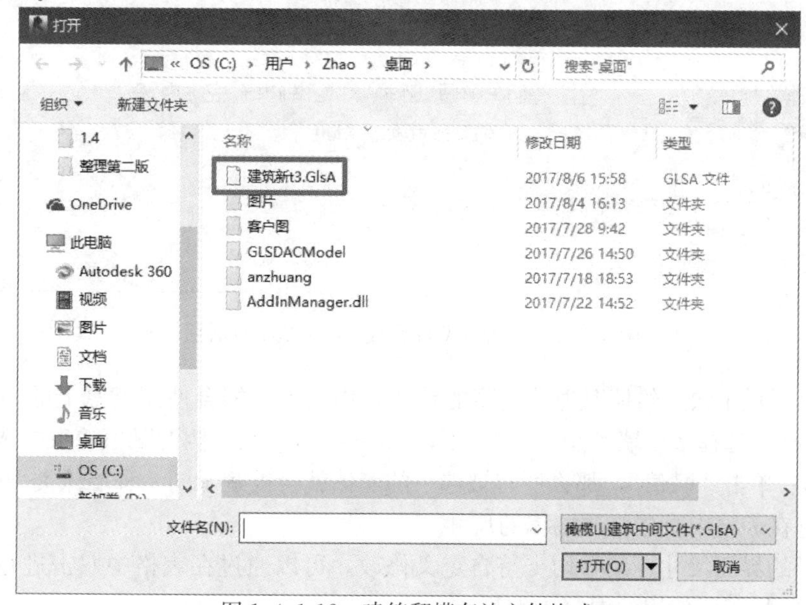


图 1.4.1-12 建筑翻模存放文件格式

c. 在弹出的对话框中设置构件的类型等信息，如墙的类别、窗户类型、窗户的窗台高度、导入构件的上下楼层、导入哪些构件等。详情如下：

● 墙的类型必须由用户来指定。所指定的一般墙类型的核心层厚度可以与DWG中导出的墙厚度不一致，程序将会基于你指定的墙类型克隆一个新的墙类型，并修改其核心层厚度等于DWG中墙的厚度，核心层两侧的保温装饰层厚度保持不变（下拉菜单中的可用墙体类型均是基于当前样板文件，程序其他涉及指定构件类型的下拉菜单中的类型也均是基于样板文件）。在创建墙时，程序自动对齐Revit新建墙的核心层的位置与DWG中墙的位置，保持核心层位置和厚度一致。通过这个功能可实现墙核心层的精确定位，并且还可为墙添加保温层、饰面层、隔声层等，轻松实现模型精确，墙的信息完整，见图1.4.1-13。

注：在图1.4.1-13所示的墙信息表中，可以修改表格中的“墙核心层厚”和“墙材料”的值，比如可以将墙的厚度从199改为200，如果墙材料是幕墙，那么要求其“墙材料”必须为“玻璃幕墙”。当墙的“墙材料”为玻璃幕墙时，Revit墙类型必须是玻璃幕墙类型的，否则程序不允许关闭对话框。

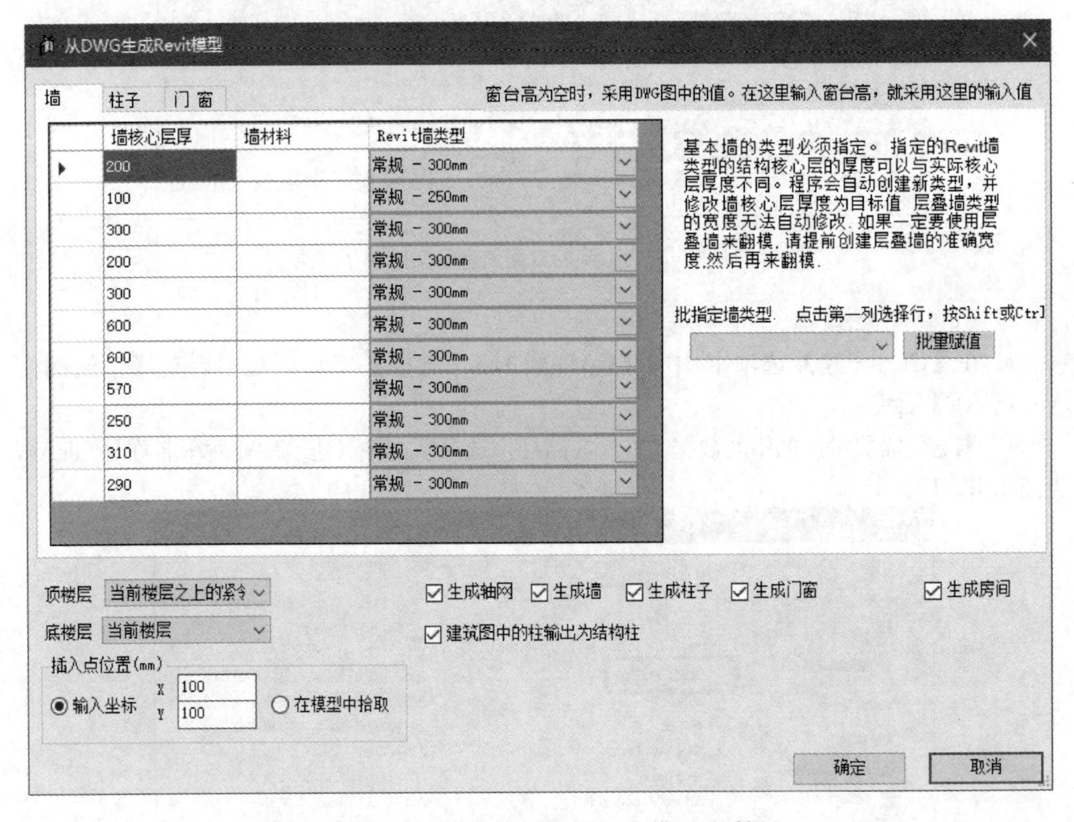


图1.4.1-13　从DWG生成Revit模型对话框

● 这里提供了快速给墙赋值墙类型的功能，用法是：配合使用键盘上的ctrl与shift键在左侧表格中选择多个墙类型（ctrl→+；shift→-），在右侧的赋值选项中选择目标类型墙体，然后单击“赋值”，那么所有被选中的墙体就会被赋予同一种墙体类型。

● 支持在表格中直接修改墙体的尺寸

● 柱子的界面尺寸、编号均支持自定义修改，可以通过在表格中双击进行修改。可以自定义指定柱子所使用的混凝土编号。

● 支持为柱子进行自定义命名。单击右侧的“指定柱族类型”按键，此时会弹出如图 1.4.1-14 所示提示对话框。

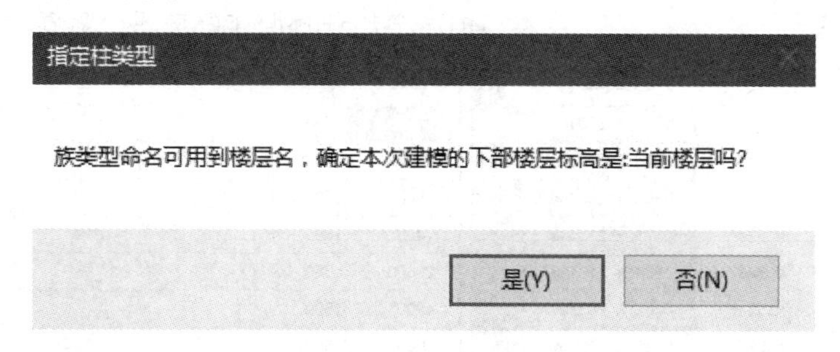


图 1.4.1-14 指定柱类型对话框

● 由于对柱子进行命名时会用到楼层信息，所以会首先向用户确认是否本次翻模的下部楼层标高，若确定可直接点击“是”。

● 弹出“指定族和类型命名规则”对话框，如图 1.4.1-15 所示。

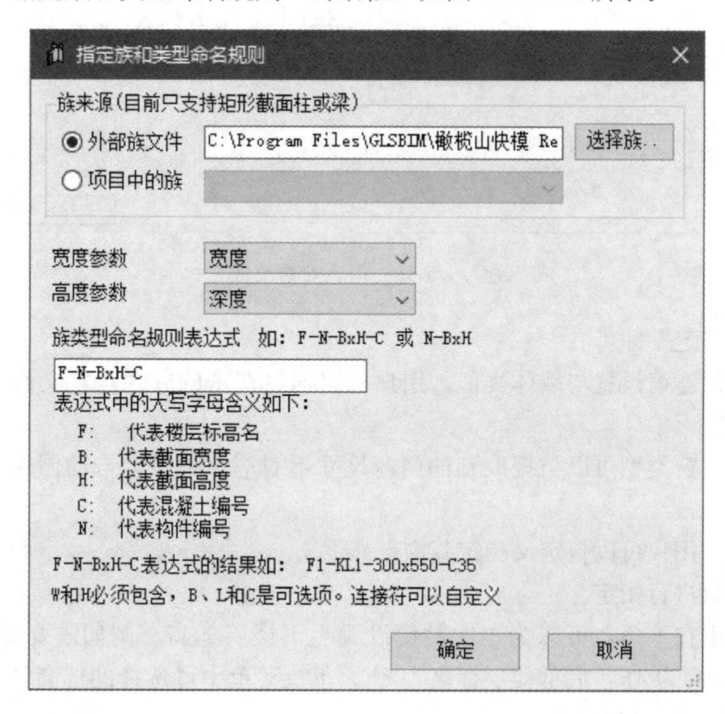


图 1.4.1-15 指定族和类型命名规则对话框

● 支持自定义指定所使用的柱子族类型。

● 可以指定“宽度参数”与“高度参数”分别对应的界面数据。

● 构件命名中包含了“楼层标高”、“截面宽度”、“截面高度”、“混凝土编号”和“构件编号”等 5 个字段信息，这里我们使用 5 个字母来分别代表每个字段，字母与其代表的内容在对话框中已经说明，可以通过修改字母的排序来控制构件的命名规则。例如对话框中给出的示例，若使用“F-N-BxH-C”方式来进行命名的话，则最后柱子的命名就是“F1-KL1-300x500-C35”，见图 1.4.1-16。

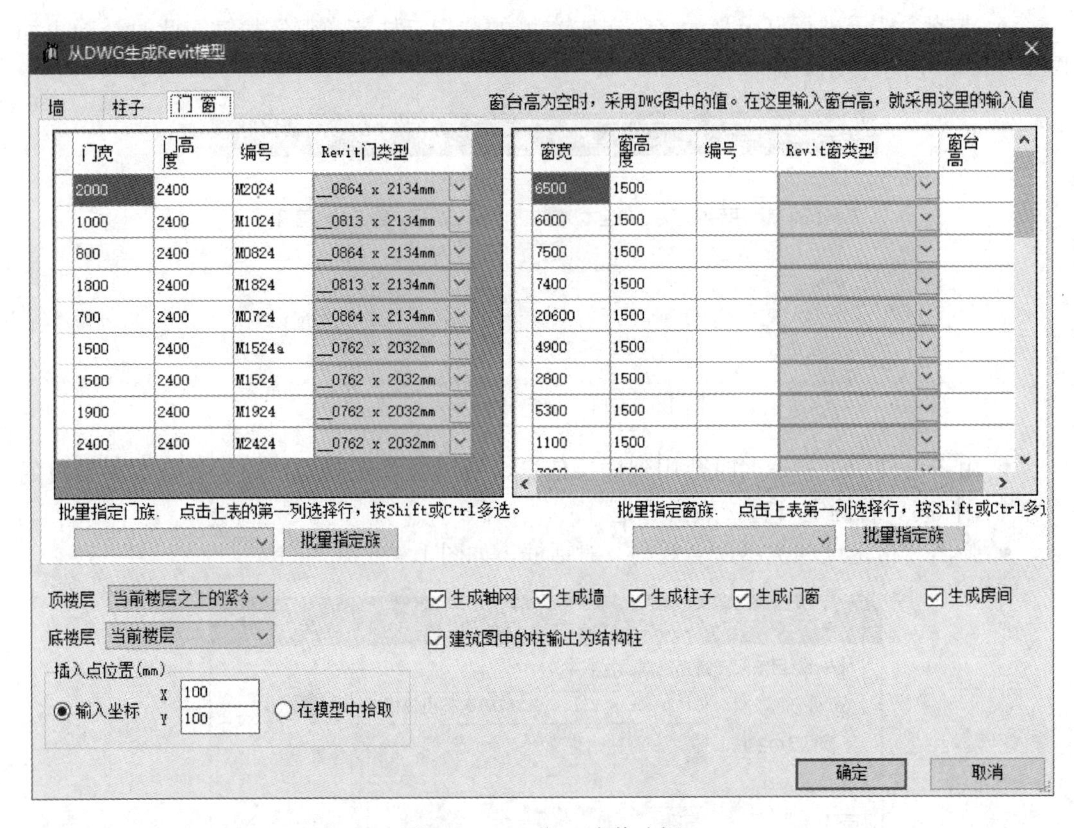


图 1.4.1-16 门、窗修改框

● 单击“确定”即可。

● 门窗、门连窗设置与墙体类似。用户可以通过双击的方式自定义修改表格中门窗的尺寸、编号等。

● 指定的门窗类型可以与提取到的门窗尺寸不对应，程序会自动创建新的门窗类型与之对应。

● 对于窗，用户可以自定义指定其窗台高度。

● 可以批量进行指定。

● 在对话框在下角，可以为本次翻模设置上下楼层标高。例如需要翻 3 层的模型，可指定顶楼层标高为 4F，底部楼层标高为 3F。下拉菜单中可选择的标高均基于当前样板文件，需提前绘制好楼层标高。

● 右侧列有“生成轴网”、“生成墙”、“生成柱子”、“生成门窗”、“生成梁”、“生成房间”等 5 个选项，可以根据需要勾选。

● 插入点位置有两种选择方式：“输入坐标”、“在模型中点击拾取”。若已经建立好项目基点或者对齐参照点，可以通过拾取的方式来指定。

d. 翻模过程快要结束时，会有一些警告提醒对话框，如图 1.4.1-17 所示。

这时请不要点击界面上的“取消”按钮，而要选择左边的那些解决问题的按钮，比如“忽略”或“断开对象连接”等。如果选择“取消”，则刚才生成的模型全部消失。

e. 生成结束后会提示是否成功。

f. 如果模型生成过程中有一些问题，会提示用户去看翻模报告，如图 1.4.1-18 所示。

Autodesk Revit 2016
错误 - 不能忽略 — 3 错误, 64 警告
6500 x 1500mm 的实例不能剪切任何对象。
<< 第1个(共67个) >> 显示(S) 更多信息(I) 展开(E) >>
解决第一个错误:
删除实例 确定(O) 取消(C)

图 1.4.1-17 警告提示对话框

图 1.4.1-18 查看翻模报告提示框

在看模型报告时，会提示一些出现问题的构件的 ID，见图 1.4.1-18。可以用 Revit 中的“根据 ID 来选择”命令（在管理选项卡的选择面板中）来查看那个地方出现了什么问题。

翻模结果如图 1.4.1-19 和图 1.4.1-20 所示。

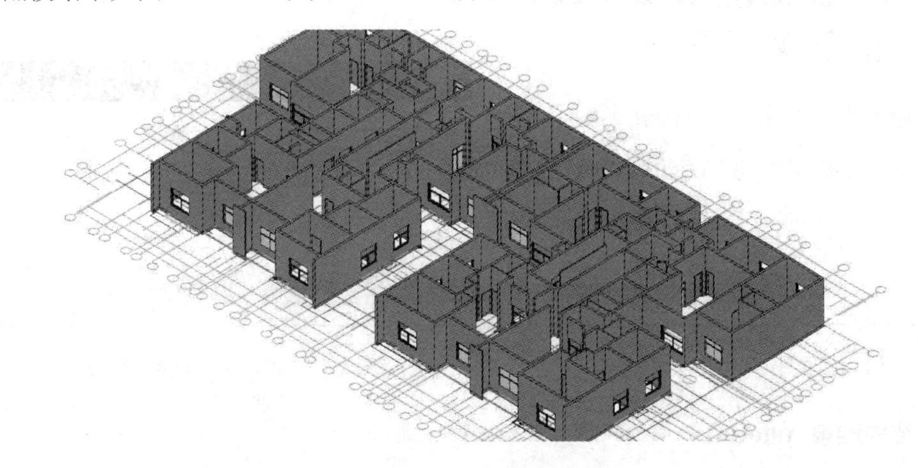

图 1.4.1-19 三维视图

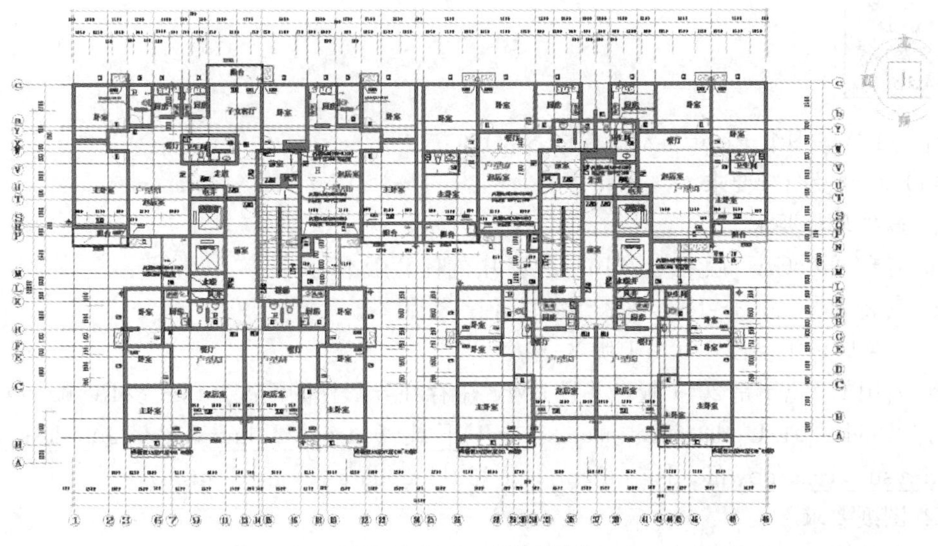

图 1.4.1-20 平面视图

④ 非天正图纸进行图层前处理的操作方法（可选操作）

a. 在 CAD 中启动【天正 T3 图层前处理】命令，弹出如图 1.4.1-21 所示对话框，对话框中有三个选项，分别是“规范化墙线图层”、“规范化柱线图层”、“规范化门窗线图层”。规范化指的是将不可识别的构件转化为可识别的天正图块。

b. 点击“点击墙线”按键，此时十字光标变为拾取状态，拖动鼠标到需要转化的墙线图层上方，单击鼠标左键进行提取，提取完成后该图层将隐藏，单击鼠标右键退出拾取状态，退回到“规范图层”对话框。使用相同的方法提取柱线图层与门窗线图层，见图 1.4.1-21。

c. 点击“OK”完成对图层的规范化提取，执行天正的“旧图转换”命令。

d. 对需要转换的构件图元进行信息设置，单击“确定”，完成对该图纸的图层前处理工作，见图 1.4.1-22。

注：天正图层前处理针对的是建筑专业图纸。

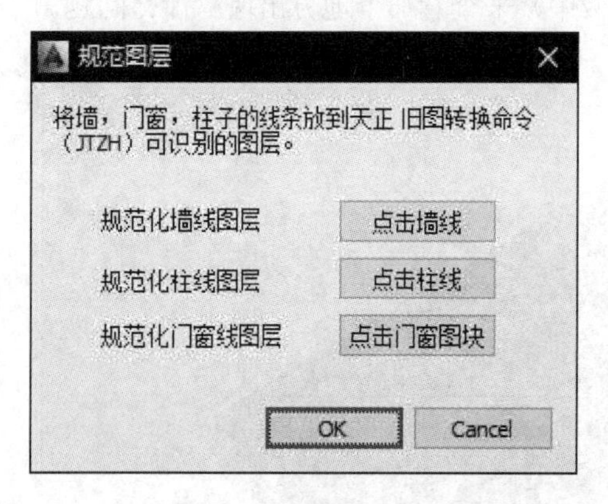


图 1.4.1-21　规范图层对话框

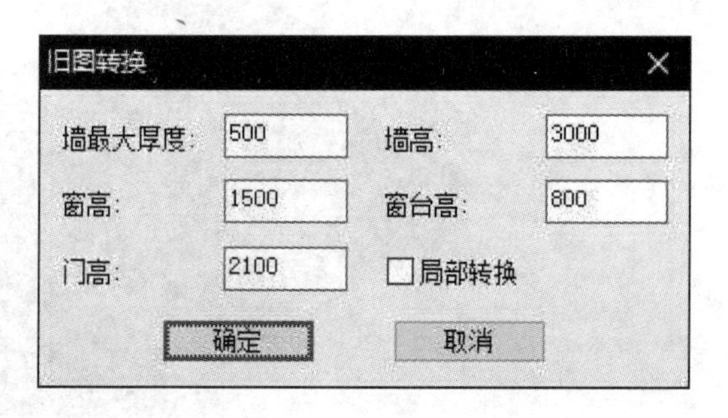


图 1.4.1-22　旧图转换对话框

**2. 结构翻模 AutoCAD**

结构 DWG 图纸 Revit 自动翻模内容要点：

(1) 软件及图纸要求

① 软件环境要求

a. 需要 AutoCAD 版本为 2010～2017 中的任意版本。

b. 安装 Revit2013～Revit2018 中的任何一个版本。

c. 安装橄榄山快模 6.0 以上版本。

d. 若用的 Revit 是 2014 版，并且 DWG 中存在异形柱的情况，请安装 Revit2014 的补丁程序 Revit 2014Update Release 2. 补丁下载（https：//knowledge. autodesk. com/search-result/caas/downloads/content/revit-2014-update-release-2. html）。

② 图纸要求

a. 要求梁的标注使用平法集中标注法，需要用引线从梁上引出，引线垂直于梁，标注文字顺着梁的方向。

b. 要求所有梁必须有梁的编号信息，可以通过引出标注也可以通过原位标注表达梁的编号或尺寸。没有标注梁号的梁，相关跨的数据读取可能会有问题。

c. 梁的标注引出线必须是直线（Line），也可以用多段首尾相连的直线作引出标注。梁引线的两个端头不能同时在两个梁内，这样程序无法区分这个引线是哪个梁的。

d. 梁的标注引线起始点必须在梁内。梁的标注引线起始点在梁外的，无法找到该梁尺寸和编号信息。

e. 梁标注文字是普通的单行文本。

f. 柱子的四个边线闭合，首尾搭接。

（2）实现功能

a. 目前翻模程序只适用于钢筋混凝土结构的平法 DWG 文件。

b. 将平法所表示的轴线、轴号、柱（含异形柱）、梁、墙在 Revit 里面重新创建出来。

c. 梁顶的高差偏移可以在 Revit 结构模型中表现出来。

d. 支持对有区域降板内梁的进行梁高度的自动调整。

e. 结构翻模中，直线梁会自动分跨。

f. 连梁能被翻模。

g. 可以一次只导出一个 DWG 中的某一类构件，比如只导出轴线轴号，或只导出柱子，只导出墙，梁必须和柱子一起导出，然后在 Revit 里面翻出模后进行拼接。

h. 梁的集中标注和原位尺寸标注可以智能读取（原位标注文字与梁的距离可以在翻模界面上指定）。

i. 能翻出异形柱子的模型。

j. 生成的梁类型带有梁的编号信息以及梁的截面尺寸。

k. 支持弧形梁翻模。

l. 自动将翻模区域图纸带入到 Revit 模型中作为底图，方便模型校验。

m. 对于梁的高度提取，程序怀疑可能有问题的地方，会在平面图上用一个红色的圆圈表示出来。在三视图上，其梁高为 50mm。若在三维视图上看到很薄的梁，说明提取梁信息时，程序根据现有条件无法确认其正确性。

（3）翻模步骤

① CAD 中操作

a. 启动 AutoCAD，打开目标 DWG 文件。如果当前图纸的坐标系不是世界坐标系，请将当前坐标系设置为世界坐标系。如果不确定是不是世界坐标系，输入 UCS，点击回车键，然后输入 W，再点击回车键就可以了（由于本操作需要对图形 DWG 作一些炸开操作，请提前做好原文件备份），见图 1.4.1-23。

b. 关闭与结构构件（轴线、轴号、梁、柱、墙以及其注释）不相关的图层，这样能加快提结构 DWG 功能的速度。

c. 建议将平法标注中的填充对象进行隐藏。这样，图上一些未封闭的柱子、异形柱一目了然，可以发现问题。发现不封闭的柱子，可以手动连线使之封闭，这样能正确地将这种柱子识别出来（关于柱子翻模会在文章后面进行补充）。

d. 在 CAD 功能区的【橄榄山快模】选项卡中启动【结构-导出结构 DWG 数据】工

具，此时会弹出如图 1.4.1-24 所示对话框（或者可以输入 RW 命令来启动该工具，若点击该工具或者输入 RW 命令后无效果，请参考文章关于“橄榄山插件在 CAD 中不显示”的解决办法）

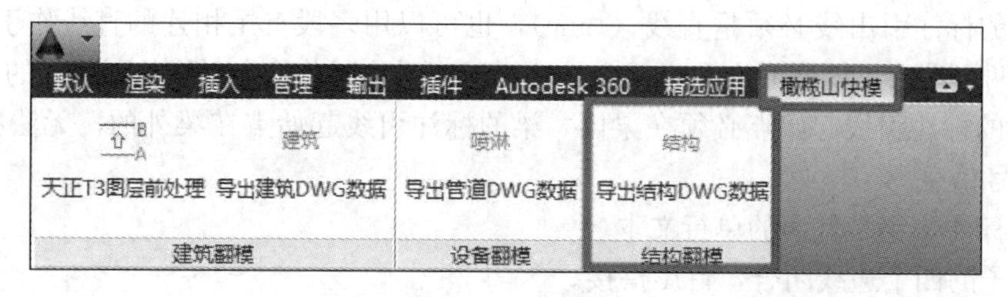


图 1.4.1-23 橄榄山快模导出结构 DWG 数据

橄榄山BIM翻模--读取结构DWG中的结构模型数据
图层指定
清空图层设置
注：若不想翻某一列构件，不用指定其图层。同类构件可指定多个图层（逗号隔开，如：A,B,C）
轴线图层名 AXIS 点选轴线获取图层名
轴号文字图层 AXIS 点选轴号
柱子图层名 COLU 点选柱子来获图层名
柱子标注引线图层 点选柱子标注引线
混凝土梁图层名 BEAM_CON 点选梁来获图层名
梁集中标注引线图层 梁集中标注 点选梁引线
钢梁图层名 点击钢梁获取图层名
梁原位标注图层 点选梁原位标注
直线/弧线墙图层 点选结构墙
构件最大尺寸。越接近图纸实际，提取模型的准确性越高,速度越快
集中标注的多跨中柱子最大边长 1201 mm 量 最大梁宽 1000 mm 量
梁原位标注距梁中心最大距离 750 mm 量 最大墙宽 500 mm 量
悬挑梁大于 300 mm时，单独算作一跨
区域升降板(负为降，正为升)
填充名 升降
增 删 改高度
梁顶相对高差表达式 (A) 例如：A、(A)、(hA)、(h=A)：A是高差值
图中梁顶高差这样表达：(h+0.35) 或(h-0.35)，则表达式都是：(hA)
未标注尺寸的连梁
如：LL1=300*800,LL2=400*900,LL3=400*800 梁与梁之间用英文逗号隔开
导出文件名 C:\Users\Zhao\Desktop\B2-2结构.GlsS 浏览...
☑导出选中DWG到Revit模型里，自动链接到Revit里做底图
确定 取消

图 1.4.1-24 CAD 结构翻模对话框

e. 点击“清空图层”按键可以快速将对话框中上一次提取到的数据信息进行清除。

f. 点击“点选轴线”按键，此时鼠标指针会变为拾取状态，拖动鼠标到图上轴线上方（任意轴线），并单击鼠标左键拾取轴线所在图层，拾取完成后该图层会进行隐藏，同时对话框中会显示已经提取到的图层名称（若图纸中轴线具有多个图层，则拾取所有图

层)。

g. 点击“点选轴号”按键，拖动鼠标至轴号上方，单击鼠标左键进行拾取。

h. 点击“点选柱子来获图层名”按键，拖动鼠标至柱子上方，单击鼠标左键进行拾取（若图纸中柱子具有多个图层，则拾取所有图层）

i. 点击“点选柱子标注引线”按键，拖动鼠标至引线上方，单击鼠标左键进行拾取，若图纸中无标注引线，可以不拾取（若柱子标注无引线，会在柱子周围一定范围内自动寻找编号)。

j. 点击“点选梁来获图层名”按键，拖动鼠标至梁线上方，单击鼠标左键进行拾取，若梁有多个图层，依次全部拾取。

k. 点击“点选梁引线”按键，拖动鼠标至梁集中标注引线上方，单击鼠标左键进行提取，若引线有多个图层，依次全部拾取。

l. 点击“点选梁原位标注”按键，拖动鼠标至梁的原位标注上方，单击鼠标左键进行拾取，若梁原位标注有多个图层，依次全部拾取。若梁原位标注与梁集中标注引线在相同的图层，可不再提取原位图层，程序会智能地在已经提取到的信息中进行分析。

m. 点击“点选结构墙”按键，拖动鼠标至结构墙线上方，单击鼠标左键进行拾取，若墙体有多个图层，依次全部拾取；若图纸中无墙体，可不进行操作。

n. “构件最大尺寸。越接近图纸实际，提取模型的准确性越高，速度越快”：对图纸中的某些数据进行提取和分析是在某些范围和条件下进行的，例如寻找梁原位标注是在梁线附近的某个限值范围内进行查找的，若该原位标注不在给定的范围内，则不会提取到，由于不同图纸中的表达各有不同，所以需要用户指定这些范围。

- “集中标注的多跨中柱子最大边长”：图纸中柱子的最大尺寸。
- “最大梁宽”：图纸中尺寸最大梁的界面宽度。
- “梁原位标注距离梁中心最大距离”：梁原位标注中心至梁中心位置的距离。
- “最大墙宽”：图纸中最厚墙体的界面宽度尺寸。
- “悬挑梁大于”：若需要将某些悬挑梁单独作为一跨，则需要指定判定条件，设定当悬挑长度大于多少时将该梁单独作为一跨。

o. “梁顶相对高差表达式”：可提取到图纸中梁升降的信息。程序会依据表达式的形式搜寻与表达式形式相同的升降信息，用户需要根据图纸中对梁升降的表达形式，选择与之对应的表达式。例如，若图纸中对梁的升降的表达是使用（±x.xxx）的方式，则在对话框中需要设置表达式为（A)，如图 1.4.1-25 所示。

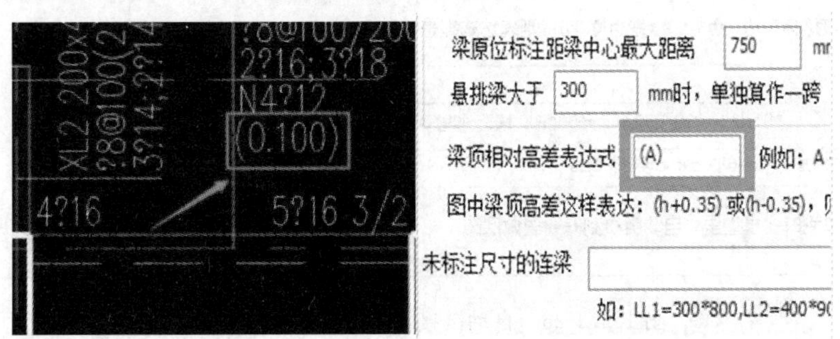


图 1.4.1-25 梁顶相对高差表达式

同理，若是图纸中的表达方式为（h±x. xxx），则表达式需要设置为（hA）。

p. “区域升降板”：通过识别升降板区域的填充图层并指定其升降数据来实现对该区域的梁的升降。点击“增”按键，拾取区域升降板位置的填充图层，选中拾取到的图层，点击“改高度”按键，此时会弹出设置升降板高度的对话框，在对话框中输入升降数据并单击“确定”即可。

q. “未标注尺寸的连梁”：若需要同时将连梁正确翻模，可以将连梁的尺寸输入到该对话框中，输入的格式为“LL1＝300＊500”，输入多个时，中间用英文逗号隔开即可。

r. 指定导出文件所在的文件夹和文件名，文件扩展名是 GlsS。

s. 若勾选“导出选中 DWG 到 Revit 模型里，自动链接到 Revit 里做底图”选项，则程序将自动对翻模区域进行拆图，并在翻模完成后将拆分后的图纸链接到 Revit 中作为底图，便于校验，见图 1. 4. 1-26。

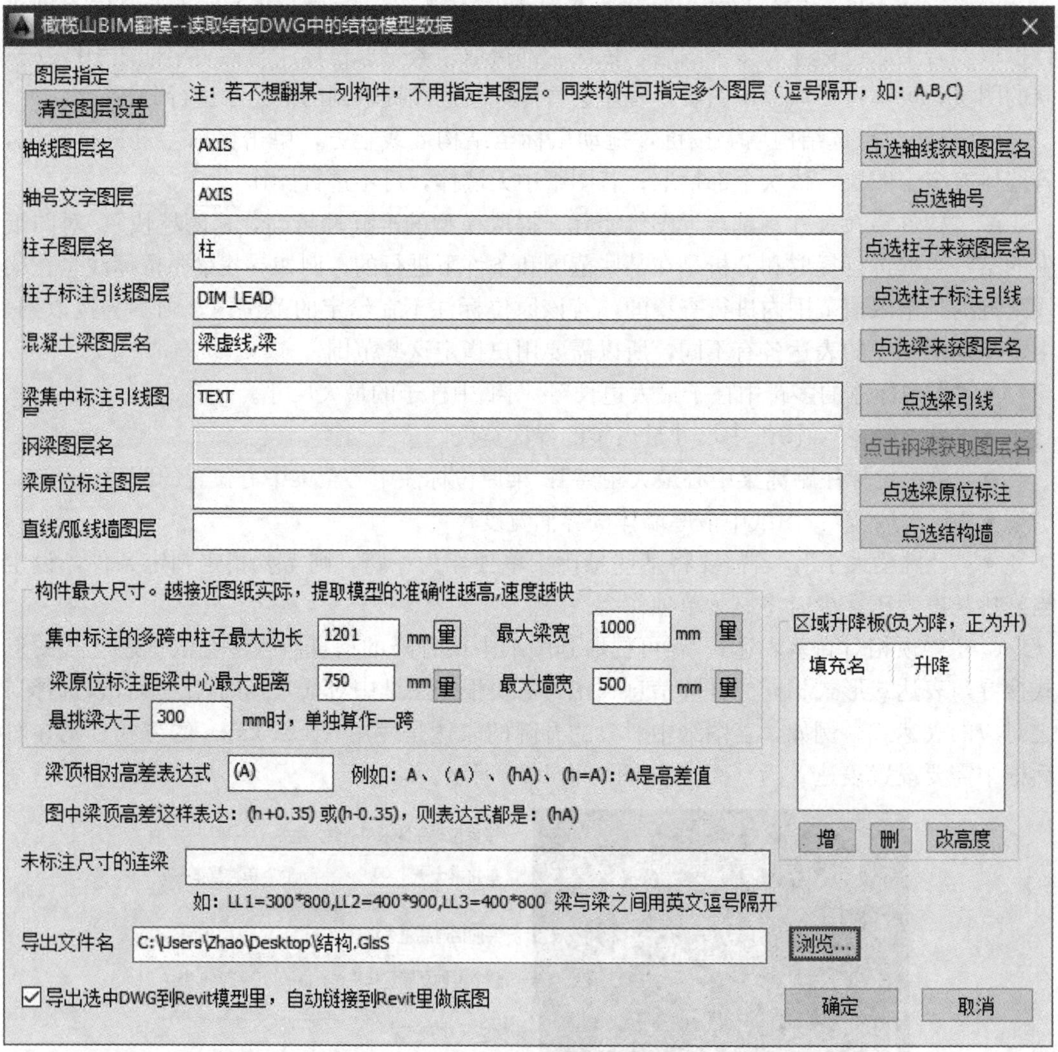

图 1. 4. 1-26　自动链接 DWG 到 Revit 做底图

t. 点击“确定”按键，然后在图上指定对齐点，可以用F3键打开捕捉功能，实现精确捕捉。这个对齐点就是将来将模型插入Revit时的对齐点。其作用是进行模型的精确定位，实现上下层构件的准确对齐。

u. 框选需要导出（翻模）的标准层（选择局部导出也可以）。可用窗选、点选等多种方式选择需要导出的构件。在确认选择前，需要将当前CAD的视图调整至如下状态：

需要导出的楼层的图元在AutoCAD中要求全部可见，否则导出不全。将选中的需要导出的图元在当前CAD视图中尽可能地最大化显示，这样识别DWG的信息速度快，可节省翻模时间，如图1.4.1-27～图1.4.1-29所示。

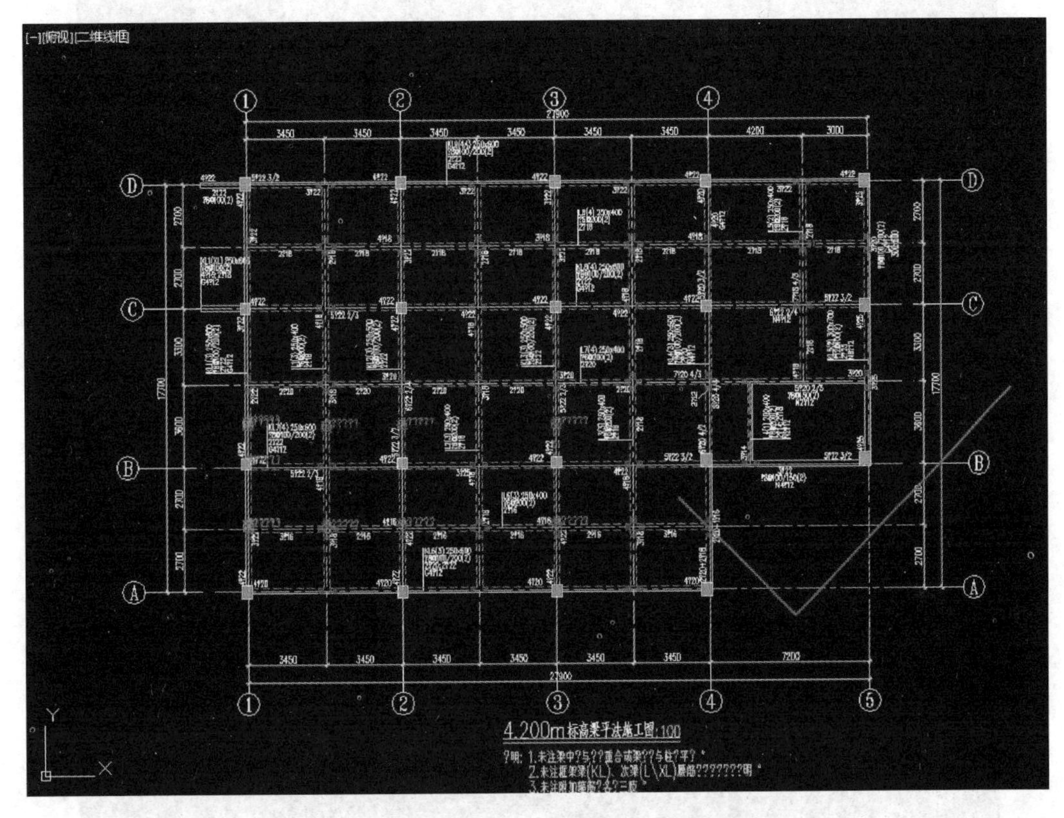


图1.4.1-27 最大化当前需要导出的视图

v. 单击鼠标右键或者键盘上的空格键来执行提取命令。

w. 提取完成后可按F2键查看提取到的数据，见图1.4.1-30。

② Revit中操作

a. 在【GLS土建】选项卡中的【CAD到Revit翻模】面板中启动【结构翻模AutoCAD】命令。

b. 浏览到需要翻模的中间数据文件所在路径，并选择该文件（建筑专业名称后缀是GlsS），见图1.4.1-31。

c. 在弹出的对话框中设置构件的类型等信息，如墙的类别、柱类型、梁类型、导入构件的上下楼层、导入哪些构件等。详情如下：

- 墙的类型必须由用户来指定。所指定的一般墙类型的核心层厚度可以与DWG中

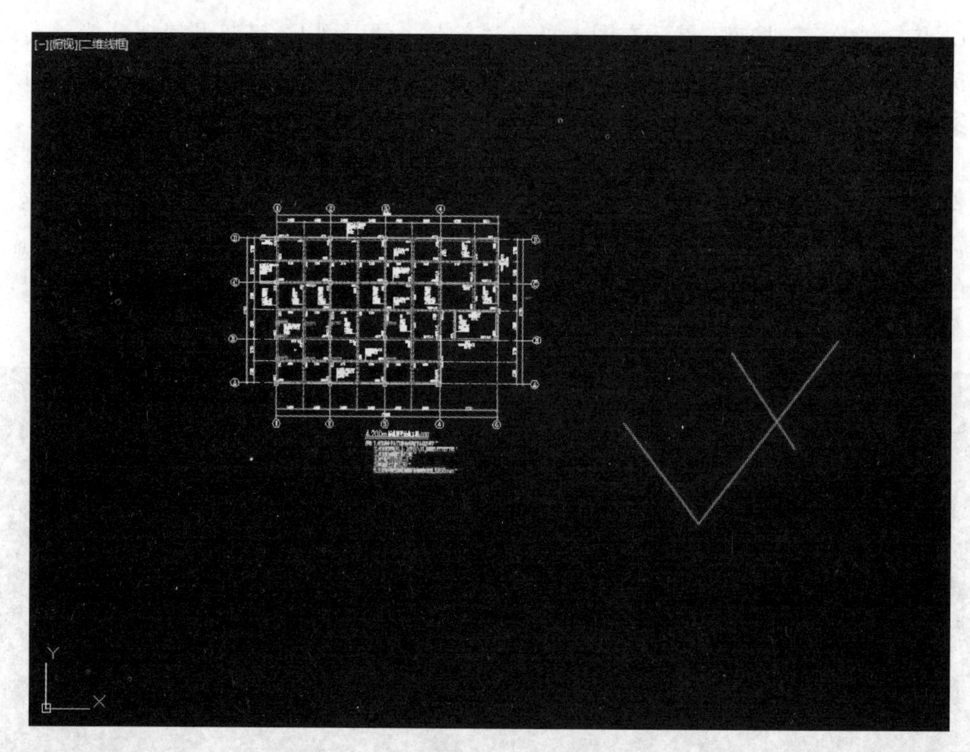


图 1.4.1-28　需要导出的部分没有最大化

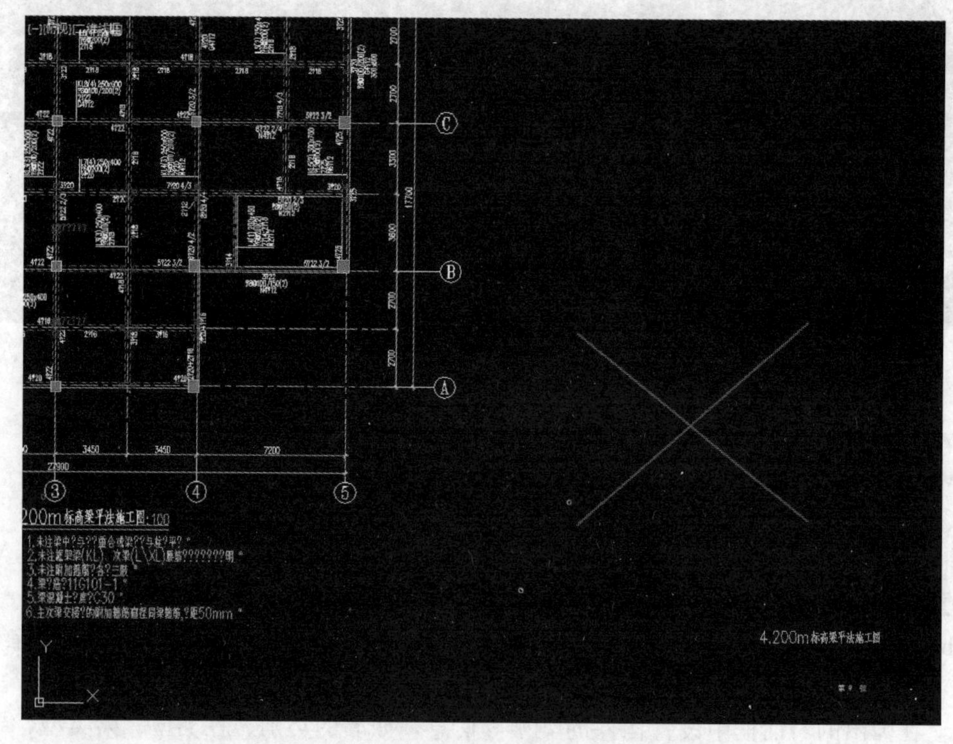


图 1.4.1-29　需要导出的部分图形不可见

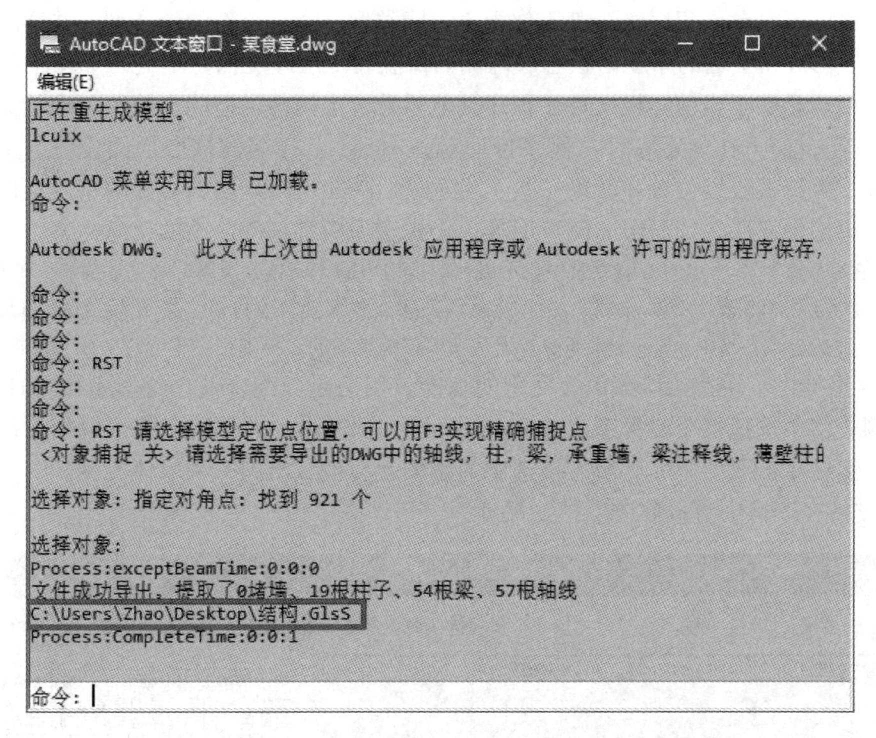


图 1.4.1-30 提取完成后结构翻模提取到的 CAD 数据

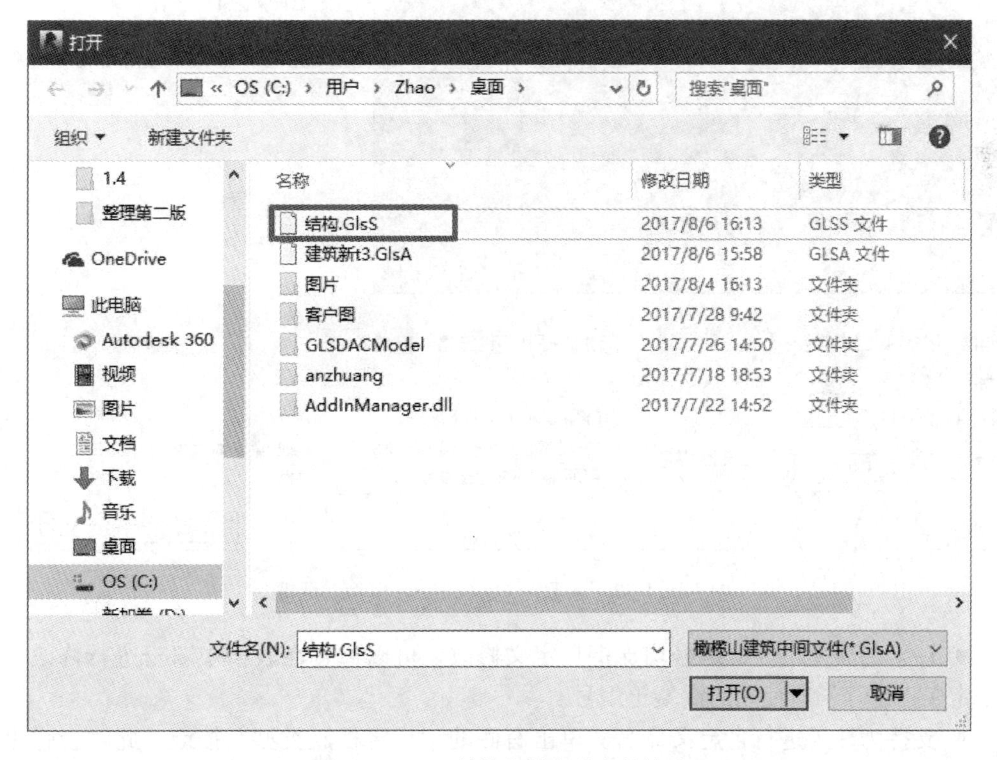


图 1.4.1-31 结构翻模存放文件格式

导出的墙厚度不一致，程序将会基于你指定的墙类型克隆一个新的墙类型，并修改其核心层厚度等于 DWG 中墙的厚度，核心层两侧的保温装饰层厚度保持不变（下拉菜单中的可用墙体类型均是基于当前样板文件，程序其他涉及指定构件类型的下拉菜单中的类型也均是基于样板文件）。在创建墙时，程序自动对齐 Revit 新建墙的核心层的位置与 DWG 中墙的位置，保持核心层位置和厚度一致。通过这个功能可实现墙核心层的精确定位，并且还可为墙添加保温层、饰面层、隔声层等，轻松实现模型精确，墙的信息完整。

注：在图 1.4.1-32 所示的墙信息表中，可以修改表格中的“墙核心层厚”和“墙材料”的值，比如可以将墙的厚度从 199 改为 200，如果墙材料是幕墙，那么要求其“墙材料”必须为“玻璃幕墙”。当墙的“墙材料”为玻璃幕墙时，Revit 墙类型必须是玻璃幕墙类型的，否则程序不允许关闭对话框。

● 这里提供了快速给墙赋值墙类型的功能，用法是：配合使用键盘上的 ctrl 与 shift 键在左侧表格中选择多个墙类型（ctrl→＋；shift→－），在右侧的赋值选项中选择目标类型墙体，然后单击赋值，那么所有被选中的墙体就会被赋予同一种墙体类型。

● 支持在表格中直接修改墙体的尺寸。

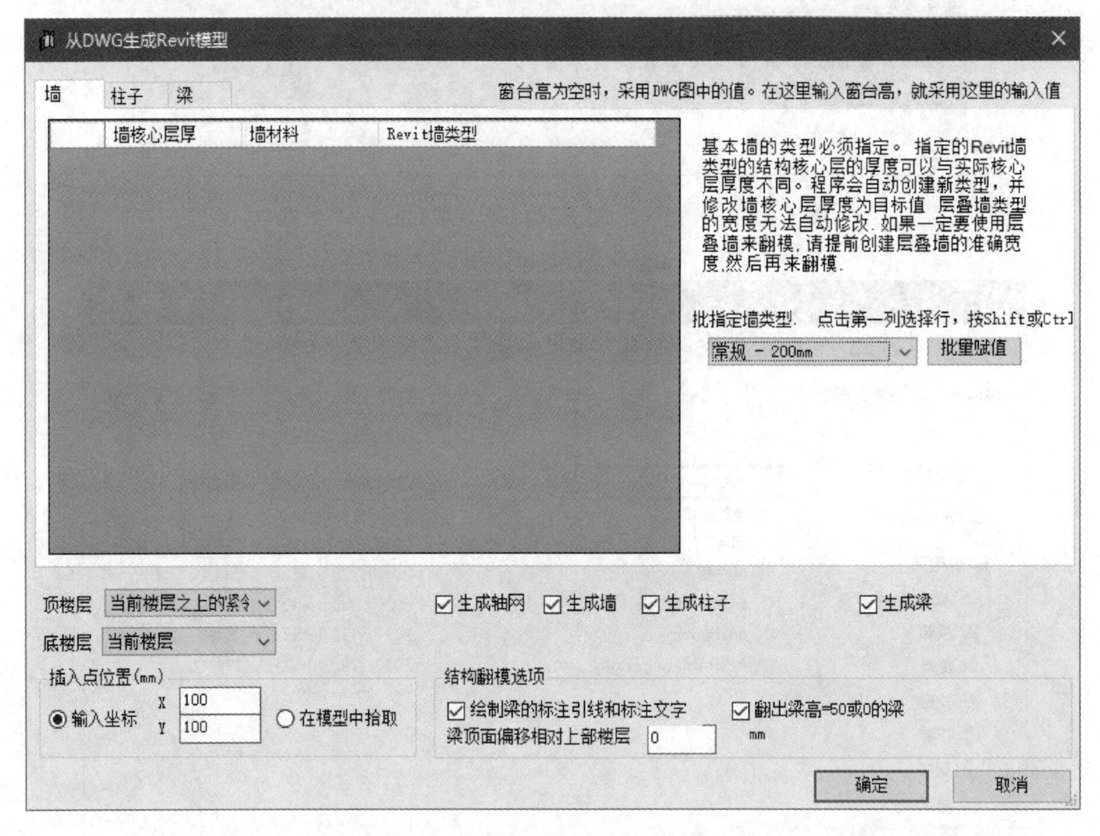


图 1.4.1-32　从 DWG 生成 Revit 模型对话框

● 柱子的界面尺寸、编号均支持自定义修改，可以通过在表格中双击进行修改。可以自定义指定柱子所使用的混凝土编号。

● 支持为柱子进行自定义命名。单击右侧的“指定柱族类型”按键，此时会弹出如图 1.4.1-33 所示提示对话框。

● 由于对柱子进行命名时会用到楼层信息，所以会首先向用户确认是否本次翻模的

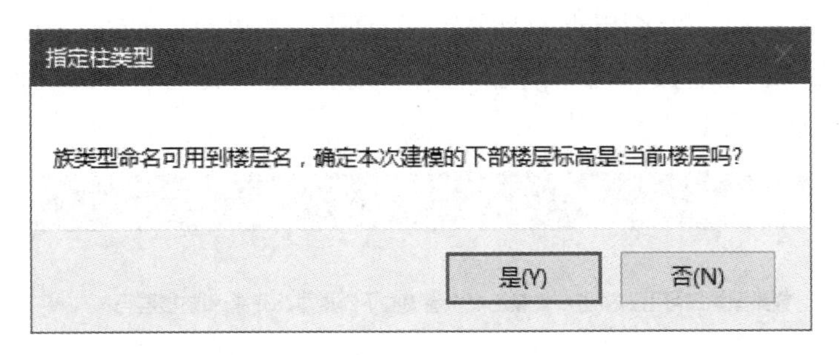


图 1.4.1-33 指定柱类型对话框

下部楼层标高，若确定可直接点击“是”。

● 弹出“指定族和类型命名规则”对话框，如图 1.4.1-34 所示。

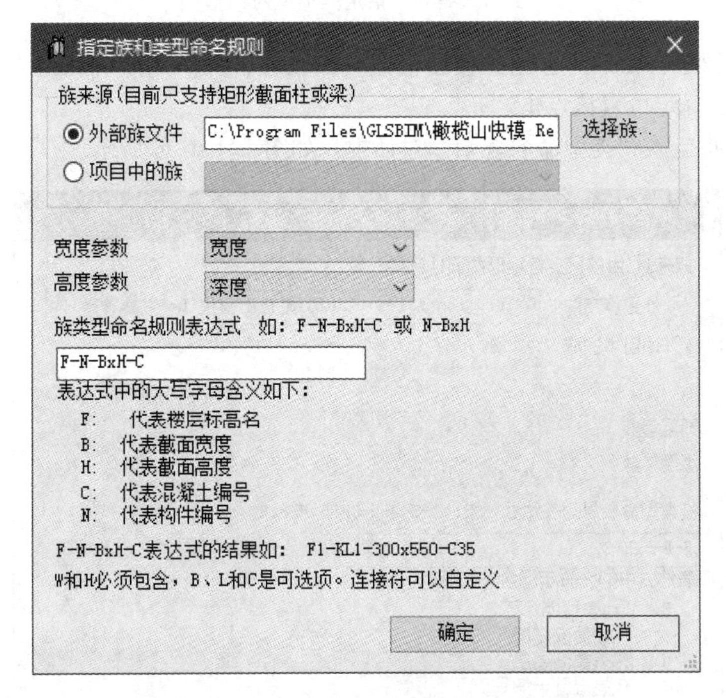


图 1.4.1-34 指定族和类型命名规则对话框

● 支持自定义指定所使用的柱子族类型。

● 可以指定“宽度参数”与“高度参数”分别对应的界面数据。

● 构件命名中包含了“楼层标高”、“截面宽度”、“截面高度”、“混凝土编号”和“构件编号”等 5 个字段信息，这里我们使用 5 个字母来分别代表每个字段，字母与其代表的内容在对话框中已经说明，可以通过修改字母的排序来控制构件的命名规则。例如对话框中给出的示例，若使用“F-N-BxH-C”方式来进行命名的话，则最后的柱子的命名就是“F1-KL1-300x500-C35”。

● 单击“确定”即可。

● 梁的界面尺寸、编号均支持自定义修改，可以通过在表格中双击进行修改。可以自定义指定框架梁和连梁所使用的混凝土编号。

● “统一梁数据”可以将相同编号的梁，但是不同的界面尺寸统一为某一选定尺寸

● 支持为梁进行自定义命名。单击右侧的“指定柱族类型”按键，此时会弹出如图1.4.1-35所示提示对话框。

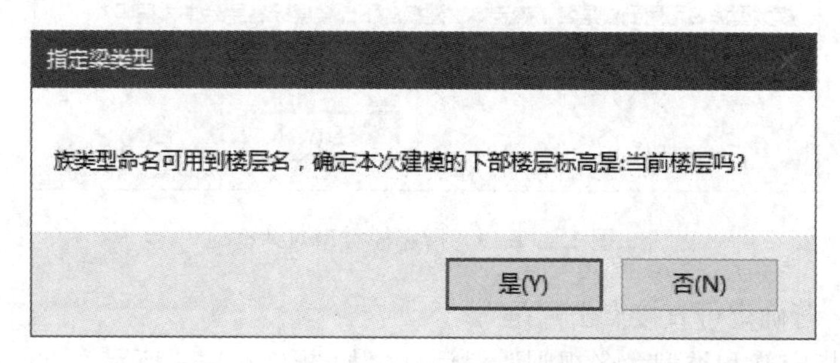


图1.4.1-35 指定梁类型对话框

● 由于对梁进行命名时会用到楼层信息，所以会首先向用户确认是否本次翻模的下部楼层标高，若确定可直接点击“是”。

● 弹出“指定族和类型命名规则”对话框，如图1.4.1-36所示。

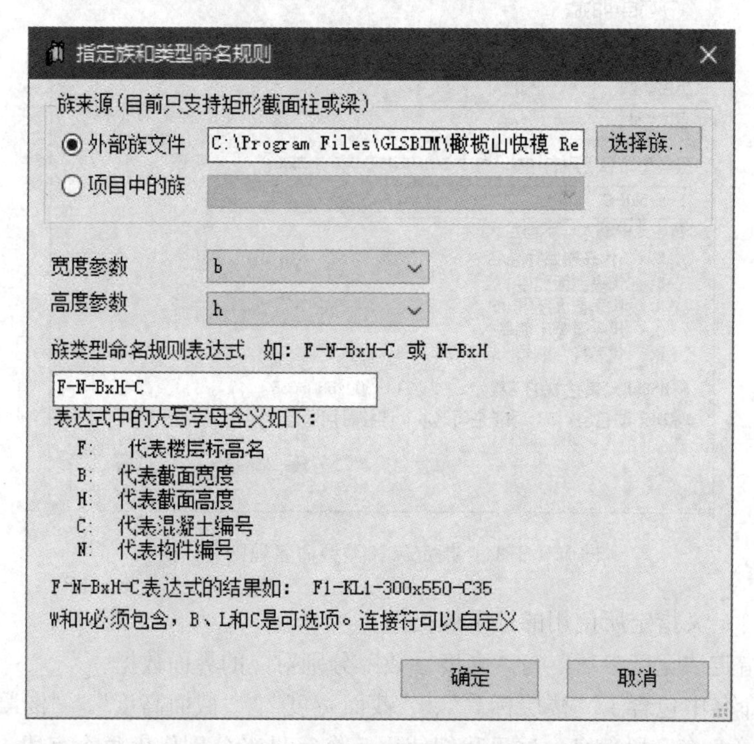


图1.4.1-36 指定族和类型命名规则对话框

● 支持自定义指定所使用的梁族类型。

● 可以指定“宽度参数”与“高度参数”分别对应的界面数据。

● 构件命名中包含了“楼层标高”、“截面宽度”、“截面高度”、“混凝土编号”和“构件编号”等5个字段信息，这里我们使用5个字母来分别代表每个字段，字母与其代表的内容在对话框中已经说明，可以通过修改字母的排序来控制构件的命名规则。例如对

话框中给出的示例，若使用“F-N-BxH-C”方式来进行命名的话，则最后柱子的命名就是“F1-KL1-300x500-C35”。

● 单击“确定”即可。

● 设置对话框的下部有关于梁升降与表达的设置。

●“梁顶面偏移相对上部楼层”：可以设置当前所有将要翻出的梁相对上部楼层的偏移，默认正值向上，负值向下。

●“翻出梁高=50 或 0 的梁”：该选项为提醒功能，对于程序判定可疑的梁（可疑的梁指的是程序判断梁体信息错误，或者不能正确识别的梁），用户可以选择是否将这种梁翻出。若勾选的话，则程序会将这种可疑的梁翻成高度为 50 的梁（界面宽度不变），便于在三维模式下快速判别哪些梁有问题（同时会有红色圆圈进行标示）；若不勾选的话，则程序不会将这种可疑的梁翻出（建议用户勾选，便于在三维模式下查看）。

●“翻模检查辅助信息”：用户可以选择是否将梁的标注引线和标注文字带入到 Revit 中进行显示，若需要，可以勾选该选项（建议用户勾选该选项）。

● 其他内容设置可参考“建筑翻模”中的内容，这里不再赘述。某结构图纸翻模完成后效果如图 1.4.1-37 和图 1.4.1-38 所示。

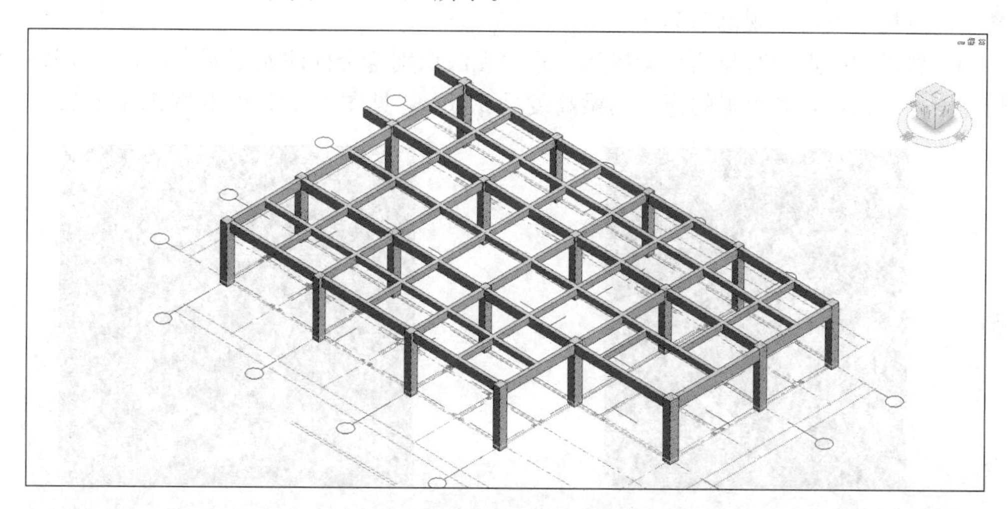

图 1.4.1-37 三维视图

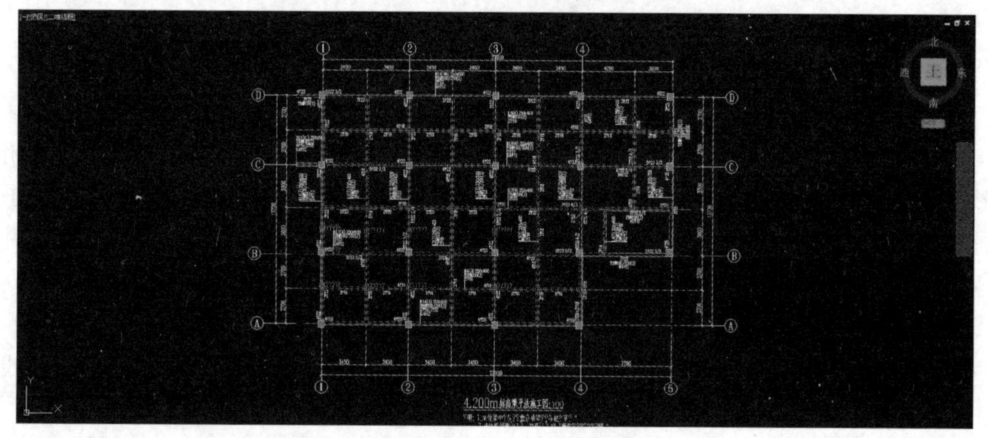


图 1.4.1-38 平面视图

**注意**

（1）图纸中要尽量处理掉重叠的图元，可以提高提取速度。

（2）删除无关的标注。

（3）不要有斜线的引出线，见图 1.4.1-39。

图 1.4.1-39　有斜线的引出线

（4）尽量处理掉不规范的标注。

（5）引线的端点同时与两个梁接触，程序无法识别这个标注属于哪个梁，会导致一些梁的高度无法识别，翻出来的模型的梁高度是 50mm，见图 1.4.1-40 和图 1.4.1-41。

图 1.4.1-40　引线的端点同时与两个梁接触

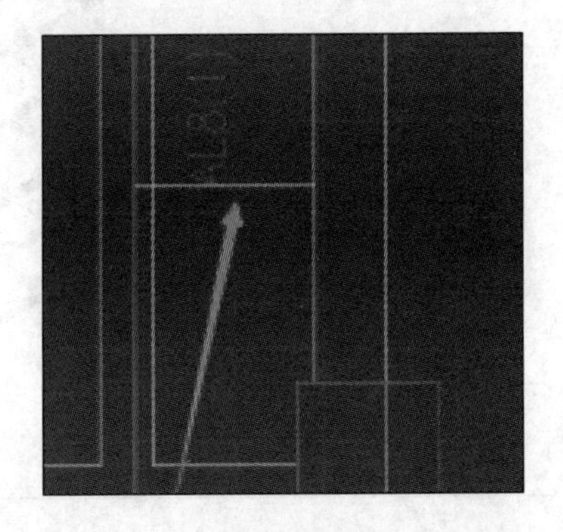

图 1.4.1-41　引线同时与两个梁接触

（6）柱子翻模要点

a. 组成柱子的边线可以是封闭的多义线（Polyline），直线，完整圆、圆弧。

b. 要求柱子的边界线是封闭的。若你的结构图中柱子与剪力墙组成一个大的封闭多边形，你又想将柱子单独绘制出来，这种情况下你需要手动在 CAD 里面绘制线将柱子边线封闭，新添加的线需要和柱子在同一个图层，如图 1.4.1-42 所示。

c. 不同的柱子可以在不同的图层。只需在柱子的图层编辑框中指定多个图层。

d. 组成同一个柱子的边线应该在同一个图层中。如果不在，请修改柱边线图层，使同一个柱子的边线都在同一个图层内（有些柱子与剪力墙相连的地方，可能柱子的边线不在柱子图层，这时候需要修改到同一个图层中），如图 1.4.1-43 所示。

e. 异形柱子/多边形剪力墙的封闭边线如果与其他异形柱子/剪力墙相交，可能无法成功提取异形柱子的数据。这时候需要修改异形柱子相连，保持每一个异形柱子与其他异形柱子没有相交。如图 1.4.1-43 所示，圆圈内就是多个异形柱彼此相交，在提取数据时，会丢失这些异形柱/多边形剪力墙。

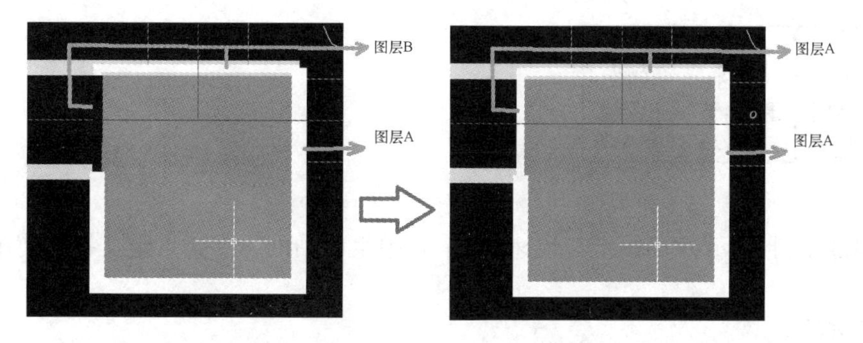


图 1.4.1-42　结构 DWG 图翻模

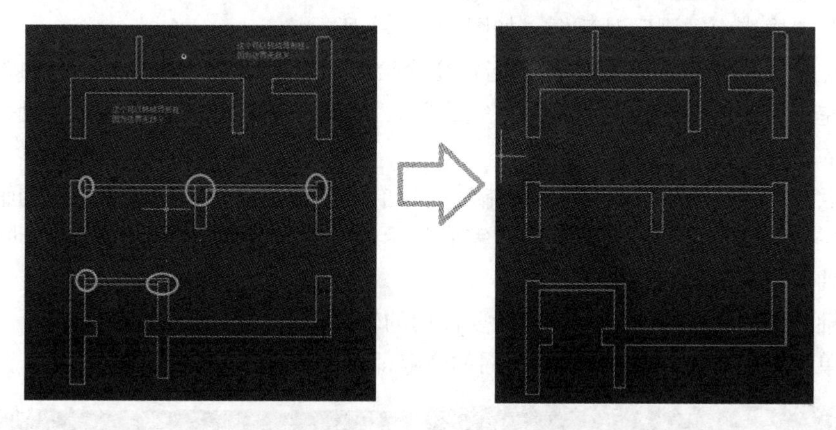

图 1.4.1-43　结构 DWG 图修改后，可以被翻模程序识别

f. 对于这种剪力墙，几个剪力墙之间的线彼此搭接，无法正确生成剪力墙，因为程序算法无法分别闭合剪力墙线。请在【导出结构 DWG 数据】命令开始之前编辑墙与墙之间的线使之不要搭接，或让搭接的剪力墙边线变成一个封闭的无歧义的区域。

g. 手动修改后，把剪力墙线处理成一个封闭的区域，如图 1.4.1-44 所示。这样转换程序就可以把剪力墙导出，并在 Revit 中生成异形柱。

h. 上述经过修改后的 DWG 图元翻模后生成 Revit 模型如图 1.4.1-45 所示。

图 1.4.1-44　生成异形柱

图 1.4.1-45　三维视图

## 1.4.2　链接 DWG 翻模

### 1. 轴网翻建

**功能**

利用链接到 Revit 中的图纸，快速在 Revit 中生成轴网，支持自定义指定使用的轴网类型。

**使用方法**

(1) 在【GLS 土建】选项卡的【链接 DWG 翻模】面板中启动【轴网翻建链接 DWG】命令，打开“橄榄山轴网”对话框，如图 1.4.2-1 所示。

(2) 点击“点选轴线”，此时鼠标指针变为拾取状态，拖动鼠标至图纸中的轴网上方，单击鼠标左键对轴线进行提取，单击“完成”后，“轴线图层”位置会自动显示当前提取到的轴网的图层名称，见图 1.4.2-2。

(3) 点击“点选轴号”，此时鼠标指针变为拾取状态，拖动鼠标至图纸中的轴号上方，单击鼠标左键对轴号进行提取，单击“完成”后，“轴号文字图层”位置会自动显示当前提取到的轴号图层名称。

(4) 轴线类型：可以自定义选择所要使用的轴网类型。

(5) 单击“确定”，来执行生成轴网的命令即可。

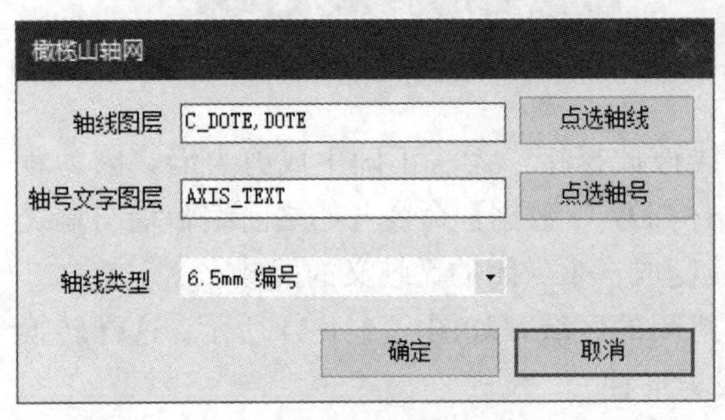


图 1.4.2-1　轴网翻模链接 DWG 对话框

图 1.4.2-2　选择轴线类型

### 2. 建筑翻模链接 DWG

**功能**

(1) 利用链接到 Revit 中的图纸，将图纸中的墙、柱、门窗等内容快速转换成 Revit 模型。支持自定义指定墙体类型，修改墙体厚度，修改柱子尺寸、门窗尺寸等。

(2) 支持自定义指定门窗类型及窗台高度。

(3) 支持自定义指定柱子类型及柱子使用的族及命名。

(4) 支持自定义指定模型的放置标高位置。

(5) 自定义指定翻模的构件类型。

**使用方法**

(1) 在【GLS 土建】选项卡的【链接 DWG 翻模】面板中启动【建筑翻模链接 DWG】命令，打开“橄榄山轴网”对话框，如图 1.4.2-3 所示。

(2) 清空图层：可以一次性清除对话框中的所有图层信息（上一次提取记忆的图层信息）。

(3) 根据需要勾选要生成的构件类型，这里提供了四种可以进行翻模的族类型，分别是“柱”、“墙”、“门窗”和“房间”。

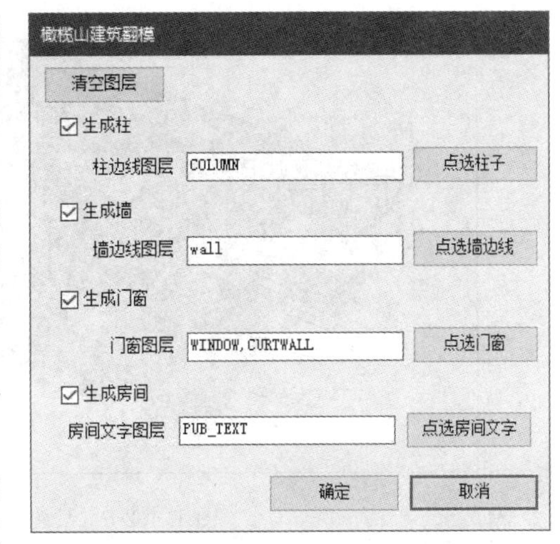


图 1.4.2-3 建筑翻模链接 DWG 对话框

在勾选的族类型的右下方，点击对应的提取按键，例如勾选“生成柱”，点击“点选柱子”按键，此时鼠标指针变为可拾取状态，移动鼠标至柱子边线上方，单击鼠标左键即可对柱子进行提取，提取完成后会在“柱边线图层”中显示当前提取到的图层名称，可以使用相同的方式对其他构件进行提取，勾选“生成房间”时，将会在 Revit 中自动生成与图纸中名称对应的房间。

(4) 单击“确定”，执行对图纸的数据信息提取命令。

(5) 在数据分析和提取完成后，会弹出“从 DWG 生成 Revit 模型”对话框，如图 1.4.2-4 所示。

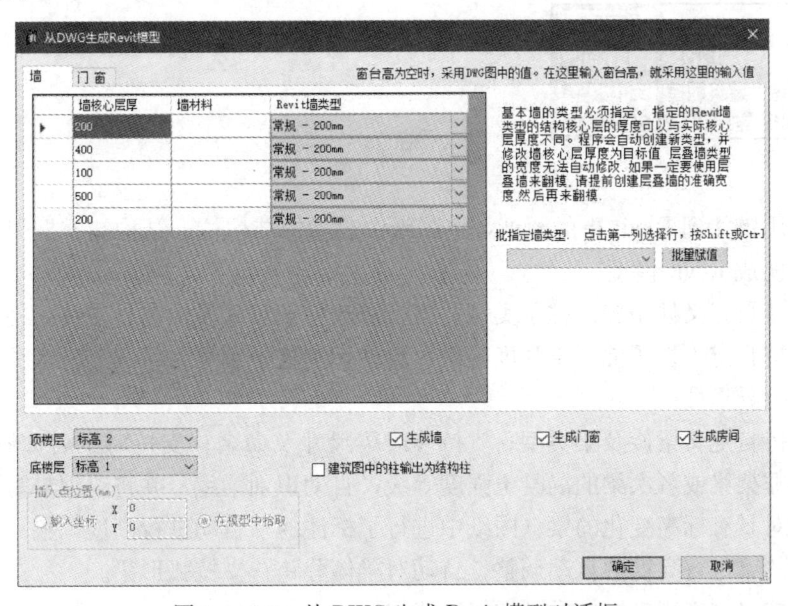


图 1.4.2-4 从 DWG 生成 Revit 模型对话框

(6) 对话框中的设置信息与【建筑翻模 AutoCAD】工具在 Revit 中进行操作的部分类似，见图 1.4.2-5，具体请参考本书中对【建筑翻模 AutoCAD】工具部分的讲解，这里不再赘述。

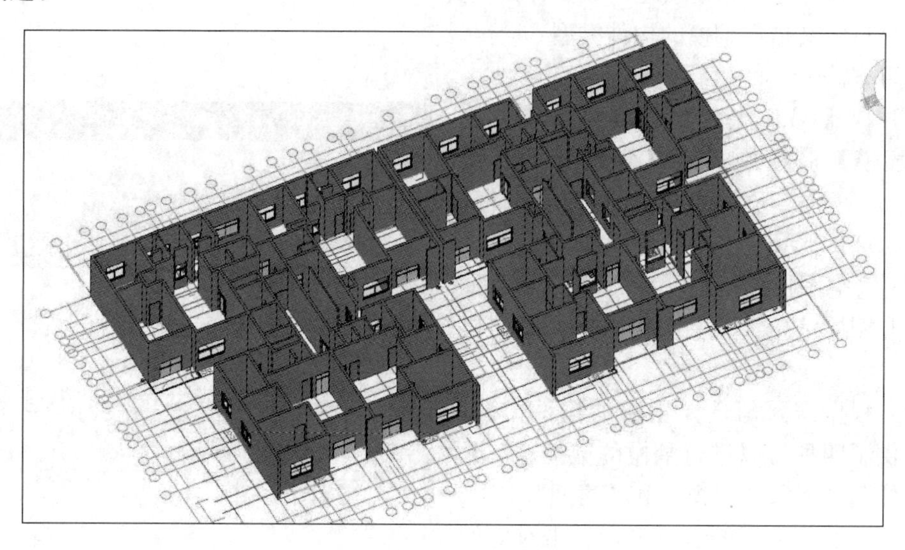

图 1.4.2-5　某建筑翻模效果三维视图

**注意**

(1) 柱子若为图块，需要提前在 CAD 中对其进行炸开。

(2) 结构墙、结构柱等结构构件，建议在结构图纸中进行翻模。

(3) 样板文件中，建议准备好项目所需要的墙体类型及门窗类型。

(4) 天正图纸需要先转化为 T3 图纸。

**3. 结构翻模链接 DWG**

**功能**

(1) 利用链接到 Revit 中的图纸，将图纸中表达的结构柱、结构墙、框架梁、次梁等内容快速转换成 Revit 模型。

(2) 支持自定义柱子族及柱子类型；支持修改柱子尺寸及命名；支持对柱子名称添加前后缀；支持自定义柱子混凝土强度等级；自动识别柱子编号并将编号写入柱子实例属性参数中；支持异形柱。

(3) 支持自定义梁族及梁类型；支持修改梁尺寸及命名；支持对梁名称添加前后缀；支持自定义框架梁或者次梁的混凝土强度等级；自动识别梁编号并将梁编号写入梁实例属性参数中；对具有标高变化的梁（图纸中进行了标注的）自动进行高度调整；支持对区域升降板位置的梁进行高度的自动调整；自动对梁体分跨；支持弧形梁。

(4) 支持自定义指定墙体类型和修改墙体尺寸。

（5）支持自定义指定模型的放置标高位置。

（6）支持自定义指定翻模构件的类型。

**使用方法**

（1）在【GLS 土建】选项卡的【链接 DWG 翻模】面板中启动【结构翻模链接 DWG】命令，打开“结构翻模链接 DWG 对话框”，如图 1.4.2-6 所示。

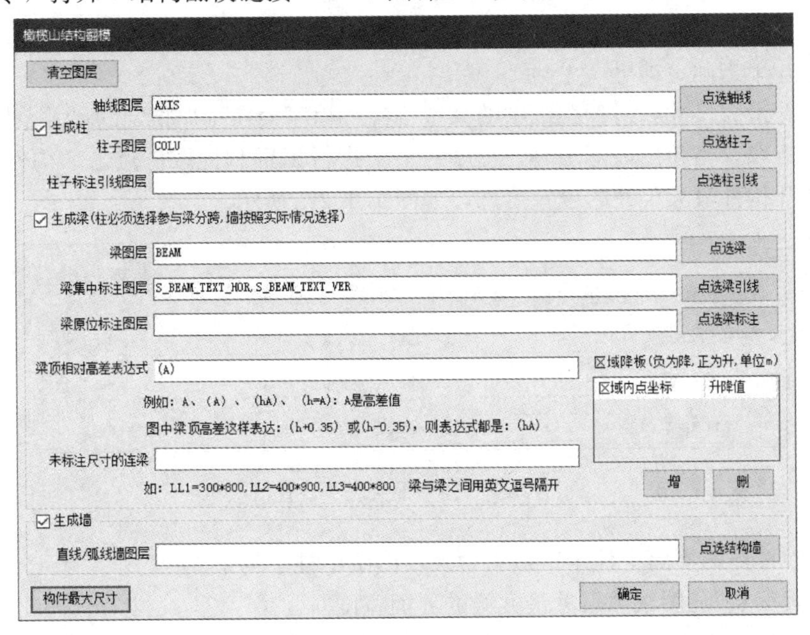


图 1.4.2-6　结构翻模链接 DWG 对话框

（2）清空图层：可以一次性清除对话框中的所有图层信息（上一次提取记忆的图层信息）。

（3）轴线图层：用来拾取当前图纸中的轴线信息。点击“点选轴线”按键，此时鼠标变为拾取状态，移动鼠标至图纸中的轴线上方，单击鼠标左键即可完成提取，提取完成后会在轴线图层后自动显示提取到的图层名称。

（4）根据需要勾选要生成的构件类型，这里提供了三种可以进行翻模的族类型，分别是“柱”、“梁”和“墙”。

这里需要注意的是，当勾选“生成梁”时，建议同时勾选“生成柱”并提取柱子信息，这是为了保证梁的分跨和定位信息更加准确，需要柱子的信息参与分析过程。

在勾选的族类型的右下方，点击对应的提取按键，例如勾选“生成柱”，点击“点选柱子”按键，此时鼠标指针变为可拾取状态，移动鼠标至柱子边线上方，单击鼠标左键即可对柱子进行提取，提取完成后会在“柱边线图层”中显示当前提取到的图层名称，可以使用相同的方式对其他构件进行提取。

（5）梁顶相对高差表达式：这里是为了识别图纸中梁升降的表达信息。需要将该表达式改成与图纸中升降相对应的表达式，例如图纸中某根梁需要向上偏移 0.1m，图纸中对该梁标高变化的标注信息为（h+0.100），则需要将表达式修改为（hA），A 代表的是偏移值。

（6）未标注尺寸的连梁：若图纸中的连梁仅标注了梁编号，未标注梁尺寸，可在该选项中将尺寸补齐，这样，在翻模时可以一同将这些未标注尺寸的连梁按照输入的尺寸翻出。

（7）区域降板：通过识别升降板区域的填充图层，并指定其升降数据来实现对该区域的梁的升降。点击“增”按键，拾取区域升降板位置的填充图层区域内的某一点，选中拾取到的图层，点击“改高度”按键，此时会弹出设置升降板高度的对话框，在对话框中输入升降数据并单击确定即可。

（8）构件最大尺寸：对于图纸中的某些构件，程序会在用户指定的尺寸范围内对构件进行识别和拾取，当超出该范围时，程序将不会进行识别和提取。点击“构件最大尺寸”按键，会展开构件最大尺寸的设置信息，如图 1.4.2-7 所示。

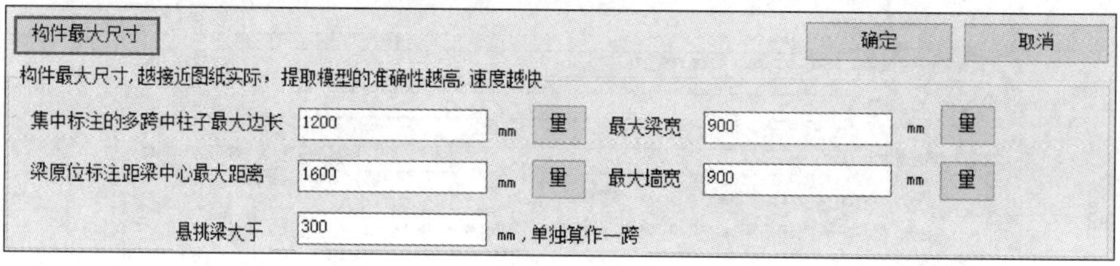

图 1.4.2-7　构件最大尺寸设置信息

- “集中标注的多跨中柱子”最大边长：图纸中柱子的最大尺寸。
- “最大梁宽”：图纸中尺寸最大梁的界面宽度。
- “梁原位标注距梁中心最大距离”：梁原位标注中心至梁中心位置的距离。
- “最大墙宽”：图纸中最厚墙体的界面宽度尺寸。
- “悬挑梁大于”：若需要将某些悬挑梁单独作为一跨，则需要指定判定条件，设定当悬挑长度大于多少时将该梁单独作为一跨。

（9）单击“确定”按键即可执行对图纸的数据分析和提取命令，在分析完成后会弹出“从 DWG 生成 Revit 模型”对话框，如图 1.4.2-8 所示。

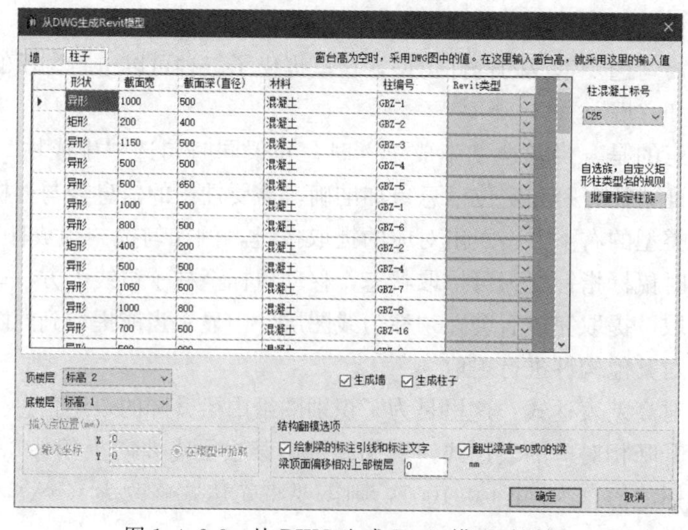


图 1.4.2-8　从 DWG 生成 Revit 模型对话框

(10) 对话框中的设置信息与【结构翻模 AutoCAD】工具在 Revit 中进行操作的部分类似，见图 1.4.2-9，具体请参考本书中对【结构翻模 AutoCAD】工具部分的讲解，这里不再赘述。

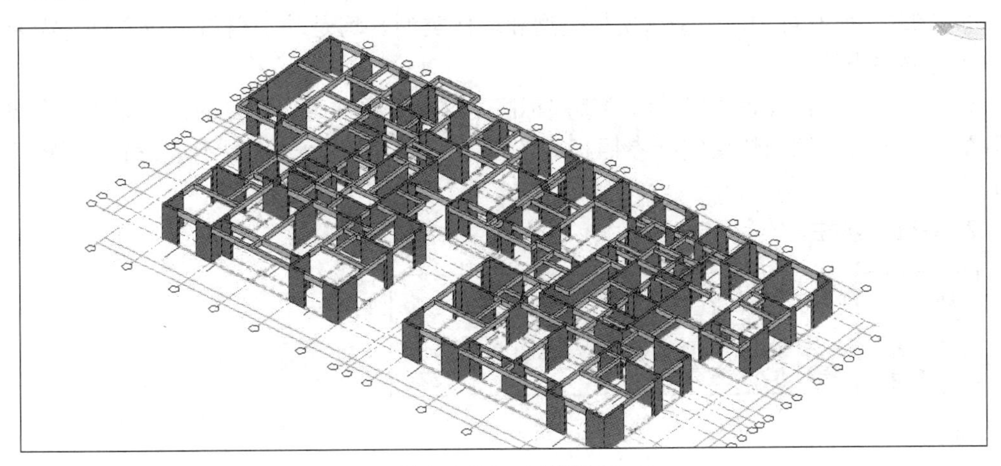

图 1.4.2-9 三维视图

## 1.4.3 精细建模

### 1. 基础垫层

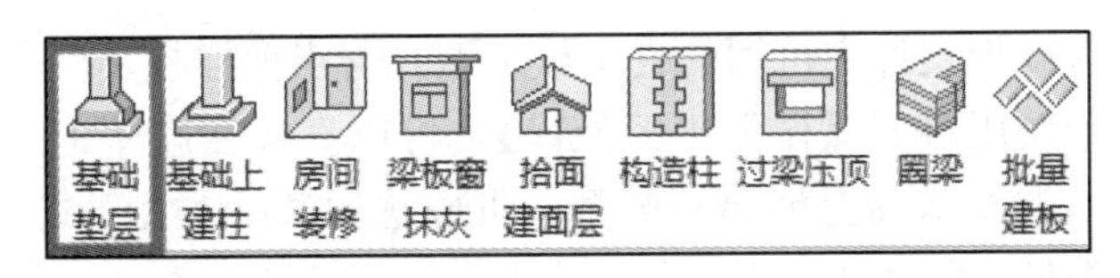


**功能**

为模型中的基础添加垫层。本工具以楼板和墙体来绘制基础垫层，水平垫层将使用楼板，竖直平面将使用墙体类型作为垫层。支持条形基础、独立基础和箱形、筏板基础。支持链接模型。

**使用方法**

(1) 在【GLS 土建】选项卡中的【精细建模】面板中启动【基础垫层】工具，会弹出如图 1.4.3-1 所示对话框。

(2) 选择需要添加垫层的基础在当前主模型还是在链接模型。

(3) 选择需要添加垫层的基础类型，本工具支持“筏基、箱基”、“独立基础”和“条形基础”，根据需要选择即可。

(4) 垫层：在该选项中对垫层尺寸进行设置，当选择为“筏基、箱基”添

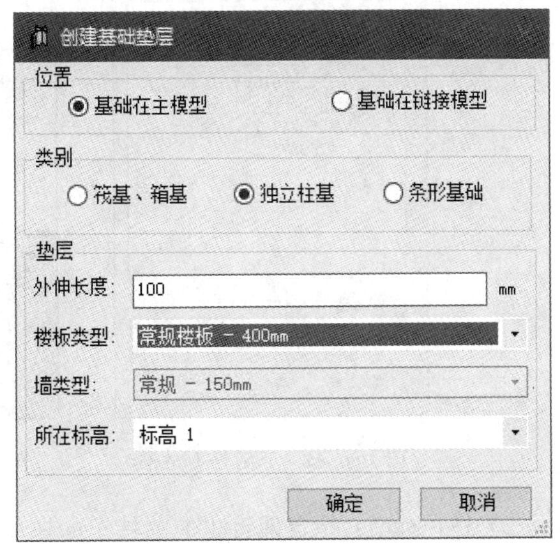


图 1.4.3-1 基础垫层对话框

加垫层时，外伸长度设置将变为灰选，程序会根据所选择的墙体类型厚度自动调整外伸长度（外伸长度=墙体厚度）。当选择“独立基础”和“条形基础”时，“墙类型”选项将变为灰选，同时激活外伸长度选项，用户可以根据需要设置外伸长度以及想要使用的垫层类型（板类型），所有可用的类型（楼板类型和墙体类型）均是基于当前样板文件，需要提前准备好垫层类型。

（5）所在标高：设置垫层的参照楼层标高，这里需要注意，设置的标高需要符合垫层实际的放置位置（例如垫层实际参照标高为－2F，则设置为－2F，不应设置为 2F 并偏移）。

**2. 基础上建柱**

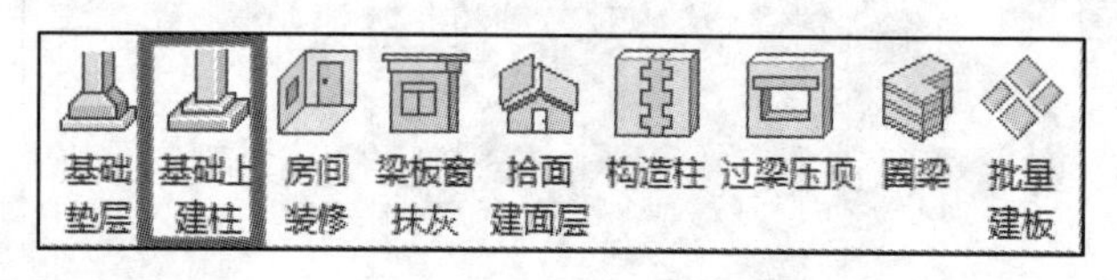


**功能**

利用现有的基础模型，快速地在基础上方布置柱子。

**使用方法**

（1）在【GLS 土建】选项卡中的【精细建模】面板中启动【基础上建柱】工具，此时会弹出“布置柱”对话框，见图 1.4.3-2。

（2）对话框中间位置显示了当前样板文件中可用的柱子族类型，若当前样板文件中无可用柱子族，可以单击“载”按键来调用打开【橄榄山云族库】，可以直接在族库中进行搜索，加载使用。若想在现有的柱子类型基础上创建新类型，可以选中某一类型，之后，单击“增”按键来设置添加新柱子类型，如图 1.4.3-3 所示。

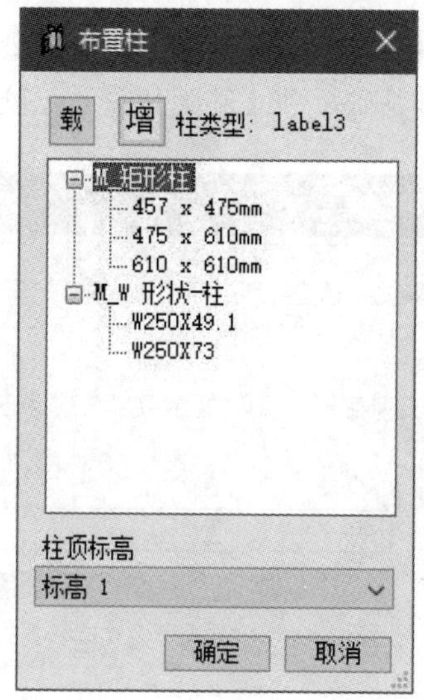

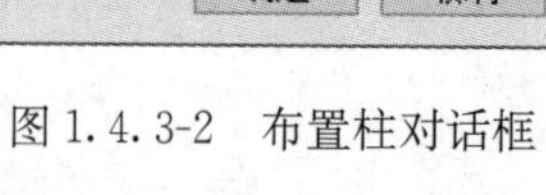


图 1.4.3-2　布置柱对话框

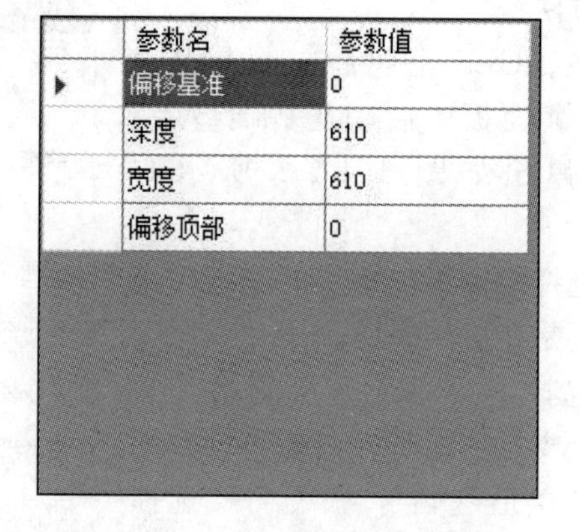


图 1.4.3-3　添加新柱类型参数栏

（3）柱顶标高：指定即将生成的柱子的柱顶标高，这里显示的标高是基于当前样板文件。

（4）单击确定，选择需要生成的柱子的基础，这里支持框选，框选完成后单击“确定”按键即可。

**注意**

（1）选择的柱顶标高需要高于基础的参照标高。

（2）注意不要选择建筑柱类型。

### 3. 房间装修

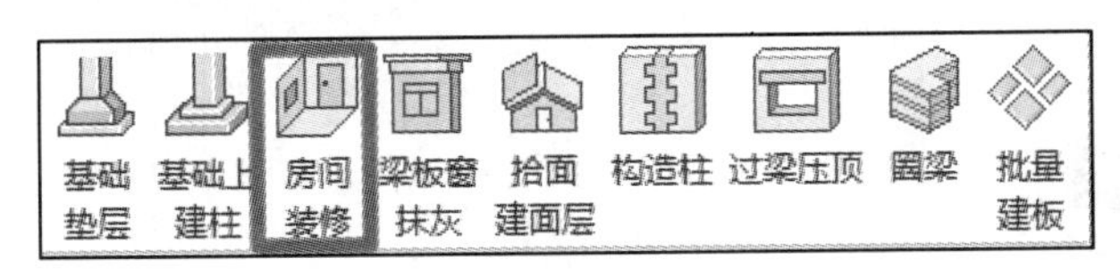


**功能**

（1）为选中的房间（支持框选）添加内部装饰层、踢脚、楼板、顶棚等。

（2）自定义指定使用的墙体面层类型、面层高度、柱表面层类型。

（3）自定义指定使用的顶棚类型、顶棚高度以及顶棚面层。

（4）自定义指定使用的楼板类型，楼板生成的边界范围。

（5）自定义指定使用的踢脚族以及类型、高度、与墙面距离等。

（6）支持自动筛选多个楼层中具有相同名称的房间，并进行批量装修。

**使用方法**

（1）切换到楼层平面视图中，在【GLS 土建】选项卡中的【精细建模】面板中启动【房间装修】工具。

（2）选择需要进行装修的房间，支持框选，选择完成后单击选项栏中的“完成”按键。

（3）此时会弹出如图 1.4.3-4 所示对话框。

（4）若此时需要对其他楼层中具有相同名称的房间一同进行装修，则可以在弹出的对话框中点击“是”，会继续弹出如图 1.4.3-5 所示对话框，勾选需要进行房间筛选的房间名称（即对话框左侧列表中显示的房间名字，会对选择的房间进行楼层筛选），在对话框右侧勾选需要进行筛选的楼层，选择完毕后单击“确定”。

（5）设置对话框中提供了几种房间装修中需要生成的构件类型，用户

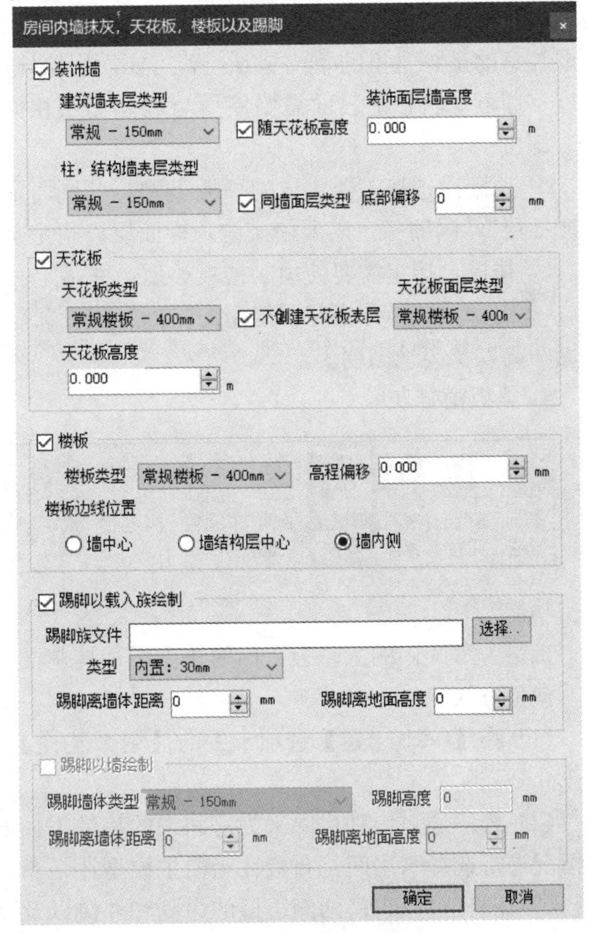


图 1.4.3-4 房间装修对话框

可以根据需要进行勾选，见图 1.4.3-6。

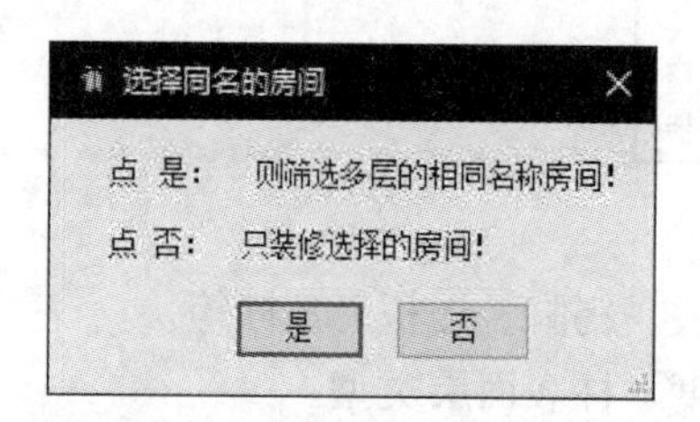


图 1.4.3-5　房间选择对话框

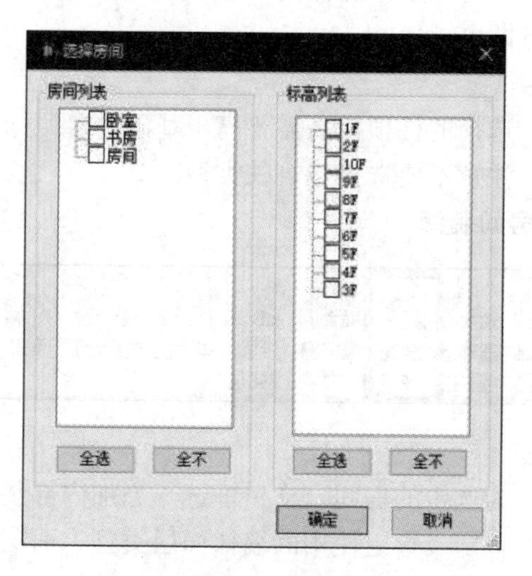


图 1.4.3-6　房间筛选

① 装饰墙：选择房间内墙体表面以及房间内柱表面需要使用的面层类型，所有可用类型均基于当前样板文件，用户需要提前准备好所需面层类型墙体。指定面层墙体高度，需要注意的是，这里的单位是 m，若需要面层墙体高度与顶棚高度相同，则勾选"随顶棚高度"即可。若柱子表面需要使用与墙体面层相同的面层墙体，则勾选"同墙体面层类型"即可。

② 顶棚：选择需要生成的顶棚类型，若同时需要生成顶棚面层，则不勾选"不创建顶棚面层"，同时指定需要使用的顶棚面层。指定顶棚高度。

③ 楼板：指定需要使用的楼板类型，并指定其偏移值。选择楼板需要生成的边界。

④ 踢脚：选择并指定所使用的踢脚族（轮廓），选择使用哪种踢脚类型。指定踢脚的离墙距离以及离地高度。

**4. 梁板窗抹灰**

**功能**

批量为房间内的梁、板、门窗边框添加抹灰面层。支持链接模型。

**使用方法**

(1) 在【GLS 土建】选项卡中的【精细建模】面板中启动【梁板窗抹灰】工具，见图 1.4.3-7。

(2) 程序通过识别房间来为房间内的构件添加面层。"房间"选项中，依据房间的布置情况进行选择（房间是布置在当前主模型还是布置在链接模型）。

(3) 门：可以为门两侧边框的内侧和外侧以及顶部分别选择抹灰类型，所有可用类型均是基于当前样板文件。

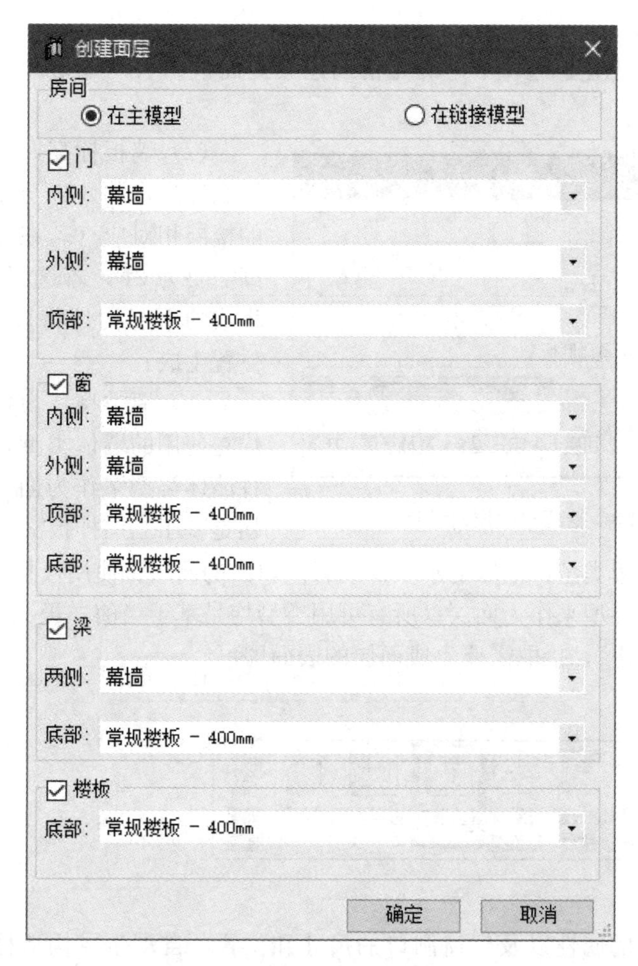


图 1.4.3-7 梁板窗抹灰对话框

(4) 窗：可以为窗两侧边框的内侧和外侧以及顶部和底部选择抹灰类型，所有可用类型均是基于当前样板文件。

(5) 梁：可以为梁两侧以及底部选择抹灰类型，所有可用类型均是基于当前样板文件。

(6) 楼板：可以为楼板底部选择抹灰类型，所有可用类型均是基于当前样板文件。

(7) 选择需要进行抹灰操作的房间，支持框选，单击选项栏中的“完成”即可。

**5. 拾面建面层**

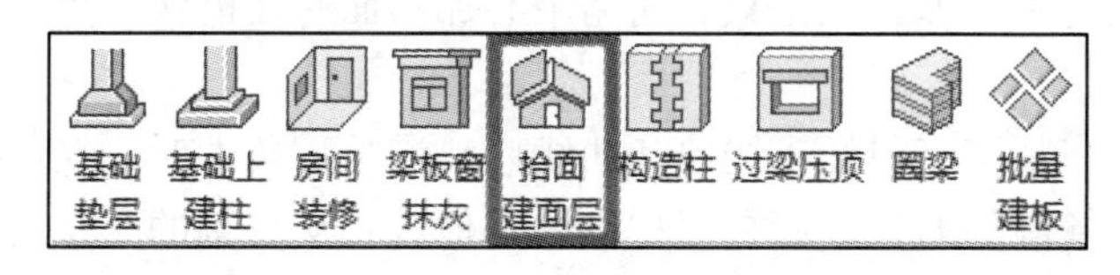


**功能**

通过拾取任意平面的方式，为所选择平面添加面层，支持为带有洞口的表面自动开洞。

**使用方法**

（1）在【GLS 土建】选项卡中的【精细建模】面板中启动【拾面建面层】工具，见图 1.4.3-8。

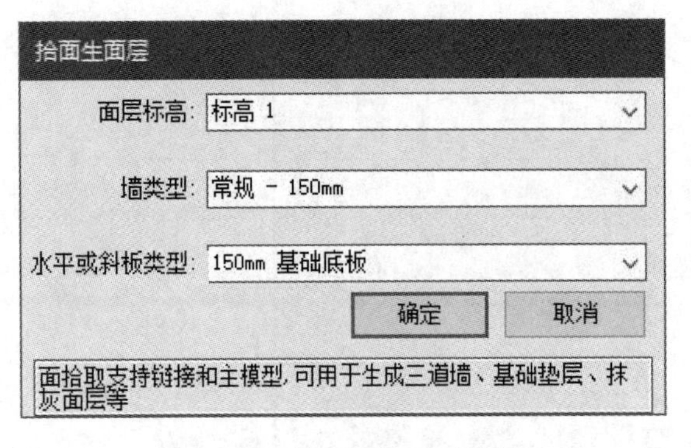


图 1.4.3-8　拾面建面层对话框

（2）墙板标高：选择即将生成的面层底标高，此处应与面层墙体实际生成的楼层相对应（若在二层生成，则底标高需要为 2F，若选择底标高为 1F，则生成的面层构件将以偏移的方式在 2F 位置生成）。

（3）墙类型：为垂直面生成的面层均是使用的墙体类型，指定需要使用哪种墙体类型来作为面层（所有可用类型均是基于当前样板文件）。

（4）水平或斜板类型：拾取的水平面或者倾斜面的面层将使用楼板类型来生成，指定需要使用哪种楼板类型来作为面层（所有可用类型均是基于当前样板文件）。

（5）单击“确定”，拾取需要生成面层的表面即可。

**6. 构造柱**

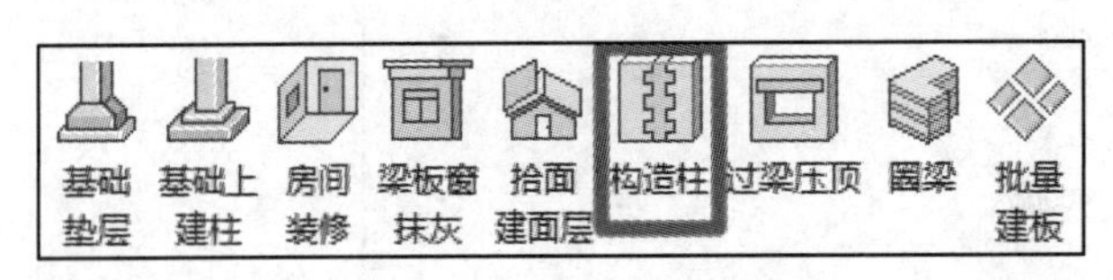


**功能**

根据模型中墙的属性以及门窗洞口的尺寸和位置，自动生成构造柱（构造柱带马牙槎）。支持弧形墙。

**使用方法**

（1）在【GLS 土建】选项卡中的【精细建模】面板中启动【构造柱】工具，见图 1.4.3-9。

（2）属性设置：在“属性设置”面板中，可以设置不同墙厚的构造柱的 B 和 B1 值。B1 代表马牙槎进深，B 代表构造柱长度，单位都是 mm。

（3）生成方式：纵、横墙相交处，是针对 L 形、T 形、十字形相交的墙，分别在相交处生成 L 形构造柱、T 形构造柱、十字形构造柱。

（4）孤墙端头：针对墙（包括直线墙和曲线墙）的某一端头处没有其他墙连接时，在该处生成单侧构造柱（此时构造柱是一字形，但是只有向墙中心那一面有牙齿状，另一面是上下平齐的）。

（5）砖墙长度大于 2 倍层高：当某墙（包括直线墙和曲线墙）满足该条件时，在墙中间生成构造柱。这里砖墙长度不是指墙的通长，而是根据墙被其他墙相交分割的交点之间的长度来定义的。当构造柱和门窗或洞口相交时，会自动在其两侧生成构造柱。

（6）砖墙长度大于□米：当某墙（包括直线墙和曲线墙）满足该条件时，在墙中间生成构造柱。这里，砖墙长度不是指墙的通长，而是根据墙被其他墙相交分割的交点之间的长度来定义的。当构造柱和门窗或洞口相交时，会自动在其两侧生成构造柱。

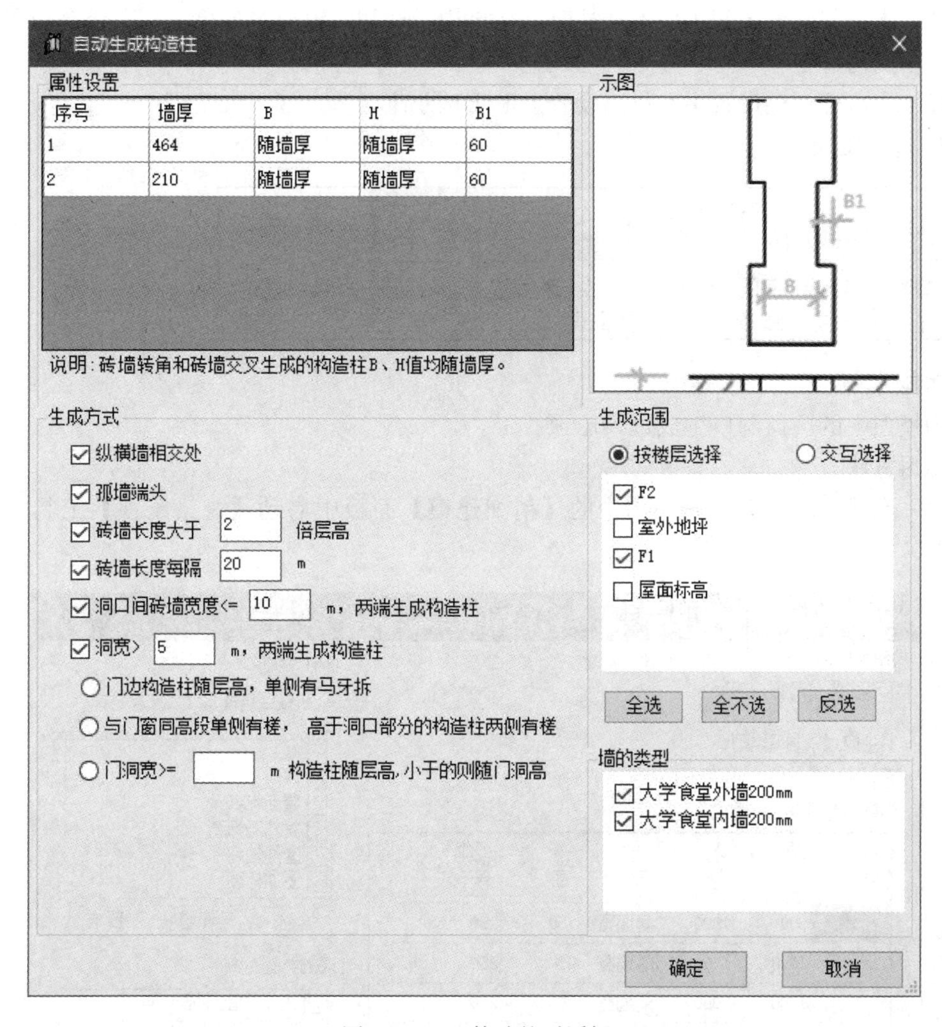


图 1.4.3-9 构造柱对话框

(7) 洞口间砖墙宽度≤□米，两端生成构造柱：当某墙上的洞口（包括门窗生成的洞口或一般的洞口）满足该条件时，在洞口两侧生成构造柱。

(8) 洞口间砖墙宽度>□米，两端生成构造柱：当某墙上的洞口（包括门窗生成的洞口或一般的洞口）满足该条件时，在洞口两侧生成构造柱。若用户选择了“门边构造柱随层高”，则此时由门形成的洞口，其两侧的构造柱随层高。若用户选择了“门洞宽≥□米，构造柱随层高，小于的则随洞高”，则此时由门形成的洞口，若其洞宽大于等于×米，则其两侧的构造柱随层高，否则随门洞高。

(9) 生成范围：在“生成范围”面板中，可以勾选对模型中哪些标高处的墙生成构造柱。可交互选择需要生成的部位。

(10) 墙的类型：在“墙的类型”面板中，可以勾选对模型中哪些墙的类型生成构造柱。

**注意**

(1) 本插件支持对弧形墙生成构造柱。

（2）本插件在墙中间生成构造柱时，如果构造柱和门窗或洞口相交，则会自动在其两侧生成单侧构造柱。

（3）构造柱属性设置中只可以设置 B 和 B1 的值。

**7. 过梁压顶**

**功能**

为模型中的门窗洞口生成过梁压顶。

**使用方法**

（1）在【GLS 土建】选项卡中的【精细建模】面板中启动【过梁压顶】工具，见图 1.4.3-10。

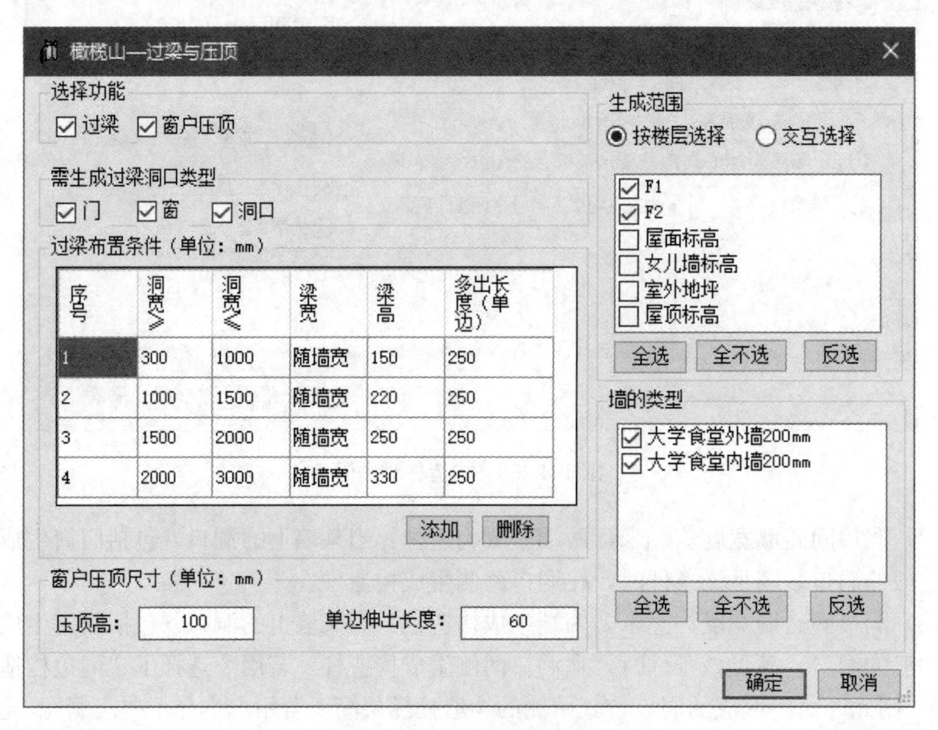


图 1.4.3-10　过梁压顶对话框

（2）选择功能：根据需要勾选需要生成的构件。

（3）需生成过梁洞口类型：支持为门、窗及洞口生成过梁压顶，依据需要进行勾选即可。

（4）过梁布置条件：程序已经默认设置了几种过梁的布置规则，例如：当 300≤洞口宽≤1000 时，过梁梁宽=墙宽，过梁梁高=150，过梁的多出长度（单边）=250。若布置条件中无可用规则，可以点击“添加”按键来添加新的布置规则（同时可以针对原有的布置规则进行自定义修改）。

(5) 窗户压顶尺寸：可自定义设定压顶高度以及压顶的单边伸出长度。

(6) 生成范围：可以按照楼层来生成过梁压顶，也可以按照交互选择的方式来进行某些墙体过梁压顶的生成。若选择按照楼层来生成则直接勾选需要生成过梁压顶的楼层标高即可。

(7) 墙体类型：勾选需要生成过梁压顶的墙体类型。

(8) 若在步骤6中选择了按照楼层标高的方式，则直接单击“确定”即可；若选择了交互选择的方式，则单击“确定”，对需要生成的墙体进行选择后（支持框选），单击选项栏中的“完成”即可。

**8. 圈梁**

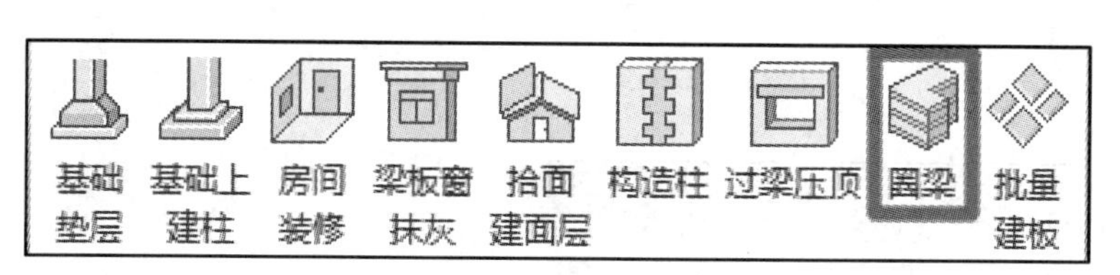


**功能**

为模型中的墙体生成圈梁。

**使用方法**

(1) 在【GLS 土建】选项卡中的【精细建模】面板中启动【圈梁】工具，见图1.4.3-11。

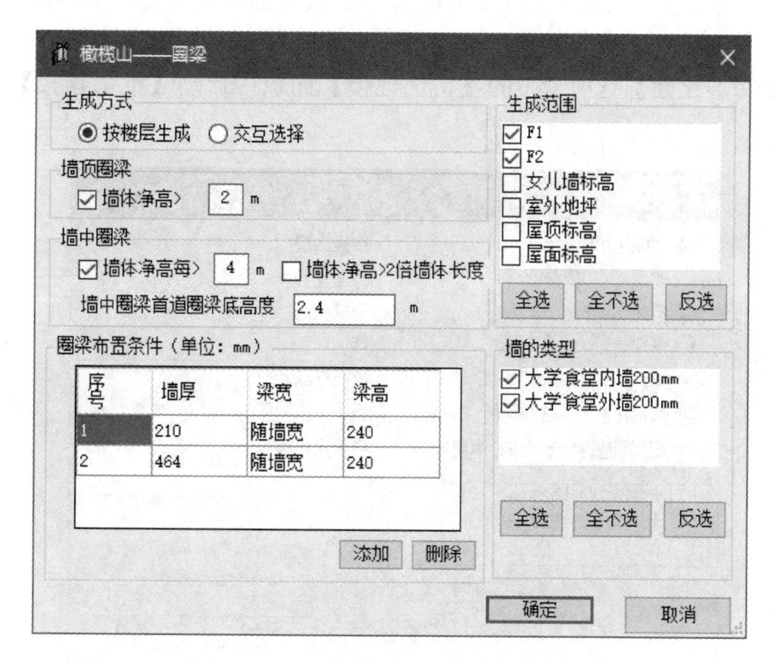


图 1.4.3-11 圈梁对话框

(2) 生成方式：可以按照楼层来生成圈梁，也可以按照交互选择的方式指定某些墙体生成。

(3) 墙顶圈梁：选择是否生成墙顶圈梁，并且设定当墙体净高大于多少的时候生成。

（4）墙中圈梁：设置墙中圈梁的生成规则。

（5）圈梁布置条件：程序默认设置了圈梁的布置规则，例如：当墙厚＝200时，圈梁梁宽＝墙宽，梁高＝240。若无可用布置规则，用户可点击“添加”按键来自定义添加布置规则。

（6）生成范围：若在步骤1中选择了按楼层生成，则会激活该对话框，可以对需要生成圈梁的楼层标高进行勾选。

（7）墙的类型：勾选需要生成圈梁的墙体类型。

（8）若步骤1中选择了按照楼层生成，则直接单击“确定”即可；若选择按照交互选择的方式，则单击“确定”后，选择需要生成圈梁的墙体（支持框选），选择完成后单击选项栏中的“完成”即可。

**9. 批量建板**

**功能**

（1）为模型批量创建板。

（2）自定义设定楼板的生成边界。

（3）自定义选择生成的楼板类型、楼板厚度、楼板的创建标高以及偏移值。

**使用方法**

（1）在【GLS土建】选项卡中的【精细建模】面板中启动【批量建板】工具，见图1.4.3-12。

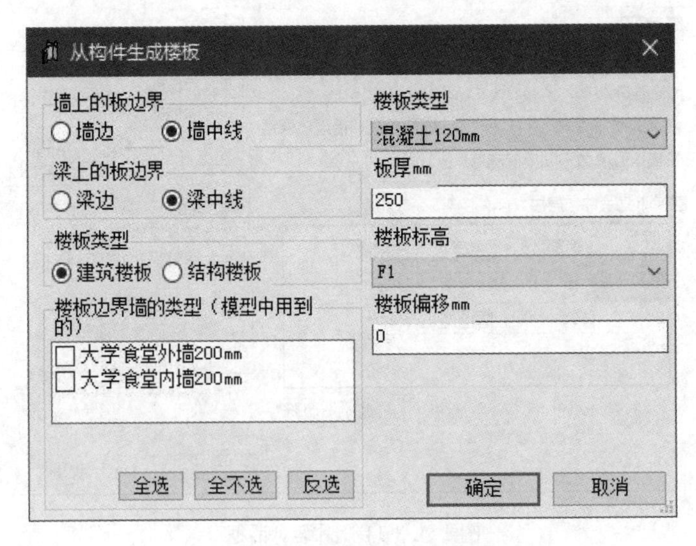


图1.4.3-12　批量建板对话框

（2）墙上的板边界：选择楼板在墙体位置的生成边界，支持墙边和墙中线。

（3）梁上的板边界：选择楼板在梁体位置的生成边界，支持梁边和梁中线。

（4）楼板类型：选择即将生成的楼板是建筑楼板还是结构楼板。

(5) 楼板边界墙的类型：勾选可以布置楼板边界的墙体类型。

(6) 楼板类型：在下拉菜单中选择需要创建的楼板类型，所有可用的楼板类型均是基于当前样板文件。

(7) 板厚：指定楼板的厚度，这里的厚度可以与使用的楼板类型的厚度不一致，程序将会修改指定类型中的厚度，生成新的楼板类型（需要注意的是，这里程序未作类型的名称修改)。

(8) 楼板标高：指定将要创建的楼板所在楼层标高。

(9) 楼板偏移：指定将要创建的楼板与指定楼层标高的偏移，默认正值为向上偏移，负值为向下偏移。

(10) 单击“确定”，框选需要创建楼板的范围，单击选项栏中的“完成”即可。这里需要注意的是，程序仅会在选中范围内的具有封闭区域的构件中创建楼板。

### 1.4.4 开洞

#### 1. 墙上开洞

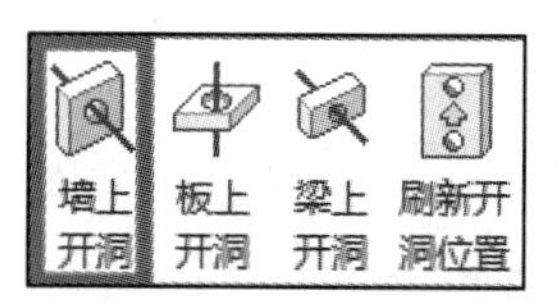


**功能**

(1) 为模型中穿墙的水管、风管、桥架进行开洞。

(2) 自定义选择是否添加套管，支持自定义修改套管的计算规则。

(3) 支持链接模型。

**使用方法**

(1) 在【GLS 土建】选项卡中的【开洞】面板中启动【墙上开洞】工具，见图 1.4.4-1。

(2) 选择管线是在本模型还是在链接模型中（这里允许管线作为链接模型，但不支持将土建模型链接到管线模型中进行操作)。

(3) 选择需要进行开洞的管道类型：风管、水管、桥架。

(4) 洞口套管高度值相对于：选择生成的洞口以及套管的相对高度表达值。

(5) 风管洞口尺寸和套管：设置洞口大小有两种方式，可以根据自己的需要进行选择。

① 在风管/桥架尺寸上加一定数值。

② 自定义指定洞口大小（宽/高)。

若需要为当前管道添加套管，可以直接勾选“添加套管”选项，同时指定洞口与套管之间的距离。

(6) 桥架洞口尺寸和套管：与风管洞口尺寸和套管的设置方式相同。

(7) 管道洞口尺寸和套管：选择是否需要为管道添加套管，若需要生成套管，勾选“添加套管”选项即可，反之则不勾选。

生成洞口有以下 4 种方式（这里将按照不生成套管的方式讲解，即不勾选“添加套管”选项，生成套管的洞口计算规则与之相同，区别仅在于是否生成套管)：

①“按刚性套管尺寸”：此时程序会首先计算套管大小，再根据套管与洞口的距离来

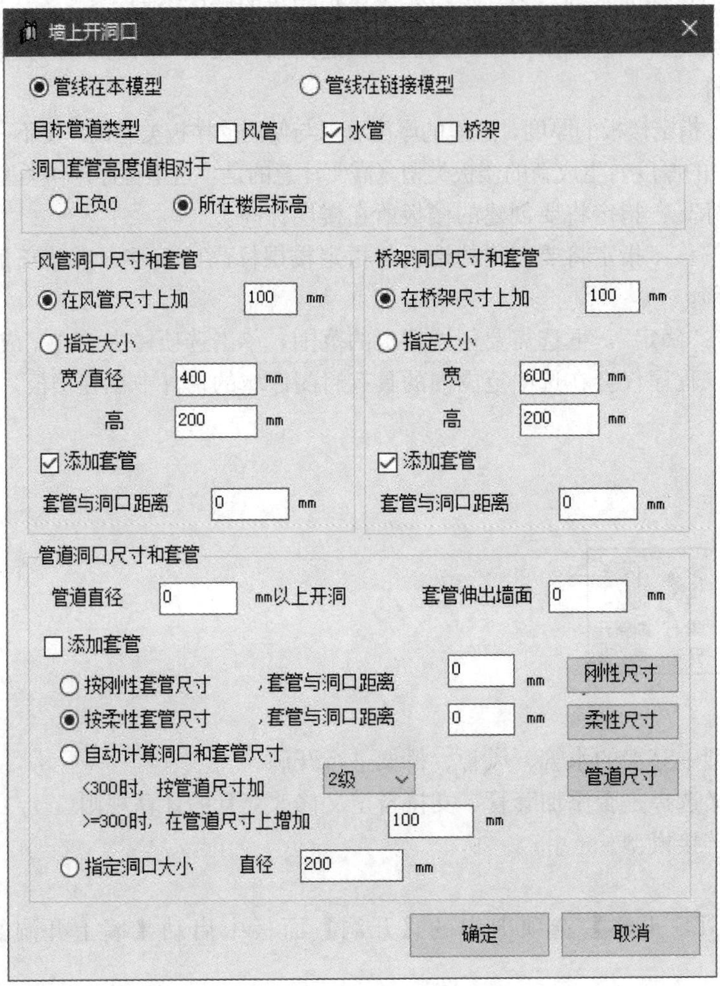

图 1.4.4-1　墙上开洞对话框

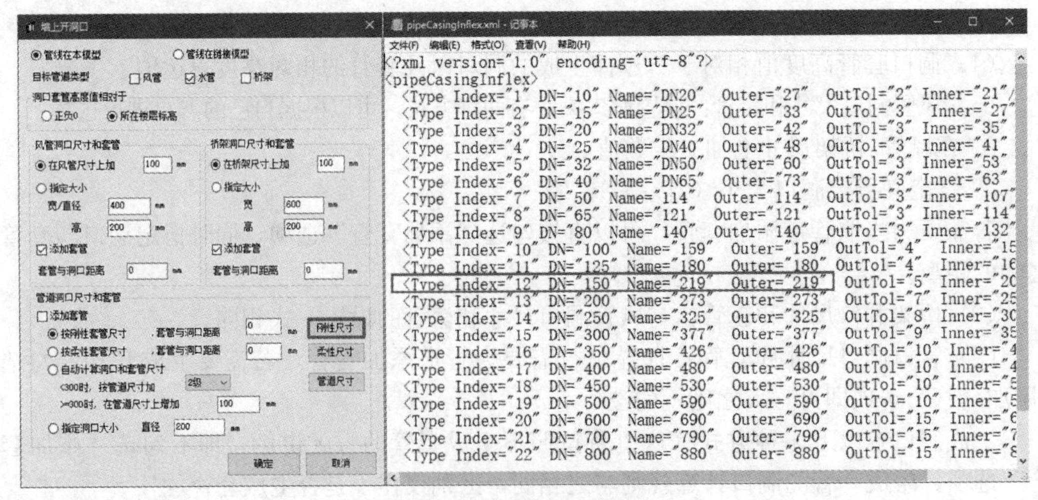


图 1.4.4-2　刚性尺寸计算公式

计算洞口大小，最后将不生成套管，只生成洞口。例如要为直径为 150 的管道进行墙上开洞，选择“按刚性套管尺寸”，设置套管与洞口距离为 20，单击“刚性尺寸”，查看计算规则，见图 1.4.4-2。

可以看到，当管径为 150 的时候，将会生成外径为 219 的套管，由于设置了套管与洞口之间的距离为 20，所以，将在外径为 219 的基础之上增加 20×2 的距离作为洞口尺寸，也就是 219+20×2=259。由于勾选掉了“添加套管”选项，所以这里将不生成套管，见图 1.4.4-3。

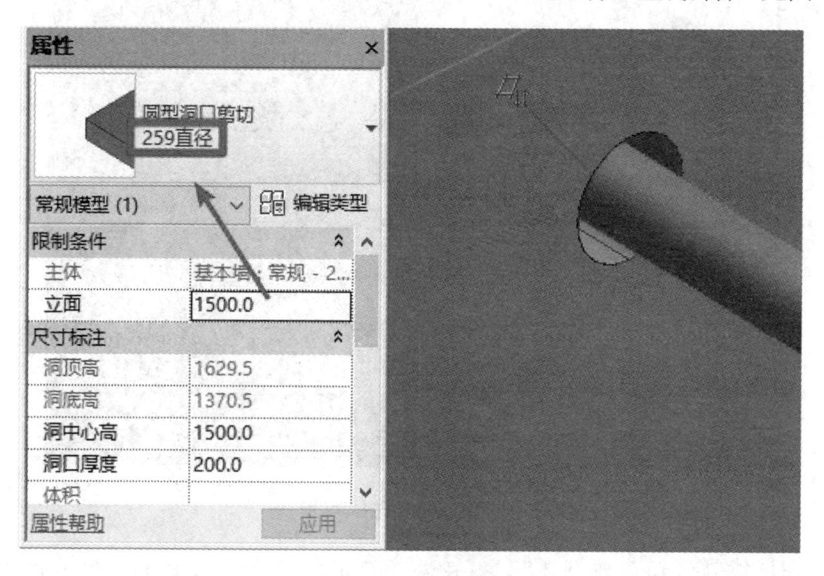


图 1.4.4-3 完成效果

②“按柔性套管尺寸”：此时程序会首先计算套管大小，再根据套管与洞口的距离来计算洞口大小，最后将不生成套管，只生成洞口。例如要为直径为 150 的管道进行墙上开洞，选择“按柔性套管尺寸”，设置套管与洞口的距离为 20，单击“柔性尺寸”，查看计算规则，见图 1.4.4-4。

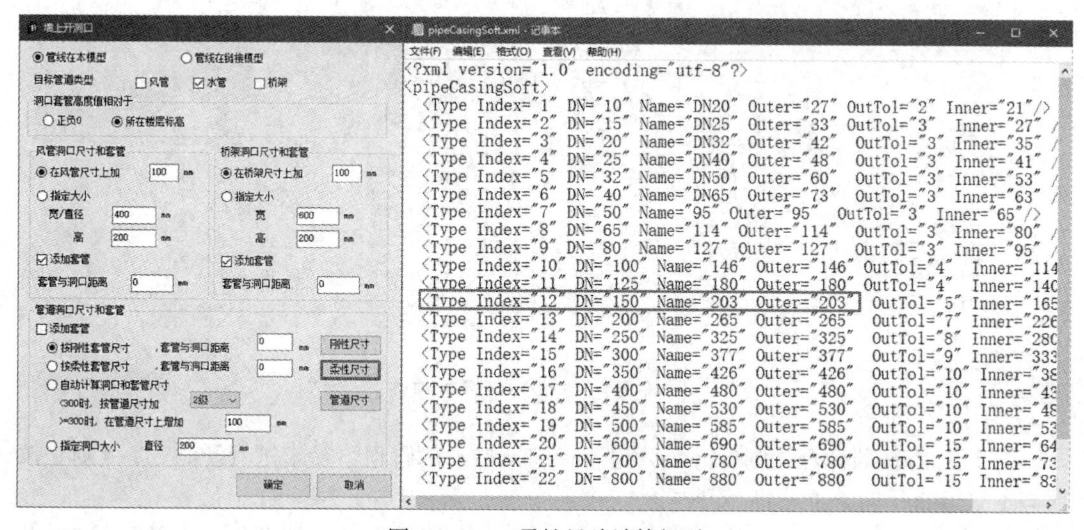


图 1.4.4-4 柔性尺寸计算规则

可以看到，当管径为 150 的时候，会生成外径为 203 的套管，由于设置了套管与洞口之间的距离为 20，所以，将在外径为 203 的基础之上增加 20×2 的距离作为洞口尺寸，也就是 203+20×2=243。由于勾选掉了“添加套管”选项，所以这里将不生成套管，见图 1.4.4-5。

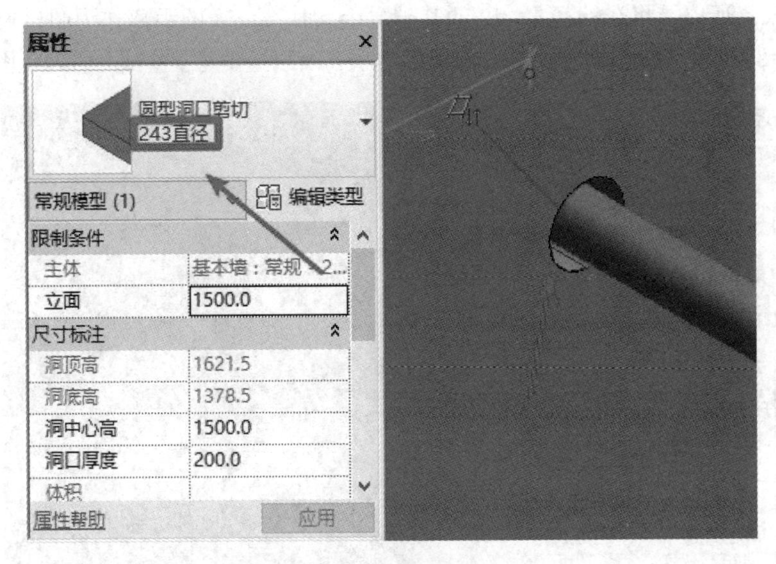


图 1.4.4-5　完成效果

③“自动计算洞口和套管尺寸”：当开洞的管道尺寸小于 300 的时候，可以选择 1 级或者 2 级来为其添加洞口，不同级别对应生成的洞口尺寸将不相同（其计算方式与前两种方式相同，不过此种方式默认洞口与管道之间的距离为 0，也就是说，会按照套管的尺寸大小生成洞口），单击“管道尺寸”按键来查看计算规则，见图 1.4.4-6。

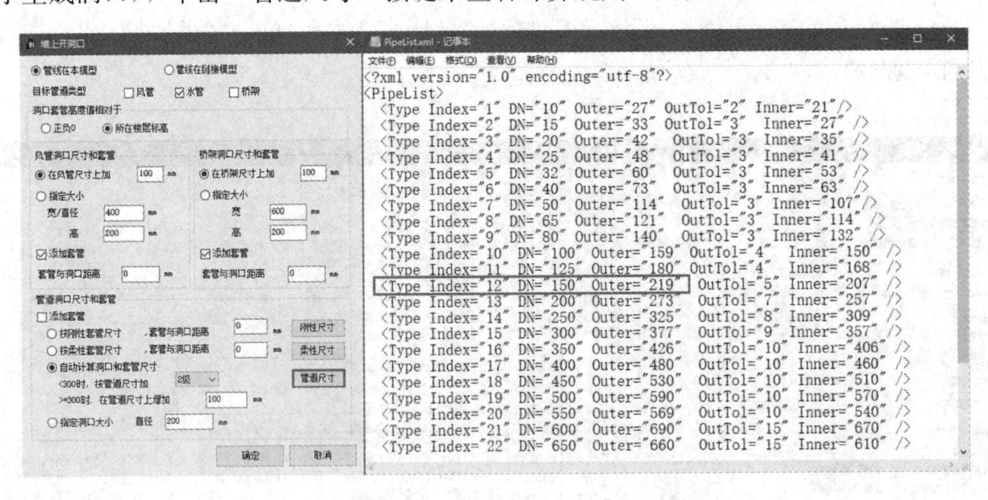


图 1.4.4-6　管道尺寸计算规则

“1 级”将按照计算规则中开洞管道直径向下推一的管道直径来进行开洞，2 级则是按照当前管道直径向下推二进行开洞。

例如：要为直径为 150 的管道进行墙上开洞，选择“自动计算洞口和套管尺寸”，若选择 1 级，则会按照直径为 200 的管道生成洞口，也就是直径为 273；若选择 2 级，则会按照直径为 250 的管道计算生成洞口，也就是直径为 325，见图 1.4.4-7。

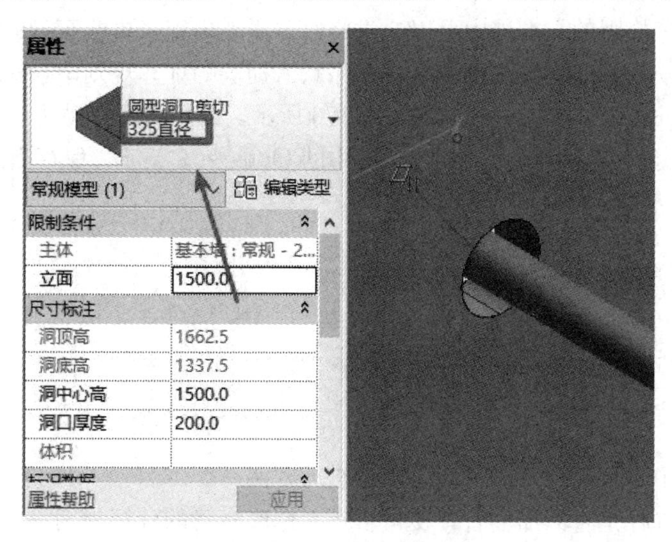


图 1.4.4-7 完成效果

④“指定洞口大小”：可以直接为洞口指定大小。

（8）设置完成后单击“确定”，选择需要进行开洞的管道，这里支持框选，然后单击选项栏中的“完成”按键即可。

**注意**

（1）步骤 4 对风管的洞口设置中，若选择“在风管/桥架尺寸上加一定数值”选项，那么这里在风管尺寸上加指的是在管道整体尺寸上加，而不是管道外壁与洞口之间的距离，例如，若风管高度为 300，在风管尺寸上加 200，那么洞口高度就为 500，洞口与风管边缘之间距离为 100，见图 1.4.4-8。

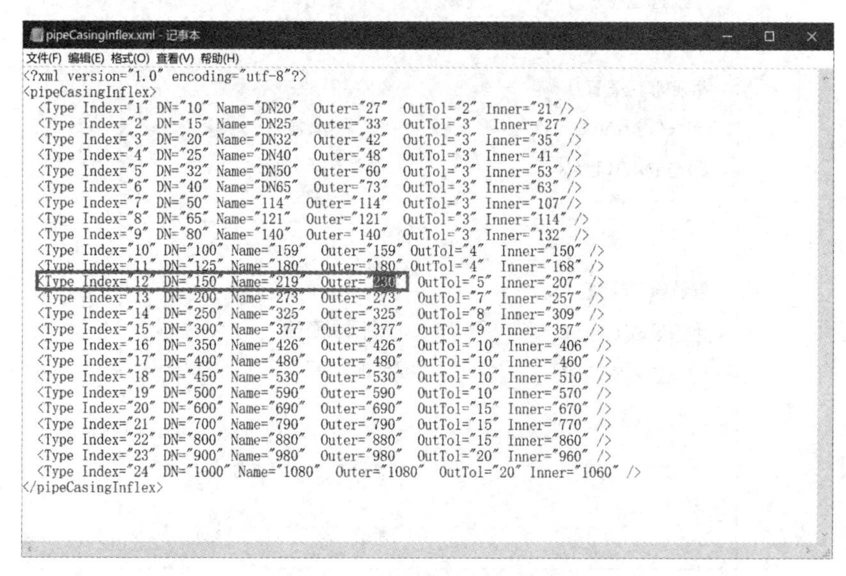

```
<?xml version="1.0" encoding="utf-8"?>
<pipeCasingInflex>
  <Type Index="1" DN="10" Name="DN20"  Outer="27"  OutTol="2" Inner="21"/>
  <Type Index="2" DN="15" Name="DN25"  Outer="33"  OutTol="3"  Inner="27" />
  <Type Index="3" DN="20" Name="DN32"  Outer="42"  OutTol="3" Inner="35" />
  <Type Index="4" DN="25" Name="DN40"  Outer="48"  OutTol="3" Inner="41" />
  <Type Index="5" DN="32" Name="DN50"  Outer="60"  OutTol="3" Inner="53" />
  <Type Index="6" DN="40" Name="DN65"  Outer="73"  OutTol="3" Inner="63" />
  <Type Index="7" DN="50" Name="114"  Outer="114"  OutTol="3" Inner="107"/>
  <Type Index="8" DN="65" Name="121"  Outer="121"  OutTol="3" Inner="114" />
  <Type Index="9" DN="80" Name="140"  Outer="140"  OutTol="3" Inner="132" />
  <Type Index="10" DN="100" Name="159"  Outer="159" OutTol="4"  Inner="150" />
  <Type Index="11" DN="125" Name="180"  Outer="180" OutTol="4"  Inner="168" />
  <Type Index="12" DN="150" Name="219"  Outer="230"  OutTol="5" Inner="207" />
  <Type Index="13" DN="200" Name="273"  Outer="273"  OutTol="7" Inner="257" />
  <Type Index="14" DN="250" Name="325"  Outer="325"  OutTol="8" Inner="309" />
  <Type Index="15" DN="300" Name="377"  Outer="377"  OutTol="9" Inner="357" />
  <Type Index="16" DN="350" Name="426"  Outer="426"  OutTol="10" Inner="406" />
  <Type Index="17" DN="400" Name="480"  Outer="480"  OutTol="10" Inner="460" />
  <Type Index="18" DN="450" Name="530"  Outer="530"  OutTol="10" Inner="510" />
  <Type Index="19" DN="500" Name="590"  Outer="590"  OutTol="10" Inner="570" />
  <Type Index="20" DN="600" Name="690"  Outer="690"  OutTol="15" Inner="670" />
  <Type Index="21" DN="700" Name="790"  Outer="790"  OutTol="15" Inner="770" />
  <Type Index="22" DN="800" Name="880"  Outer="880"  OutTol="15" Inner="860" />
  <Type Index="23" DN="900" Name="980"  Outer="980"  OutTol="20" Inner="960" />
  <Type Index="24" DN="1000" Name="1080"  Outer="1080"  OutTol="20" Inner="1060" />
</pipeCasingInflex>
```

图 1.4.4-8 增加不同规格套管

（2）设置对话框中“刚性套管”和“柔性套管”所显示的计算规则文本支持自定义修改，用户可以自行修改并保存，则下次程序会按照新的计算方式进行计算。

（3）套管计算规则的文本档中可以通过修改、添加内容来更改套管的计算规则。例如现需要为直径150的管道添加刚性套管，程序默认提供的计算规则中，对于管径为150的管道，将会添加外径为219的套管，如图1-176所示，若现需要自动为管径150的管道添加管径为230的套管，则可以直接修改文本中的Outer=“230”，保存当前文本即可。

**2. 板上开洞**

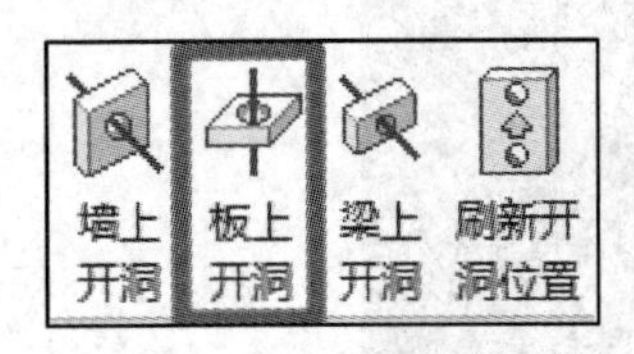


**功能**

（1）为模型中穿板的水管、风管、桥架进行开洞。

（2）自定义选择是否添加套管，支持自定义修改套管的计算规则。

（3）支持链接模型。

**使用方法**

（1）在【模型深化】选项卡中的【开洞】面板中启动【板上开洞】工具，见图1.4.4-9。

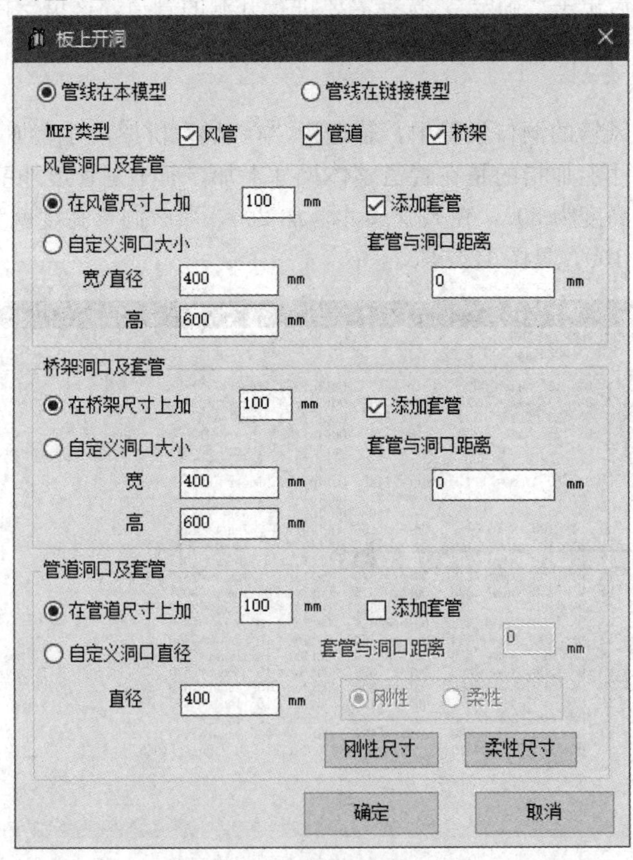


图1.4.4-9　板上开洞对话框

（2）选择管线是在本模型还是在链接模型中（这里允许管线作为链接模型，但不支持将土建模型链接到管线模型中进行操作）。

（3）选择需要进行开洞的管道类型：风管、水管、桥架。

（4）风管洞口及套管：设置洞口大小有两种方式，可以根据自己需要进行选择。

① 在风管/桥架尺寸上加一定数值。

② 自定义指定洞口大小（宽/高）。

若需要为当前管道添加套管，可以直接勾选“添加套管”选项，同时指定洞口与套管之间的距离。

（5）桥架洞口尺寸和套管，与风管洞口尺寸和套管的设置方式相同。

（6）管道洞口及套管：若需要添加套管，则勾选“添加套管”选项即可。勾选“添加套管”后，左侧“设置洞口”选项将会灰显，此时需设定套管与洞口的距离，程序将会首先计算套管尺寸，并依据套管与洞口之间的距离来计算洞口尺寸。套管的添加规则依据添加类型的不同而不同，可以分别点击“刚性尺寸”和“柔性尺寸”两个选项来查看刚性套管与柔性套管的添加规则。支持自定义修改添加规则。

（7）单击对话框中的“确定”，选择需要进行开洞操作的管道，支持框选。选择完成后单击选项栏中的“完成”即可。

**注意**

（1）为穿板的管道添加套管后，会自动向上延伸一部分距离，用户可以根据自己的需要修改延伸的长度，同时可以修改向下延伸的长度，见图1.4.4-10。

（2）步骤6中套管的计算规则以及对计算规则的添加和修改可以参考墙上开洞中的相关讲解。

图 1.4.4-10 穿板套管

**3. 梁上开洞**

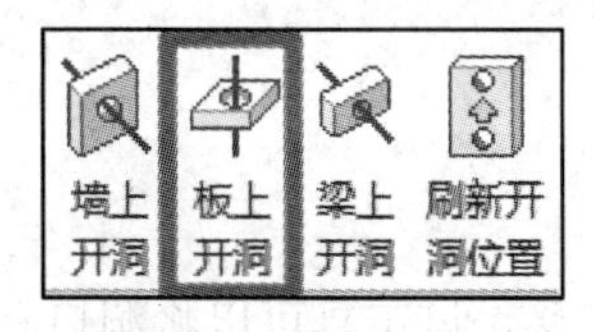


**功能**

（1）为模型中穿梁的水管进行开洞。

（2）自定义选择是否添加套管，支持自定义修改套管的计算规则。

（3）支持链接模型。

**使用方法**

（1）在【GLS土建】选项卡中的【开洞】面板中启动【梁上开洞】工具，见图1.4.4-11。

（2）选择管线是在本模型还是在链接模型中（这里允许管线作为链接模型，但不支持将土建模型链接到管线模型中进行操作）。

（3）管道洞口及套管设置：若需要添加套管，勾选“添加套管”选项即可，勾选“添加套管”后，左侧“设置洞口”选项将会灰显，此时需设定套管与洞口的距离，程序将会首先计算套管尺寸，并依据套管与洞口之间的距离来计算洞口尺寸。套管的添加规则依据

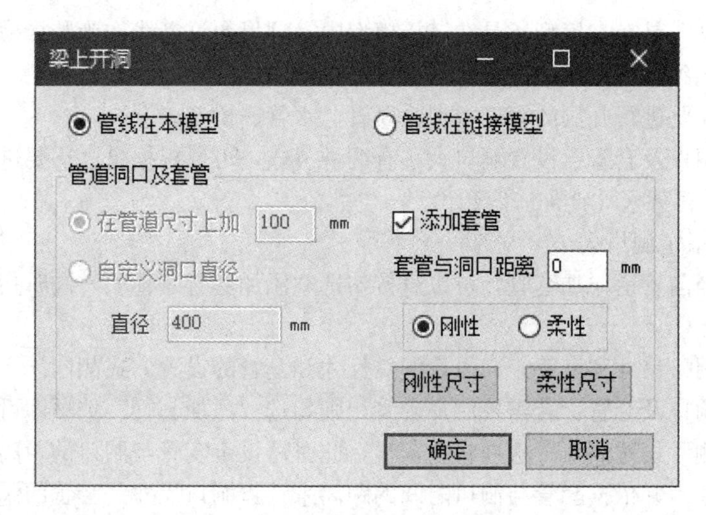


图 1.4.4-11　梁上开洞对话框

添加类型的不同而不同，可以分别点击“刚性尺寸”和“柔性尺寸”两个选项来查看刚性套管与柔性套管的添加规则。支持自定义修改添加规则。

（4）单击对话框中的“确定”，选择需要进行开洞操作的管道，支持框选。选择完成后单击选项栏中的“完成”即可。

**注意**

（1）本工具仅支持对水管的开洞操作。

（2）步骤 3 中套管的计算规则以及对计算规则的添加和修改可以参考墙上开洞中的相关讲解。

**4. 刷新开洞位置**

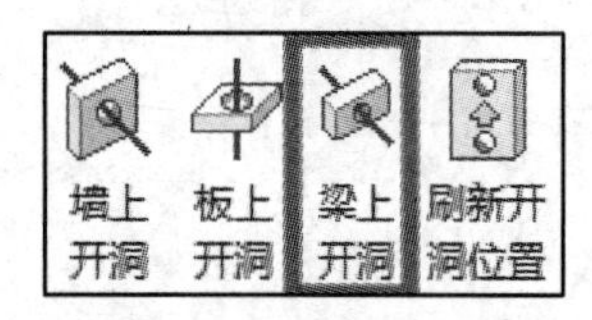


**功能**

（1）对于机电与土建模型整合时出现的管道位置修改和偏移，该工具可以将洞口和套管一键更新，自动对齐到管道修改后的位置。

（2）支持链接模型。

**使用方法**

（1）在【GLS 土建】选项卡中的【开洞】面板中启动【刷新开洞位置】工具，见图 1.4.4-12。

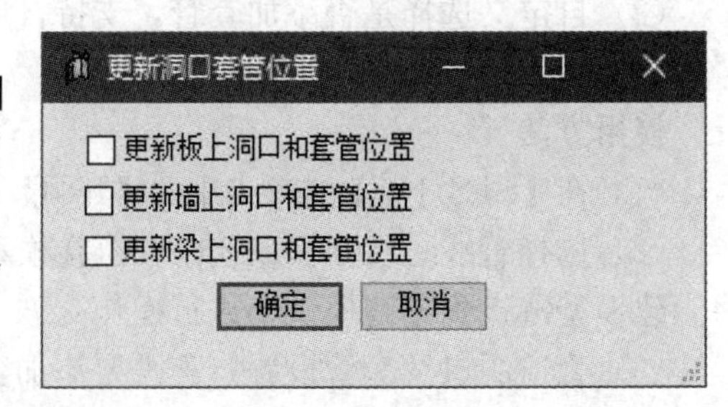


图 1.4.4-12　刷新开洞位置对话框

（2）选择需要更新的洞口和套管位置的构件类型即可，这里提供了墙上洞口与套管、梁上洞口与套管、板上洞口与套管三种。

（3）单击“确定”，选择需要进行操作的

管道，支持框选，单击选项栏中的“完成”即可。

## 1.4.5 精细编辑模型

### 1. 一键扣减

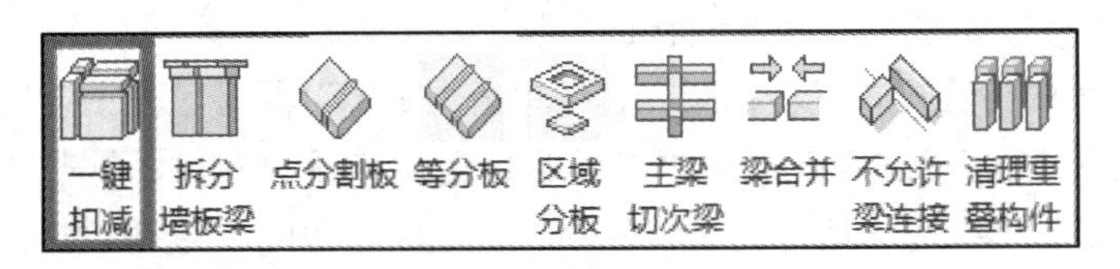


**功能**

一键扣减功能可以对梁、板、柱墙重叠部分进行扣减，为您节省大量模型调整的时间，提高工作效率，使模型更加美观，使工程量更加精确。扣减之后，使用明细表功能可以出很精确的工程量清单。支持链接模型。

**使用方法**

(1) 在【GLS土建】选项卡中的【精细编辑模型】面板中启动【一键扣减】工具，见图1.4.5-1。

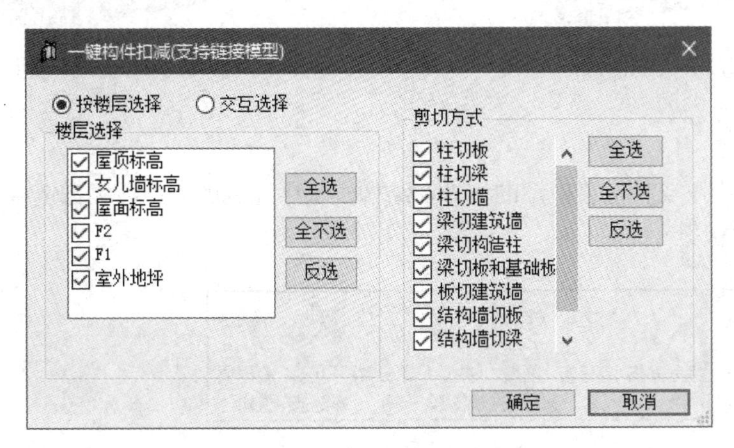


图1.4.5-1 一键扣减对话框

(2) 可以对模型按照楼层进行选择扣减，也可以按照交互选择的方式来进行扣减（仅会对选择的构件进行扣减操作）。在对话框左侧选择选择方式，若按照楼层选择，则需要勾选楼层标高。

(3) 对话框右侧显示了当前工具所提供的构件之间的扣减关系，可以根据需要进行选择，若需要全部选择，则单击“全选”即可。

① 柱切板（支持链接模型——需要柱子在链接模型中）

② 柱切梁（不支持链接模型）

③ 柱切墙（支持链接模型——需要柱子在链接模型中）

④ 梁切建筑墙（支持链接模型——需要梁在链接模型中）

⑤ 梁切构造柱（支持链接模型——需要梁在链接模型中；要求构造柱为使用橄榄山软件【构造柱】工具所生成）

⑥ 梁切板和基础板（支持链接模型——需要梁在链接模型中）

⑦ 板切建筑墙（支持链接模型——需要板在链接模型中）

⑧ 结构墙切板（不支持链接模型）

⑨ 结构墙切梁（不支持链接模型）

⑩ 结构墙切建筑墙（支持链接模型——需要墙在链接模型中）

（4）若在步骤 2 中选择了按照楼层方式进行扣减，直接单击“确定”即可，程序会自动对选中楼层进行扣减操作，见图 1.4.5-2；若步骤 2 中选择的是交互选择的方式，单击“确定”后需要对目标构件进行选择，选择完成后单击选项栏中的“完成”即可，见图 1.4.5-3。

图 1.4.5-2　使用一键扣减前

图 1.4.5-3　完成一键扣减后

**注意**

扣减关系中不支持链接模型的均为在结构模型中完成的操作，无需链接。

**2. 拆分墙板梁**

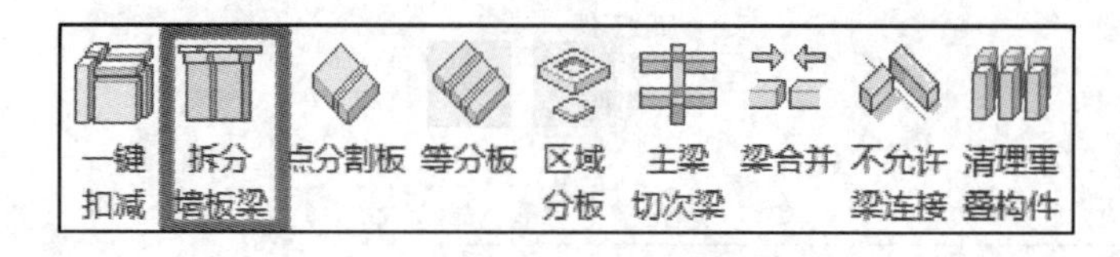


**功能**

可以根据施工段的划分或某些特殊拆分需要，对墙、梁、板进行拆分。

**使用方法**

工具提供了两种拆分方式：第一种是利用轴线或者参照平面进行拆分，第二种是利用体量面进行拆分，可以依据需要进行选择。

方法一：用轴线或参照平面切割

（1）在【GLS 土建】选项卡中的【精细编辑模型】面板中启动【拆分墙板梁】工具，见图 1.4.5-4。

（2）选择“用轴线、模型线、详图线或参照平面切割”选项。

（3）此时会激活“施工段标高范围”选项，在该选项中指定即将进行切割的标高范围，同时可以指定偏移值，默认偏移值为：上偏移为正，下偏移为负。

（4）选择要切分的构件类型，支持对墙、梁、板的拆分。

（5）单击“确定”，并选择用来进行切割的轴线或者参照平面，单击选项栏中的“完

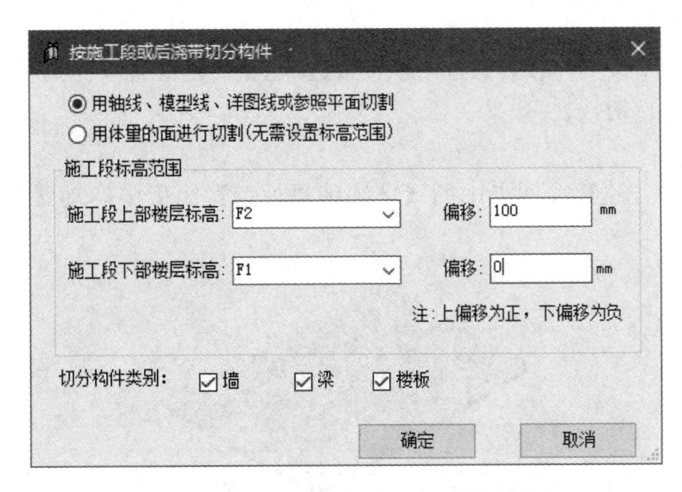


图 1.4.5-4　拆分墙板梁用线切割对话框

成”即可。

方法二：用体量面进行切割

（1）首先，创建好需要用来进行构件切割的体量，这里以切割板为例，梁与墙的操作方法与之相同。

（2）在【GLS 土建】选项卡中的【精细编辑模型】面板中启动【拆分墙板梁】工具，见图 1.4.5-5。

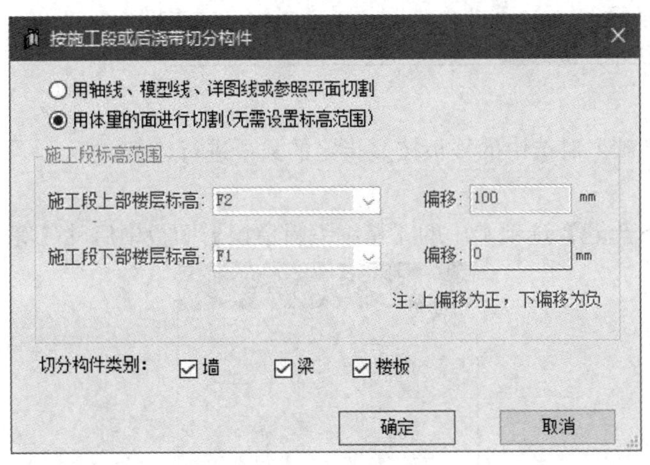


图 1.4.5-5　拆分墙板梁用体量的面切割对话框

（3）选择“用体量的面进行切割”选项。

（4）选择要切分的构件类型，支持对墙、梁、板的拆分。

（5）单击“确定”，并选择用来进行切割的体量面，单击选项栏中的“完成”即可。

**3. 点分隔板**

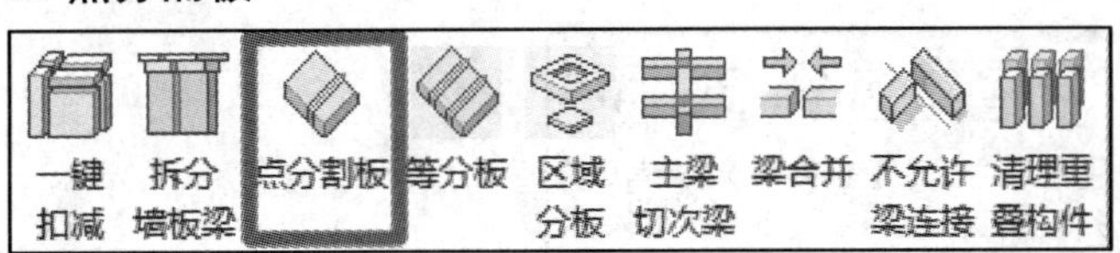

**功能**

当用户选中一个楼板，接着又选中该楼板边缘上的一个点后，程序会沿着这个点所在边的法向对楼板进行切分。

**使用方法**

(1) 在【GLS土建】选项卡中的【精细编辑模型】面板中启动【点分割板】工具，见图1.4.5-6。

图1.4.5-6 完成点分割板

(2) 选择需要进行切分的板。

(3) 在板的任意一边上选择一点，则程序会沿着该边的垂直方向做切割线对板进行切割。

**4. 等分板**

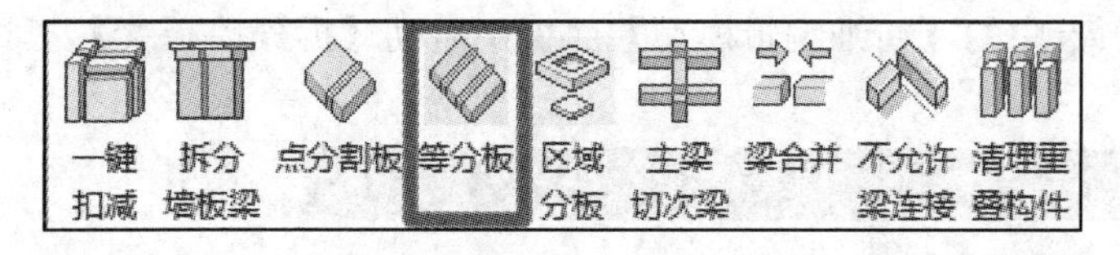


**功能**

在点分板的基础上对选中的楼板按照指定的数量进行等分。

**使用方法**

(1) 在【GLS土建】选项卡中的【精细编辑模型】面板中启动【等分板】工具。

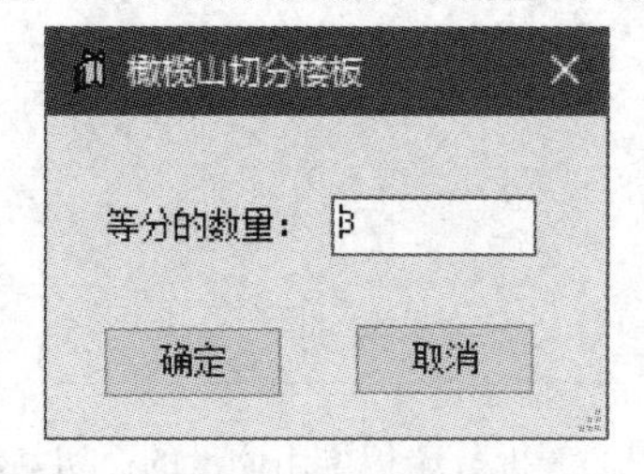


图1.4.5-7 等分板对话框

(2) 选择需要进行切分的板。

(3) 在板的任意一边上选择一点，此时会弹出如图1.4.5-7所示对话框，输入需要等分的数量，单击“确定”即可。

**5. 区域分板**

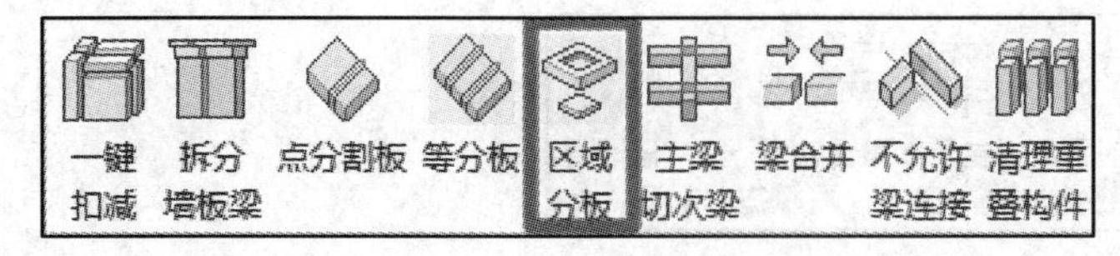

**功能**

该工具可以对选中的板中的指定区域进行下沉，或者删除（等同于开洞）。

**使用方法**

（1）在【GLS土建】选项卡中的【精细编辑模型】面板中启动【区域分板】工具。

（2）选择需要进行操作的楼板，弹出如图1.4.5-8对话框。

（3）指定“区域确定方式”，本工具中提供了三种区域确定方式，分别是“房间的范围”、“选择线条”和“交互绘制矩形”。

① 房间的范围：根据选择的房间确定降板的区域。

② 选择线条：根据选择的首尾相连的线条确定降板的区域。

③ 交互绘制矩形：根据用户绘制的矩形确定降板的区域（若选择该方式，需切换到平面视图中进行操作）。

（4）填写降板距离（这里不允许填写负值）。

（5）若需要对分出来的板进行删除，则勾选“删除切分出来的板”选项。

（6）单击“确定”，若步骤3中选择了按照房间的范围确定的方式，则选择房间，单击选项栏中的“完成”即可；若步骤3中选择了按照选择线条确定的方式，则选择组合成封闭区域的线条，单击选项栏中的“完成”即可；若步骤3中选择了按照交互绘制矩形的方式，则绘制矩形即可。

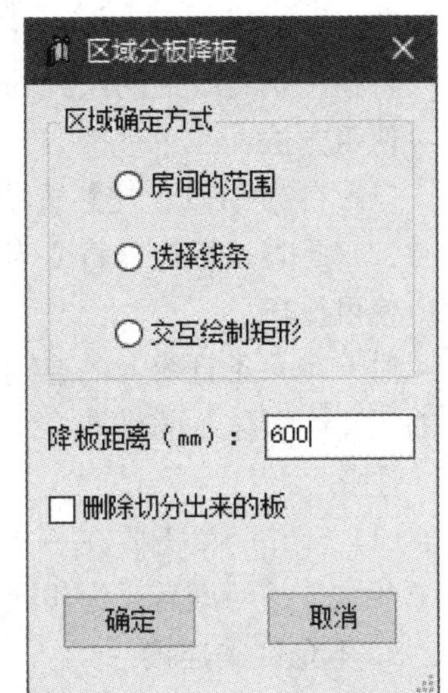


图1.4.5-8 区域分板对话框

**6. 主梁切次梁**

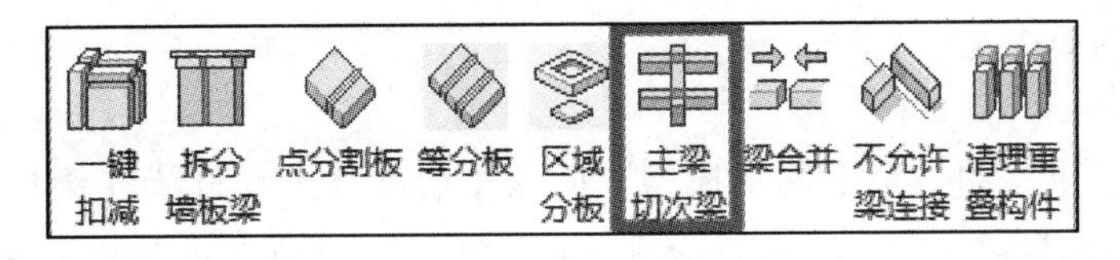


**功能**

将模型中的次梁按照主梁分跨后进行拆分。

**使用方法**

（1）在【GLS土建】选项卡中的【精细编辑模型】面板中启动【主梁切次梁】工具。

（2）选择需要进行切分的主梁与次梁，支持框选。

（3）单击选项栏中的“完成”即可。

**注意**

（1）程序根据梁截面尺寸大小判断主梁与次梁，截面高度大的为主梁，截面高度小的为次梁。

（2）若截面高度相同，则不进行切割操作。

**7. 梁合并**

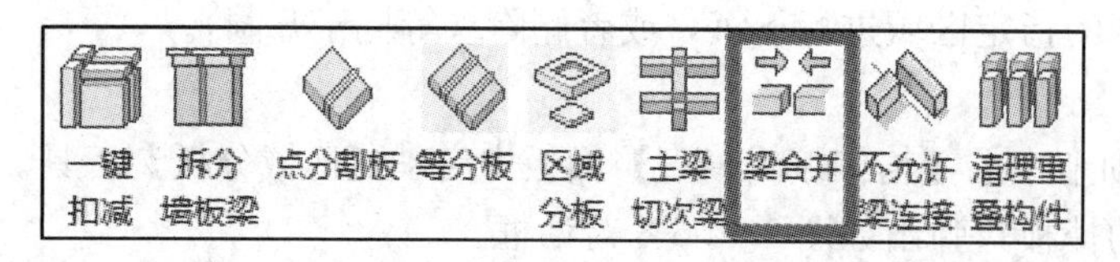


**功能**

将在一条直线上的断开的两根梁合并为一根梁。

**使用方法**

(1) 在【GLS土建】选项卡中的【精细编辑模型】面板中启动【梁合并】工具。

(2) 此时鼠标指针将变为选择状态，依次选择需要进行合并的两根梁即可。

**使用技巧**

对于在一条直线上的连续断开的梁，如果想快速将多段梁合并成一根梁，点击起点位置的梁和终点位置的梁即可。

**注意**

(1) 合并的梁需要在一条直线上。

(2) 合并的梁需要为相同类型

**8. 不允许梁连接**

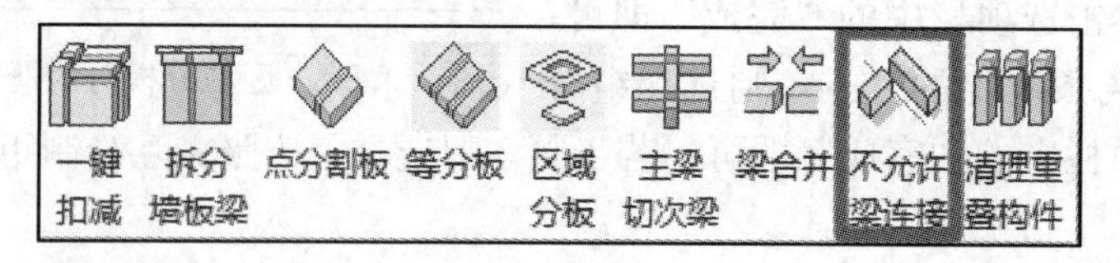


**功能**

批量设置梁两端端点不自动连接。

**使用方法**

(1) 在【GLS土建】选项卡中的【精细编辑模型】面板中启动【不允许梁连接】工具，弹出如图1.4.5-9所示对话框。

图1.4.5-9　不允许梁连接对话框

(2) 对话框中有三种选择梁的方式，分别是【点选梁端点】、【选单根梁】和【框选梁】，可以根据需要进行选择。

① 点选梁端点：鼠标单击需要断开的梁一端即可。

② 选单根梁：鼠标单击选中梁，则梁两端均会不允许连接。

③ 框选梁：框选中的梁的两端均会不允许连接。

**9. 清理重叠构件**

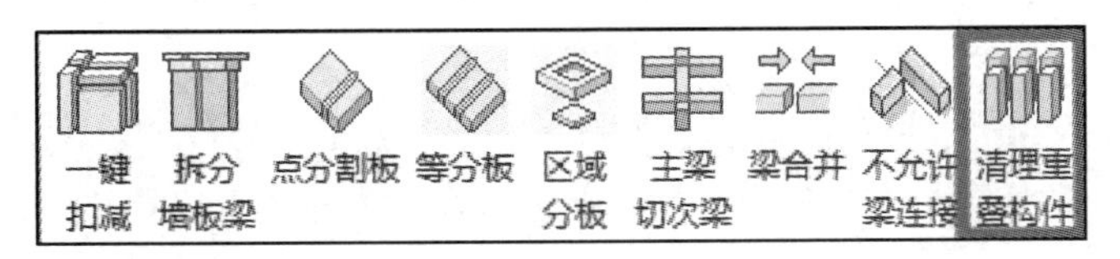


**功能**

对某个楼层或者所有楼层中的墙、梁、板、柱的重叠区域进行自动删除或者画圆提示。

**使用方法**

(1) 在【GLS 土建】选项卡中的【精细编辑模型】面板中启动【清理重叠构件】工具。

(2) 查找范围：勾选需要进行构件重叠清理操作的楼层范围。

(3) 查找图元类型：根据需要勾选需要进行构件重叠清理的构件类型，这里提供了四种构件类型，依次是墙、梁、板、柱，见图 1.4.5-10。

(4) 处理方式：对于查找出来的构件，可以进行删除和画圆提示的操作，可以根据需要进行选择。

(5) 单击"确定"即可。

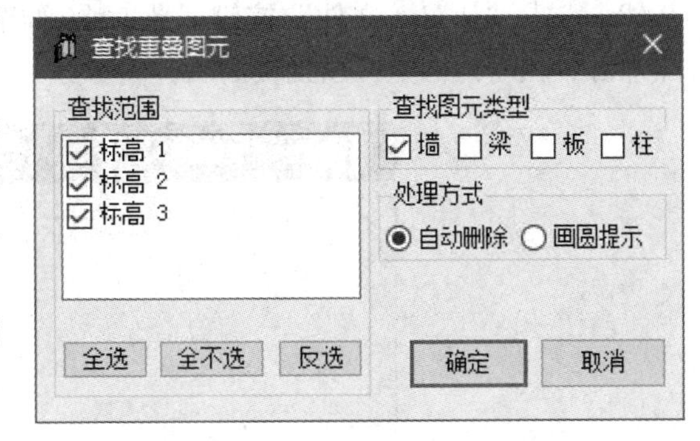


图 1.4.5-10 查找重叠图元对话框

## 1.4.6 链接文件

**1. 编辑链接模型**

**功能**

在主模型中使用 Revit 打开链接模型，并对修改保存后的链接模型进行自动更新。

**使用方法**

(1) 在【GLS 土建】选项卡中的【链接文件】面板中启动【编辑链接模型】工具。

(2) 选择需要进行编辑的链接模型即可，程序将会使用 Revit 打开该链接模型。

(3) 修改编辑保存后，关闭链接模型即可，主模型中的链接模型将会自动更新，无需重新载入更新链接模型。

**注意**

链接模型修改保存完毕后，尽早关闭打开的链接模型文件，不然会降低 Revit 的性能。链接 Revit 处于打开状态时，后台检索是否需要更新模型，会造成 Revit 的反应速度轻微变慢。

**2. 批量链接模型**

**功能**

可以批量向当前模型中链接模型文件（Revit 本身链接模型需要单独操作，每次只能链接一个文件）。

**使用方法**

（1）在【GLS 土建】选项卡中的【链接文件】面板中启动【批量链接模型】工具，见图 1.4.6-1。

（2）点击“加 Rvt 文件”按键，此时会弹出选择文件路径对话框，找到文件路径，添加即可。在对话框中可以批量添加。

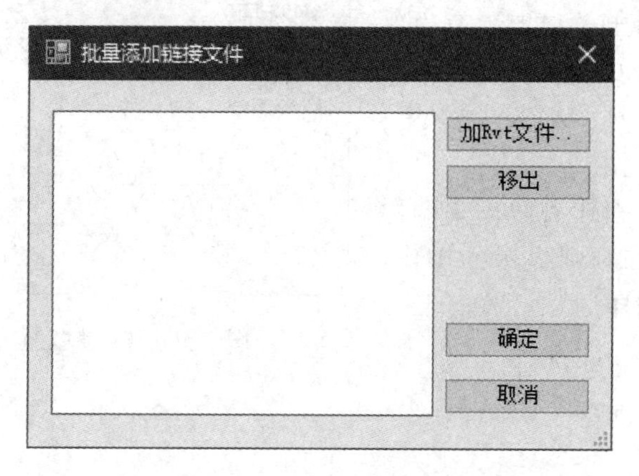


图 1.4.6-1　批量添加链接模型对话框

（3）若需要在已经选中的文件中删除一些不需要的模型，选中这些路径后点击“移出”即可，见图 1.4.6-2。

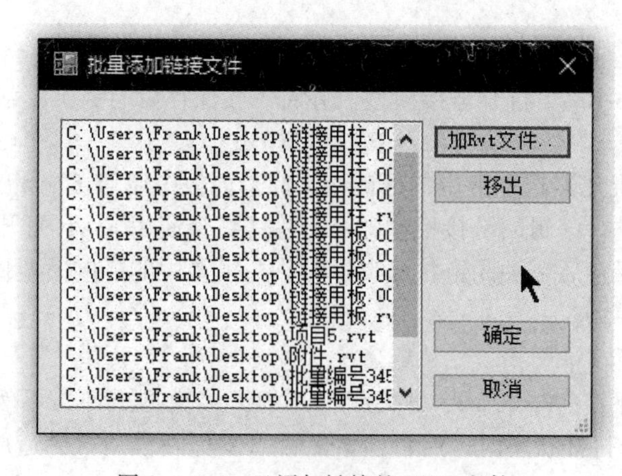


图 1.4.6-2　已添加链接的 RVT 文件

（4）单击“确定”即可，程序默认以原点到原点的方式进行对齐。

## 1.4.7 DWG 建模

### 1. 图块生构件

**功能**

可以将 DWG 图纸中的图块在 Revit 中指定图元进行快速批量的替换生成。

**使用方法**

（1）将需要进行操作的图纸链接到 Revit 中（这里是链接，不是导入）。

（2）在【GLS 土建】选项卡中的【DWG 建模】面板中启动【图块生构件】工具，见图 1.4.7-1。

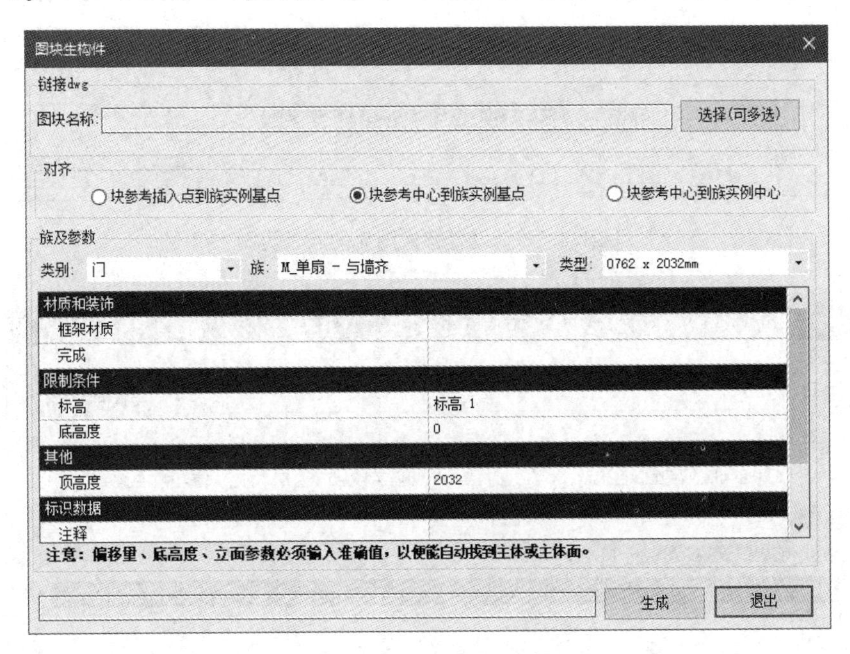


图 1.4.7-1　图块生构件对话框

（3）链接 DWG：单击“选择（可多选）”，拾取图纸中的图块，拾取完成后会在图块名称栏中自动显示当前提取到的图块名称（程序依据图块名称进行识别和替换，这里如果想要对多种图块进行相同图元的替换，可以多次拾取不同名称的图块，例如图纸中对于某种类型的灯的表达图块具有多个名称，将这些不同名称的图块全部拾取即可）。

（4）选择对齐方式，本工具中提供了三种不同的对齐方式，分别是“块参考插入点到族实例基点”、“块参考中心到族实例基点”和“块参考中心到族实例中心”。

（5）族及参数：为替换的图元指定使用族以及类型名称。族名称以及类型名称中可用的族与族类型均是基于当前项目样板，用户可提前将需要的族与类型加载到当前项目中，下方设置条件会依据使用的不同族来进行显示，例如若替换使用窗，则会显示顶高度、底高度等，如图 1.4.7-2 所示。若替换使用门等，则会显示框架材质、标高、底高度、顶高度等，如图 1.4.7-3 所示。

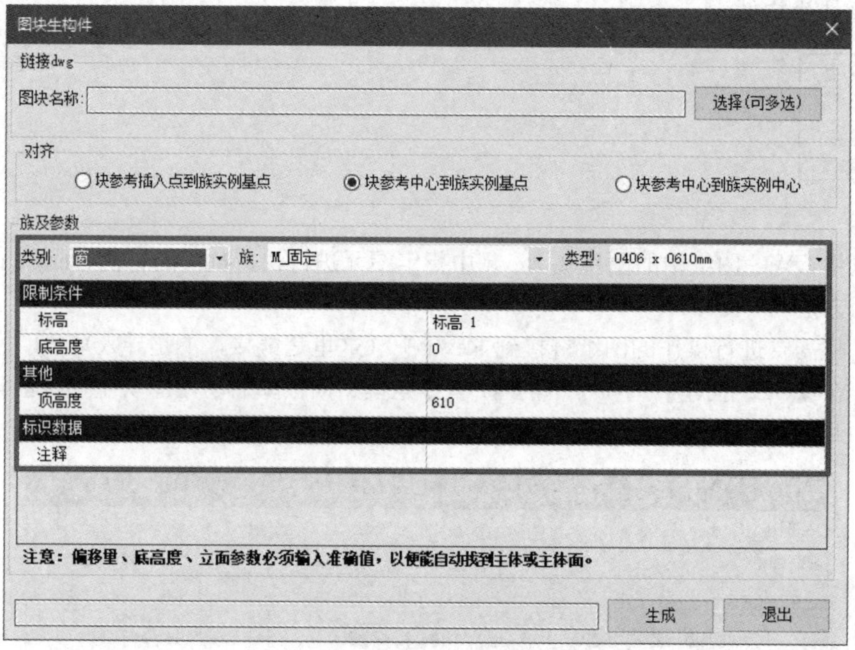

图 1.4.7-2　设置替换图元的族及类型

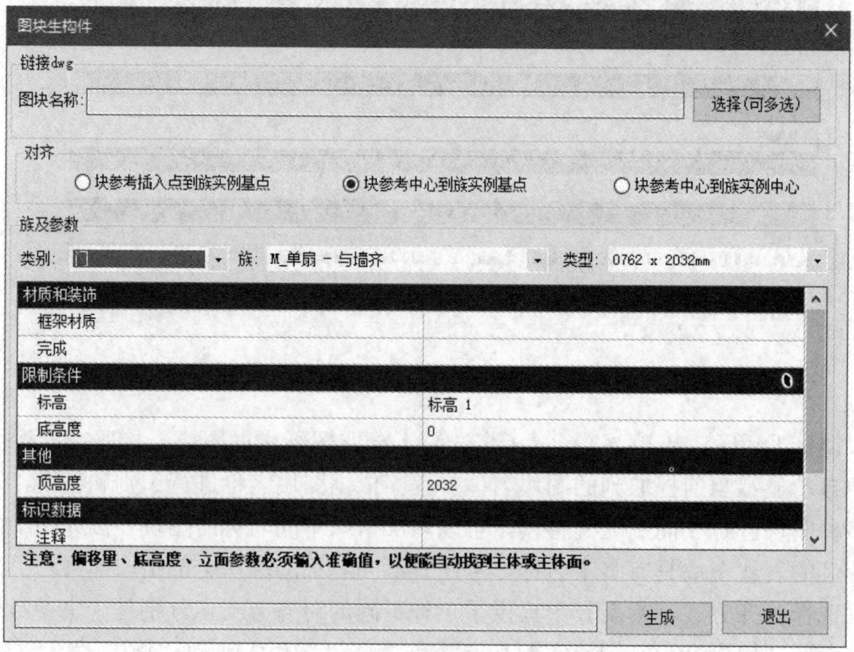

图 1.4.7-3　设置替换图元的信息

(6) 设定好相关参数后，直接点击“生成”即可。

**注意**

(1) 如果需要替换的族为基于主体的族，要先将主体族绘制出来，例如若要替换基于墙的窗，要先将墙画出来，如图 1.4.7-4 所示。

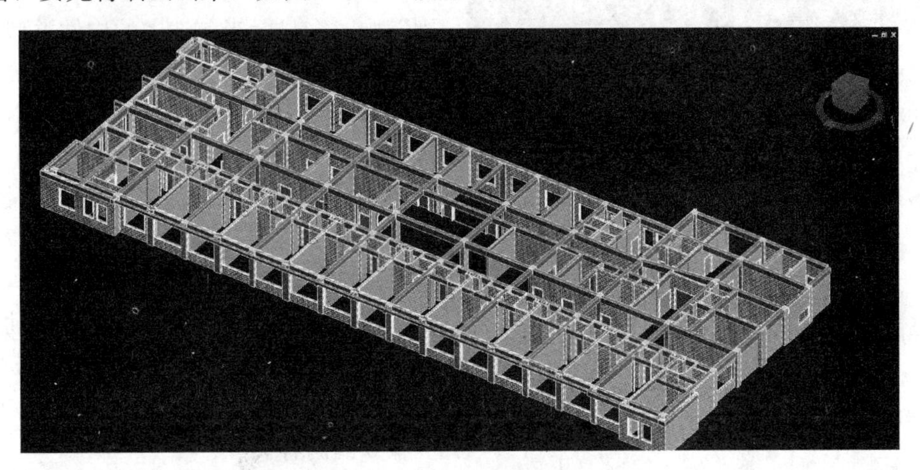

图 1.7.4-4 未先将主体族绘制

(2) 在进行图块拾取时，相同类型的图块可能具有不同的图块名称，需要多选。例如窗 A 类型的图块名称有 a、b、c 三种，在拾取图块时，需要将三种名称的图块全部拾取。

(3) Revit 中的图元替换的是图纸中具有相同名称的图块。如果不同的窗类型具有相同的图块名称，则将同时被替换为相同的类型。例如窗 A 的图块名称为 a，窗 B 的图块名称也为 a，使用窗 A 的族类型进行替换，那么在进行图块替换时，窗 B 的图块也将被替换为窗 A 的族类型。

(4) 本工具支持自动旋转族图元，但要求在 DWG 中定义块时，不可对块角度的进行定义。

(5) 在 DWG 中定义块时，需要特别注意块的插入点位置，最好将块的插入点位置定义在块的中心位置，若插入点距离块很远，则在进行图元替换时，可能会出现替换的族距离图块很远的情况。

## 1.4.8 BIM 信息

### 1. 批量编号

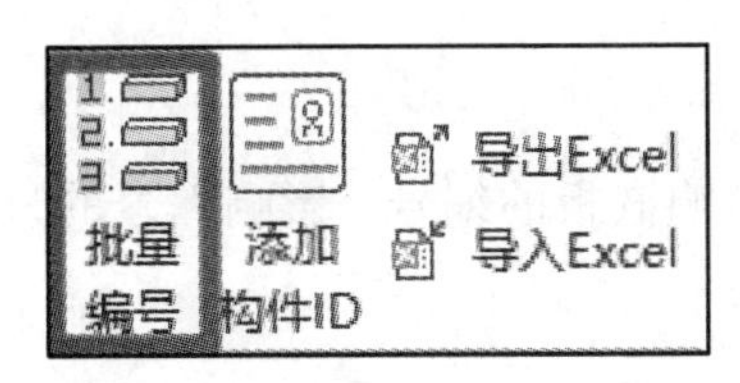


**功能**

可以为模型中的某一类型构件添加自定义编号，并将该编号写入构件的实例属性参数当中，方便对各类构件进行统计和查看。

**使用方法**

（1）在【GLS 土建】选项卡中的【精细编辑模型】面板中启动【批量编号】工具。

（2）选择需要进行编号的构件类型，选中后会弹出如图 1.4.8-1 所示对话框。

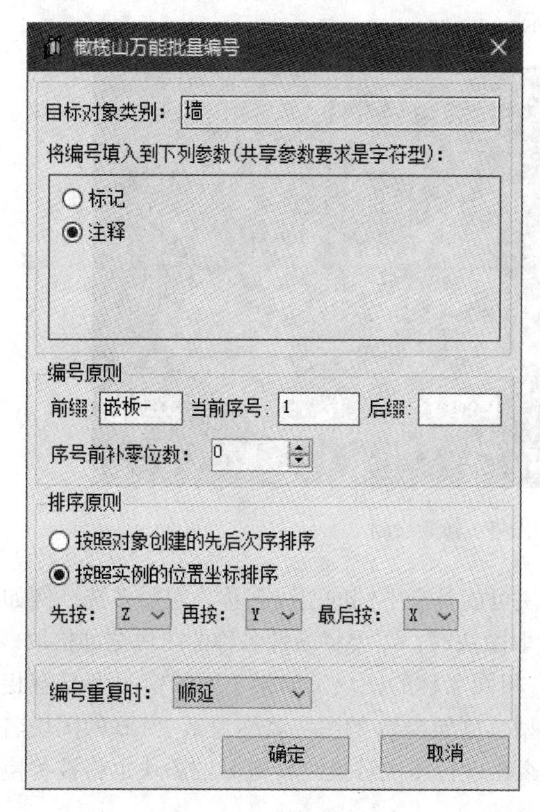


图 1.4.8-1　批量编号对话框

（3）对话框中最上方的“目标对象类别”中，会显示当前选中的构件类型。

（4）将编号填入到下列参数：这里需要选择将编号填入到哪个参数当中，若默认提供的实例属性参数中无可用参数，可以使用共享参数，这里要求共享参数为字符型参数（这里要求共享参数必须写入到构件的族中，并作为实例参数）。

（5）编号原则：支持为编号添加前后缀，可以根据需要进行填写。对于“序号前补零位数”，请参考【逐一编号】工具中步骤 3 的内容。

（6）排序原则：排序原则中提供了两种方式，分别是“按照对象创建的先后次序排序”和“按照实例的位置坐标排序”。

① 若选择第一种方式，则程序会自动按照构件创建的先后次序进行编号排序，创建在先的，编号靠前（编号小），创建在后的，编号靠后（编号大）。

② 若选择第二种方式，则程序会依据空间坐标方向的优先级，对构件进行编号。按照实例的位置坐标排序时，用户可以设置 X、Y、Z 的优先级（三个优先级是互斥的，例如不能同时在下拉列表中选择两个 X）。比如先按 X 再按 Y 最后按 Z 进行排序时，先比较各个对象坐标的 X 值，按照从小到大的顺序进行排序（其编号依次递增），如果存在几个对象坐标的 X 值相同，再按其坐标的 Y 值进行排序（其编号依次递增），如果存在几个对象坐标的 X 值和 Y 值都相同，再按其坐标的 Z 值进行排序（其编号依次递增）。下面以对幕墙嵌板进行编号为例说明，见图 1.4.8-2。

现在要为上图所示幕墙中的八块嵌板进行编号，首先选中其中任意一块嵌板，查看其实例属性参数。

为嵌板编号可以考虑以下两种方式：

由于所有嵌板的 Y 方向位置相同，所以 Y 坐标不影响嵌板的编号，影响编号的只有 X 值与 Z 值。

方式一：

可以看到，下方的嵌板优先进行排序，说明在 Z 值相同的情况下才按照 X 方向进行排序，也就是说，优先进行了 Z 方向的排序。若想实现此效果，则对话框中可以设定“先按 Z，再按 Y，最后按 X”（Y 不影响编号顺序，所以放在哪个位置都可以，只要保证

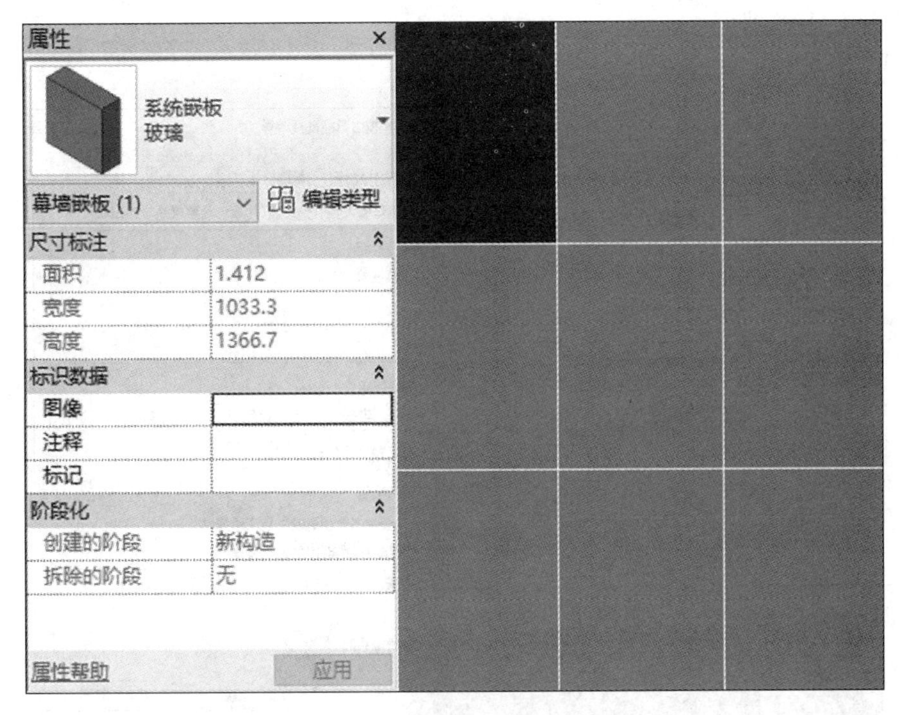


图 1.4.8-2　系统嵌板实例属性参数

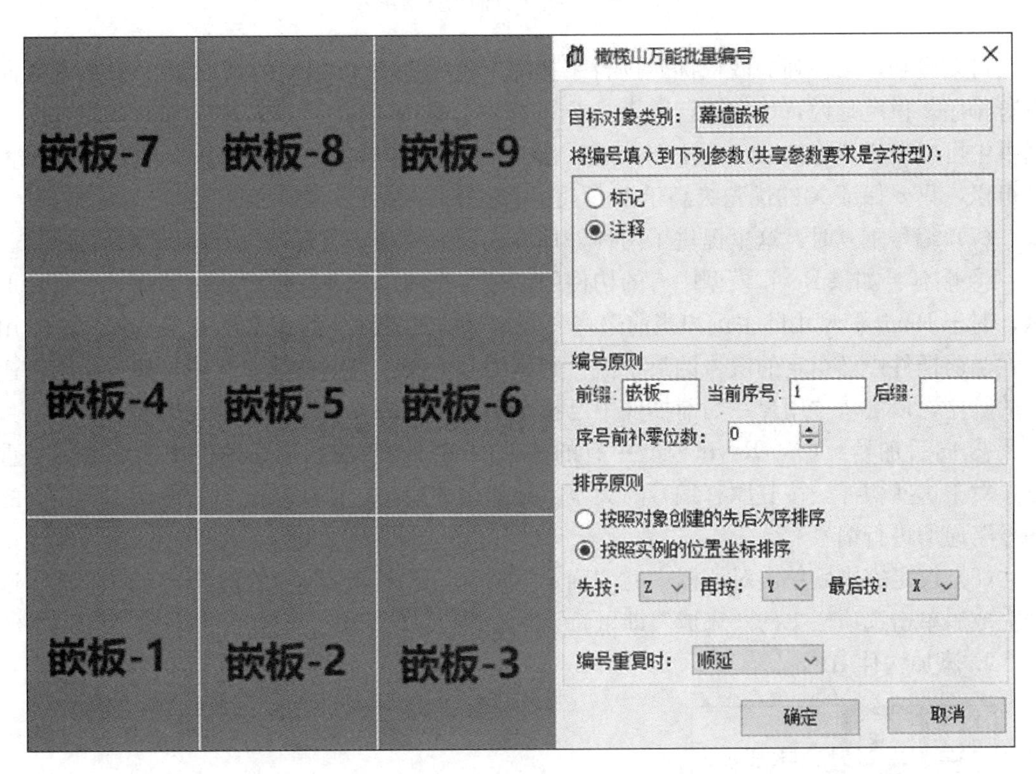


图 1.4.8-3　按 X 方向为嵌板编号

Z的优先级高于X即可)。

方式二:

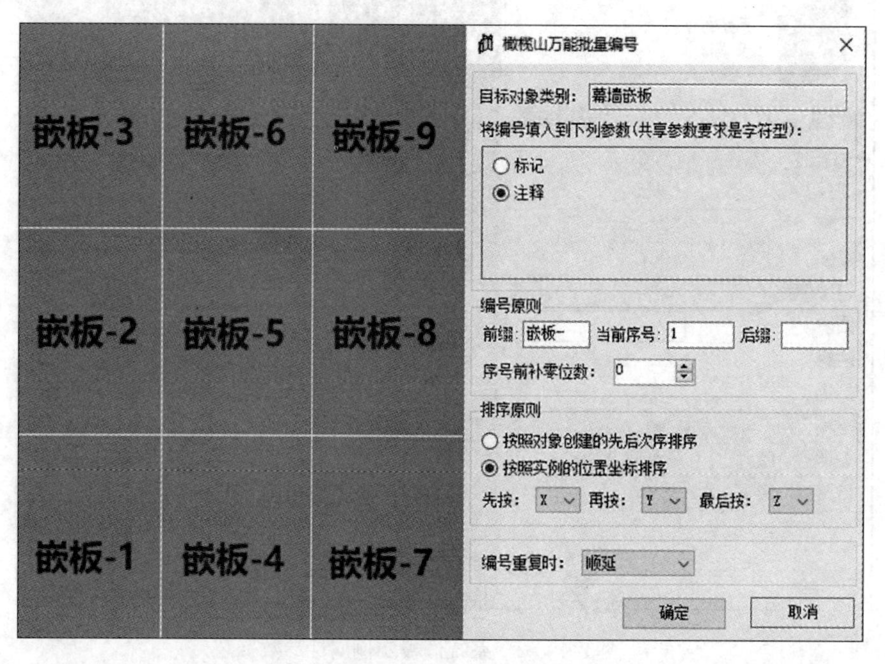


图 1.4.8-4 按Z方向为嵌板编号

可以看到，第一列的嵌板优先进行了排序，说明在X值相同的情况下才按照Z方向进行排序，也就是说，优先进行了X方向的排序，见图 1.4.8-3。若想实现此效果，则对话框中可以设定“先按X，再按Y，最后按Z”(Y不影响编号顺序，所以放在哪个位置都可以，只要保证X的优先级高于Y即可)，见图 1.4.8-4。

(7) 编号重复时：这里提供了两种处理方式，一种是“顺延”，一种是“向后加号”。

① 顺延：如果Revit模型中有的构件的编号与当前用户在插件中指定的编号重复，那么，对于Revit模型中除去用户当前选择参与编号的对象以外的元素，如果其编号小于用户在当前插件中已指定的编号的最小值，则其编号不变。否则按其原有编号的大小，按递增的顺序，依次从“用户在当前插件中已指定的编号的最大值”递增进行编号。

② 向后加号：如果Revit模型中有的构件的编号与当前用户在插件中指定的编号重复，对于这些构件，按其原有编号的大小，按递增的顺序，依次从“当前模型中未用到的序号”递增进行编号

(8) 设定完成后单击对话框中的“确定”，选择需要进行编号的构件，支持框选，选择完成后单击选项栏中的“完成”即可。

**2. 添加构件ID**

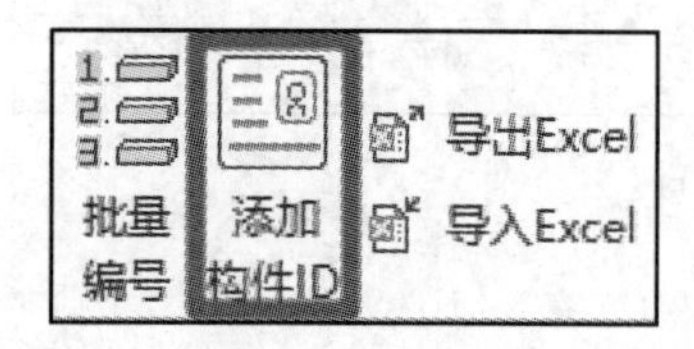

**功能**

将构件ID写入构件的共享参数信息中，方便对构件在Revit或其他软件中快速进行查看。

**使用方法**

（1）在【GLS土建】选项卡中的【BIM信息】面板中启动【添加构件ID】工具，见图1.4.8-5。

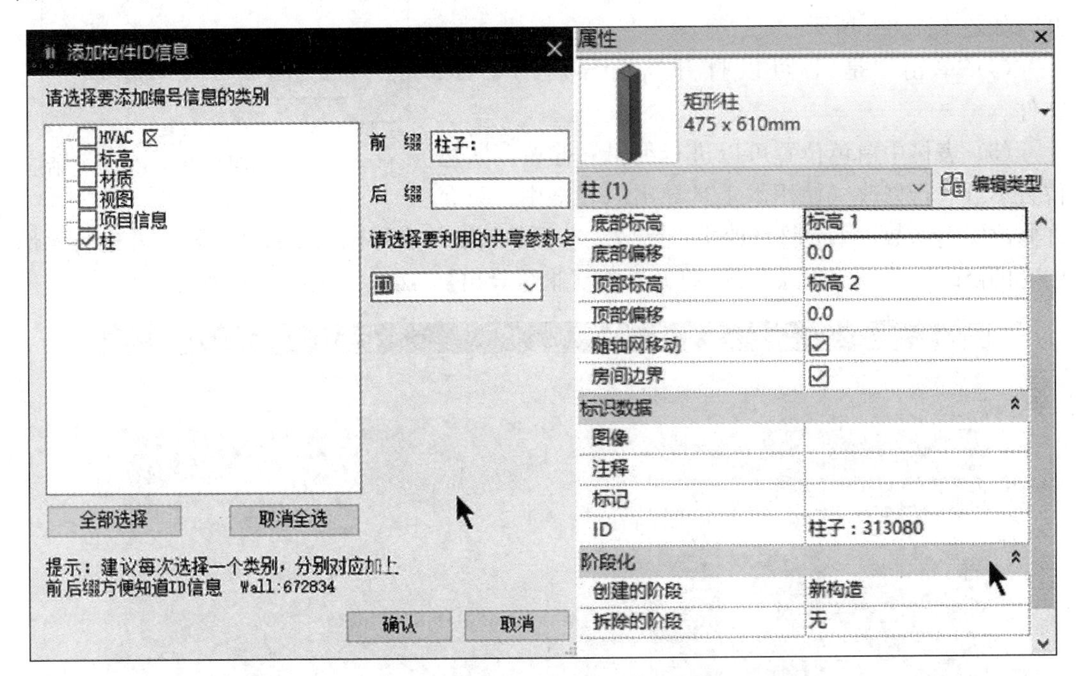


图1.4.8-5 添加构件ID对话框与已添加的构件属性参数

（2）对话框左侧会显示当前可进行ID添加的所有构件类别，根据需要进行勾选即可，这里可以勾选多个。

（3）分别在“前缀”和“后缀”对话框中填写需要添加的前后缀名称。

（4）单击【请选择要利用的共享参数名】下拉菜单，选择需要写入的共享参数（这里要求共享参数为文字类型）。

（5）单击“确认”即可。

**3. 导出Excel**

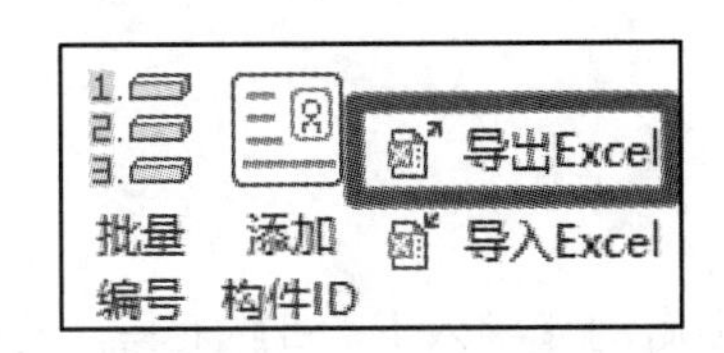


**功能**

“导出Excel”可以将明细表视图中的明细表导出为Excel文件，并可进行编辑；“导入Excel”可以将使用“导出Excel”工具导出的Excel文件导入到Revit中，并可通过导入的数据对Revit模型进行修改。

**使用方法**

(1) 将当前视图切换到明细表视图。

(2) 在【GLS 土建】选项卡中的【BIM 信息】面板中启动【导出 Excel】工具，此时会弹出指定生成 Excel 文件路径的对话框，指定生成路径。

(3) 导出成功后会弹出提示对话框，提示是否打开，如图 1.4.8-6 所示。

(4) 单击"是"，可以打开当前导出的 Excel 文件。

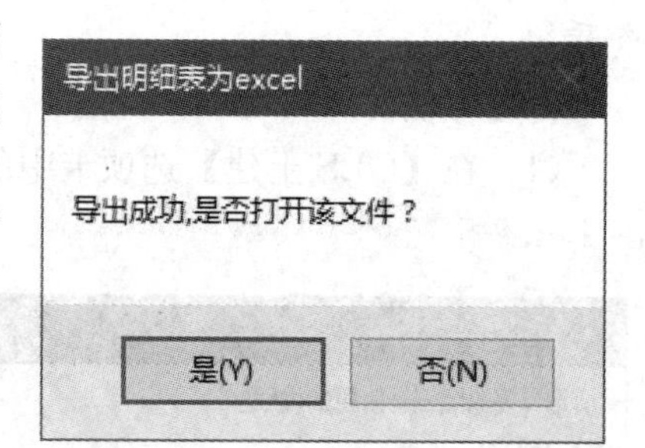


图 1.4.8-6　导出明细表为 Excel 对话框

(5) 表格中白色位置可以进行编辑和修改，灰色位置不可进行修改（使用本工具导出的表格中，只允许修改实例参数，不允许修改类型参数；若只想将明细表导出为 Excel 表格，并进行全部内容的修改，可以使用【Excel 打开】或【批量导出】工具），见图 1.4.8-7。

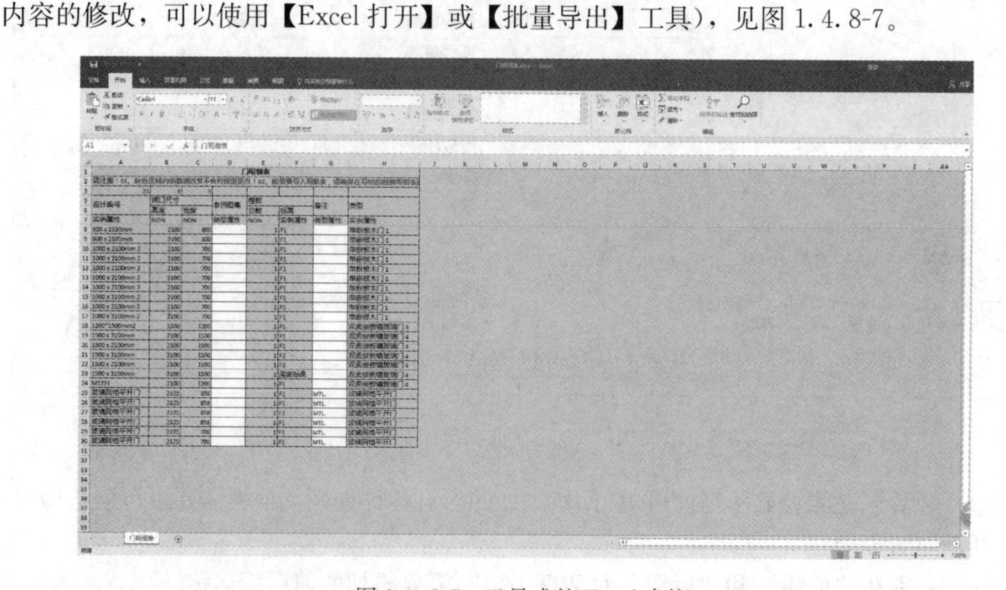

图 1.4.8-7　已导成的 Excel 表格

**4. 导入 Excel**

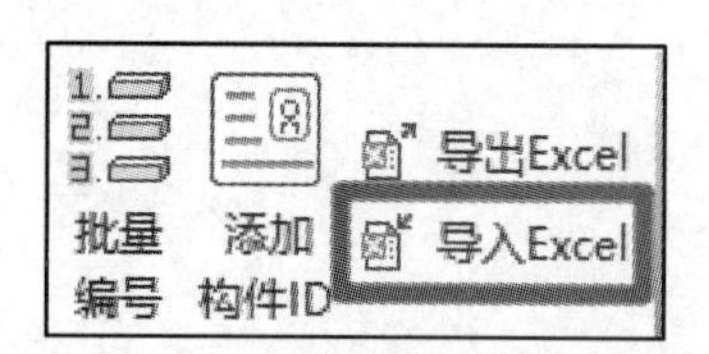


(1) 将当前视图切换到明细表视图。

(2) 在【GLS 土建】选项卡中的【BIM 信息】面板中启动【导入 Excel】工具，此时会弹出指定选择 Excel 文件路径的对话框，选择文件路径。

(3) 导入成功后会弹出提示对话框，见图 1.4.8-8。

(4) 单击"关闭"即可，此时已经在 Excel 中修改的内容将会在明细表视图中体现，并且会同时改变模型中构件的数据，见图 1.4.8-9。

图 1.4.8-8 导出成功提示框

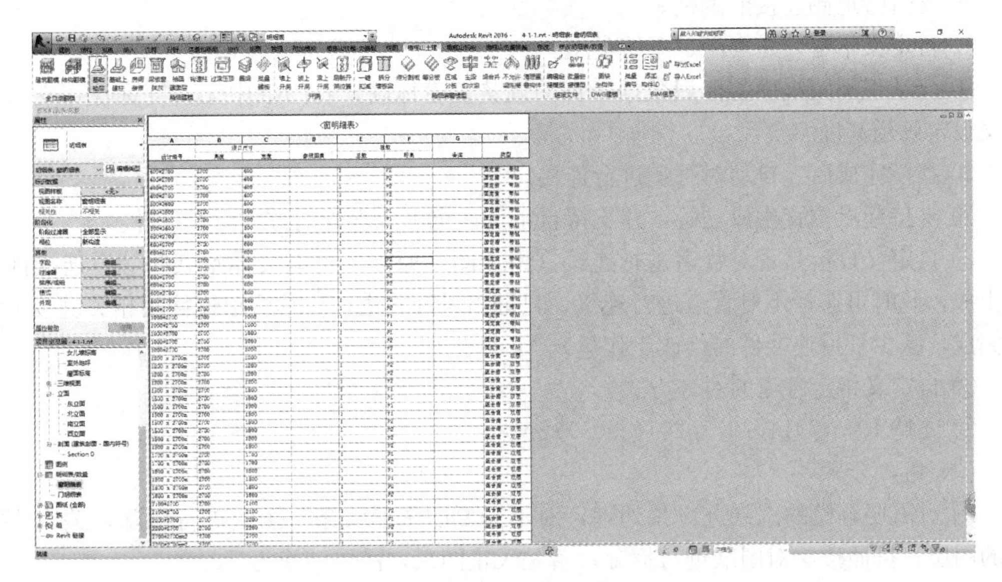

图 1.4.8-9 项目明细表

# 1.5 橄榄山机电

## 1.5.1 风系统翻模

### 1. 风管翻模

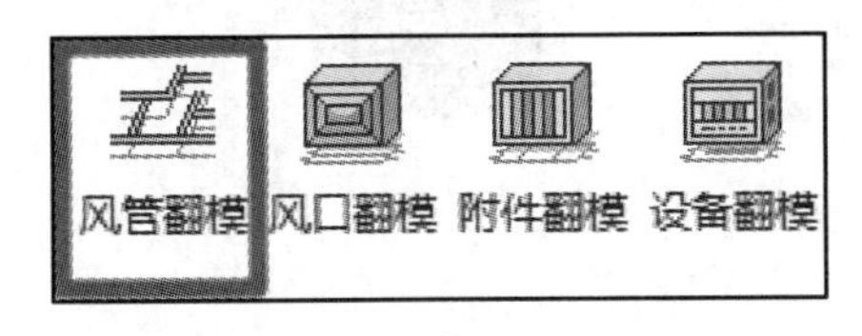


风管 DWG 图纸 Revit 自动翻模内容要点

(1) 软件及图纸要求

① 安装了 Revit2014～Revit2018 中的任何一个版本。

② 安装橄榄山快模 6.0 以上版本。

③ 目前国内通风系统 CAD 电子图纸基本上都是用鸿业或天正软件绘制的，天正软件使用了自定义实体技术，包含自定义实体的图纸是不能链接到 Revit 中的，所以链接之前

必须将自定义实体转换为标准 CAD 实体（转换为 T3）。

④ 有的电子图纸一个文件包含多个楼层平面，这样的图纸必须分解为一个楼层平面对应一个文件。

⑤ 翻模前需要初步处理一下图纸，将不必要的图层删除，减少 CAD 实体数量，加快软件运行速度。

（2）实现功能

① 智能识别图纸中的管道以及连接件，自动将图纸内容转化成 Revit 模型。

② 支持管道侧连接的翻模。

③ 自定义指定管道类型、系统类型。

④ 自动识别图纸中的标识数据，自动调整管道标高，若图纸中无高度标注，支持自定义设定管道高度。

⑤ 翻模完成后，自动对管道进行连接。

⑥ 支持起点位置生成立管，并支持自定义设定生成立管的方式以及尺寸。

⑦ 自定义设定是否对管道进行连接（由于图纸原因，可能会导致某些管道连接件无法生成，此时可选择不对管道进行连接，只翻出风管管道，后续管道连接用相关链接工具来完成，减少管道连接件的修改工作量）。

⑧ 自定义指定管道的对齐方式。

⑨ 支持 Revit2014/2015/2016/2017/2018。

（3）翻模步骤

① 对需要翻模的图纸进行预处理，对不需要的图形线条、图块进行删除，关闭不需要的图层；按照楼层对图纸进行拆分；若是天正图纸，需要转换为 T3。

② 准备翻模所需的样板文件，样板文件中应包含相关管道族以及连接件族；在“布管系统配置”中针对不同类型管道的连接件进行设定。

③ 将图纸链接到 Revit 中，导入单位选择“毫米”（图纸链接到 Revit 中后不允许同时在 CAD 中打开），见图 1.5.1-1。

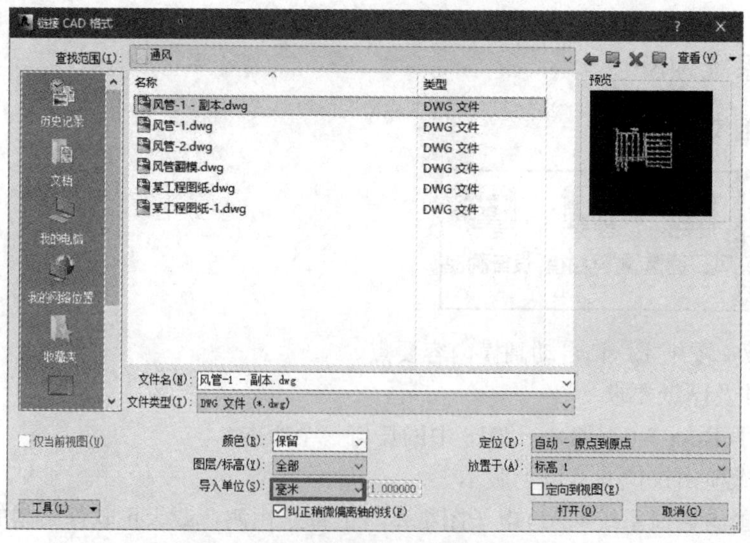


图 1.5.1-1　链接 CAD 选择导入单位

④在【橄榄山机电】选项卡中的【风系统翻模】面板中启动【风管翻模】工具，弹出如图 1.5.1-2 所示窗口。

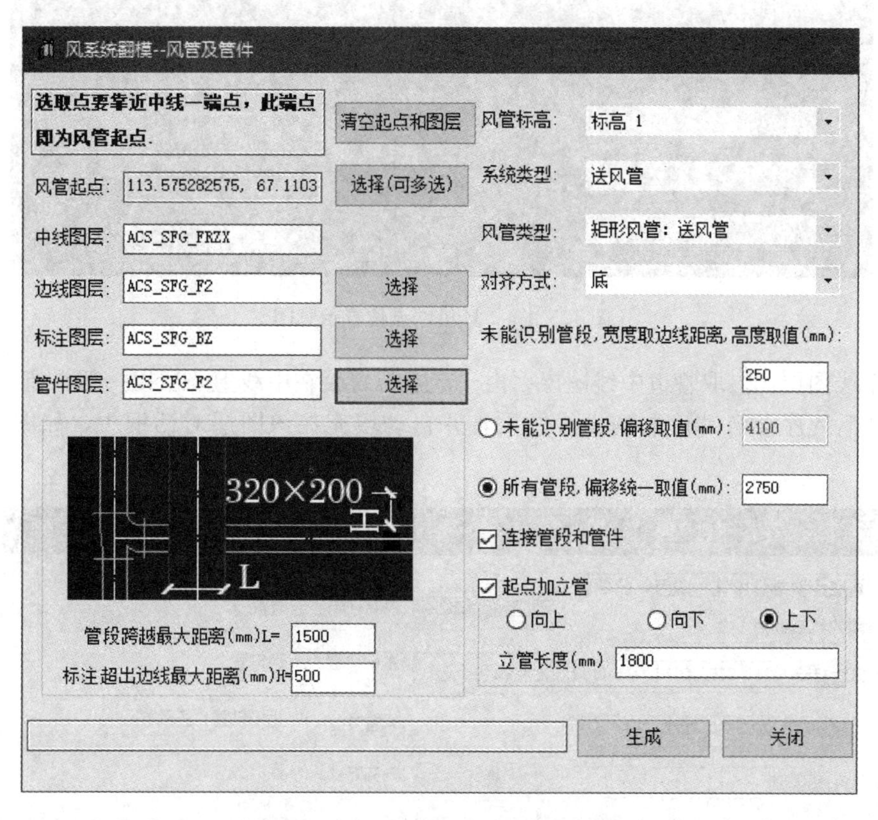


图 1.5.1-2 风管及管件设置对话框

⑤清空起点和图层：可以快速删除对话框中上一次操作后记忆的起点位置以及图层名称。

⑥风管起点：此处要求选取风管的起始点，通常为风机与风机盘管连接的管道（管径最大）的中线端点（靠近风机一侧的端点）位置见图 1.5.1-3，这里不一定选择端点位置，但要求必须选择靠近风机端点的位置，如图 1.5.1-4 所示。单击风管起点选项后侧的“选择”按键，此时鼠标指针变为可拾取状态，拖动鼠标至风管起点位置，单击鼠标左键即可拾取。此处支持拾取多个起点（若只拾取一个起点，则只会翻当前指定的风系统；若拾取多个起点，则可以同时对多个风系统进行翻模）。

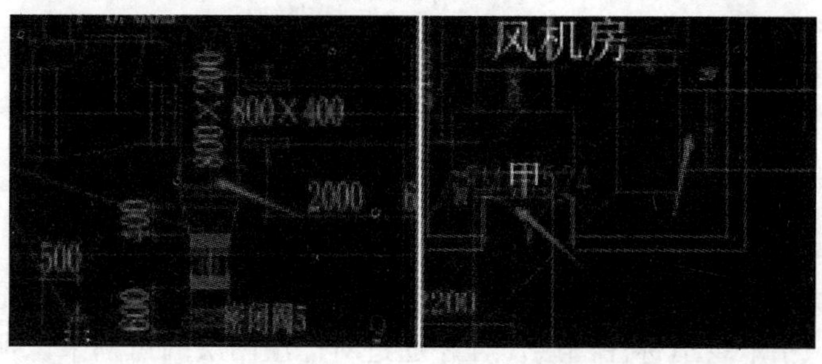


图 1.5.1-3 风机与风机盘管连接的管道中心端点位置

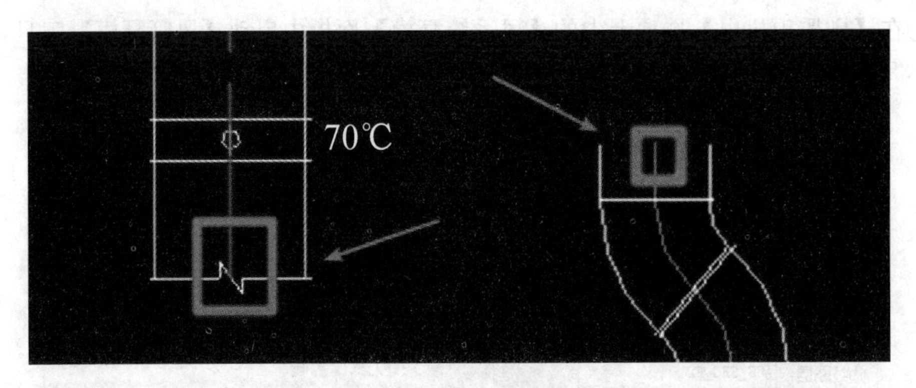


图 1.5.1-4 风机端点位置示意图

⑦中线图层：拾取管道中线图层。由于起点位置就在中线上，所以一般在指定完风管起点位置后程序会自动读取到中线图层，并自动填充在该图层对话框中，如图 1.5.1-5 所示。

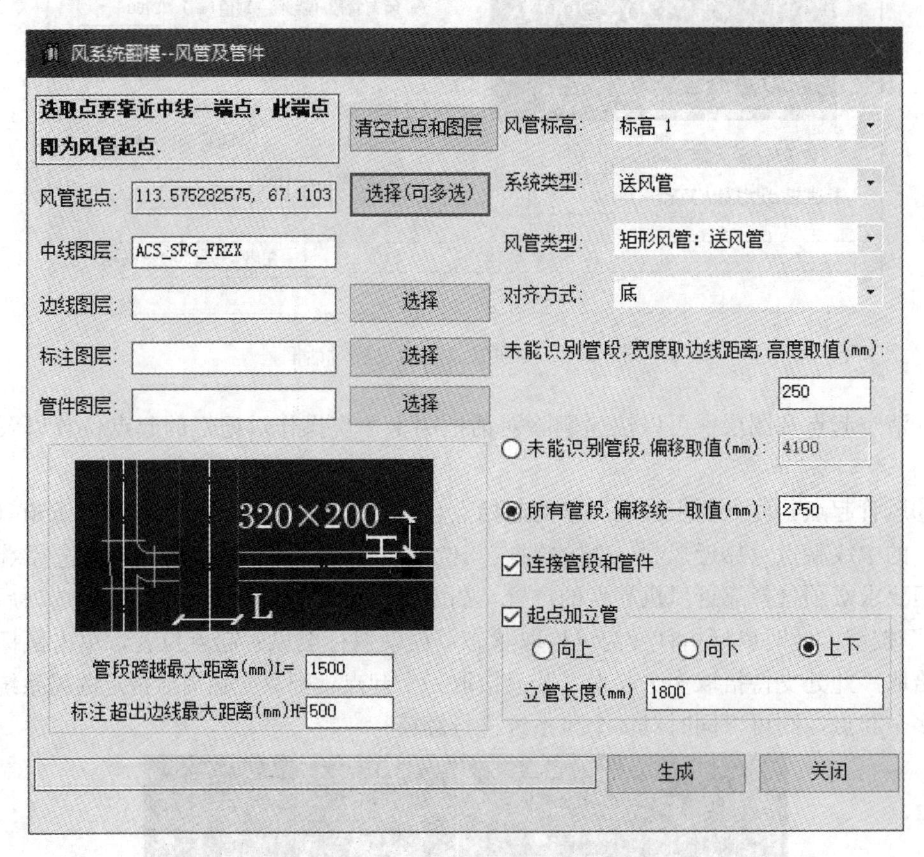


图 1.5.1-5 读取风管起点与中线图层

⑧边线图层：拾取管道边线图层。单击“边线图层”后侧的“选择”按键，此时鼠标指针变为可拾取状态，拖动鼠标至管道边线上方，单击鼠标左键即可，见图 1.5.1-6。

⑨标注图层：拾取管道标注图层。程序通过对标注图层的识别来识别管道的尺寸以及标高位置。单击“标注图层”后侧的“选择”按键，此时鼠标指针变为可拾取状态，拖动

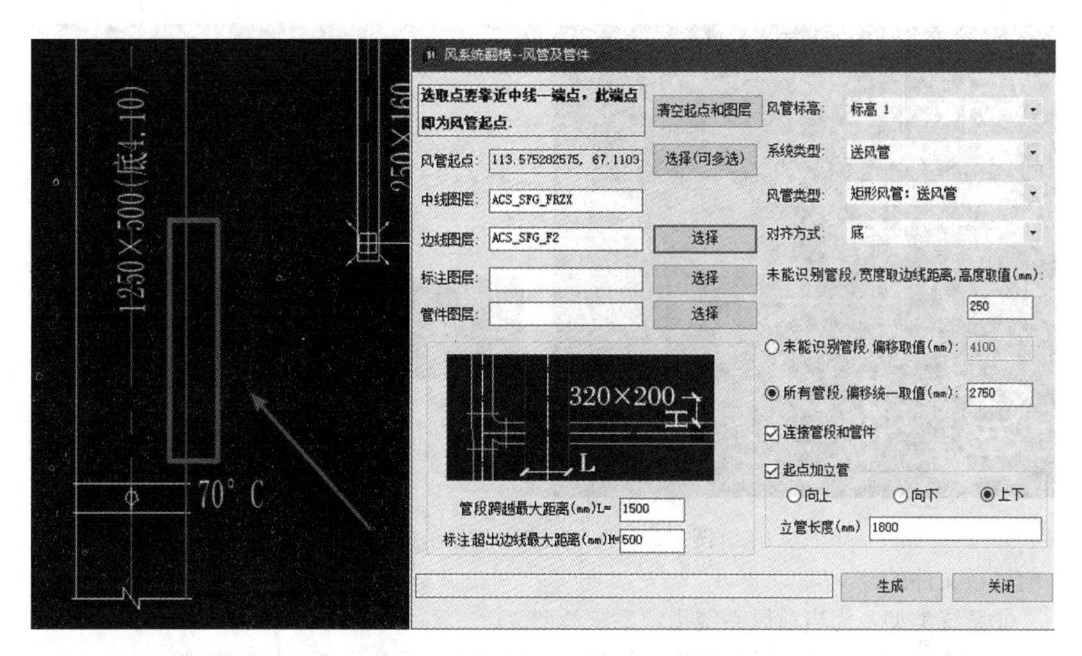


图 1.5.1-6　选择边线图层示意图

鼠标至管道标注上方，单击鼠标左键即可，如图 1.5.1-7 所示。

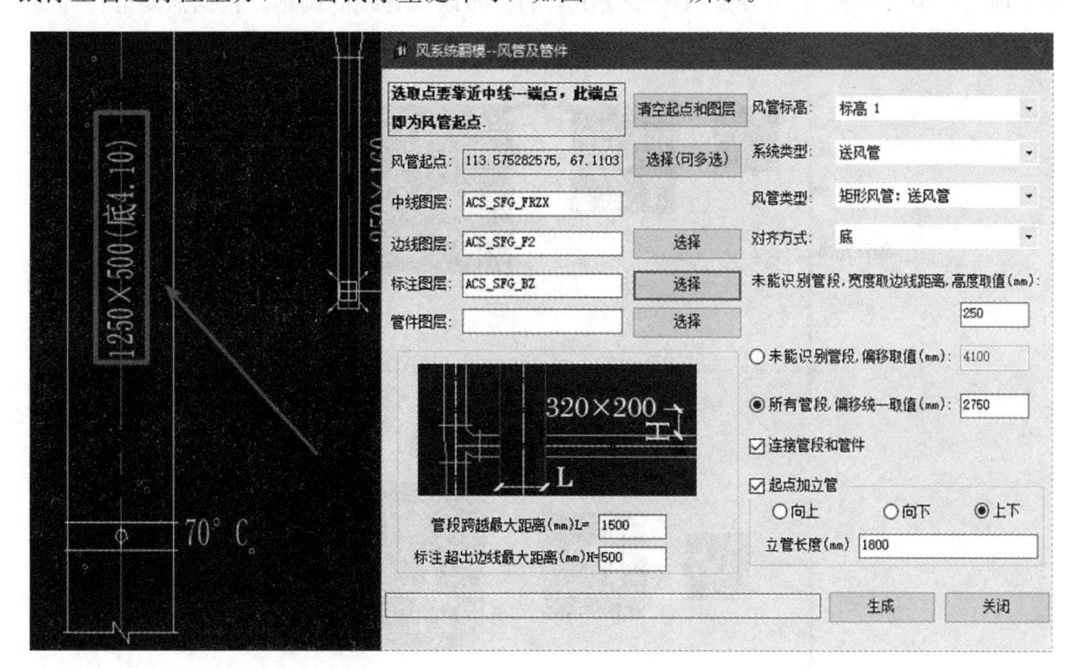


图 1.5.1-7　选择标注图层示意图

⑩管件图层：拾取管道的管件图层。单击“管件图层”后侧的“选择”按键，此时鼠标指针变为可拾取状态，拖动鼠标至管道任意连接件线条上方，单击鼠标左键即可，如图 1.5.1-8 所示。

⑪风管标高：指定即将翻模生成的风管的参照标高，下拉菜单中的可选标高均是基于

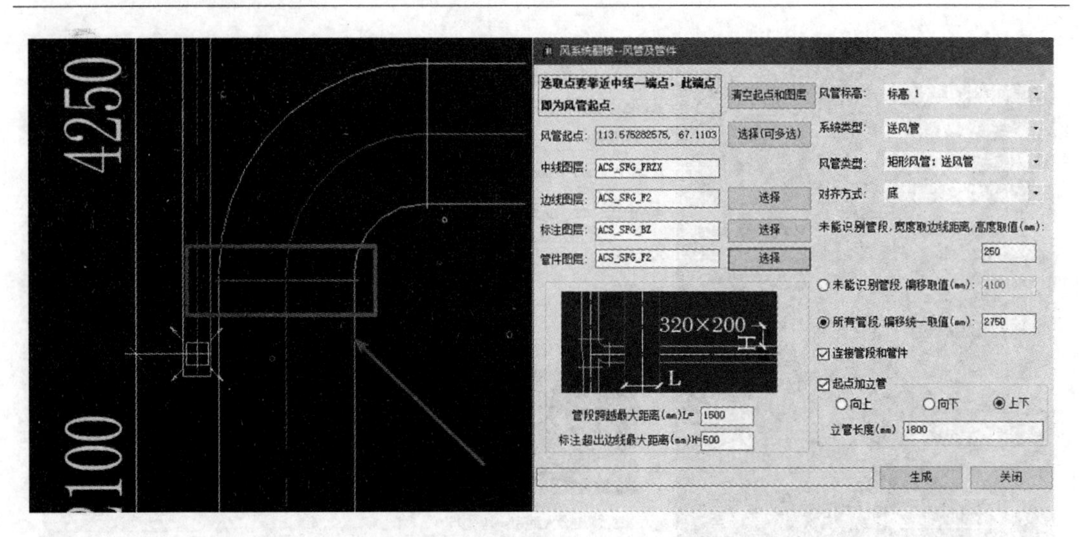


图 1.5.1-8　选择管件图层示意图

当前样板文件的。

⑫系统类型：为当前风系统指定系统类型。

⑬风管类型：为当前风管指定风管类型（可用类型是基于当前样板文件）。

⑭对齐方式：指定风管翻模时的管道对齐方式，该选项中提供了三种对齐方式，分别是“顶”、“中”、“底”，方便后续模型支吊架的排布以及管线的调整。根据需要选择即可，图 1.5.1-9～图 1.5.1-11 分别表示了“顶”、“中”、“底”三种对齐方式的含义。

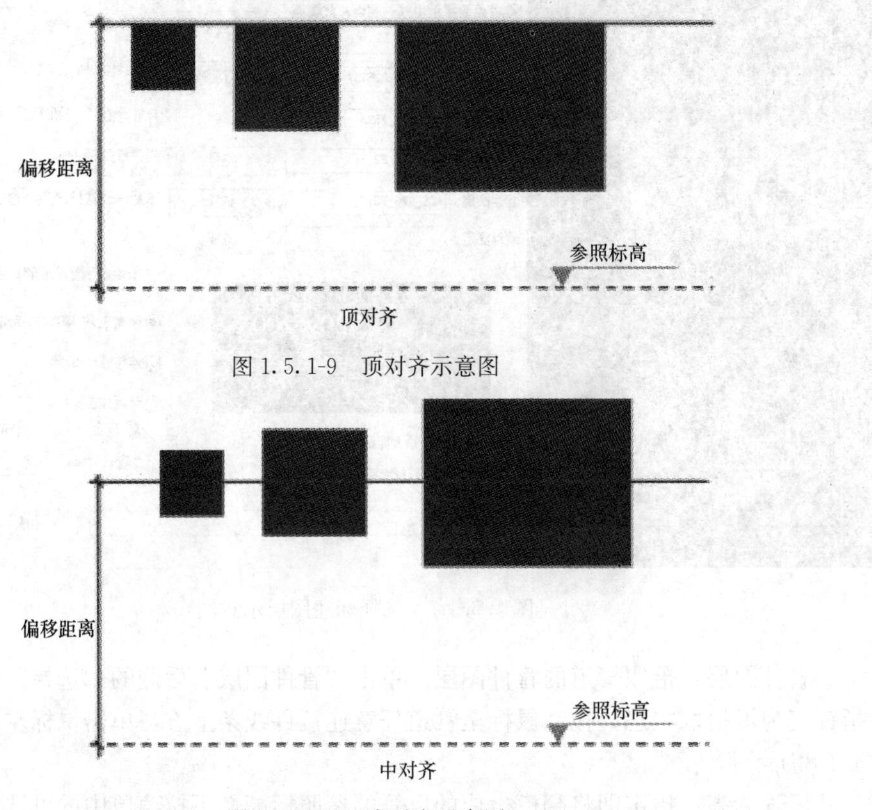


图 1.5.1-9　顶对齐示意图

图 1.5.1-10　中对齐示意图

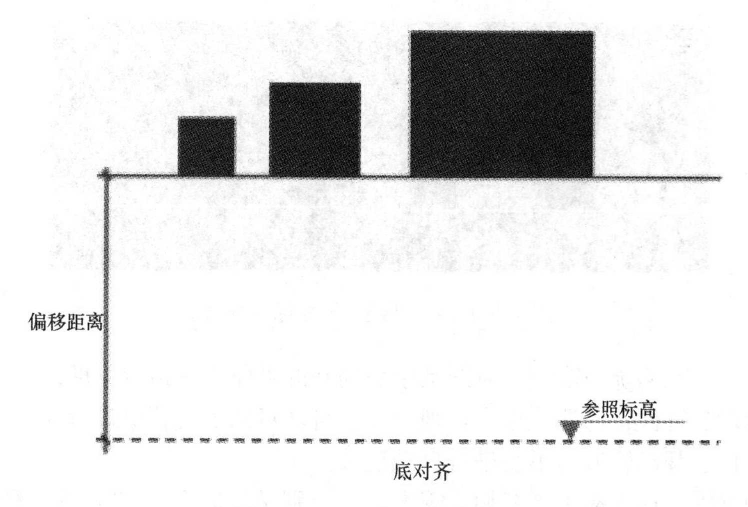


图 1.5.1-11　底对齐示意图

⑮未能识别管段，宽度取边线距离，高度取值：由于图纸中部分管道缺少尺寸标注或其他图纸问题导致的某些管段程序无法识别其正确的尺寸，此时程序会将图纸中的边线宽度作为管道宽度，管道高度按照用户指定高度生成，见图 1.5.1-12。

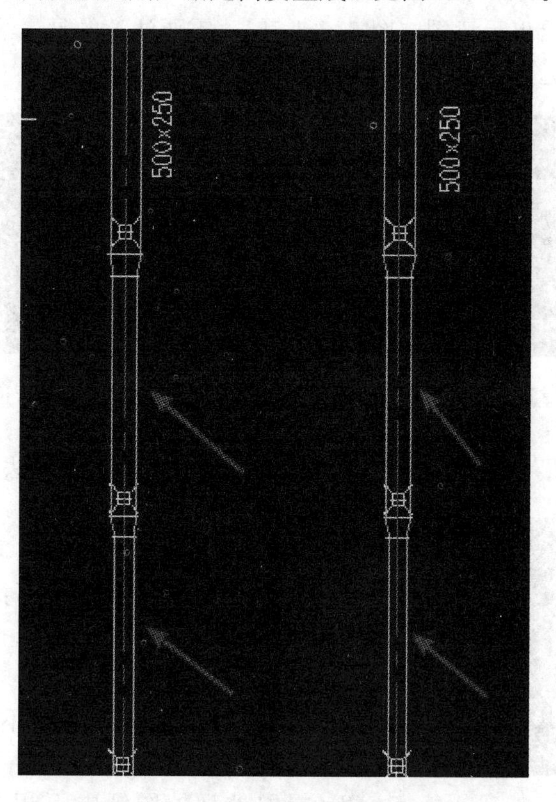


图 1.5.1-12　未进行尺寸标注管段

⑯未能识别管段，偏移值取：图纸中某些管段在进行尺寸标注时并未标注管道高度，对于这些管道，程序会按照用户指定高度放置管道，见图 1.5.1-13。

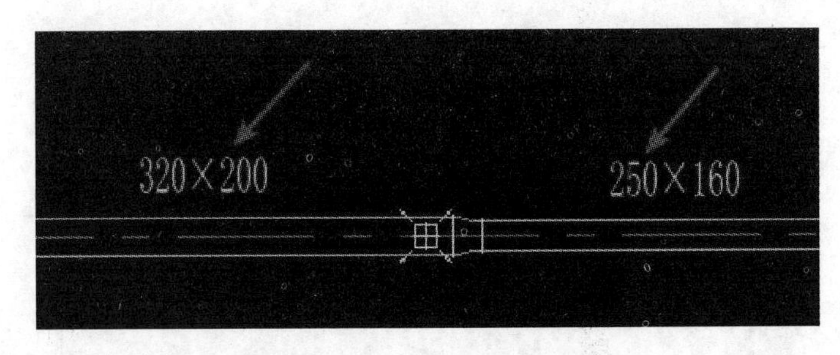


图 1.5.1-13　已进行尺寸标注管段

⑰所有管段，偏移统一取值：对图纸中识别到的管段统一指定高度。

⑱连接管段和管件：勾选该选项，则程序会自动对翻出的管道进行连接；若不勾选该选项，则程序仅会翻出管道，不会进行自动连接。

⑲起点加立管：这里提供了三种立管方式，分别是“向上”、“向下”和“上下”，选择好立管方式后需要指定立管长度。

⑳管段跨越最大距离 L：在二维图纸中表现管道时，会出现标高较高的管道将标高较低的管道打断的情况，如图 1.5.1-14 所示，若此时想要翻模的风系统为标高较低的（也就是被打断的），则需要为打断的间距指定一个范围，程序会在该范围内查找可能连续的管道，程序界面也会给出示意图（图 1.5.1-15）。需要注意的是，给定的范围不宜过大，过大可能会导致将较远处的管道识别为一个系统。

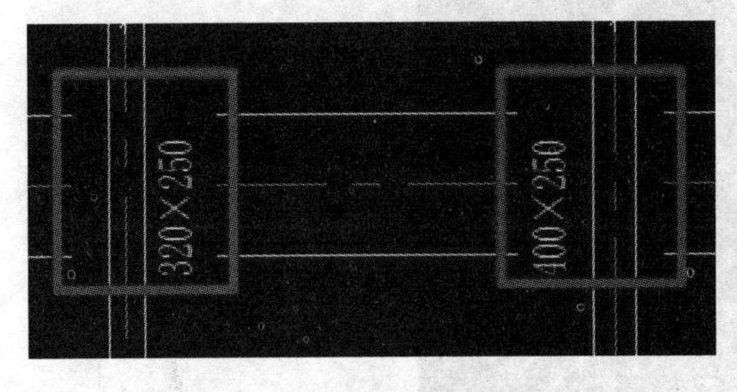


图 1.5.1-14　管道打断间距位置

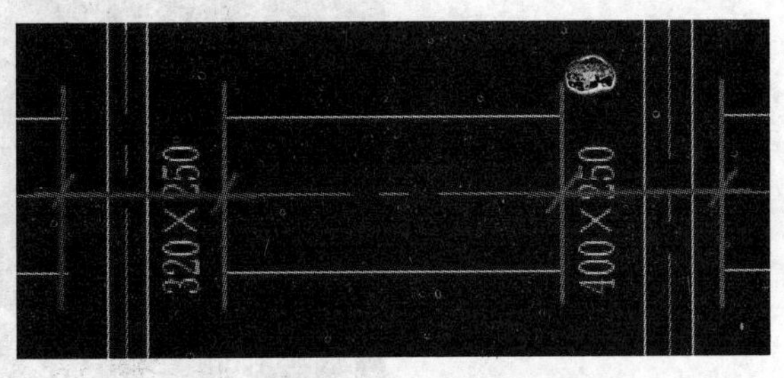


图 1.5.1-15　管道打断间距范围

㉑标注超出边线最大距离 H：程序会在管道附近某一范围内去寻找标注文字，此时需要指定这一寻找范围 H，如图 1.5.1-16 所示，程序会在 1-2 之间寻找标注文字。这里需要注意的是，只要让边界线 2 与标注文字相交，程序即可找到。

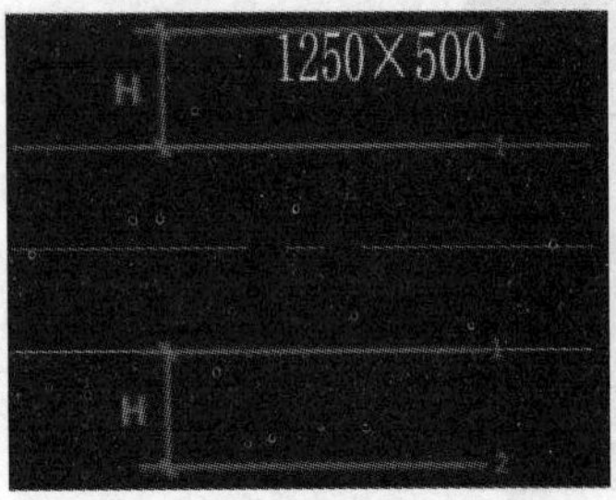

图 1.5.1-16　标注超出边线最大距离 H 范围

㉒单击“生成”即可，见图 1.5.1-17。

**注意**

（1）图纸链接到 Revit 中后不允许同时在 CAD 中打开。

（2）提取处理掉图纸中不相关内容，关闭不相关图层。

（3）按照国家规范要求标注风管尺寸和偏移，尺寸方向与风管方向一致。

图 1.5.1-17 生成效果

**2. 风口翻模**

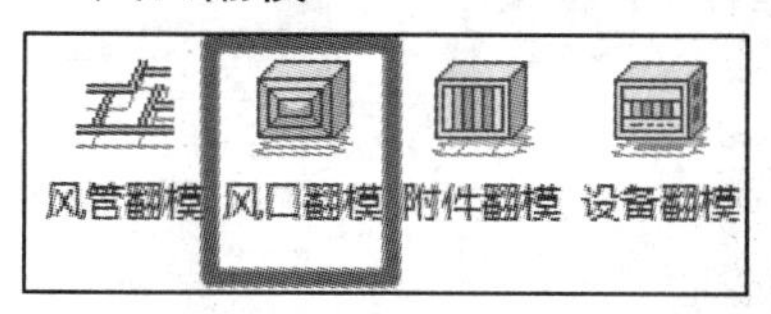


**功能**

利用现有的通风 DWG 图纸，快速将图纸中的风口在 Revit 中转换成风口模型，支持生成立管连接风口和风口贴风管两种方式。

**使用方法**

（1）在【橄榄山机电】选项卡中的【风系统翻模】面板中启动【风口翻模】工具，弹出如图 1.5.1-18 所示窗口。

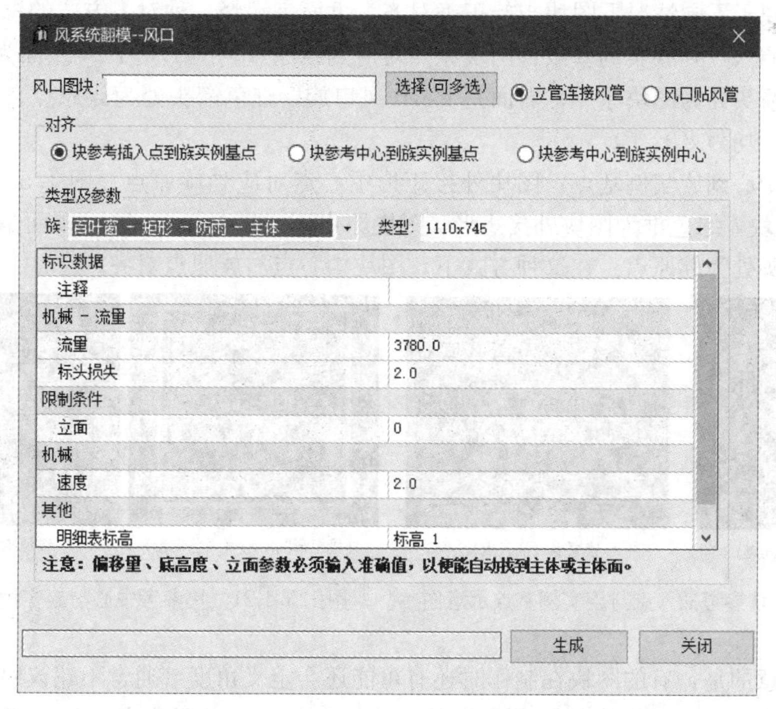


图 1.5.1-18 风系统翻模——风口对话框

（2）本工具的原理是通过识别图纸中的图块，在图块对应位置的指定高度位置生成指定类型的风口，所以首先要拾取需要进行识别和生成风口的图块。

风口图块：单击选项框后侧的“选择（可多选）”按键，此时鼠标指针变为可拾取状态，拖动鼠标至图纸中的风口图块位置，单击鼠标左键即可对图块进行提取，此时可以在对话框中看到图块名称，如果需要将多个图块名称的图块同时指定生成一种风口类型，则可以继续拾取其他图块。

（3）选择生成风口的方式，这里提供了两种：“立管连接风管”和“风口贴风管”，根据需要选择即可，见图 1.5.1-19。

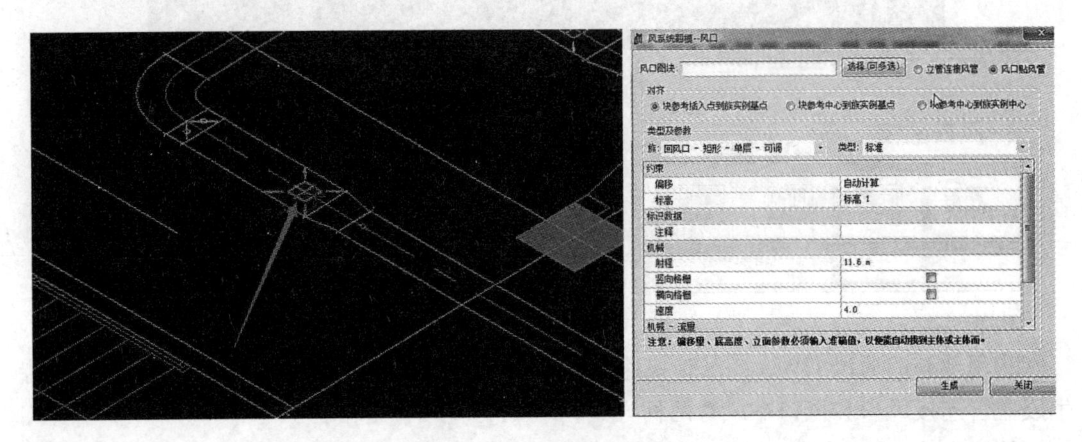


图 1.5.1-19　选择风口图块

（4）对齐：由于图块与族的定位基点和插入基点有可能不一致，所以这里提供了三种对齐方式，便于不同情况下图块与族正确对齐，下面来解释三种对齐方式的含义：

块参考插入点到族实例基点：图块原点对应到族原点。图 1.5.1-20 左面为 CAD 风口图块，红色箭头处为图块原点；右面是 Revit 风口族，红色箭头处为族原点。在这种方式下，原点坐标均为（0，0）。

块参考中心到族实例基点：图块外接矩形中心点对应到族原点。图 1.5.1-21 左面为 CAD 风口图块，绿色框为图块外接矩形，图块原点不一定是（0，0）；右面是 Revit 风口族，红色箭头处为族原点。在这种方式下，图块中心点与族原点对齐。

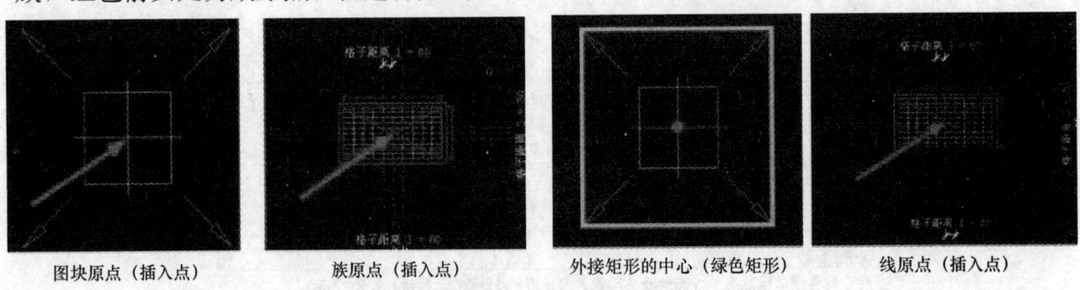

图块原点（插入点）　族原点（插入点）　外接矩形的中心（绿色矩形）　线原点（插入点）

图 1.5.1-20　块参考插入点与族实例基点示意图　　图 1.5.1-21　块参考中心与族实例基点示意图

需要注意的是，有的图块在制作时还有可能还会定义角度（通常不建议对图块定义角度，程序会自动对生成的族进行角度旋转，若指定角度，有可能会导致放置角度出现偏差)，如图 1.5.1-22 所示。

块参考中心到族实例中心：图块外接矩形中心点对应到族中心点。图 1.5.1-23 左面为 CAD 风口图块，绿色框为图块外接矩形，图块原点不一定是（0，0）；右面是 Revit 风口族，黄色框为族外接矩形。在这种方式下，图块外接矩形中心点与族外接矩形中心点对齐。

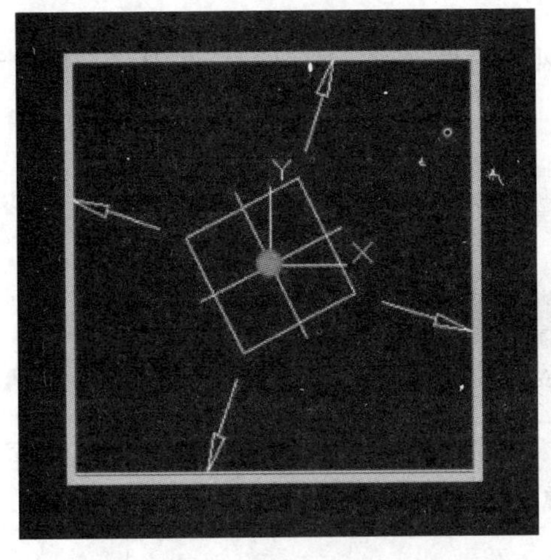

图 1.5.1-22 图块定义角度示意图

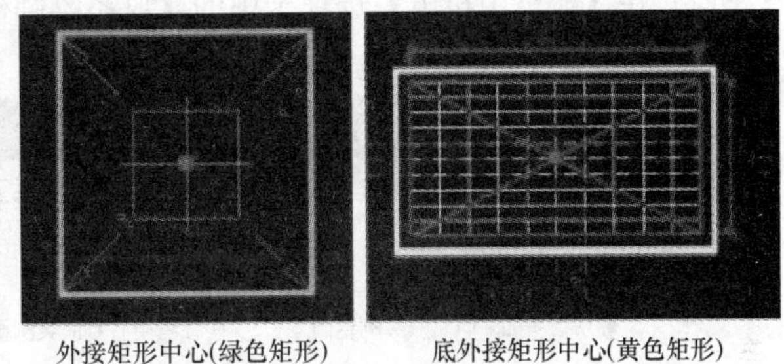


图 1.5.1-23 块参考中心与族实例中心示意图

(5) 类型及参数：依次选择需要生成的风口族以及风口族类型，下方的参数设置内容依据选择的族和类型的不同而不同。这里需要注意的是，若选择风口贴风管，“偏移量”参数会自动更换为“自动计算”，程序会自动调整风口高度；若选择立管接风管，需要指定风口的偏移量，程序会自动生成立管来连接风口与风管。其他参数根据需要进行自定义设定即可。

(6) 参数设定完成后单击“生成”即可，见图 1.5.1-24。

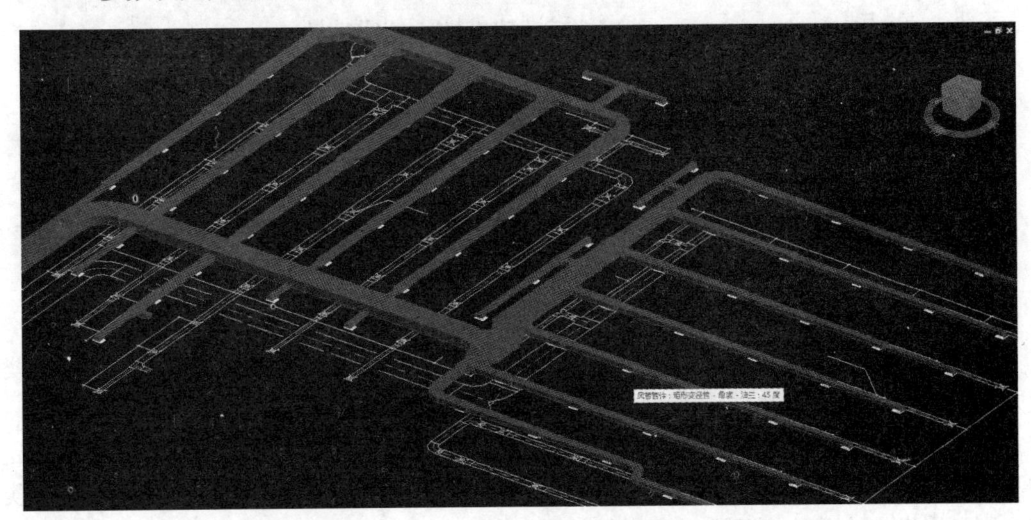

图 1.5.1-24 生成效果

### 3. 附件翻模

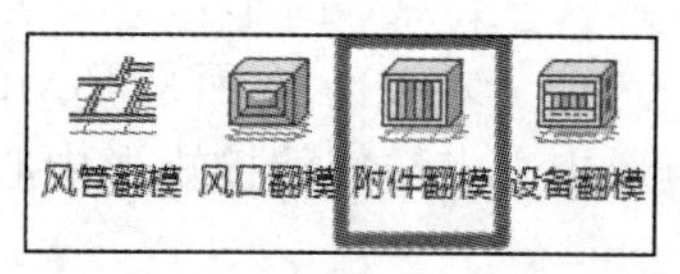


**功能**

利用现有的通风 DWG 图纸，快速将图纸中的风管附件（风管阀门等）在 Revit 中生成指定构件类型。

**使用方法**

(1) 在【橄榄山机电】选项卡中的【风系统翻模】面板中启动【附件翻模】工具，弹出如图 1.5.1-25 所示窗口。

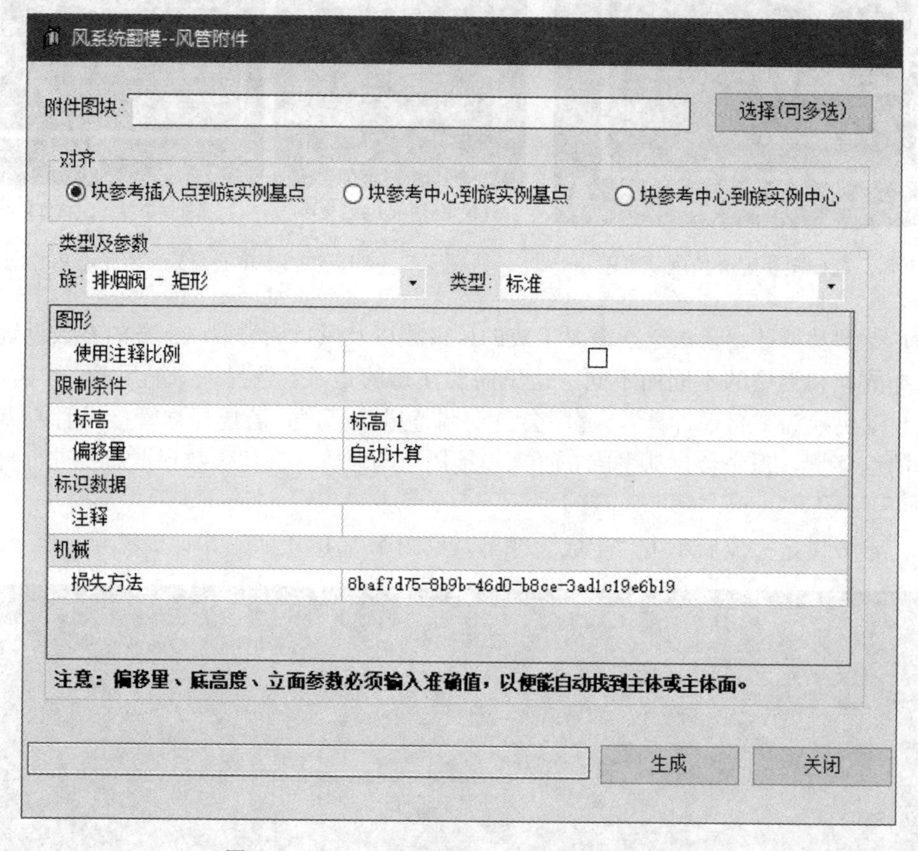


图 1.5.1-25　风系统翻模——风管附件对话框

(2) 附件翻模的原理与风口相似，可以看到，当前的操作界面与“风口翻模”界面类似，详细的操作方法可以参考“风口翻模”，这里不展开讲解，见图 1.5.1-26。

(3) 点选“选择（可多选）”按键，此时鼠标指针变为选择状态，选择需要生成指定类型构件的图块，这里可以多选。如果需要将多个图块名称的图块同时指定生成一种类型，则可以继续拾取其他图块。

(4) 类型及参数：依次指定需要生成的阀门族以及类型和需要指定的类型参数，需要注意的是，当此处使用的是非基于主体的族的时候，程序会自动计算阀门的放置高度，不需要手动

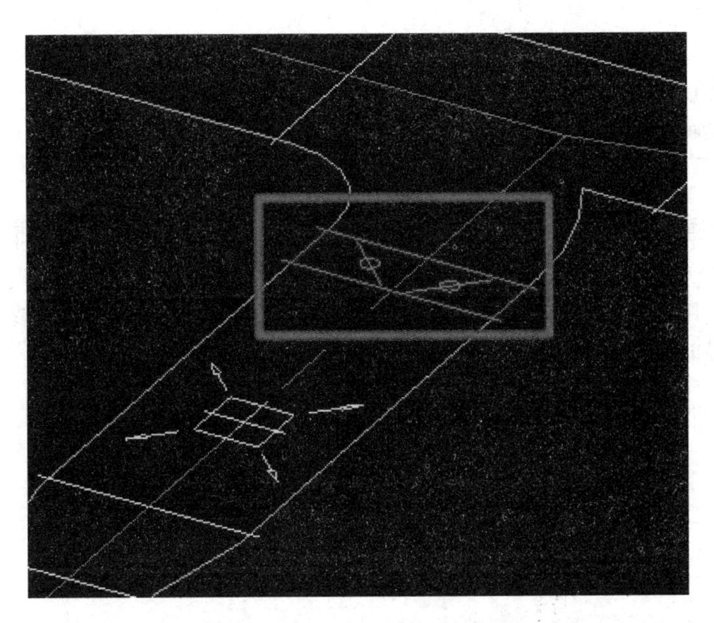

图 1.5.1-26 选择风管附件图块

输入，当使用的是基于主体的族的时候，需要手动输入阀门的放置高度，见图 1.5.1-27。

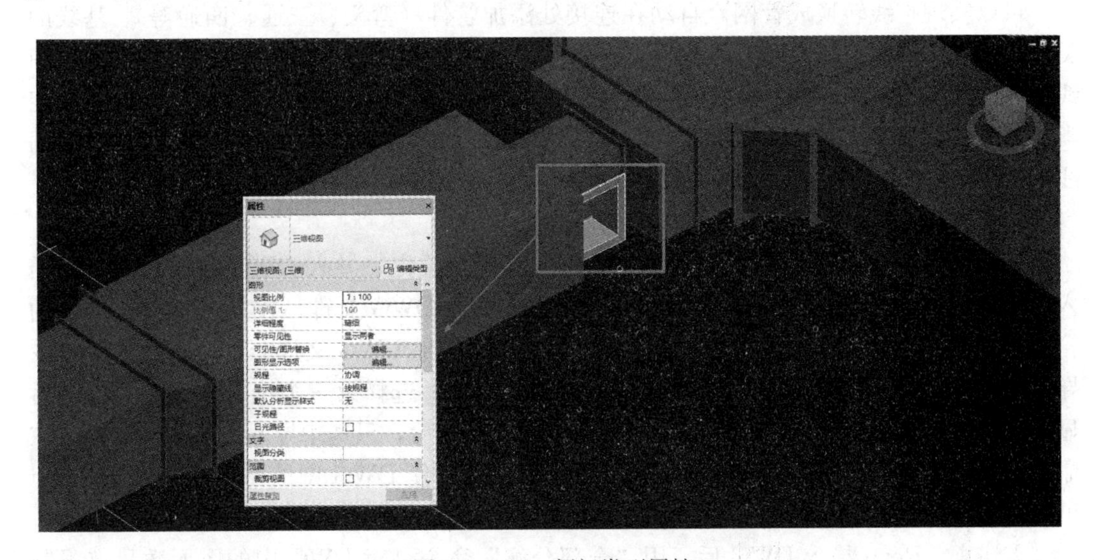

图 1.5.1-27 阀门类型属性

(5) 设置完成后单击“生成”即可。

**注意**

(1) 要求图纸中的阀门等均为图块。

(2) 在拾取图块的时候，程序会自动对具有相同名称的图块进行替换，图纸中若存在阀门类型相同，但图块名称不同的情况，需要将不同名称的图块均修改为相同的名称（或者将同类型但名称不同的图块全部拾取，具体可以参考【图块生构件】工具的解释）。

**4. 设备翻模**

**功能**

利用现有的通风DWG图纸，快速将图纸中的设备图块在Revit中转换成指定的设备模型。

**使用方法**

本工具的使用原理与【图块生构件】工具相同，具体使用方法可以参考【图块生构件】工具中的说明。

### 1.5.2　管道翻模

**1. 线生管**

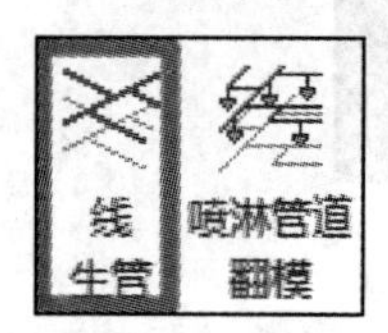


**功能**

可以实现把线转换成管网，自动在连接处添加管件（弯头、三通、四通等）。基线的类型可以是DWG文件导入后炸开的线，也可以是直接在Revit里面绘制的模型线、详图线。本命令提供了基线过滤功能，即使DWG底图很复杂，指定基线图层名后，只有指定类型的线才能被选中。需注意：这里的图层名称是沿用DWG中的图层名称。DWG中的线的图层名称在Revit里面变成线的类别（Category）。

准备工作

如果你想把导入的DWG文件中的线转成管网，首先，导入DWG文件，点击“插入”命令选项中的“导入CAD”命令，然后选中目标DWG文件，比如设备专业提供的管道布置图。根据需要设置DWG文件的定位方法。如果DWG文件非常复杂，为了减少导入对象的数量，需要点击“图层/楼层”边的下拉框，选择第三个选项“指定”在随后显示的对话框上指定导入哪些图层上的对象。导入完成后，只选中导入的DWG对象。在命令选项卡上点击“全部分解”来炸开导入的DWG，使DWG中的图形对象变成Revit可识别的。

需注意：Revit导入DWG后，用“全部分解”命令是对DWG中的图元数量有限制（小于10000个）。如果你的DWG底图很复杂，需要指定导入的图层，以减少导入到Revit中的对象数量。或者可以提前在DWG图纸中删除不相关的图元。

如果你只是想在Revit的模型线或详图线的基础上生成管道，可以预先绘制好这些管道基线。使用方法

（1）在【GLS机电】选项卡中的【管道快速建模】面板中启动【线生管】工具，见图1.5.2-1。

（2）点击“拾取”按钮，选择一根基线来获取基图层信息。如果你的目标基线是从DWG中导入后炸开获得的线，选择线之后，对话框继续弹出。如果你的目标基线是在

Revit 里面绘制的模型线或详图线，也可以点击“拾取”按钮拾取该目标线。

需注意：点击这个“拾取”按钮的作用是指定哪种线才能被选中用来生成管道。在底图非常复杂，特别是导入 DWG 并炸开后线很多的情况下，通过这个命令，可以很好地过滤出目标线，使选择操作更简单准确。非指定图层上的线不会被选中。

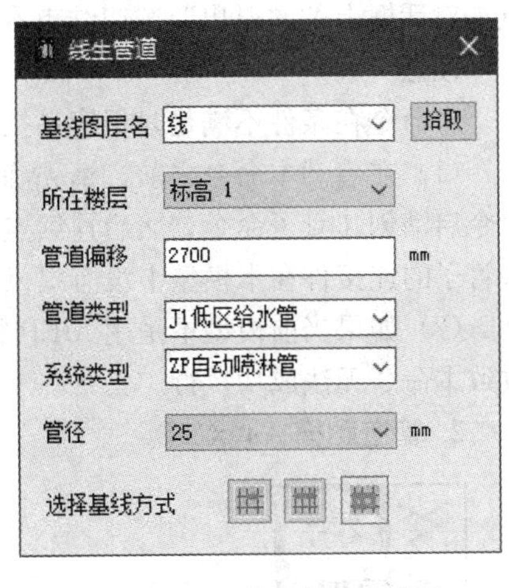


图 1.5.2-1 线生管道对话框

（3）指定管网的详细类型和高度定位信息。

①所在楼层：指定你希望管网在哪个楼层上。

②管道偏移：相对于指定所在楼层信息，管道与楼层的高度差（这里只能生成水平的管道）。

③管道类型：从组合框中选择一个管道类型，比如 PVC 或其他类型。

④管径：生成管道的标称直径。

（4）设置好以后，可以点击“选择基线方式”后面的三个按钮中的一个来确定以何种方式来选择管子的基线（命令启动后自动默认其中的一种选择方式）。

①第一个表示选择一小段线。这一小段线可以是其他相交线形成的一个最小段。

②第二个表示选择一整段直线。

③第三个是用窗选的方式来选中多个基线。本命令自动智能地为选中的线创建管网，并自动添加连接件。

（5）在 Revit 绘图区域交互选择底图上的线。选中线后，管道就会实时生成，见图 1.5.2-2。

图 1.5.2-2 生成效果

（6）生成了一些管道后，如果想改变基线的图层等信息，在对话框中点击“点取”按钮来选择新的目标线，还可以在界面上修改管子的属性，或点击“选择基线方式”按钮中的其他方式来选择基线，实现连续布置管道系统构件。

（7）在 Revit 绘图区右键结束本命令，然后点击“取消”，或按键盘上的 ESC 键，或点击对话框上的“退出”按钮结束本命令。

**注意**

本命令在条件不满足时很容易执行不成功。需要以下一些条件：

（1）在启动本命令之前，请先确保你能手动连续地绘制管子。方法：从键盘输入 Pi 命令启动创建管子命令，然后连续点击，看看能否创建连续相接的管子。若不行，表示有些管子的连接件在本模型中没有提供，你需要手动加载一些弯头等构件。

（2）如果当前模型不是用 MEP 相关的模板创建的，因为缺少生成管网的条件，会导致致本命令无法成功执行。

**2. 管道翻模 AutoCAD**

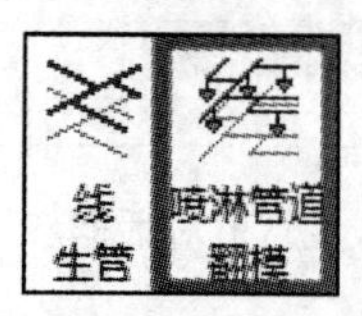


管道 DWG 图纸 Revit 自动翻模内容要点

• 软件及图纸要求

• 功能

• 操作步骤

（1）软件及图纸要求

①软件环境要求

a. 需要 AutoCAD 版本为 2010～2017 中的任意版本。

b. 安装了 Revit2013～Revit2018 中的任何一个版本。

c. 安装橄榄山快模 5.12 以上版本。

②图纸要求

a. 任何市面上的给水排水软件绘制的管道 DWG 文件或手工绘制的管道 DWG 文件均可。若 DWG 图是用天正给排水直接绘制出来的，请将其转为 T3 格式。

b. 管道线可以是直线（Line）或多义线（Polyline）；喷淋头可以是图块、圆或带有鼓起的多义线；管径文字需要以 DN 或 De 开头。

c. 不连通的管道，其 DWG 图上的线不能直接相交，需要断开。符合规范的图纸都满足这个要求。

（2）实现功能

a. 可实现消防喷淋以及给水，供暖水管，压力管道的翻模。只要管道的直径使用类似 DN100 的文字在管道旁边标注出来的规范即可。

b. 一次可以导出多个管道树，此树的起点可以是管道的立管出来的本楼层的起点，也可以是局部管道树。

c. 用户可以自定义需要导出的管道树的范围（通过选择管道树的起点来实现）。

d. 程序能自动寻找到管道的路由相连关系，智能地形成管道的树形信息。如果图上标注了管径，按照图上标的管径来翻模。对于没有标注管径的管段，程序根据管段的喷头负荷，自动按照规范（轻度危险、终端危险）来计算管道直径。

e. 在 Revit 里面生成的管道自动连接（用户需要在生成模型前指定管道的管件）。若未实现自动连接，可以以一个绿色的圆圈表示出管道未连接的位置。

f. 用户可以指定是否创建上翻和下翻喷头和立管。

g. 提供管道翻模管径过滤机制，过滤出不想要的小管径喷淋管，这样模型文件不会特别大。

h. 速度非常快，上万平方米的一层地下室的复杂喷淋管，3～4 分钟就可以完成全部翻模。

i. 提取 DWG 后，在 DWG 上可以（可选）留下管道的编号和提取出来的管道路由的线路。用不同的颜色区分不同的喷淋管道树，便于直观看到导出信息的差错和在哪里出现错误点。

j. 自动将翻模区域图纸带入到 Revit 模型中作为底图，方便模型校验。

（3）翻模步骤

①CAD 中操作

a. 启动 AutoCAD，打开目标 DWG 文件。若当前图纸空间在图纸空间，请切换到模型空间，见图 1.5.2-3。在功能区的【橄榄山快模】选项卡中启动【导出管道 DWG 数据】命令（如果图纸较大，可以使用 layoff 命令关闭一些没有必要的图层，再进行后面的操作），见图 1.5.2-4。

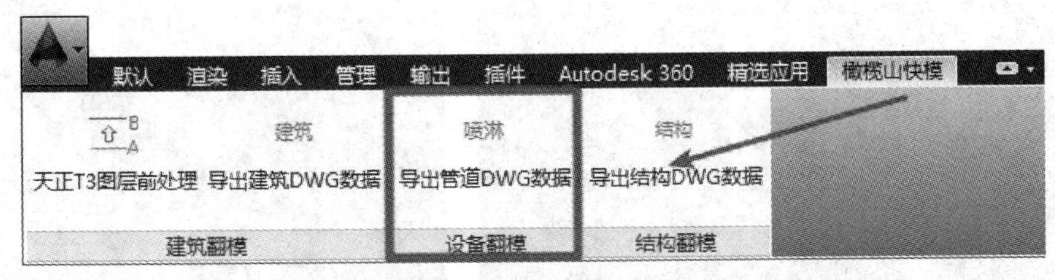


图 1.5.2-3 橄榄山块模选项卡

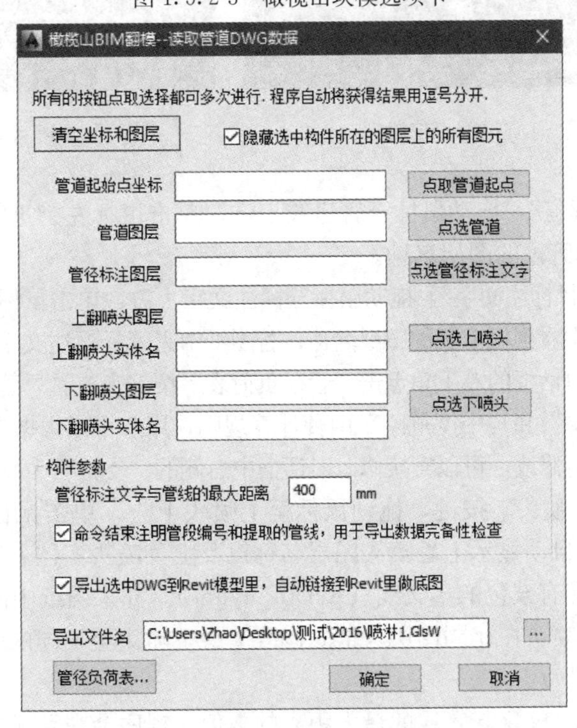


图 1.5.2-4 读取管道 DWG 数据对话框

b. 点击“清空图层”可以快速将对话框中上一次提取到的数据信息清除。

c. 若勾选“隐藏选中构件所在的图层上的所有图元”选项，被提取到的图层将会被隐藏。

d. 点击“点取管道起点”，此时鼠标指针会变为十字光标，拖动鼠标至管道树的起点位置（起点位置通常指的是阀门与管段相连接的部位），单击鼠标左键进行拾取，拾取完成后可以在对话框中看到该点的坐标位置。程序会在识别整个系统的基础上，根据起点位置来提取该回路，若想一次性提取多个回路，可以连续拾取想要翻模的回路起点（在提取起点的时候，为了方便、快速操作，也可以提取回路中任意末端管段的端点作为起点）。起点位置如图 1.5.2-5 所示，任意末端管段的端点位置，如图 1.5.2-6 所示。

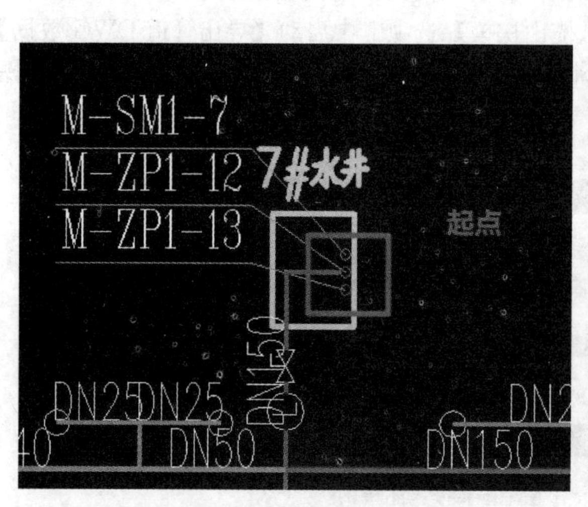


图 1.5.2-5　管道起点位置

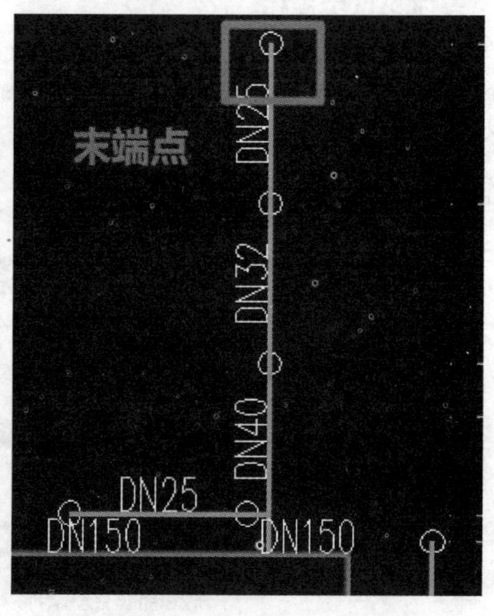


图 1.5.2-6　末端管道端点位置

e. 点击“点选管道”，拖动鼠标至管道线上方，单击鼠标左键进行提取，提取完成后可以在对话框中看到管段的图层名称。

f. 点击“点选管径标注文字”，拖动鼠标至标注文字上方，单击鼠标左键进行拾取，拾取完成后可以在对话框中看到提取到的图层名称；若图纸中无管径标注文字，橄榄山提供了自动计算的功能，可以在对话框的左下角点击“管径负荷表”按键来查看。管径负荷表中根据国家规范提供了“轻度危险”和“中度危险”两种计算规则，用户可以根据自己的需要进行修改，若需要对计算规则进行修改，可以直接修改对话框中右侧的“支持喷头数”，见图 1.5.2-7。

g. 点击“点选上喷头”按键，拖动鼠标至上喷头上方，单击鼠标左键进行拾取，拾取完成后对话框中会自动显示上翻喷头图层名称以及上翻喷头实体名。喷头图元可以是图块、圆（Circle）或带有鼓包的多义线（AcDbPolyline）。如果图纸中同时包含上喷头和下喷头，且上喷头和下喷头在相同图层，请先修改上、下喷头至不同的图层，修改完成后可分两次进行提取翻模。

h. 请指定管径标注文字与管线的最大距离的数值。程序会在管线左右两侧的该范围内寻找管径标注文字，文字只要在该范围内即可被找到（文字与范围边界相交也可以被找到）。

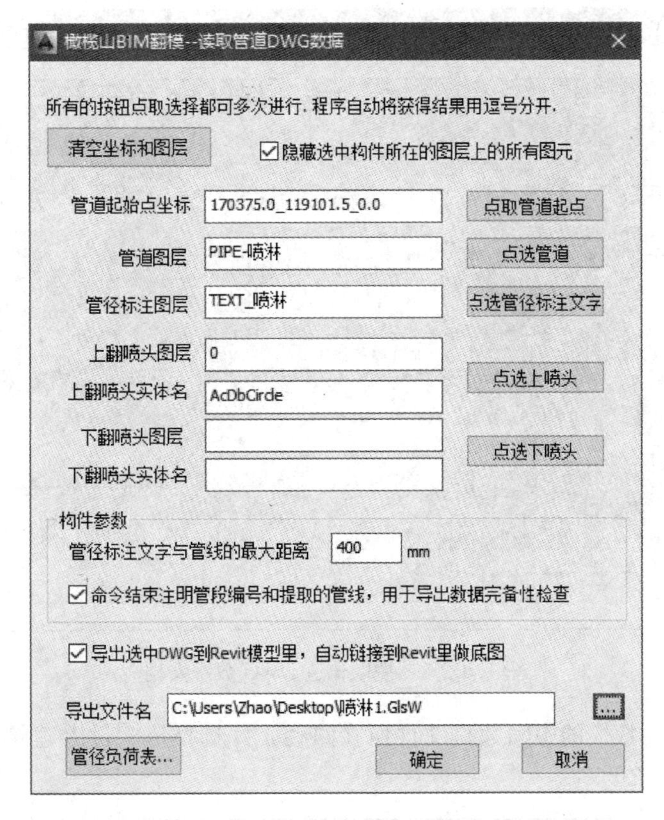


图 1.5.2-7 读取管道 DWG 数据对话框

i. 若勾选“命令结束注明管段编号和提取的管线，用于导出数据完备性检查”选项，则在提取完成后，程序会将提取到的管线进行变色，同时为每根管线赋予一个编号，便于检查。

j. 点击“确定”，然后在图上指定对齐点，可以用 F3 键打开捕捉功能实现精确捕捉。这个对齐点就是将来将模型插入 Revit 时的对齐点。其作用是进行模型的精确定位，实现上下层的构件准确对齐。

k. 框选需要导出（翻模）的标准层（选择局部导出也可以）。可用窗选、点选等多种方式选择需要导出的构件，见图 1.5.2-8。

l. 单击鼠标右键或者键盘上的空格键来执行提取命令。

m. 提取完成后可按 F2 键查看提取到的数据。

②Revit 中操作

a. 打开符合系统要求的，具有相关管件族的样板文件。橄榄山在安装程序里面已经提供了一些直连、弯头、三通和四通卡箍族供用户使用。你可以从橄榄山安装目录下（默认 64 位系统安装在 C：\Program Files\GLSBIM 下）的\Family\PipeFitting\2013（4）文件夹中找到这些族。你可以手动拖拽这些族到 Revit 模型中。当然，你也可以修改这些族来满足自己的要求。

b. 若已经提前准备好卡箍三通、卡箍四通、卡箍弯头，可以提前在样板文件中通过【布管系统配置】进行设置，翻模时将会采用这里的连接设置。

c. 在【GLS 机电】选项卡中的【管道快速建模】面板中启动【管道翻模】命令。

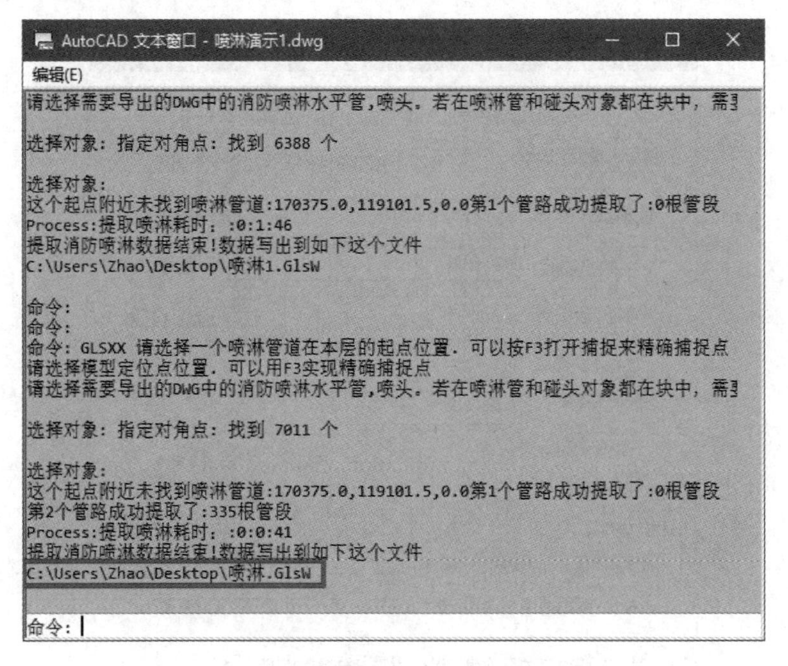


图 1.5.2-8　提取管道 DWG 数据文档

d. 浏览到需要翻模的中间数据文件所在路径，并选择该文件（建筑专业后缀名称是 GlsW），见图 1.5.2-9。

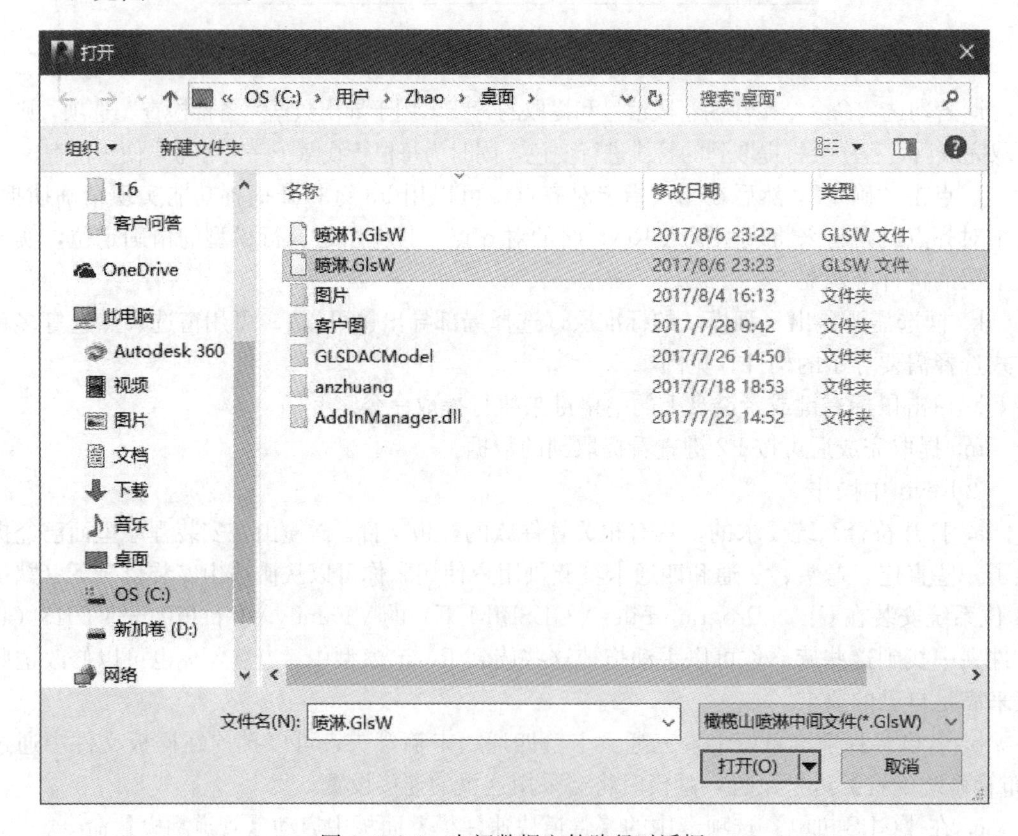


图 1.5.2-9　中间数据文件路径对话框

e. 在弹出的对话框上设置构件的类型等信息，如喷头类别、系统类型、管道类型、管道所在的标高、导入哪些构件等。详情如图 1.5.2-10 所示。

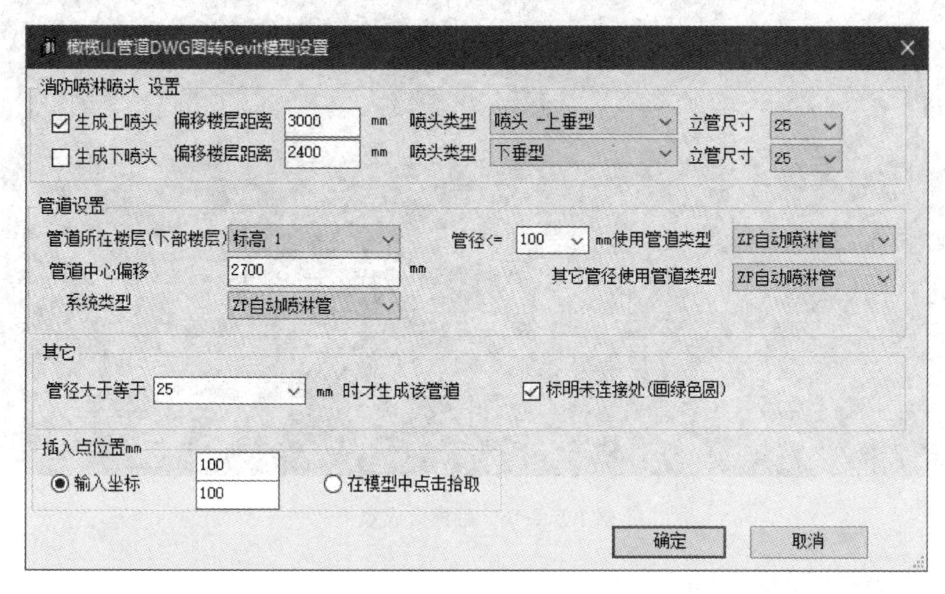


图 1.5.2-10 橄榄山管道 DWG 图转 Revit 模型设置对话框

• 消防喷淋喷头设置：勾选需要生成的喷头，若需要上喷头则勾选上喷头，若需要下喷头则勾选下喷头。喷头类型可在下拉菜单中进行选择，下拉菜单中的可用喷头类型均是基于当前样板文件。选择需要的立管尺寸。

• 管道设置：首先指定需要生成的管道所在的楼层标高以及偏移值；然后指定所需要的系统类型，可以指定一个管径范围，在该范围内的管道使用哪种管道类型以及在管径范围外的管道使用哪种类型。

• 其他：可以设定小于某一管径的管道不被生成。若勾选“标明未连接处（画绿色圆)”。

• 插入点位置：提供两种插入方式，即指定坐标点和在模型中点击拾取。

f. 点击“确定”，若选择在模型中点击拾取的插入方式的话，则需要拾取基点。程序会自动生成模型。

g. 在翻模过程中，会显示当前翻模进度，见图 1.5.2-11。

h. 翻模快要结束时，会有一些警告提醒对话框。这时，请不要点击界面上的“取消”按钮，而要选择左边的那些解决问题的按钮，比如“忽略”，或“断开对象连接”等。如果选择取消，则刚才生成的模型会全部消失。

i. 翻模完成后会弹出是否成功，若出现错误的话，可以查看翻模报告，见图 1.5.2-12。

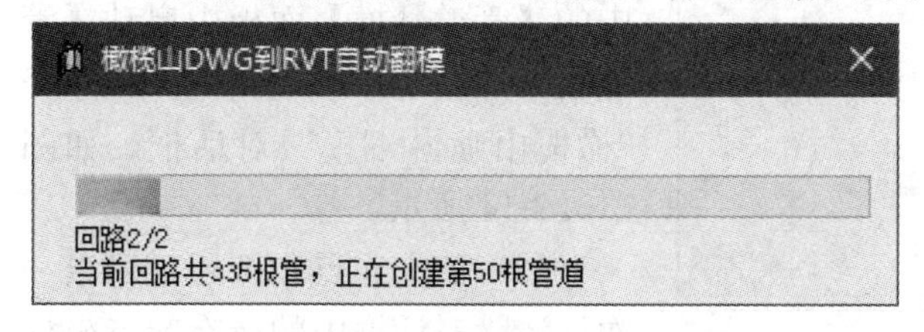


图 1.5.2-11 实时翻模进度对话框

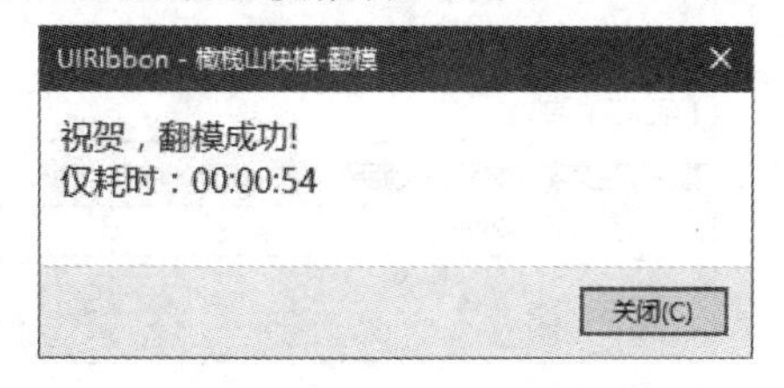


图 1.5.2-12 翻模完成对话框

某喷淋图纸翻模后的效果如图 1.5.2-13 所示。

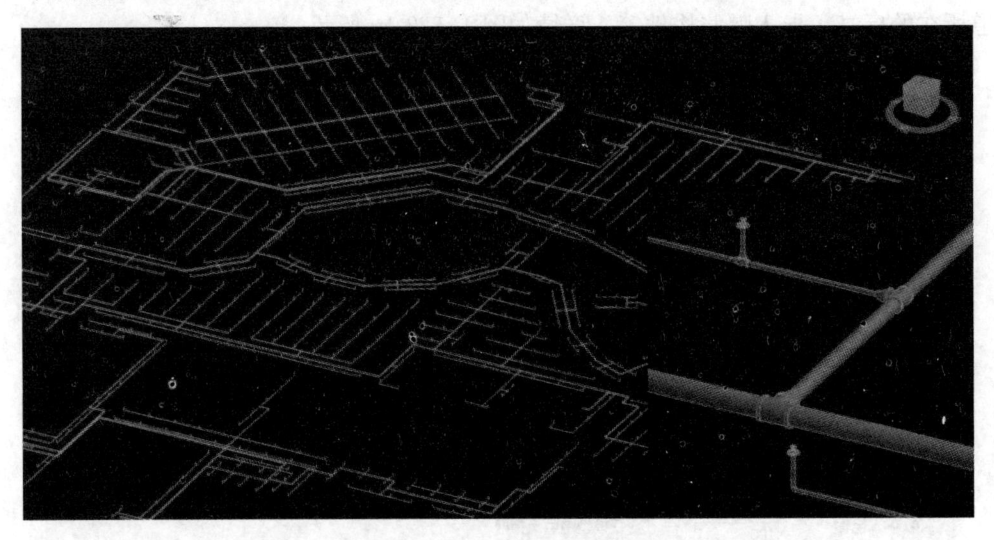

图 1.5.2-13　翻模完成效果

**3. 管道翻模链接 DWG**

**功能**

（1）利用链接到 Revit 中的图纸，将图纸中的管道快速转换成 Revit 模型，支持喷淋消防管道翻模，同时一般的有压力管道翻模（仅翻管道，不包括管路附件）。

（2）支持自定义选择翻模的回路，支持一次选取一个或者多个回路进行翻模。

（3）对于图纸中未标注出管径的喷淋管道，支持自动按照喷头数量计算喷淋管道的管径。

（4）自定义指定管道的楼层标高以及偏移值。

（5）支持自定义指定使用的喷头类型。

橄榄山喷淋翻模
选取点要靠近管线一端点，此端点即为管道起点.
清空起点和图层
管线起点:
管线图层: PIPE-喷淋
点选起点
管径标注图层: TEXT_喷淋
点选文字
上喷头图层: EQUIP_喷头
上喷头实体名: $TwtSys$00000125
点选上喷头
下喷头图层:
下喷头实体名:
点选下喷头
管径标注文字与管线最大距离:
650 mm
管径负荷表　确定　取消

图 1.5.2-14　橄榄山喷淋翻模对话框

（6）支持自定义指定喷淋管道的系统类型以及管道类型。

（7）支持自定义对管道进行连接。

（8）支持自定义设置对小管径管道的过滤。

**使用方法**

（1）在【GLS 机电】选项卡中的【管道翻模】面板中启动【管道翻模链接 DWG】命令，打开“橄榄山喷淋翻模”对话框，如图 1.5.2-14 所示。

（2）清空起点和图层：可以一次性清除对话框中的所有起点坐标以及图层信息（上一次提取记忆的

图层信息）。

（3）管线起点：系统回路中出水口的位置，通常指的是图纸中管径最大的管道的端点位置（与阀门或者连接件相交的位置）。点击“点选起点”，此时鼠标指针变为选择状态，移动鼠标至管线的起点位置，单击鼠标左键便可完成对该回路的起点选取，拾取完成后，在“管线起点”选项中会显示当前提取到的起点坐标信息。在拾取管道起点的同时，程序还会完成对该管道图层的拾取工作，可以看到，在拾取完成后，“管线图层”选项中会显示提取到的管道图层信息。

可以使用相同的方式完成对管径标注图层和喷头图层等信息的提取操作。

（4）管径标注文字与管线最大距离：对于图纸中表达管径大小的标注信息，程序会在用户指定的尺寸范围内对标注信息进行识别和提取，超出该范围时，程序将不会进行识别和提取。这里设定的范围，将是程序用来寻找和判断标注文字的范围，请确保在该范围内能够找到管径的标注文字。

（5）管径负荷表：在某些图纸中，可能不会对管径进行标注，此时需要根据管道上的喷淋头的数量来计算管径的大小。橄榄山提供了管径符合表的计算工具，用于对此类图纸进行管径的自动计算。点击“管径负荷表”工具，展开设置选项，如图 1.5.2-15 所示。

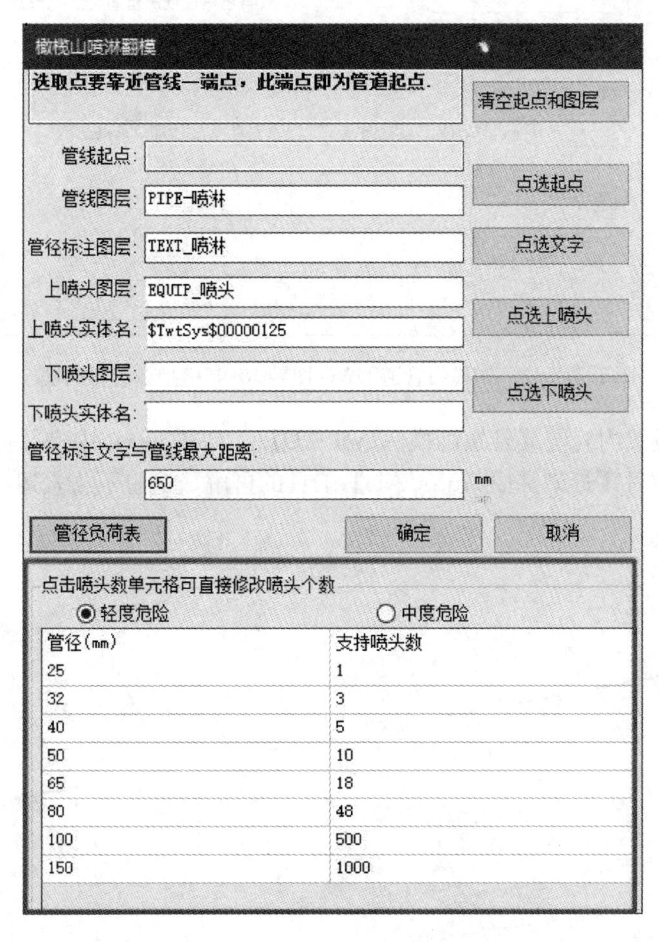


图 1.5.2-15 管径负荷表

在管径负荷表中可以看到，这里提供了两种计算方式，分别是“轻度危险”和“中度危险”，可以根据需要进行选择。管径负荷表的计算工具支持自定义修改计算规则，可以直接在表格中对不同的管径所支持的喷头数量进行修改，修改完成后，软件将会按照修改后的计算规则去进行计算和生成管道。

(6) 单击“确定”按键来执行对图纸的数据分析和提取，数据分析和提取的时间依据图纸的大小和复杂程度的不同而不同。

(7) 在分析完成后会弹出“橄榄山管道 DWG 图转 Revit 模型设置”对话框，如图 1.5.2-16 所示。

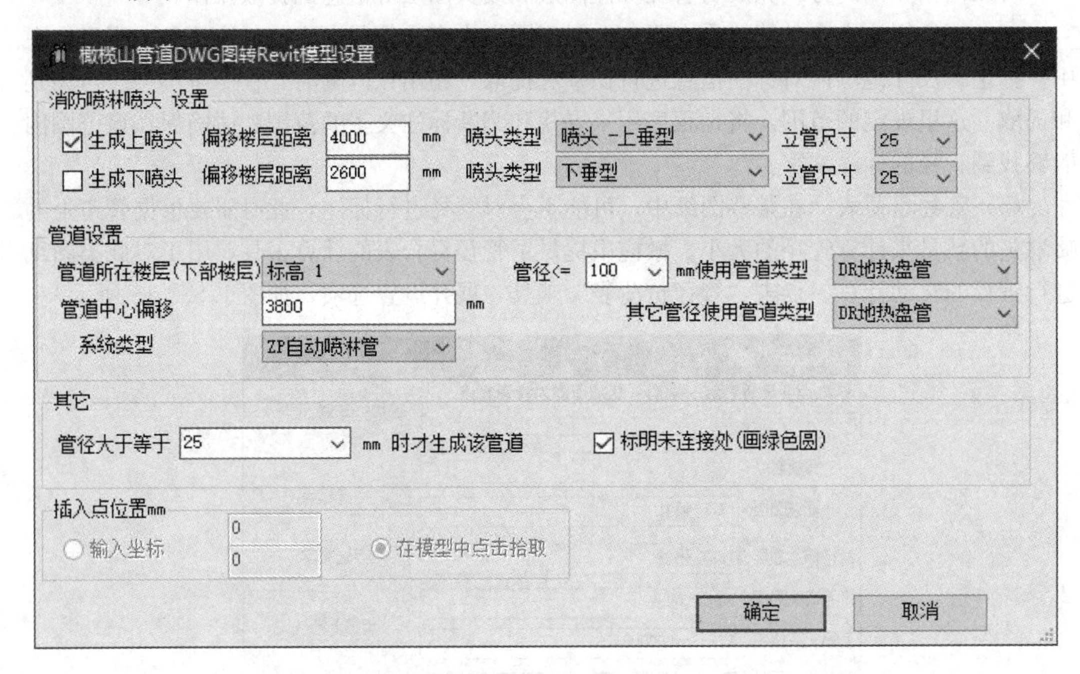


图 1.5.2-16 橄榄山管道 DWG 图转 Revit 模型设置对话框

该对话框的设置内容与【管道翻模 AutoCAD】工具在 Revit 中进行操作的部分类似，具体请参考本书中对【管道翻模 AutoCAD】工具的讲解，这里不再赘述，见图 1.5.2-17。

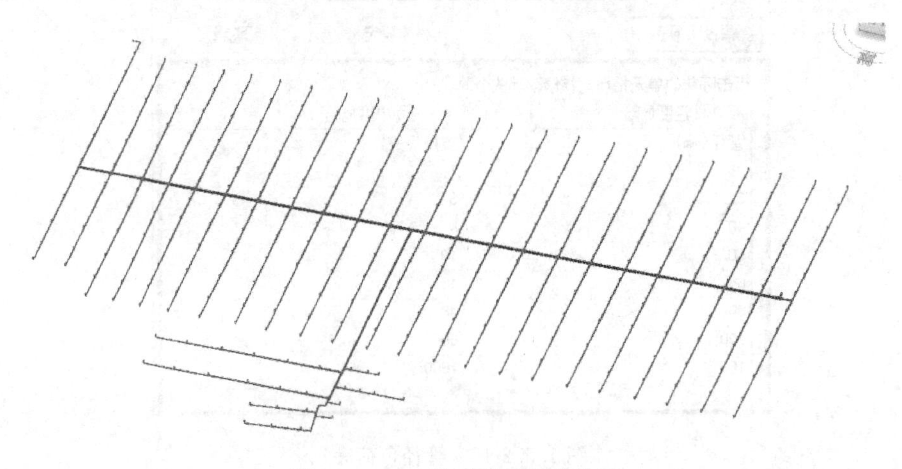

图 1.5.2-17 管道翻模生成效果

### 4. 管道附件翻模

**功能**

（1）可以利用链接到 Revit 中的图纸，将图纸中的管路附件（例如管道阀门）快速转换生成 Revit 模型，并且生成的附件自动链接到管道系统中。

（2）支持自定义指定需要转换生成的图块。

（3）支持自定义指定需要生成的附件族类型。

（4）支持对生成的阀门高度进行自动计算。

**使用方法**

（1）在【GLS 机电】选项卡中的【管道翻模】面板中启动【管道附件翻模】命令，打开“管道翻模-管道附件”对话框，如图 1.5.2-18 所示。

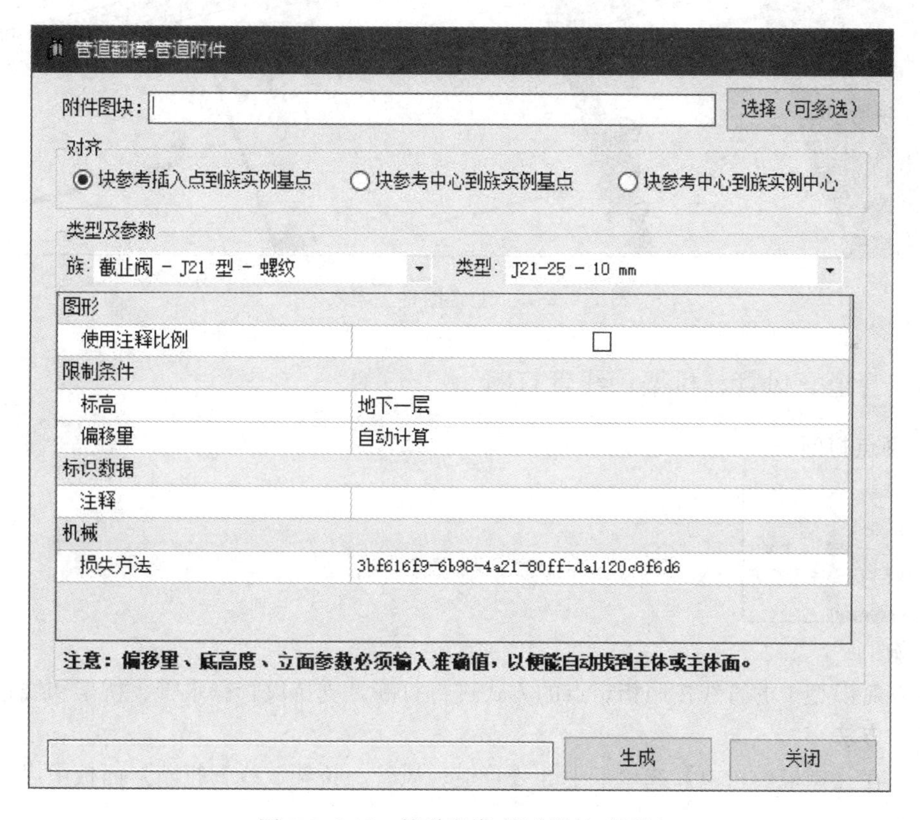


图 1.5.2-18　管道翻模-管道附件对话框

（2）附件图块：拾取需要生成 Revit 模型的 DWG 图块（这里需要拾取管路附件的图块）。点击“选择（可多选）”按键，此时鼠标指针变为拾取状态，移动鼠标至图块边线上方，单击鼠标左键对图块进行拾取，拾取完成后会在“附件图块”的选项框中显示当前提取到的图块名称。

(3) 对齐：由于DWG中的图块插入点与即将生成的Revit族的定位基点和插入基点有可能不一致，所以这里提供了三种对齐方式，便于不同情况下图块与族能够正确对齐。关于三种对齐方式，已经在本书“风口翻模”部分进行了详细讲解，这里不再赘述。

(4) 类型及参数：设定需要生成的管路附件的族以及族类型。下方的实例参数的设置信息依据选择的族和族类型的不同将会不同。

(5) 当参数设定完成后单击“生成”即可，见图1.5.2-19。

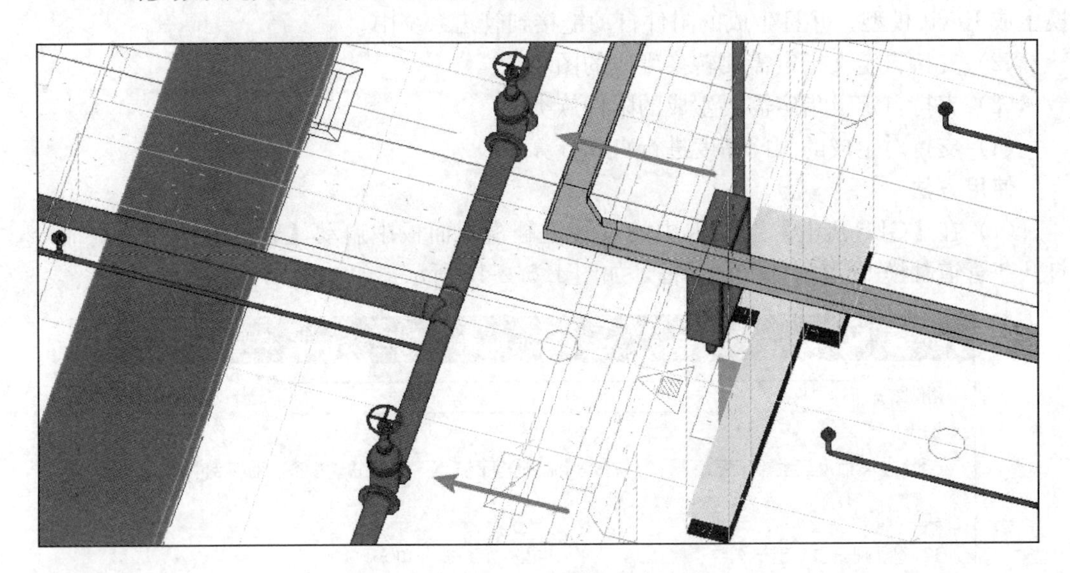

图1.5.2-19 管道附件生成效果

## 1.5.3 管道、风管、桥架、线管打断

### 1. 两点打断

**功能**

能够对模型中的管线按照指定点的方式进行打断，支持风管、水管、桥架和线管。

**使用方法**

(1) 在【橄榄山机电】选项卡中的【管道、风管、桥架、线管打断】面板中启动【两点打断】工具。

(2) 拖动鼠标至需要打断的管段上方，单击选择打断的第一个点。

(3) 再次拖动鼠标至管段的另一个位置，选择打断的第二个点。

(4) 此时打断完成，打断位置的管段将被删除。

**2. 长度打断**

**功能**

可以按照指定的距离对管段进行分割，分割后自动连接各管段。支持风管、水管、桥架和线管。

**使用方法**

（1）在【橄榄山机电】选项卡中的【管道、风管、桥架、线管打断】面板中启动【长度打断】工具，此时会弹出如图 1.5.3 所示对话框。

图 1.5.3 指定分段长度对话框

（2）在对话框中指定要用来分割管段的距离。

（3）单击“确定”，选择需要进行分割的管段（这里支持框选），选择完成后点击选项栏中的“完成”即可。

**注意**

（1）样板文件中需要有相关的连接件族。

（2）在布管配置系统中设置好用来连接的连接件族。

## 1.5.4 管道、风管、桥架、线管避让

**1. 智能翻弯（新版）**

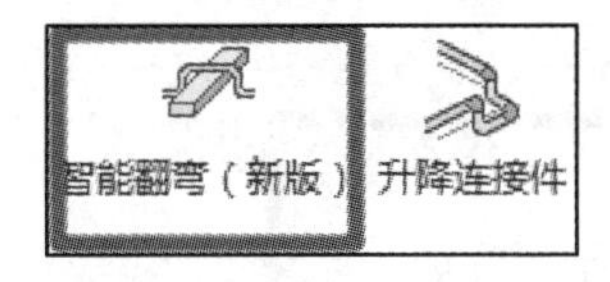


**功能**

对管段进行翻弯避让操作，方便对管线模型进行调整。支持风管、水管、桥架和线管。

**使用方法**

（1）在【橄榄山机电】选项卡中的【管道、风管、桥架、线管避让】面板中启动【智能翻弯（新版）】工具，见图 1.5.4-1。

（2）偏移方式：针对需要进行翻弯的管道，这里提供了 2 种偏移方式，见图 1.5.4-2。

①双侧偏移：管道两侧均翻弯。

②单侧偏移：管道一侧进行翻弯，另一侧整体偏移（此方式在指定偏移距离的时候只能使用“管线中心对中心距离 H1”，“管线边缘与障碍物净距 H2”选项自动显灰色）。

（3）翻弯起点和终点方式：在指定翻弯起点和终点时，这里提供了 2 种方式。

①点选翻弯起点和终点：以手动的方式来指定翻弯起点和终点。

②选择要避让的构件并指定偏移管线到其边的距离 L：指定一个构件，程序将自动计

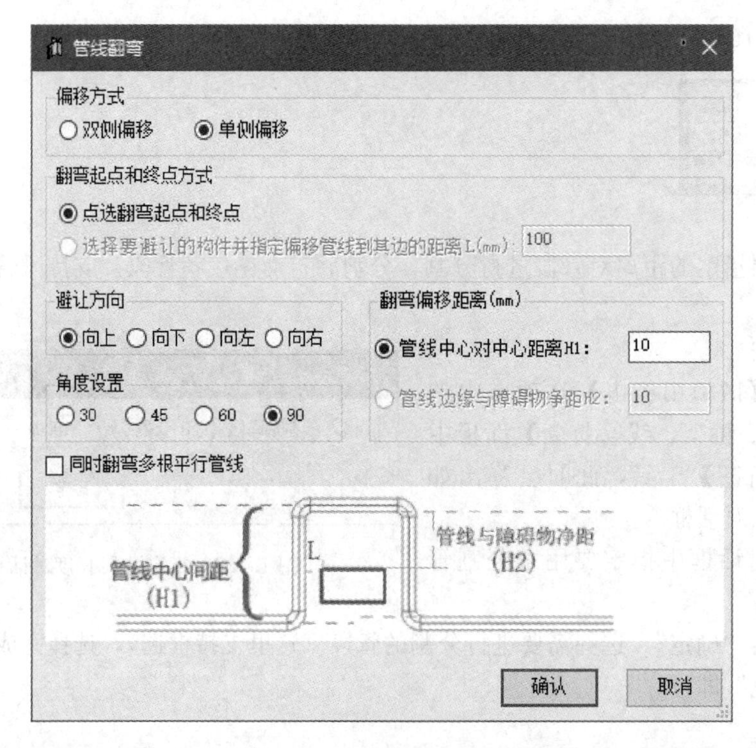


图 1.5.4-1　管线翻弯对话框

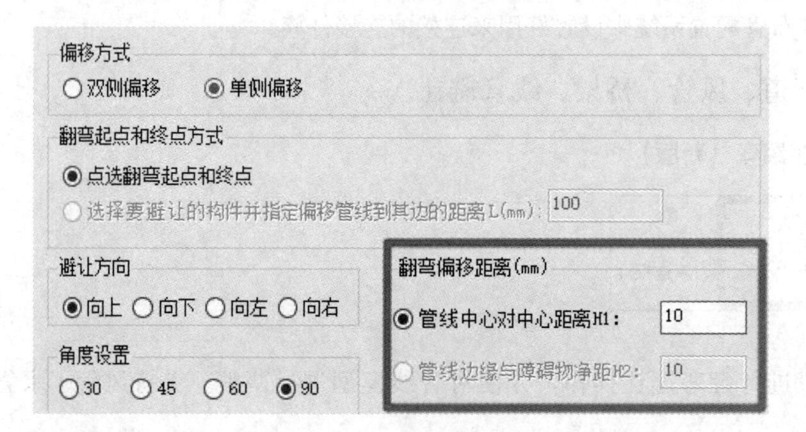


图 1.5.4-2　设置偏移方式

算与障碍物表面相交的点并按照输入的值来确定翻弯的起终点（指定为此方式的时候，翻弯偏移距离只能使用“管线边缘与障碍物净距 H2”选项来指定）。L 所代表的距离在示意图中可见，例如指定该距离为 300。

（4）避让方向：对于管道的翻弯，这里提供了 4 个避让方向，分别是“向上”、“向下”、“向左”、“向右”，根据需要进行选择即可，见图 1.5.4-3。

（5）翻弯偏移距离：在进行管道避让的时候，需要给管道指定避让距离，这里提供了 2 种指定距离的方式。

①管线中心对中心距离 H1：翻弯的管段中心与原管段中心之间的距离，如图 1.5.4-4 中的 H1 所示。

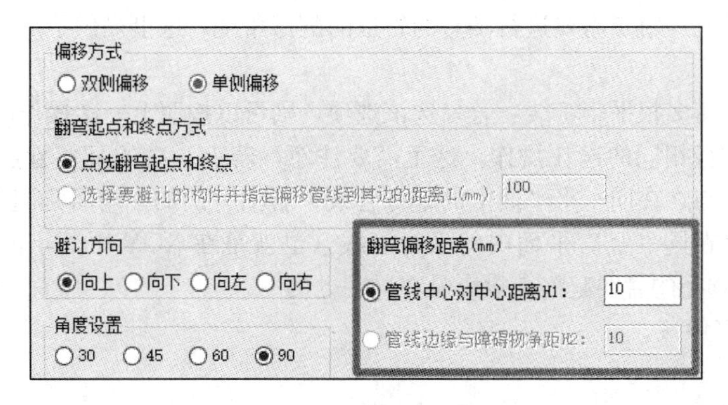


图 1.5.4-3　选择要避让的构件

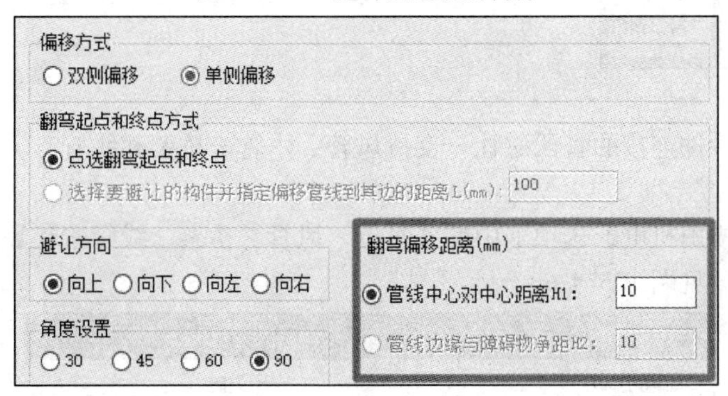


图 1.5.1-4　管线中心对中心距离

②管线边缘与障碍物净距 H2：障碍物表面与避让的管段外表面之间的距离，如图 1.5.1-5 中的 H2 所示。

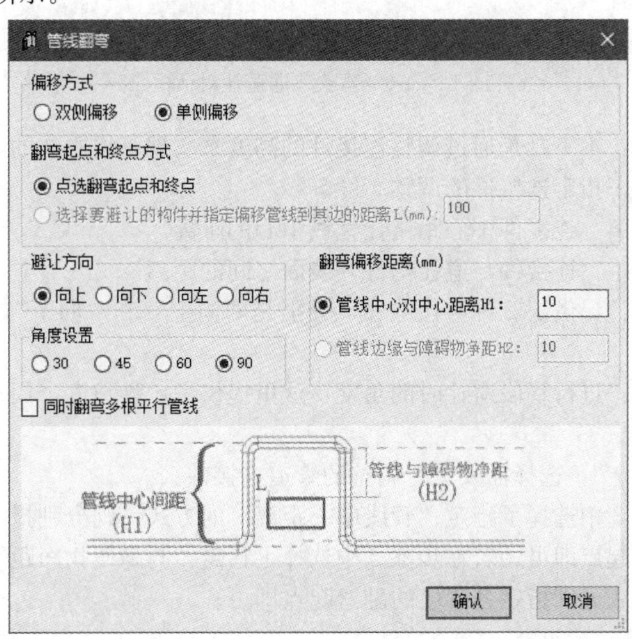


图 1.5.1-5　管线边缘与障碍物净距

（6）角度设置：对于需要进行翻弯的管道的翻弯角度，这里提供了 4 种角度，根据需要进行选择即可。

（7）同时翻弯多根平行管线：若勾选该选项，则可以按照上一次操作的翻弯管道对与之平行的管道进行相同的避让操作。这里需要注意，若上一次的翻弯管道避让方向为上下，则需要选择与之在同一水平面上的平行管线；若上一次的翻弯管道避让方向为左右，则需要选择与之在同一竖直平面内的平行管线（也就是在 XOY 平面上的投影重叠的管线），这里需要选择的管线起终点投影是在同一处的。

**2. 升降连接件**

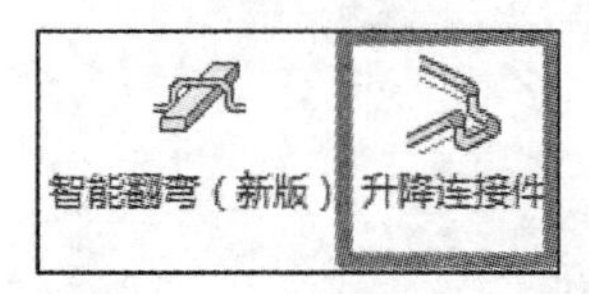


**功能**

用于通过连接件连接的管段避让，支持风管、水管、桥架和线管。

**使用方法**

（1）在【橄榄山机电】选项卡中的【管道、风管、桥架、线管避让】面板中启动【升降连接件】工具，见图 1.5.4-6。

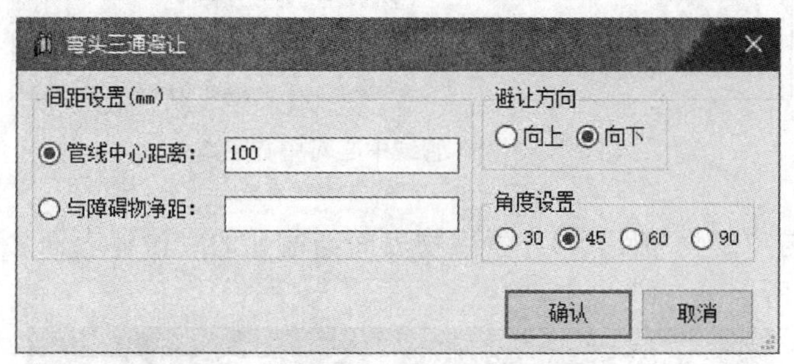


图 1.5.4-6　弯头三通避让对话框

（2）间距设置：本工具是通过调整连接件的高度来实现管线避让的，所以在间距设置中提供了两种方式来指定连接件的调整高度。

①管线中心距离：连接件中心距避让管线中心的距离。

②与障碍物净距：连接件与避让构件外表面之间的距离。

（3）避让方向：提供了 2 种避让方式，分别是“向上”和“向下”，用户可以根据需要自定义选择。

（4）角度设置：进行管段避让时的角度，这里提供了 4 种角度，用户可以根据需自定义选择。

（5）单击“确定”，选择需要进行调整的管道连接件。

（6）若在步骤 2 中选择了指定“管线中心距离”的方式，则分别指定通过连接件连接的管段进行翻弯的起点即可；若在步骤 2 中选择了指定“与障碍物净距”的方式，则需要先选择障碍物，然后分别指定各管段的翻弯起点即可。

**注意**

（1）与连接件连接的管线必须为水平状态

（2）只能够上、下方向偏移连接件。

（3）目前不支持四通连接件的调整。

## 1.5.5 管道、风管、桥架的连接

### 1. 两管相连

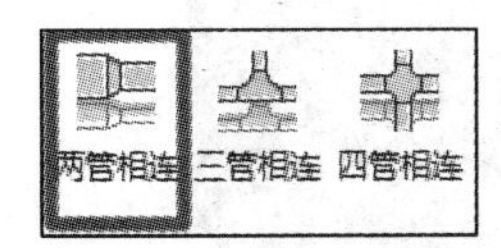


**功能**

对模型中的两根管线进行连接，管线空间位置支持能够连接的平行管线（具有高差的共线平行）、共线管线、共面管线和异面管线，连接管件一般为弯头或者三通，支持风管、水管、桥架和线管。

**使用方法**

（1）在【橄榄山机电】选项卡中的【管道、风管、桥架、线管连接】面板中启动【两管连接】工具，见图 1.5.5-1。

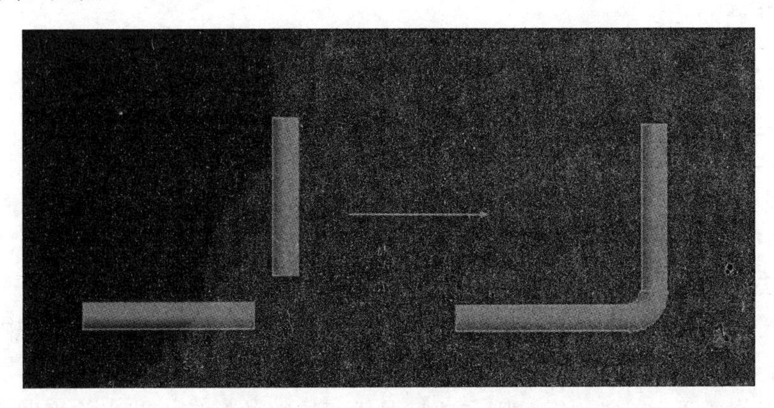

图 1.5.5-1　两管相连示意图

（2）此时鼠标指针变为选择状态，拖动鼠标点击第一根需要连接的管段。

（3）继续选择第二根需要连接的管段，此时程序将会自动调整并连接两根管段。

### 2. 三管相连

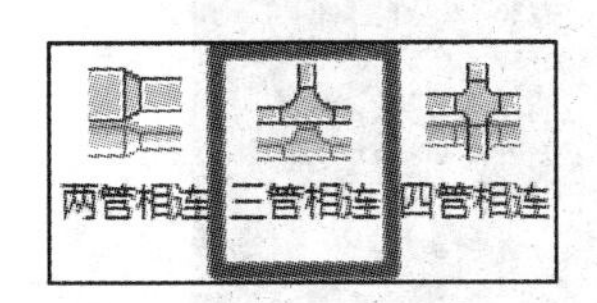


**功能**

对模型中的相互断开的三根管道进行连接，管线位置支持统一平面的三根管道。

**使用方法**

（1）在【橄榄山机电】选项卡中的【管道、风管、桥架、线管连接】面板中启动【三管连接】工具。

（2）此时鼠标指针变为选择状态，若当前视图在平面视图中，则可以直接框选当前需

要连接的三根管道即可；若当前视图为三维视图，那么点击选择需要连接的三根管道即可，若符合条件，则管道将会自动进行连接，见图 1.5.5-2。

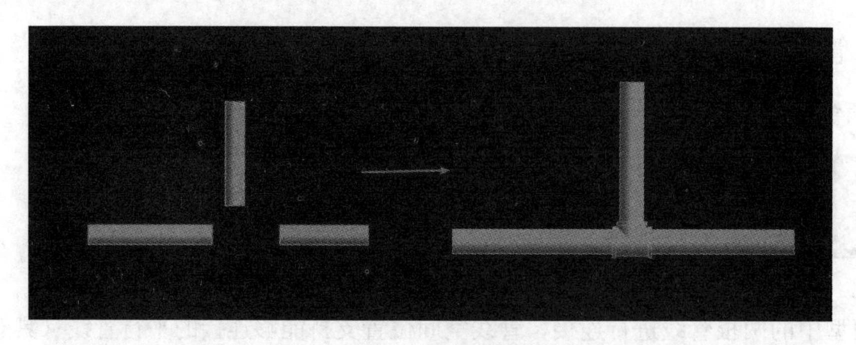

图 1.5.5-2 三管相连示意图

**注意**

（1）三根管道需要在同一个平面内。

（2）需要提前在“布管系统配置”中设置好管道连接件类型。

**3. 四管相连**

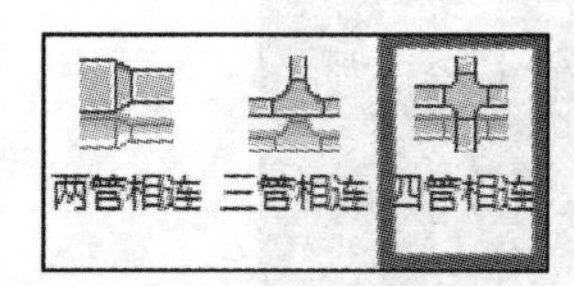


**功能**

对模型中需要连接的四根管道进行连接。

**使用方法**

（1）在【橄榄山机电】选项卡的【管道、风管、桥架、线管连接】面板中启动【四管连接】工具。

（2）若当前视图为三维视图，则点选需要进行连接的管道；若当前视图为平面视图，则框选需要进行连接的管道。

（3）选择完成后管道会自动进行连接，见图 1.5.5-3。

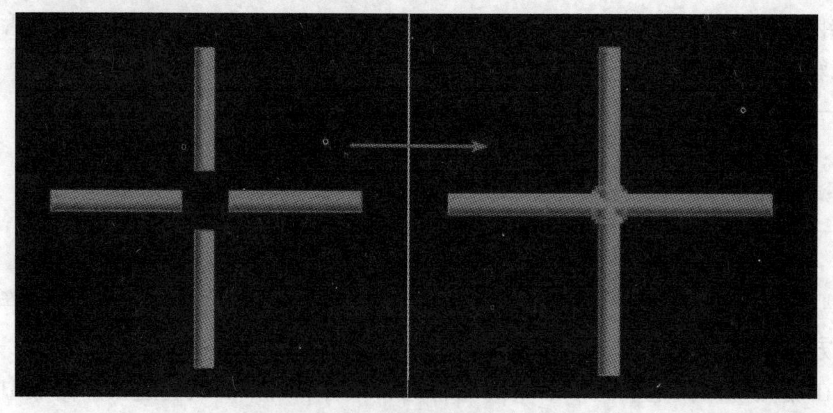

图 1.5.5-3 四管相连示意图

**注意**

（1）样板文件中需要包含相关的管道连接件族。

（2）在“布管系统配置”中提前设定好管道连接件类型。

## 1.5.6 净空分析

### 1. 计算净高

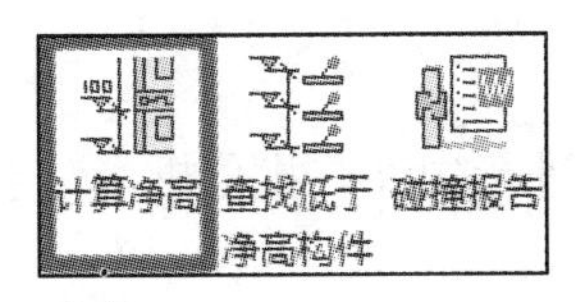


**功能**

可以对模型中的指定区域位置进行净高分析，并绘制净高分布图，自定义指定净高分布图中的显示颜色，支持链接模型。

**使用方法**

（1）在【橄榄山机电】选项卡中的【净空分析】面板中启动【计算净高】工具，此时会弹出如图 1.5.6-1 所示对话框。

（2）“房间或楼板在”：指定计算净高区域。这里提供了两种方式，分别是按房间和按楼板来指定。这里支持选择链接模型中的房间和楼板，所以需要首先指定楼板或者房间是在当前模型还是在链接模型中，该选项根据模型实际情况进行选择即可。

（3）选择指定计算净高区域的方式，可以分别按照房间和楼板进行选择，也可以同时按照两种方式进行选择。

（4）计算链接模型中的结构与设备：若勾选该选项，则将链接模型中的结构构件与设备构件同时纳入到计算净高的构件类型中。

（5）勾选需要进行净高计算的构件类型。

（6）颜色：在进行完净高计算之后，会为每个区域（房间或者楼板指定的区域）进行颜色标记，净高越低的区域，颜色越深。

（7）不计算净高 XX 以上的构件：指定计算净高的顶部距离。

（8）不计算净高 XX 以下的构件：指定计算净高的底部距离。

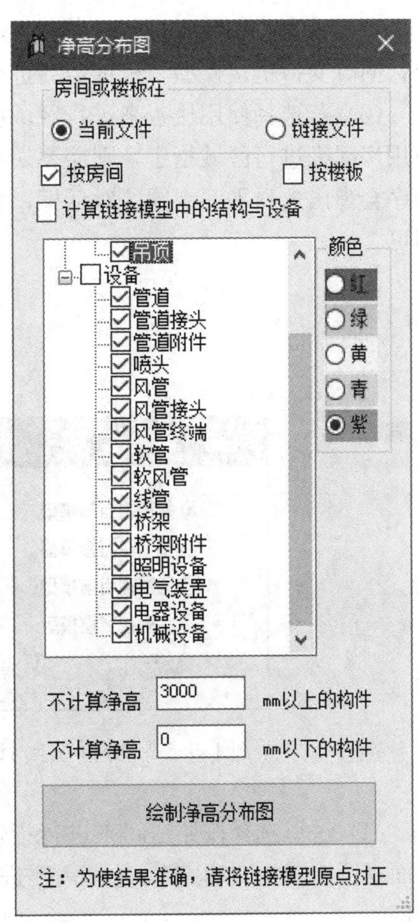


图 1.5.6-1 净高分布图对话框

（9）单击“绘制净高分布图”，并选择需要进行净高计算的房间或者楼板，选择完成后单击选项栏中的“完成”即可。

**注意**

对于链接模型，为了使计算更加准确，将链接模型进行原点对齐。

**2. 查找低于净高构件**

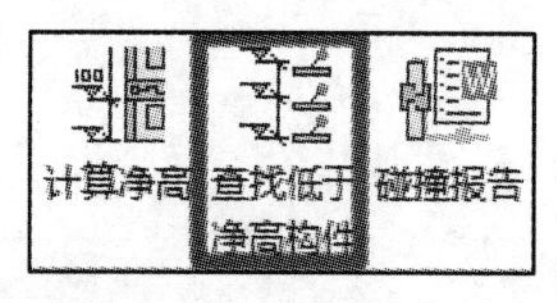


**功能**

可以对指定区域内的指定构件类型，在指定的高度范围内进行构件查找分析，对于在指定净高以下的构件进行显示，方便对模型进行调整。

**使用方法**

(1) 在【橄榄山机电】选项卡中的【净空分析】面板中启动【查找低于净高构件】工具，此时会弹出如图 1.5.6-2 所示对话框。

(2) 首先选择指定进行计算的区域的方式，这里支持按照房间和楼板来进行区域指定，同时支持链接模型，根据需要进行选择即可。

(3) 若选择使用楼板来进行区域指定，可以直接在三维视图中进行楼板选择；若选择使用房间来进行区域指定，则需要切换到平面视图进行选择。若当前视图为三维视图，则程序会弹出选择平面视图的对话框，如图 1.5.6-3 所示，根据需要进行楼层平面视图选择即可。

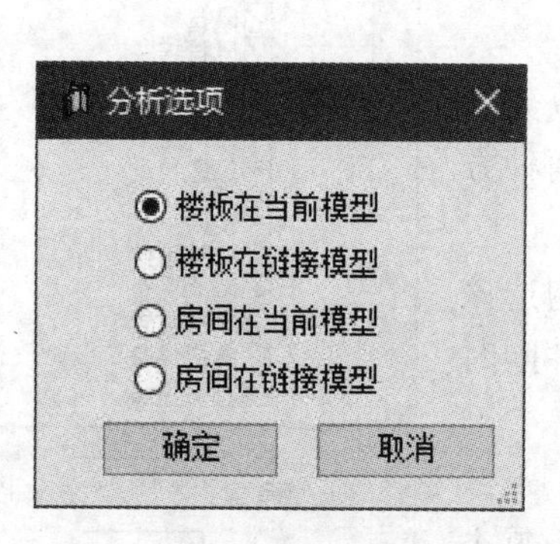


图 1.5.6-2 分析选项对话框

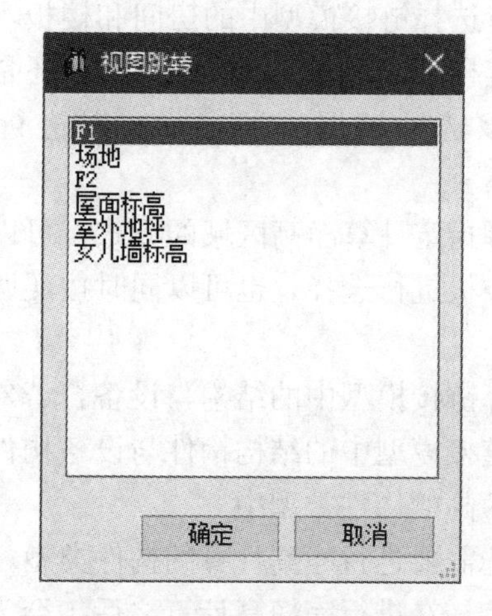


图 1.5.6-3 视图跳转对话框

(4) 这里选择按照房间来进行指定，房间在当前模型中，并且选择转换到“标高 1”平面视图，单击“确定”，选择需要进行计算的房间，选择完成后单击选项栏中的“完成”按键。

(5) 预期净高：指定净高，程序将查找低于该高度的构件。

(6) 分析相对标高：指定标高，程序将在指定的标高上，按照“预期净高”指定的距离，查找低于该高度的构件。

(7) 选择分析构件类别：勾选需要进行查找的构件类别，这里默认提供了结构和设备专业的构件类型。

(8) 所选中房间/楼板：这里会显示所选中的房间/楼板的 ID，房间/楼板的名称以及编号（如果有编号的话会显示），房间/楼板相对指定楼层标高的距离，房间/楼板的标高等数据，提供这些数据便于用户进行房间的查找和分析（房间和楼板仅起到指定区域的作用，不影响净高的判断和分析）

(9) 单击“净高分析”按键，则会在指定距离内对指定区域内的指定构件类型进行查找，见图 1.5.6-4。

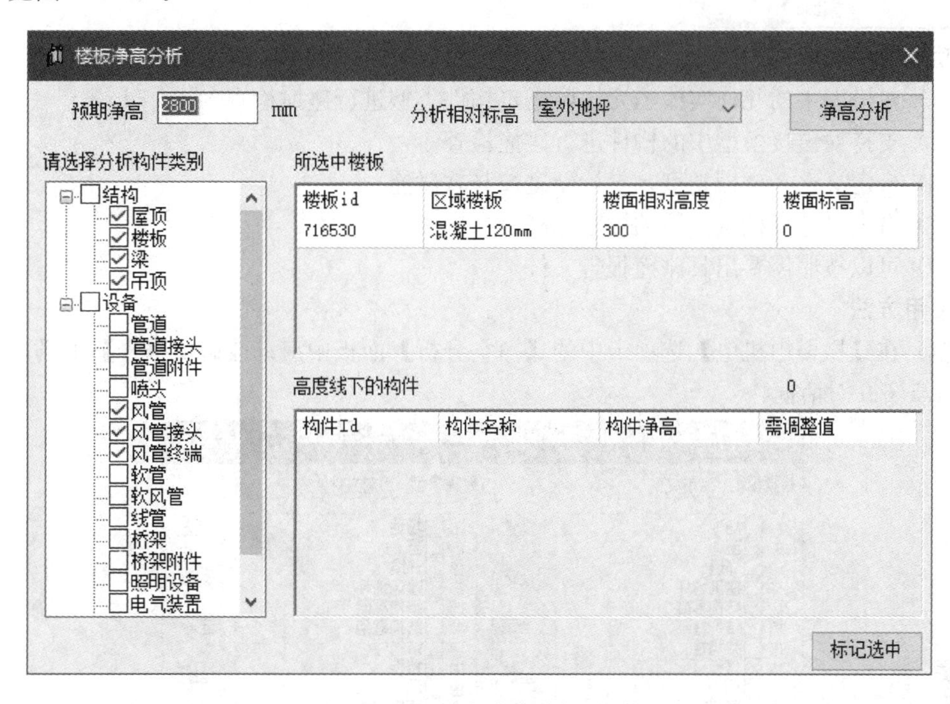


图 1.5.6-4 楼板净高分析对话框

(10) 高度线以下的构件：会显示当前所选中的第一个房间/楼板中在指定高度以下的构件。单击房间/楼板名称，程序将会自动跳转视图到该房间位置，单击查找到的构件，程序将会自动跳转视图到该构件位置，见图 1.5.6-5。

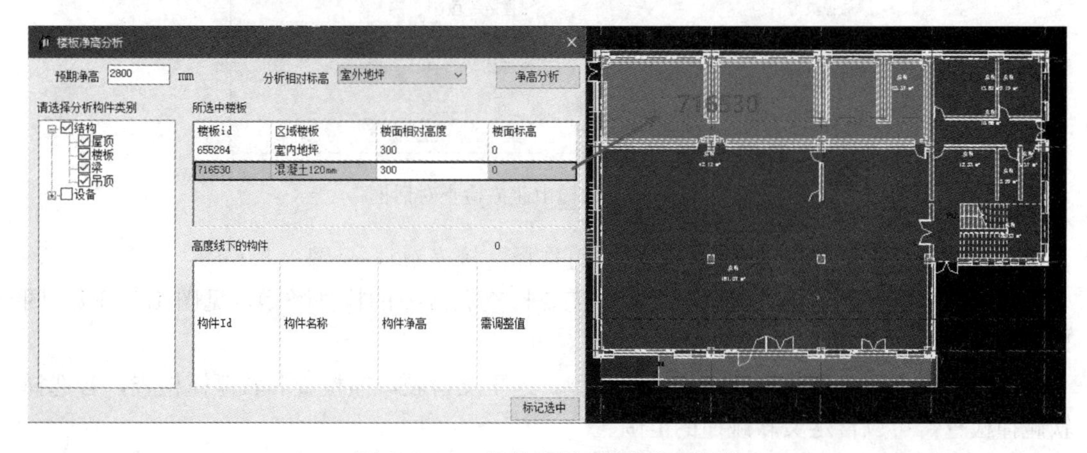


图 1.5.6-5 跳转视图至构件位置视图

（11）标记选中：单击该选项，则会在选中的构件顶面中心位置放置一个标记模型，方便进行查看。可以通过配合使用 shift/ctrl 键来多选并进行标记。选择生成的标记模型，可以在属性面板中找到“问题描述”参数，并查看当前标记位置需要调整的高度。

**3. 碰撞报告**

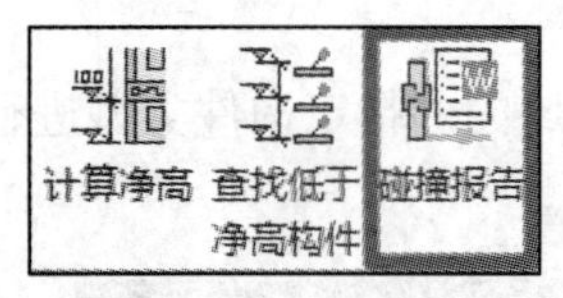


**功能**

（1）对模型中的几何实体图元按照指定构件类型进行碰撞检查。

（2）支持对链接模型中的构件进行碰撞检查。

（3）自定义选择碰撞类型，支持硬碰撞与软碰撞。

（4）自定义选择检查碰撞的楼层标高。

（5）可以按照需要出具碰撞报告文件。

**使用方法**

（1）在【橄榄山机电】选项卡中的【净空分析】面板中启动【碰撞报告】工具，弹出如图 1.5.6-6 对话框。

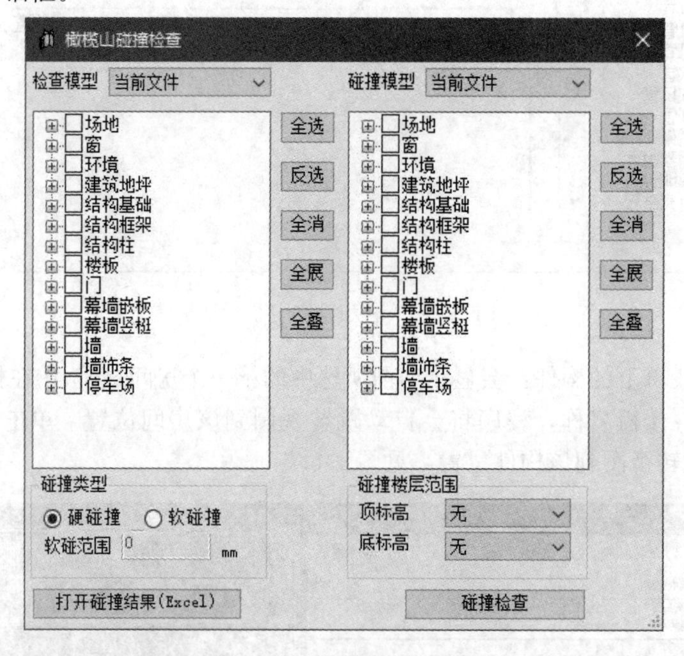


图 1.5.6-6　橄榄山碰撞检查对话框

（2）分别选择检查模型和碰撞模型（可选择链接模型），见图 1.5.6-6。

（3）分别选择检查模型与碰撞模型中需要检查和碰撞的构件类型，见图 1.5.6-7、图 1.5.6-8。

（4）碰撞类型：选择要进行的碰撞类型，这里支持硬碰撞检查和软碰撞检查，若选择软碰撞检查，可以自定义软碰撞的范围。

图 1.5.6-7 选择检查模型与碰撞模型

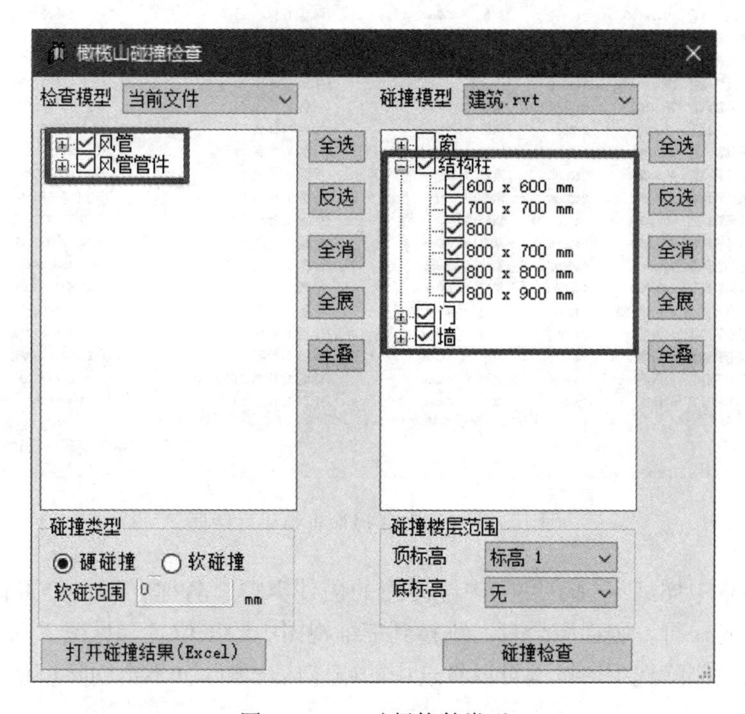


图 1.5.6-8 选择构件类型

（5）碰撞楼层范围：指定需要进行碰撞检查的楼层标高。

（6）单击“碰撞检查”按键即可执行当前命令，若勾选的需要碰撞检查的类型较多，可能会导致碰撞检查的计算时间较长，此时程序会进行提示，如图 1.5.6-9 所示，自行判

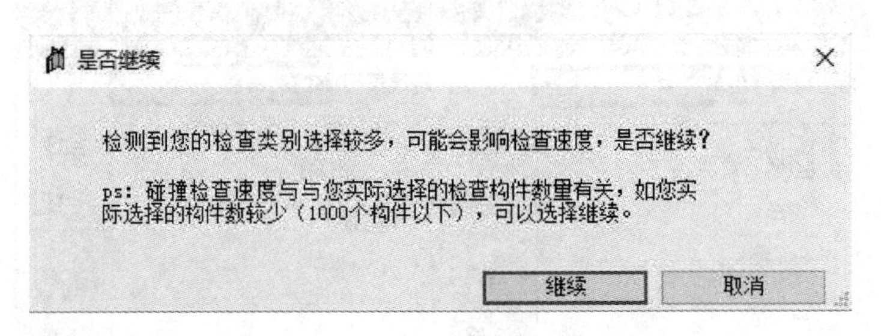


图 1.5.6-9　碰撞检查提示对话框

断后进行选择。

（7）执行完碰撞检查计算后，程序会弹出硬碰撞检查结果对话框，如图 1.5.6-10 所示。

硬碰撞结果

硬碰撞记录

| 序号 | 检查构件ID | 检查构件类型 | 碰撞构件ID | 碰撞构件类型 | 碰撞点楼层 | 碰撞轴网位置 | 碰撞点坐标 |
|---|---|---|---|---|---|---|---|
| 1 | 884718 | 送风管风管 1250x400 | 240061 | 现浇混凝土矩形柱-C25… | (标高 1,标高 2) | | (-31.742937854, -5.604535863… |
| 2 | 884718 | 送风管风管 1250x400 | 240661 | 常规 - 200mm | (标高 1,标高 2) | | (-31.742937854, -5.811950561… |
| 3 | 884718 | 送风管风管 1250x400 | 240662 | 组合窗 - 双层单列(固… | (标高 1,标高 2) | | (-31.742937854, -5.397121165… |
| 4 | 884686 | 送风管风管 1250x500 | 240057 | 现浇混凝土矩形柱-C25… | (标高 1,标高 2) | | (-48.615047093, -18.28329242… |
| 5 | 884686 | 送风管风管 1250x500 | 240233 | 常规 - 200mm | (标高 1,标高 2) | | (-49.266379796, -18.28329242… |
| 6 | 884686 | 送风管风管 1250x500 | 240657 | 常规 - 200mm | (标高 1,标高 2) | | (-49.266379796, -18.28329242… |
| 7 | 884716 | 送风管风管 1600x400 | 240317 | 常规 - 200mm | (标高 1,标高 2) | | (-31.168790873, -12.33480161… |
| 8 | 884704 | 送风管风管 250x160 | 240255 | 常规 - 200mm | (标高 1,标高 2) | | (29.815318379, -38.615969590… |
| 9 | 884714 | 送风管风管 250x160 | 240676 | 常规 - 200mm | (标高 1,标高 2) | | (29.815318379, -24.672400036… |
| 10 | 884770 | 送风管风管 250x160 | 240662 | 组合窗 - 双层单列(固… | (标高 1,标高 2) | | (-37.259342054, -5.812491900… |
| 11 | 884792 | 送风管风管 250x160 | 240681 | 常规 - 200mm | (标高 1,标高 2) | | (29.815318379, -10.728830482… |
| 12 | 884698 | 送风管风管 320x200 | 229531 | 常规 - 200mm | (标高 1,标高 2) | | (6.396497841, -35.335129695,… |
| 13 | 884696 | 送风管风管 400x200 | 229531 | 常规 - 200mm | (标高 1,标高 2) | | (5.992771792, -35.335129695,… |
| 14 | 884708 | 送风管风管 400x250 | 240685 | 常规 - 200mm | (标高 1,标高 2) | | (-9.568048539, -24.672400036… |
| 15 | 884786 | 送风管风管 400x250 | 240366 | 常规 - 200mm | (标高 1,标高 2) | | (-9.583107594, -10.728830482… |
| 16 | 884690 | 送风管风管 500x250 | 240103 | 现浇混凝土矩形柱-C25… | (标高 1,标高 2) | | (-29.790838117, -29.22950976… |
| 17 | 884690 | 送风管风管 500x250 | 240688 | 常规 - 200mm | (标高 1,标高 2) | | (-29.790838117, -31.80828960… |
| 18 | 884690 | 送风管风管 500x250 | 240691 | 常规 - 200mm | (标高 1,标高 2) | | (-29.790838117, -31.80828960… |
| 19 | 884688 | 送风管风管 630x320 | 240688 | 常规 - 200mm | (标高 1,标高 2) | | (-29.577583524, -23.67830554… |
| 20 | 884813 | 矩形弯头 - 半径 - 法… | 240691 | 常规 - 200mm | (标高 1,标高 2) | | (-28.601992973, -34.14628455… |
| 21 | 884800 | 矩形变径管 - 角度 —… | 240317 | 常规 - 200mm | (标高 1,标高 2) | | (-28.490887329, -12.07150244… |
| 22 | 884802 | 矩形变径管 - 角度 —… | 240688 | 常规 - 200mm | (标高 1,标高 2) | | (-28.861048091, -21.94084040… |
| 23 | 884808 | 矩形变径管 - 角度 —… | 240688 | 常规 - 200mm | (标高 1,标高 2) | | (-29.834145203, -26.42968971… |
| 24 | 884819 | 矩形变径管 - 角度 —… | 229531 | 常规 - 200mm | (标高 1,标高 2) | | (6.394815286, -34.604322608,… |

删除选中　　导出结果（Excel）　生成报告(Word)

图 1.5.6-10　硬碰撞检查结果对话框

（8）对话框中详细记录了发生构件碰撞的构件类型、名称、ID、位置信息等，单击选中其中的任意一行，则程序会自动跳转到三维视图中的该位置，见图 1.5.6-11。

（9）单击“删除选中”按键可以将选中的碰撞信息删除（不会删除模型，仅会删除信息）。

（10）单击“导出结果 Excel”按键可以将当前的碰撞信息导出为 Excel 文件，便于查看和统计，见图 1.5.6-12。

（11）单击“生成报告（Word）”按键可以将发生碰撞的构件的位置截图、定位信息、

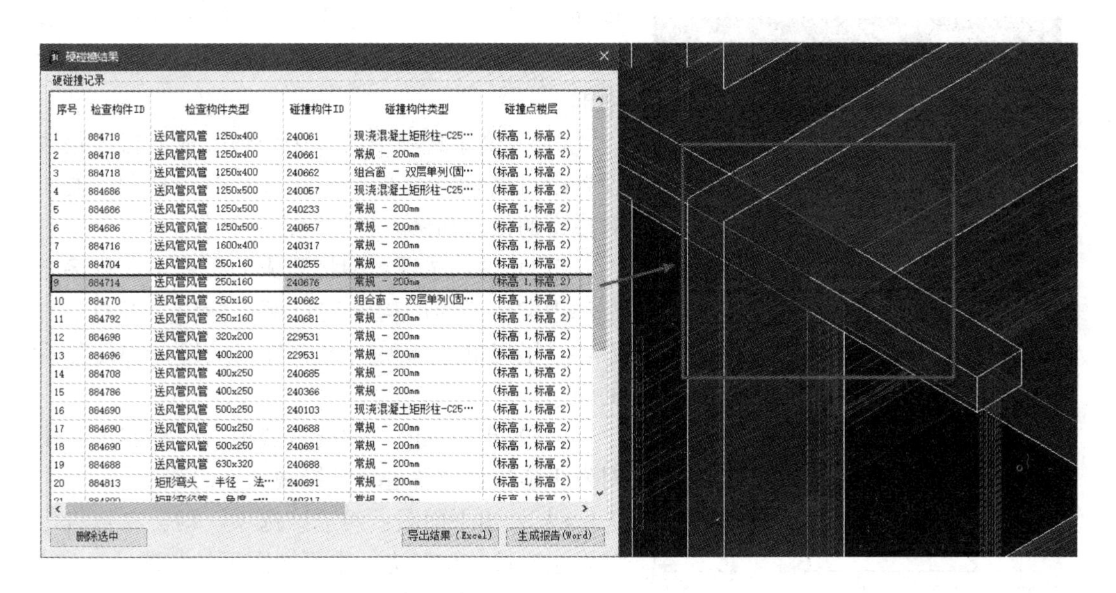


图 1.5.6-11 查看碰撞构件

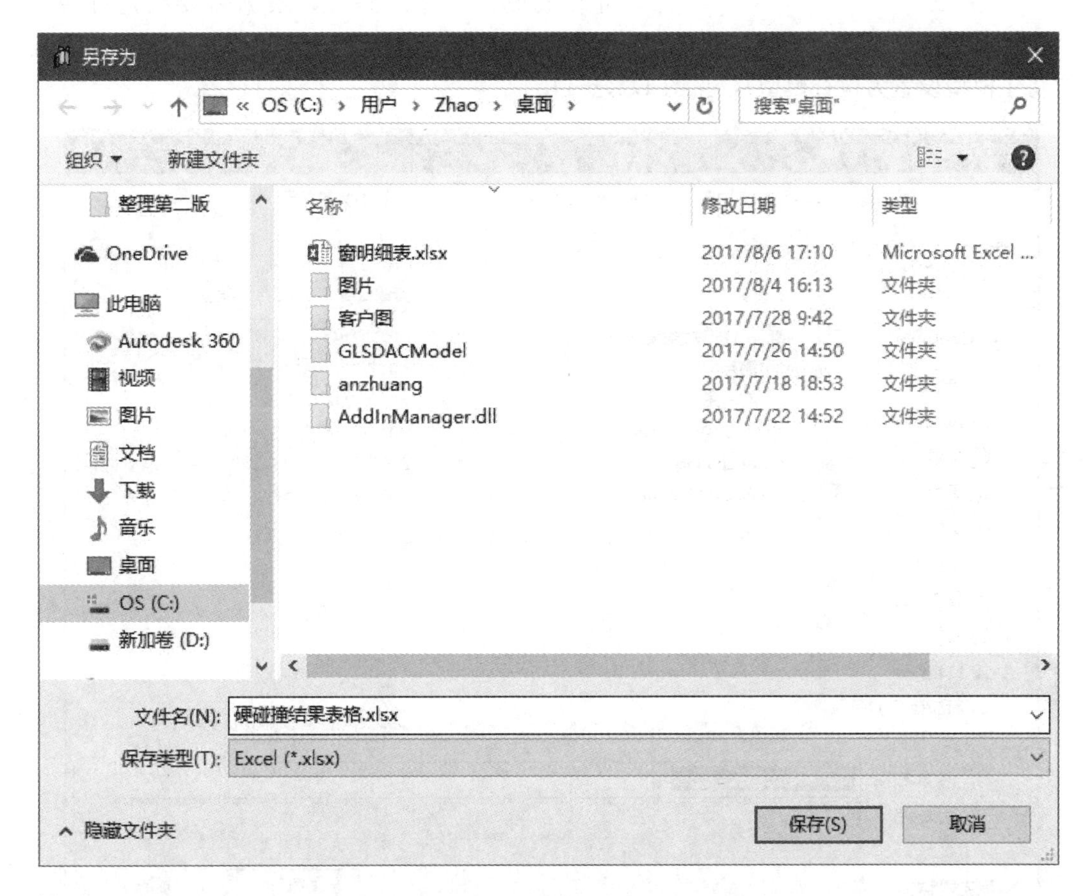


图 1.5.6-12 选择导出碰撞结果 Excel 路径

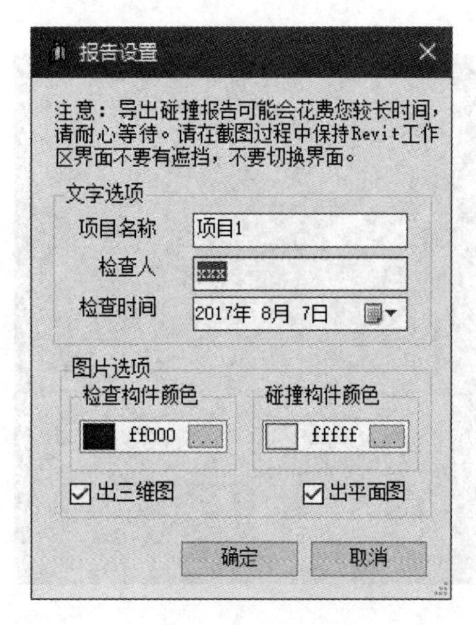


图 1.5.6-13　生成 Word 报告设置对话框

构件名称以及检查人与检查日期等内容自动生成 word 文档。单击该按键会弹出如 1.5.6-13 所示对话框。

(12) 文字选项中可以为即将生成的碰撞报告设置项目名称、检查人名称以及检查日期，便于对模型的检查和修改进行记录和修改。

(13) 图片选项：即将生成的报告中，程序会自动为发生碰撞的构件进行颜色标识，以便于查看，这里提供了选项供用户自定义选择构件显示的颜色。

(14) 出三维图：勾选该选项，则会在报告中对发生碰撞的位置进行三维视图下的截图。

(15) 出平面图：勾选该选项，则会在报告中对发生碰撞的位置进行平面视图下的截图。

(16) 单击“确定”后会弹出对话框，要求指定生成报告的存放路径，根据需要指定并单击“保存”即可，此时会在屏幕左上角显示当前生成报告的进度情况（若要使用该功能，需要将主模型设置为检查模型），见图 1.5.6-14。

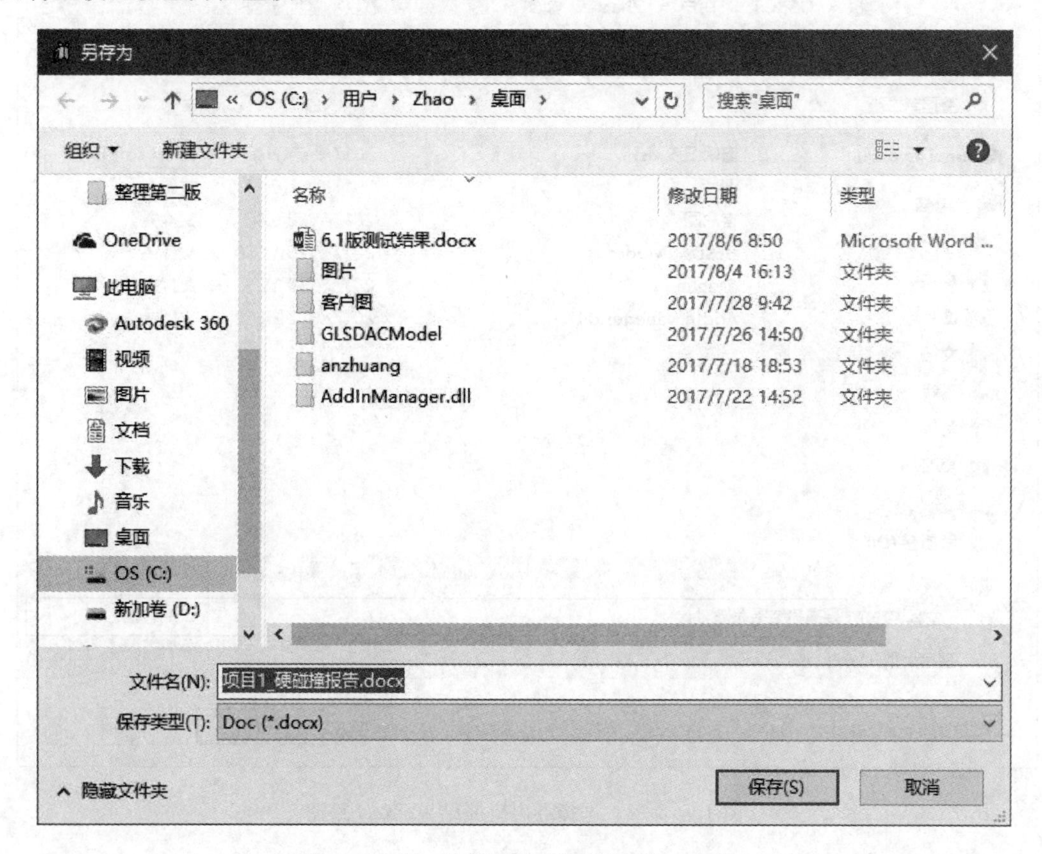


图 1.5.6-14　选择导出碰撞结果 Word 路径

（17）生成报告如图 1.5.6-15 所示。

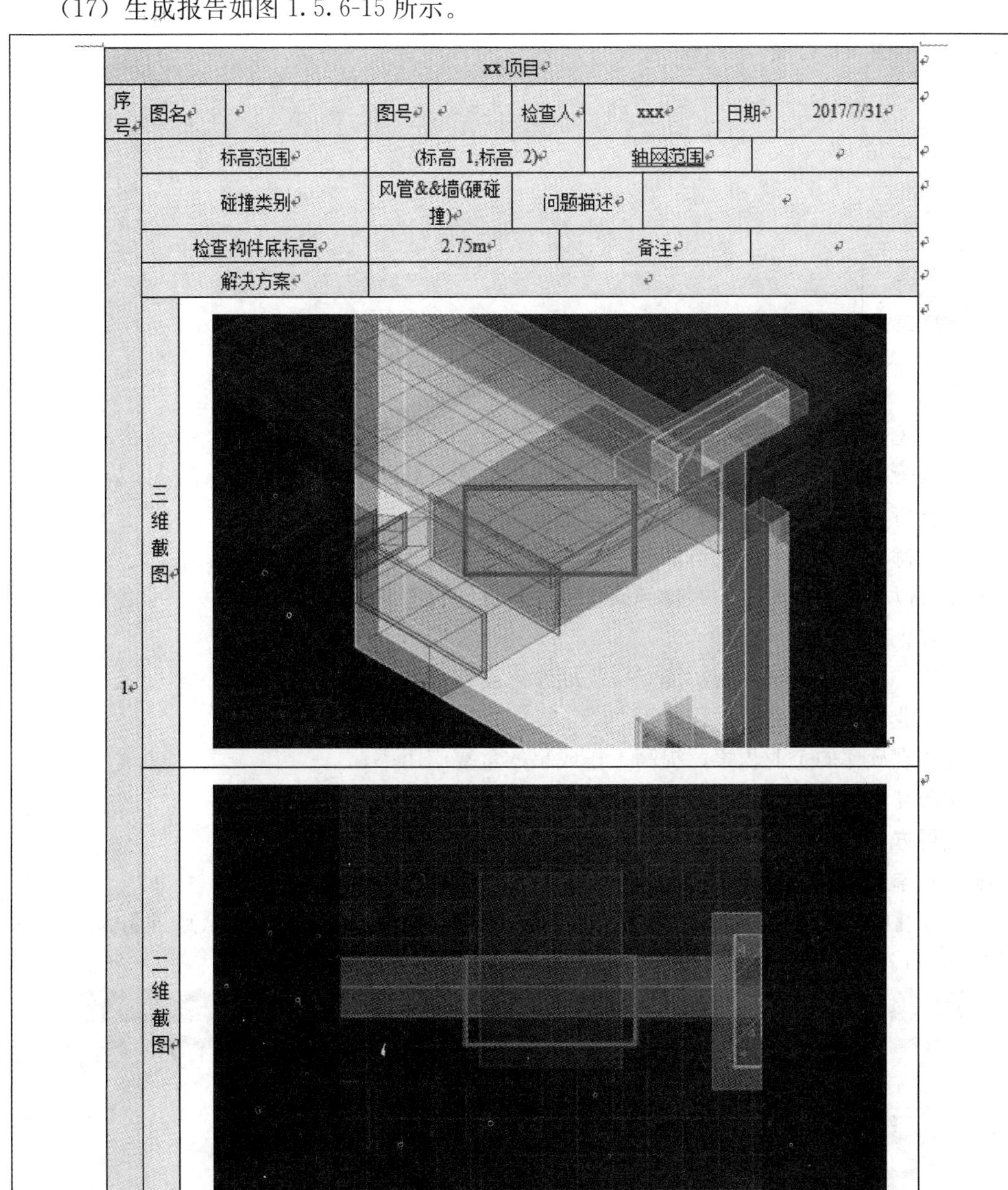

| xx 项目 | | | | | | | | |
|---|---|---|---|---|---|---|---|---|
| 序号 | 图名 | | 图号 | | 检查人 | xxx | 日期 | 2017/7/31 |
| 1 | 标高范围 | (标高 1,标高 2) | | 轴网范围 | | | | |
| | 碰撞类别 | 风管&&墙(硬碰撞) | | 问题描述 | | | | |
| | 检查构件底标高 | 2.75m | | 备注 | | | | |
| | 解决方案 | | | | | | | |
| | 三维截图 | | | | | | | |
| | 二维截图 | | | | | | | |

图 1.5.6-15　生成 Word 碰撞报告效果

**注意**

（1）生成碰撞报告时，若异形构件太多，可能造成碰撞点识别偏移，应尽量让机电与风管模型等作为主模型以提高准确率。

（2）当前模型中最好有轴网，若无轴网，则碰撞检查构件中轴网位置为空。

（3）在生成报告的过程中请不要进行其他操作，避免将其他内容也保留在截图中。

# 1.6　橄榄山免费族库

## 1.6.1　云族库

海量云族库

**功能**

（1）免费版

①族管家中提供了4万个左右的族供用户免费下载使用。

②支持在线对本地族库和远程族库进行搜索。

③支持对搜索到的族进行加载（支持批量加载）、查看、预览、编辑。

④可以将本地族库文件添加到族管家中，方便快速调用。

（2）企业版

①用户管理和权限控制功能，提高族库安全性。

②企业族库的本地及远程管理。

③实现族库的企业积累，提高工作成果的重复应用率。

④跨互联网进行企业族库调用，方便设计与施工人员的高效使用。

**使用方法**

（1）添加本地族库

①在【GLS免费族酷】选项卡中的【云族库】面板中启动【海量云族库】工具，见图1.6.1-1。

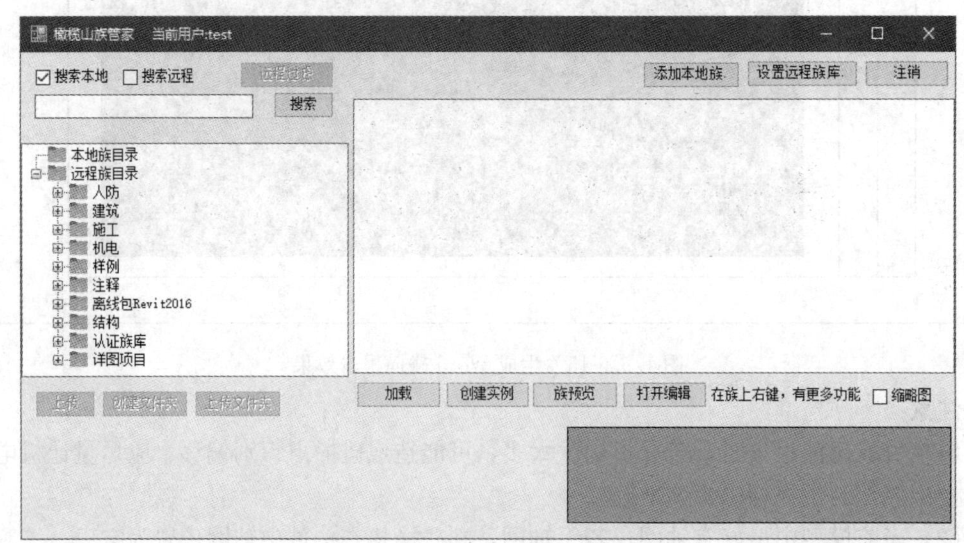


图1.6.1-1　橄榄山族管家对话框

②点击弹出对话框中右上角的“添加本地族”按钮。

③浏览到用户族库文件所在路径，并选择该族库文件夹，单击“确定”即可，见图 1.6.1-2。

④展开“族管家”对话框左侧树状浏览器中的“本地族目录”可对添加的族库进行查看。

(2) 搜索族

①在【GLS 免费族酷】选项卡中的【云族库】面板中启动【海量云族库】工具。

②勾选对话框上方的“搜索本地”和“搜索远程”（若只想搜索本地族库文件内的族，只勾选“搜索本地”即可；勾选“搜索远程”选项后，可以单击“远程过滤”来对远程族库中的族进行过滤），见图 1.6.1-3。

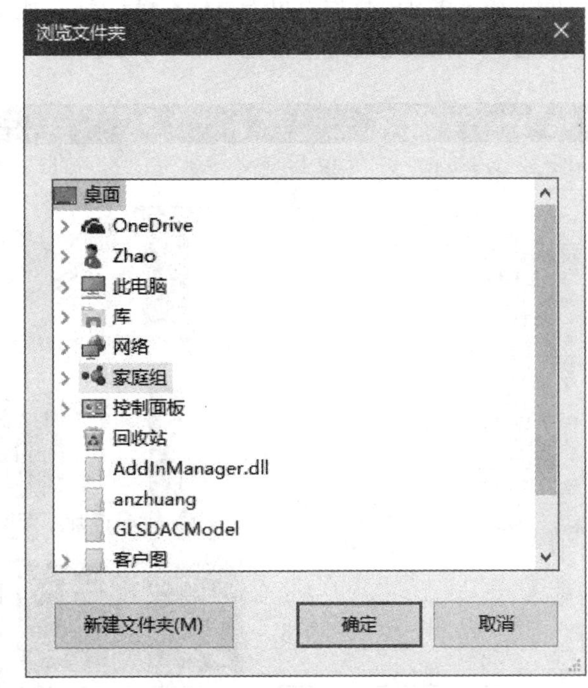


图 1.6.1-2 浏览文件所要存放的路径

③搜索框内输入目标族的关键字，输入完成后单击“搜索”。

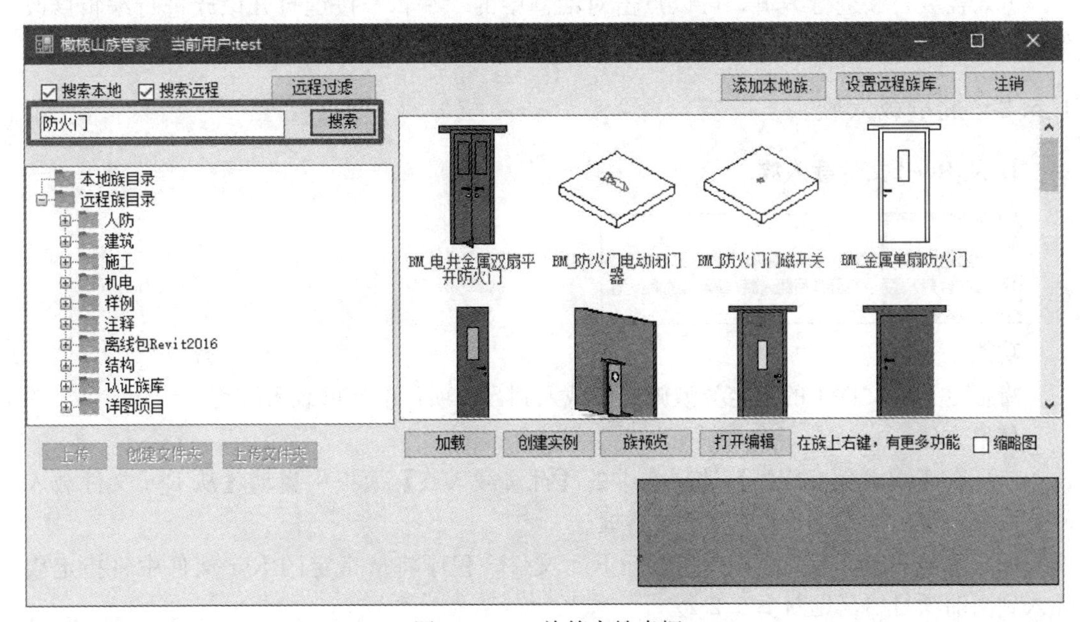


图 1.6.1-3 族管家搜索框

④右侧对话框中会对搜索到的族进行显示，选中需要的族（可配合使用 ctrl 和 shift 键进行批量选择），单击鼠标右键选择“加载”选项，将族加载到当前项目中，或者单击对话框下方的“加载”按键进行加载。

⑤可在选中某一族后，单击鼠标右键选择“预览”来对该族进行预览查看。预览窗口右侧将会显示该族可用类型，见图 1.6.1-4。

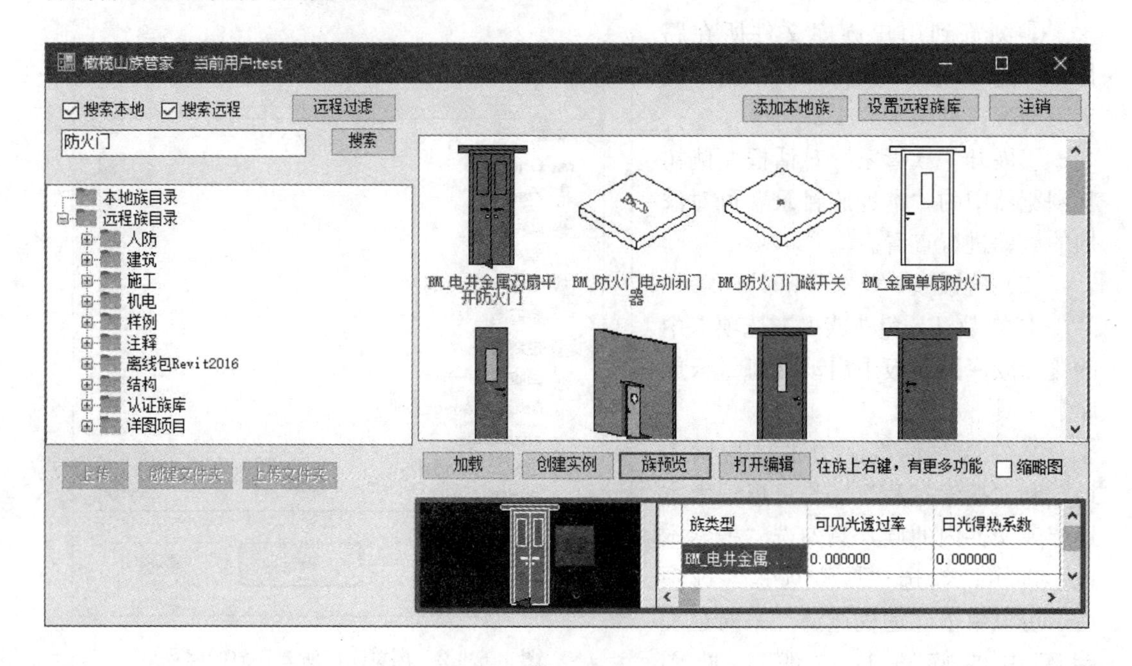


图 1.6.1-4 族预览

⑥若需要对族进行编辑，可以点击对话框中的“编辑”按键打开该族进行编辑修改保存。

## 1.6.2 批量载入族

### 1. 从 Revit 文件载入族

**功能**

将指定 Rvt 文件中的指定类型族文件载入到当前项目中（可载入族）。

**使用方法**

(1) 在【GLS 免费族酷】选项卡中的【批量载入族】面板中启动【从 Rvt 文件载入族】命令，弹出如图 1.6.2-1 所示对话框。

(2) 单击“浏览”按键，指定目标 Rvt 文件，程序将从指定的 Rvt 文件中将指定族导入到当前项目中，见图 1.6.2-2。

(3) 指定完成后，对话框中间位置将显示指定 Rvt 中所有可用的族类型（可载入族），勾选需要的族类型。对话框右侧提供了多种选择工具，可以根据需要使用，若族类型较多，查找不方便，可以在对话框下方的搜索框中输入关键字进行搜索。

(4) 单击“加载”按键即可将选中族类型加载到当前项目中。

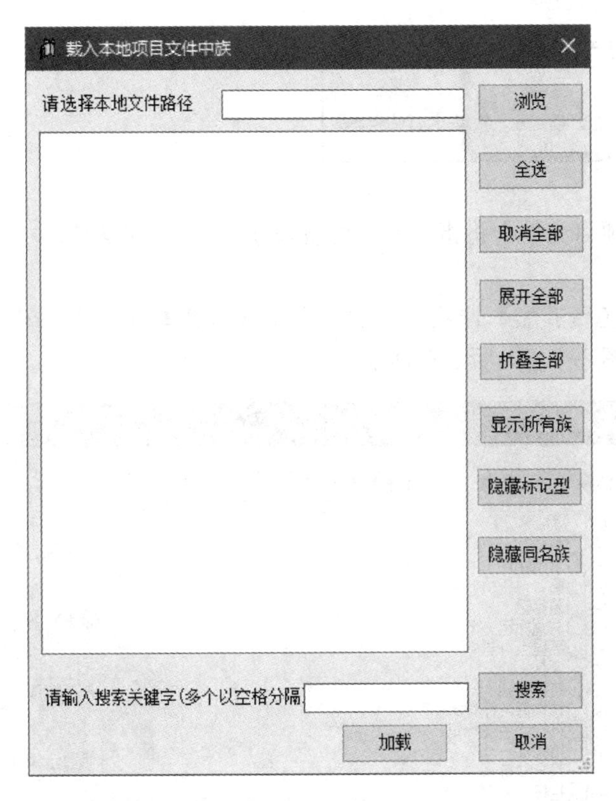


图 1.6.2-1　从 Rvt 文件载入族对话框

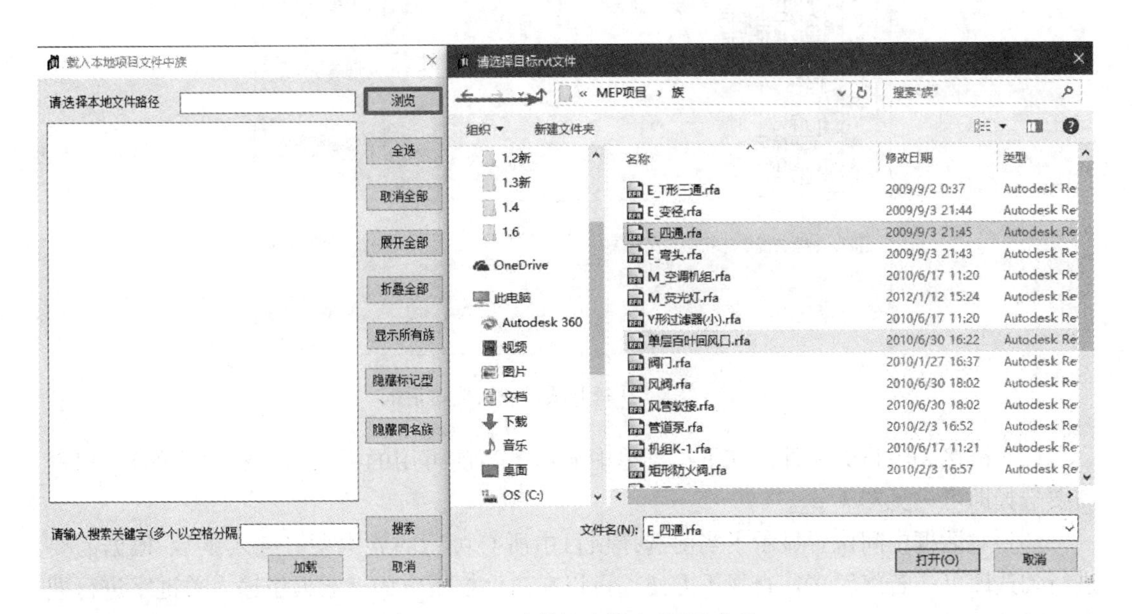


图 1.6.2-2　选择导入指定 RVT 文件

**注意**

若需要将打开项目的系统族载入当前项目中，请使用“导入系统族类型”工具。

**2. 从打开项目载入族**

**功能**

从已经打开的项目文件中将指定族（可载入族）载入当前项目中。

**使用方法**

（1）在【GLS免费族酷】选项卡中的【批量载入族】面板中启动【从打开项目载入族】命令，弹出如图 1.6.2-3 所示对话框。

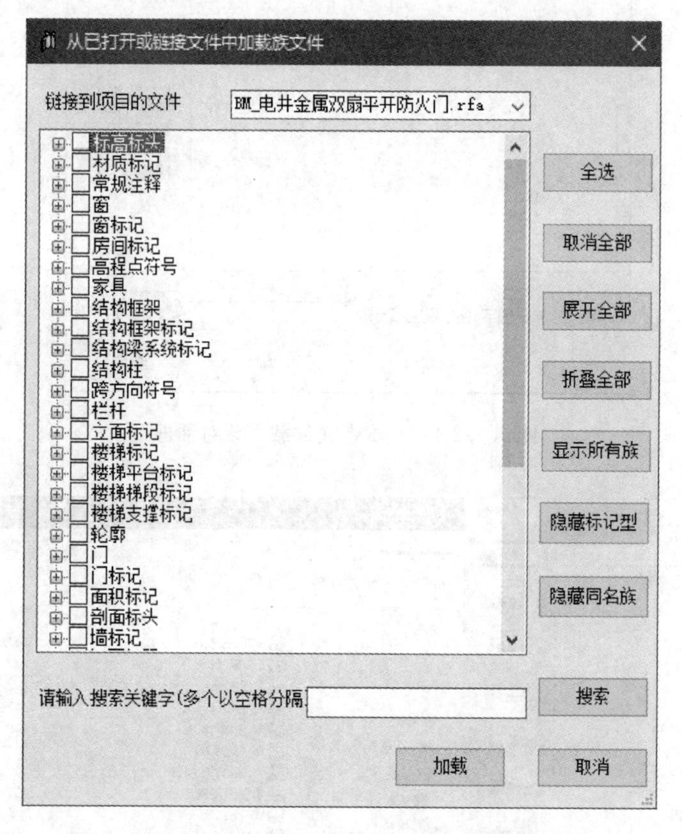


图 1.6.2-3 从打开项目载入族对话框

（2）链接到项目的文件：在下拉菜单中显示了当前可用的项目（已经打开的），根据需要选择即可，见图 1.6.2-4。

（3）对话框中间位置显示了当前选择项目中所有可用的族类型（载入族），根据需要进行勾选即可。若族较多，查找不方便，可以在对话框下方的搜索框中输入关键字进行搜索，见图 1.6.2-5。

（4）对话框右侧提供了选择族时可用的快捷工具，可以对勾选的族进行隐藏等操作，根据需要使用即可。

（5）单击“加载”按键即可将选中的族类型批量加载到当前项目中。

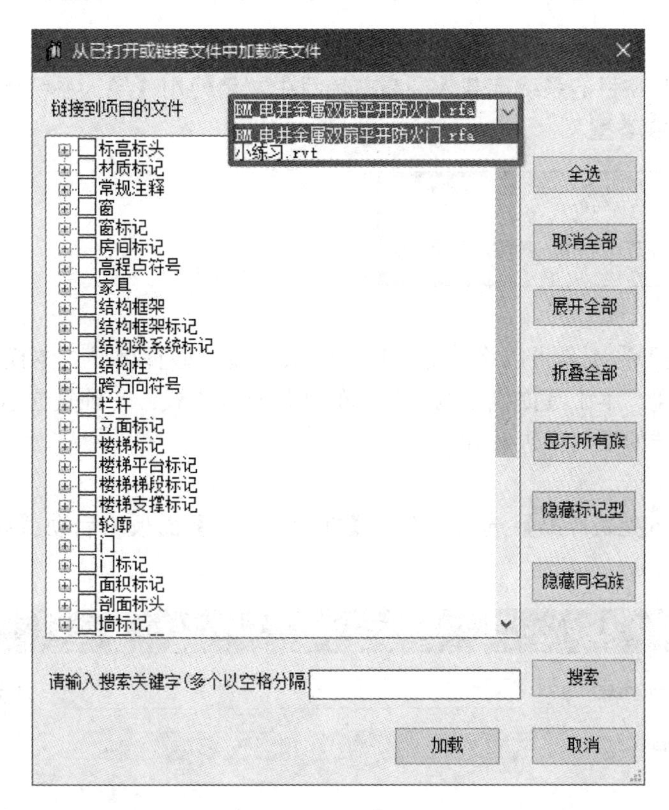


图 1.6.2-4　选择需要链接到项目的文件

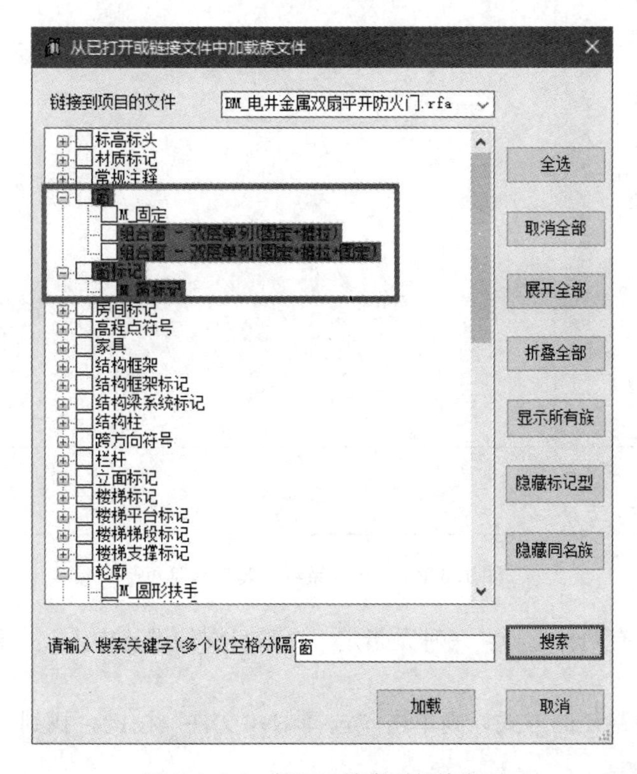


图 1.6.2-5　标记已搜索到的族类型

**注意**

若需要将打开项目的系统族载入到当前项目中，请使用【导入系统族类型】工具。

**3. 导入系统族类型**

**功能**

“导入系统类型”工具可以将其他项目中的系统族类型直接导入本模型中，方便项目中各族类型的传递。本工具提供了两种不同的文件导入方式：一种是通过指定文件进行导入，一种是在打开的项目中进行导入。

**使用方法**

（1）在【GLS免费族酷】选项卡中的【批量载入族】面板中启动【导入系统族类型】命令，见图 1.6.2-6。

图 1.6.2-6 导入系统族类型对话框

（2）导入方式有两种选择：一种是指定一个项目文件进行导入，一种是在已经打开的项目中进行导入。

①若选择指定路径的方式，则单击“选择 Rvt 文件”按键，找到目标文件并选中即可，见图 1.6.2-7。

②若选择导入打开的文件，则需要提前将目标文件在 Revit 中打开，单击右侧下拉菜

单，在下拉菜单中选择目标名称即可。

（3）在对话框左侧选择想要导入的系统族类型，在右侧对话框中会显示目标项目文件中所包含的所有该类别的所有族类型。

图 1.6.2-7　选择需要导入的 RVT 文件

（4）选择想要导入的类型，支持多选（可以配合使用 shift 与 ctrl 键进行多选），单击"加载"即可。

### 1.6.3　导出族

批量提取族文件

**功能**

可以将指定项目中的指定类型族批量导出，支持自动按照类别创建文件夹并存放对应类别族。

**使用方法**

(1) 在【GLS免费族酷】选项卡中的【导出族】面板中启动【批量提取族文件】命令，弹出如图 1.6.3-1 所示对话框。

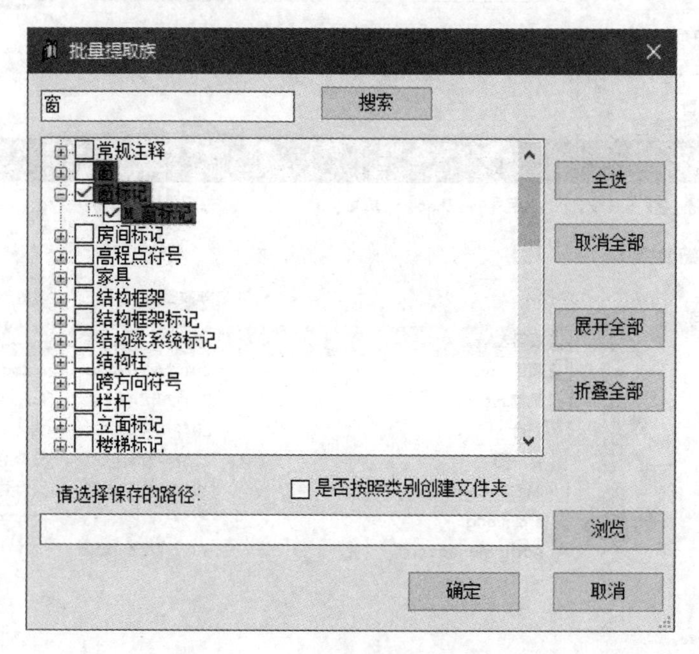


图 1.6.3-1 批量提取族文件对话框

(2) 对话框中部显示了当前项目中所有可导出的族（不包含系统族，若需要某些项目中的系统族的话，可以使用“导入系统族类型”工具），可以根据需要自定义选择。可以使用对话框顶部的搜索框对目标族进行关键字查找定位。

(3) 在对话框右侧中部可以对当前的族进行展开和选择操作，用户可以根据需要进行操作。

(4) 选择完成后，若需要按照族类别对提取到的族文件进行存放，可以勾选“是否按照类别创建文件夹”选项。

(5) 单击“浏览”按键为提取到的族指定存放路径。

(6) 单击“确定”按键，执行当前操作。

# 第二章　BIM 标准化

**本章导读**

随着 BIM 技术的应用推广，越来越多的设计单位与施工企业，包括建筑行业内产业链上的其他企业都在逐步地深入使用 BIM 技术。但是由于目前国内还未出台 BIM 技术的相关国家标准，各地方企业在建模时也未能遵循一个统一的标准，导致在模型建立以及使用和传递过程当中，存在诸多问题，例如：由于建模过程中各构件的连接关系不统一，导致后续在进行模型算量的时候无法得到精准的模型相关数据；各类构件的命名不统一，导致在模型传递过程中信息重复率高，相关信息不完整，修改工作繁多；模型数据文件的存放位置不统一，导致文件提取繁复，文件易丢失等。因此，为 BIM 技术的应用制定相应的标准与规范是提高 BIM 技术应用效率和效益的重要前提。

## 2.1 标准化背景

为了能够规范BIM技术的应用，提高BIM技术的应用水平，增强建筑信息化应用能力，目前国内建筑行业企业都在逐步探索和总结适合各自的BIM技术应用的相关标准，各地方政府也在鼓励和推进各地BIM政策与标准的出台。

目前橄榄山软件拥有大量的用户，本着使用户在尽可能少的工作环节和流程改动的基础上完成标准化模型的建立的想法，橄榄山软件在以精准算量为理念的前提下，参考和咨询了众多相关企业的BIM建模流程与要求后，建立了以橄榄山软件为快速建模工具的标准化建模规范，通过使用橄榄山工具以及执行本标准，能够达到模型中主要构件的命名标准化（命名规范化，构件信息表达完整）、模型标准化（构件之间的连接关系明确，符合国内清单定额计算规范与相关算量软件要求）、算量精准化（模型能够基本完整地表达建筑中各类构件和材料的使用情况）等。

## 2.2 标准化的主要内容

橄榄山快速建模在保证算量精准的前提下，主要以两个标准来规范和管理模型的建立，一是模型的命名标准，二是模型的建模标准。

### 2.2.1 命名标准

命名标准中指定了模型中不同类别的构件、族和不同类别的模型文件的命名方式以及存放和管理方式，同时指定了一些构件的信息要求，例如在梁构件图元中需要明确梁的混凝土强度等级等，这样能够保证在浏览模型的过程中快速获取相关图元的关键信息。

### 2.2.2 建模标准

建模标准中规定了在模型建立的过程中各类构件图元的画法以及不同类别构件之间的连接关系等，保证模型的构件关系与实际建筑的构件关系一致，以求能够得到精准的算量。

## 2.3 橄榄山通用标准化建模标准

### 2.3.1 通用化标准建模总则

为了实现BIM技术的高效率、高效益的应用，节省和降低不规范建模导致的大量重复性和修改性工作带来的成本消耗，实现标准化模型在整个项目流程中的无缝衔接应用，本标准对模型建立作出相应规定。

标准主要从各类构件与文件的命名和建模两个方面来控制模型的标准程度。

本标准为配合使用橄榄山插件快速建立标准化模型的指导性标准，供企业单位建模参考。除模型的建立外，还需对模型的其他内容，如模型的表达规则，各构件属性信息的添加、应用及验收标准等作出规定，由于各企业单位对模型的要求差异较大，本标准中不作规定，各企业单位可根据需要自行设定相关规定。

标准中未提及的内容，或各企业单位有特殊要求的内容需单独进行规定。

## 2.3.2 基本原则

模型绘制前，各专业需准备好具有统一原点的样板文件，便于在模型的交接与传递过程中对模型进行准确定位。

各专业构件均应按照楼层归属进行绘制，不应采用在构件所属楼层外的标高通过调整偏移值的方式进行绘制。例如二层的墙体，在进行绘制时，需要进入对应的“2F”平面视图，墙体的上下标高限制条件应为3F、2F，不应采用在1F（或3F等非2F楼层平面视图）平面视图中设置墙体的上下标高分别为2F、1F并且另设置墙体顶和底的偏移值等于楼层高度的方式进行绘制。以此来保证算量软件能够准确读取到相应的构件。

## 2.3.3 命名规则

**1. 文件夹命名规则**

模型建立过程中，随着模型的不断深化，会产生大量的模型数据文件，为了便于各专业之间进行快速的数据交换，保证整个项目模型数据的完整性，应当为项目中所产生的各类文件进行统一命名和指定存放路径。

存储路径的文件夹构架应按照如图 2.3.3 所示设置。

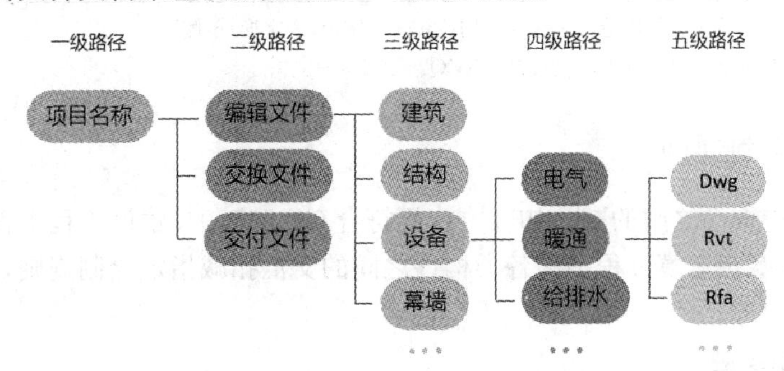


图 2.3.3 文件夹架构

一级路径：该项目的全称，可以用名称拼音的首字母代替，也可以按照汉字全称命名，如“大学食堂”或“DXST”。

二级路径：

（1）编辑文件：编辑过程中的各类模型文件。

（2）交换文件：满足一定要求，可在各专业之间进行模型交换的文件。

（3）交付文件：按照业主要求在各节点需要进行交付的模型文件。

三级路径：在本路径下，各专业按照专业名称进行文件夹命名，并存放各专业对应的模型文件。

四级路径：根据专业情况进行专业拆分或细分。

五级路径：将各项目模型以不同格式的文件进行数据、图纸输出，并且按照文件格式进行分类存放。

各级路径中文件夹的命名均可以使用编码代替，可根据用户需求进行调整。推荐用户参考《建筑工程设计信息模型分类和编码标准》。

**2. 模型文件命名规则**

模型文件命名应能够准确反映出该文件所表达的信息；需用不同的字段来表达相应的信息。本标准要求使用（至少）3个字段的信息来为模型文件命名，分别是“项目名称”“专业（子专业）”和“位置”，每个字段字数不限制，字段之间用“—”连接，例如：“大学食堂项目—建筑—3＃2层”。用户可以结合自身企业或项目情况自行为模型名称添加字段，例如可以添加模型不同阶段的信息。

**3. 模型构建的命名规则**

为了在后续模型传递和使用过程中保证模型信息能够有效和高效地使用，避免出现构件信息不全导致的大量模型修改，本标准要求为模型中的各类构件指定相应的命名规则，见表2.3.3。

**命 名 规 则** **表2.3.3**

| 构件类型 | 命名规则 | 例 |
|---|---|---|
| 柱 | 楼层号—柱类型名称＋柱编号—柱尺寸—混凝土编号 | 1F—KZ12—500×500—C50 |
| 梁 | 楼层号—梁类型名称＋梁编号—梁尺寸—混凝土编号 | 1F—KL10—300×800—C30 |
| 墙 | 楼层号—类型＋墙编号—厚度 | 2F—TCQ2—200 |
| 楼板 | 楼层号—楼板类型名称＋楼板编号 | 4F—LB3 |
| 门窗 | 类型＋尺寸（等级） | FM1521甲 |

注：目前按照软件工具生成的构造柱名称为“构造柱——字形/十字形/单侧”。
墙：楼层号—类型＋墙编号—厚度，例：2F－TCQ2－200。

### 2.3.4 构件绘制规则

Revit软件中构件之间的默认扣减方式不符合GB 50500《建设工程工程量清单计价规范》的要求，需要在建模过程中为各类构件之间的交汇扣减指定绘制规则，以满足国标工程量计算要求。

**1. 模型的组织规则**

（1）模型的拆分

为了便于后续的协同工作和加快工作效率，一般会对模型进行拆分，拆分方式有多种：

①按专业拆分：根据专业的不同划分为多个子模型，这一点与模型文件的存放相一致，例如建筑模型、结构模型、机电模型等。

②按建筑防火分区拆分。

③按楼号或楼层拆分：在专业划分基础上，可以要求按照楼号，或楼层，单独拆分。

④按照施工缝拆分。

（2）模型的整合

①按专业整合：整合各专业模型。

②按照施工工序整合：根据实际施工顺序整合模型，检查项目实施过程中出现的问题。

**2. 模型构件的绘制规则**

为了保证模型能够与相应的算量软件对接，同时在算量过程中能够得出精准的数据，需要对模型绘制过程中的各种构件提出绘制要求，见表2.3.4-1～表2.3.4-3和图2.3.4。

墙 体 表 2.3.4-1

| 交汇类型 | Revit 连接规则 | 示意图 | 算量要求 | 绘制规则 | |
|---|---|---|---|---|---|
| 建筑墙与建筑墙 | 先绘制墙体扣减后绘制墙体 | 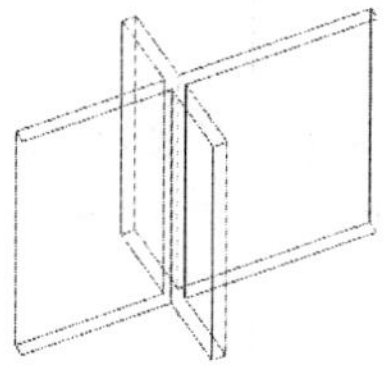 | 建筑墙之间不能重叠 | 按照默认绘制即可 | 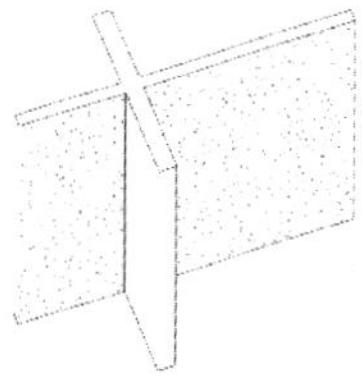 |
| 建筑墙与结构墙 | 先绘制墙体扣减后绘制墙体 | 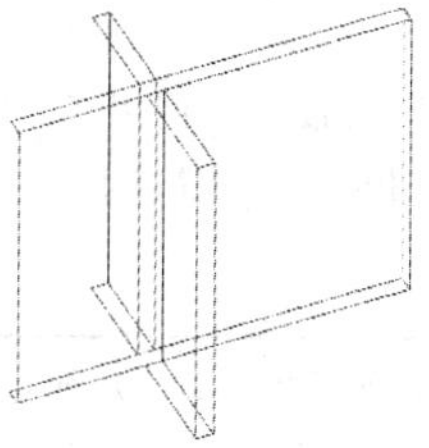 | 结构墙和建筑墙之间不能重叠，结构墙扣减建筑墙 | 先绘制结构墙，后绘制建筑墙 | 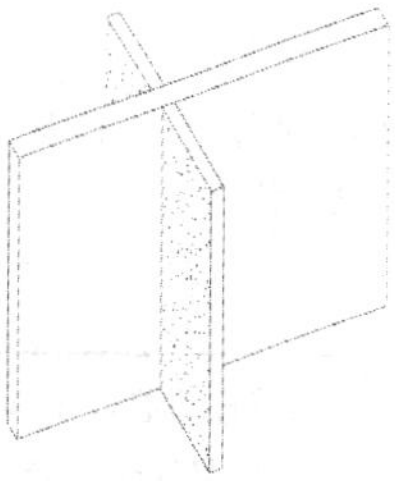 |
| 建筑墙与梁 | 建筑墙与梁重叠 | 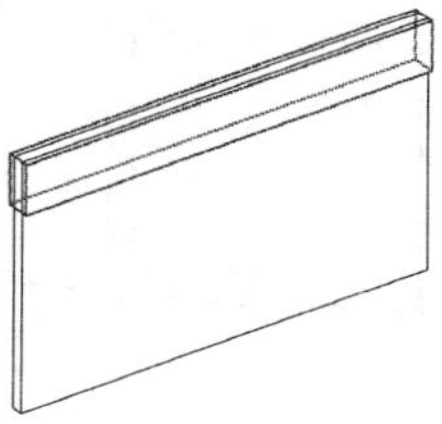 | 建筑墙算至梁底 | 使用橄榄山【墙齐梁板】或【一键扣减】工具 | 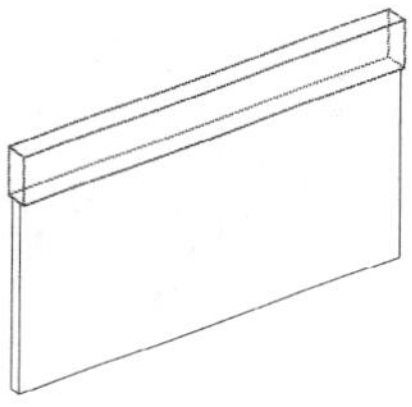 |
| 建筑墙与结构柱 | 建筑墙与结构柱重叠 | 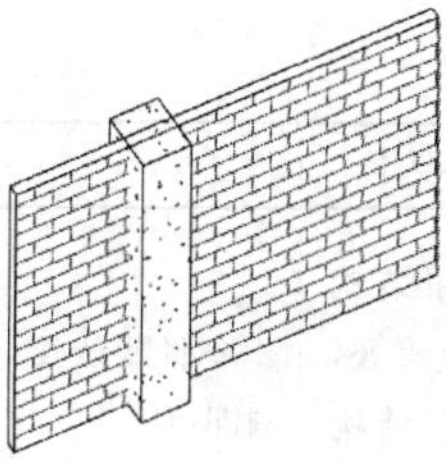 | 建筑墙体算至结构柱边缘 | 使用【柱切墙】、【柱墙调序】或【一键扣减】工具 |  |
| 建筑墙与建筑柱 | 建筑墙扣减建筑柱 | 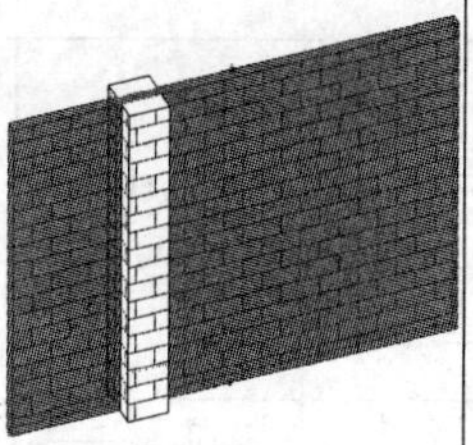 | 建筑墙体算至建筑柱边缘 | 使用【柱切墙】、【柱墙调序】或【一键扣减】工具 |  |
| 结构墙与梁 | 梁被结构墙剪切 | 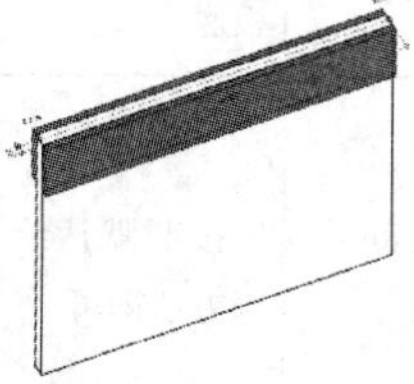 | 结构墙算至梁底 | 使用【墙齐梁板】工具 | 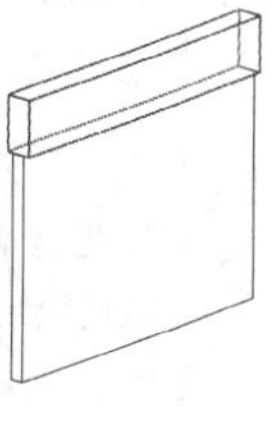 |

续表

| 交汇类型 | Revit 连接规则 | 示意图 | 算量要求 | 绘制规则 | |
|---|---|---|---|---|---|
| 结构墙与建筑柱 | 建筑柱被结构墙剪切 | | 建筑柱被结构墙扣减 | 按照默认绘制方式即可 | |
| 结构墙与结构柱 | 柱被结构墙剪切 | | 结构墙被结构柱扣减 | 使用【一键扣减】工具 | |

注：【柱切墙】工具会将墙按照柱端边缘切开变成多片墙体，如图 2.3.4（*a*）所示，【柱墙调序】工具会扣减墙体中与柱子重合的部分，但不会将墙体切开，如图 2.3.4（*b*）所示。

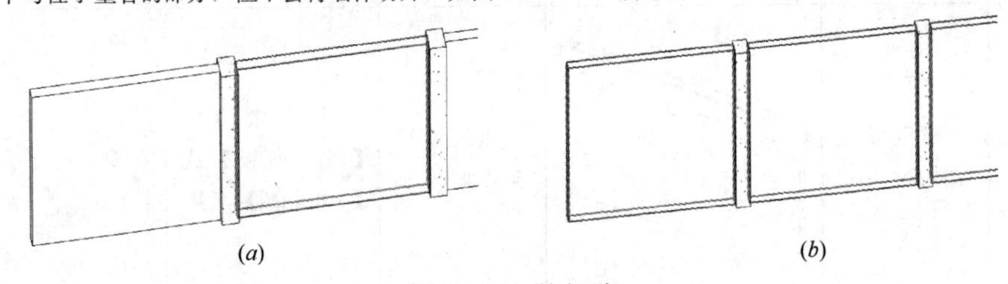

(*a*)　(*b*)

图 2.3.4　柱切墙

**梁**　**表 2.3.4-2**

| 交汇类型 | Revit 连接规则 | 示意图 | 算量要求 | 绘制规则 | |
|---|---|---|---|---|---|
| 梁与结构柱 | 梁被结构柱剪切 | | 梁和结构柱不应重叠，梁算至结构柱柱边 | 按照默认绘制即可 | |
| 梁与建筑柱 | 梁与建筑柱重叠 | | 梁和建筑柱不应重叠，建筑柱高度计算至梁底 | 建筑柱绘制到梁底 | |
| 梁与结构板 | 梁被结构板扣减 | | 梁计算至结构板底 | 梁与板不重叠，梁依附于板底 | |
| 梁与梁 | 先绘制扣减后绘制 | | 梁之间不应重叠 | 按照默认绘制方法即可 | |

柱　　　　表 2.3.4-3

<table>
<tr><th>交汇类型</th><th>Revit 连接规则</th><th>示意图</th><th>算量要求</th><th colspan="2">绘制规则</th></tr>
<tr><td rowspan="2">结构柱与结构板</td><td rowspan="2">结构柱被扣减</td><td rowspan="2"> 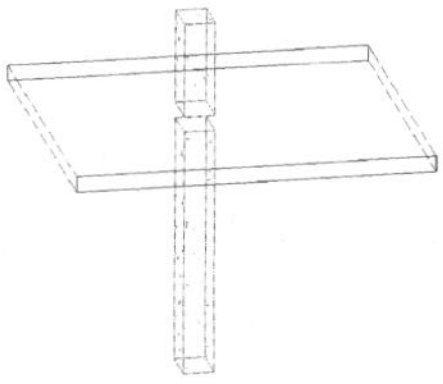</td><td rowspan="2">板与柱同种强度的话，柱算到板顶；若无梁板或板强度大于柱，则柱应算到板底</td><td>相同强度绘制到板顶</td><td> 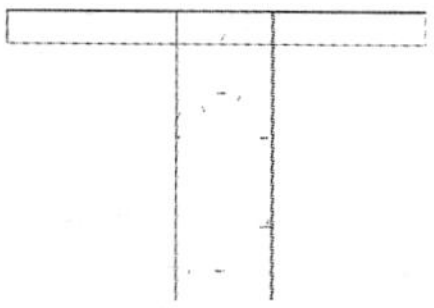</td></tr>
<tr><td>无梁板或柱强度小于板绘制到板底</td><td> 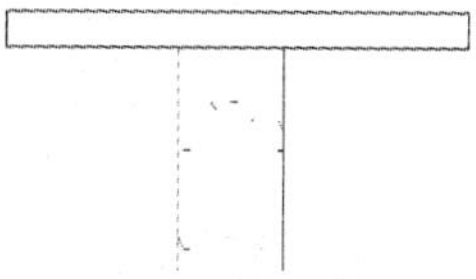</td></tr>
<tr><td>建筑柱与结构板</td><td>建筑柱与结构楼板重叠</td><td> </td><td>建筑柱算至板底</td><td>建筑柱绘制到板底</td><td> 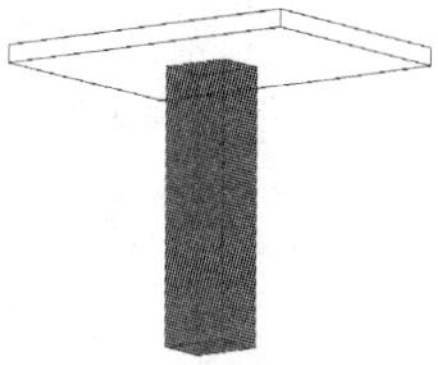</td></tr>
</table>

扣减规则参见结构楼板与其他构件之间的绘制规则。

### 2.3.5 模型深度规则

模型的建模深度宜选用信息粒度和建模精度的等级。根据项目需求，选用不同等级的信息粒度和不同等级的建模精度。

**1. 信息粒度**

建筑工程设计信息模型的信息粒度应由建筑基本信息系统、建筑属性信息系统、场地地理信息及室外工程系统、建筑外围护信息系统、建筑其他构件信息系统、建筑水系统设备信息系统、建筑电气系统信息系统、建筑暖通系统信息系统、钢结构系统信息系统、幕墙系统信息系统、景观系统信息系统、内装系统信息系统、标识系统信息系统、夜景照明系统信息系统、智能化系统信息系统组成，见表 2.3.5-1～表 2.3.5-6

建筑基本信息系统信息粒度等级　　　　表 2.3.5-1

| 建筑信息 | LOD100 | LOD200 | LOD300 | LOD400 | LOD500 | 备注 |
|---|---|---|---|---|---|---|
| 项目名称 | • | • | • | • | • | — |
| 建设地点 | • | • | • | • | • | — |
| 建设技术经济指标 | • | • | • | • | • | — |
| 建设阶段 | • | • | • | • | • | — |
| 业主信息 | • | • | • | • | • | — |
| 建筑信息模型提供方 | • | • | • | • | • | — |
| 其他建设参与方信息 | ○ | ○ | ○ | • | • | — |
| 建筑类别或等级 | ○ | ○ | • | • | • | — |
| 设计信息 | • | • | • | • | • | — |
| 建设过程管理信息 | — | ○ | ○ | ○ | • | — |

注：表中“•”表示应具备的信息，“○”表示宜具备的信息，“—”表示可不具备的信息。

**建筑属性信息系统信息粒度等级** 表 2.3.5-2

| 建筑属性信息 | | LOD100 | LOD200 | LOD300 | LOD400 | LOD500 | 备注 |
|---|---|---|---|---|---|---|---|
| 识别特征 | 设施识别 | ○ | ○ | ○ | • | • | — |
| | 空间识别 | — | ○ | ○ | • | • | — |
| | 使用识别 | — | — | ○ | • | • | — |
| | 工作成果识别 | ○ | ○ | ○ | • | • | — |
| | 身份识别 | — | — | — | ○ | • | — |
| | 通信识别 | ○ | ○ | ○ | ○ | • | — |
| 位置特征 | 地理位置 | ○ | ○ | • | • | • | — |
| | 行政区划 | ○ | ○ | • | • | • | — |
| 建筑属性信息 | | LOD100 | LOD200 | LOD300 | LOD400 | LOD500 | 备注 |
| 时间和资金特征 | 制造和生产位置 | — | — | — | • | • | — |
| | 楼内位置 | — | ○ | ○ | • | • | — |
| | 时间和计划 | — | — | ○ | ○ | • | — |
| | 投资 | ○ | ○ | ○ | ○ | • | — |
| | 成本 | ○ | ○ | ○ | ○ | • | — |
| | 收益 | ○ | ○ | ○ | ○ | • | — |
| 来源特征 | 制造商 | — | — | ○ | ○ | • | — |
| | 产品 | — | — | ○ | ○ | • | — |
| | 保修 | — | — | — | — | • | — |
| | 运输 | — | — | — | ○ | • | — |
| | 安装 | — | — | ○ | — | • | — |
| 物理特征 | 数量属性 | ○ | • | • | • | • | — |
| | 形状属性 | ○ | • | • | • | • | — |
| | 一维尺寸 | ○ | • | • | • | • | — |
| | 二维尺寸 | ○ | • | • | • | • | — |
| | 空间尺寸 | — | ○ | • | • | • | — |
| | 比值量 | — | — | ○ | • | • | — |
| | 可回收、可再生 | — | ○ | ○ | ○ | • | — |
| | 化学组成 | — | — | ○ | ○ | • | — |
| | 规定含量 | — | ○ | ○ | • | • | — |
| | 温度 | — | ○ | ○ | ○ | • | — |
| | 结构荷载 | — | — | ○ | • | • | — |
| | 空气和其他气体 | — | — | ○ | ○ | • | — |
| | 液体 | — | — | ○ | ○ | • | — |
| | 质量 | — | — | ○ | ○ | • | — |
| | 受力 | — | — | ○ | ○ | • | — |

续表

| 建筑属性信息 | | LOD100 | LOD200 | LOD300 | LOD400 | LOD500 | 备注 |
|---|---|---|---|---|---|---|---|
| 性能特征 | 压力 | — | | ○ | ○ | • | — |
| | 磁 | — | — | ○ | ○ | • | — |
| | 环境 | — | ○ | ○ | ○ | • | — |
| | 建筑材料 | | ○ | ○ | • | • | |
| | 建材检测属性 | — | — | ○ | ○ | ○ | — |
| | 测试属性 | — | — | — | ○ | ○ | — |
| | 容差属性 | — | — | — | ○ | ○ | — |
| | 功能和使用属性 | — | — | — | ○ | • | — |
| | 强度属性 | — | — | ○ | ○ | • | — |
| | 耐久性属性 | — | — | ○ | ○ | • | — |
| | 燃烧属性 | — | — | ○ | ○ | • | — |
| | 密封属性 | — | — | ○ | ○ | • | — |
| | 透气和防潮指标 | — | — | ○ | ○ | • | — |
| | 声学属性 | — | — | ○ | ○ | • | — |
| | 建材检测属性 | — | — | — | ○ | ○ | — |
| 其他特征 | 建筑构件性能 | — | ○ | • | • | • | — |
| | 建筑设备性能 | — | ○ | • | • | • | — |
| | 建筑构造 | — | — | ○ | • | • | — |
| | 建筑施工和安装 | — | — | ○ | • | • | — |
| | 建筑产品采购 | — | — | ○ | • | • | — |
| | 建筑产品生产 | — | — | ○ | • | • | — |
| | 建筑产品使用 | | | | ○ | • | |

注：表中“•”表示应具备的信息，“○”表示宜具备的信息，“—”表示可不具备的信息。

**场地地理信息及室外工程系统信息粒度等级　　表 2.3.5-3**

| 系统 | 分项 | LOD100 | LOD200 | LOD300 | LOD400 | LOD500 | 备注 |
|---|---|---|---|---|---|---|---|
| 场地特征 | 场地边界（用地红线） | • | • | • | • | • | — |
| | 气候信息 | ○ | ○ | ○ | ○ | • | — |
| | 地质条件 | ○ | ○ | • | • | • | — |
| | 地理坐标 | • | • | • | • | • | — |
| 现状 | 现状地形 | • | • | • | • | • | — |
| | 现状道路、广场 | • | • | • | • | • | — |
| | 现状景观绿化/水体 | ○ | ○ | ○ | ○ | • | — |
| | 现状市政管线 | — | ○ | ○ | • | • | — |
| | 现状建筑物 | • | • | • | • | • | — |

续表

| 系统 | 分项 | LOD100 | LOD200 | LOD300 | LOD400 | LOD500 | 备注 |
|---|---|---|---|---|---|---|---|
| 新建建筑和设施 | 新（改）建地形 | ○ | • | • | • | • | — |
| | 新（改）建道路 | ○ | • | • | • | • | — |
| | 新（改）建绿化/水体 | — | ○ | • | • | • | — |
| | 新（改）建室外管线 | — | ○ | • | • | • | — |
| | 新（改）建建筑物 | • | • | • | • | • | — |
| | 散水/明沟、盖板 | — | ○ | ○ | • | • | — |
| | 停车场 | ○ | • | • | • | • | — |
| | 停车场设施 | — | ○ | ○ | • | • | — |
| | 室外消防设备 | — | ○ | ○ | • | • | — |
| | 室外附属设施 | ○ | ○ | ○ | ○ | • | — |

注：表中“•”表示应具备的信息，“○”表示宜具备的信息，“—”表示可不具备的信息。

**建筑外围护信息系统信息粒度等级** **表 2.3.5-4**

| 系统 | 分项 | LOD100 | LOD200 | LOD300 | LOD400 | LOD500 | 备注 |
|---|---|---|---|---|---|---|---|
| 墙体/建筑柱 | 基层/面层 | — | ○ | • | • | • | — |
| | 保温层 | — | ○ | • | • | ○ | — |
| | 防水（潮）层 | — | ○ | • | • | ○ | — |
| | 安装构件 | — | — | ○ | • | ○ | — |
| 结构柱 | 基层/面层 | — | ○ | • | • | • | — |
| | 保温层 | — | ○ | • | • | • | — |
| | 防水（潮）层 | — | ○ | • | • | • | — |
| | 安装构件 | — | — | ○ | • | ○ | |
| | 配筋信息 | — | — | — | • | ○ | |
| 幕墙 | 支撑体系 | — | ○ | • | • | • | — |
| | 嵌板体系 | — | • | • | • | • | — |
| | 安装构件 | — | — | • | • | • | — |
| 门窗 | 框材/嵌板 | — | ○ | • | • | • | — |
| | 填充构造 | — | ○ | • | • | • | — |
| | 安装构件 | — | — | ○ | • | • | — |
| 屋面 | 基层/面层 | — | ○ | • | • | • | — |
| | 保温层 | — | ○ | • | • | • | — |
| | 防水层 | — | ○ | • | • | • | — |
| | 保护层 | — | ○ | • | • | • | — |
| | 安装构件 | — | — | ○ | • | • | — |
| 外围护其他构件 | | — | — | • | • | • | — |
| 设备安装孔洞 | | — | — | • | • | • | — |

注：表中“•”表示应具备的信息，“○”表示宜具备的信息，“—”表示可不具备的信息。

建筑其他构件系统信息粒度等级　　表 2.3.5-5

| 系统 | 分项 | LOD100 | LOD200 | LOD300 | LOD400 | LOD500 | 备注 |
|---|---|---|---|---|---|---|---|
| 楼/地面 | 基层/面层 | — | ○ | • | • | • | — |
| | 保温层 | — | ○ | • | • | ○ | — |
| | 防水层 | — | ○ | • | • | ○ | — |
| | 安装构件 | — | — | ○ | • | ○ | — |
| 地基/基础 | 基坑 | — | ○ | • | • | ○ | — |
| | 基坑防护 | — | ○ | • | • | ○ | — |
| | 基础 | — | ○ | • | • | ○ | — |
| | 保温层 | — | — | ○ | • | ○ | — |
| | 防水层 | — | — | ○ | • | ○ | — |
| 楼梯 | 基层/面层 | — | ○ | • | • | • | — |
| | 栏杆/栏板 | — | ○ | • | • | • | — |
| | 防滑条 | — | ○ | ○ | • | ○ | — |
| | 安装构件 | — | ○ | • | • | • | — |
| 内墙 | 基层/面层 | — | ○ | • | • | • | — |
| | 防水（潮）层 | — | — | ○ | • | ○ | 如有 |
| | 安装构件 | — | — | ○ | • | ○ | — |
| 柱 | 基层/面层 | — | ○ | • | • | • | — |
| | 配筋信息 | — | — | ○ | • | ○ | — |
| 梁 | 基层/面层 | — | ○ | • | • | • | — |
| | 配筋信息 | — | — | ○ | • | ○ | — |
| 内门窗 | 框材/嵌板 | — | ○ | • | • | • | — |
| | 填充构造 | — | ○ | • | • | ○ | — |
| | 安装构件 | — | — | ○ | • | ○ | — |
| 建筑装修 | 室内构造 | — | ○ | • | • | ○ | — |
| | 地板 | — | ○ | • | • | ○ | — |
| | 吊顶 | — | ○ | • | • | ○ | — |
| | 墙饰面 | — | ○ | • | • | ○ | — |
| | 梁柱饰面 | — | ○ | • | • | ○ | — |
| | 天花饰面 | — | ○ | • | • | ○ | — |
| | 楼梯饰面 | — | ○ | • | • | ○ | — |
| | 指示标志 | — | — | ○ | • | ○ | — |
| | 家具 | — | ○ | ○ | • | ○ | — |
| | 设备 | — | ○ | • | • | ○ | — |
| 现状运输设备现状 | 主要设备 | — | ○ | • | • | • | — |
| | 附属配件 | — | ○ | ○ | ○ | • | — |
| | 安装构件 | — | ○ | ○ | • | • | — |
| 设备安装孔洞 | | — | ○ | • | • | • | — |

注：表中“•”表示应具备的信息，“○”表示宜具备的信息，“—”表示可不具备的信息。

**内装系统信息系统信息粒度等级** **表 2.3.5-6**

| 一级系统 | 二级系统 | 分项 | OD100 | LOD200 | LOD300 | LOD400 | LOD500 | 备注 |
|---|---|---|---|---|---|---|---|---|
| 地面 | 除尘垫 | 楼板 | — | — | ○ | • | • | |
| | 石材楼地面 | 楼板 | — | — | ○ | • | • | |
| | 玻化砖地面 | 楼板 | — | — | ○ | • | • | |
| | 地面石材伸缩缝 | 地面石材伸缩缝 | — | — | ○ | • | • | |
| | 中庭地面临时用电不锈钢盖 | 不锈钢盖 | — | — | — | • | • | |
| 墙柱面 | 乳胶漆饰面 | 墙 | — | — | ○ | • | • | |
| | 安全防火玻璃饰面 | 墙 | — | — | ○ | • | • | |
| | 玻化砖饰面 | 墙 | — | — | ○ | • | • | |
| | 玻璃隔断 | 墙 | — | — | ○ | • | • | |
| | 成品隔断 | 卫生间成品隔断 | — | — | — | • | • | |
| | | 小便池成品隔断 | — | — | — | • | • | |
| 顶棚 | 石膏板吊顶 | 基本顶棚/复合顶棚 | — | — | — | • | • | |
| | 金属板吊顶 | 基本顶棚/复合顶棚 | — | — | — | • | • | |
| | 挡烟垂壁 | 挡烟垂壁 | — | — | — | • | • | |
| | 天花检修口 | 成品天花检修口 | — | — | ○ | • | • | |
| 门窗装饰 | 防火门装饰 | 双扇钢质防火门灰色氟碳漆喷涂饰面 | — | — | — | • | • | |
| | 木门装饰 | 单扇木质饰面门 | — | — | — | • | • | |
| | 玻璃门装饰 | 双扇玻璃门 | — | — | — | • | • | |
| | 电梯门装饰 | 电梯门不锈钢饰面 | — | — | — | • | • | |
| | 防火卷帘饰面 | 防火卷帘不锈钢/石膏板饰面 | — | — | — | • | • | |
| | 消火栓箱饰面 | 消火栓箱玻璃饰面 | — | — | — | • | • | |
| | | 消火栓箱玻化砖饰面 | — | — | — | • | • | |
| 栏杆扶手 | 栏杆扶手 | 栏杆扶手 | — | — | • | • | • | |
| 卫生间 | 洗脸盆 | 洗脸盆 | — | — | — | • | • | |
| | 洗漱台 | 洗漱台 | — | — | — | • | • | |
| | 坐便器 | 坐便器 | — | — | — | • | • | |
| | 残疾人坐便器 | 残疾人坐便器 | — | — | — | • | • | |
| | 蹲便器 | 蹲便器 | — | — | — | • | • | |
| | 小便器 | 小便器 | — | — | — | • | • | |
| | 镜子 | 银镜 | — | — | — | • | • | |
| | 成品不锈钢挂衣钩 | 成品不锈钢挂衣钩 | — | — | — | • | • | |
| | 一体式烘手机 | 一体式烘手机 | — | — | — | • | • | |
| | 拖布池 | 拖布池 | — | — | — | • | • | |
| | 地漏 | 地漏 | — | — | — | • | • | |
| | 手纸盒 | 手纸盒 | — | — | — | • | • | |
| | 皂液盒 | 皂液盒 | — | — | — | • | • | |
| | 婴儿换片架 | 婴儿换片架 | — | — | — | • | • | |
| | 婴儿椅 | 婴儿椅 | — | — | — | • | • | |

续表

| 一级系统 | 二级系统 | 分项 | OD100 | LOD200 | LOD300 | LOD400 | LOD500 | 备注 |
|---|---|---|---|---|---|---|---|---|
| 其他 | 总服务台 | 总服务台 | — | — | — | • | • | |
| | 休息椅 | 休息椅 | — | — | — | • | • | |
| | 树盒 | 树盒 | — | — | — | • | • | |
| | 垃圾箱 | 垃圾箱 | — | — | — | • | • | |
| | 广告灯箱 | 广告灯箱 | — | — | — | • | • | |
| | 路面方向指示 | 路面方向指示 | — | — | — | • | • | |
| | 天花设备 | 条形下出风口 | — | — | — | • | • | |
| | | 方形下出风口 | — | — | — | • | • | |
| | | 球形风口 | — | — | — | • | • | |
| | | 条形侧出风口 | — | — | — | • | • | |
| | | 风幕机 | — | — | — | • | • | |
| | | 检修口 | — | — | — | • | • | |
| | | 编码感烟探测器 | — | — | — | • | • | |
| | | 扬声器 | — | — | — | • | • | |
| | | 顶面喷淋 | — | — | — | • | • | |
| | | 单向疏散指示灯 | — | — | — | • | • | |
| | | 感温探测器 | — | — | — | • | • | |
| | | 智能应急照明 | — | — | — | • | • | |
| | | 消防水泡 | — | — | — | • | • | |
| | | LED筒灯 | — | — | — | • | • | |
| | | LED灯带 | — | — | — | • | • | |
| | | 透光灯 | — | — | — | • | • | |
| | | 筒灯 | — | — | — | • | • | |

注：表中“•”表示应具备的信息，“○”表示宜具备的信息，“—”表示可不具备的信息。

其余系统要求可参考《建筑工程设计信息模型交付标准》(征求意见稿 20141022)。

**2. 建模精度**

建筑工程设计信息模型建模精度应由场地及室外工程系统、建筑外围护系统、建筑其他构件系统、建筑设备系统组成，见表 2.3.5-7～表 2.3.5-10。

场地及室外工程系统的建模精度等级　　表 2.3.5-7

| 系统 | 建模精度 | 建模精度要求 |
| --- | --- | --- |
| 现状场地 | G1 | •等高距宜为 5m。<br>•若项目周边现状场地中有铁路、地铁、变电站、水处理厂等基础设施，可采用二维表达。<br>• 除非可视化需要，场地及其周边的水体、绿地等景观可以二维区域表达 |
| | G2 | •等高距宜为 2.0m。<br>•若项目周边现状场地中有铁路、地铁、变电站、水处理厂等基础设施，可采用二维表达，必要时，宜采用简单几何形体表达。<br>•除非可视化需要，场地及其周边的水体、绿地等景观可以二维区域表达 |
| | G3 | •等高距宜为 1.0m。<br>•若项目周边现状场地中有铁路、地铁、变电站、水处理厂等基础设施，宜采用简单几何形体表达，模型几何细度宜为 3m。<br>•除非可视化需要，场地及其周边的水体、绿地等景观可以二维区域表达，必要时，宜采用简单几何形体表达 |
| | G4 | •等高距宜为 0.5m。<br>•若项目周边现状场地中有铁路、地铁、变电站、水处理厂等基础设施，宜采用高精度几何形体表达，模型几何细度宜为 300mm。<br>•场地及其周边的水体、绿地等景观宜采用高精度几何形体表达，模型几何细度宜为 300mm |
| 设计场地 | G1 | •等高距宜为 3m。<br>•除非可视化需要，水体、绿地等景观可以二维区域表达 |
| | G2 | •等高距宜为 1.0m。<br>•除非可视化需要，水体、绿地等景观可以二维区域表达。<br>•应在剖切视图中观察到与现状场地的填挖关系 |
| | G3 | •等高距宜为 1.0m。<br>•水体、绿地等景观可以二维区域表达，必要时，宜采用简单几何形体表达，项目设计的景观设施构筑物宜建模，模型几何细度应为 300m。<br>•应在剖切视图中观察到与现状场地的填挖关系 |
| | G4 | •等高距宜为 0.5m。<br>•水体、绿地等景观可以二维区域表达，必要时，宜采用简单几何形体表达，项目设计的景观设施构筑物宜建模，模型几何细度应为 100m。<br>•应在剖切视图中观察到与现状场地的填挖关系 |
| 场地中的现状建筑形体 | G1 | •宜以基本几何体量表示 |
| | G2 | •宜以体量化图元表示，模型几何细度宜为 10m |
| | G3 | •宜以体量化图元表示，模型几何细度宜为 5m |
| | G4 | •模型几何细度宜为 1m，并且物体表面宜有可正确识别的材质 |
| 场地中新（改）建建筑形体 | G1 | •宜以基本几何体量表示 |
| | G2 | •宜以体量化图元表示，模型几何细度宜为 10m |
| | G3 | •宜以体量化图元表示，模型几何细度宜为 5m |
| | G4 | •宜以体量化图元表示，模型几何细度宜为 1m，并且物体表面宜有可正确识别的材质 |

续表

| 系统 | 建模精度 | 建模精度要求 |
|---|---|---|
| 市政道路、桥梁、隧道 | G1 | • 宜以二维图形表达。 |
| | G2 | • 建模道路、隔离带及路缘石。模型几何细度宜为 1m。<br>• 桥梁和隧道宜以体量化图元表示，模型几何细度宜为 3m |
| | G3 | • 建模道路、隔离带及路缘石。模型几何细度宜为 0.3m。<br>• 桥梁和隧道宜以体量化图元表示，模型几何细度宜为 1m |
| | G4 | • 建模道路、隔离带及路缘石。模型几何细度宜为 0.1m。<br>• 桥梁和隧道宜以体量化图元表示，模型几何细度宜为 0.5m |
| 市政工程管线和设施 | G1 | • 宜以二维图形表达 |
| | G2 | • 宜以体量化图元表示，模型几何细度宜为 1m |
| | G3 | • 宜以体量化图元表示，模型几何细度宜为 0.5m |
| | G4 | • 模型几何细度宜为 0.1m，并且物体表面宜有可正确识别的材质 |
| 其他 | G1 | • 宜以二维图形表达 |
| | G2 | • 宜以体量化图元表示，模型几何细度宜为 1m |
| | G3 | • 宜以体量化图元表示，模型几何细度宜为 0.5m |
| | G4 | • 模型几何细度宜为 0.1m，并且物体表面宜有可正确识别的材质 |

**建筑外围护的建模精度等级** **表 2.3.5-8**

| 系统 | 建模精度 | 建模精度要求 |
|---|---|---|
| 墙 | G1 | — |
| | G2 | • 在“类型”属性中应区分外墙和内墙。<br>• 外墙定位基线宜与墙体核心层外表面重合，如有保温层，应与保温层外表面重合 |
| | G3 | • 内墙定位基线宜与墙体核心层中心线重合。<br>• 如外墙跨越多个自然层，可不考虑自然层的影响。<br>• 除管井、竖向交通等贯通空间的围合墙体和剪力墙外，内墙不宜穿越楼板建模。<br>• 墙体外饰面宜被赋予正确的材质 。<br>• 在“类型”属性中应区分外墙和内墙。<br>• 墙体核心层和其他构造层可按独立墙体类型分别建模。<br>• 外墙定位基线应与墙体核心层外表面重合，无核心层的外墙体，定位基线应与墙体内表面重合，有保温层的外墙体，定位基线应与保温层外表面重合。<br>• 内墙定位基线宜与墙体核心层中心线重合，无核心层的外墙体，定位基线宜与墙体内表面重合。<br>• 属性信息应区分剪力墙、框架填充墙、管道井壁等。<br>• 如外墙跨越多个自然层，墙体核心层应分层建模，饰面层可跨层建模。<br>• 除剪力墙外，内墙不应穿越楼板建模，核心层应与接触的楼板、柱等构件的核心层相衔接，饰面层应与接触的楼板、柱等构件的饰面层对应衔接。<br>• 应输入墙体各构造层的信息，构造层厚度不小于 20mm 时，应按照实际厚度建模。<br>• 墙体各构造层宜被赋予正确的材质 |

续表

| 系统 | 建模精度 | 建模精度要求 |
| --- | --- | --- |
| 墙 | G4 | • 在“类型”属性中区分外墙和内墙。<br>• 墙体核心层和其他构造层可按独立墙体类型分别建模。<br>• 外墙定位基线应与墙体核心层外表面重合，无核心层的外墙体，定位基线应与墙体内表面重合，有保温层的外墙体，定位基线应与保温层外表面重合。<br>• 内墙定位基线宜与墙体核心层中心线重合，无核心层的外墙体，定位基线应与墙体内表面重合。<br>• 在属性中区分“承重墙”“非承重墙”“剪力墙”等功能，承重墙和剪力墙应归类于结构构件。<br>• 如外墙跨越多个自然层，墙体核心层应分层建模，饰面层可跨层建模。<br>• 内墙不应穿越楼板建模，核心层应与接触的楼板、柱等构件的核心层相衔接，饰面层应与接触的楼板、柱等构件的饰面层对应衔接。<br>• 应输入墙体各构造层的信息，包括定位、材料和工程量。<br>• 构造层厚度不小于10mm时，应按照实际厚度建模。<br>• 墙体各构造层宜被赋予正确的材质 |
| 幕墙系统 | G1 | — |
| | G2 | • 支撑体系和安装构件可不表达，应为嵌板体系建模，并按照设计意图划分 |
| | G3 | • 幕墙系统应按照最大轮廓建模为单一幕墙，不宜在标高、房间分隔等处断开。<br>• 幕墙系统嵌板分隔应符合设计意图。<br>• 内嵌的门窗应明确表示，并输入相应的非几何信息。<br>• 幕墙竖梃和横撑断面模型几何细度应为10mm。<br>• 必要的非几何属性信息如各构造层、规格、材质、物理性能参数等 |
| | G4 | • 幕墙系统应按照最大轮廓建模为单一幕墙，不应在标高、房间分隔等处断开。<br>• 幕墙系统嵌板分隔应符合设计意图。<br>• 内嵌的门窗应明确表示，并输入相应的非几何信息。<br>• 幕墙竖梃和横撑断面模型几何细度应为3mm |
| 屋面 | G1 | — |
| | G2 | • 平屋面建模可不考虑屋面坡度，且结构构造层顶面与屋面标高线宜重合。<br>• 坡屋面与异形屋面应按设计形状和坡度建模，主要结构支座顶标高线与屋面标高线宜重合 |
| | G3 | • 应输入屋面各构造层的信息，构造层厚度不小于20mm时，应按照实际厚度建模。<br>• 楼板的核心层和其他构造层可按独立楼板类型分别建模。<br>• 平屋面建模应考虑屋面坡度。<br>• 坡屋面与异形屋面应按设计形状和坡度建模，主要结构支座顶标高线与屋面标高线宜重合。<br>• 屋面主要构件宜建模，模型几何细度为20mm |
| | G4 | • 应输入屋面各构造层的信息，构造层厚度不小于10mm时，应按照实际厚度建模。<br>• 楼板的核心层和其他构造层可按独立楼板类型分别建模。<br>• 平屋面建模应考虑屋面坡度。<br>• 坡屋面与异形屋面应按设计形状和坡度建模，主要结构支座顶标高线与屋面标高线宜重合。<br>• 屋面其他构件宜建模，模型几何细度为10mm。<br>• 如视觉表达需要，屋面各层构造、构件宜赋予可识别的材质信息 |

续表

| 系统 | 建模精度 | 建模精度要求 |
| --- | --- | --- |
| 门窗 | G1 | — |
| | G2 | • 如无特定需求，窗可以幕墙系统替代，但应在“类型”属性中注明“窗” |
| | G3 | • 门窗的高度、位置、尺寸等几何信息明确，模型几何细度应为 10mm |
| | G4 | • 窗的横撑和竖梃的材质、颜色、形状等非几何信息明确，模型几何细度应为 3mm |

建筑其他构件的建模精度等级　　表 2.3.5-9

| 系统 | 建模精度 | 建模精度要求 |
| --- | --- | --- |
| 楼板 | G1 | — |
| | G2 | • 除非设计要求，无坡度楼板顶面与设计标高应重合。有坡度楼板根据设计意图建模 |
| | G3 | • 应输入楼板各构造层的信息，构造层厚度不小于 20mm 时，应按照实际厚度建模。<br>• 楼板的核心层和其他构造层可按独立楼板类型分别建模。<br>• 主要的无坡度楼板建筑完成面应与标高线重合。<br>• 楼板有防水层与保温层的定位基线应与外表面重合 |
| | G4 | • 在“类型”属性中区分建筑楼板和结构楼板。<br>• 应输入楼板各构造层的信息，构造层厚度不小于 10mm 时，应按照实际厚度建模。<br>• 楼板的核心层和其他构造层可按独立楼板类型分别建模。<br>• 无坡度楼板建筑完成面应与标高线重合。<br>• 楼板各构造层宜赋予正确的材质 |
| 地面 | G1 | — |
| | G2 | • 平地面完成面与地面标高线宜重合 |
| | G3 | • 应输入地面各构造层的信息，构造层厚度不小于 20mm 时，应按照实际厚度建模。<br>• 地面的核心层和其他构造层可按独立楼板类型分别建模。<br>• 建模应符合地面坡度变化。<br>• 平地面完成面与地面标高线宜重合 |
| | G4 | • 应输入地面各构造层的信息，构造层厚度不小于 10mm 时，应按照实际厚度建模。<br>• 地面的核心层和其他构造层可按独立楼板类型分别建模。<br>• 建模应符合地面坡度变化。<br>• 平地面完成面与地面标高线宜重合。<br>• 如视觉表达需要，屋面各层构造、构件宜赋予可识别的材质信息 |
| 柱 | G1 | — |
| | G2 | • 非承重柱应归类于“建筑柱”，承重柱应归类于“结构柱”，应在“类型”属性中注明。<br>• 除非有特定要求，柱可不按照施工工法分层建模。<br>• 柱截面应为柱外廓尺寸，模型几何细度可为 100mm |
| | G3 | • 非承重柱应归类于“建筑柱”，承重柱应归类于“结构柱”，应在“类型”属性中注明。<br>• 结构柱宜按照施工工法分层建模。<br>• 柱截面应为柱外廓尺寸，模型几何细度宜为 20mm |
| | G4 | • 非承重柱应归类于“建筑柱”，承重柱应归类于“结构柱”，应在“类型”属性中注明。<br>• 柱宜按照施工工法分层建模。<br>• 柱截面应为柱外廓尺寸，模型几何细度宜为 10mm |

续表

| 系统 | 建模精度 | 建模精度要求 |
| --- | --- | --- |
| 楼梯或坡道 | G1 | — |
| | G2 | • 楼梯或坡道应建模。<br>• 平台板可用楼板替代，但应在“类型”属性中注明“平台板” |
| | G3 | • 楼梯或坡道应建模，并应输入构造层次信息，构造层厚度不小于20mm时，应按照实际厚度建模。<br>• 平台板可用楼板替代，但应在“类型”属性中注明“楼梯平台板” |
| | G4 | • 楼梯或坡道应建模，并应输入构造层次信息。构造层厚度不小于10mm时，应按照实际厚度建模。<br>• 平台板可用楼板替代，但应在“类型”属性中注明“楼梯平台板” |
| 垂直交通设备 | G1 | • 如无可视化需求，可以二维方式表达 |
| | G2 | • 模型几何细度为100mm。<br>• 可采用生产商提供的成品设备信息模型 |
| | G3 | • 模型几何细度为50mm。<br>• 可采用生产商提供的成品设备信息模型 |
| | G4 | • 模型几何细度为10mm。<br>• 可采用生产商提供的成品设备信息模型 |
| 栏杆或栏板 | G1 | • 如无可视化需求，可以二维方式表达 |
| | G2 | • 可简化表达，模型几何细度为100mm |
| | G3 | • 宜建模，模型几何细度宜为20mm |
| | G4 | • 宜建模，模型几何细度宜为10mm |
| 梁 | G1 | • 如无可视化需求，可以二维方式表达 |
| | G2 | • 应建模，模型几何细度宜为50mm |
| | G3 | • 应建模，模型几何细度宜为20mm |
| | G4 | • 应建模，模型几何细度宜为10mm |
| 家具 | G1 | • 如无可视化需求，可以二维方式表达 |
| | G2 | • 应建模，模型几何细度宜为100mm |
| | G3 | • 宜建模，模型几何细度宜为50mm |
| | G4 | • 宜建模，模型几何细度宜为20mm |
| 配筋 | G1 | • 如无可视化需求，可以二维方式表达 |
| | G2 | • 主要结构筋、构造筋应建模 |
| | G3 | • 主要结构筋、构造筋、箍筋应建模 |
| | G4 | • 各类配筋应建模 |
| 其他 | G1 | • 如无可视化需求，可以二维方式表达 |
| | G2 | • 宜建模，模型几何细度宜为100mm |
| | G3 | • 宜建模，模型几何细度宜为50mm |
| | G4 | • 宜建模，模型几何细度宜为20mm |

**建筑设备系统的建模精度等级** 表 2.3.5-10

| 系统 | 建模精度 | 建模精度要求 |
|---|---|---|
| 水系统 | G1 | • 如无可视化需求，可以二维表达 |
| | G2 | • 设备宜以基本几何形体表达体量和占位尺寸，或采用生产厂家提供的三维模型。<br>• 直径不小于 50mm 的管线应建模 |
| | G3 | • 设备宜建模，模型几何细度为 50mm，或采用生产厂家提供的三维模型。<br>• 直径不小于 20mm 的管线应建模。<br>• 安装附件宜建模，模型几何细度为 20mm |
| | G4 | • 设备宜采用生产厂家提供的三维模型。<br>• 直径不小于 10mm 的管线应建模。<br>• 安装附件宜采用生产厂家提供的三维模型 |
| 电气系统 | G1 | • 如无可视化需求，可以二维表达 |
| | G2 | • 设备宜以基本几何形体表达体量和占位尺寸，或采用生产厂家提供的三维模型。<br>• 直径不小于 20mm 的管线应建模 |
| | G3 | • 设备宜建模，模型几何细度为 50mm，或采用生产厂家提供的三维模型。<br>• 直径不小于 10mm 的管线应建模。<br>• 安装附件宜建模，模型几何细度为 20mm |
| | G4 | • 设备宜采用生产厂家提供的三维模型。<br>• 直径不小于 6mm 的管线应建模。<br>• 安装附件宜采用生产厂家提供的三维模型 |
| 通信系统 | G1 | • 如无可视化需求，可以二维表达 |
| | G2 | • 设备宜以基本几何形体表达体量和占位尺寸，或采用生产厂家提供的三维模型。<br>• 直径不小于 20mm 的管线应建模 |
| | G3 | • 设备宜建模，模型几何细度为 50mm，或采用生产厂家提供的三维模型。<br>• 直径不小于 10mm 的管线应建模。<br>• 安装附件宜建模，模型几何细度为 20mm |
| | G4 | • 设备宜采用生产厂家提供的三维模型。<br>• 直径不小于 6mm 的管线应建模。<br>• 安装附件宜采用生产厂家提供的三维模型 |
| 暖通空调系统 | G1 | • 如无可视化需求，可以二维表达 |
| | G2 | • 设备宜以基本几何形体表达体量和占位尺寸，或采用生产厂家提供的三维模型。<br>• 直径不小于 50mm 的管线应建模 |
| | G3 | • 设备宜建模，模型几何细度为 50mm，或采用生产厂家提供的三维模型。<br>• 直径不小于 20mm 的管线应建模。<br>• 安装附件宜建模，模型几何细度为 20mm |
| | G4 | • 设备宜采用生产厂家提供的三维模型。<br>• 直径不小于 10mm 的管线应建模。<br>• 安装附件宜采用生产厂家提供的三维模型 |

续表

| 系统 | 建模精度 | 建模精度要求 |
| --- | --- | --- |
| 其他 | G1 | •如无可视化需求，可以二维表达 |
|  | G2 | •宜以基本几何形体表达体量和占位尺寸，或采用生产厂家提供的三维模型。<br>•直径不小于50mm的管线应建模 |
|  | G3 | •宜建模，模型几何细度为50mm，或采用生产厂家提供的三维模型。<br>•直径不小于20mm的管线应建模。<br>•安装附件宜建模，模型几何细度为20mm |
|  | G4 | •设备宜采用生产厂家提供的三维模型。<br>•直径不小于10mm的管线应建模。<br>•安装附件宜采用生产厂家提供的三维模型 |
| 消防系统 | G1 | •如无可视化需求，可以二维表达 |
|  | G2 | •消防设备及其附属部分宜以基本几何形体表达体量和占位尺寸，或采用生产厂家提供的三维模型。<br>•直径不小于50mm的管线应建模 |
|  | G3 | •消防设备及其附属部分，均应建模，模型几何细度为50mm，或采用生产厂家提供的三维模型。<br>•消防水系统管道应建模。<br>•安装附件宜建模，模型几何细度为20mm |
|  | G4 | •消防设备及其附属部分应采用生产厂家提供的三维模型。<br>•消防水系统管道应建模。<br>•安装附件宜采用生产厂家提供的三维模型 |

# 第三章　快速建模实例

**本章导读**

本章将分别用一个二层别墅和某项目地下室为例，为大家介绍在 Revit 的基础上，配合使用橄榄山软件进行快速标准化建模的方法。本章内容讲解过程中所用到的图纸以及相关文件将会附在教材资料中，读者可以下载后配合本教材学习使用。

由于橄榄山软件是基于 Revit 的插件，所以读者需要了解和掌握 Revit 中不同图元构件的绘制方法以及基本内容。在本章后面的建模过程介绍中，会以“一般方法”和“快速方法”来分别介绍使用 Revit 软件和使用橄榄山软件绘制模型的方法。“一般方法”中会讲解在 Revit 中不同类型图元绘制的基本操作，“快速方法”讲解使用橄榄山来进行快速建模的操作。两种方法各有侧重，前者主要提供基础性内容的讲解，后者主要围绕“快速”“标准”建模来讲解。读者可以根据自身掌握 Revit 的熟练程度的不同有侧重地进行查看和学习。

**本章二维码**

3.1 标高轴网

3.2 结构模型

3.3 建筑模型

3.4 机电模型

## 3.1　标高轴网

在使用 Revit 进行项目模型建立的初始阶段，需要确定好项目的定位信息，也就是项目的标高以及轴网，通过这些定位信息才能准确地控制项目模型中各类图元的空间位置以及各构件之间的相对位置关系。为了便于后期各专业模型的统一与协调，需要准备各专业具有相同标高轴网以及统一项目基点的样板文件。标高轴网的建立是准备项目样板文件的初始工作。

### 3.1.1　楼层标高

标高信息用于反映和控制建筑物各构件在高度上的定位，是项目中重要的定位参考信息。

绘制标高的方法有两种，分别是利用 Revit 自身工具和橄榄山快速工具来进行绘制，下面逐一来介绍绘制方法。

**1. 一般方法**

在 Revit 中单击【应用程序菜单】→【新建】→【项目】，打开“新建项目”对话框，见图 3.1.1-1，在样板文件的下拉菜单中选择“建筑样板”，在“新建”选项中选择“项目”，单击“确定”按键创建当前项目文件，见图 3.1.1-2。

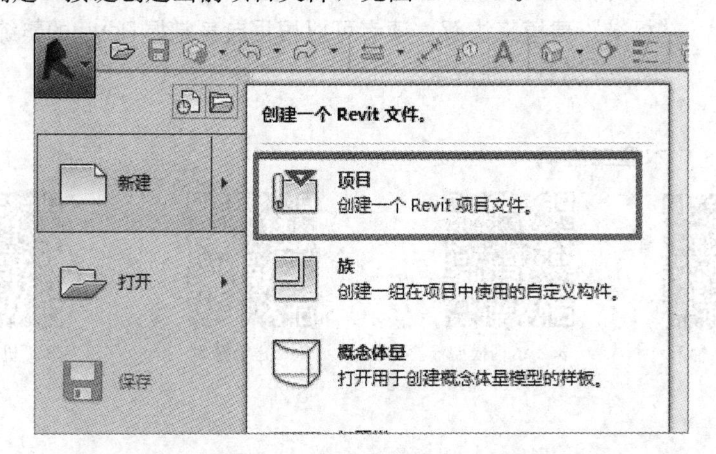


图 3.1.1-1　新建项目文件

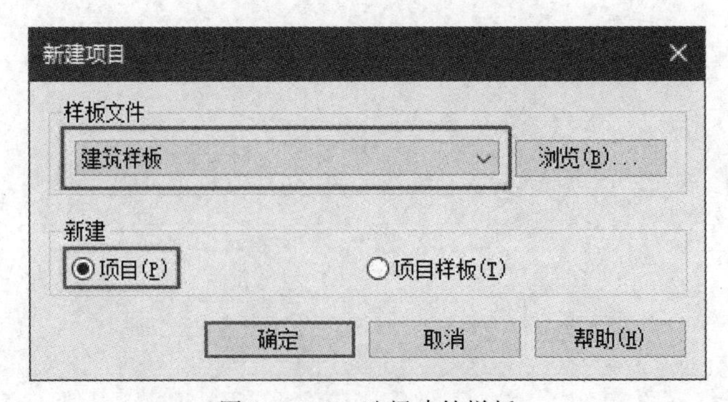


图 3.1.1-2　选择建筑样板

在项目浏览器中找到“立面（建筑立面）”项目，并展开，双击“南”切换到南立面视图，可以看到在默认样板文件中已经预设了两个标高，分别是“标高 1”和“标高 2”，见图 3.1.1-3。

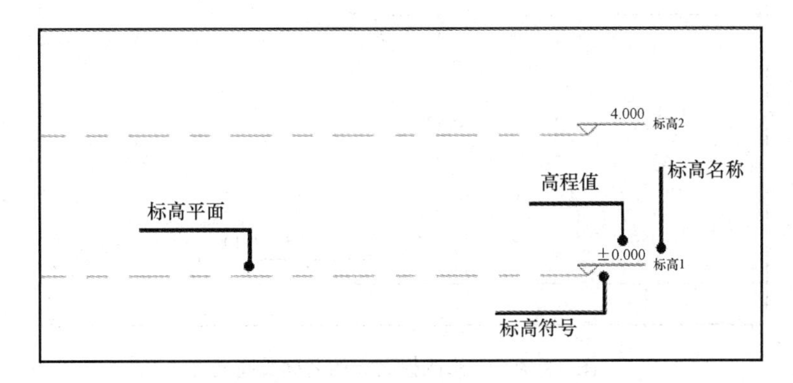


图 3.1.1-3 默认提供的标高

展开项目浏览器中的“楼层平面”，可以看到有与楼层标高对应的两个楼层平面，名称分别为“标高 1”和“标高 2”，如图 3.1.1-4 所示。双击标高名称进入修改标高名称状态，修改“标高 1”的名称为“1F”，在空白位置单击鼠标左键完成修改，此时 Revit 会弹出提示对话框，提示“是否希望重命名相应视图?”，如图 3.1.1-5 所示，选择“是”，则对应楼层平面视图名称自动更改为标高名称，选择“否”，则不会修改对应楼层平面视图名称。这里选择“是”，完成对标高名称的修改，展开项目浏览器，查看对应楼层平面名称，此时已更改“标高 1”为“1F”，如图 3.1.1-6 所示。

图 3.1.1-5 重命名视图提示

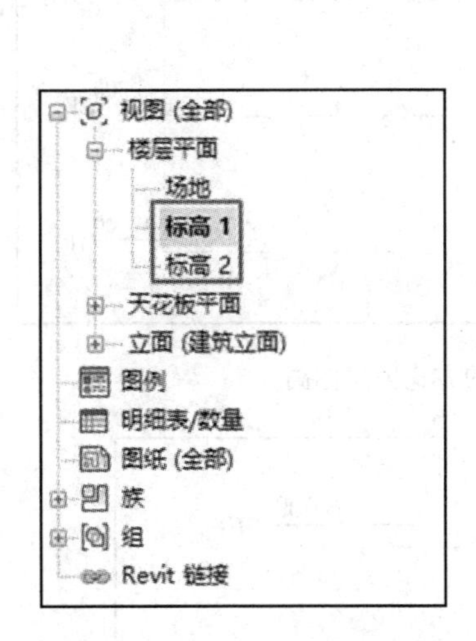


图 3.1.1-4 平面视图名称

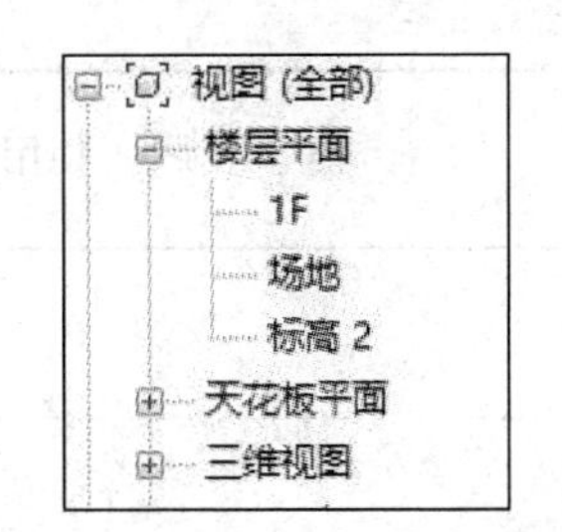


图 3.1.1-6 修改完成后的效果

根据图纸中标注的标高，依次修改当前项目中的楼层标高以及标高名称。

首先按照之前的方法修改“标高 2”为“2F”。单击选中标高 2 中的高程值，在其高亮显示状态下再次单击可以进入编辑状态，将数值改为 3.3（注意：此处高程值的单位为 m，这里的单位取决于所使用的标头符号族中的单位设置），则标高 2 会自动调整与 1F 之间的距离，如图 3.1.1-7 所示。

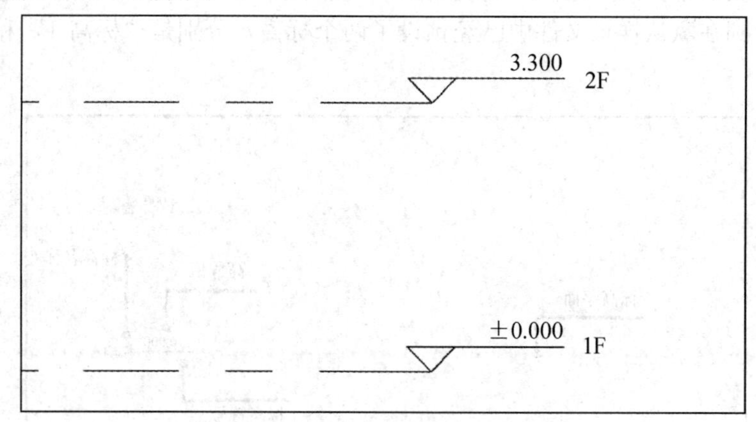


图 3.1.1-7 修改标高 2 的名称及高度

继续绘制其他楼层的标高。切换到【建筑】选项卡，在【基准】工具面板中选择【标高】工具，此时鼠标箭头将会变为十字光标，在 2F 上方适当位置单击鼠标左键放置绘制起点，将鼠标移动适当距离，再次单击鼠标左键，完成该标高的放置。选中该标高平面，此时会出现蓝色的临时尺寸标注，通过临时尺寸标注可以查看当前标高的高程位置，如图 3.1.1-8 所示。单击选中临时尺寸标注，修改数值为 3300（临时尺寸标注的单位为 mm），则该标高会自动调整与 2F 之间的距离。修改该标高名称为 3F，完成后如图 3.1.1-9 所示。

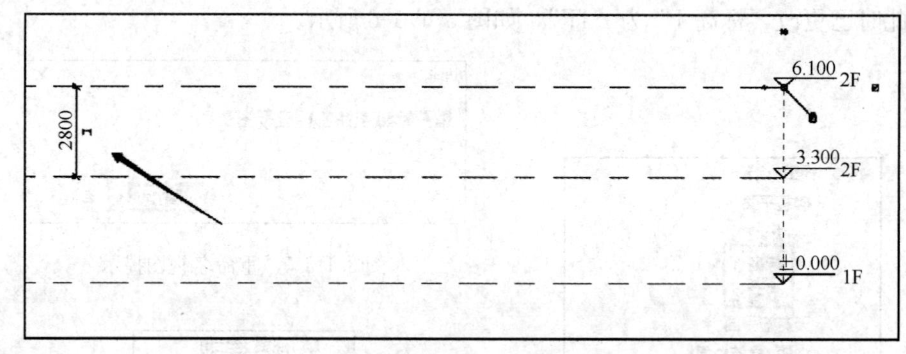


图 3.1.1-8 使用修改临时尺寸的方式创建标高 3

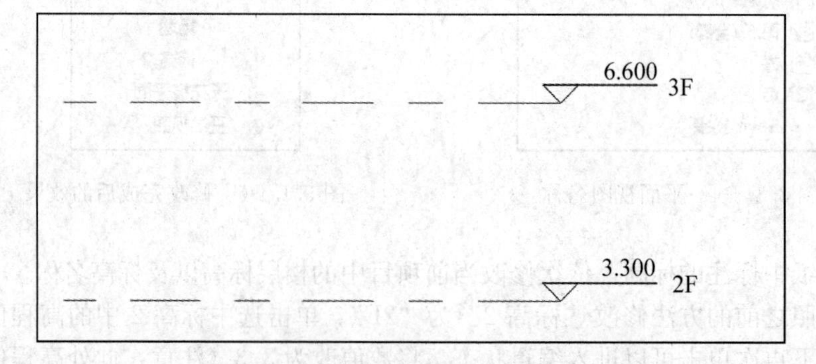


图 3.1.1-9 创建完成后的效果

使用这种方式绘制的标高，Revit 会自动创建与标高对应的楼层平面视图。标高绘制完成后，标高符号会显示为蓝色。

选中 1F 标高，在【修改｜标高】上下文关联选项卡中，点击【复制】工具，勾选选项栏中的“约束”选项，不勾选“多个”。移动鼠标在绘图区域任意位置选择复制基点，向下滑动鼠标，键盘输入 450，单击鼠标左键，完成室外地面标高的绘制，修改标高名称为“室外地面”，如图 3.1.1-10 所示。

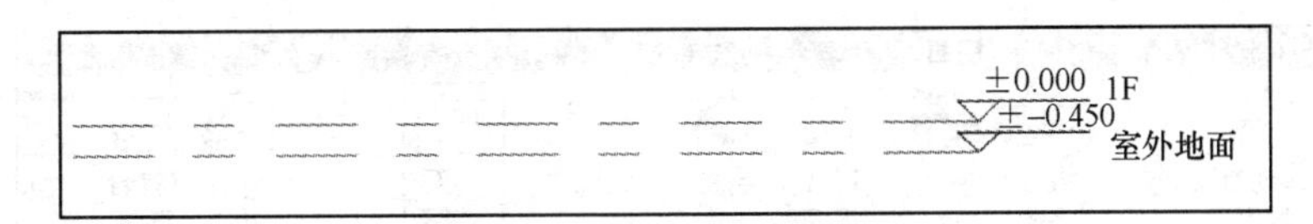


图 3.1.1-10　创建室外地面

为室外地面标高切换下标头类型。选中室外地面标高，在属性栏的类型选择器中单击下拉三角，选择下标头，见图 3.1.1-11。

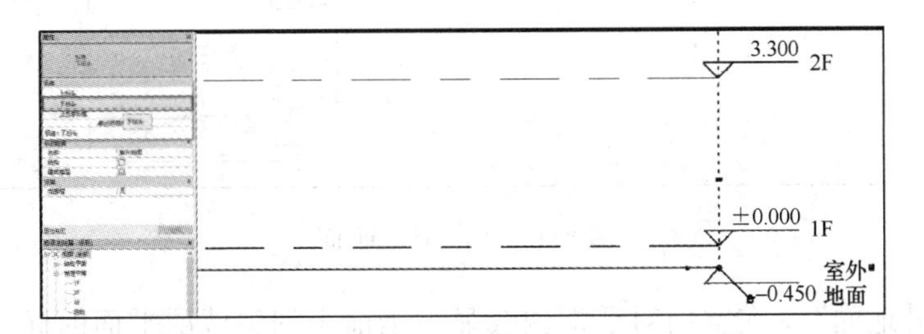


图 3.1.1-11　修改室外地面标头

使用复制工具进行绘制的标高，Revit 不会自动创建对应的楼层标高平面，其标高符号显示为黑色。

选中室外地面标高，单击属性栏中的“编辑类型”选项，会弹出“类型属性”对话框，见图 3.1.1-12。

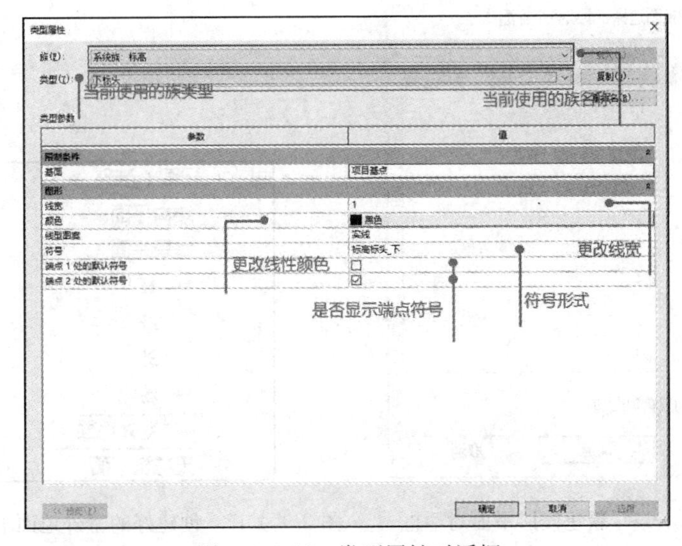


图 3.1.1-12　类型属性对话框

通过对“类型属性”对话框中的相关参数的设置可以修改标高平面线的线型、线宽和颜色等。需要注意的是，在此对话框中进行的更改将会对所有使用该类型的标高进行更改。这里不作更改，使用默认的设置。

打开【视图】选项卡，在【创建】面板中单击【平面视图】工具，见图 3.1.1-13，在下拉菜单的选项中选择“楼层平面”，会弹出“新建楼层平面”对话框，如图 3.1.1-14 所示。

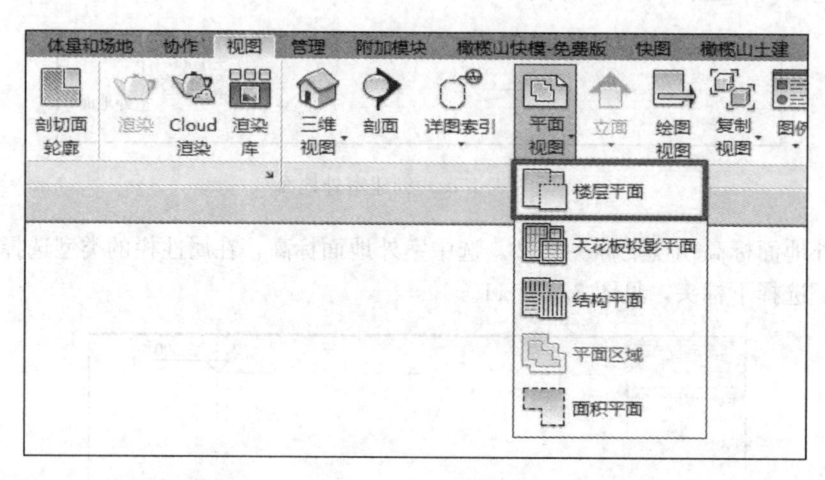


图 3.1.1-13　楼层平面

选中“室外地面”（在空白对话框内会显示当前未创建楼层平面的标高），单击“确定”，完成室外地面楼层平面的创建。在项目浏览器中查看刚刚创建完成的“室外地面”楼层平面，如图 3.1.1-15 所示。

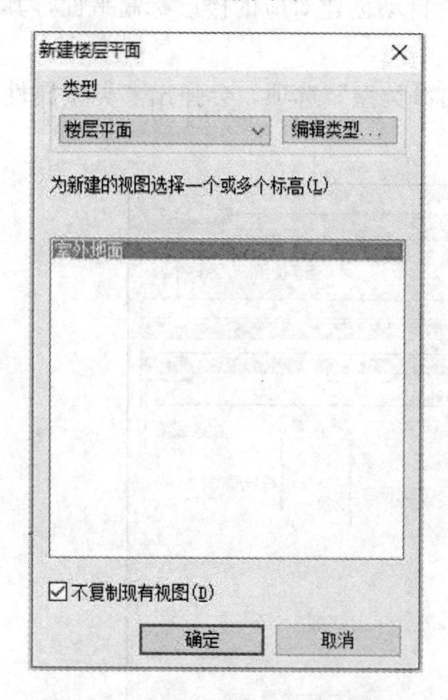


图 3.1.1-14　新建楼层平面对话框

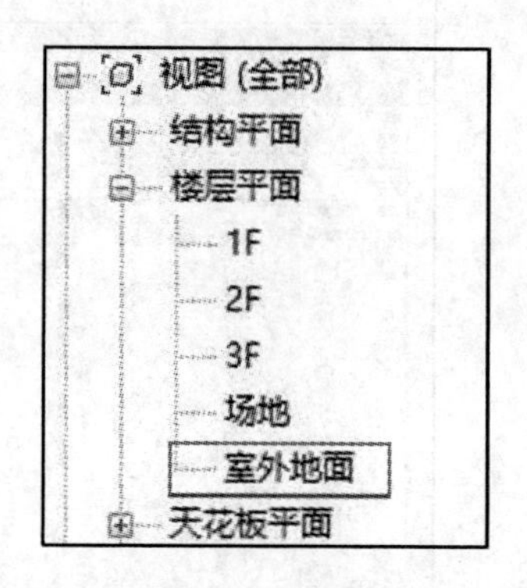


图 3.1.1-15　创建好的室外地面平面视图

这样，楼层标高的绘制就完成了，见图 3.1.1-16。

**小提示**：单击选中标高平面，可以通过勾选标高平面两端的小方块来控制是否显示两端的标高符号。

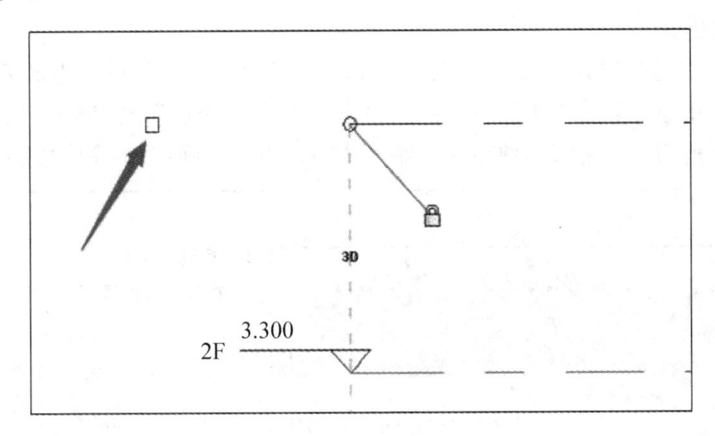


图 3.1.1-16　标高符号控制

**2. 快速方法**

打开 Revit，选择 Revit 默认的建筑样板文件打开。若使用 Revit 的标高绘制工具，要将视图切换到立面视图才能进行标高创建。橄榄山软件楼层工具支持在任意视图中创建楼层标高，并且可自动生成对应楼层平面，同时支持批量删除和修改楼层标高名称等。

切换到【橄榄山快模-免费版】选项卡，在【快速楼层轴网工具】面板中找到【楼层】工具，单击该工具，会弹出“楼层管理器”对话框，如图 3.1.1-17 所示。

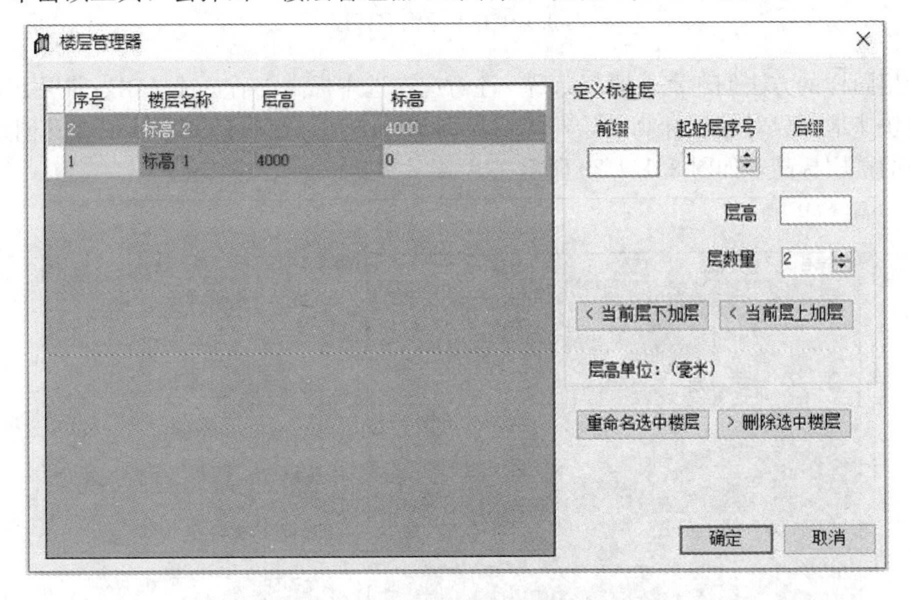


图 3.1.1-17　楼层管理器对话框

楼层管理器中会显示当前样板文件中所包含的楼层标高信息，例如楼层名称、层高以及标高等。橄榄山楼层管理器支持在管理器中直接修改楼层名称和层高信息。下面使用楼层管理器来创建项目的楼层标高。

双击序号 1 中的层高项，选中并修改标高 1 的层高为 3300。单击序号 2 前面的空白格，使序号 2 一行呈蓝色高亮显示状态。在“定义标准层”选项中，起始层序号填写 3，后缀填写 F，层高填写 3300，层数量填写 1，选择“当前层上加层”，单击“确定”，完成对 3F 标高的创建。

使用【重命名选中楼层】命令，统一为标高 1、标高 2 和 3F 进行重命名。在所有楼层选中的状态下，单击“重命名选中楼层”，弹出“重命名楼层”对话框，如图 3.1.1-18 所示，这里不添加前缀，在后缀的填写框中输入“F”，单击“确定”，完成楼层名称的修改。

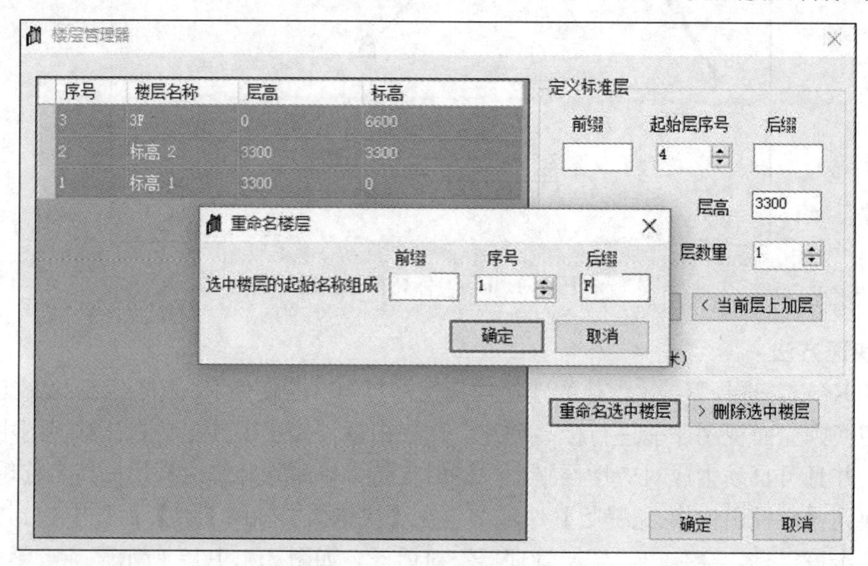


图 3.1.1-18 重命名楼层

使用同样的方法创建室外地面标高，注意应在选中标高 1 后，选择在当前层下加。这样就能快速地完成对楼层标高的绘制了，见图 3.1.1-19。在项目浏览器中查看创建和修改完成的楼层标高，如图 3.1.1-20 所示。

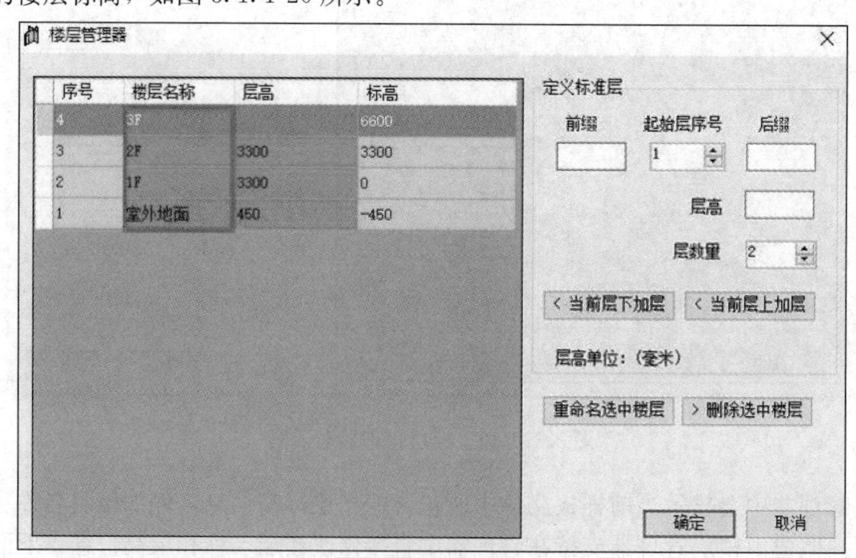


图 3.1.1-19 创建完成的楼层标高

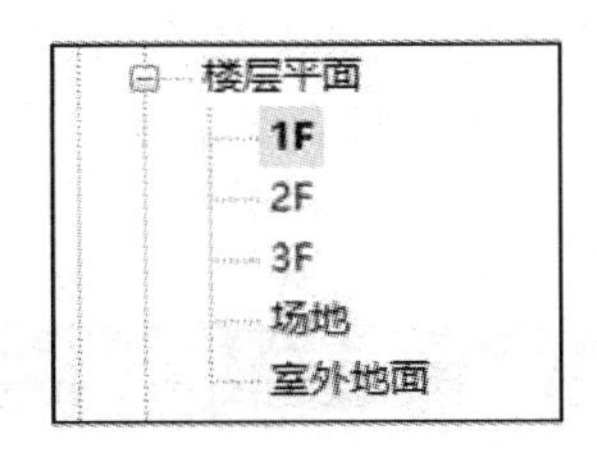


图 3.1.1-20 平面视图自动创建完成

将绘制完成的标高文件存放到指定项目路径的文件夹中（存为样板文件），并命名为“二层别墅项目-样板文件-楼层标高”，后续的轴网绘制可以在该文件的基础上进行。

## 3.1.2 轴网

轴网是项目中重要的定位信息，其创建方法与楼层标高的创建方法类似，可以使用 Revit 中的【轴网】工具，也可以使用橄榄山软件来进行快速创建。

**1. 一般方法**

打开在上一节中绘制完成的“某二层别墅项目-样板文件-楼层标高”文件，切换到 1F 楼层平面视图，在【建筑】选项卡中的【基准】面板中选择【轴网】工具，此时鼠标指针变为十字光标，功能区中，自动切换到【修改｜放置 轴网】上下文关联选项卡，在上下文关联选项卡中的【绘制】面板中选择轴网绘制的方式，如图 3.1.2-1 所示，绘制方式有“直线”绘制、“弧线”绘制和“拾取线”等，Revit 还支持利用多段线绘制轴线。这里选择第一种“直线”方式来进行绘制。启动【轴网】命令后，在【绘制】面板中选择“直线”方式，移动鼠标至绘图区域的空白位置，单击鼠标左键来进行轴线起点的放置，继续向下移动鼠标，在适当位置单击鼠标左键放置轴线终点，完成轴线绘制，如图 3.1.2-2所示。

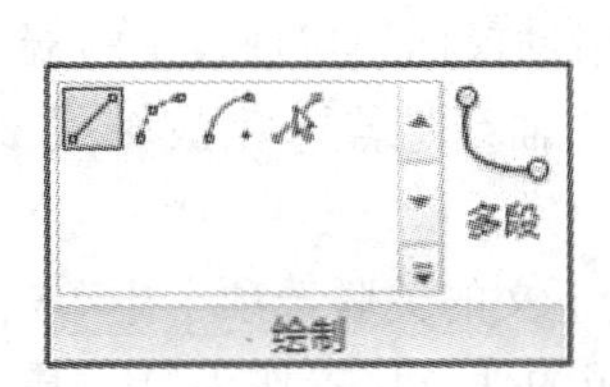


图 3.1.2-1 绘制面板

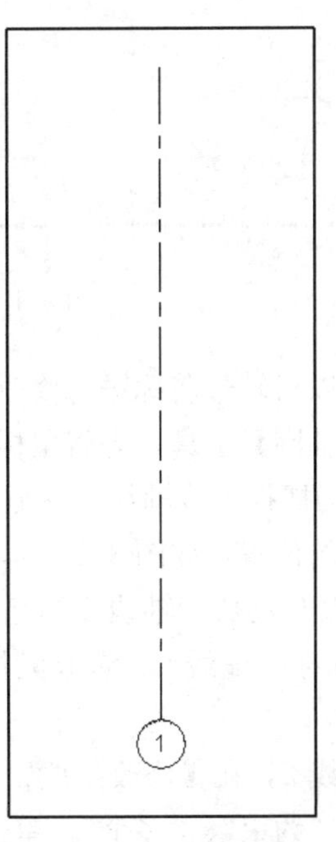


图 3.1.2-2 绘制的轴线

选中该轴线，在属性面板中单击“编辑类型”，打开“类型属性”对话框，如图 3.1.2-3。与楼层标高一样，可以在轴线的“类型属性”对话框中针对当前轴网进行轴网样式的设置与调整。

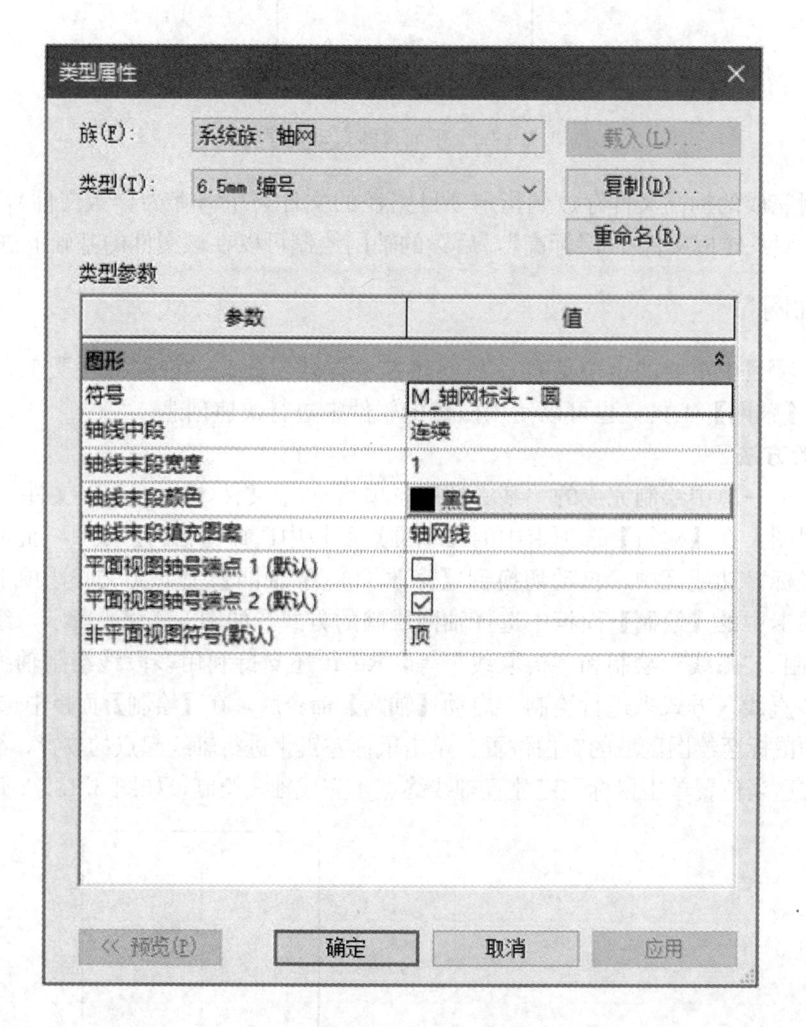


图 3.1.2-3 类型属性对话框

双击轴号可以对轴号名称进行修改。

再次启动【轴网】工具，先将鼠标移动到轴线 1 的端点位置，然后继续向右侧移动，此时 Revit 会自动捕捉 1 号轴线，并显示光标与轴线之间的距离，可以直接手动输入数值确定第二根轴线的位置，如图 3.1.2-4 所示。这里，按照图纸要求，输入数值 2200，单击回车键后 Revit 会自动放置轴线 2 的起点，向下滑动鼠标到与轴线 1 的端点位置平齐（此时会出现蓝色的对齐虚线），单击鼠标左键放置轴线端点，完成轴线 2 的绘制，如图 3.1.2-5 所示。

单击选中轴线 2，在【修改 | 放置 轴网】上下文的关联选项卡中单击【复制】工具，在选项栏中勾选“约束”、“多个”，单击绘图区域的任意位置作为复制基点，移动鼠标至适当位置，单击鼠标左键进行轴线的放置（可以直接输入移动距离）。

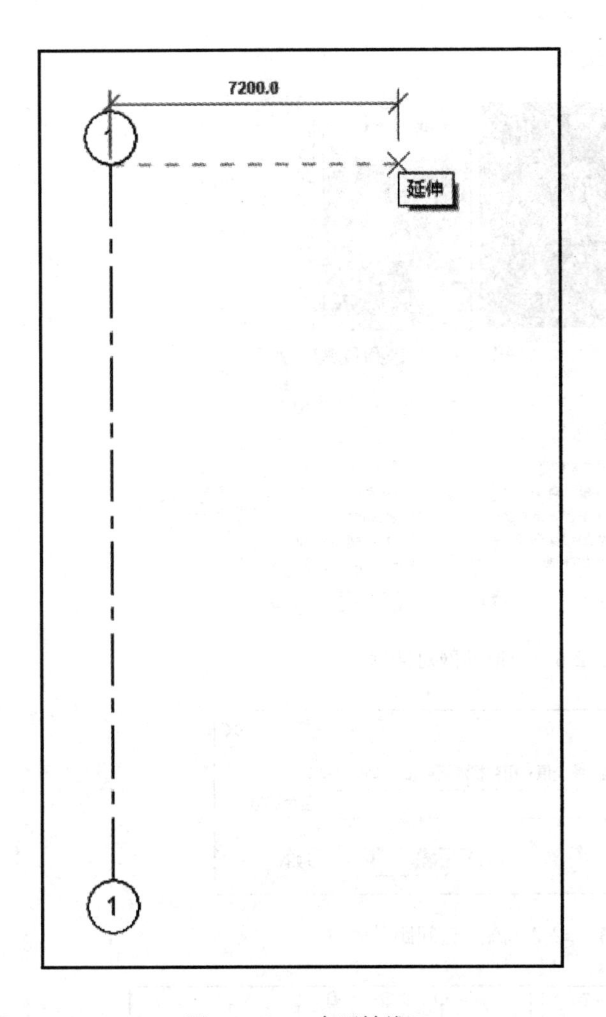


图 3.1.2-4 参照轴线 1

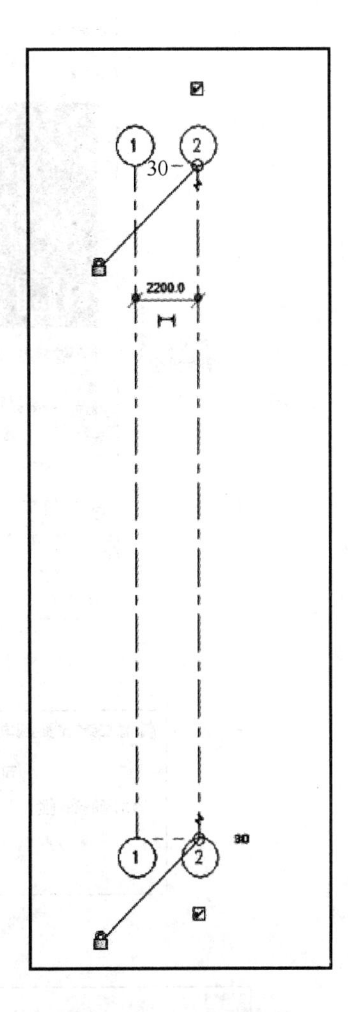


图 3.1.2-5 创建的轴线 2

可以利用该办法完成项目中轴网的绘制。

**2. 快速方法一**

打开在上一节中绘制完成的“某二层别墅项目-样板文件-楼层标高”文件，将视图切换为 1F 平面视图。在【橄榄山快模-免费版】选项卡中的【快速楼层轴网工具】面板中点击【矩形轴】网工具，打开“矩形轴网”对话框，如图 3.1.2-6 所示。

单击对话框右上方的“增新间距”按键，打开“添加新的间距或角度”对话框，见图 3.1.2-7，可以在当前对话框中添加间距列表中没有的间距。

单击“确定”按键，完成新的轴网间距的输入，新输入的间距数值将会在间距列表里进行显示。

选择开间以及进深方式后，单击间距数值进行轴线的添加。除了可以通过单击间距数值来添加轴线外，还可以通过一次性输入轴线间距来绘制轴线。

在“轴号设置”选项中，提供了多种针对标注样式、轴网的编号规则、标注尺寸界限样式等的设置，可以根据需要自定义设置。

根据图纸完成轴网的创建，创建效果如图 3.1.2-8 所示。

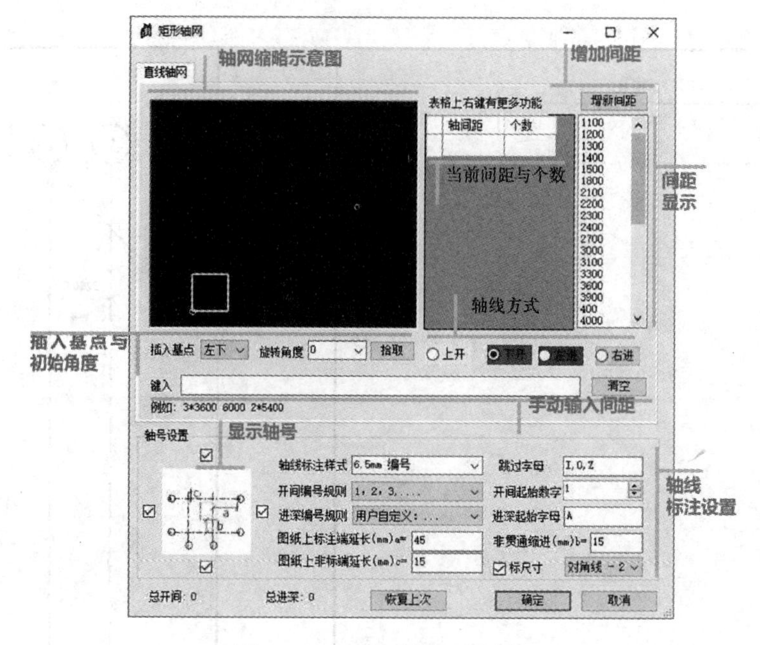


图 3.1.2-6 矩形轴网对话框

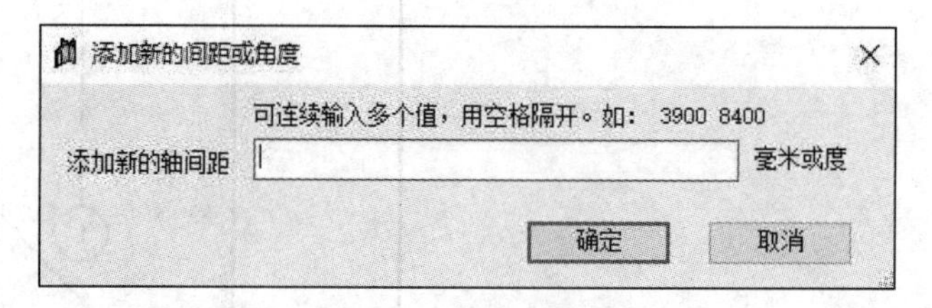


图 3.1.2-7 添加新间距

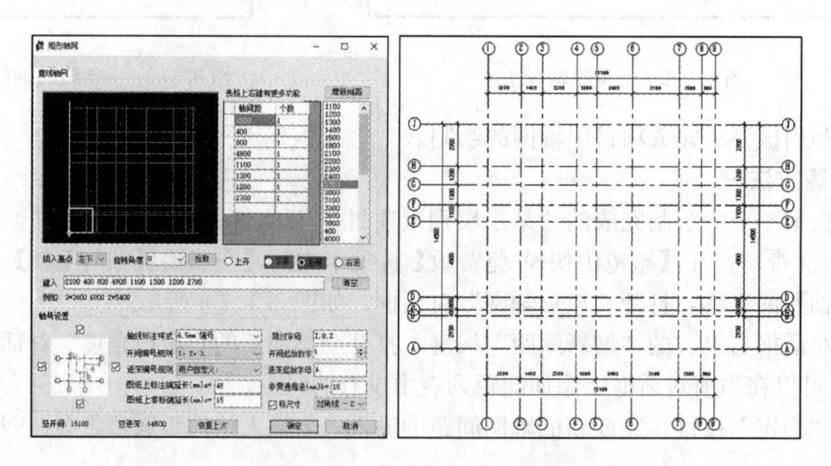

图 3.1.2-8 创建完成的新轴网

**3. 快速方法二**

利用现有的DWG图纸，能够快速地在Revit中创建二维图纸中的轴网。橄榄山软件中的多个翻模工具均可对轴网进行翻模创建，例如【建筑翻模 AutoCAD】、【结构翻模 AutoCAD】和【轴网转换链接 DWG】工具。

使用【建筑翻模 AutoCAD】工具

在 CAD 中打开 DWG 图纸，切换到【橄榄山快模】选项卡，单击选择【建筑（导出建筑 DWG 数据)】工具（使用【结构（导出结构 DWG 数据)】工具也可以，只针对轴网数据的提取)，清空弹出对话框中的所有信息，提取图纸中的轴线与轴号图层信息（具体的提取操作过程可以查看本书第一章中关于“建筑翻模 AutoCAD”的讲解)。

打开 Revit，选择上一节中绘制完成的“某二层别墅项目-样板文件-楼层标高”文件，在【GLS 土建】选项卡中选择【建筑翻模 AutoCAD】工具，在“从 DWG 生成到 Revit 模型”对话框中，仅勾选“生成轴网”选项即可，如图 3.1.2-9 所示。

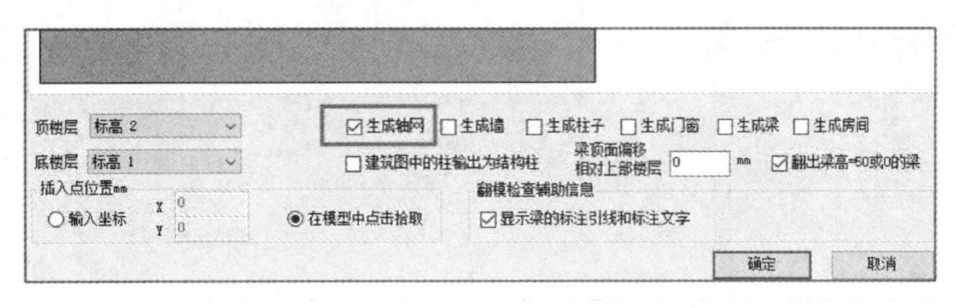


图 3.1.2-9 勾选生成轴网选项

单击“确定”，放置基点，等待 Revit 自动完成轴网的绘制。

需要注意的是，在 Revit 中，每根轴线都必须指定轴号，DWG 图纸中有些辅助轴线没有轴号，如图 3.1.2-10 所示，若使用本方法进行轴网的绘制，软件会自动为没有轴号

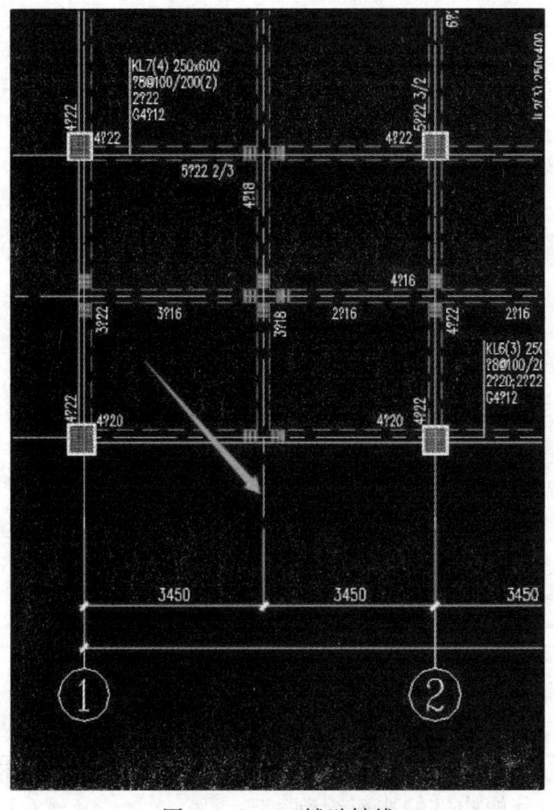


图 3.1.2-10 辅助轴线

的轴线赋予编码，如图 3.1.2-11 所示，生成效果如图 3.1.2-12 所示。

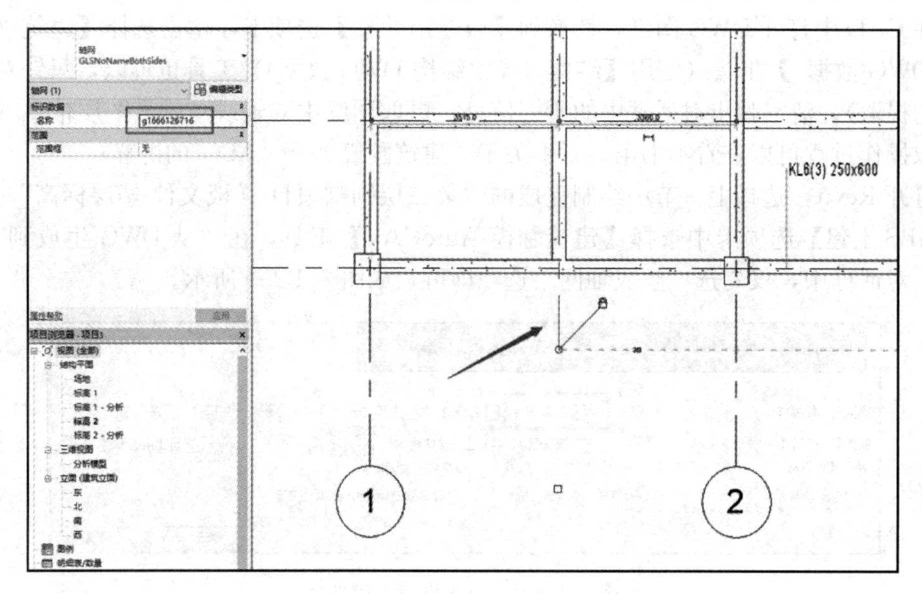


图 3.1.2-11 生成辅助轴线位置及名称

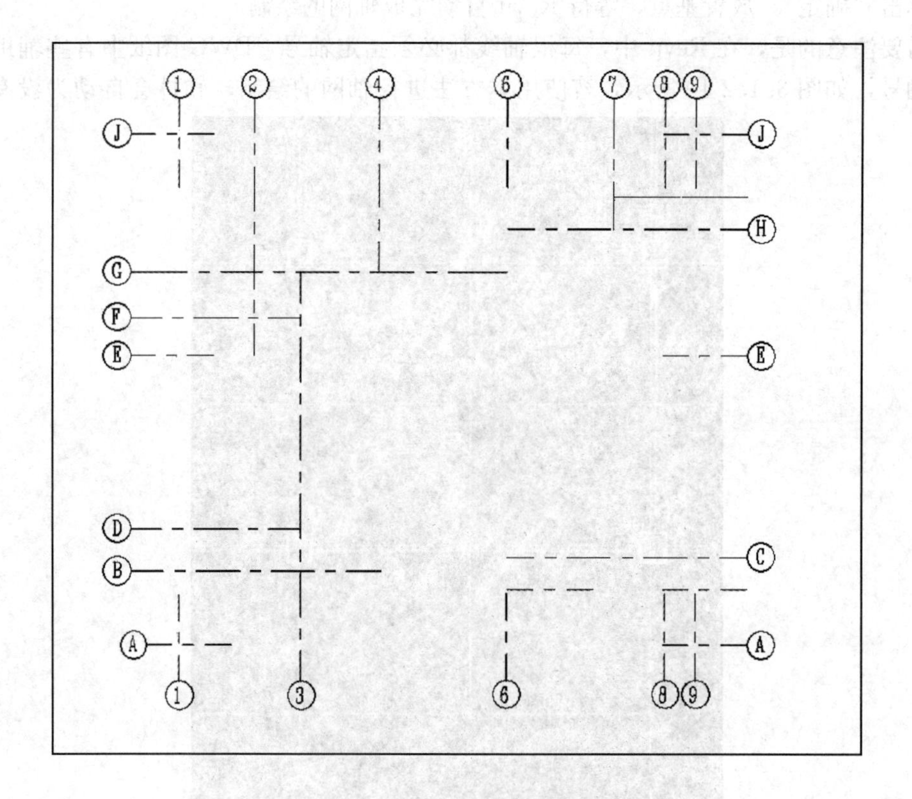


图 3.1.2-12 生成效果

使用翻模的方法可以快速地完成整个轴网的绘制。实际上，如果使用翻模操作来进行绘制，可以同时完成对其他构件的快速绘制。

需要注意的是，在平面视图中完成轴网绘制后，需要切换到立面，调整轴线的高度，保证轴线与各楼层标高相交，未相交的标高平面中不会显示相应的轴线，见图 3.1.2-13。

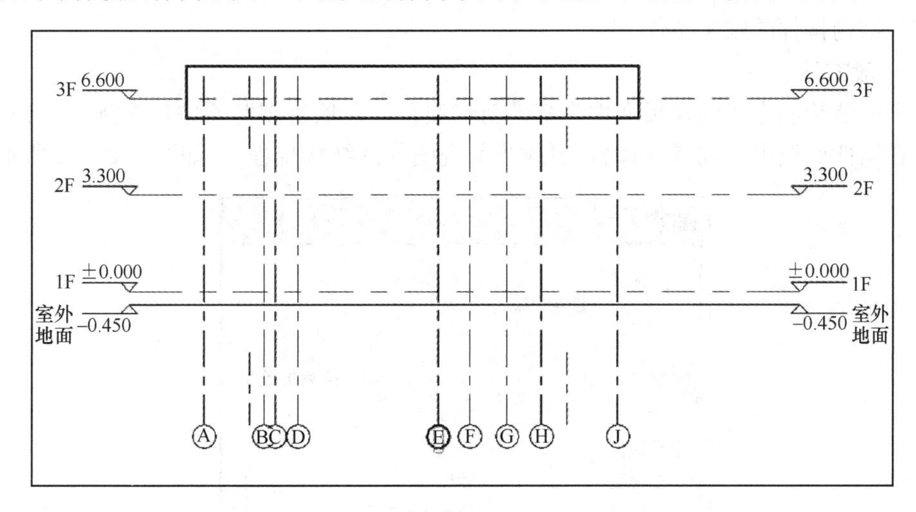


图 3.1.2-13 调整轴线

除了可以使用【建筑翻模 AutoCAD】工具外，还可以使用【轴网转换链接 DWG】工具来进行轴网的生成，【轴网转换链接 DWG】工具的界面如图 3.1.2-14 所示。限于篇幅，关于该工具的使用方法不再详述，具体可以参考本书第一章中有关该工具的讲解部分。

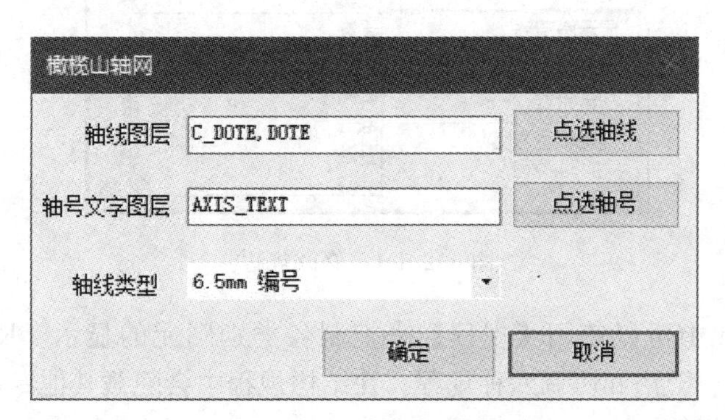


图 3.1.2-14 橄榄山轴网对话框

## 3.2 结构模型

在本节中，将讲解关于项目模型中结构部分的绘制方法。结构部分模型主要指的是结构墙、结构板、梁、柱、基础等构件。

### 3.2.1 结构柱

一般情况下，项目中建筑与结构会采用两套标高，也就是建筑标高和结构标高。采用该种方式的项目，在建模时，除需要建立建筑标高（3.1.1 节中绘制的为建筑标高）外，还需要进行结构标高的绘制，并且需要创建结构标高所对应的各楼层结构平面。本项目中建筑与结构采用同一套标高，所以不需要再单独创建结构楼层平面，并且可以直接将建筑标高用作结构构件的限定条件。

**1. 一般方法**

以上一节绘制完成的样板文件为基础新建项目。在项目浏览器中切换到 1F 楼层平面视图。在属性面板中找到【规程】，更改当前视图为“结构规程”，如图 3.2.1-1 所示。

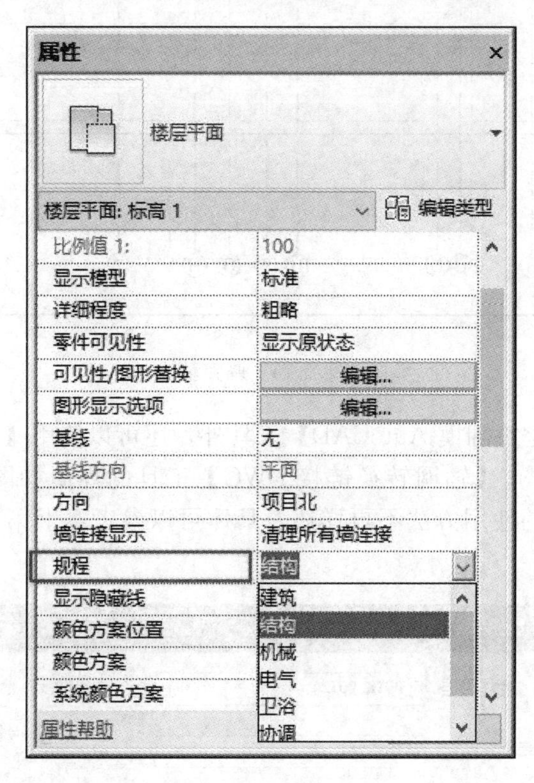


图 3.2.1-1　修改规程

**小提示：**Revit 中可以使用【规程】来控制各类别图元的显示。Revit 提供了建筑、结构、机械、电气、卫浴和协调六种规程。在结构规程中会隐藏其他专业的相关图元，例如建筑墙、建筑楼板等。

绘制结构柱、梁等构件前，需要先在当前项目文件中载入相应构件族，并创建项目需要的族类型。切换到【插入】选项卡，在【从库中载入】工具面板中选择【载入族】工具，会弹出“载入族”对话框见图 3.2.1-2，该对话框会默认打开到 Revit 提供的族库路径，在默认族库中分别找到“混凝土-矩形-柱”和“混凝土-矩形梁”两个族并载入。

为当前项目绘制结构柱，需要先创建项目需要的柱子类型。在【结构】选项卡中单击【柱】工具，单击属性栏中的编辑类型，打开“类型属性”对话框，单击类型后的“复制”按键，打开“名称”对话框，修改新的柱子类型名称为“1F-KZ1-400X400-C25”，如图 3.2.1-3所示，单击“确定”按键，返回到柱子的“类型属性”对话框，将柱子的截面宽度和深度均修改为 400 即可，如图 3.2.1-4 所示，单击“确定”，完成新类型的创建。

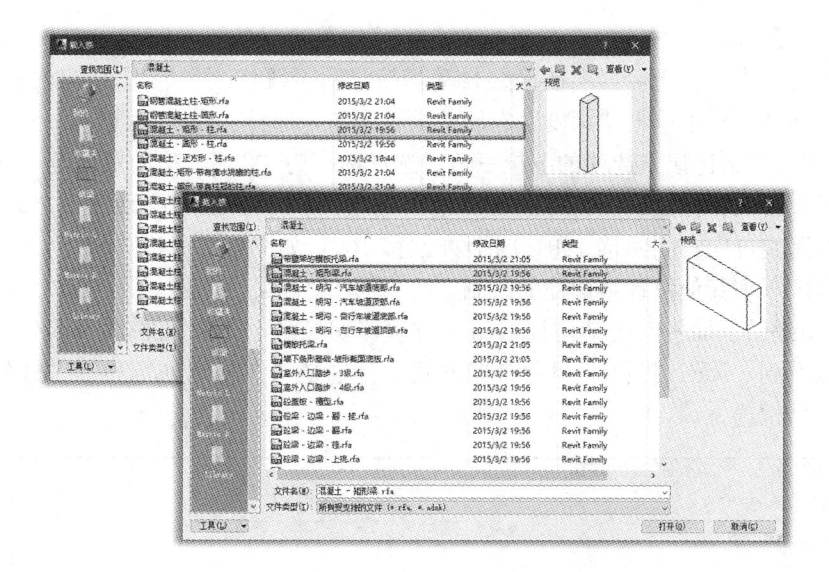

图 3.2.1-2　载入梁、柱族

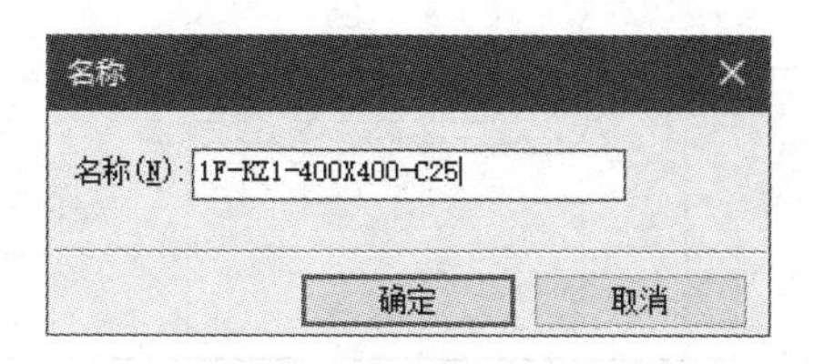


图 3.2.1-3　修改命名

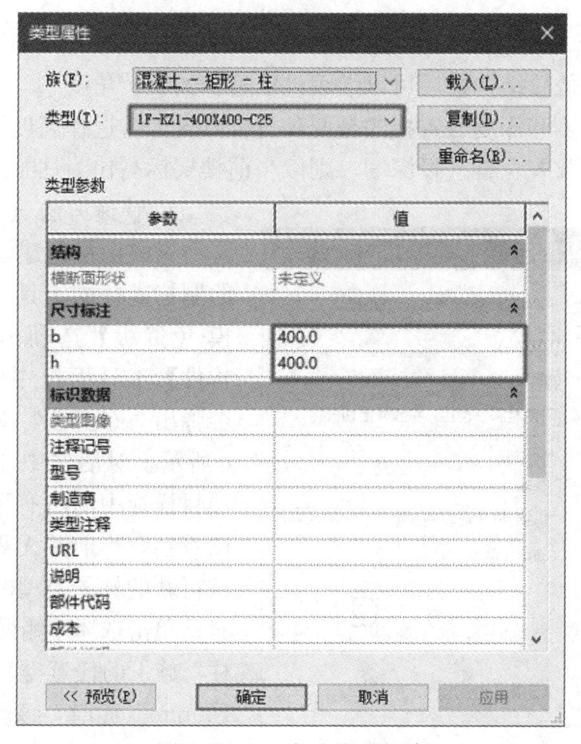


图 3.2.1-4　完成类型创建

在【建筑】选项卡的【构建】面板中点击【柱】工具的下拉三角，选择【结构柱】，此时鼠标指针变为十字光标，功能区会自动切换显示至【修改｜放置 结构柱】上下文关联选项卡。在选项栏中单击“深度”右侧的下拉三角，选择“高度”选项，不勾选“放置后旋转”，单击“未连接”选项的下拉三角，选择标高为“2F”，移动鼠标至 3-A 轴交点，自动捕捉后单击鼠标左键放置该结构柱。单击选中“KZ1”，使用移动命令，调整柱边与轴线之间的距离，向右侧偏移 100，向上方偏移 100，如图 3.2.1-5 所示。可以使用相同的方法完成图纸中其他位置结构柱的绘制。

Revit 中提供了批量创建结构柱的布置方法。切换到上下文关联选项卡，在“多个”面板中可以看到，Revit 提供了两种布置方式，分别是“在轴网处”和“在柱处”。这两种方式均支持框选。

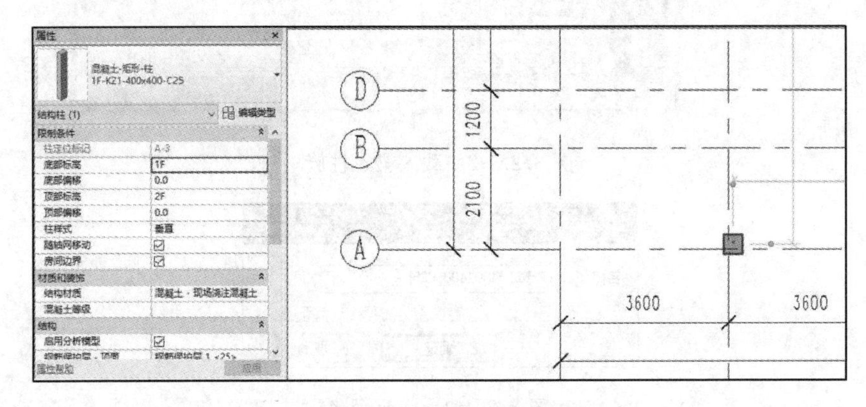


图 3.2.1-5　布置柱子

**小提示：**

放置后旋转：在放置结构柱后可以继续设定柱子的旋转角度。

高度＼深度：高度和深度放置指的是两种放置方式。若选择高度，是以当前楼层标高作为柱子的底部进行放置；若选择深度，则以当前楼层标高作为柱子的顶部进行放置。

**2. 快速方法一**

橄榄山快速建模工具中提供了快速绘制标准柱的工具。切换到【橄榄山快模-免费版】选项卡，单击【快速生成构件】工具面板中的【标准柱】工具，会弹出“布置柱”对话框，如图 3.2.1-6 所示。对话框中左侧列表显示了当前项目样板中的所有可用的柱子类型，可以看到，当前并无需要的类型。下面来进行新的柱子类型的创建。

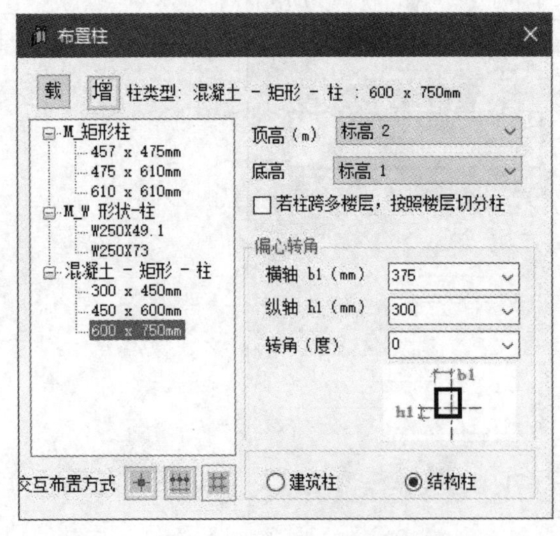


图 3.2.1-6　布置柱对话框

单击选择左侧列表中“混凝土-矩形-柱”族下的任意类型，这里选择“600×750mm”此时，该类型变为蓝色高亮状态，移动鼠标至对话框左上角点击

“增”按键，打开“增加新类型”对话框，如图 3.2.1-7 所示。修改新类型名称为“1F-KZ1-400×400-C25”，“b”的参数值为 400，“h”的参数值为 400，如图 3.2.1-8 所示，单击“确定”，完成新柱子类型的创建，返回到“布置柱”对话框。

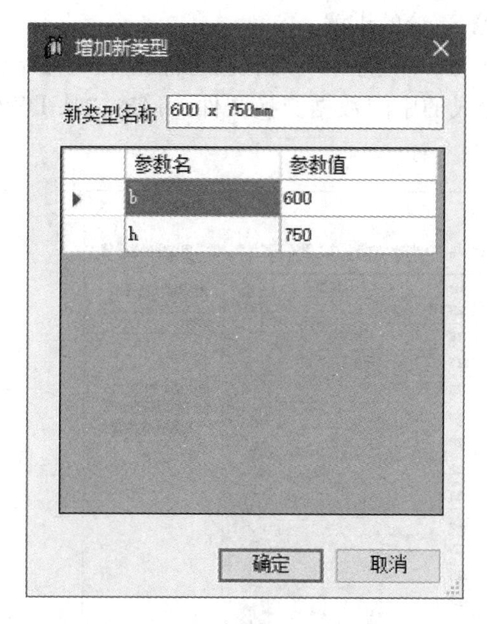


图 3.2.1-7 增加新类型对话框

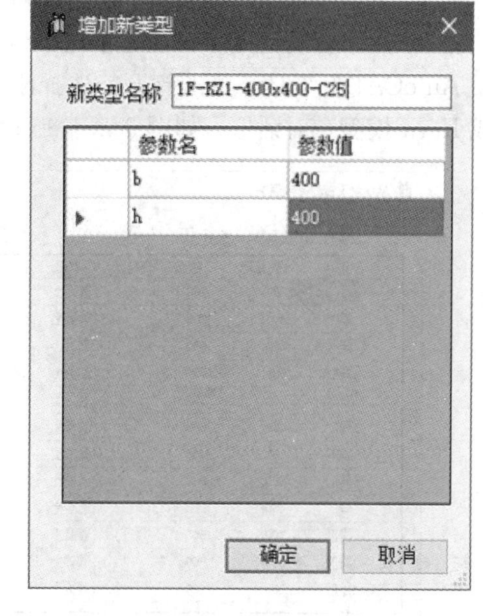


图 3.2.1-8 修改尺寸值

在“布置柱”对话框中右侧，依次设定柱子的“顶高”为“2F”，“底高”为“1F”，不勾选“若柱跨多楼层，按照楼层切分”选项；“偏心转角”选项中，依次设定“横轴 b1”为“100”，“纵轴 h1”为“100”，“旋转角度”为“0”；柱子类型选择为“结构柱”。在对话框左下角的“交互布置方式”中提供了三种布置方式，分别是“点布置”、“轴线布置”、“轴网布置”。

：点布置。在绘图区域的任意位置单击鼠标左键即可布置柱子。

：轴线布置。选中某一根轴线，法轴线上与其他轴线相交的位置会自动生成柱子。

：轴网布置。框选轴网，轴网中轴线相交位置会自动生成柱子。

这里选择“点布置”方式，移动鼠标至 3-A 轴相交位置，单击鼠标左键即可完成柱子绘制。

若当前项目中无可用的柱子族，可以直接在“布置柱”对话框左上角单击“载”按键打开“橄榄山族管家”，搜索和加载需要的族。关于“橄榄山族管家”的具体使用方法，可以参考本书第一章中相关部分的讲解。

可以使用相同的方法布置其他结构柱。

**3. 快速方法二**

可以使用橄榄山快模当中提供的【结构翻模 AutoCAD】和【结构翻模链接 DWG】两个工具来快速生成柱子。这里以【结构翻模 AutoCAD】工具为例来讲解。【结构翻模链接 DWG】工具除需要先将 DWG 图纸链接到 Revit 中外，其余操作与【结构翻模 AutoCAD】工具的使用方法类似，这里不再展开讲解，具体使用方法可以参考本书第一章中相关部分的讲解。

在CAD中打开教材提供的“一层柱布置.dwg”文件，使用【结构（导出结构DWG数据）】工具对图纸中的结构柱数据进行提取，并生成中间数据交换文件。提取操作方法可参照本书第一章中关于【结构翻模AutoCAD】部分的讲解。

在Revit中切换到【GLS土建】选项卡，在【CAD到Revit翻模】面板中找到【结构翻模AutoCAD】工具，单击打开，选择刚才生成的中间数据交换文件，弹出“从DWG生成Revit模型”对话框，如图3.2.1-9所示。

从DWG生成Revit模型

墙 柱子 门窗 门连窗 梁

窗台高为空时，采用DWG图中的值。在这里输入窗台高，就采用这里的输入值

| 形状 | 截面宽 | 截面深(直径) | 材料 | 柱编号 | Revit类型 |
|---|---|---|---|---|---|
| 矩形 | 200 | 400 | 混凝土 | KZ5 | |
| 矩形 | 400 | 200 | 混凝土 | KZ5 | |
| 异形 | 500 | 500 | 混凝土 | KZ3 | |
| 异形 | 500 | 500 | 混凝土 | KZ3 | |
| 异形 | 500 | 500 | 混凝土 | KZ3 | |
| 异形 | 500 | 500 | 混凝土 | KZ3 | |
| 异形 | 500 | 500 | 混凝土 | KZ2 | |
| 异形 | 500 | 500 | 混凝土 | KZ3 | |
| 异形 | 800 | 500 | 混凝土 | KZ4 | |
| 异形 | 500 | 500 | 混凝土 | KZ3 | |
| 异形 | 500 | 500 | 混凝土 | KZ3 | |
| 矩形 | 300 | 300 | 混凝土 | KZ2 | |

柱混凝土标号 C25

自选族，自定义矩形柱类型名的规则 指定柱族类型

顶楼层 2F　底楼层 1F

生成轴网 生成墙 生成柱子 生成门窗 生成梁 生成房间

建筑图中的柱输出为结构柱　梁顶面偏移相对上部楼层 0 mm　翻出梁高=50或0的梁

插入点位置mm　输入坐标 X 0 Y 0　在模型中点击拾取

翻模检查辅助信息　显示梁的标注引线和标注文字

确定 取消

图3.2.1-9　从DWG生成Revit模型对话框

在当前的信息界面中可以看到，已经将所有结构柱的信息提取完成，并且已经提取到了各结构柱对应的柱编号。单击对话框中右上角的“柱混凝土标号”的下拉三角，选择为C25。

下面为提取到的柱子进行命名的修改。单击“指定柱族类型”，弹出如图3.2.1-10所示对话框。

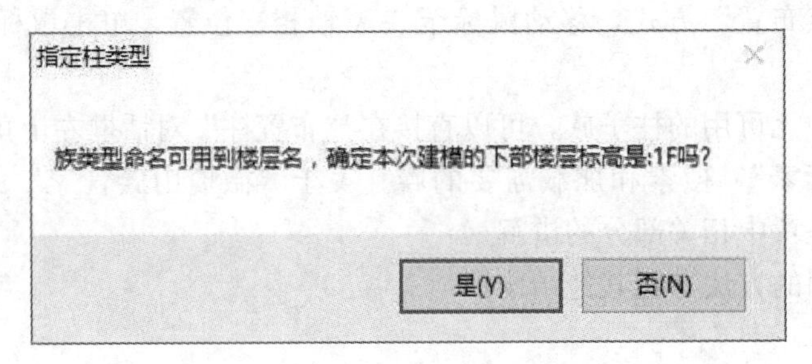


图3.2.1-10　指定柱类型对话框

由于对结构柱进行命名时需要添加楼层信息字段，所以此时程序会提示“是否确定下部楼层标高为1F”，若选择“是”，则所有结构柱中的楼层字段均会命名为“1F”。

单击“是”，进入“指定族和类型命名规则”对话框，如图 3.2.1-11 所示。

指定族和类型命名规则

族文件 D:\Gls Soft\Family\结构矩形柱.rfa 选择族

宽度参数 宽度

高度参数 深度

族类型命名规则表达式 如：F-N-WxH-C 或 N-WxH

F-N-WxH-C

表达式中的大写字母含义如下：

F: 代表楼层标高名

W: 代表截面宽度

H: 代表截面高度

C: 代表混凝土编号

N: 代表构件编号

F-N-WxH-C表达式的结果如： F1-KL1-300x550-C35

W和H必须包含，B、L和C是可选项。连接符可以自定义

确定 取消

图 3.2.1-11 指定族和类型命名规则对话框

在对话框中找到“族类型命名规则表达式”选项框，程序提供了多个可以添加到名称中的字段信息，并且分别用大写的英文字母代替各字段信息，如 F 代表楼层标高名称，C 代表混凝土编号，N 代表构件编号等。用户可以通过改变字母之间的顺序来控制字段在构件名称中的位置，来获得对应的命名，例如：若填写 F-N-WxH-C，则一层的 KZ1 的命名为 1F-KZ1-400x400-C25，若填写 N-WxH-C-F，则构件的命名为 KZ1-400x400-C25-1F。

根据第三章中对柱命名的要求，命名规则表达式填写为 F-N-WxH-C，单击“确定”，返回到上一对话框，继续单击“确定”，进入绘图区域，选择翻模基点，等待模型自动绘制完成，效果如图 3.2.1-12 所示。

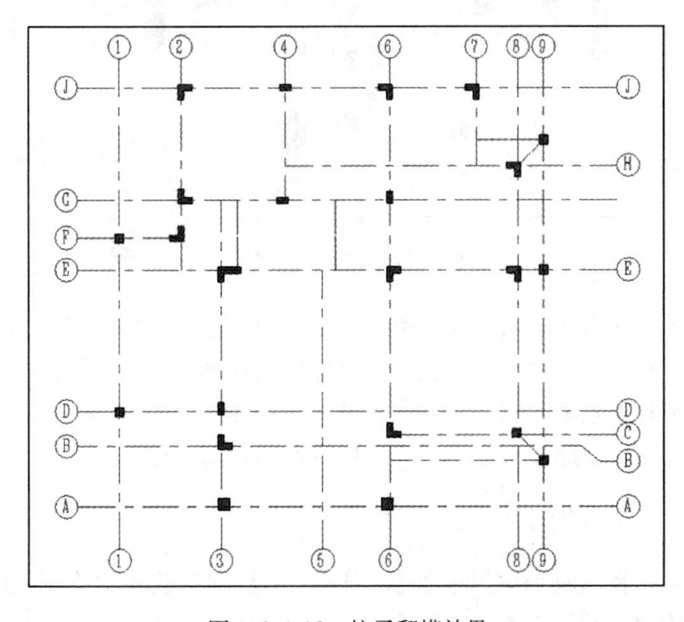


图 3.2.1-12 柱子翻模效果

选中任意一根结构柱，在属性栏中查看信息是否完整并符合要求，见图 3.2.1-13。

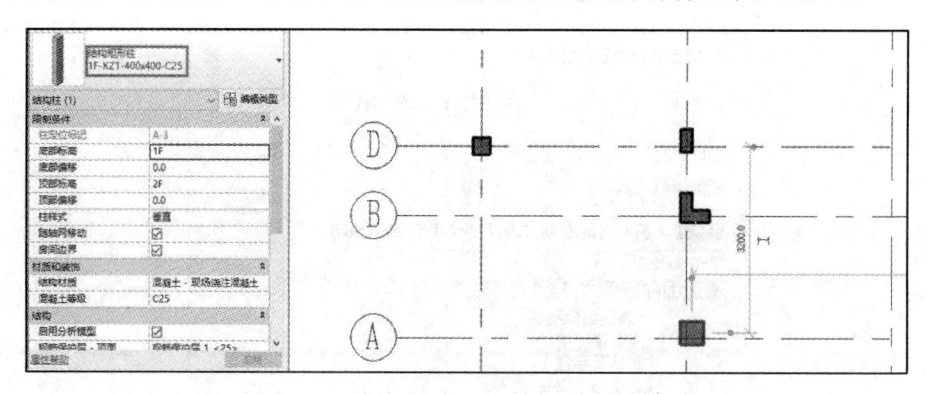


图 3.2.1-13 查看柱子命名

使用相同的方法布置二层的结构柱，完成效果如图 3.2.1-14。

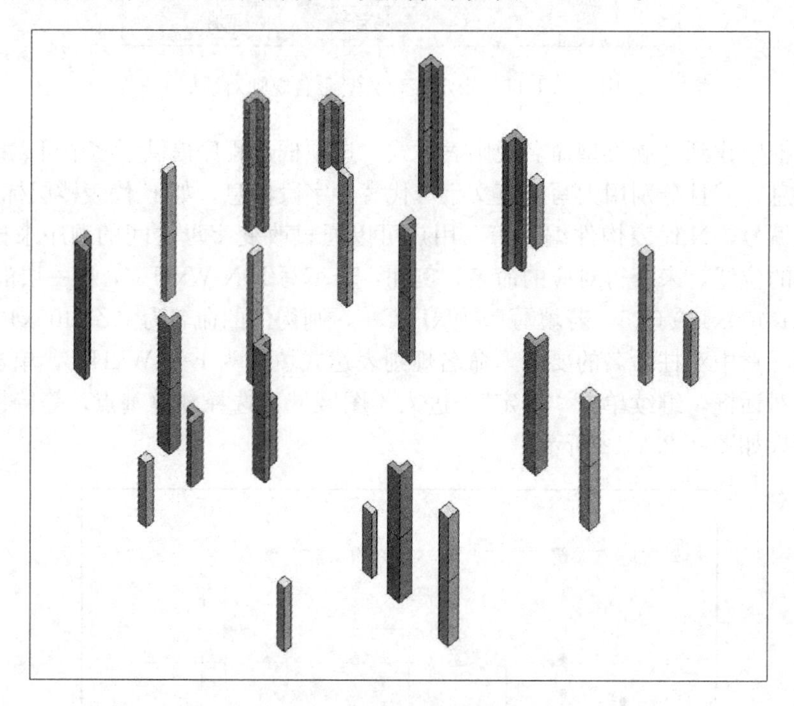

图 3.2.1-14 完成效果

从上述的三种方法看来，很明显，快速方法二不仅操作简单，还可以在很短地时间内，一次性地生成整层的结构柱，并且是符合标准化模型要求的结构柱，不仅减少了建模工作量，同时也节省了建模时间，大大地提高了工作效率。

将模型文件存入指定路径并命名为“二层别墅项目-结构柱”。

### 3.2.2 梁

与结构柱类似，在 Revit 中绘制梁时，需要先为该项目载入梁族，并创建项目需要的梁类型。下面来依次介绍绘制梁的几种方法。

1. 一般方法

在项目浏览器中展开“楼层平面”项，双击并切换到“2F”平面视图，在【插入】选项卡中单击启动【载入族】，打开 Revit 自带的族库，载入“混凝土-矩形梁”族。在【结构】选项卡中单击【梁】工具，在属性面板中选择刚刚载入的“混凝土-矩形梁”，单击“编辑类型”按键打开“类型属性”对话框，如图 3.2.2-1 所示。

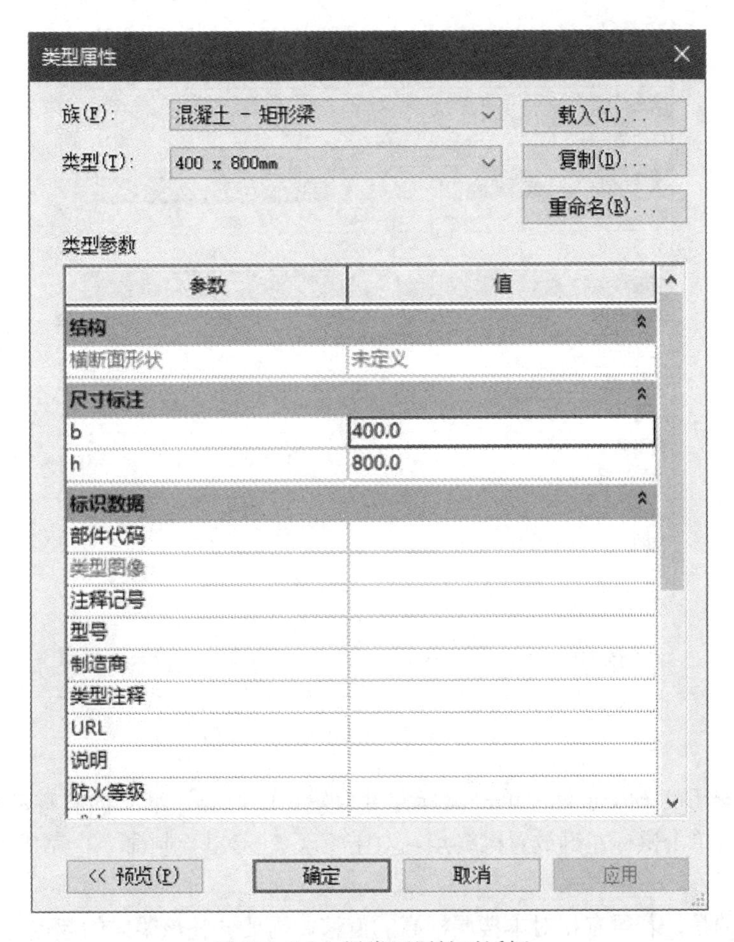


图 3.2.2-1 梁类型属性对话框

单击“复制”按键，命名新的梁类型为“1F-1KL5-200x810-C25”，如图 3.2.2-2 所示。

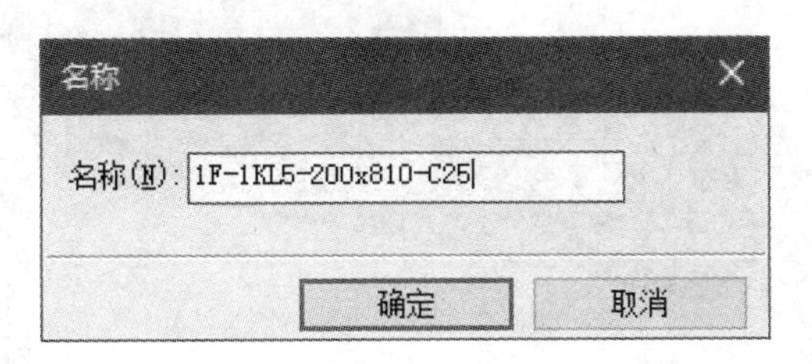


图 3.2.2-2 修改梁命名

单击“确定”按键，返回“类型属性”对话框，在“尺寸标注”选项中修改梁的截面尺寸“b”为 200，“h”为 810，单击“确定”按键，完成梁类型的创建，如图 3.2.2-3 所示。

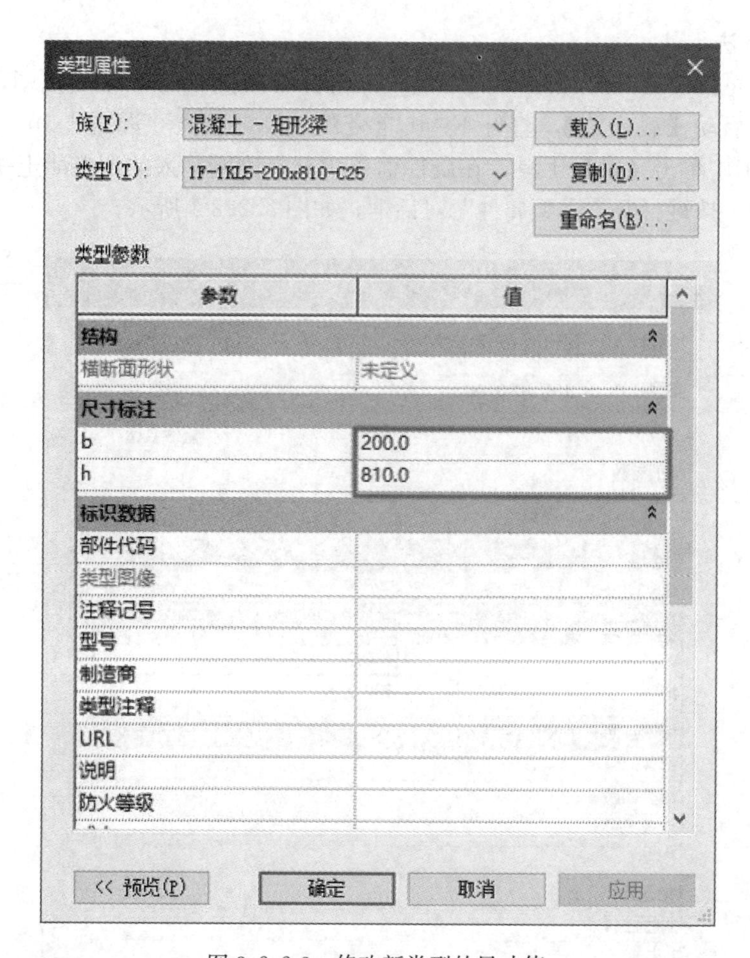


图 3.2.2-3　修改新类型的尺寸值

移动鼠标至 D-1 轴交点处，单击鼠标左键放置梁的起点，继续向右移动鼠标至 3-D 轴交点位置，再次单击鼠标左键放置梁终点，双击 ESC 键退出绘制命令，完成该跨梁的绘制，见图 3.2.2-4。

需要注意的是，若梁有相对本楼层标高的偏移，需要调整该梁体的起点与终点偏移值。

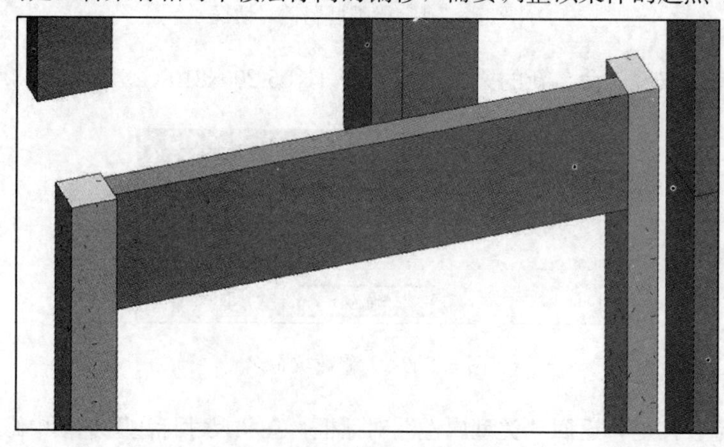

图 3.2.2-4　绘制梁生成效果

若需要批量布置，可以在【修改 | 放置 梁】选项卡中使用【在轴网上】命令来进行批量操作。

除了【梁】工具之外，Revit 还提供了【梁系统】工具来进行梁的布置，限于篇幅，这里不展开讲解，可以参考 Revit 中的帮助文档。

**2. 快速方法一**

橄榄山提供了【轴线生梁】工具，能够根据项目中绘制的轴网快速生成梁，支持矩形轴网和弧形轴网。

在 Revit 中切换到【橄榄山快模-免费版】选项卡，在【快速生成构件】工具面板中启动【轴线生梁】工具，弹出“轴线建梁”对话框，如图 3.2.2-5 所示。

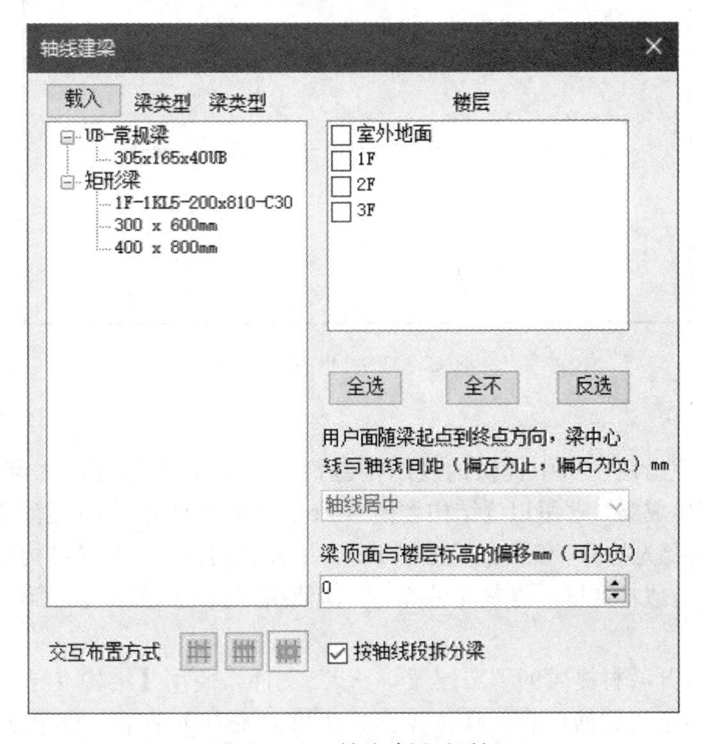


图 3.2.2-5 轴线建梁对话框

对话框左侧一栏显示的是当前样板文件中所包含的梁族及其类型，若该栏中无需要的梁族，可以点击“载入”，打开“橄榄山族管家”来搜索和加载需要的族。关于“橄榄山族管家”的具体使用方法，可以参考本书第一章中相关部分的讲解。

在“轴线建梁”对话框的左侧列表中选择已经创建好的“1F-1KL5-200x810-C30”梁类型，在“楼层”选项中勾选“2F”；在下方可为梁选择生成时与轴线之间的偏移距离和与当前楼层标高的偏移距离；布置方式有三种，分别是“轴线段布置”、“轴线布置”和“轴网布置”。

：轴线段布置。在选中的轴线段位置生成梁。轴线段指的是位于两根平行轴线中的一段轴线。

：轴线布置。在选中的单根轴线位置生成梁。

▦：轴网布置。在框选到的轴线段位置生成梁。

这里使用第一种布置方式，拖动鼠标到1-3轴与D轴相交的线段，并使鼠标靠近轴线3一侧，单击鼠标左键完成该轴线段上梁体的布置。需要注意的是，与鼠标所选点相近的轴线或轴线段的端点为梁的终点，较远的一侧为梁的起点，完成效果如图3.2.2-6所示。

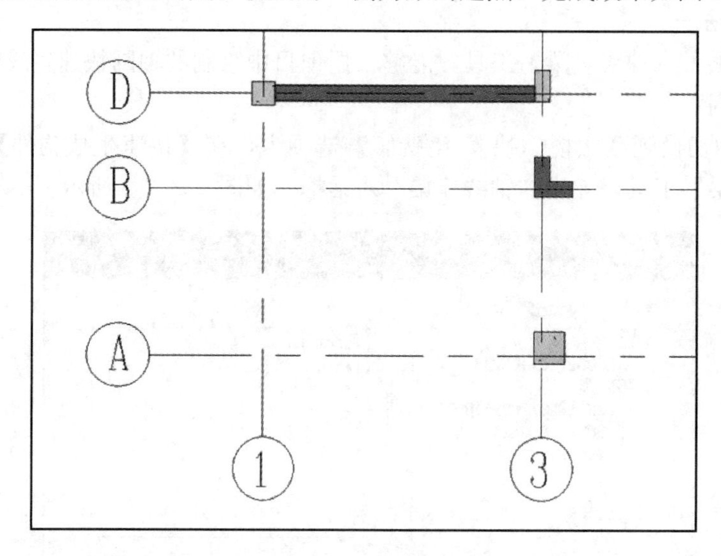


图3.2.2-6 生成效果

**3. 快速方法二**

可以使用橄榄山快模当中提供的【结构翻模 AutoCAD】和【结构翻模链接 DWG】两个工具来快速生成梁。这里以【结构翻模 AutoCAD】工具为例来讲解。【结构翻模链接DWG】工具除需要先将DWG图纸链接到Revit中外，其余操作与【结构翻模 AutoCAD】工具的使用方法类似，这里不再展开讲解，具体使用方法可以参考本书第一章中相关部分的讲解。

在CAD中打开教材提供的“二层梁.dwg”文件，使用【结构（导出结构DWG数据)】工具提取相应的数据信息，具体操作方法可以查看本书第一章中结构翻模部分的讲解。

打开Revit，在【GLS土建】选项卡中启动【结构翻模 AutoCAD】工具，找到刚才保存的中间文件，打开“从DWG生成Revit模型”对话框，如图3.2.2-7所示。

与柱子类似，可以指定选用的混凝土强度等级，自定义修改梁编号及尺寸，指定梁类型的命名规则等，这里只勾选“生成梁”选项，单击“确定”按键，在绘图区域指定好基点，等待模型自动绘制完成。效果如图3.2.2-8～图3.2.2-10所示。

图3.2.2-8中所示圆圈代表该梁体出现问题，需要进行校对，具体内容可以查看本书第二章中结构翻模部分。

选中任意一根梁，在属性面板中查看梁的命名及编号信息。可以看到，梁体绘制快速，也很准确，如图3.2.2-11所示。

使用相同的方法绘制二层梁体，完成效果如图3.2.2-12所示。将模型文件存入指定路径并命名为“二层别墅项目-梁”。

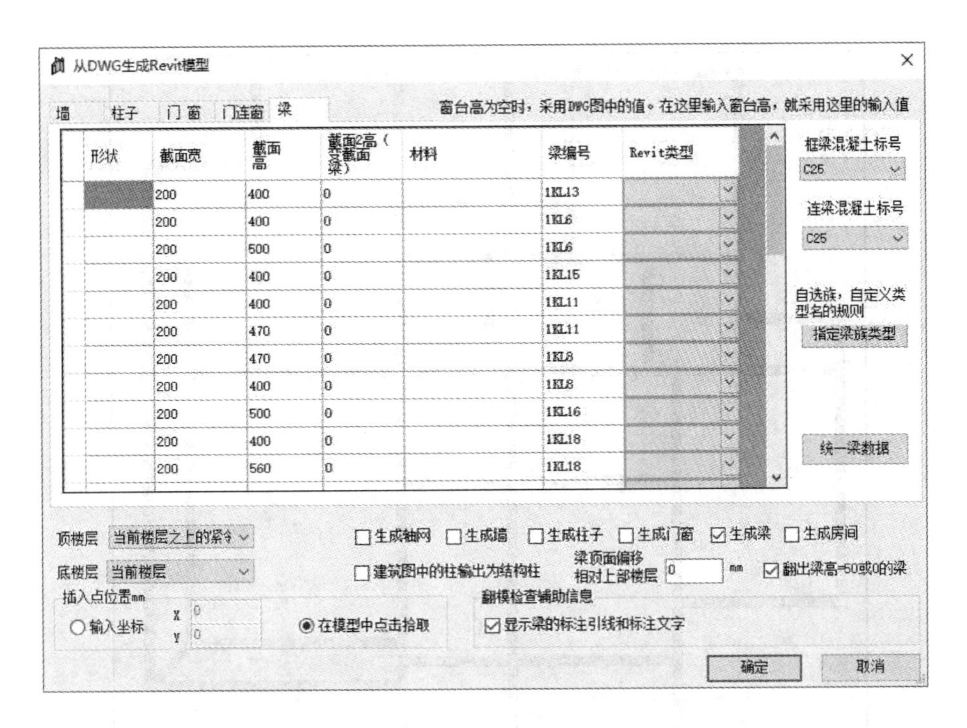


图 3.2.2-7　从 DWG 生成 Revit 模型对话框

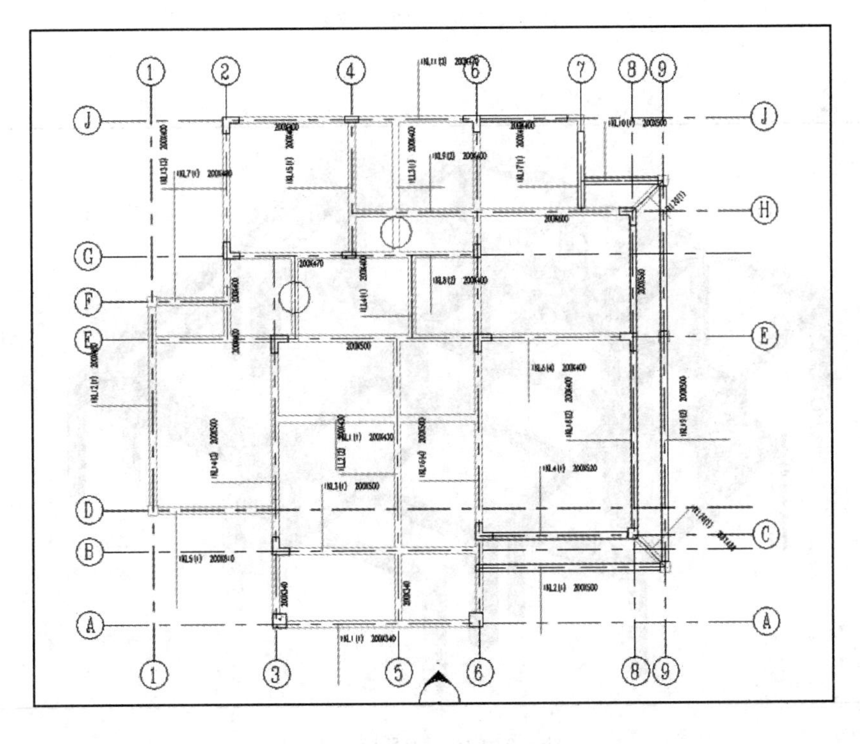

图 3.2.2-8　梁翻模效果

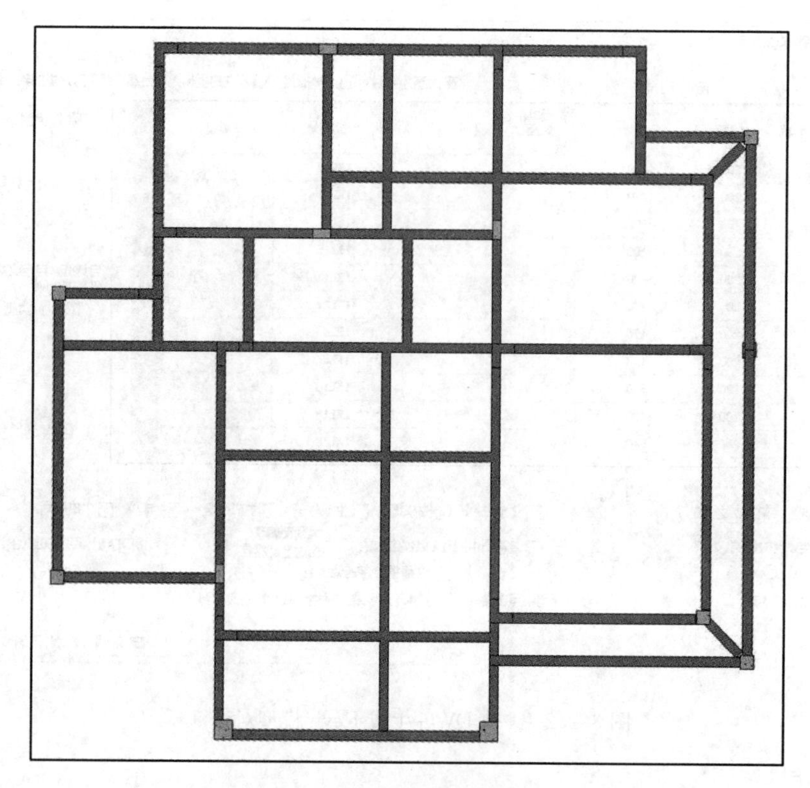

图 3.2.2-9　梁翻模效果

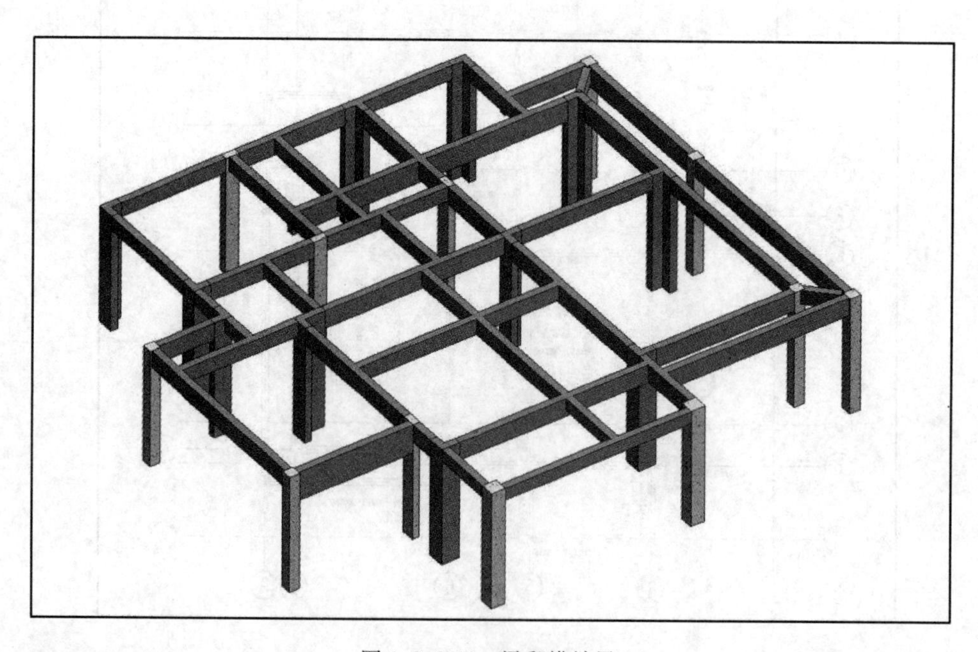

图 3.2.2-10　梁翻模效果

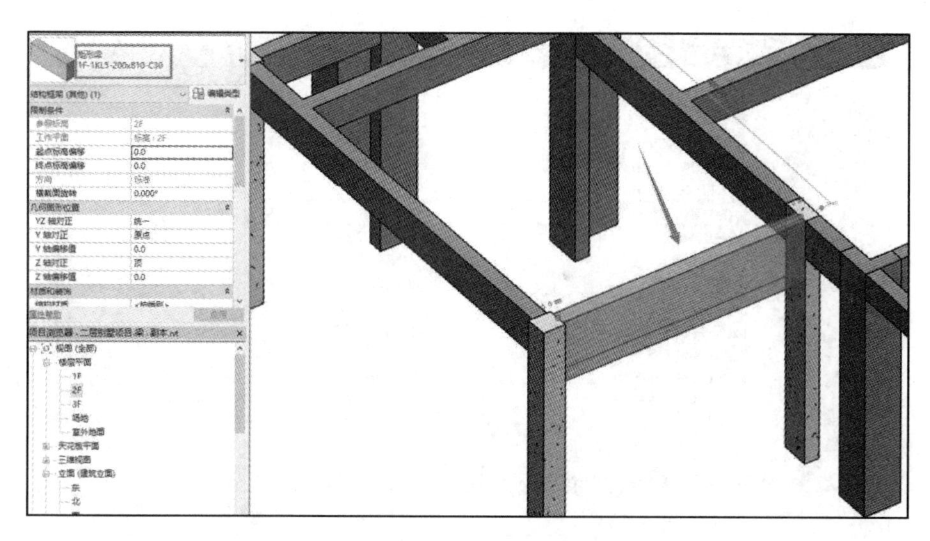


图 3.2.2-11 查看梁信息

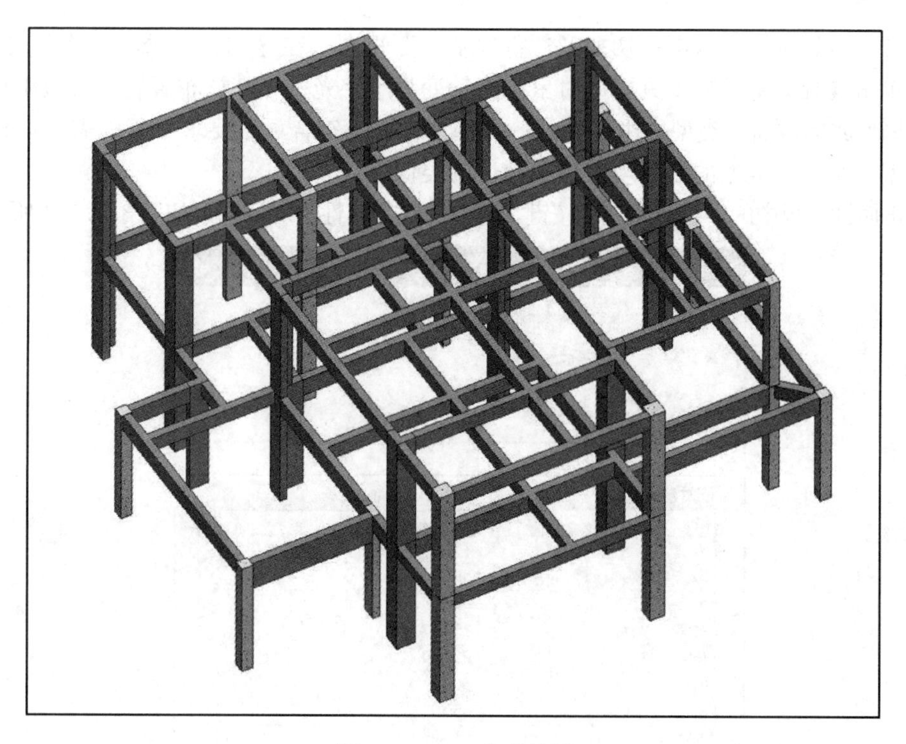

图 3.2.2-12 完成效果

### 3.2.3 基础

前两节中，完成了结构柱与梁的绘制，下面继续为该模型绘制基础。

Revit 中提供了 3 种基础形式，分别是“独立基础”“条形基础”和“基础底板”，用于生成不同类型的基础，本项目采用柱下独立基础。绘制基础前需要为本项目加载基础族，加载类型为“独立基础-坡形界面”，如图 3.2.3-1 所示。

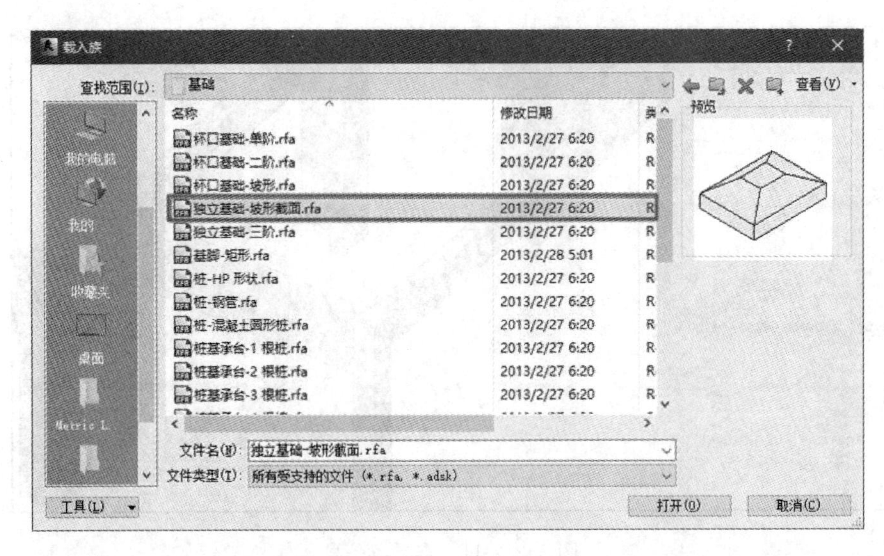


图 3.2.3-1　载入基础族

展开项目浏览器，双击并切换到“室外平面”视图，在【结构】选项卡中的【基础】面板中单击【独立基础】工具，此时鼠标指针变为十字光标，默认布置属性面板中显示的“独立基础-坡形截面”类型，由于默认的类型尺寸并不符合项目要求，所以需要创建新的基础类型。基础族类型的创建与柱、梁构件的类似。

单击属性面板中的“编辑类型”按键，打开“类型属性”对话框，如图 3.2.3-2 所示。

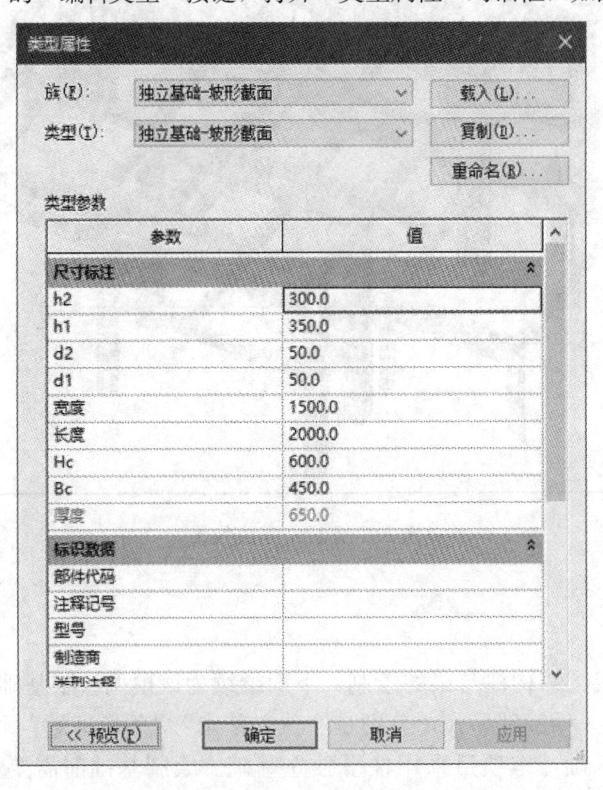


图 3.2.3-2　基础类型属性对话框

单击“复制”按键，命名新类型为“J-7”，如图 3.2.3-3 所示，单击“确定”按键，返回“类型属性”对话框。

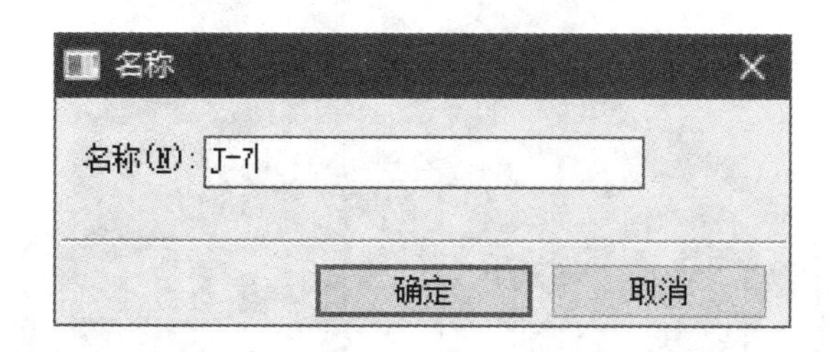


图 3.2.3-3 修改基础命名

依据图纸中提供的基础类型尺寸，修改“J-7”基础的尺寸，如图 3.2.3-4 所示。分别修改 $h_2=50$、$h_1=200$、$d_2=50$、$d_1=50$、宽度=900、长度=900、$H_c=300$、$B_c=300$，单击“确定”按键，完成“J-7”类型的基础创建。

| | B | L | $h_1$ | $h_2$ | $A_{s1}$ | $A_{s2}$ |
|---|---|---|---|---|---|---|
| J-1 | 2300 | 2300 | 200 | 200 | Φ12@200 | Φ12@200 |
| J-2 | 2100 | 2100 | 200 | 200 | Φ12@200 | Φ12@200 |
| J-3 | 1700 | 1700 | 200 | 200 | Φ12@200 | Φ12@200 |
| J-4 | 1500 | 1500 | 200 | 100 | Φ12@200 | Φ12@200 |
| J-5 | 1300 | 1300 | 200 | 100 | Φ12@200 | Φ12@200 |
| J-6 | 1100 | 1100 | 200 | 100 | Φ12@200 | Φ12@200 |
| J-7 | 900 | 900 | 200 | 50 | Φ12@200 | Φ12@200 |
| J-8 | 800 | 800 | 200 | 50 | Φ12@200 | Φ12@200 |
| J-9 | 1500 | 2700 | 200 | 100 | Φ12@200 | Φ12@200 |
| J-10 | 1200 | 2400 | 200 | 100 | Φ12@200 | Φ12@200 |
| J-11 | 1100 | 2400 | 200 | 100 | Φ12@200 | Φ12@200 |
| J-12 | 1400 | 2400 | 200 | 100 | Φ12@200 | Φ12@200 |

图 3.2.3-4 基础尺寸

在【修改｜放置 独立基础】选项卡中的【多个】面板中选择“在柱上”这种布置方式，将需要布置该类型基础的柱子全部选中，单击上下文关联选项卡中的“√”符号，完成基础的布置。需要注意的是，在进行基础布置时，需要查看基础的顶面或底面标高是否符合图纸要求，若不符合，需要修改偏移值。本项目中，基础底面标高是-2.5m，所以需要修改基础的地面偏移。使用相同的方法完成对其他基础的布置，完成效果如图 3.2.3-5 所示。

将模型文件存入指定路径并命名为“二层别墅项目-基础”。

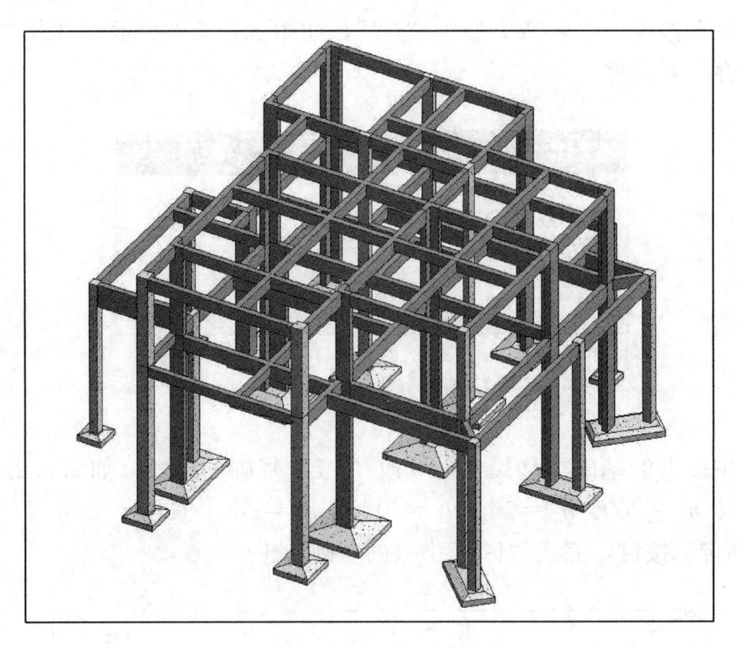

图 3.2.3-5 完成效果

## 3.2.4 结构墙

Revit 中提供了 5 种墙体绘制工具，分别是“墙：建筑”“墙：结构”“面墙”“墙：饰条”“墙：分隔缝”，用来绘制不同类型的墙体，其中“面墙”可以利用体量表面来创建墙体。

结构墙体主要指的是承重的墙体，如剪力墙等，本节中结构墙的绘制将以图纸“剪力墙.dwg”为例来进行讲解。

**1. 一般方法**

使用 Revit 默认的结构样板新建项目，利用 3.1.2 节中的快速方法二来快速地绘制该图纸的轴网，其效果如图 3.2.4-1 所示。

切换到标高 1 平面视图，在【结构】选项卡中，启动【墙】工具中的【墙：结构】命令，此时，功能区自动切换到【修改 | 放置 结构墙】上下文关联选项卡，鼠标指针变为十字光标，属性栏中会显示使用的默认结构墙体类型，单击“属性类型”按键，会弹出“类型属性”对话框，单击“复制”按键，命名新的墙体类型为“剪力墙-250mm”（这里主要演示创建结构墙的过程，关于构件的命名可以从简），如图 3.2.4-2 所示。单击“确定”按键，返回“类型属性”对话框，单击“结构”选项后的“编辑”按键（图 3.2.4-3），打开“编辑部件”对话框，如图 3.2.4-4 所示。

可以利用“编辑部件”对话框中的“插入”选项，为墙体增加不同的构造层，并在材质信息一栏中为各构造层赋予材质信息。

单击“结构 [1]”选项后面的“<按类别>”选项，此时，在该选项右端会出现一个选项键...，单击该选项打开“材质浏览器”，可以在材质浏览器中为“结构 [1]”赋予材质。这里设定使用“混凝土—现场浇筑混凝土”，墙体厚度设置为250mm，单击“确定”

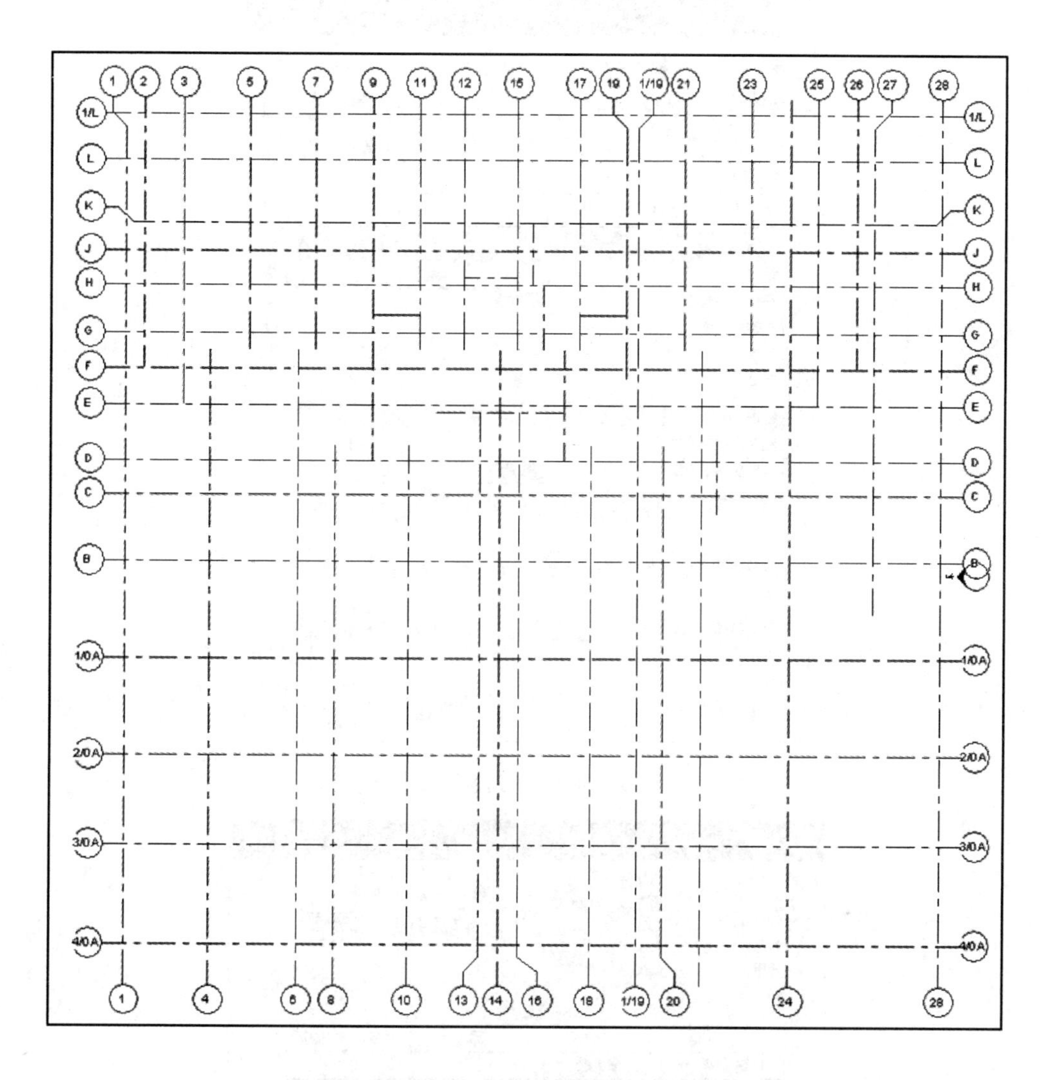


图 3.2.4-1 绘制轴网

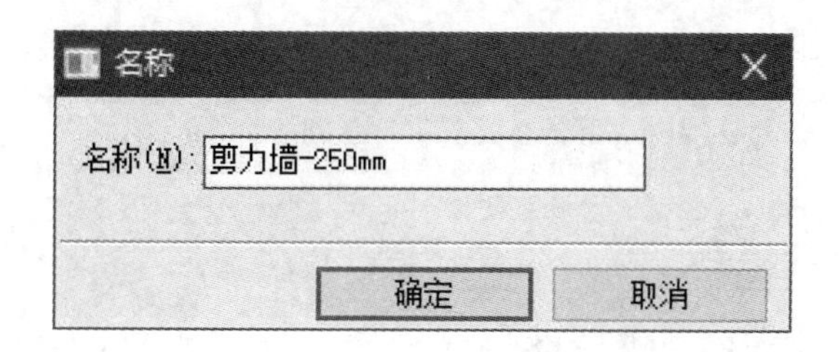


图 3.2.4-2 修改墙体命名

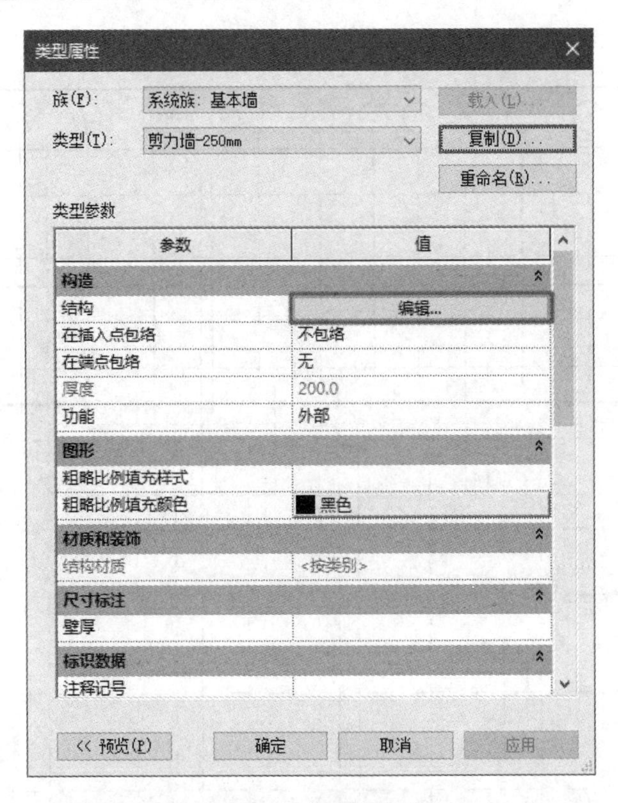


图 3.2.4-3　找到编辑命令

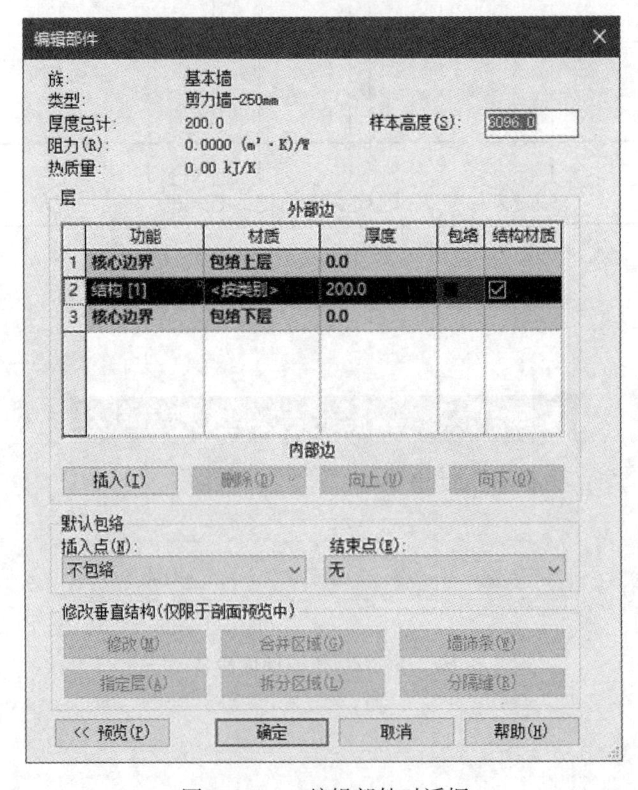


图 3.2.4-4　编辑部件对话框

按键，完成该墙体类型的部件编辑，并返回“编辑部件”对话框，继续单击“确定”按键，返回“类型属性”对话框。单击“确定”，完成对该墙体类型的创建，依照图纸，绘制墙体模型，完成效果如图 3.2.4-5 所示。

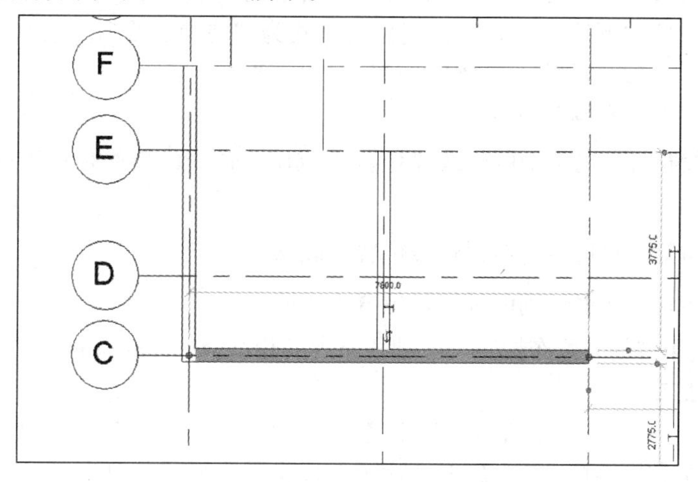


图 3.2.4-5 完成效果

**2. 快速方法一**

橄榄山软件的【快速生成构件】工具面板中提供了【轴线生墙】和【线生墙】两个快速绘制墙体的工具，能够利用轴网或导入 Revit 中的图纸中的线来快速地生成墙体。

这里以【轴线生墙】工具为例来进行讲解。关于【线生墙】工具的使用方法可以参考本书第一章中有关部分的讲解。

在【橄榄山快模-免费版】选项卡中的【快速生成构件】面板中启动【轴线生墙】工具，弹出“轴线建墙”对话框，如图 3.2.4-6 所示。

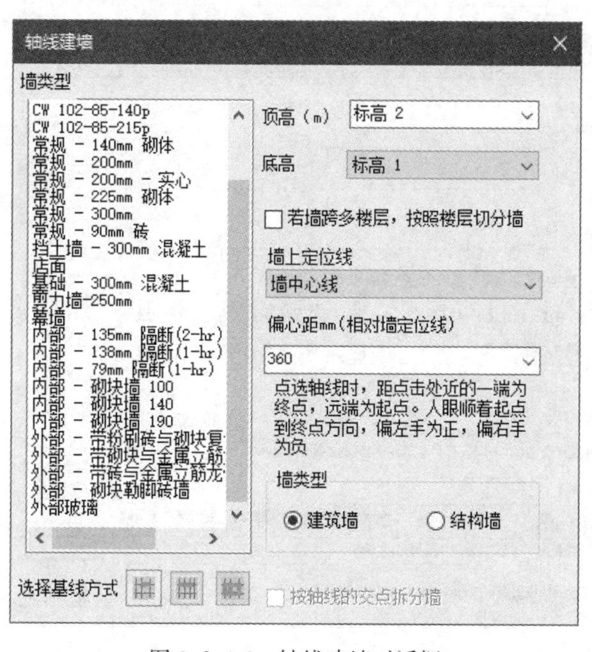


图 3.2.4-6 轴线建墙对话框

对话框左侧列表中显示了当前可用的墙体类型，这些墙体类型均是基于当前的项目样板，这里选择刚刚创建好的“剪力墙-250mm”类型，在右侧分别设置墙体的“顶高”和“底高”为“标高 2”和“标高 1”，不勾选“若墙跨多楼层，按照楼层切分墙”，单击“墙上定位线”选项的下拉三角并选择定位线方式为“墙中心线”，选择“偏心距”为 0，选择“墙类型”为“结构墙”。墙体的布置方式即“选择基线方式”有“轴线段布置”、“轴线布置”和“轴网布置”三种。

：轴线段布置。在选中的轴线段位置生成墙。轴线段指的是位于两根平行轴线中的一段轴线。

：轴线布置。在选中的单根轴线位置生成墙。

：轴网布置。在框选到的轴线段位置生成墙。

这里可以使用“轴线段布置”与“轴线布置”相结合的方式来布置。

**3. 快速方法二**

在 3.2.1 节与 3.2.2 节中讲解了利用【结构翻模链接 DWG】快速批量生成结构柱与梁的方法，【结构翻模链接 DWG】工具除了可以批量生成结构柱和梁之外，也可以批量生成结构墙。这里介绍使用【结构翻模链接 DWG】工具快速生成结构柱的方法。

在 CAD 中打开“结构柱 .dwg”文件，使用【结构 导出结构 DWG 数据】工具对图纸中的结构墙和结构柱信息进行提取，提取信息内容如图 3.2.4-7 所示。

使用【结构翻模 AutoCAD】工具，提取信息框如下图。

图 3.2.4-7 提取信息对话框

在 Revit 中使用【结构翻模链接 DWG】工具选择刚刚提取到的中间文件，并进行翻模操作即可。

需要注意的是，由于图纸中墙体边线在柱子位置与柱子边线重叠，所以模型在翻完后会出现柱子与墙体重叠的情况，此时应按照建模标准中各构件之间的扣减规则进行扣减，这里可以使用【一键扣减】工具来对结构柱与结构墙重叠部分进行扣减。【一键扣减】工具界面如图 3.2.4-8 所示。

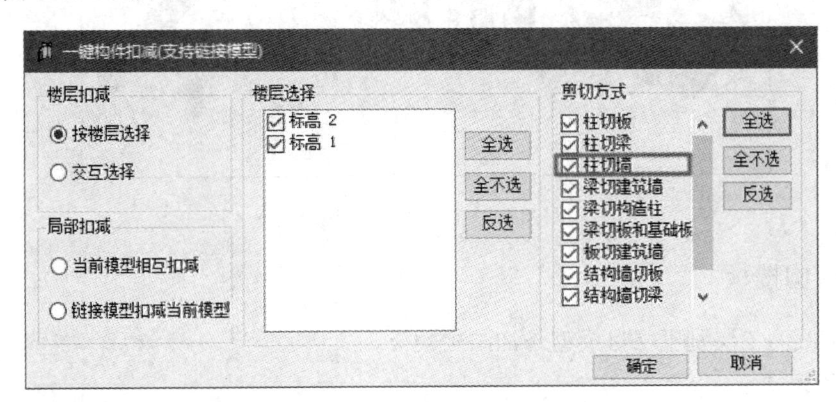


图 3.2.4-8 一键扣减对话框

翻模完成效果如图 3.2.4-9、图 3.2.4-10 所示。

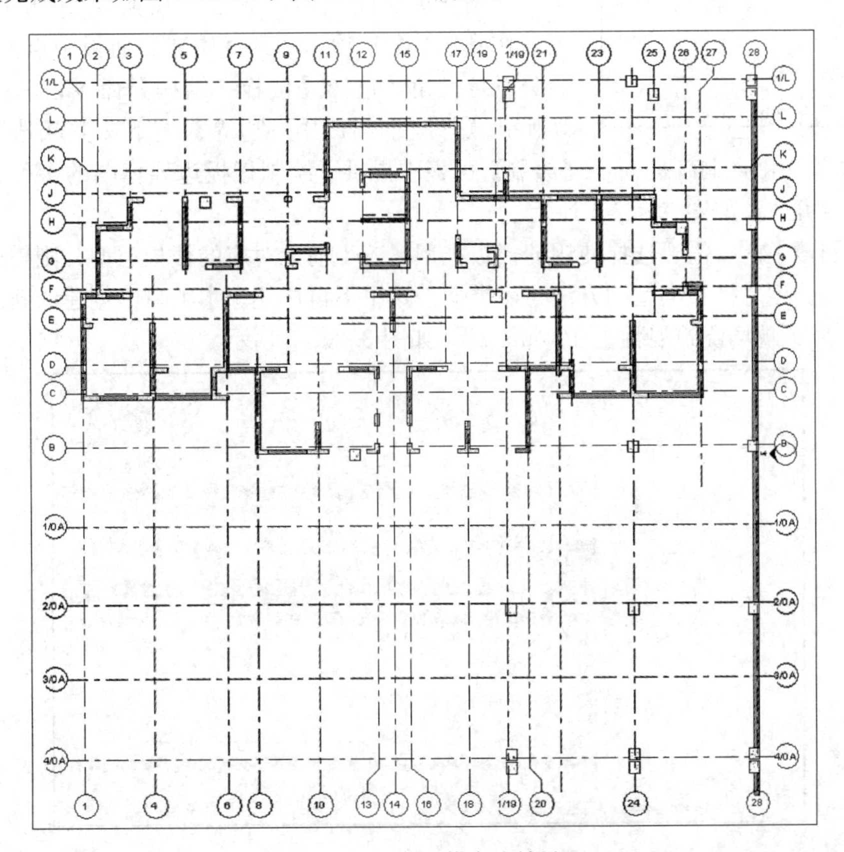


图 3.2.4-9 翻模完成效果

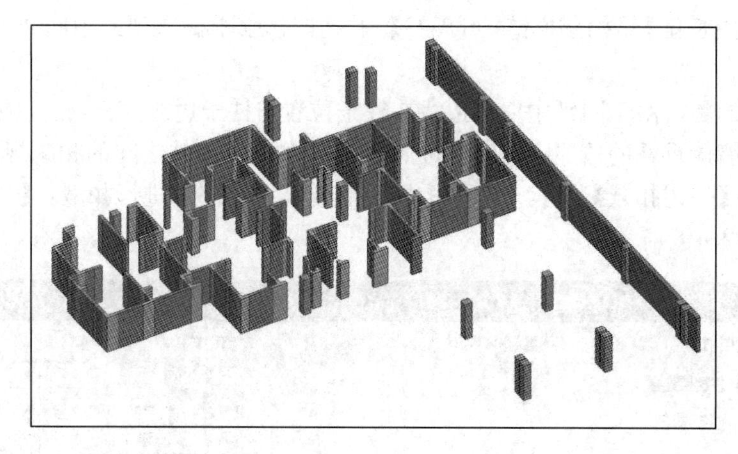

图 3.2.4-10　翻模完成效果

## 3.2.5　结构楼板

本节继续为二层别墅项目模型添加结构楼板。

**1. 一般方法**

利用 Revit 中的楼板工具，可以为模型添加结构楼板。下面为模型二层添加楼板。

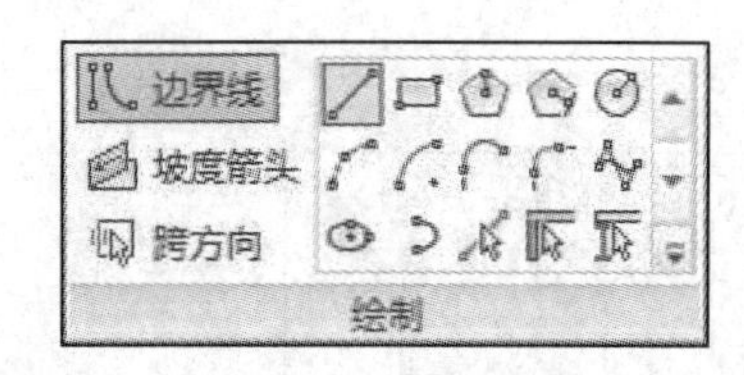


图 3.2.5-1　绘制面板

打开 3.2.3 节中保存的“二层别墅项目-基础”项目文件，展开项目浏览器，双击并切换到 2F 楼层平面视图，在【建筑】选项卡中的【构建】面板中点击【楼板】工具下拉三角，选择【楼板：结构】命令，功能区自动切换到【修改｜创建楼层边界】上下文关联选项卡，在【绘制】面板中提供了绘制楼板边界草图的多种方式，这里选择直线方式，如图 3.2.5-1 所示。

在绘制楼板前，需要选择使用的楼板类型，若当前无对应的楼板类型，则需要创建新的楼板类型。创建楼板类型的方法与墙类似，这里不再详述。本项目中创建的新的楼板类型名称为“2F-现场浇筑混凝土-150mm-1”，如图 3.2.5-2 所示。

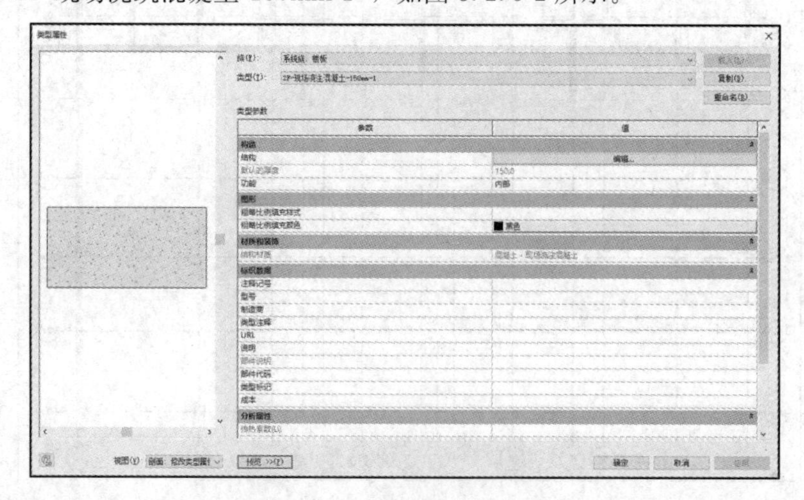

图 3.2.5-2　创建新的楼板类型

按照墙体和梁边界沿 2、4-J、G 轴绘制楼板边界，如图 3.2.5-3 所示。

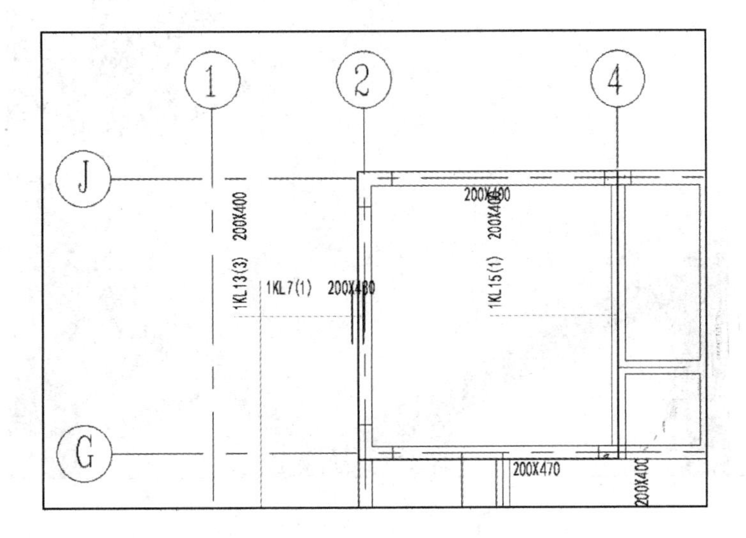


图 3.2.5-3 绘制楼板边界

绘制完成后，单击上下文关联选项卡中的“√”符号，完成楼板的绘制，如图 3.2.5-4 所示。

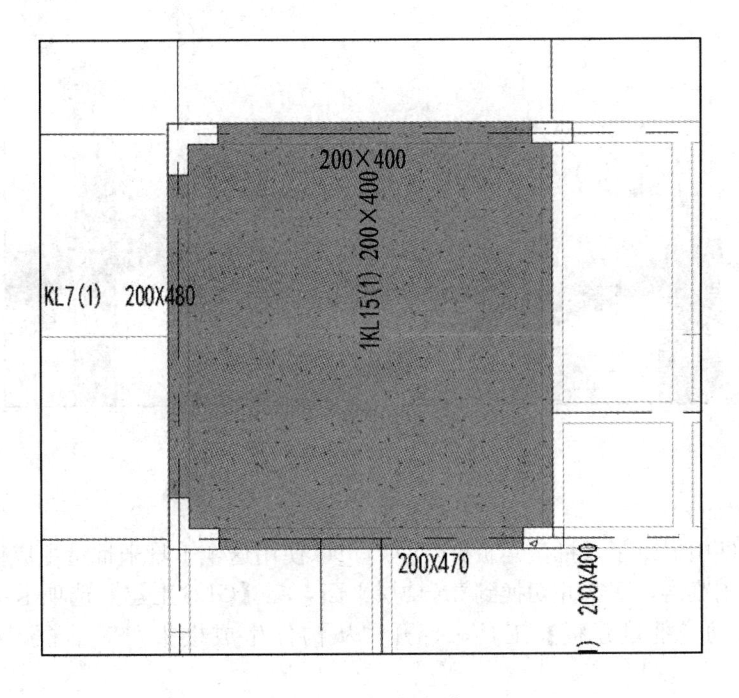


图 3.2.5-4 完成效果

需要注意的是，Revit 中默认的结构楼板会扣减掉结构柱与梁，可以参考第二章中关于结构楼板与各构件之间的扣减规则及绘制方法，这里可以直接用橄榄山软件中的【一键扣减】工具来完成绘制（图 3.2.5-5），不勾选“梁扣减板”选项即可，如图 3.2.5-6 所示。

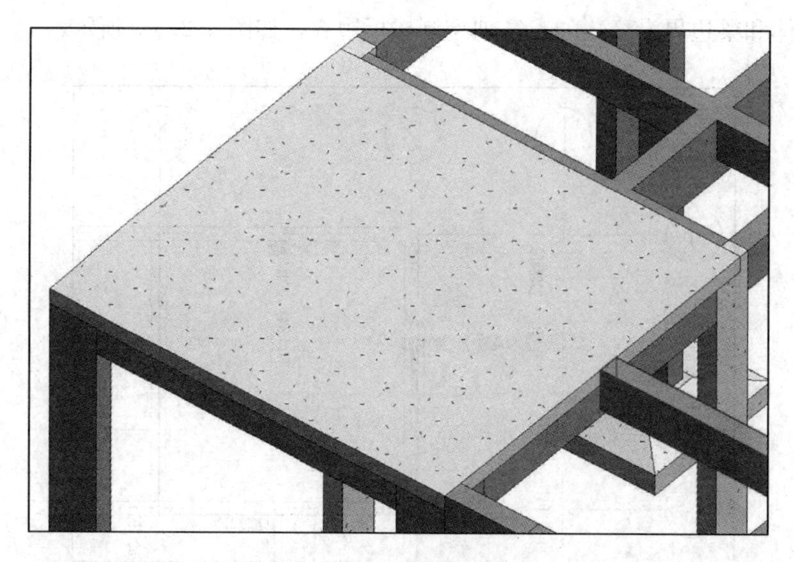

图 3.2.5-5 完成效果

图 3.2.5-6 扣减完成效果

**2. 快速方法**

橄榄山软件中提供了【批量建板】工具，可以使用这个工具来批量生成楼板。

展开项目浏览器，双击并切换到 2F 楼层平面，在【GLS 土建】选项卡中的【精细建模】面板中启动【批量建板】工具，打开“从构件生成楼板”对话框，如图 3.2.5-7 所示。

楼板在墙和梁构件处均有不同的边界位置，所以在对话框中可以看到有“墙上的板边界”和“梁上的板边界”两个设置选项，这里将板的边界位置分别设置为生成在“墙中线”和“梁中线”。“楼板类型”选项设置为“结构楼板”，“楼板类型”选择为“2F-现场浇筑混凝土-150mm-1”，“板厚”设置为“150”，“楼板标高”设置为“2F”，“楼板偏移”设置为“0”，单击“确定”按键，框选当前楼层的构件，如图 3.2.5-8 所示。

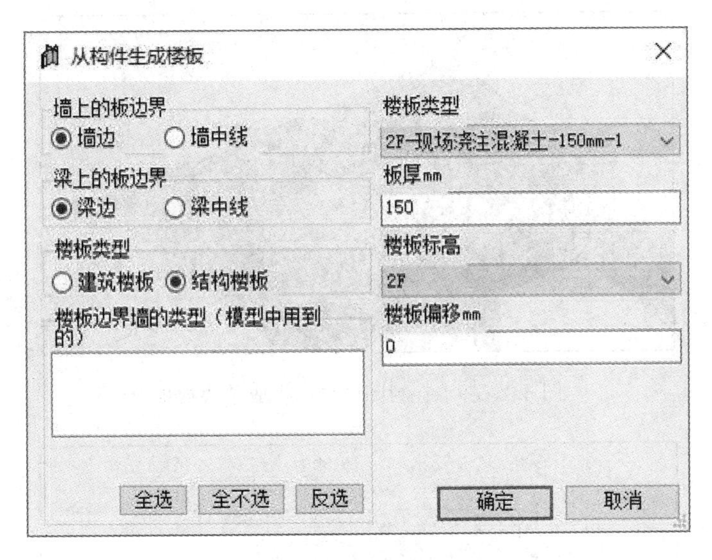


图 3.2.5-7　批量建板对话框

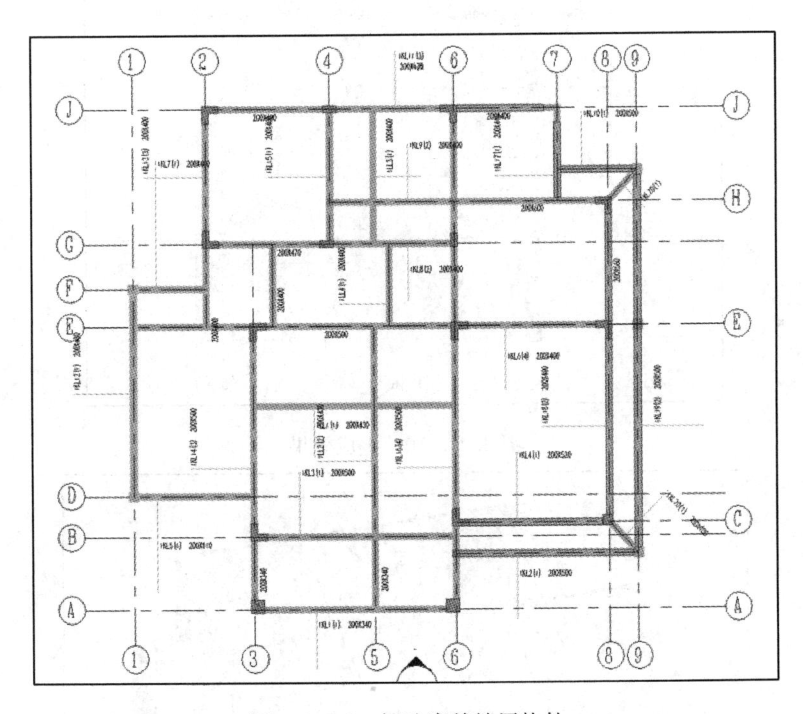


图 3.2.5-8　框选当前楼层构件

框选完成后，单击选项栏中的“完成”按键即可，程序会自动在能够形成封闭区域的区域内生成楼板，并且每一个封闭的区域内生成的都是单独的一块楼板，这样，如果出现楼板升降的情况，便于直接对选中的楼板进行高度调整，如图 3.2.5-9 所示。

生成效果如图 3.2.5-10 所示。

可以使用相同的方式创建其他楼层的楼板，完成效果如图 3.2.5-11 所示。将模型文件存入指定路径并命名为“二层别墅项目-结构楼板”。

图 3.2.5-9　在封闭区域内生成单块楼板

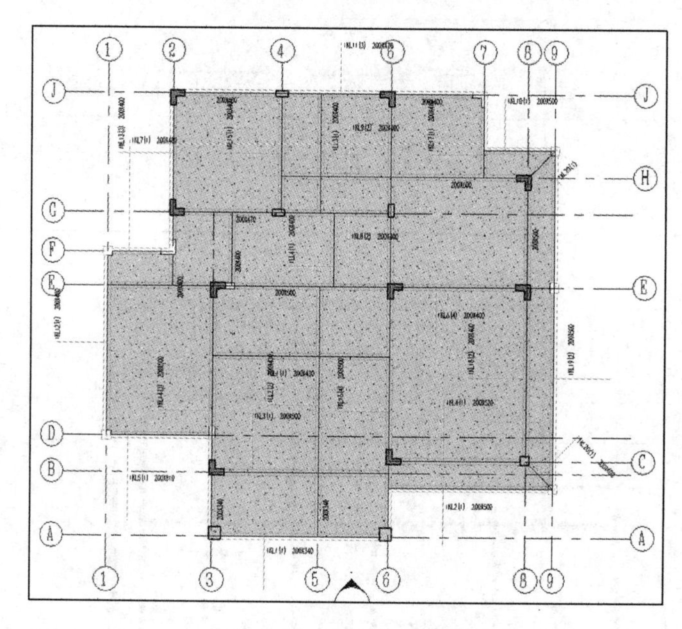


图 3.2.5-10　生成效果

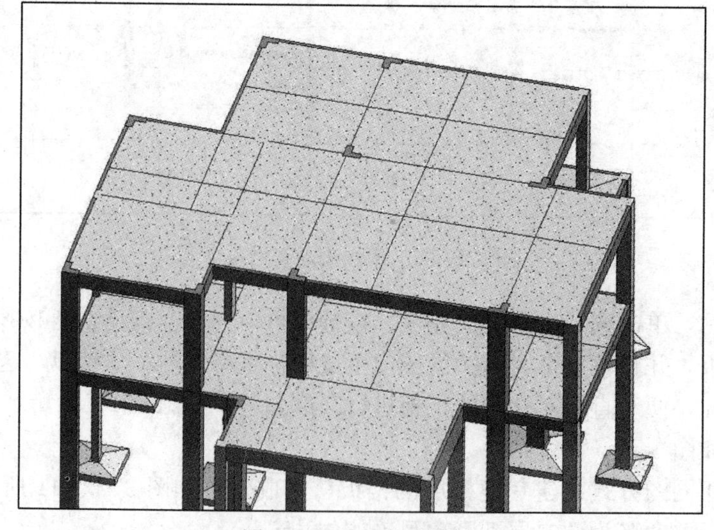

图 3.2.5-11　完成效果

# 3.3 建筑模型

## 3.3.1 建筑墙体

在本节中将介绍模型中建筑墙体的绘制。绘制建筑墙体时，需要根据墙体的用途和功能的不同创建不同的墙体类型，并赋予不同的墙体材质及属性等。在 3.2.4 节中讲解了关于模型中结构墙体的绘制方法，建筑墙体的绘制方法与其基本相同。

**1. 一般方法**

打开上一节中完成的模型，将当前视图切换到 1F 平面视图，单击【建筑】选项卡，在【构建】工具面板中选择【墙】工具，在 3.2.4 节中提到，Revit 提供了多种墙工具帮助完成模型中不同墙体类型的绘制，这里选择【墙：建筑】工具，在默认的基本墙体类型的基础上创建当前模型中需要的墙体类型。

单击属性工具面板中的“编辑类型”按键，打开“类型属性”对话框，选择“系统族：基本墙”族，单击“复制”按键，新的类型命名为“1F-Q1-200mm”，单击“确定”，完成新的墙体类型的创建，如图 3.3.1-1 所示。

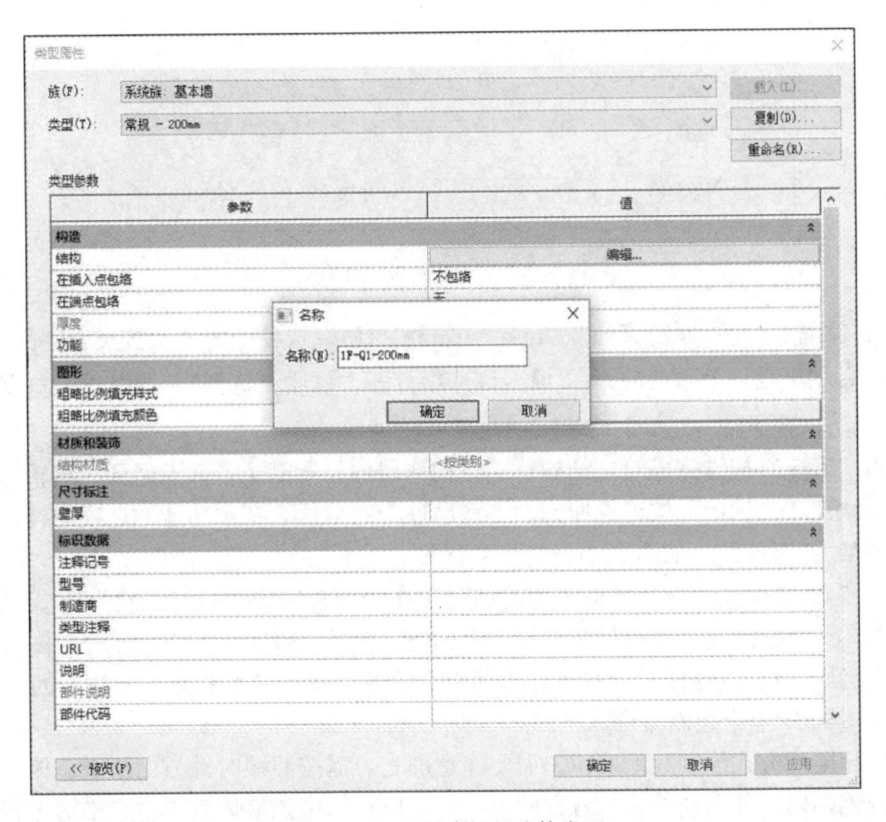


图 3.3.1-1 创建新的墙体类型

下面为新的墙体类型设置构造层以及材料。在“类型属性”对话框中的“结构”选项后找到“编辑”按键并点击，打开“编辑部件”对话框，如图 3.3.1-2 所示。

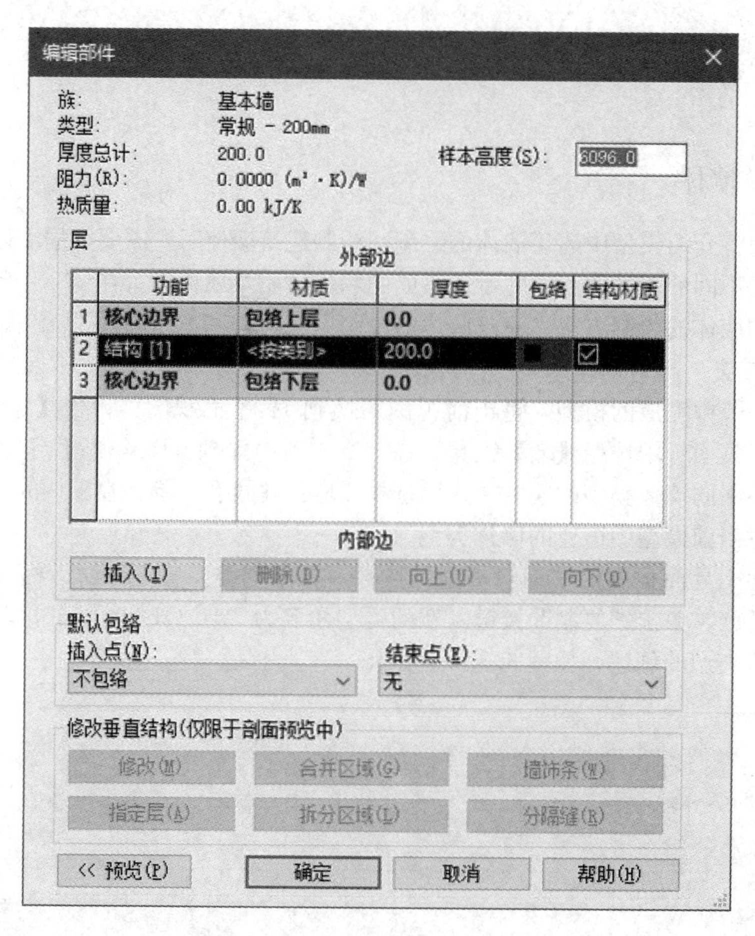


图 3.3.1-2　编辑部件对话框

设置“结构［1］”厚度值为200mm，单击“材质”选项中的“＜按类别＞”，此时会在该选项右端出现一个选项键...，单击该选项打开“材质浏览器”，在材质浏览器中搜索并找到“砌体-普通砖”，如图 3.3.1-3 所示。

单击“确定”按键完成对“结构［1］”构造层的材质赋予，并返回到“编辑部件”对话框，继续点击“确定”按键返回到“类型属性”对话框，在“功能”选项中设置该墙体的功能类型为“外部”，如图 3.3.1-4 所示。

单击“确定”，完成对新墙体类型的创建。在选项栏中设置以“高度”方式绘制，到达标高为 2F，“定位线”为墙体中心线，不勾选“链”，如图 3.3.1-5 所示。移动鼠标至 2-J 轴交点处，以交点处柱子的右边界为起点，绘制墙体至 4-J 轴交点处柱子的左边界位置，单击 ESC 键退出绘制命令，见图 3.3.1-6。

使用相同的方式绘制其他墙体。需要注意的是，需按照顺时针方向绘制墙体，以保证墙体的内侧朝内、外侧朝外，如若方向相反，可以在选中该墙体后单击空格键来将墙体方向翻转，或单击墙体中的翻转符号⇆，见图 3.3.1-7。

完成效果如图 3.3.1-8 所示。将模型文件存入指定路径并命名为“二层别墅项目-墙”。

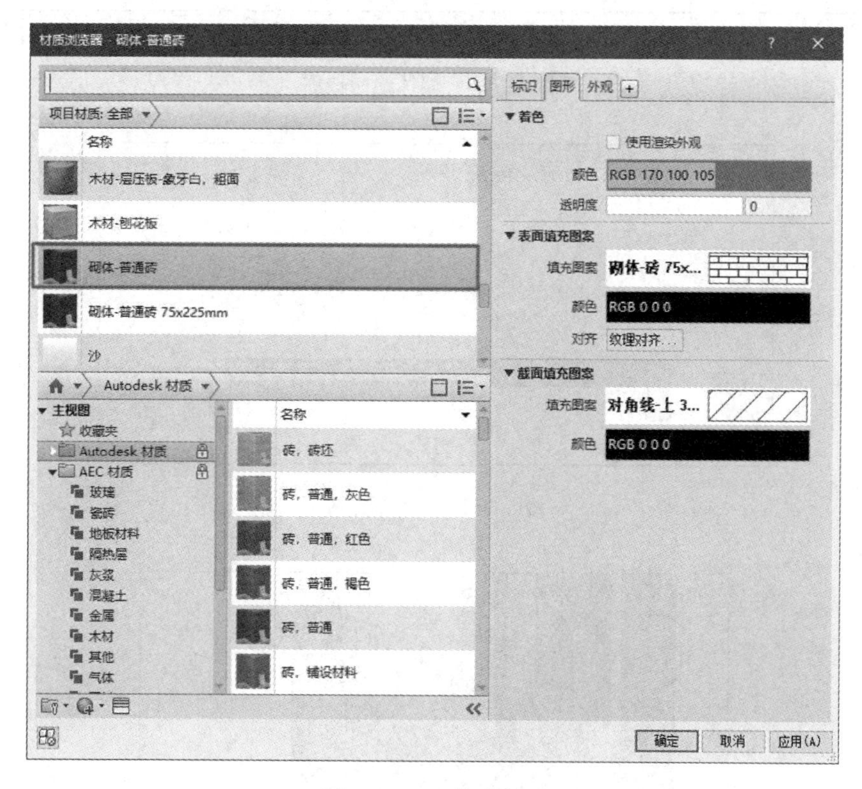


图 3.3.1-3 修改材质

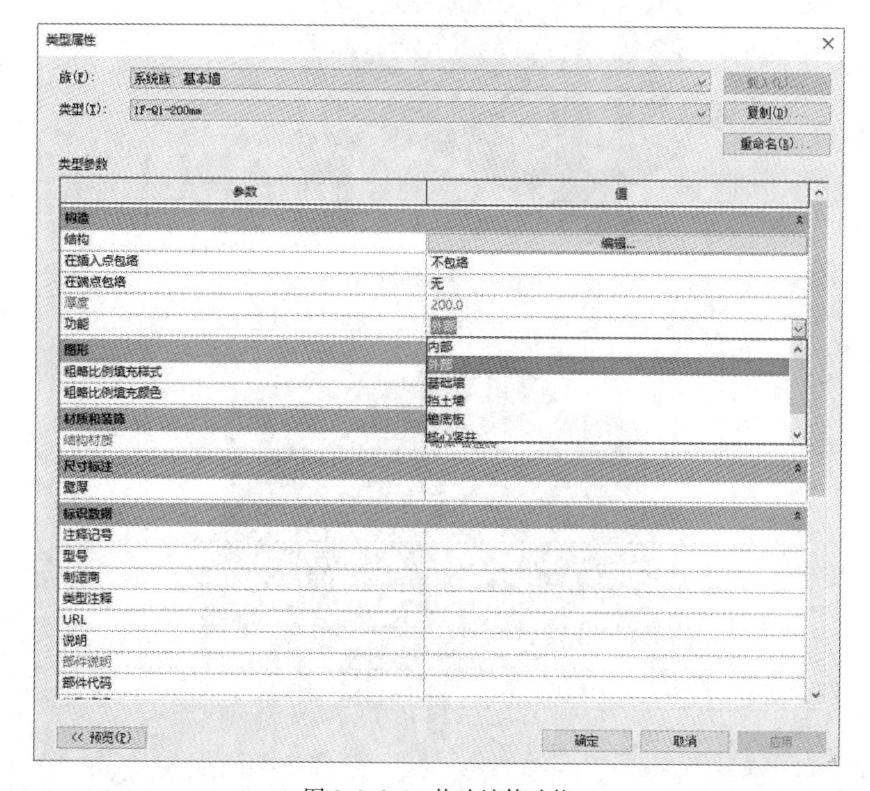


图 3.3.1-4 修改墙体功能

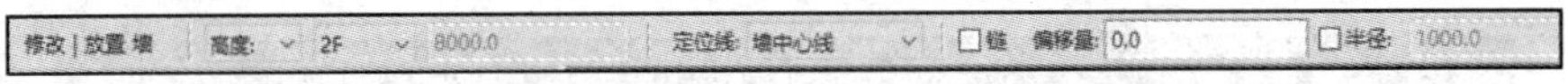

修改 | 放置 墙　高度: 2F　8000.0　定位线: 墙中心线　□链　偏移量: 0.0　□半径: 1000.0

图 3.3.1-5　墙体绘制选项

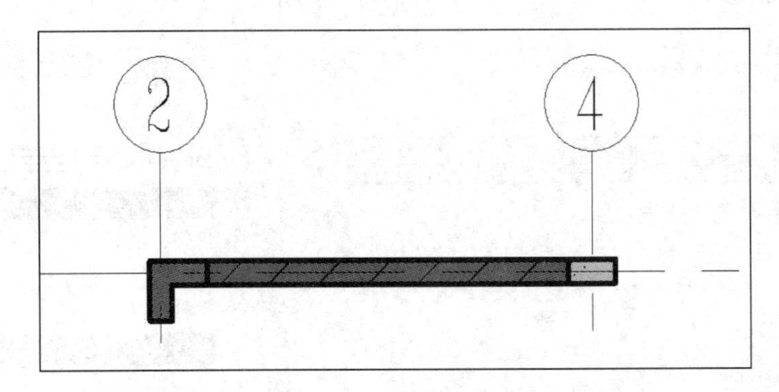


图 3.3.1-6　绘制完成

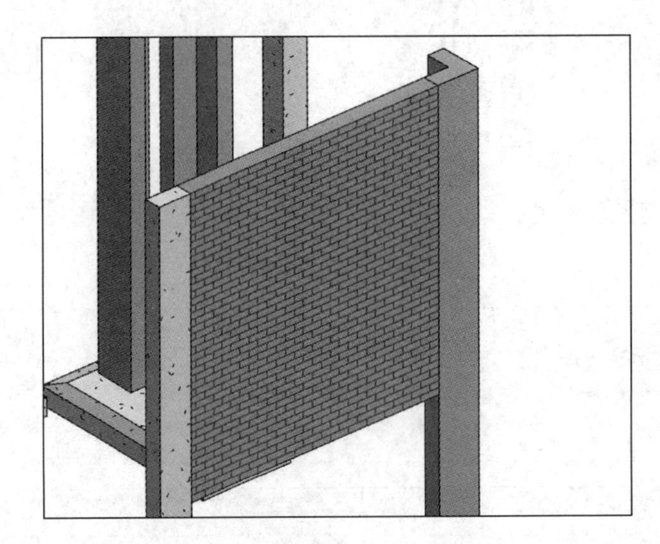

图 3.3.1-7　完成效果

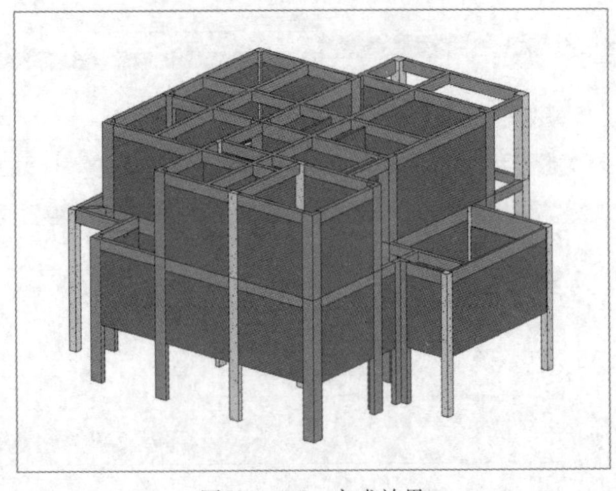

图 3.3.1-8　完成效果

**2. 快速方法一**

与绘制结构墙的快速方法一相同，使用【轴线生墙】工具进行绘制。在选择墙体时，选择建筑墙体类型即可。操作方法详见 3.2.4 节中绘制结构墙的“快速方法一”。

**3. 快速方法二**

使用橄榄山建筑翻模工具可以快速完成建筑墙体的绘制工作。具体操作过程参考第一章中对【建筑翻模 AutoCAD】和【建筑翻模链接 DWG】工具部分的讲解，这里以【建筑翻模 AutoCAD】工具为例来进行讲解。

由于在进行翻模时需要为墙体指定所需的墙体类型，所以需要在 Revit 中先创建好项目所需的墙体类型，按照一般方法，依次创建 1F-Q2-100mm、1F-Q1-200mm、1F-Q3-240mm 三种墙体类型，墙体的核心层材质均设置为“砌体—普通砖”，修改各墙体厚度使之与墙体类型名称相符。

在 Revit 中使用【建筑翻模 AutoCAD】工具，打开提取的中间文件，为提取到的墙体信息依次指定使用的墙体类型，如图 3.3.1-9 所示。

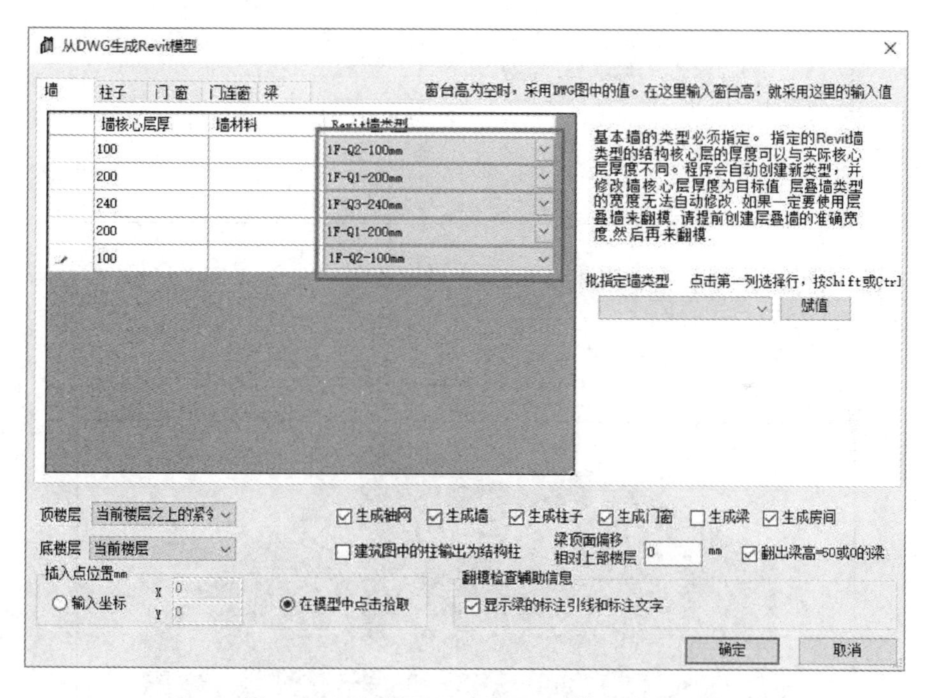


图 3.3.1-9 从 DWG 生成 Revit 模型对话框

修改其他设置信息后单击“确定”，等待模型绘制完成，效果如图 3.3.1-10、图 3.3.1-11 所示。

由于墙体在生成的时候指定的顶部标高 2F，所以可以看到墙体与梁有重叠部分，同时由于 DWG 图纸中墙体边界线墙体边线在窗边界断开、与柱边线重叠，会导致墙体在窗边断开以及墙体与柱子重叠，并且生成的墙体至窗边界。

使用【橄榄山快模-免费版】选项卡中的【墙齐梁板】工具，修改所有墙体顶高至梁、板底；使用【GLS 土建】选项卡中的【一键扣减】工具扣减墙体与柱子重叠的部分，完成后效果如图 3.3.1-12 所示。

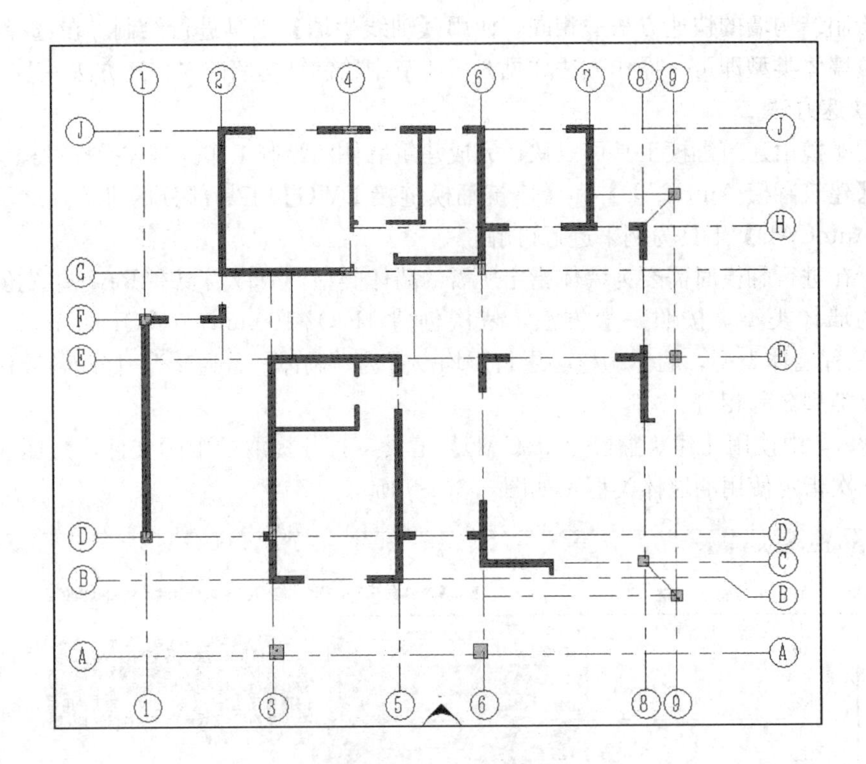


图 3. 3. 1-10　完成效果

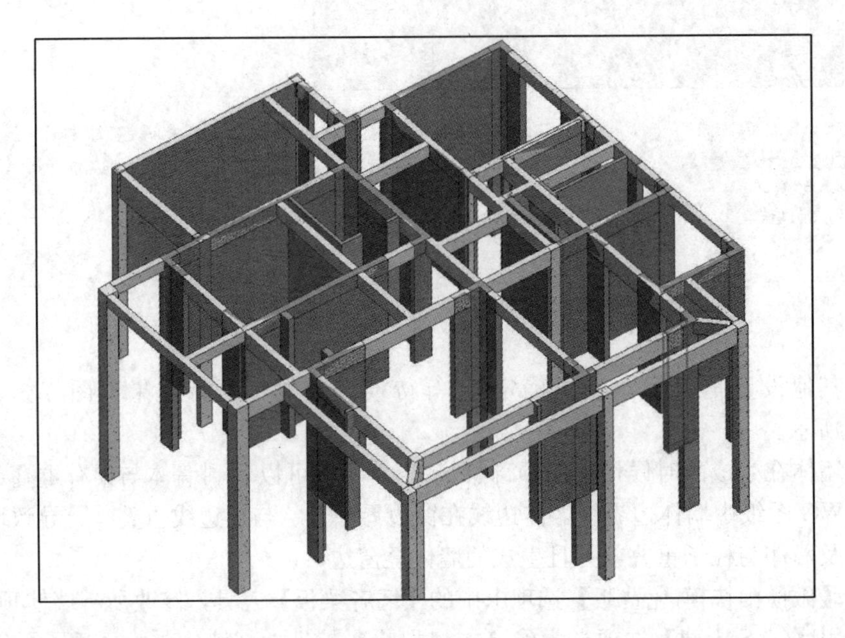

图 3. 3. 1-11　完成效果

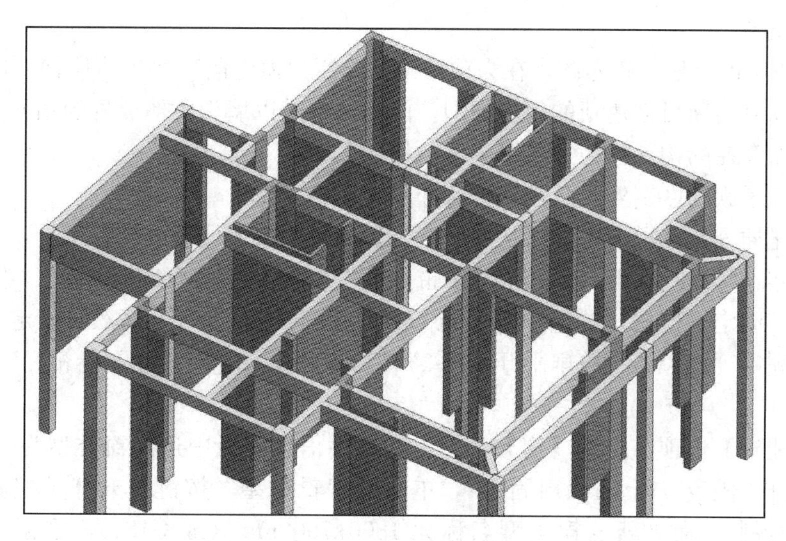

图 3.3.1-12 完成效果

墙体在窗边断开的修改方法有三种：第一种是在 DWG 图纸中修改墙体线，使其不在窗边断开；第二种是在翻模时与窗一同操作；第三种是在 Revit 中手动连接墙体。

使用相同的方法完成二层墙体的绘制，绘制效果如图 3.3.1-13 所示。将模型文件存入指定路径并命名为“二层别墅项目-墙”。

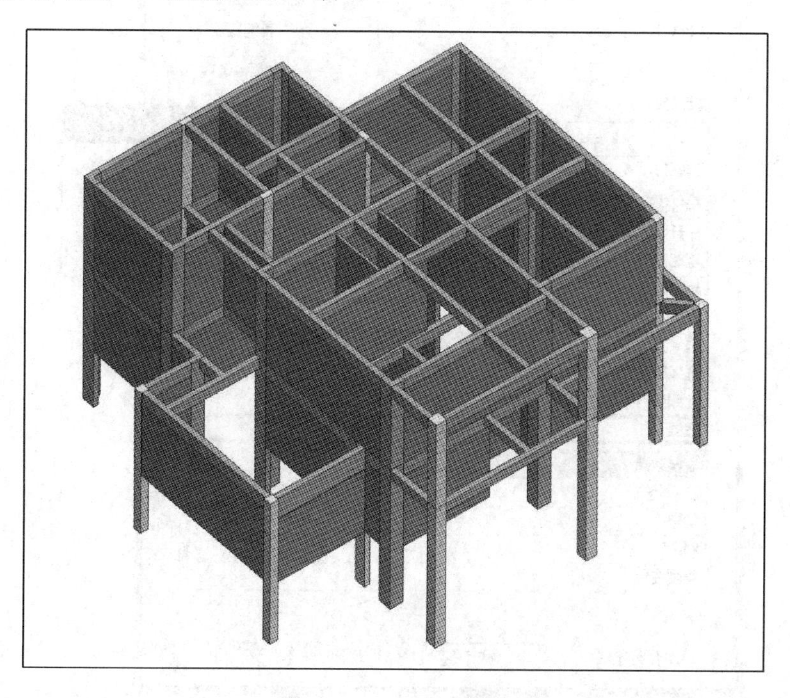

图 3.3.1-13 完成效果

### 3.3.2 门、窗

上一节中完成了模型中墙体的绘制，接下来继续为模型绘制门窗。

**1. 一般方法**

门窗在 Revit 中是可载入族，在为项目模型绘制门窗之前需要先将所使用的门窗族载入项目中，同时为项目创建新的门窗类型。门和窗都是以墙为主体放置的图元，这种依赖于主体图元而存在的构件称为“基于主体的构件”。

门和窗除了族的区别外，其创建方法和步骤基本一致。

切换到【插入】选项卡，在【从库中载入】面板中单击【载入族】工具，为项目添加以下的门窗族：“推拉窗 6”“上下拉窗 2-带贴面”“单扇平开窗 2-带贴面”“组合窗-双层单列（推拉＋固定＋推拉）”“组合窗-双层双列（平开＋固定）-上部双扇固定”“组合窗-双层单列（固定＋推拉）”“单扇平开木门 2”“双扇平开木门 7”“水平卷帘门”“四扇推拉门 2”。

单击【建筑】选项卡中的【窗】工具，在属性信息面板中选择窗类型为“组合窗-双层双列（平开＋固定）-上部双扇固定”，单击“编辑类型”按键打开“类型属性”对话框，单击“复制”，命名新的窗类型名称为 1800x1500mm（或 C1815，根据需要命名），修改类型属性对话框中的尺寸信息栏中的高度和宽度数值分别为 1500、1800，如图 3.3.2-1。单击“确定”按键，完成新类型的创建。

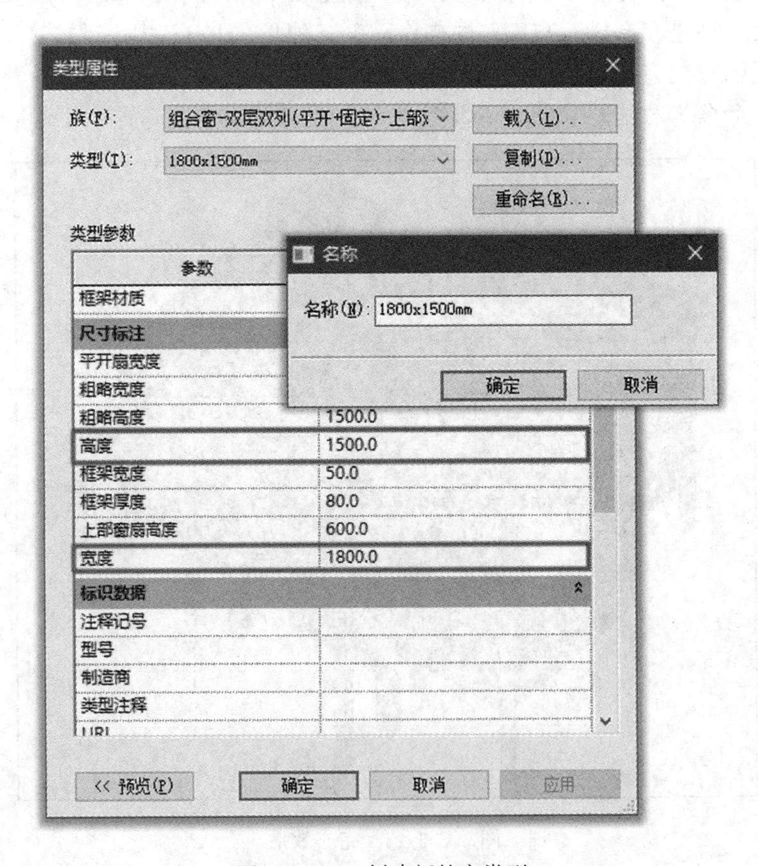


图 3.3.2-1　创建新的窗类型

移动鼠标至 J 轴与 2、4 轴相交段墙体上方，单击鼠标左键放置该窗，如图 3.3.2-2 所示。

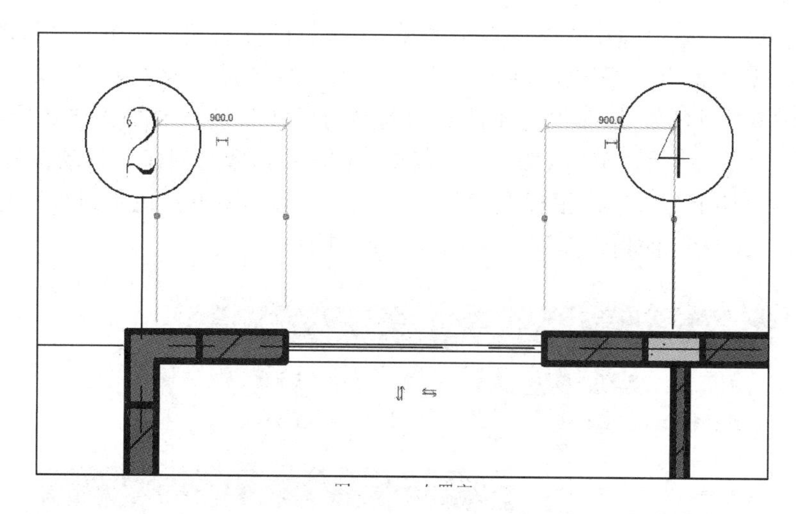


图 3.3.2-2 布置窗

拖动窗左侧临时尺寸标注界限至 2 轴 L 形柱的右边界位置，修改临时尺寸标注数值为 550，如图 3.3.2-3 所示。

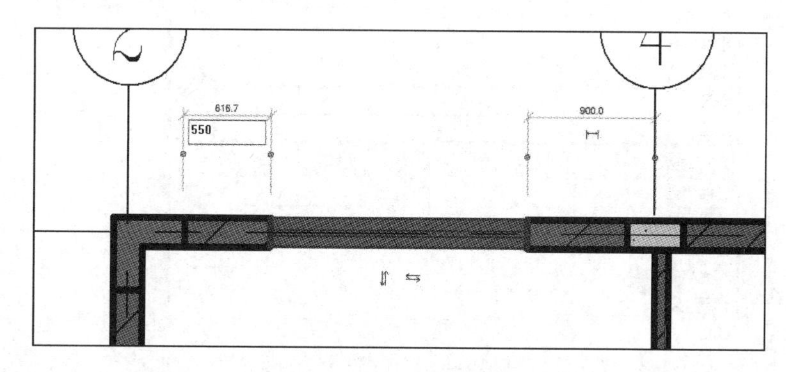


图 3.3.2-3 修改布置位置

完成效果如图 3.3.2-4 所示。

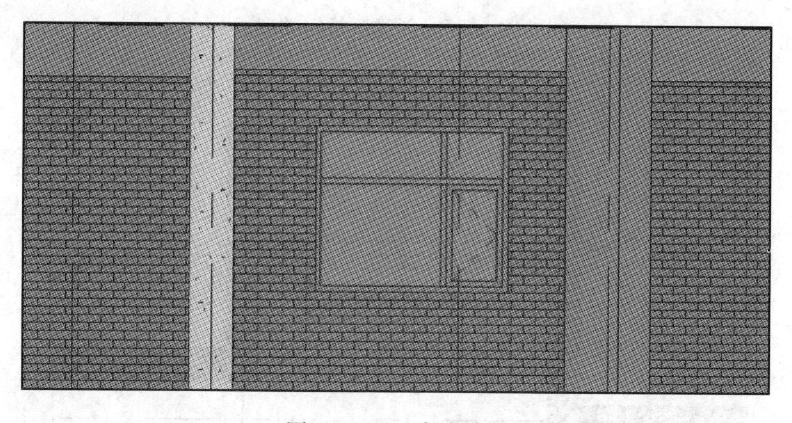

图 3.3.2-4 完成效果

下面继续为模型绘制门。在【建筑】选项卡的【构建】面板中单击【门】工具，在属性信息面板中的类型选择器中选择“双扇平开木门 7”的任意类型，单击“编辑类型”按键，打开“类型属性”对话框，单击“复制”，命名新的门类型为 1500x2400mm（或 M1524，根据需要命名)，修改类型属性对话框中的尺寸信息栏中的宽和高分别为 1500、2400，如图 3.3.2-5 所示，单击“确定”按键，完成新类型的创建。移动鼠标至 D 轴与 5、6 轴相交段墙体上方，单击鼠标左键放置该门。单击门左侧蓝色临时尺寸标注，修改其数值为 350，完成效果如图 3.3.2-6、图 3.3.2-7 所示。

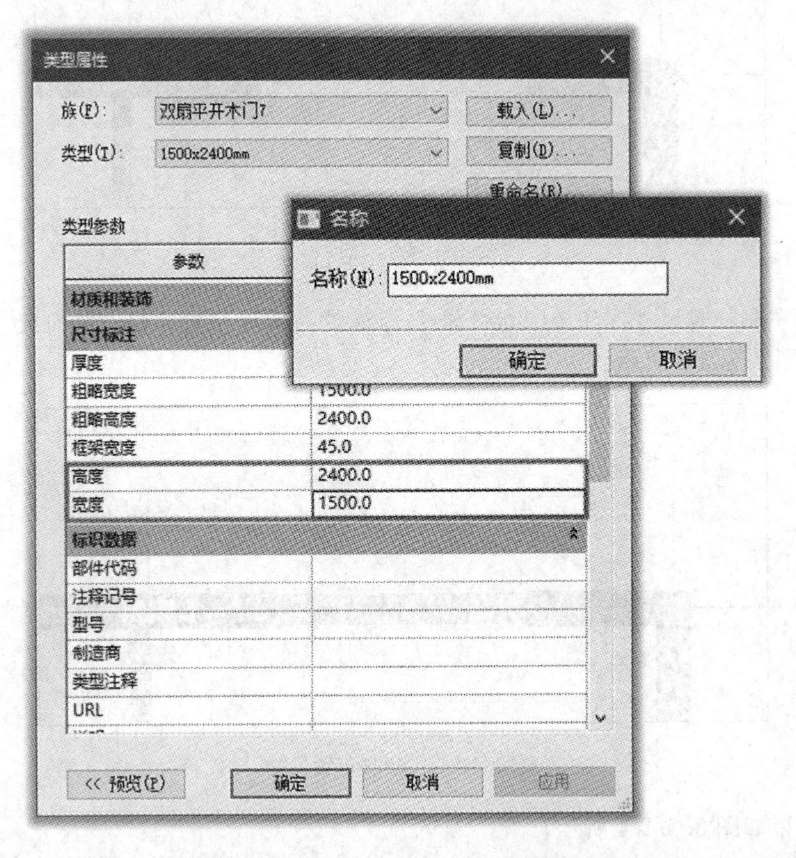


图 3.3.2-5　创建新的门类型

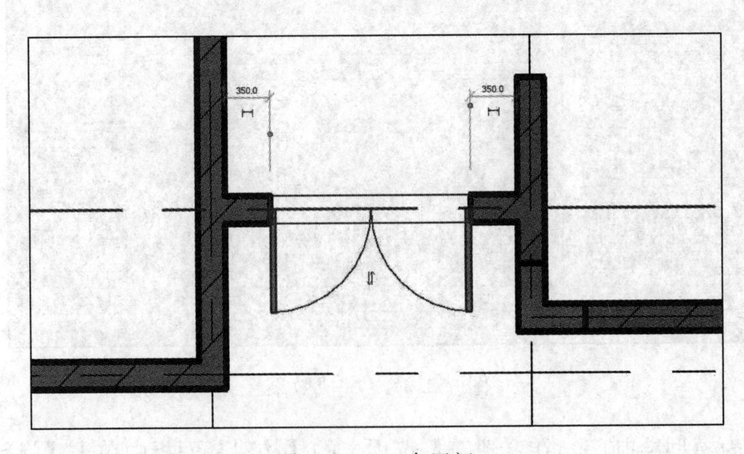


图 3.3.2-6　布置门

图 3.3.2-7 完成效果

使用相同的方法为模型布置其他位置的门窗，完成效果如图 3.3.2-8～图 3.3.2-10 所示。

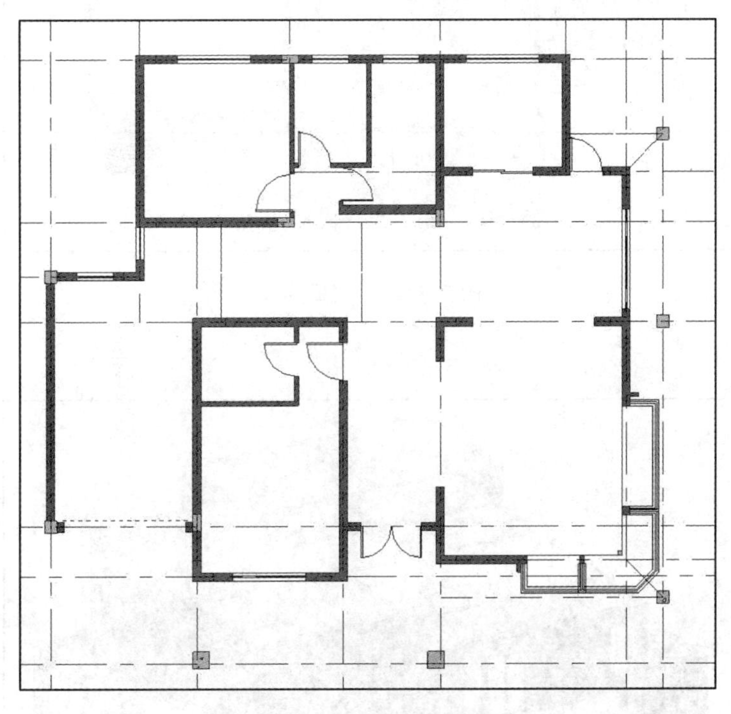

图 3.3.2-8 完成效果

在绘制过程中，可以利用橄榄山软件提供的【海量云族库】工具来搜索和加载合适的门窗族，如图 3.3.2-11 所示。

**2. 快速方法**

布置门窗可以利用橄榄山全自动翻模工具来快速实现。

在 CAD 中对门窗数据进行提取，具体操作方法可参考本书第一章中建筑翻模部分的内容。

切换到 Revit 中，在【GLS 土建】选项卡中启动【建筑翻模 AutoCAD】命令，找到刚刚提取的数据文件，打开“从 DWG 生成 Revit 模型”对话框，在弹出的对话框中打开“门窗”选项卡，如图 3.3.2-12 所示。

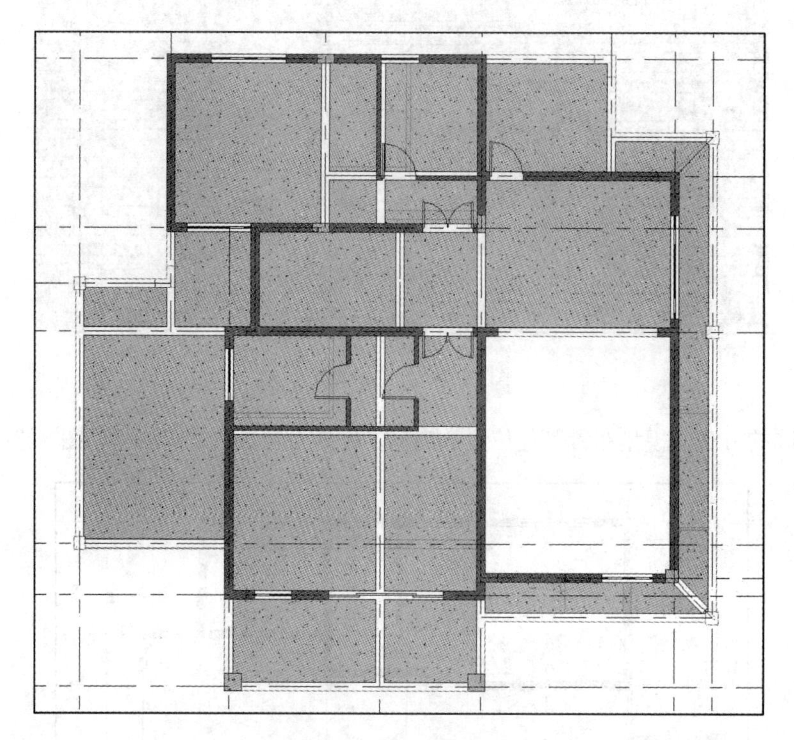

图 3.3.2-9 完成效果

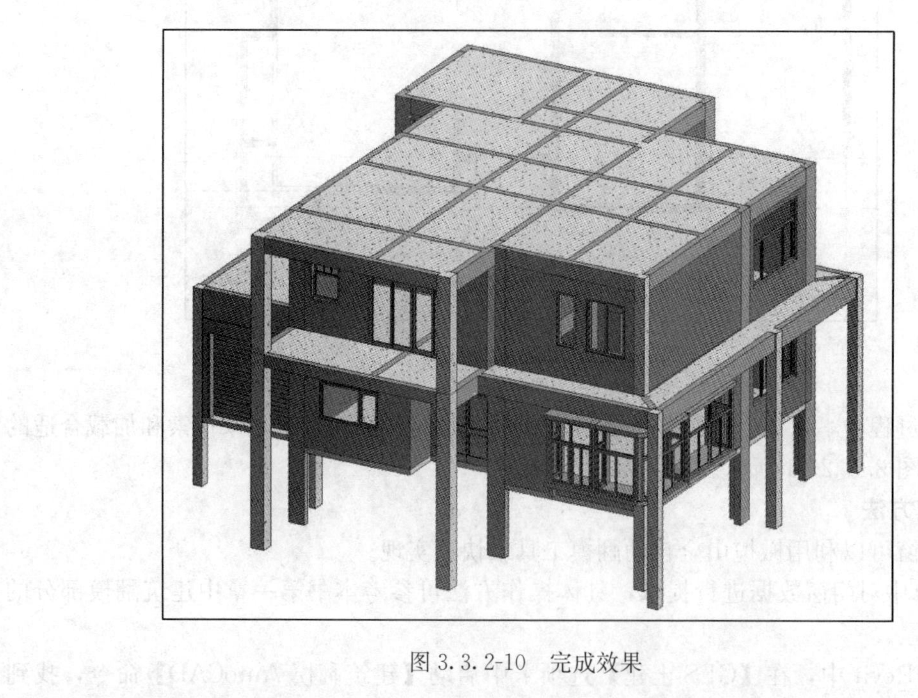

图 3.3.2-10 完成效果

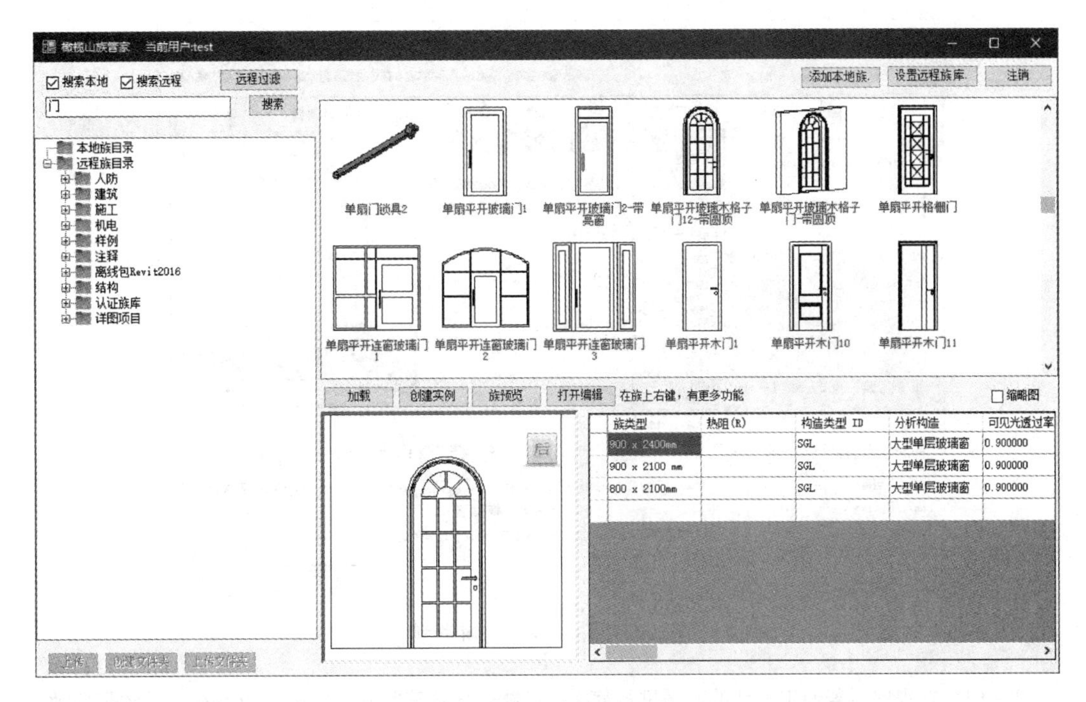

图 3.3.2-11 族管家对话框

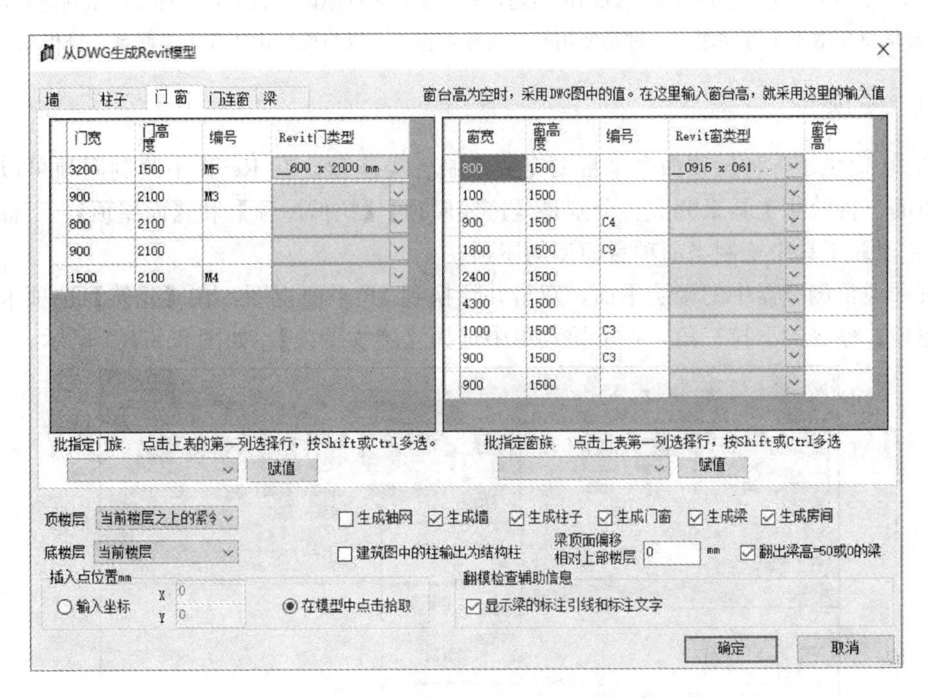

图 3.3.2-12 从 DWG 生成 Revit 模型对话框

在“门窗”选项卡中会显示提取到的所有窗与门的信息。在 Revit 门/窗类型选项中，为各门窗指定需要的门窗类型，所有可用的门窗类型均是基于项目样板，见图 3.3.2-13。

修改完相关信息设定后，单击“确定”按键进行翻模操作即可。将模型文件存入指定路径并命名为“二层别墅项目-门窗”。

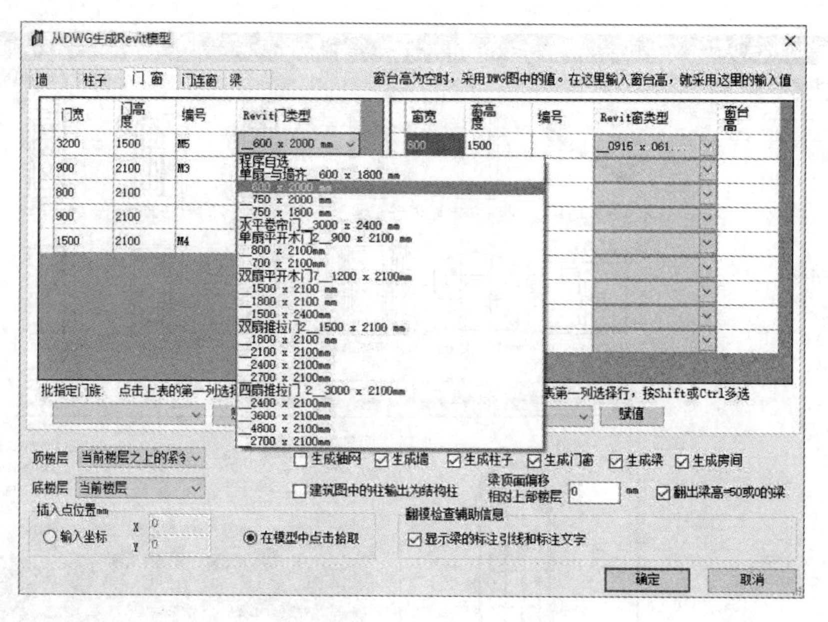

图 3.3.2-13　设定门窗类型

注：门窗在提取后若使用默认的族来进行替换，可能会导致某些族与实际门窗不符，导致翻模效果较差。如果更换了指定族之后依旧出现门窗问题，有可能是两种原因导致的：一种是图纸在进行门窗提取时出现信息提取不全等问题，一种是使用族与实际不符。可以与橄榄山工作人员联系，分析原因。

## 3.3.3　屋顶

Revit 提供了多种屋顶命令来帮助完成绘制各类屋顶。在 Revit 中绘制屋顶可以利用其提供的三种绘制工具来完成，分别是【迹线屋顶】【拉伸屋顶】和【面屋顶】。下面利用【迹线屋顶】工具来绘制当前项目模型的屋顶。

展开项目浏览器中的楼层平面，双击并切换到 2F 平面视图，在【建筑】选项卡中单击【屋顶】命令的下拉三角，在下拉菜单中选择【迹线屋顶】，如图 3.3.3-1 所示。

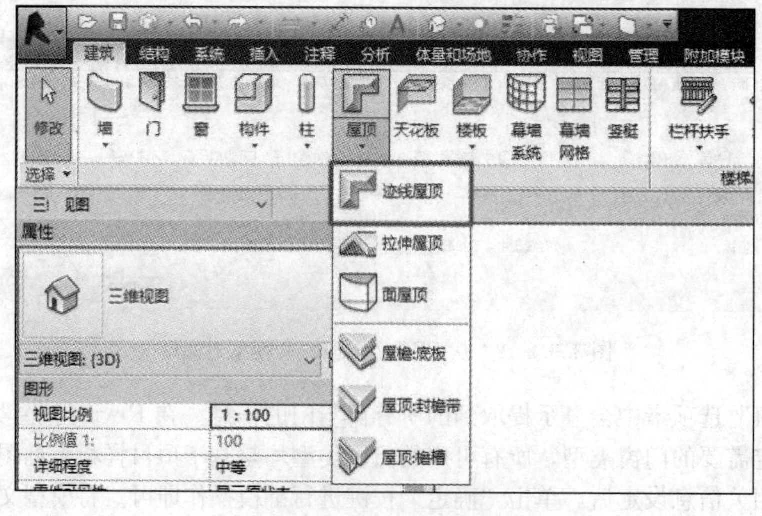

图 3.3.3-1　迹线屋顶

迹线屋顶的绘制与楼板的绘制方式类似，需要为屋顶绘制边界草图，这里使用直线的方式来进行绘制，完成后效果如图 3.3.3-2 所示。

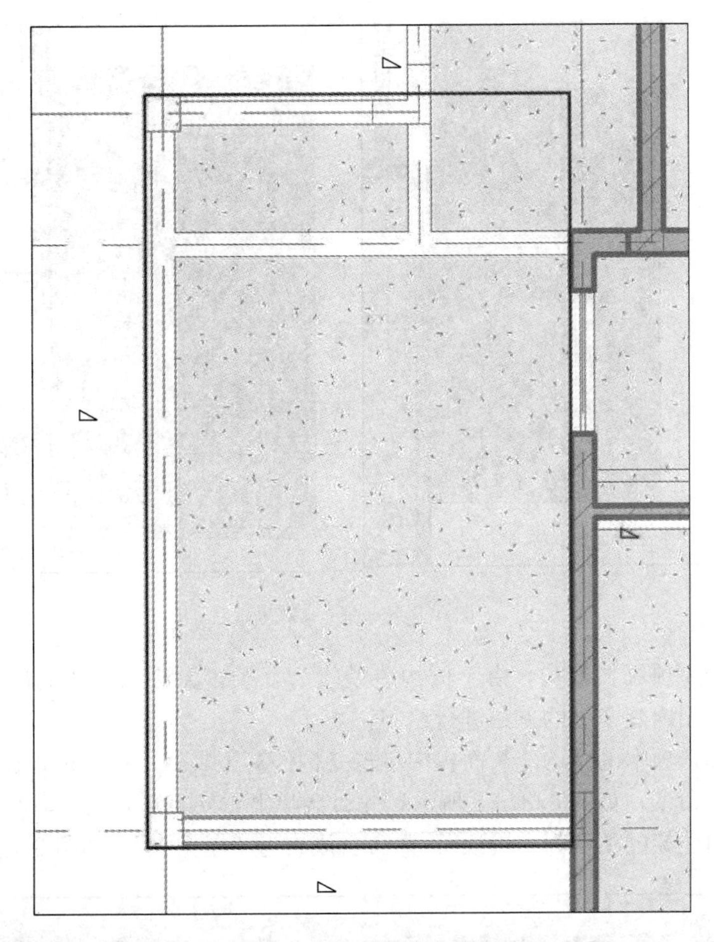

图 3.3.3-2　屋顶边界草图

选中左边的边界线，在属性面板的“尺寸标注”栏的“坡度”选项中，修改该边的坡度值为 18°，如图 3.3.3-3 所示。

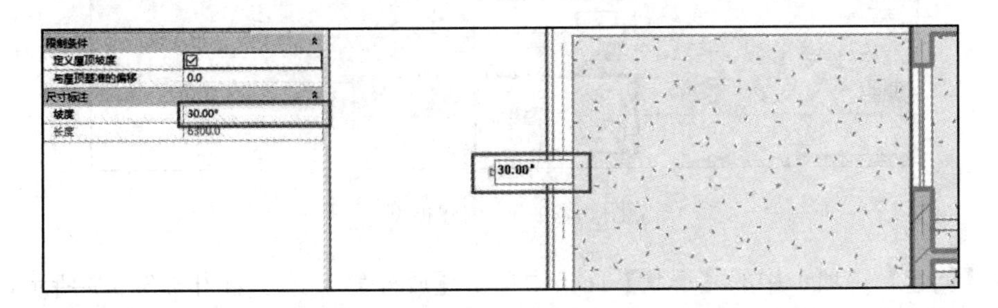


图 3.3.3-3　修改边界坡度值

使用相同的方式修改草图中矩形上下两条边界线的坡度，均修改为 18°。单击【修改 | 创建屋顶迹线】选项卡中的☑，完成对当前屋顶的绘制。

单击选中该屋顶，修改其材料为“瓦片”（屋顶编辑与墙体类似，限于篇幅，这里不再详细介绍），完成效果如图 3.3.3-4 所示。

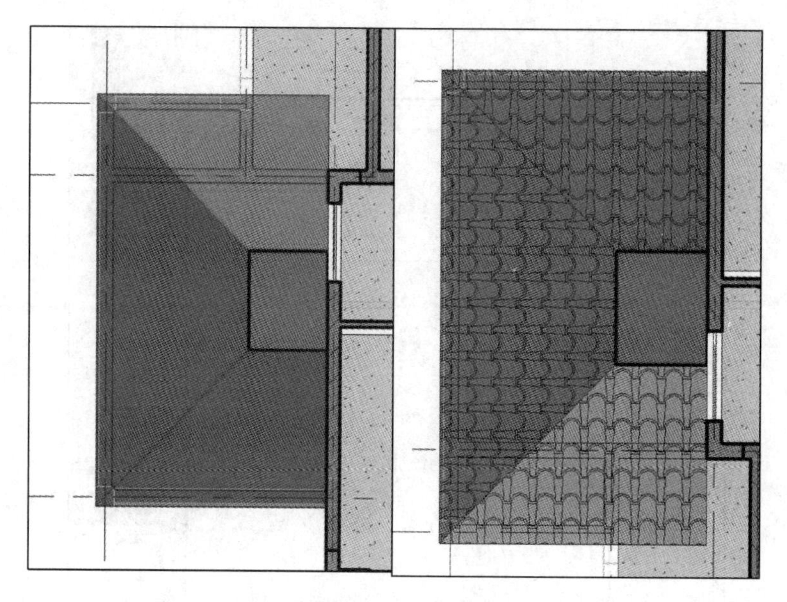

图 3.3.3-4　完成效果

下面继续为屋顶添加檐沟，由于檐沟造型较为复杂，无法用一般的屋顶工具进行绘制，这里可以采用内建模型的方法进行绘制。

在【建筑】选项卡的【构建】面板中单击【构件】工具的下拉三角，在下拉选项中选择【内建模型】命令，如图 3.3.3-5 所示，此时会弹出“族类别和族参数”对话框，在族类别中设定该内建族的类别为“屋顶”，并命名该族为“屋檐一”，如图 3.3.3-6 所示。

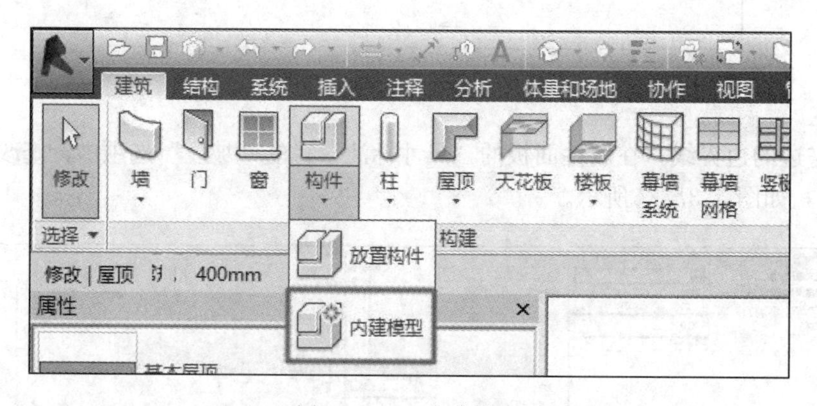


图 3.3.3-5　内建模型

在【创建】选项卡中的【形状】面板中单击【放样】工具，如图 3.3.3-7 所示，功能区自动切换到【修改 | 放样】上下文关联选项卡。

先为放样绘制路径。在【修改 | 放样】上下文关联选项卡中的【放样】面板中点击【绘制路径】命令，如图 3.3.3-8 所示，沿刚才绘制的屋顶草图边界线绘制，如图 3.3.3-9 所示。

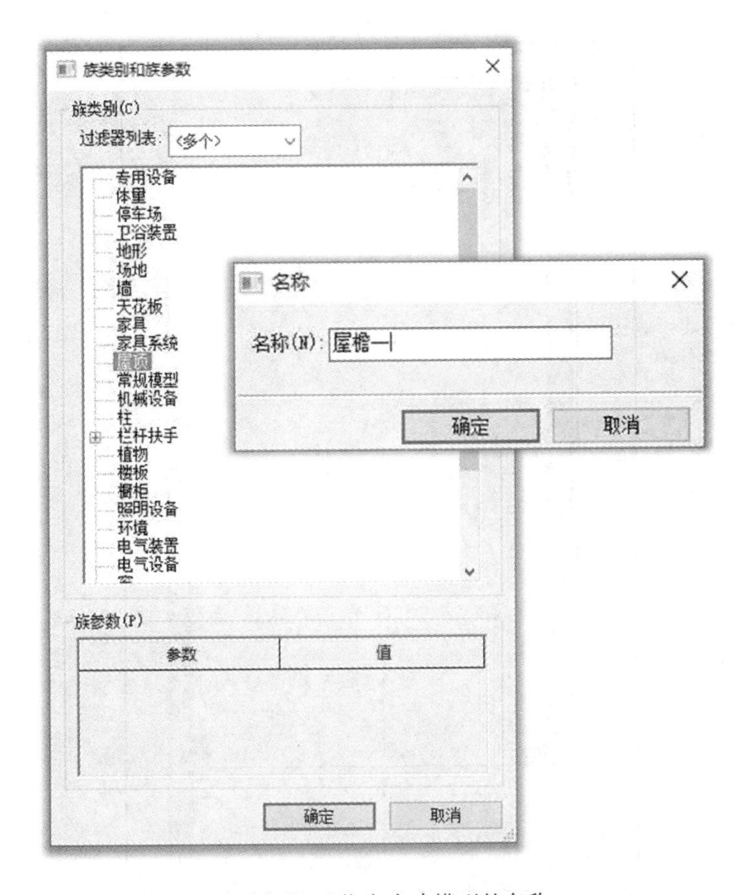


图 3.3.3-6 指定内建模型的名称

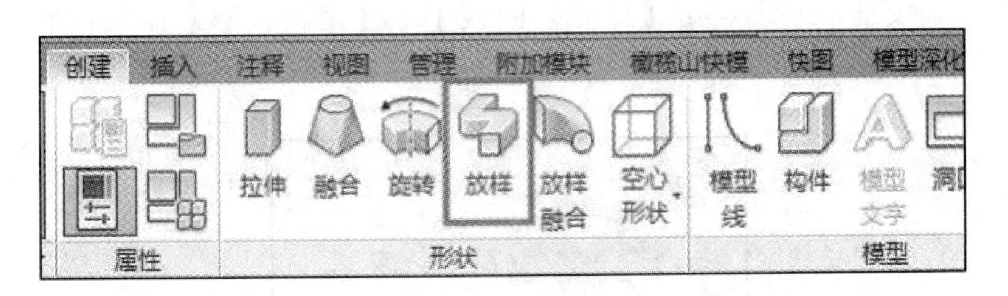


图 3.3.3-7 使用放样命令

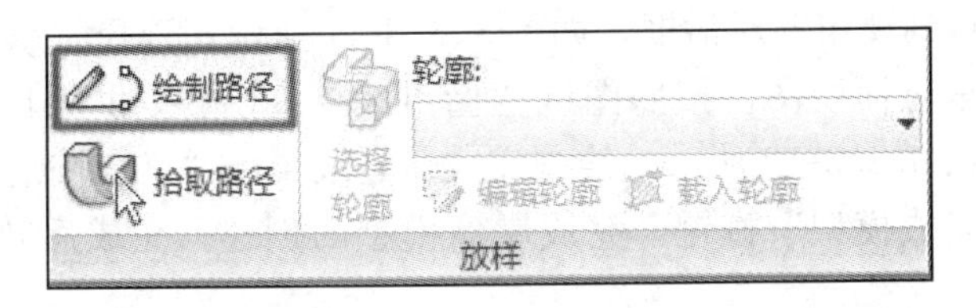


图 3.3.3-8 绘制路径

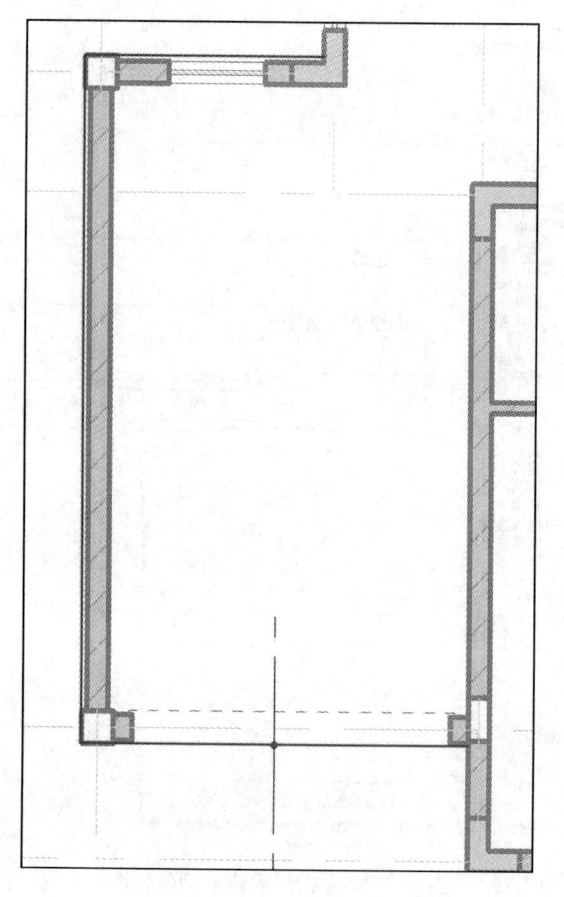

图 3.3.3-9　路径

单击"√"按键，继续点击【放样】面板中的【编辑轮廓】命令，如图 3.3.3-10 所示。

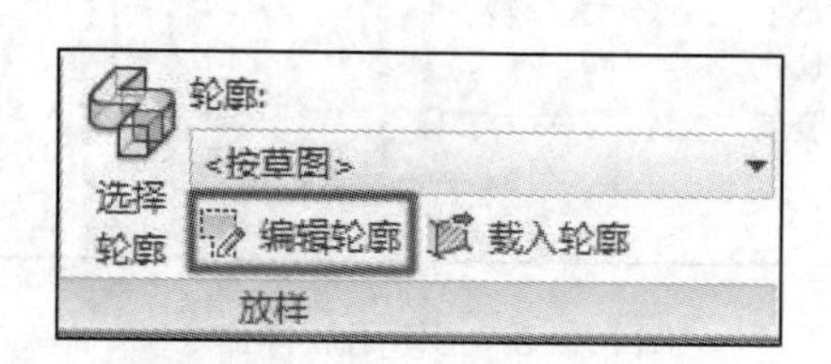


图 3.3.3-10　编辑轮廓

此时会弹出"转到视图"对话框，如图 3.3.3-11 所示，选择"东"立面视图并单击打开视图按键进入东立面视图。按照图纸"檐口大样 5"中提供的信息绘制屋檐轮廓，轮廓绘制完成后如图 3.3.3-12 所示。绘制完成后连续单击"√"按键，完成放样模型的绘制，再次单击"完成模型"按键，完成屋檐模型的创建。完成后效果如图 3.3.3-13、图 3.3.3-14 所示。

使用相同的方法完成其他屋顶和屋檐的绘制，完成效果如图 3.3.3-15 所示。将模型文件存入指定路径并命名为"二层别墅项目-屋顶"。

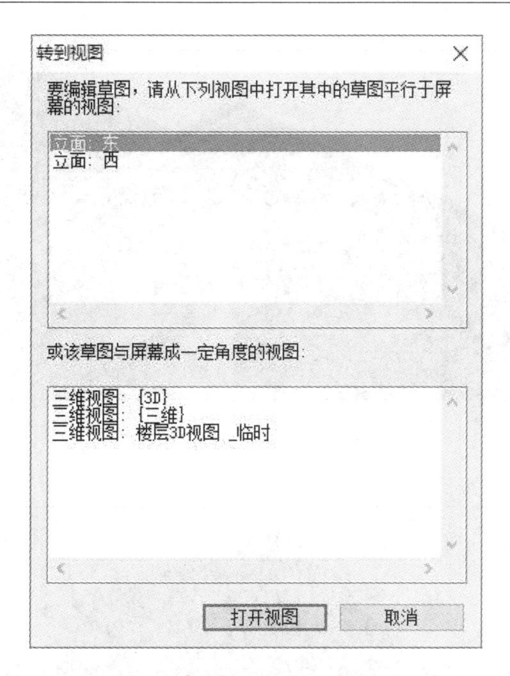


图 3.3.3-11　指定工作平面

图 3.3.3-12　轮廓

图 3.3.3-13　完成效果

图 3.3.3-14　完成效果

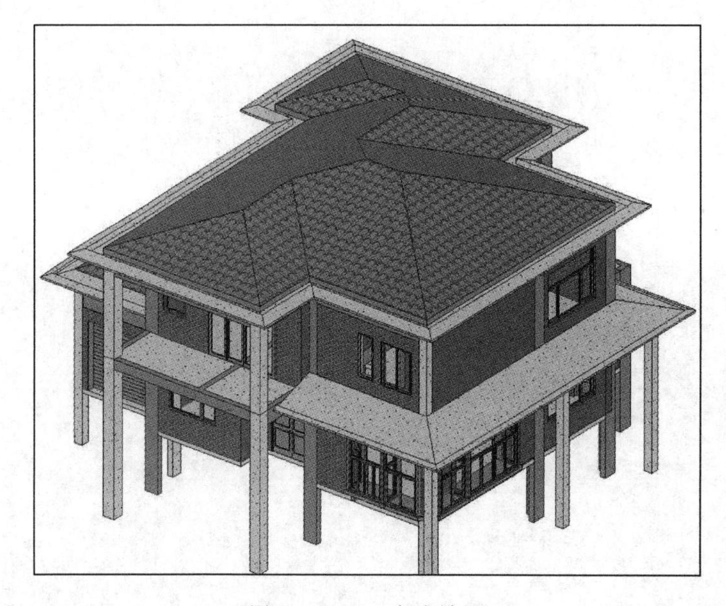

图 3.3.3-15　完成效果

## 3.3.4　楼梯、台阶及坡道

本节继续为模型添加室内楼梯、台阶及坡道等构件。

**1. 楼梯**

使用 Revit 自带的楼梯工具来进行绘制。切换到【建筑】选项卡，在【楼梯坡道】工具面板中单击【楼梯】工具下拉三角，可以看到 Revit 自带楼梯工具提供了两种绘制方式，分别是“按构件”和“按草图”。这里使用“按构件”方式来进行绘制，如图 3.3.4-1 所示。

单击【楼梯】命令后，功能区自动切换到【修改｜创建楼梯】上下文关联选项卡，在【构件】面板中提供了绘制“梯段”“平台”和“支座”的工具，如图 3.3.4-2 所示。

先绘制楼梯梯段。切换到 1F 平面视图，选择“直梯”方式，在选项栏中选择定位线为“梯段：左”“偏移量”为 0，修改梯段实际宽度值为 1040，勾选“自动平台”选项，

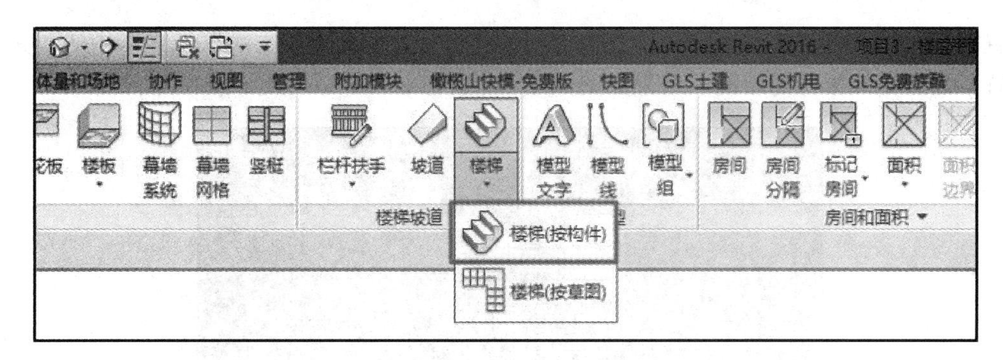


图 3.3.4-1　楼梯（按构件）

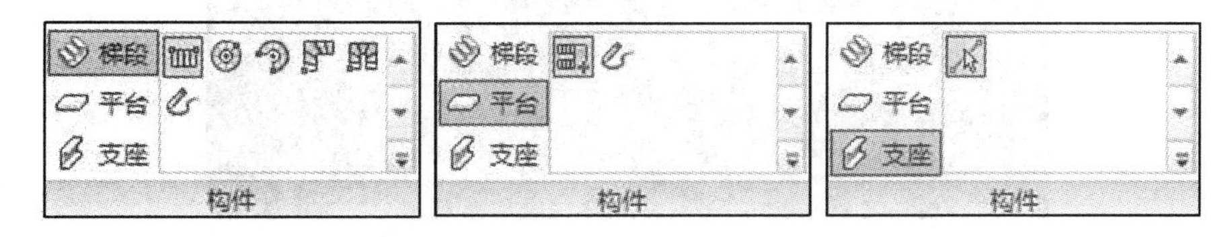


图 3.3.4-2　构件面板

如图 3.3.4-3 所示。移动鼠标至 5 轴与 E 轴交点的墙体边缘，如图 3.3.4-4 所示，单击鼠标左键，向左滑动鼠标，此时在绘图区域会显示楼梯布置的草图，并且会提示剩余台阶数量。

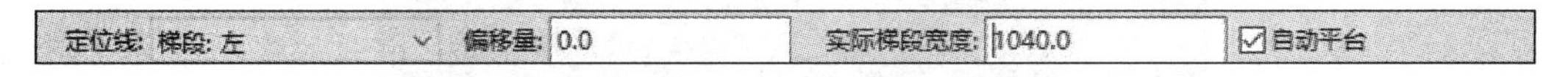


图 3.3.4-3　楼梯绘制选项

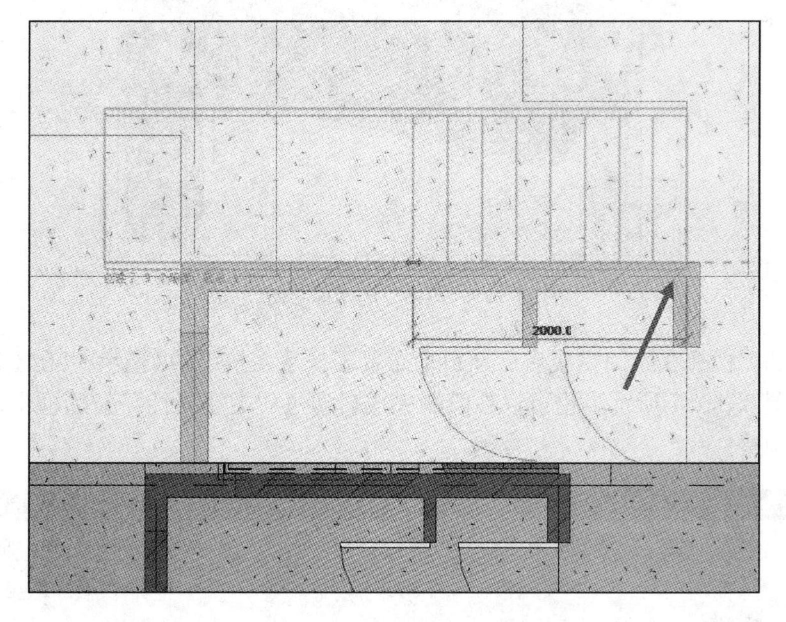


图 3.3.4-4　楼梯绘制位置

当提示剩余 9 个台阶时，单击鼠标左键，并拖动鼠标到 G 轴墙体继续布置剩余台阶，布置完成后，选中楼梯平台，调整其边界与轴线对齐，单击上下文关联选项卡中的“完成布置”按键完成楼梯的绘制，效果如图 3.3.4-5、图 3.3.4-6 所示。

图 3.3.4-5　完成效果

图 3.3.4-6　完成楼梯绘制

可以看到，楼梯在绘制完成后已经自动布置了扶手，扶手的类型可以在绘制楼梯时进行选择，如图 3.3.4-7 所示，也可以在绘制完成后通过“类型属性”对话框中的扶手选项进行更改和调整。

图 3.3.4-7　栏杆扶手

**2. 台阶**

室内外台阶均可以用“楼板边”工具进行绘制。“楼板边”工具是利用轮廓族来为楼板边添加多种类型的构件，例如台阶、坡道、梁等，下面来看一下如何具体操作，见图 3.3.4-8。

由于“楼板边”是利用轮廓来为楼板添加构件，所以需要先为台阶绘制楼板边轮廓，在当前项目中，打开“应用程序菜单”新建族，选择“公制轮廓”作为族样板并打开，如图 3.3.4-9 所示。

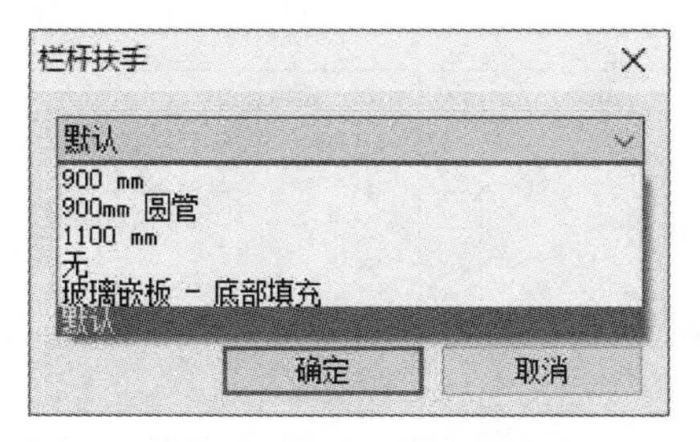


图 3.3.4-8　绘制扶手命令界面

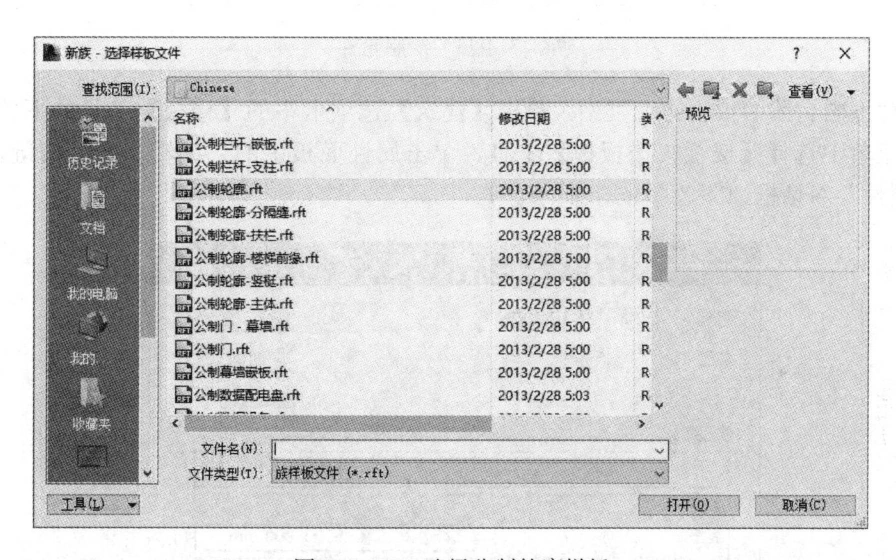


图 3.3.4-9　选择公制轮廓样板

在【创建】选项卡中的【详图】面板中点击【直线】工具，按照图纸要求绘制楼梯间台阶，如图 3.3.4-10 所示，绘制完成效果如图 3.3.4-11 所示。

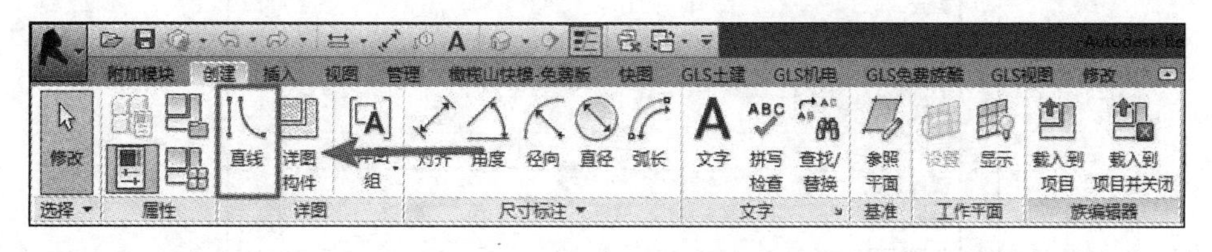


图 3.3.4-10　使用直线命令

绘制完成后，单击“保存”按键对该轮廓族进行保存，命名为“室内台阶 1”。单击【创建】选项卡中的【族编辑器】面板中的【载入到项目当中】，将该族载入到别墅项目当中。

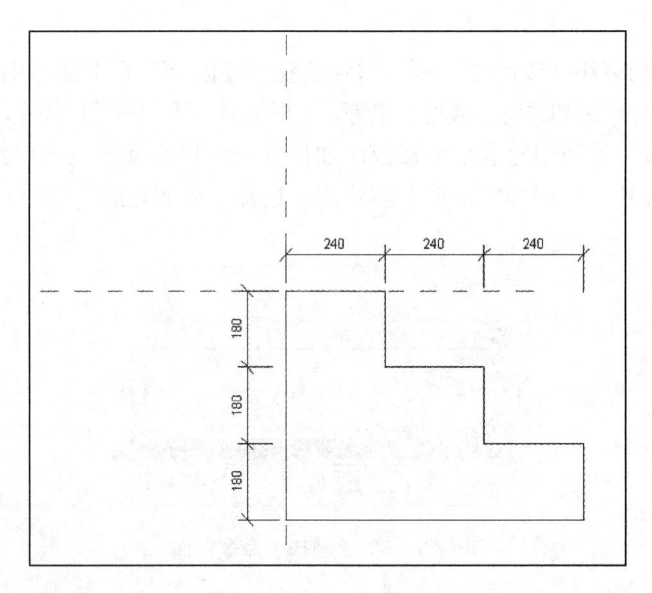


图 3.3.4-11 绘制轮廓

创建室内台阶的楼板边缘类型。单击【建筑】选项卡中的【楼板】工具的下拉三角，在下拉菜单中选择【楼板：楼板边】工具，单击属性面板中的“编辑类型”按键，打开“类型属性”对话框如图 3.3.4-12 所示。

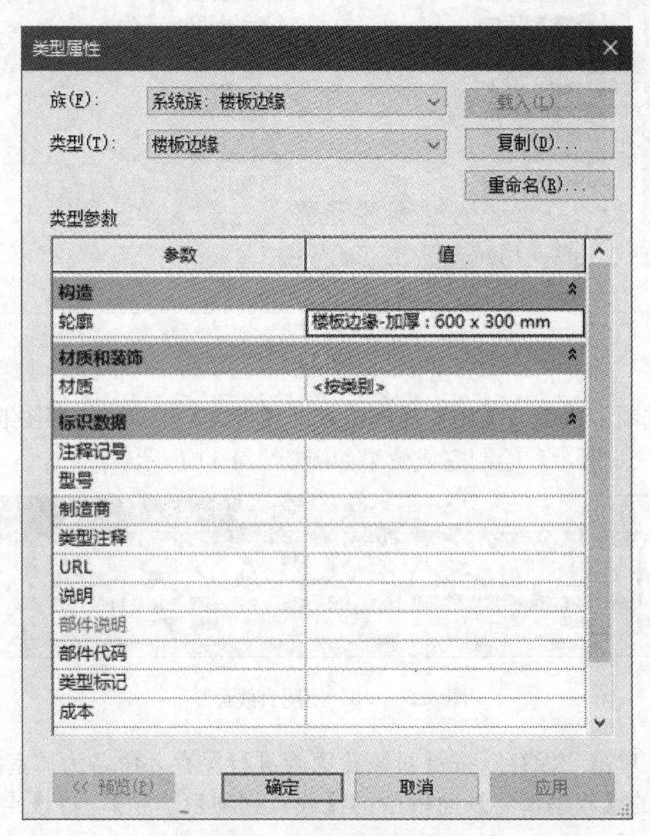


图 3.3.4-12 类型对话框

单击“复制”按键，命名新的楼板边缘类型为“室内台阶－1”，如图 3.3.4-13 所示，在“类型属性”对话框的“轮廓”选项中，修改其值为刚刚创建的轮廓族“室内台阶 1”，如图 3.3.4-14 所示。单击“确定”按键完成“室内台阶－1”类型的创建。

图 3.3.4-13　修改命名

移动鼠标至一层楼梯间楼板边缘位置（G 轴与 4 轴相交点附近），放置该台阶，如图 3.3.4-15 所示中红线标识位置。绘制完成效果如图 3.3.4-16～图 3.3.4-18 所示。

类型属性

族(F): 系统族：楼板边缘　载入(L)...

类型(T): 后门入户台阶　复制(D)...

重命名(R)...

类型参数

| 参数 | 值 |
|---|---|
| **构造** | |
| 轮廓 | 室内台阶1：室内台阶1 |
| **材质和装饰** | |
| 材质 | |
| **标识数据** | |
| 注释记号 | |
| 型号 | |
| 制造商 | |
| 类型注释 | |
| URL | |
| 说明 | |
| 部件说明 | |
| 部件代码 | |
| 类型标记 | |
| 成本 | |

默认
室内台阶1：室内台阶1
室内台阶2：室内台阶2
室外台阶：室外台阶
屋顶轮廓1：屋顶轮廓1
楼板边缘-加厚：600 x 300 mm

<< 预览(P)　确定　取消　应用

图 3.3.4-14　修改轮廓

使用相同的方法绘制车库与室内连接处的台阶。

继续绘制室外台阶。绘制室外台阶前需要先为模型添加室外平台，室外平台可以用楼板工具来进行绘制。

切换到“室外地面”视图，在【建筑】选项卡中选择【楼板】工具，创建新的楼板类型为“室外平台”，厚度为 420，材质为“现场浇筑混凝土”，按照图纸绘制平台边缘轮廓即可，如图 3.3.4-19 所示。

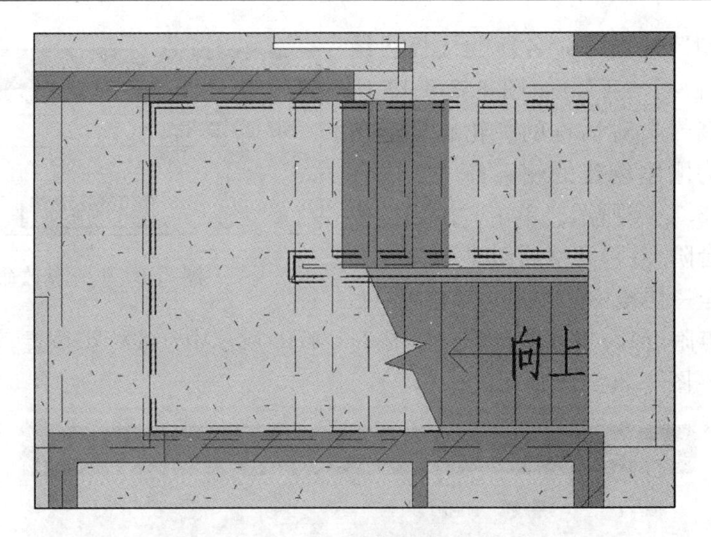


图 3.3.4-15 放置楼板边缘

图 3.3.4-16 生成效果

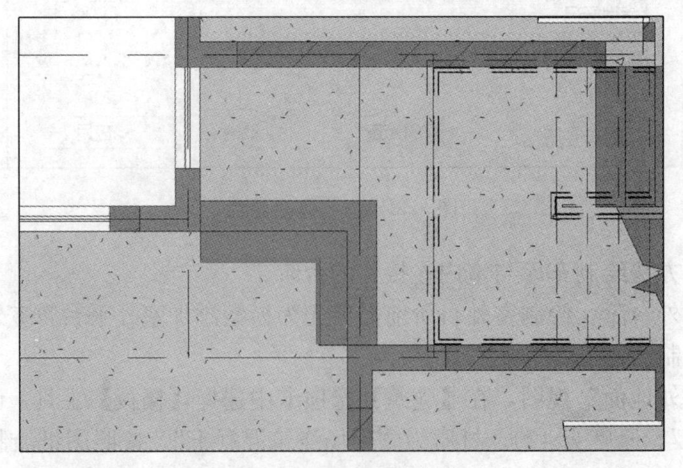

图 3.3.4-17 绘制位置

图 3.3.4-18 完成效果

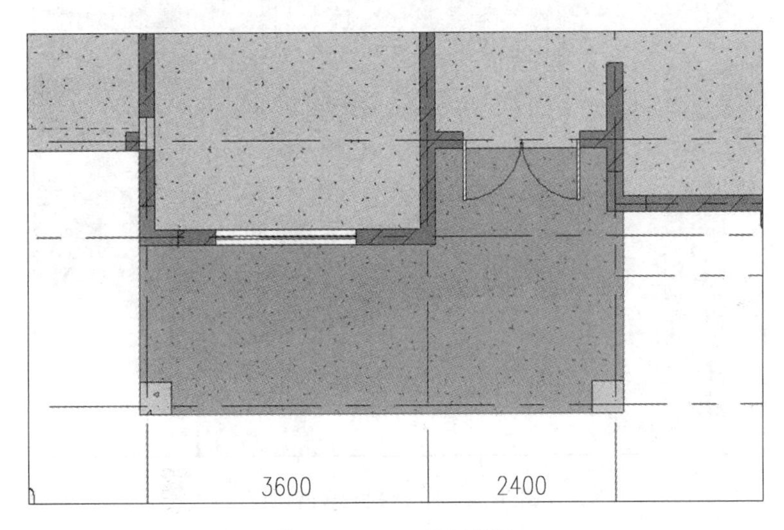


图 3.3.4-19 绘制楼板

使用与添加室内台阶相同的办法绘制室外台阶，绘制完成效果如图 3.3.4-20、图 3.3.4-21 所示。

需要为室外平台或阳台等添加扶手。下面为二层阳台添加扶手栏杆。

打开“2F”平面视图，切换到【建筑】选项卡，在【楼梯坡道】工具面板中点击【栏杆扶手】工具。Revit 中提供了两种绘制栏杆扶手的方式，一种是按“路径绘制”，一种是“放置在主体”，这里选择用“绘制路径”的方式来完成栏杆扶手的布置，如图 3.3.4-22 所示。

单击【绘制路径】命令，此时会进入栏杆扶手的草图绘制模式，沿阳台边界绘制扶手栏杆的路径，如图 3.3.4-23 所示。注意：如果是多段扶手的话，需要分多次绘制，不能一次绘制多段路径。

图 3.3.4-20　绘制室外台阶

图 3.3.4-21　绘制室外台阶

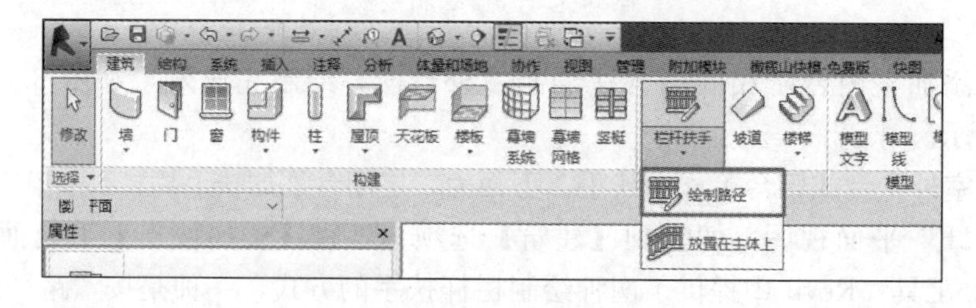


图 3.3.4-22 绘制路径

单击属性栏中的“编辑类型”按键，打开“类型属性”对话框，如图 3.3.4-24 所示。在“类型属性”对话框中对当前的栏杆扶手进行详细设置。

在“类型属性”对话框的“构造”一栏中，可以对栏杆扶手的个数、样式、间距等进

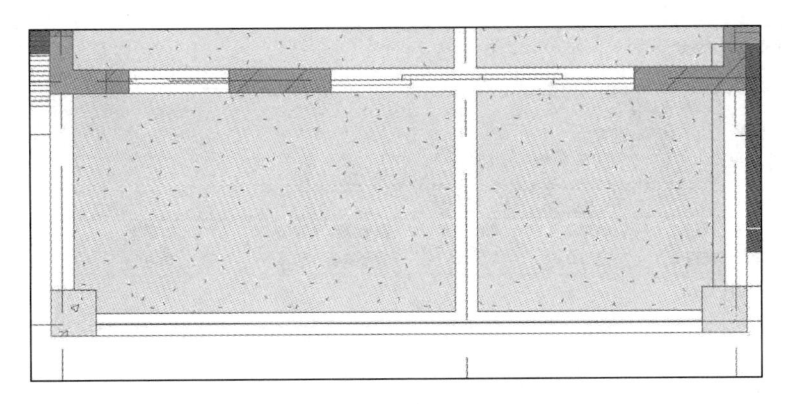

图 3.3.4-23 绘制扶手栏杆路径

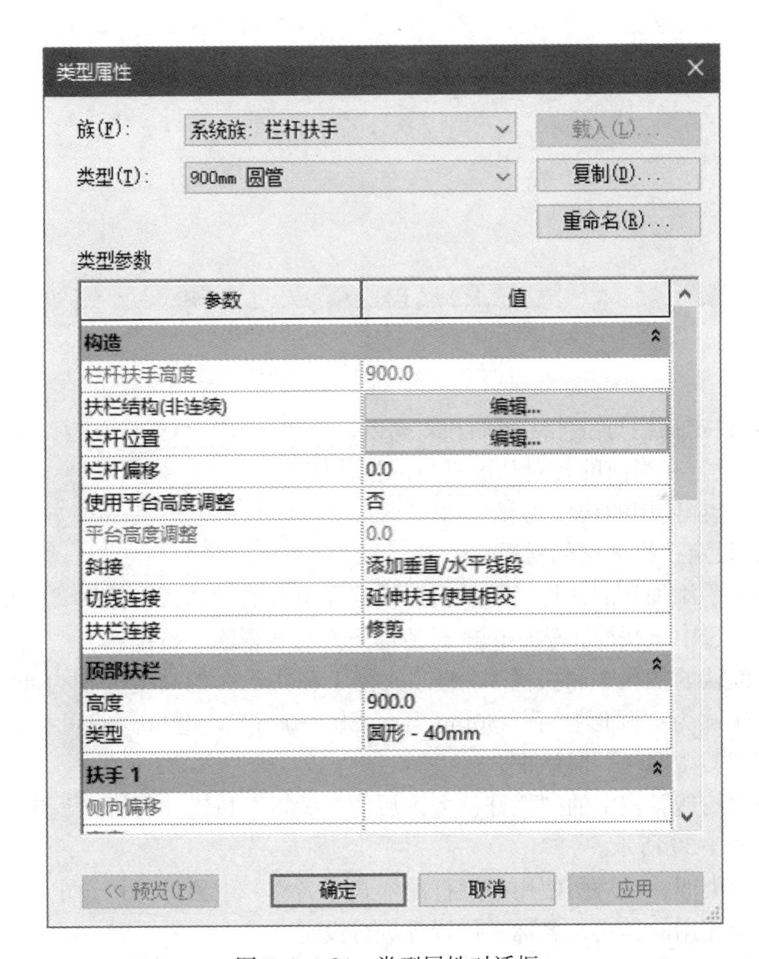


图 3.3.4-24 类型属性对话框

行设置。

单击“扶栏结构（非连续)”选项后的“编辑”按键，打开“编辑扶手（非连续)”对话框，如图 3.3.4-25 所示。

1）名称：对每个扶栏进行命名。

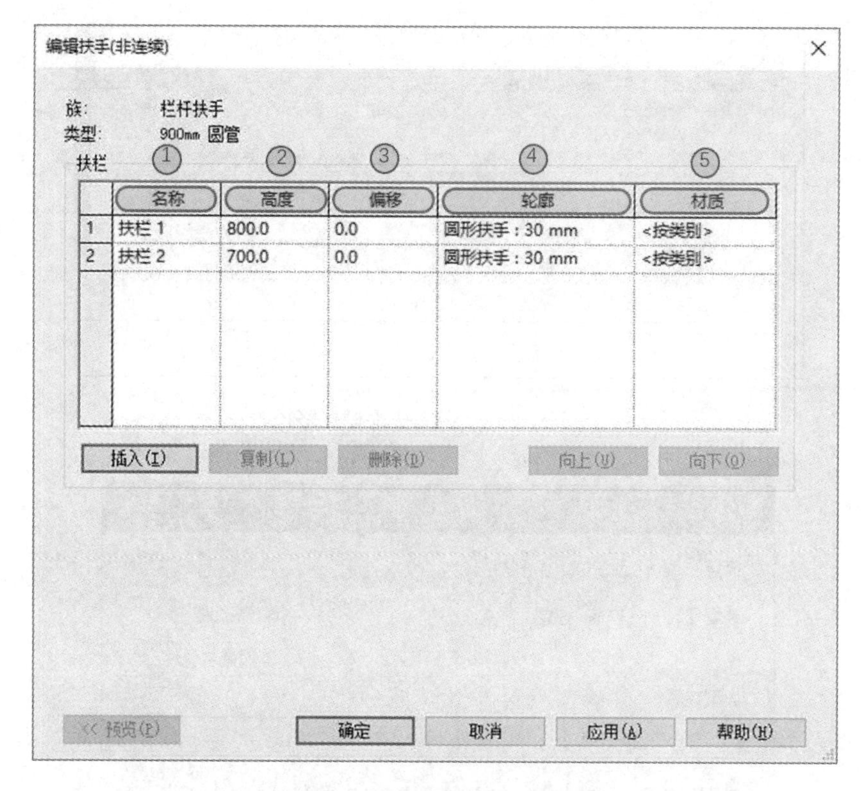


图 3.3.4-25　编辑扶手对话框

2）高度：设定扶栏与主体之间的相对高度。

3）偏移：设定在当前的相对高度进行的偏移值。

4）轮廓：选择使用的扶栏轮廓。

5）材质：设定扶栏选用的材质。

如果想为扶手添加新的扶栏，可单击对话框左下方的“插入”按键，如果有不需要的扶栏，可以单击选中该扶栏，然后单击对话框下方的“删除”按键。

删除原有默认的扶栏 3 和扶栏 4，修改扶栏 1 和扶栏 2 的高度分别为 800 和 700，同时设定使用的轮廓为“圆形扶手：30mm”，单击“确定”，退出“编辑扶手（非连续）”对话框，返回“类型属性”对话框。

继续单击“构造”栏中的“栏杆位置”后的“编辑”按键，打开“编辑栏杆位置”对话框，如图 3.3.4-26 所示。

与设定扶手类似，可对所使用的栏杆的样式、名称、位置等进行设定，在对话框下方可对栏杆支柱所使用的样式、名称、位置等进行设定。

根据需要的内容设定完成后单击“确定”，退出当前对话框，单击“类型属性”对话框中的“确定”，完成对扶手栏杆的设置，单击上下文关联选项卡中的“√”按键完成扶手栏杆的绘制，效果如图 3.3.4-27 所示。

使用相同的方法完成模型中其他位置扶手栏杆的绘制。

**3. 坡道**

坡道可以利用 Revit 中的【坡道】工具进行绘制，其绘制方法和楼梯类似，通过查看

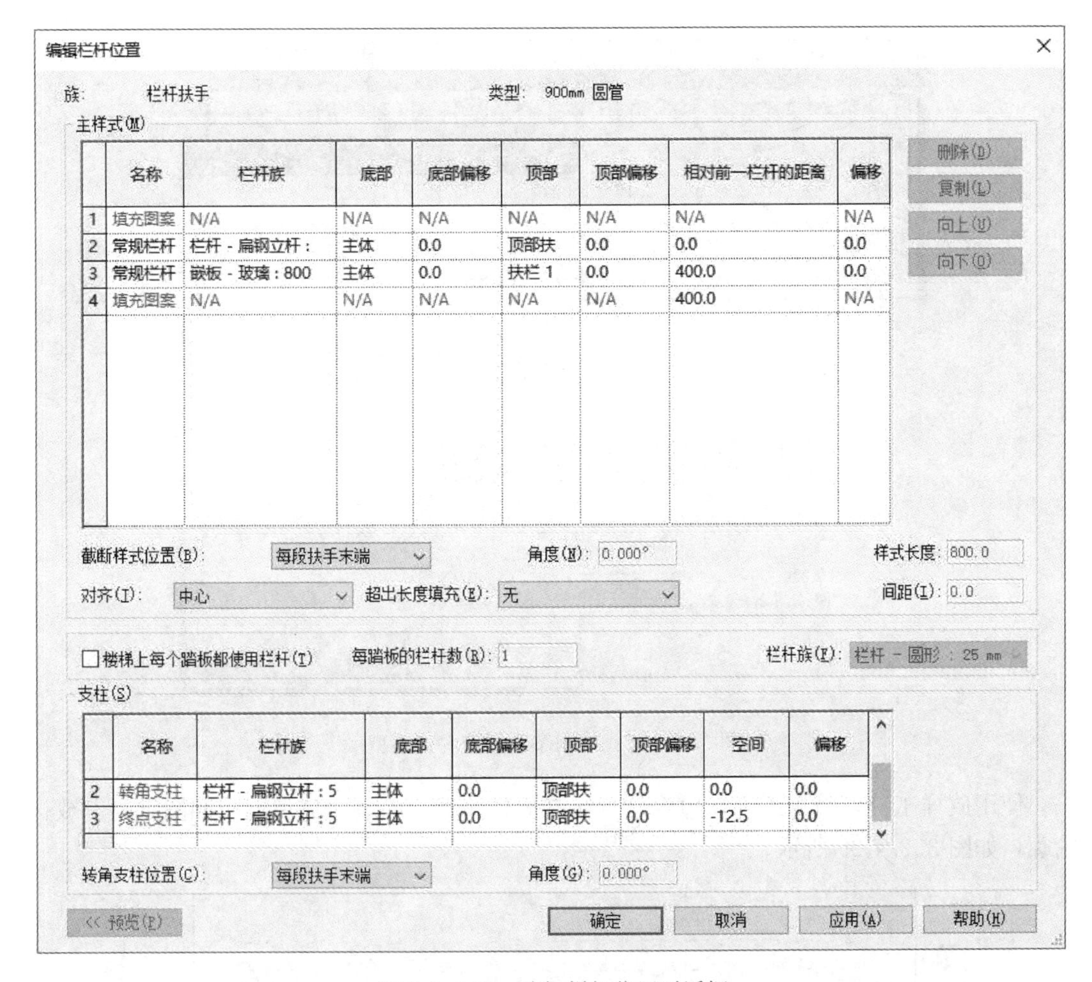


图 3.3.4-26　编辑栏杆位置对话框

图 3.3.4-27　完成效果

图纸，发现本项目中的坡道具有一定造型，无法直接使用【坡道】工具进行创建，这里采用内建模型的方式来创建。

切换到室外地面平面视图，在【建筑】选项卡中的【构件】工具下拉菜单中启动【内建模型】命令，选择族类别为“楼板”，命名为“车库坡道”，如图 3.3.4-28 所示。

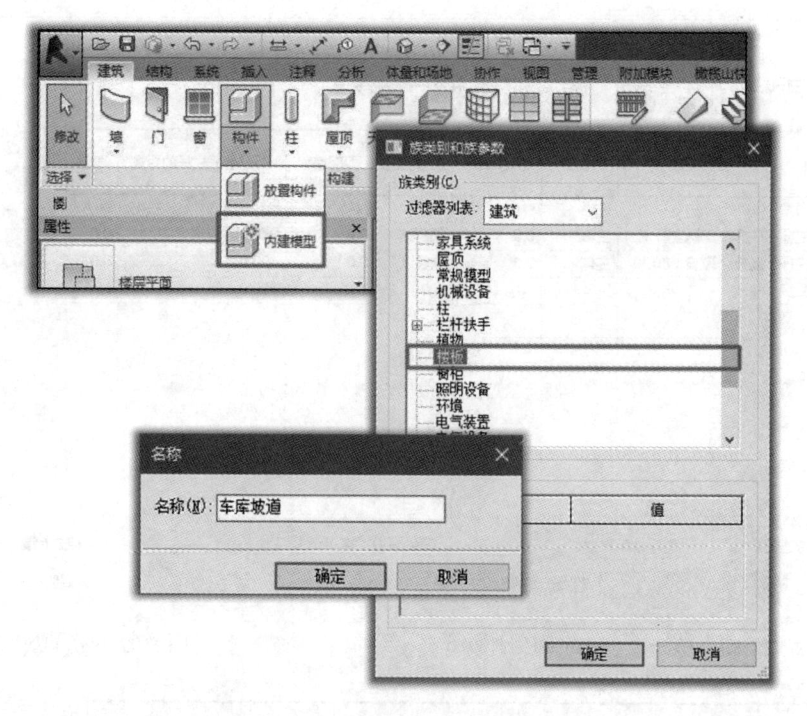


图 3.3.4-28　绘制车库坡道内建模型

使用放样工具，沿车库入口边界位置绘制放样路径，绘制完成后，按照图纸绘制放样轮廓，如图 3.3.4-29 所示。

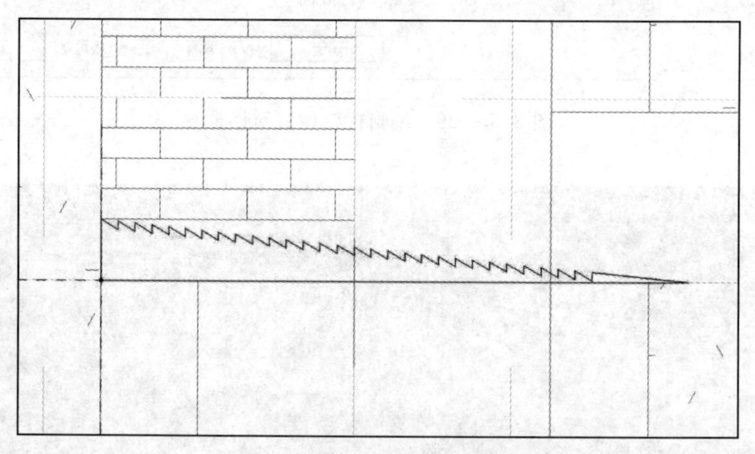

图 3.3.4-29　绘制放样轮廓

放样效果如图 3.3.4-30 所示。

继续绘制坡道的边部坡道。绘制方法是先利用空心模型，剪切掉边部部分，然后再创建边部模型。

切换到【创建】选项卡，单击【空心形状】工具下拉三角，选择【空心拉伸】命令，创建如图 3.3.4-31（*a*）所示模型。

利用修改工具中的剪切命令，将与空心模型部分相交的坡道剪切，如图 3.3.4-31（*b*）所示。

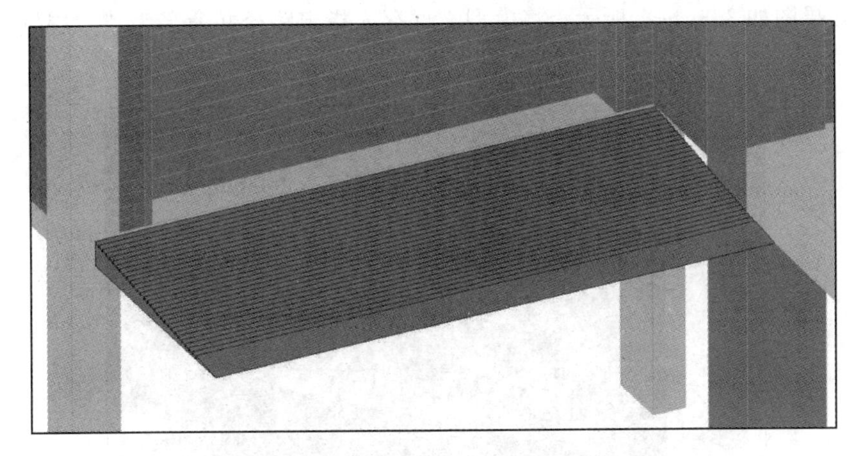

图 3.3.4-30 放样效果

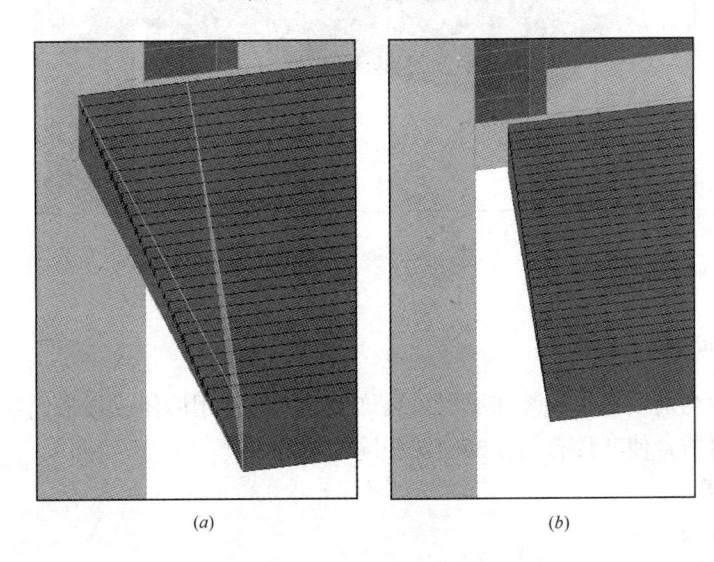

(a) (b)

图 3.3.4-31 坡道的剪切

(a) 创建空心剪切；(b) 剪切模型

在相同位置利用“拉伸”命令创建矩形模型，再创建一个空心模型，按照边坡的造型剪切掉拉伸模型即可，如图 3.3.4-32 所示。

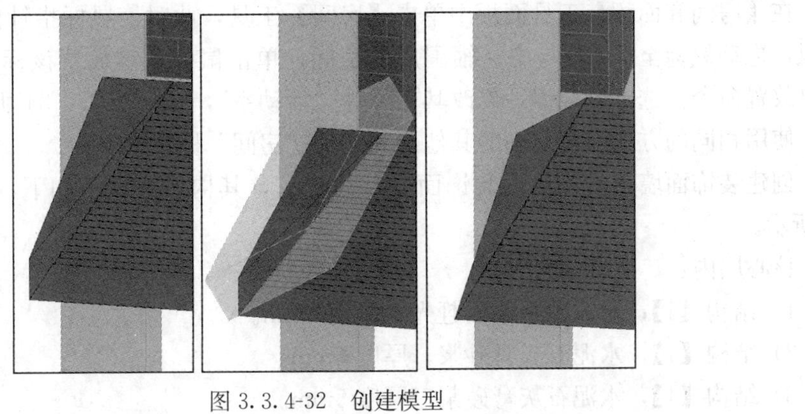

图 3.3.4-32 创建模型

完成效果图如 3. 3. 4-33 所示。将模型文件存入指定路径并命名为“二层别墅项目－楼梯、台阶和坡道”。

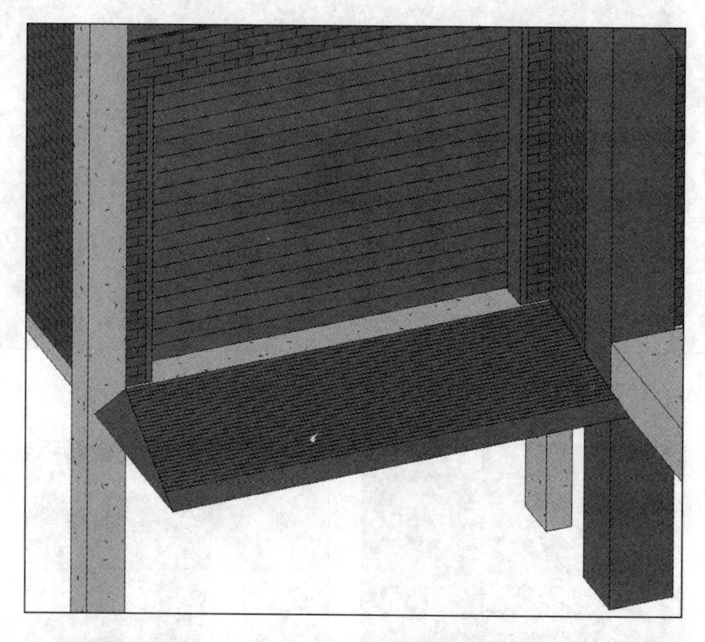

图 3. 3. 4-33 完成效果

## 3. 3. 5 装饰面层

本节讲解为当前模型添加装饰面层。装饰面层一般使用墙体或板来代替，通过更改墙体的参数以及材质，使其具有与装饰面层相同的功能。

**1. 室内面层**

（1）一般方法

室内面层主要包括墙面、天花板平面、地面、柱面、梁面等。利用 Revit 工具来绘制的话就是在对应的构件表面创建墙体或板，这里以创建室内墙面装饰面为例进行讲解，其他构件的装饰面创建与绘制墙、板相同，限于篇幅，不再赘述。

在创建装饰面层之前，先为模型创建房间。切换到 1F 平面视图，打开【建筑】选项卡，在【房间和面积】工具面板中单击【房间】工具，此时，鼠标指针处会显示“房间”标识，拖动鼠标至 2-4 轴与 J-G 轴围成的房间，单击鼠标左键放置该标识，单击 ESC 键退出放置命令。选中该标识，修改其名称为“活动室”，如图 3. 3. 4-34 所示。

使用相同的方式为模型中的其他房间添加“房间”标识。

创建装饰面墙体“1F－内装饰面墙－20mm”，其构造及材质如下，完成如图 3. 3. 4-35 所示。

核心层内：

1）结构【1】，水泥砂浆罩面赶光，厚度 5mm。

2）结构【1】，水泥石灰膏砂浆，厚度 6mm。

3）结构【1】，水泥石灰膏砂浆，厚度 5mm。

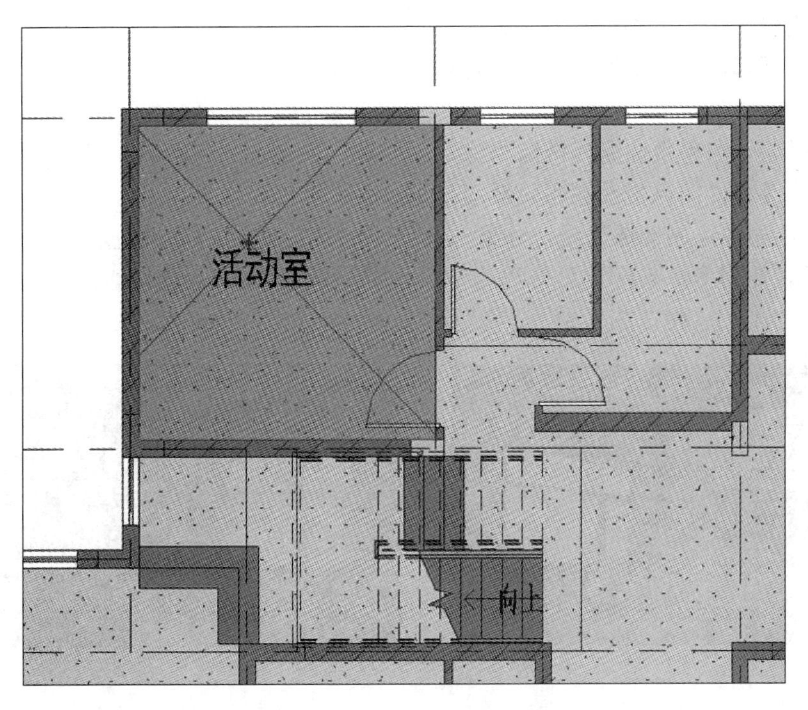


图 3.3.4-34 布置并修改房间名称

图 3.3.4-35 创建面层墙体

4）涂膜层，107胶水溶液，厚度0mm。

5）结构【1】，白色水性耐擦洗防霉材料，厚度2mm。

核心层外：

1）涂膜层，白色水性耐擦洗防霉涂料，厚度0mm。

2）结构【1】，白色耐水腻子，厚度2mm。

沿房间内边界绘制墙体面层。注意需按照顺时针方向绘制，避免墙体内外方向画反。绘制完成后，使用Revit上下文关联选项卡中的连接工具将该装饰墙体与砌块墙进行连接，见图3.3.4-36、图3.3.4-37。

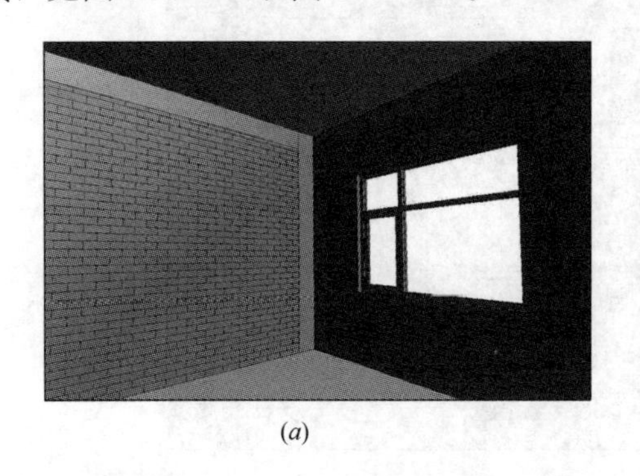
(*a*)

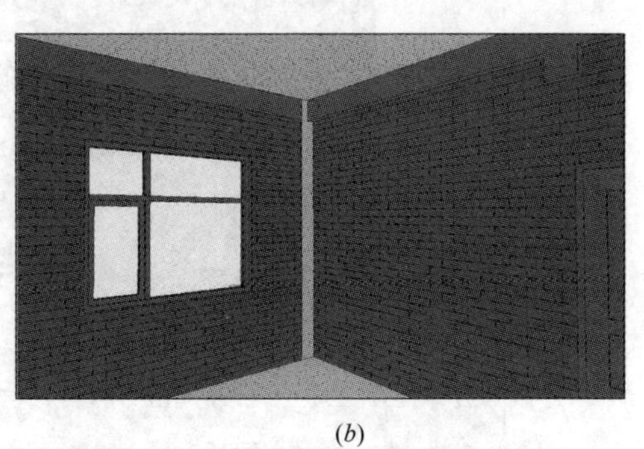
(*b*)

图3.3.4-36 墙体装饰前后对比（1）
（*a*）装饰前；（*b*）装饰后

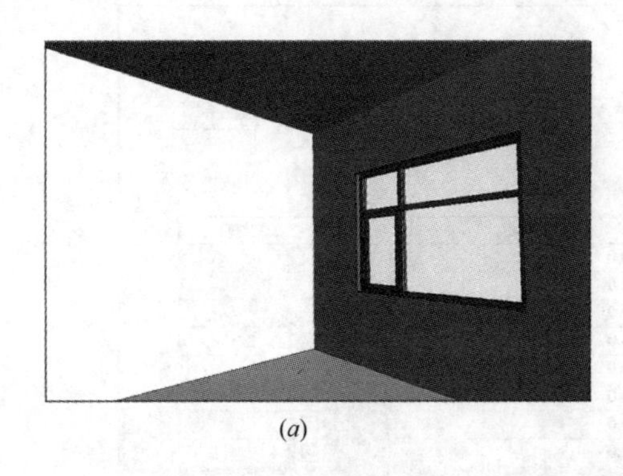
(*a*)

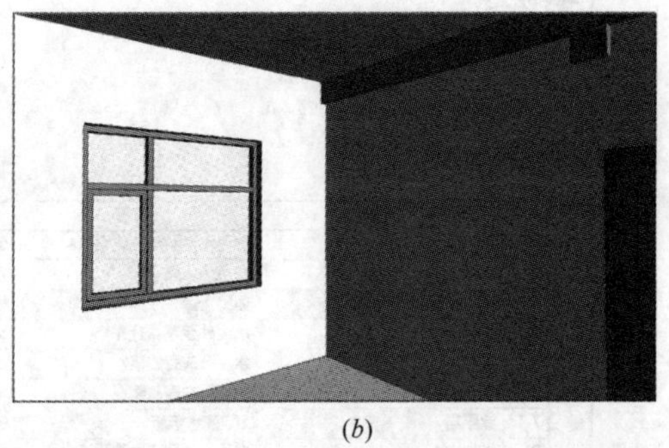
(*b*)

图3.3.4-37 墙体装饰前后对比（2）
（*a*）装饰前；（*b*）装饰后

使用相同的方法为其他房间布置内装饰墙和其他面层。

（2）快速方法

使用一般方法为建筑模型添加面层的绘制操作较为麻烦，除需要添加墙装饰面层外，还要绘制天花板、楼板等，如果模型面积较大，其绘制工作量将成倍增长。下面介绍使用橄榄山【房间装修】工具快速为房间添加面层的方法。

【房间装修】工具是橄榄山【GLS土建】模块中的快速布置工具，能够快速地为房间布置装饰面层，包括装饰墙、天花板、楼板和踢脚等。【房间装修】工具支持自定义选择装饰面层类型，支持添加房间内的天花板，其高度和类型均可自定义设置，同时还支持为房间添加楼板和踢脚。由于该工具是基于模型中的房间来进行布置的，所以在使用工具前需要先为模型布置房间。

切换到【橄榄山快模－免费版】选项卡，在【房间工具】面板中单击【批建房间】工具，打开"批量创建房间"对话框，如图 3.3.4-38 所示，勾选需要布置房间的楼层，这里选择 1F，单击"确定"按键，执行布置房间命令，若当前模型中已经布置了部分房间，则会提示删除重复房间，并会创建相同名称的房间。

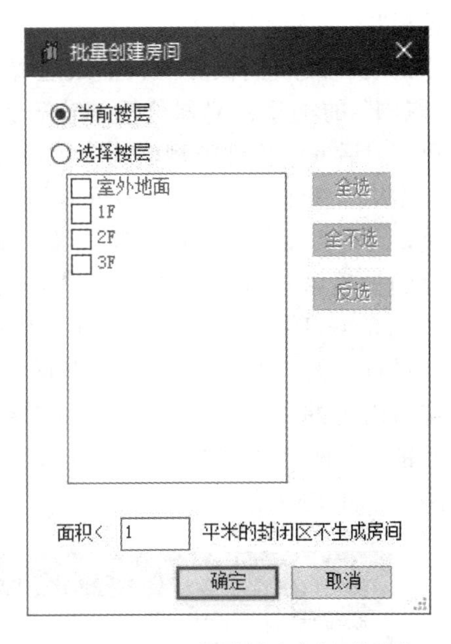


图 3.3.4-38　批量创建房间对话框

由于一些开放式房间未能形成有效的闭合区域，所以可能会有某些房间布置不合适，可以使用房间分割工具来进行调整。若手动布置所有房间，期望房间名称居中，也可以使用【橄榄山快模-免费版】中的【标注居中】工具，见图 3.3.4-39。

切换到【GLS 土建】选项卡，在【精细建模】面板中启动【房间装修】工具，打开"房间选择"对话框，如图 3.3.4-40 所示。

"房间位于"选项设置为"当前模型"，若房间位于链接模型，则选择"链接模型"；"装修多层"选项选择"只装修选中的房间"，若需要对多个楼层中具有相同名称的房间（例如卫生间等）进行装修，则选择"多层同名房间一起装修"，单击"确定"按键，移动鼠标选择需要进行装修的房间。这里选中厨房，单击选项栏中的"完成"按键，弹出"房间内墙抹灰、天花板、楼板以及踢脚"对话框，如图 3.3.4-41 所示，依次对"装饰墙"中的建筑

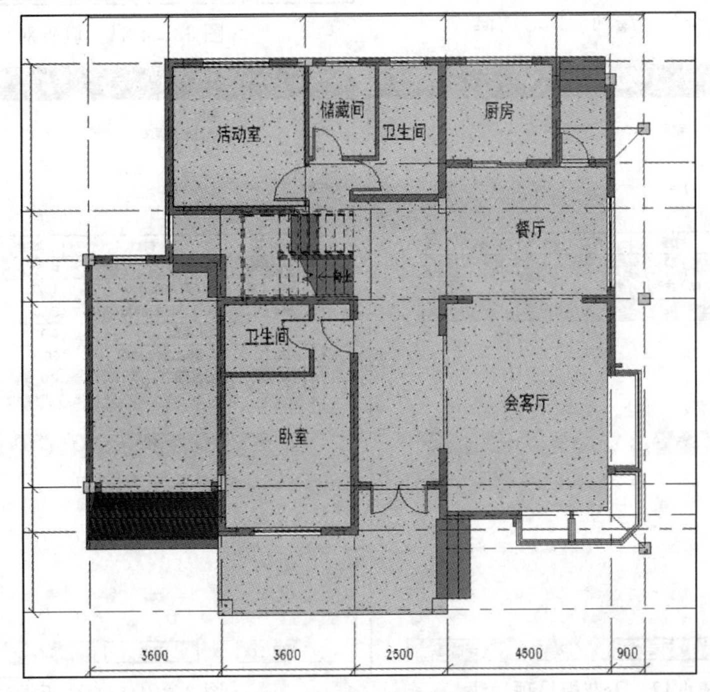


图 3.3.4-39　布置效果

墙、柱和结构墙装饰面层墙体类型、高度，“天花板”中的装饰面层的楼板类型、高度，“楼板”

中的装饰面层楼板类型、生成边界位置，“踢脚”的类型、偏移位置等进行设置即可。对话框中构件类型的选项中，可选择类型均是基于项目样板。这里需要注意的是，设定高度的选项单位都是米，设置偏移的选项单位都是毫米。这里可以按照图 3.3.4-41 所示的设定选项进行设定，在进行“天花板”和“楼板”面层的设定时用到的“天花板吊顶”和“室内地面铺装”两种类型的做法如图 3.3.4-42、图 3.3.4-43 所示。

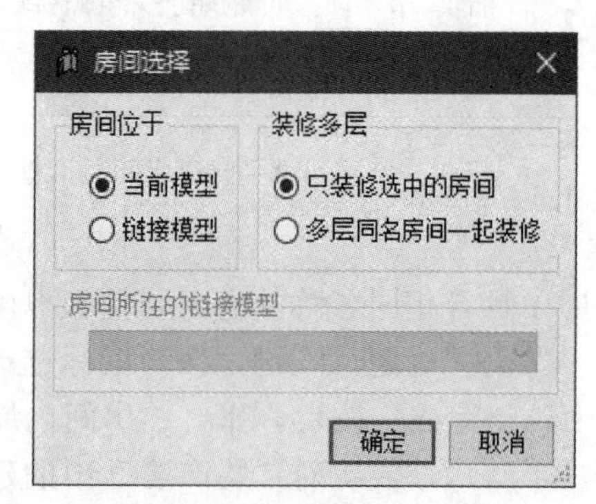


图 3.3.4-40　房间选择对话框

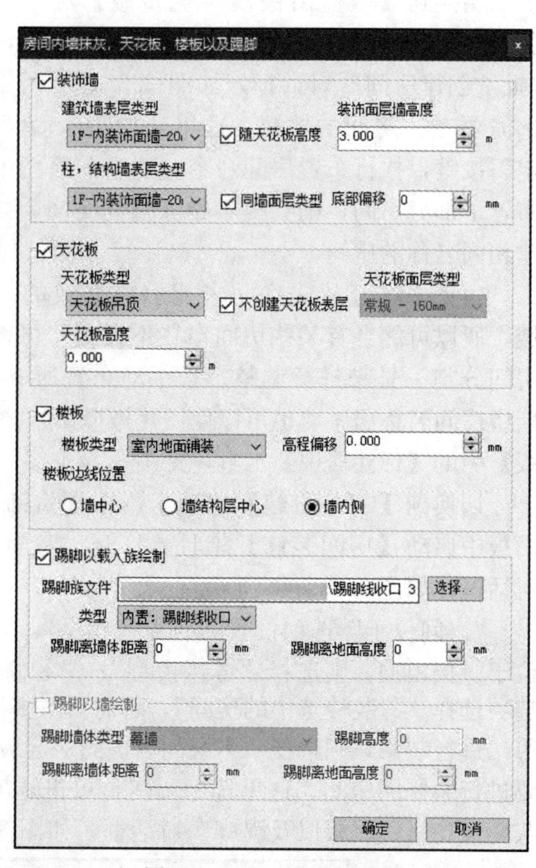


图 3.3.4-41　设置对话框

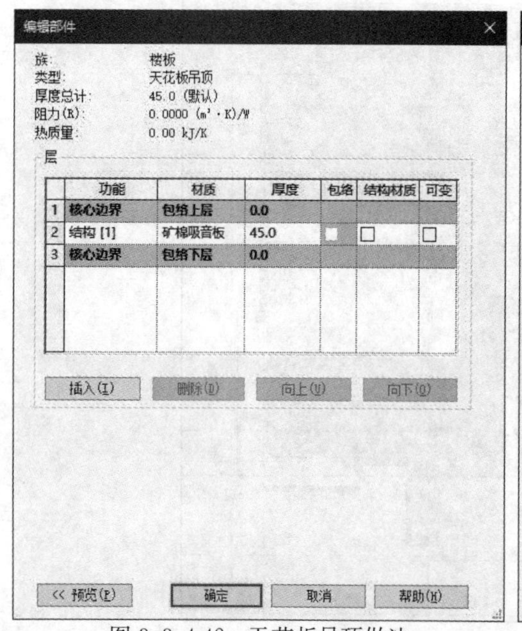


图 3.3.4-42　天花板吊顶做法

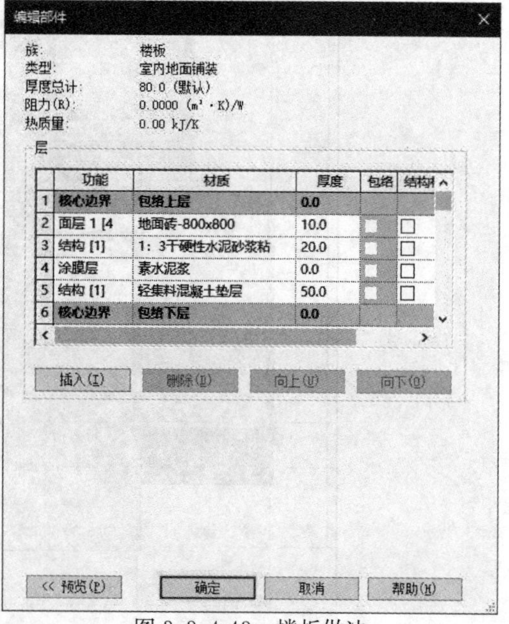


图 3.3.4-43　楼板做法

图 3.3.4-44 使用装修工具后的效果

室内面层主要包含以上讲到的几部分内容，另外还包括门窗洞口部分的面层以及梁板的面层抹灰，这些地方的面层创建可以使用【GLS 土建】选项卡中的【梁板窗抹灰】工具，见图 3.3.4-44，【梁板窗抹灰】工具的使用方法可以参考本书第一章中有关部分的讲解，这里不再详述。

**2. 室外面层**

室外面层主要指的是外墙以及屋顶的外保温层、装饰层等。

（1）一般方法

室外面层添加的一般方法与室内面层相同，均是利用 Revit 自带工具绘制墙、板等来代替装饰面层，具体操作可以参考室内面层添加的一般方法，这里不再赘述。

（2）快速方法

利用橄榄山【GLS 土建】选项卡中的【拾面建面层】工具来为墙和屋面等构件添加面层。与【房间装修】工具类似，【拾面建面层】工具也可自定义选择面层类型。同样，设置选项中可用的墙体和楼板类型也是基于项目样板。工具默认垂直面使用墙体类型来生成装饰面层，水平或者倾斜面使用板类型来生成装饰面层。下面使用该工具来为一层外墙添加外装饰面层。

切换到橄榄山【GLS 土建】选项卡，在【精细建模】面板中启动【拾面建面层】工具，此时会弹出“拾面生面层”对话框，如图 3.3.4-45 所示。

“面层标高”指的是生成的装饰面层的底标高，这里选择室外地面。“墙类型”选择需要的类型即可，由于是为墙体添加面层，所以“水平或斜板类型”中可以不作选择。如果是链接模型的话，需要特别注意墙板标高的设置。

打开 1F 平面视图，拖动鼠标至 1 轴与 D—F 轴相交段的墙体，单击墙体的外表面即可，如图 3.3.4-46 所示。

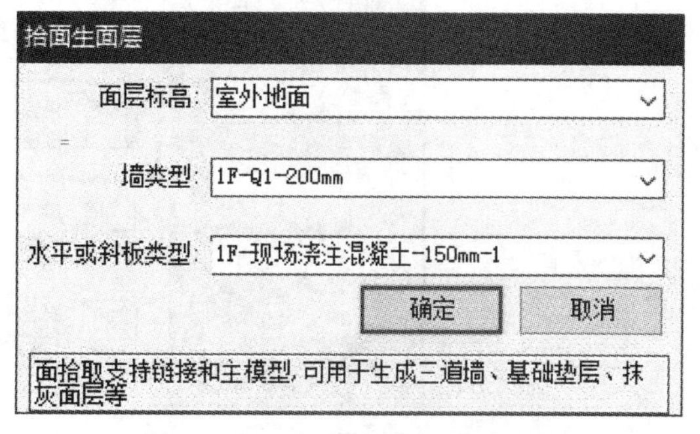


图 3.3.4-45 拾面建面层对话框

图 3.3.4-46　添加墙体面层

可以使用相同的方法为模型添加其他位置的面层。将模型文件存入指定路径并命名为“二层别墅项目-装饰面层”。

## 3.4　机电模型

本节来讲解项目中机电安装模型的创建。机电安装模型中主要包括暖通、给水排水和电气三个专业模型，其中给水排水专业中还包括消防和喷淋管道模型。由于小别墅项目中并未进行相关设计，本节将以某教学楼项目的地下室机电模型的创建为例来进行讲解。

### 3.4.1　项目样板的创建

与土建专业模型相同，在项目初期需要准备好一套适合当前项目的样板文件，样板文件中需要创建与土建专业相协调的楼层标高以及定位轴网，同时需要对即将创建的管道系统内容进行设定，见图 3.4.1-1。

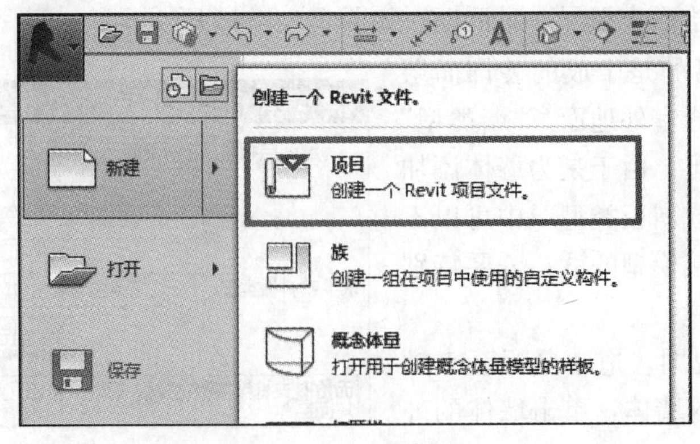


图 3.4.1-1　新建项目

## 1. 新建项目文件

在 Revit 中单击【应用程序菜单】→【新建】→【项目】，打开“新建项目”对话框，在样板文件的下拉菜单中选择“机械样板”，在“新建”选项中选择“项目”，单击“确定”按键创建当前项目文件，见图 3.4.1-2。

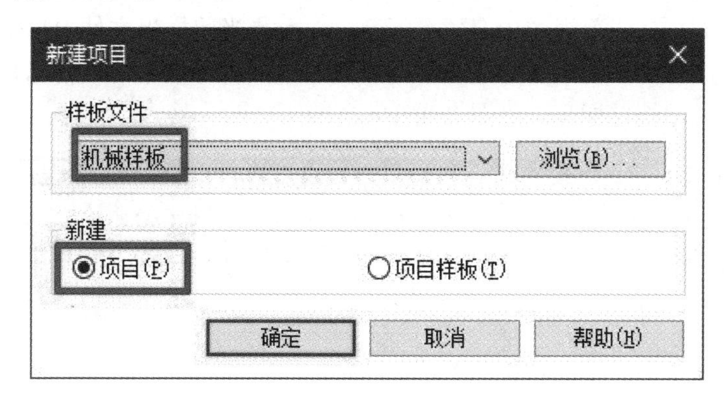


图 3.4.1-2　选择机械样板

## 2. 链接模型

将本教材中提供的土建模型“土建模型 . rvt”文件链接到刚刚创建的项目中，见图 3.4.1-3。

单击【插入】选项卡中的【链接】面板中的【链接 Revit】工具，找到目标文件所在的路径，并选中该文件，在“定位”选项中选择“自动-原点到原点”，单击“打开”按钮，则土建模型即链接到了当前项目中，见图 3.4.1-4。

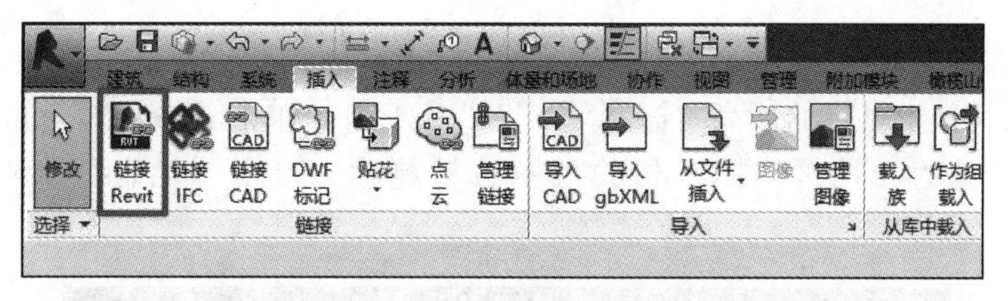


图 3.4.1-3　链接土建模型

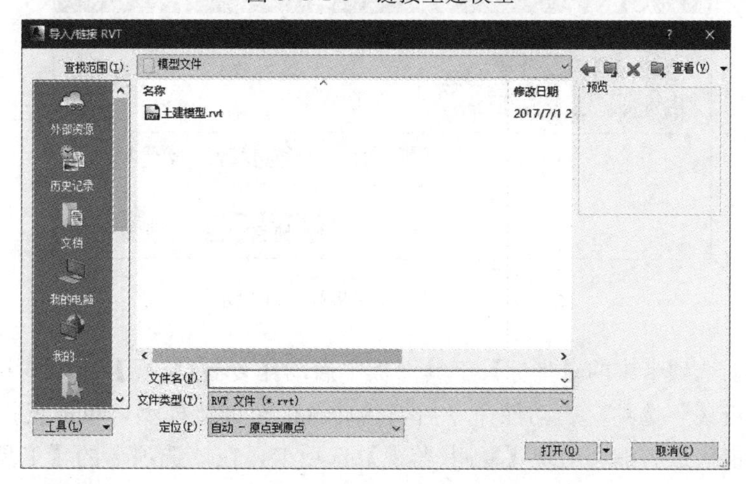


图 3.4.1-4　选择土建模型

**3. 楼层标高的创建**

Revit 中提供了对不同专业模型进行协同的工具，其中就包括对空间定位信息进行协同的工具，可以利用该功能为当前项目文件创建楼层标高。

在项目浏览器中找到“立面（建筑立面）”项目并展开，双击“南-机械”切换到南立面视图，可以看到，在当前视图中有两套标高，一套是当前样板文件中自带的标高，一套是链接模型的标高，为了便于多专业模型的协同，需要将样板中自带的标高删除，并创建与链接模型中相同的楼层标高，见图 3.4.1-5。

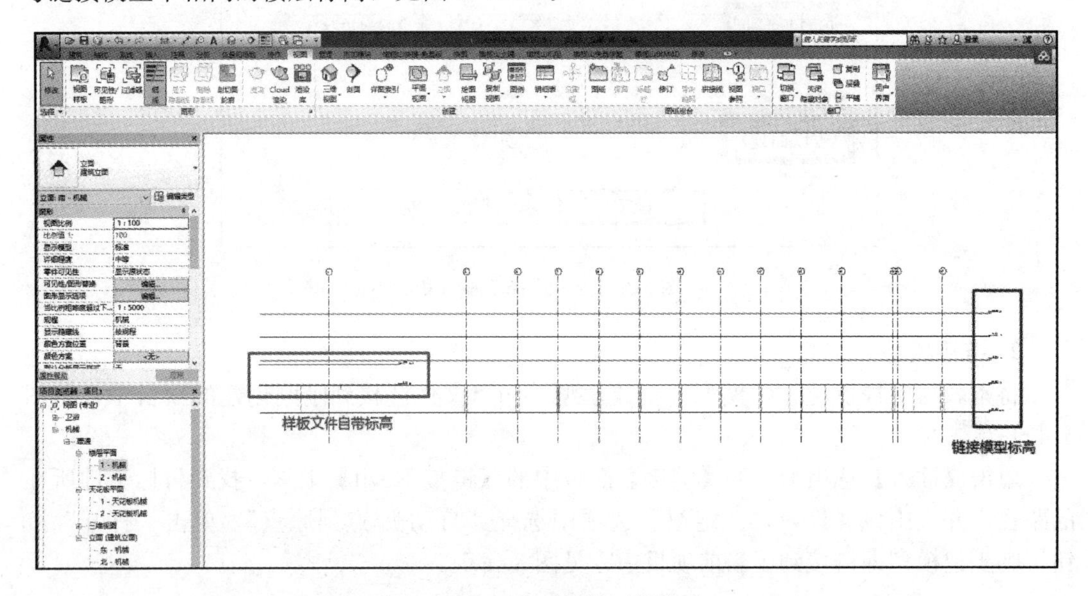


图 3.4.1-5　查看链接后的情况

选中样板文件中自带的标高“标高 1”和“标高 2”，单击“Delete”键进行删除，此时会弹出警告提示对话框，提示相关视图将被删除，单击“确定”删除即可，见图 3.4.1-6。

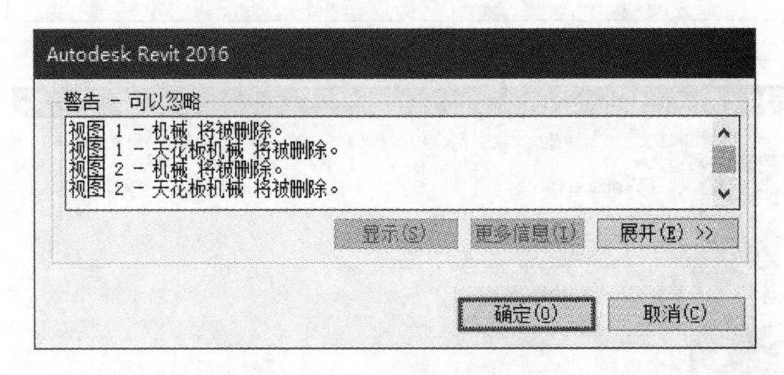


图 3.4.1-6　相关视图将被删除提示框

在【协作】选项卡中的【坐标】工具面板中启动【复制/监视】命令，并在下拉菜单中菜单“选择链接”选项，启动该命令后，移动鼠标至链接模型，单击鼠标左键进行拾取，此时在功能区最右侧会出现【复制/监视】选项卡，在该选项卡的【工具】面板中启动【复制】命令，并勾选选项栏中的“多个”选项，框选链接模型中的标高，框选完成后单击选项栏中的“完成”按键，即可在当前模型中创建好与链接模型中相同的楼层标高。单击【复制/监视】面板中的✔按键，完成当前操作。该功能除了可以复制链接模型中的标高外，还可以为复制的标高与链接模型中的标高建立监视关系，如果链接模型中的标高发生变化，打开当前项目文件时会对标高的变化进行提示，见图 3.4.1-7、图 3.4.1-8。

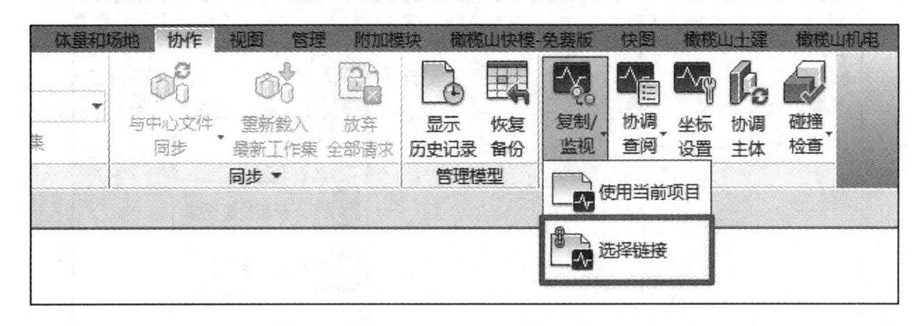


图 3.4.1-7　选择链接

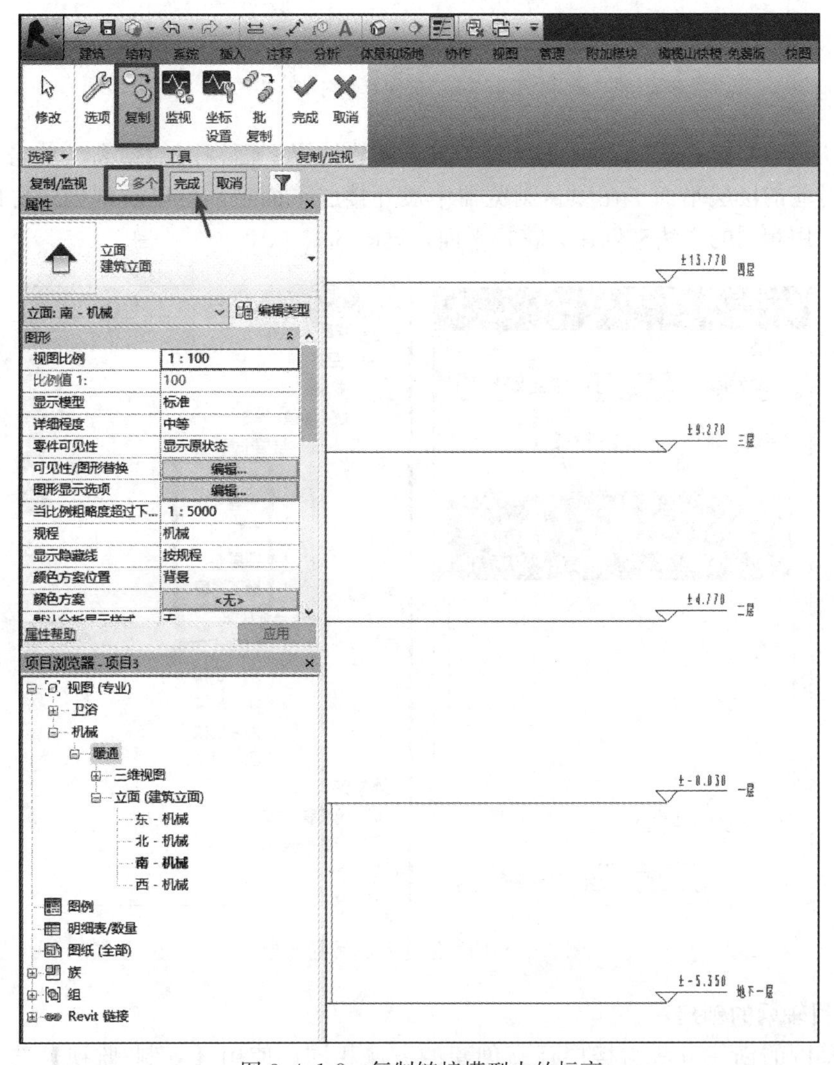


图 3.4.1-8　复制链接模型中的标高

由于删除了样板文件中自带的标高，所以项目文件中对应的楼层平面与顶棚平面也被删除，下面来创建与标高相对应的楼层平面。在【视图】选项卡中的【创建】面板中单击【平面视图】选项，并在下拉菜单中选择“楼层平面”选项，见图 3.4.1-9。

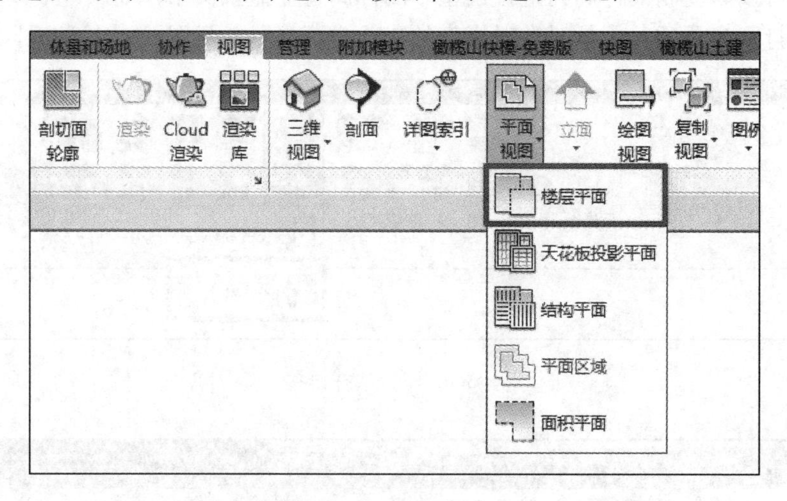


图 3.4.1-9　创建楼层平面

打开“新建楼层平面”对话框，选择需要创建楼层平面视图的标高，单击“确定”，即可创建对应的楼层平面。在项目浏览器中展开楼层平面项，可以看到创建好的楼层平面。可以使用相同的方法来创建天花板平面，见图 3.4.1-10。

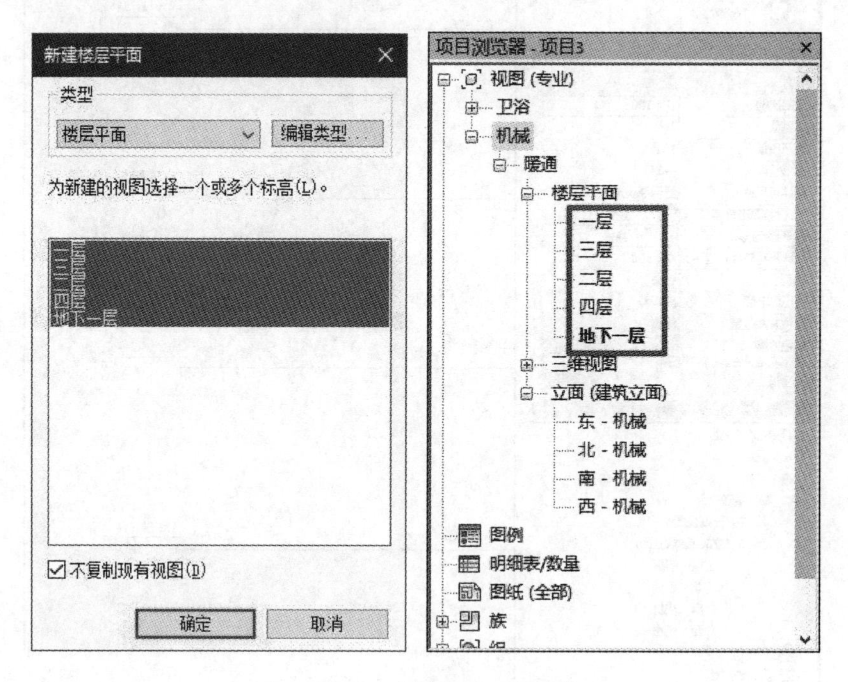


图 3.4.1-10　创建完成后的效果

**4. 项目轴网的创建**

项目轴网的创建方法与楼层标高创建的方法相同，使用【复制/监视】选项卡中的

“复制”命令进行创建即可，这里不再赘述，创建完成效果如图 3.4.1-11 所示。

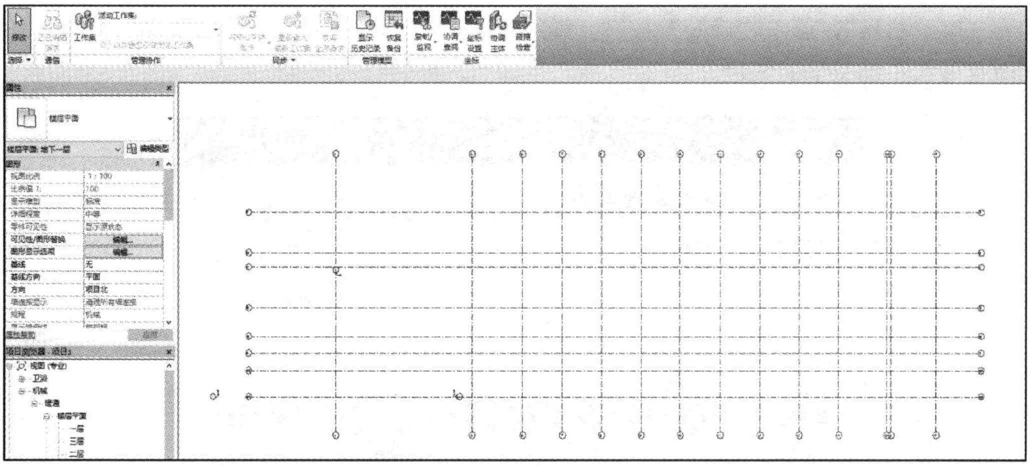

图 3.4.1-11 完成效果

**5. 创建管道系统**

在项目浏览器中展开“族”项目，找到“管道系统”类，展开后可以看到当前样板文件中已经存在的管道系统类型，例如“家用冷水”、“家用热水”等，同样，可以在项目浏览器中找到“风管系统”类，将其展开后查看当前样板文件中存在的风管系统类型，例如“送风”、“回风”等，见图 3.4.1-12。

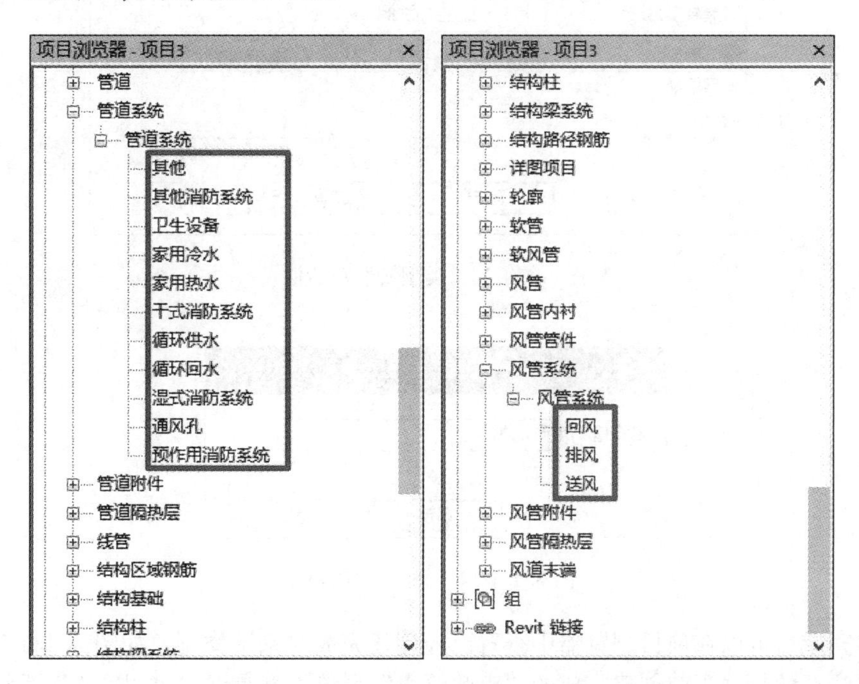


图 3.4.1-12 查看现有的管道系统和风管系统

下面来创建“市政给水”系统类型。在管道系统中，选择“家用冷水”类型，双击打开类型属性对话框，如图 3.4.1-13 所示，单击“类型”选项后的“复制”按键，修改名称为“市政给水”，单击“确定”按键，继续点击类型属性对话框中的“确定”按键，完成市政给水系统类型的创建。

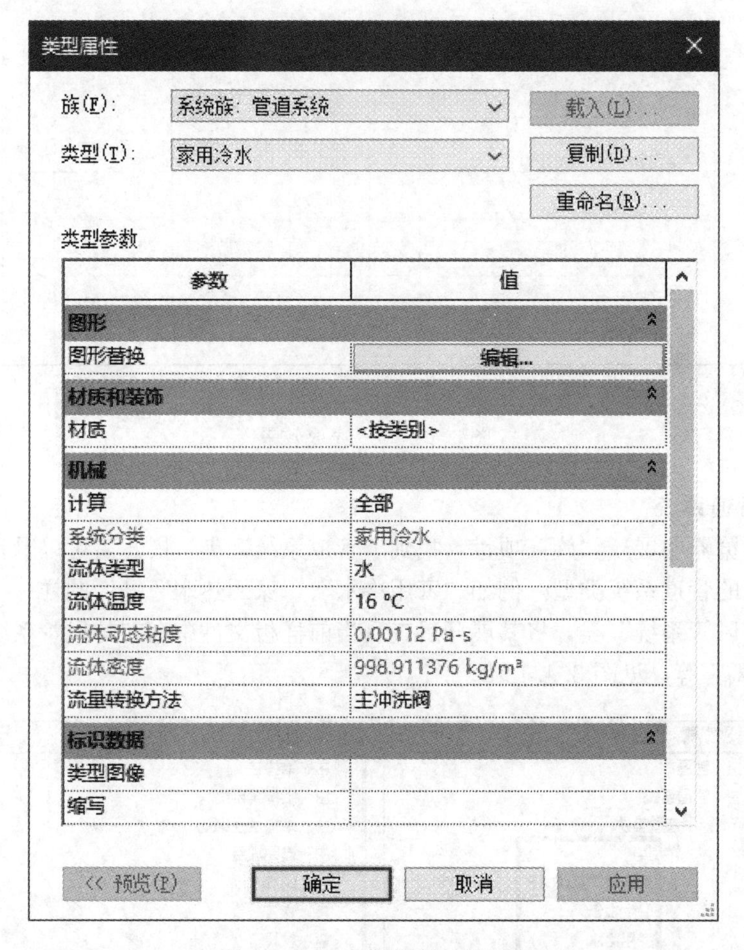


图 3.4.1-13　类型属性对话框

图 3.4.1-14　修改系统名称

创建完成后可以在项目浏览器中查看已经创建完成的系统类型，如图 3.4.1-14 所示。这里需要注意的是，当前创建完成的“市政给水”系统类型是以“家用冷水”系统类型为基础复制创建的，系统中的某些类型参数是“家用冷水”系统中的数值，所以应根据项目需要对某些参数进行具体修改。可以使用相同的方法来创建其他的管道系统类型以及风管系统类型，见图 3.4.1-15。

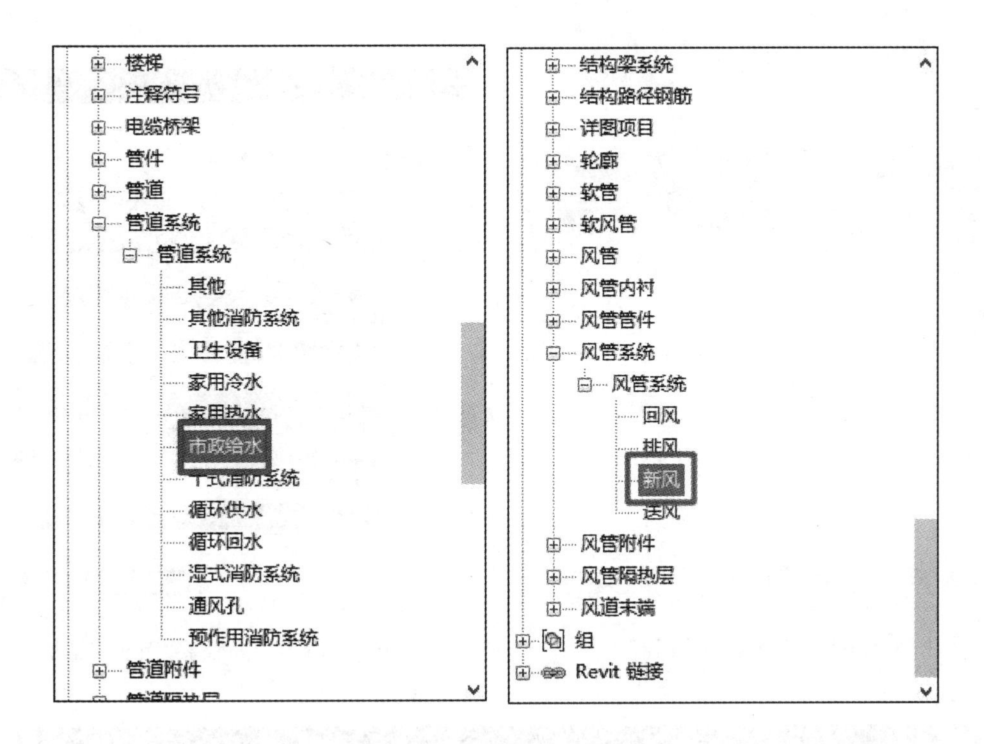


图 3.4.1-15　创建完成的管道系统和风管系统

## 6. 创建管道类型

管道类型的创建方法与系统类型类似。在项目浏览器中的族项目中找到并展开“管道”项目类型，可以看到，在当前样板文件中管道类型只有“标准”一种。下面来创建其他的管道类型。

双击“标准”管道类型，打开类型对话框，如图 3.4.1-16 所示。

单击“类型”选项后的“复制”按键，命名新的管道类型为“自动喷淋管”，单击“确定”按键，返回上一级对话框，本项目中自动喷淋管采用内外壁热镀锌钢管，下面需要为当前的管道类型指定使用的材质，见图 3.4.1-17。

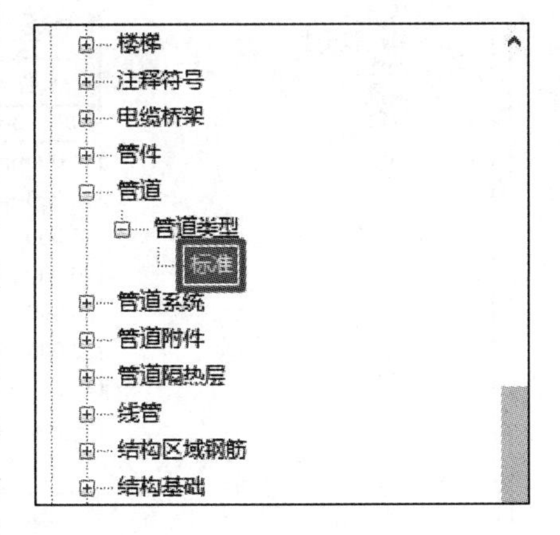


图 3.4.1-16　标准管道类型

单击“布管系统配置”选项后的“编辑”按键，打开“布管系统配置”对话框，如图 3.4.1-18 所示，单击对话框中“管段和尺寸”选项，此时会弹出“机械设置对话框”，如图 3.4.1-19 所示，在该对话框中单击管段下拉框，选择“不锈钢—10S”，单击“确定”按键返回到“布管系统配置”对话框。

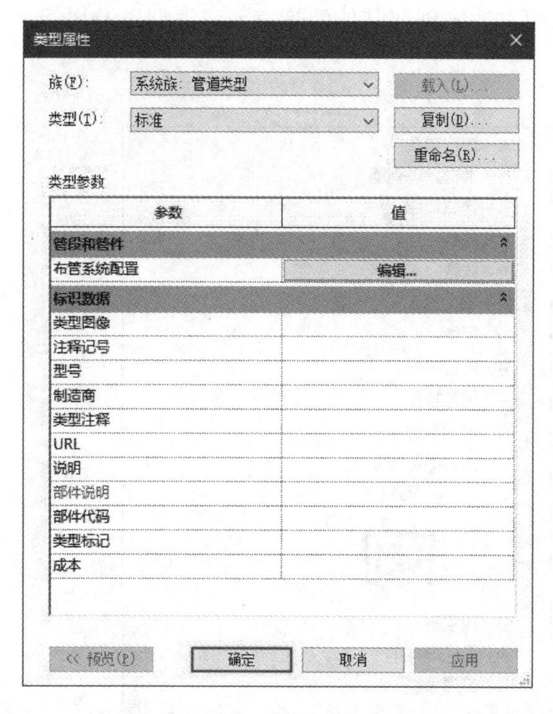


图 3.4.1-17 类型属性对话框

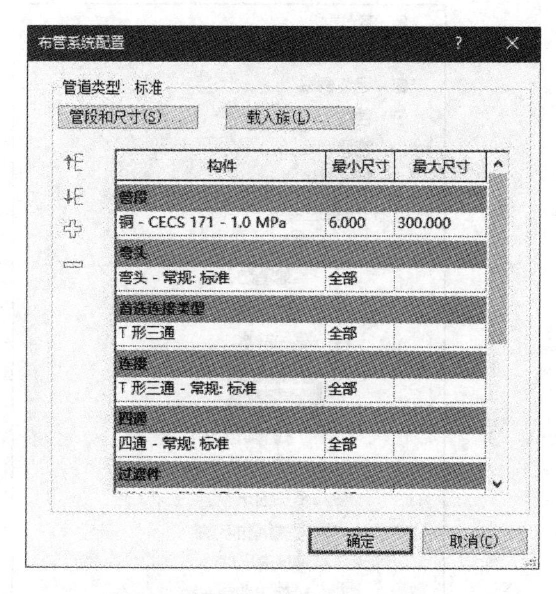


图 3.4.1-18 布管系统配置对话框

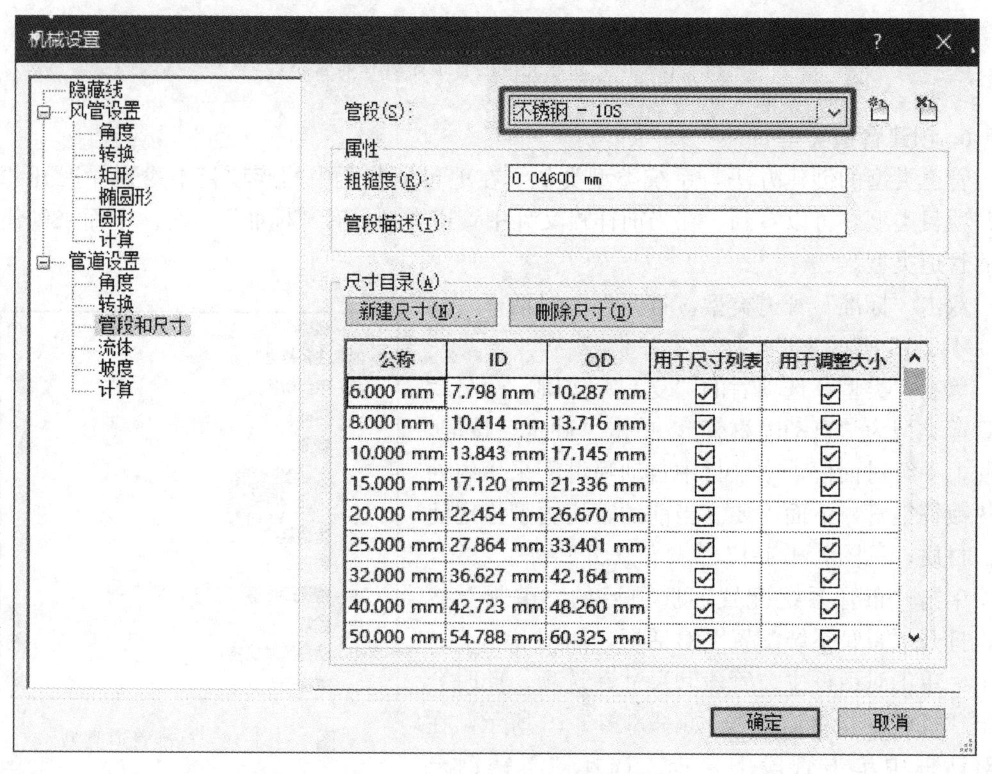


图 3.4.1-19 机械设置对话框

在“布管系统配置”对话框中，单击选中“管段”中的类型，此时会出现下拉三角，单击下拉三角，在下拉框中选择“不锈钢－10S”即可，连续单击“确定”按键完成对管道类型的创建，见图 3.4.1-20。

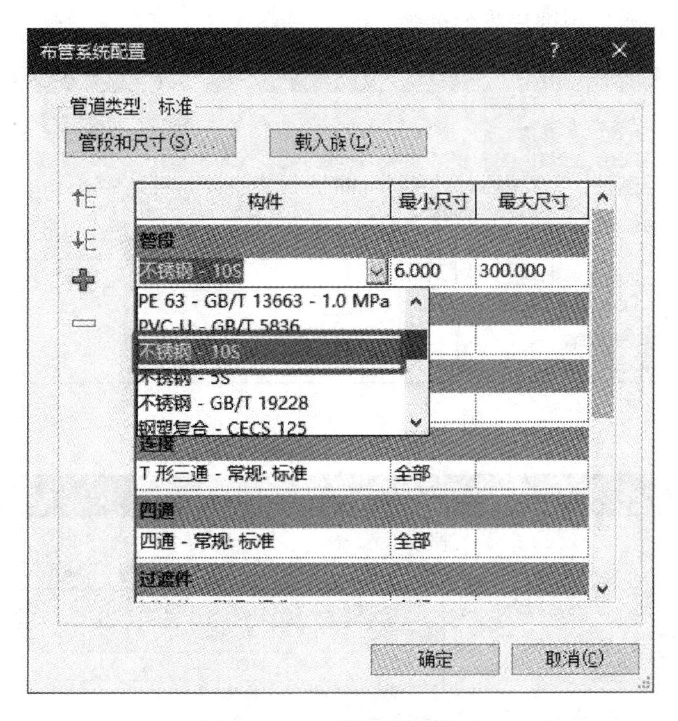


图 3.4.1-20　设置管段类型

可以使用相同的方法来创建其他的管道类型。

**7. 管道连接件设置**

在创建管道类型的过程中，通常都伴随着对管道连接件的设置，这些均可在“布管系统配置”中进行设置，例如对管道进行首选连接件类型的设置，如图 3.4.1-21 所示，这里显示的可用类型均是基于当前样板文件。若无需要的连接件类型，则要将所需的类型族载入到当前项目中。

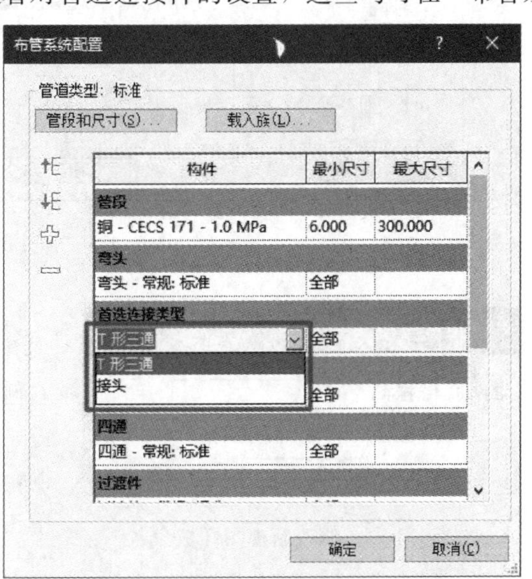


图 3.4.1-21　设置首选连接件的类型

**8. 创建视图样板**

通过视图样板的设置，可以控制当前模型中不同类别构件的显示样式，包括构件的线样式以及颜色等。在第二章的标准化内容中，对于不同类型的管道有着不同的颜色样式要求，当然，这些颜色并不是一定的，各个企业可以根据自身的需要或者项目要求设定适合的管道分类颜色。

在【视图】选项卡的【图形】工具面

板中单击【视图样板】命令，在下拉菜单中选择【管理视图样板】选项，如图 3.4.1-22 所示，打开“视图样板”对话框，如图 3.4.1-23 所示，选择视图样板中名称为“卫浴剖面”的视图，单击左下角的复制按钮，命名新的视图样板为“给水排水”，单击“确定”，完成“给水排水”视图样板的创建。

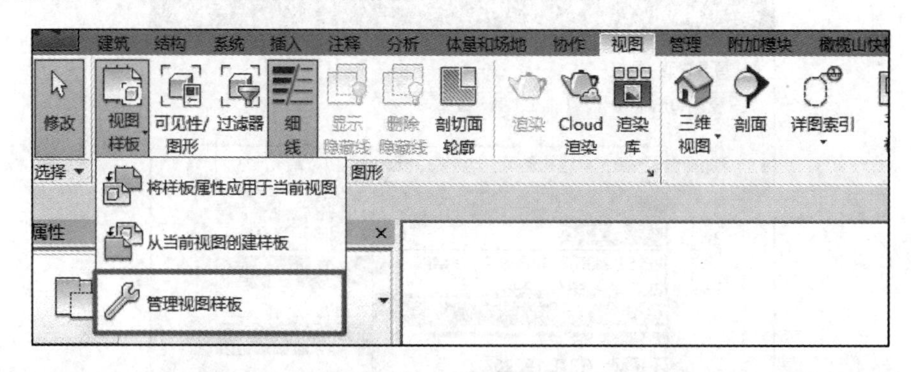


图 3.4.1-22　管理视图样板

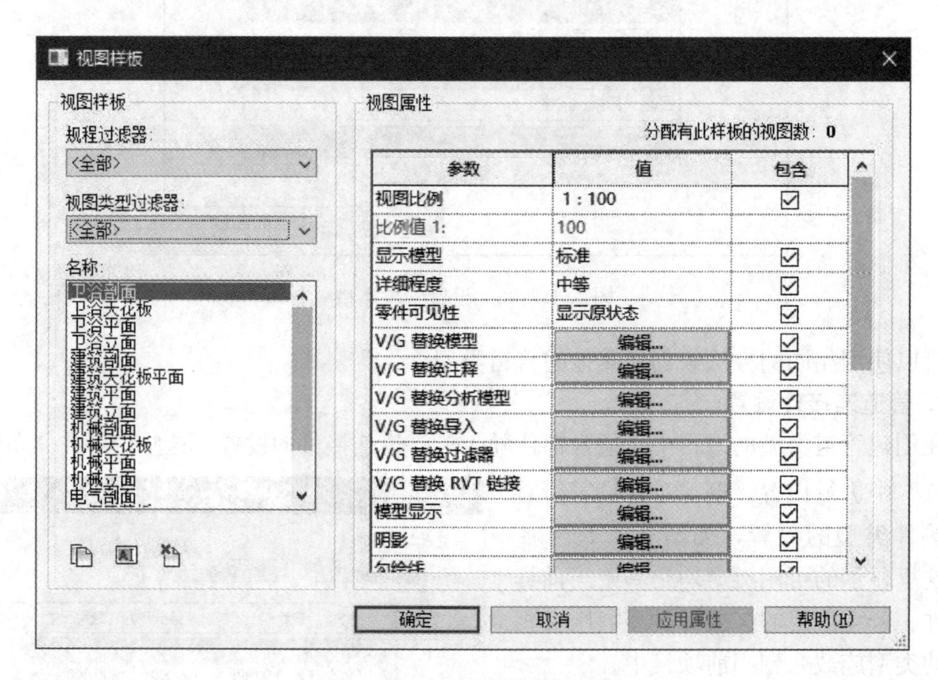


图 3.4.1-23　视图样板对话框

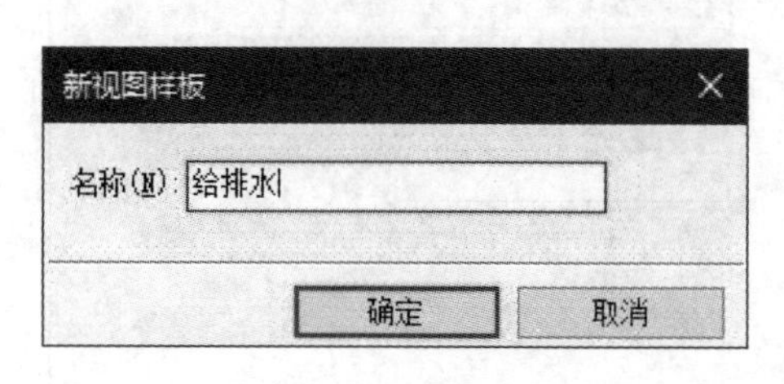


图 3.4.1-24　修改新视图样板命名

在“视图样板”对话框的“名称”中，找到并选中刚刚创建的“给水排水”样板，单击右侧“V/G 替换过滤器”选项后的“编辑”按键，打开“给水排水的可见性/图形替换”对话框，此时，自动显示在“过滤器”选项卡界面，单击对话框下方的“编辑/新建”按键，打开“过滤器”对话框，见图 3.4.1-24 ～ 图 3.4.1-26。

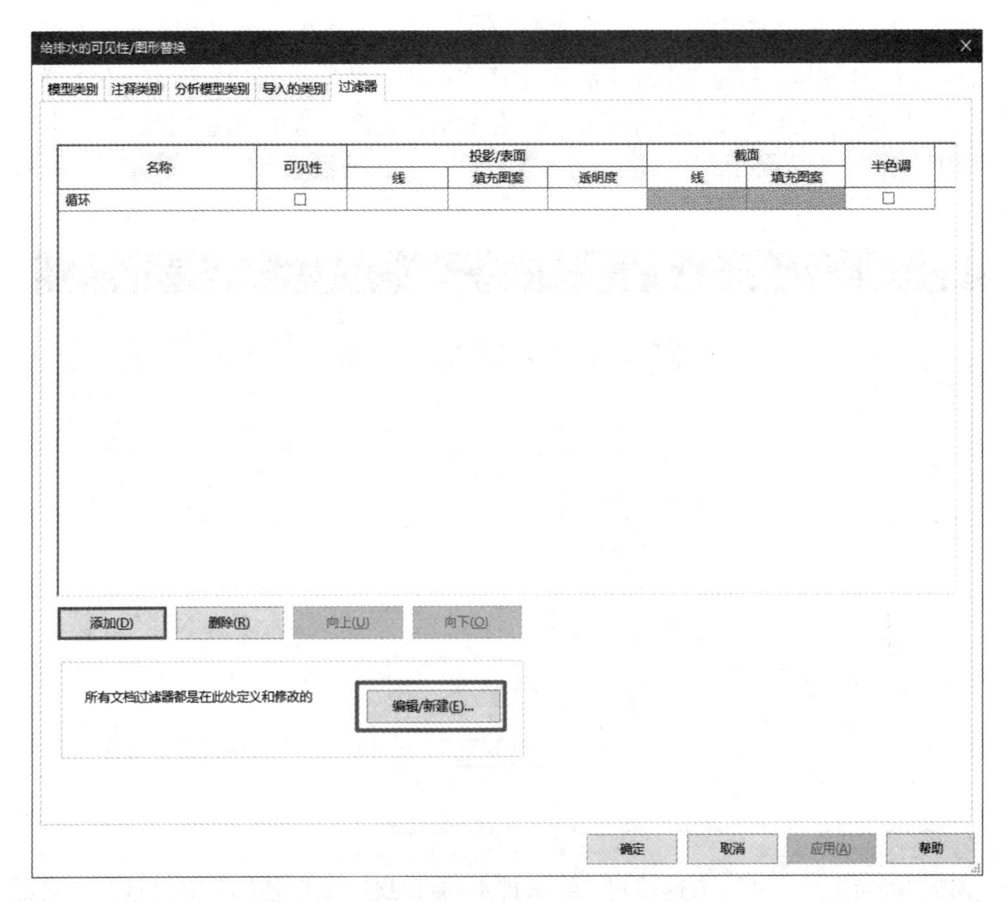


图 3.4.1-25 编辑/新建过滤器

图 3.4.1-26 过滤器对话框

在过滤器中选中“家用冷水”，并单击复制，选择复制生成的“家用冷水（1）”，单击重命名，修改其名称为“市政给水”。选中“市政给水”，在过滤器列表中仅勾选“管道”，并在下方的“类别”中勾选需要赋予颜色的构件类型，这里勾选“管道”、“管件”、“管道附件”和“管道隔热层”，如图 3.4.1-27 所示，“过滤器规则”中，设定过滤条件为“系统类型”，判断条件为“等于”、“市政给水”，单击“确定”完成当前过滤器的创建。

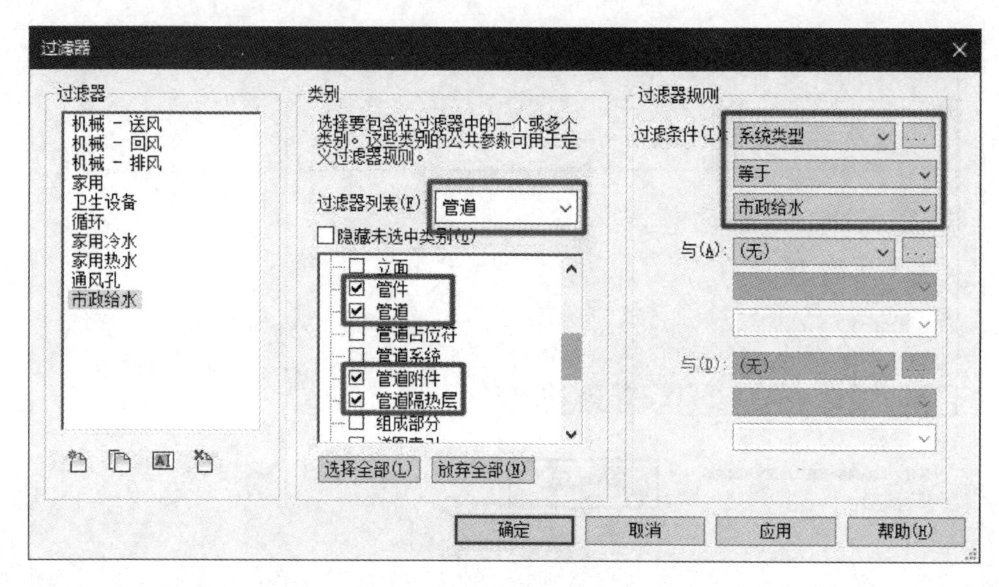


图 3.4.1-27 过滤器设置

单击“确定”后，程序会返回到“给水排水的可见性/图形替换”对话框，在对话框的左下角单击“添加”按键，打开“添加过滤器”对话框，选择刚刚创建的“市政给水”过滤器，单击“确定”将该过滤器添加到当前的视图样板中。添加完成后可以通过点击“线”、“填充图案”等来修改过滤器中构件类型的颜色。可以使用相同的方法来创建和添加其他的过滤器，见图 3.4.1-28、图 3.4.1-29。

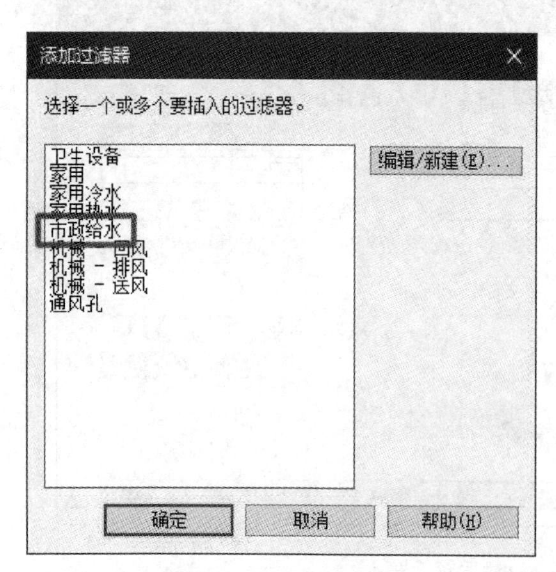


图 3.4.1-28 添加过滤器

这里需要注意的是，在过滤器里对管道进行“填充图案”的替换时，需要设定其填充图案，不能为“无替换”选项，见图 3.4.1-30。

**9. 保存样板文件**

单击“应用程序菜单”，选择“另存为”，将当前项目另存为样板文件，命名为“机电样板”。这样，下次绘制机电模型的时候就可以使用当前保存好的样板文件了，见图 3.4.1-31、图 3.4.1-32。

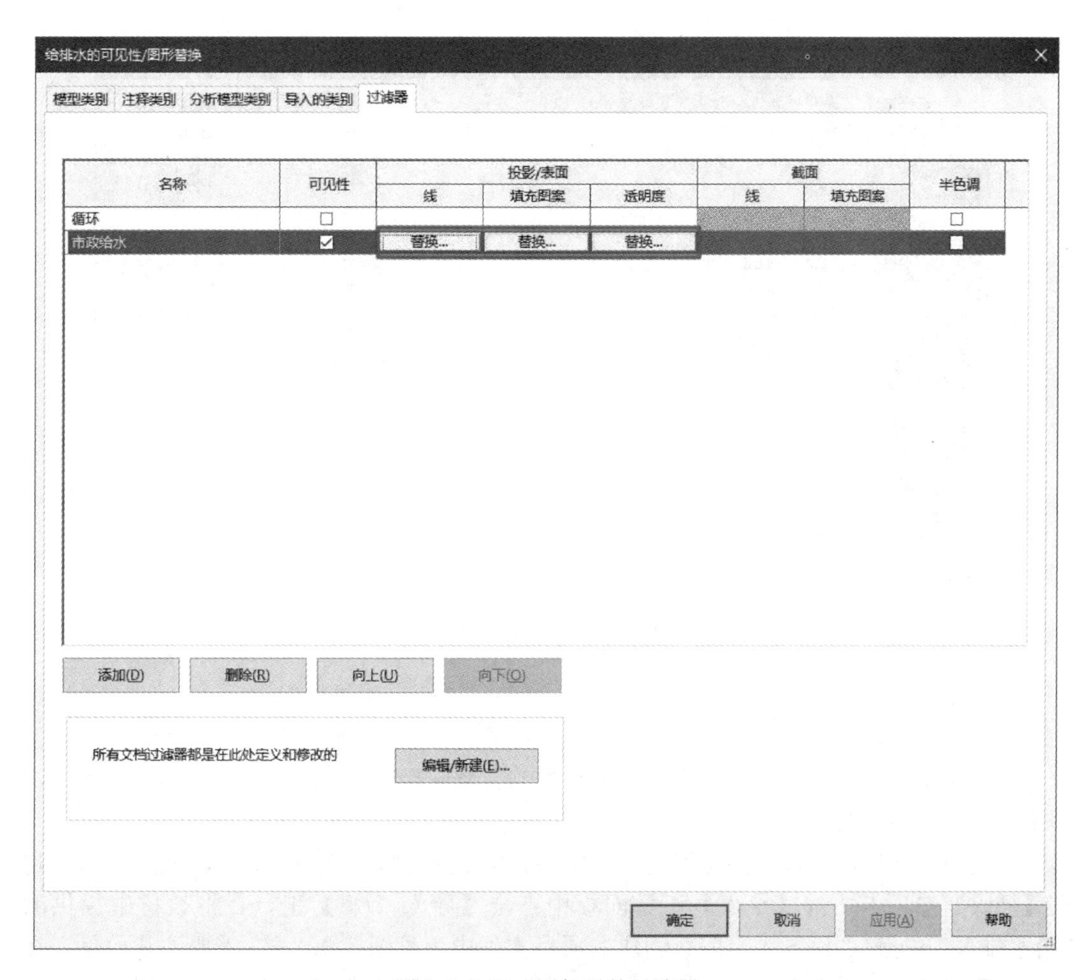


图 3.4.1-29　添加后的过滤器

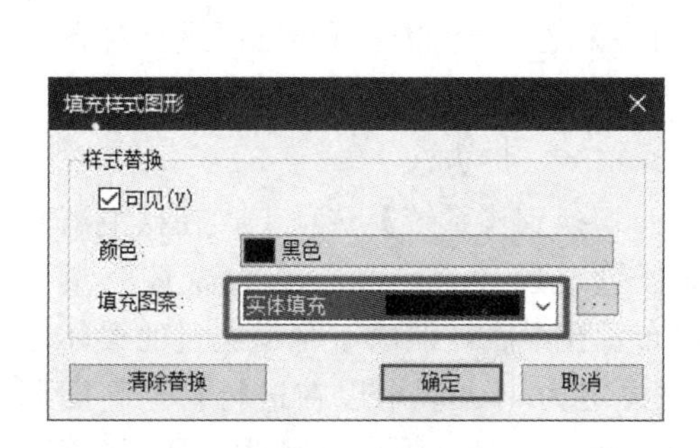


图 3.4.1-30　填充图案

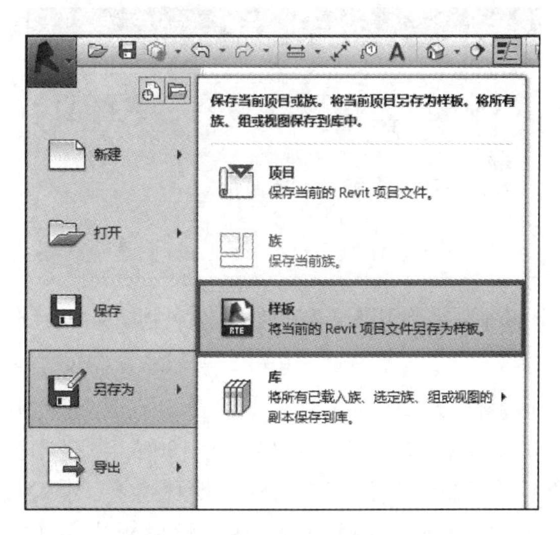


图 3.4.1-31　保存为样板文件

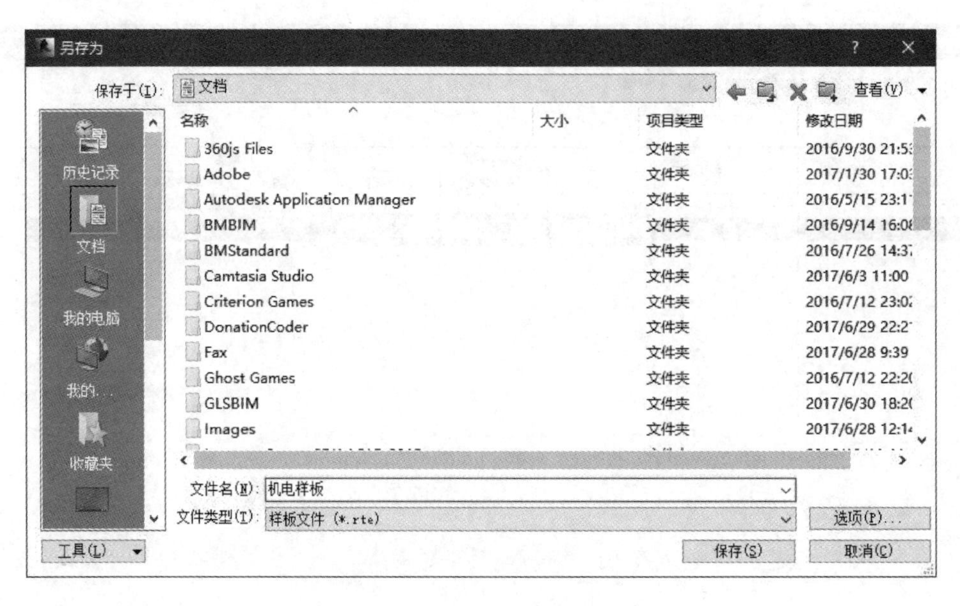


图 3.4.1-32 保存文件

## 3.4.2 水管模型的创建

水管模型一般主要包含给水管道、排水管道、喷淋管道和消防管道等。本节将重点讲解水管管道模型的绘制操作。

新建项目文件，样板文件使用上一节中保存完成的“机电样板.rte”，见图 3.4.2-1。在【插入】选项卡中的【导入】工具面板中点击【导入 CAD】工具，将教材中提供的“给水排水.dwg”图纸导入当前新创建的项目文件中，见图 3.4.2-2。需要注意的是，在导入设置对话框中设置“导入单位”为“毫米”，同时“颜色”选项中设定为“保留”。

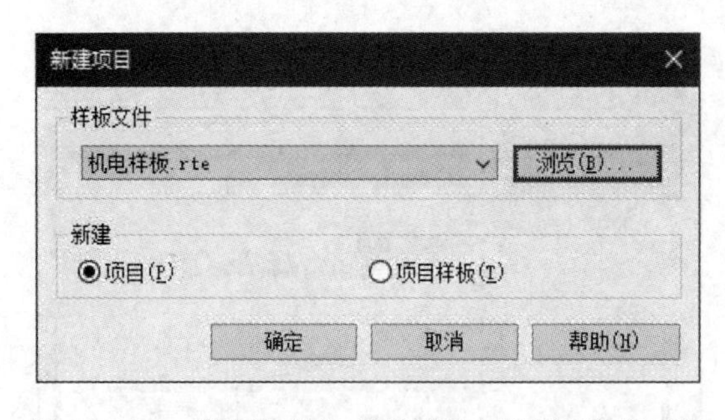


图 3.4.2-1 使用上节保存的样板文件创建新的项目

切换到“地下一层”平面视图，由于使用的是“自动-原点到原点”的对齐方式，所以导入的图纸可能并未与当前轴网对齐。使用【修改】选项卡中的【解锁】命令，将当前图纸解锁，然后使用【对齐】命令将图纸与轴网进行对齐。

### 1. 给水管道的绘制

(1) 一般方法

切换到【系统】选项卡，在【卫浴和管道】面板中启动【管道】命令，在选项栏中选择管道尺寸为 100mm，设置偏移量为 4000mm（初步设定该偏移值为 4000，图纸中要求布置在梁底，但由于管道经过的梁体底部标高不同，所以相应的管道偏移也会不同，暂时设定为 4000，可以在进行管道高度调整时再修改管道偏移值），在属性面板中单击类型选择框，修改管道类型为“PP-R 管”，修改系统类型为“市政给水”，见图 3.4.2-3。

按照图纸（轴网 13-14 与 E 轴交点附近，找到市政给水管网入口）单击鼠标左键拾取

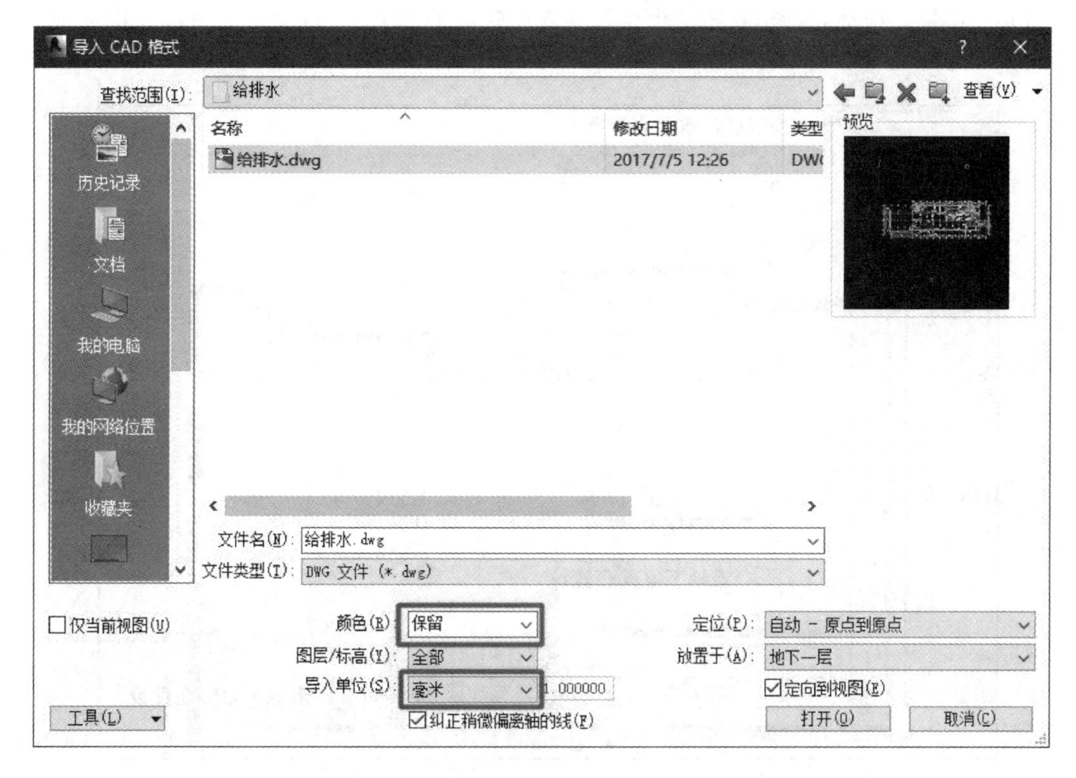


图 3.4.2-2 导入图纸

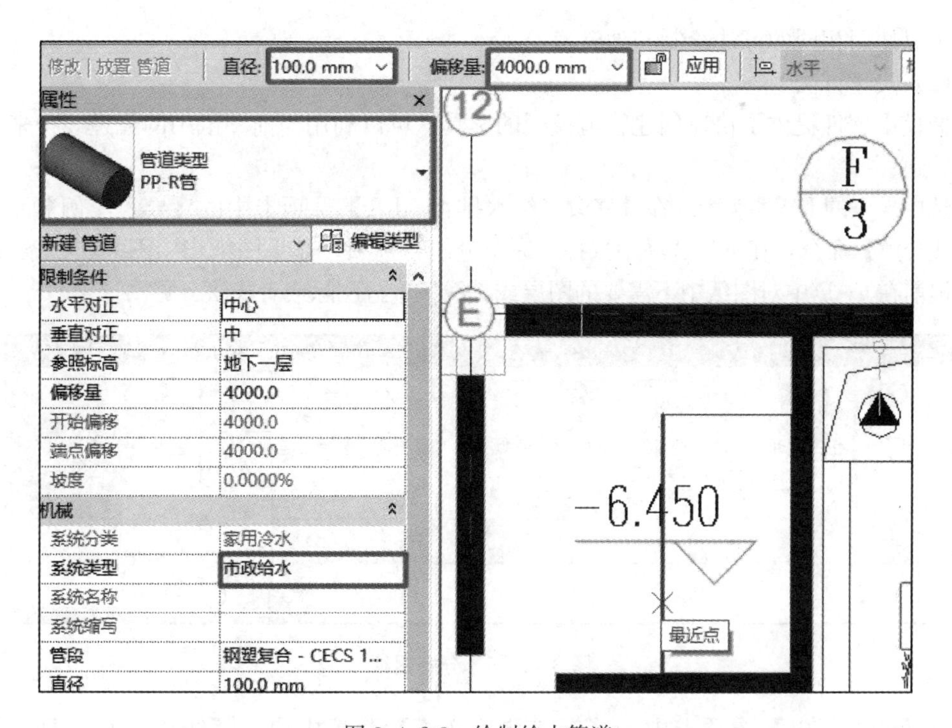


图 3.4.2-3 绘制给水管道

管道起始位置，拖动光标至管段结束位置（需要转折的地方），再次单击鼠标左键完成管段绘制，如图 3.4.2-4 所示。

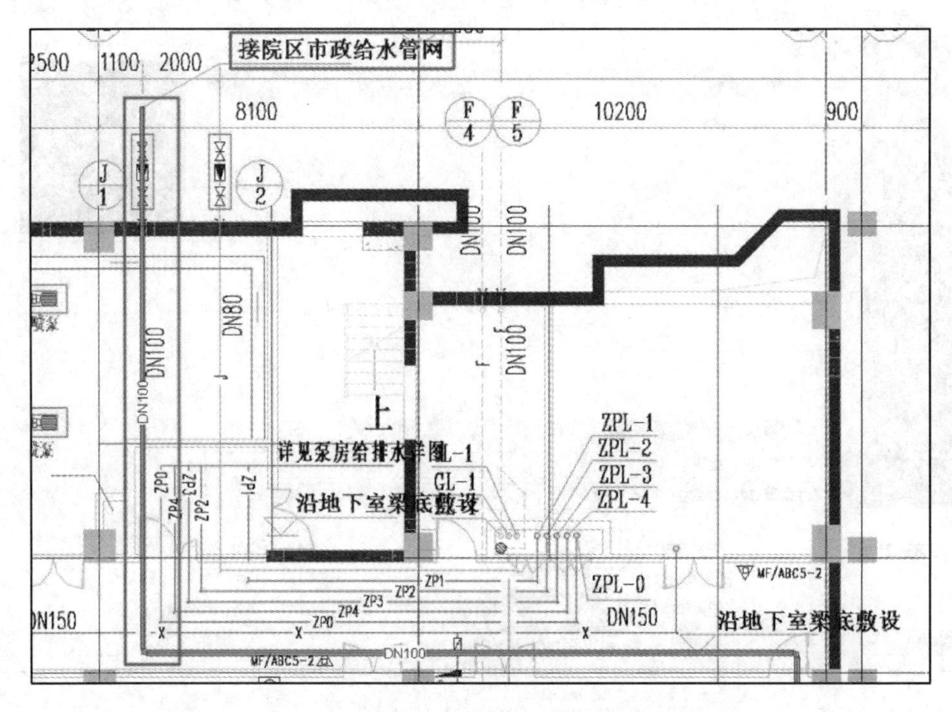


图 3.4.2-4 绘制效果

可以使用相同的方法绘制其他管道。

（2）快速方法

橄榄山软件提供了快速创建管道模型的工具，可以利用当前图纸中的管道线条来快速生成管道。

选中导入的 DWG 底图，在【修改 | 给水排水 . dwg】选项卡中的【导入实例】面板中单击【分解】命令，在下拉选项中选择“完全分解”选项，如果图纸当中图元、线条较多，可以提前在 CAD 中对图纸中不需要的图层或者线条进行删除或者隐藏，见图 3.4.2-5。

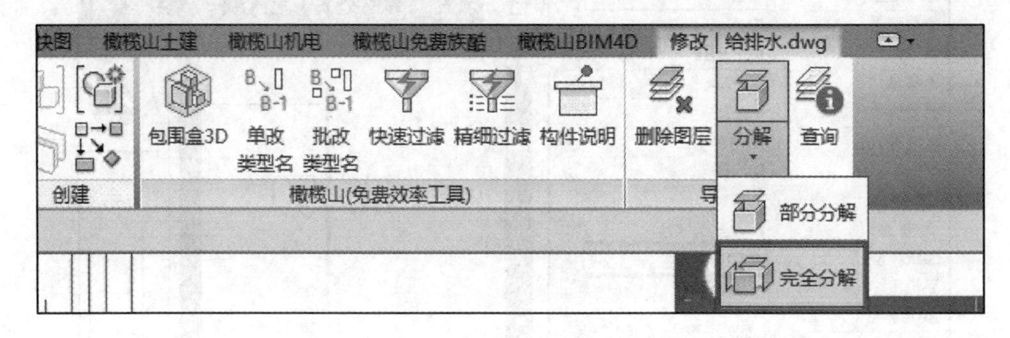


图 3.4.2-5 分解图纸

在【GLS 机电】选项卡中的【管道快速建模】面板中启动【线生管】工具，打开【线生管道】对话框，如图 3.4.2-6（*a*）所示，单击“基线图层名”后的“拾取”按键，此时鼠标指针变为可拾取状态，拖动鼠标至给水管线上方，单击鼠标左键进行拾取，程序会自动读取该线条所在图层，并在对话框中显示，如图 3.4.2-6（*b*）所示

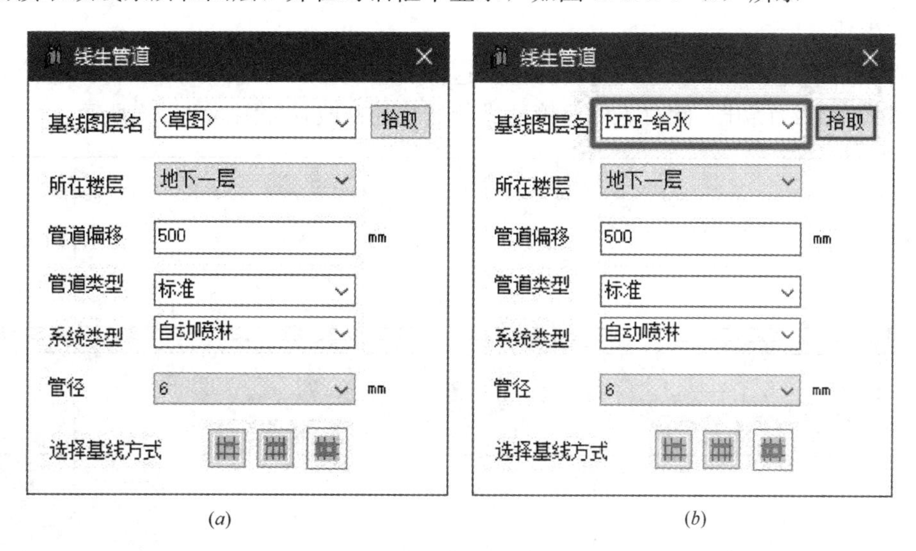


（*a*） （*b*）

图 3.4.2-6
（*a*）线生管道对话框；（*b*）图层名称

在【线生管道】对话框中，单击“所在楼层”后的下拉框，设定管道放置的楼层标高为“地下一层”，设定“管道偏移”距离为 4000，选择“管道类型”为“PP-R 管”，“系统类型”设定为“市政给水”，“管径”设置为“100”。管道的布置方式，这里提供了三个选项，在“选择基线方式”右侧，分别是“线段（线与线之间相交的部分）”、“线条（一整根线）”、“框选（框选到的线条）”，这里选择第二种方式——“线条”来进行布置。单击“线条”选项，此时鼠标指针变为可选状态，移动鼠标至图纸中的管线上方，单击鼠标左键进行拾取，拾取后，程序会自动根据设定来生成管道。这里需要注意，对于转折位置的管道，通多次单击拾取的方式生成管道不会自动连接。若想要自动进行连接，可以使用“框选”的方式来生成，程序会自动对管道进行连接，如图 3.4.2-7 所示。

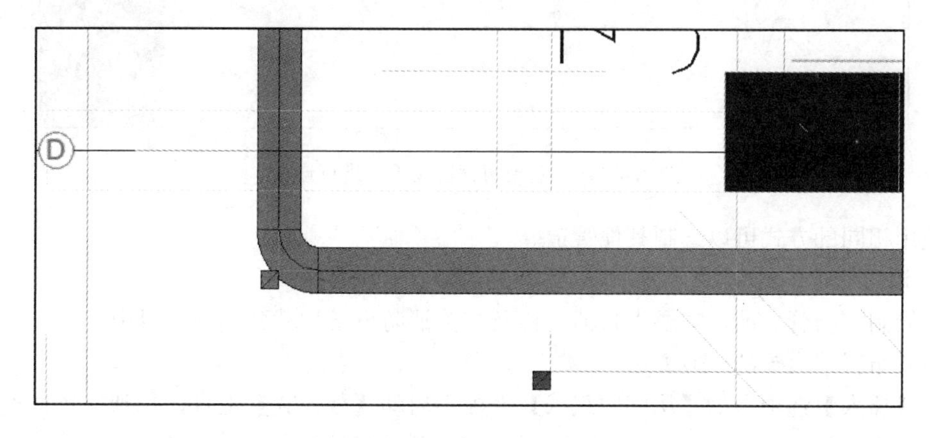


图 3.4.2-7　生成的管道

在使用“框选”方式进行管道创建的时候，建议在 CAD 中先将无关图层和线条删除或隐藏，避免在框选时选择到非管道线条，也可在 Revit 中对相关图层进行隐藏，然后再进行框选生成。

在管线绘制过程中，会进行符号标注，这样会造成管线的断开，从而导致在拾取线条来生成管线时管线断开，此时需要对管道进行延长的修改，如图 3.4.2-8 所示。

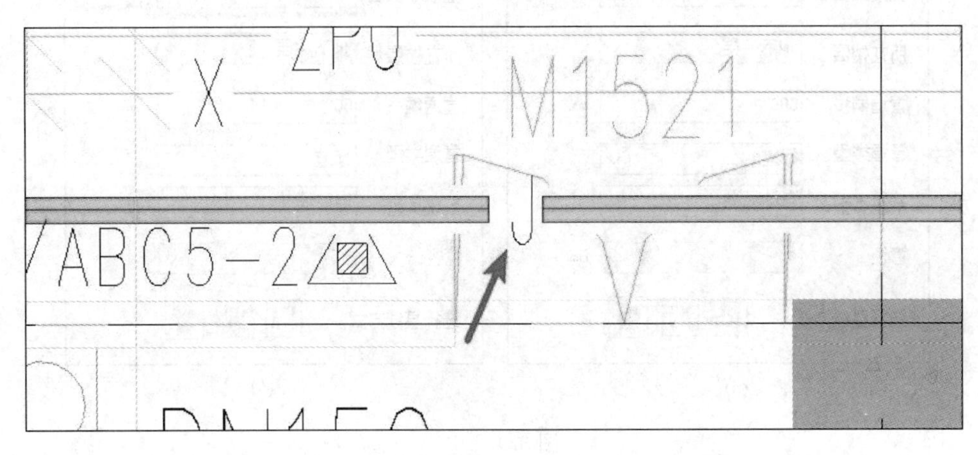


图 3.4.2-8　图纸中断开的地方生成时也断开了

切换到【GLS 机电】选项卡，启动【两管连接】工具，此时鼠标会变成选择状态，依次点选两根需要进行连接的管道，则断开的管道就会进行自动连接（也可以使用【修改】选项卡中的【修建/延伸为角】工具进行连接），见图 3.4.2-9。

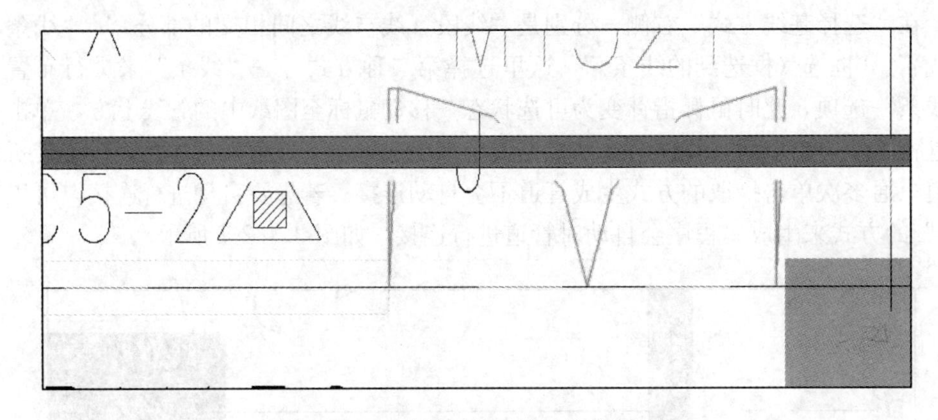

图 3.4.2-9　使用两管连接工具进行连接

使用相同的方式可以绘制其他管道。

**2. 消防管道的绘制**

在绘制消防管道前，需要先将消火栓及相关消防设备加载到当前项目中。

（1）布置消火栓的一般方法

在【插入】选项卡的【从库中载入】面板中启动【载入族】工具，找到本教材提供的“BM _ 消火栓箱 . rfa”，见图 3.4.2-10，插入到当前项目中。

切换到【建筑】选项卡，在【构建】面板中单击【构件】下拉三角，选择“放置构件”选项，并在属性面板中的类型选择器中选择刚刚载入的“BM _ 消火栓箱 . rfa”，见图 3.4.2-10。

此时鼠标指针变为布置状态，修改选项栏中的“标高”以及“高度偏移”后，按照图纸中消火栓的布置指定的位置单击鼠标左键来放置消火栓实例，布置后使用【对齐】命令来与图纸中消火栓的边线进行对齐即可，如图 3.4.2-11 所示。

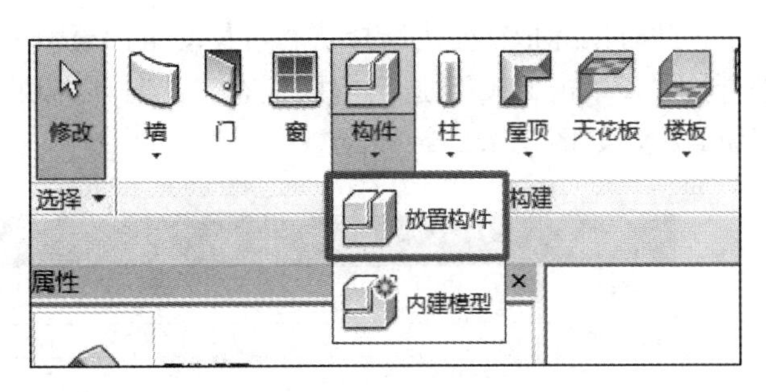

图 3.4.2-10 放置模型

(2) 布置消火栓的快速方法

由于项目中消火栓数量较多，所以如果手动去进行布置的话难免会导致效率降低，这里可以使用【GLS 土建】中的【图块生构件】工具来进行消火栓的批量布置，见图 3.4.2-12。

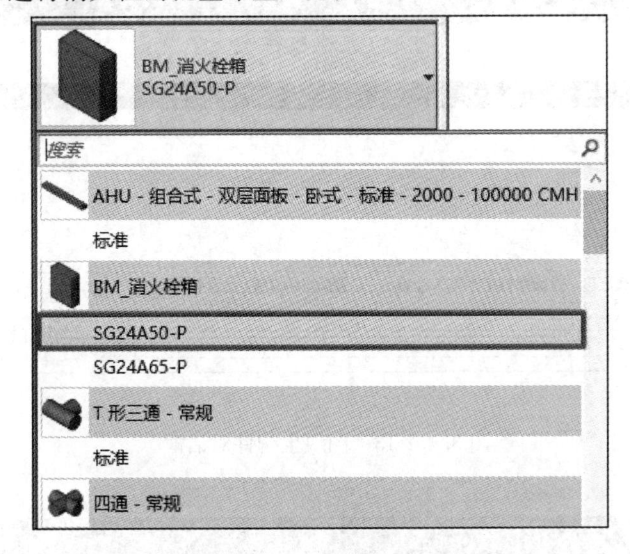

图 3.4.2-11 选择消火栓类型

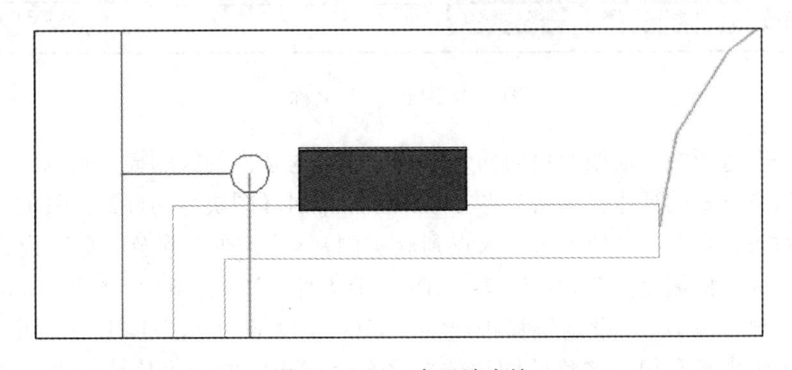
图 3.4.2-12 布置消火栓

【图块生构件】工具要求图纸是链接到当前项目中的，所以需要重新将图纸链接到当前项目中，链接后使用【对齐】命令将图纸与项目中的轴网进行对齐。

切换到【GLS 土建】选项卡，在【DWG 建模】选项卡中启动【图块生构件】工具，打开“图块生构件”对话框，如图 3.4.2-13 所示。单击“图块名称”后的“选择（可多选)”，此时鼠标指针变为选择状态，移动鼠标至图纸中的消火栓图块上方，单击鼠标左键进行拾取，单击 ESC 键退出拾取状态，此时“图块名称”选项框中会显示刚刚拾取到的图块名称，如图 3.4.2-14 所示。

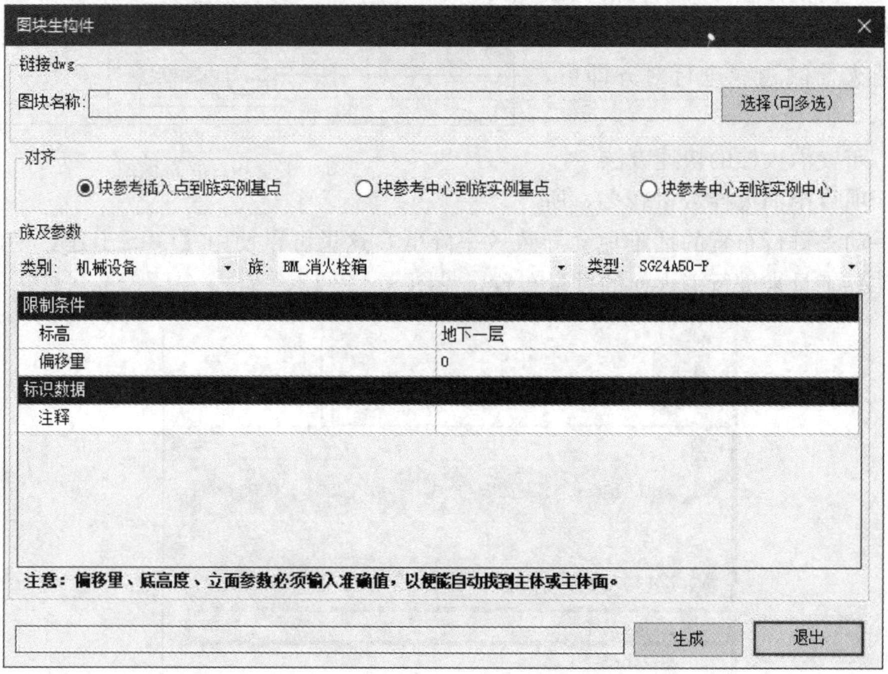

图 3.4.2-13　图块生构件对话框

图 3.4.2-14　图块名称

在“对齐”选项中，根据对块的插入点的定义与对替换的族的插入点的定义情况进行选择，三种对齐方式的具体含义请参考本书第一章中对【图块生构件】工具的讲解。这里选择第一种对齐方式——“块参考插入点到族实例基点”。在“族及参数”设置中，依次设定“类别”为“机械设备”，“族”为“BM _ 消火栓箱”，类型为“SG24A50-P”，选择参照标高为“地下一层”，设定偏移距离为“1100”，如图 3.4.2-15 所示，单击“生成”按键即可。图纸中具有相同名称的图块位置将会生成指定的消火栓族类型，如图 3.4.2-16、图 3.4.2-17 所示。

可以使用相同的方式来布置其他消防设备，如消火栓泵等。

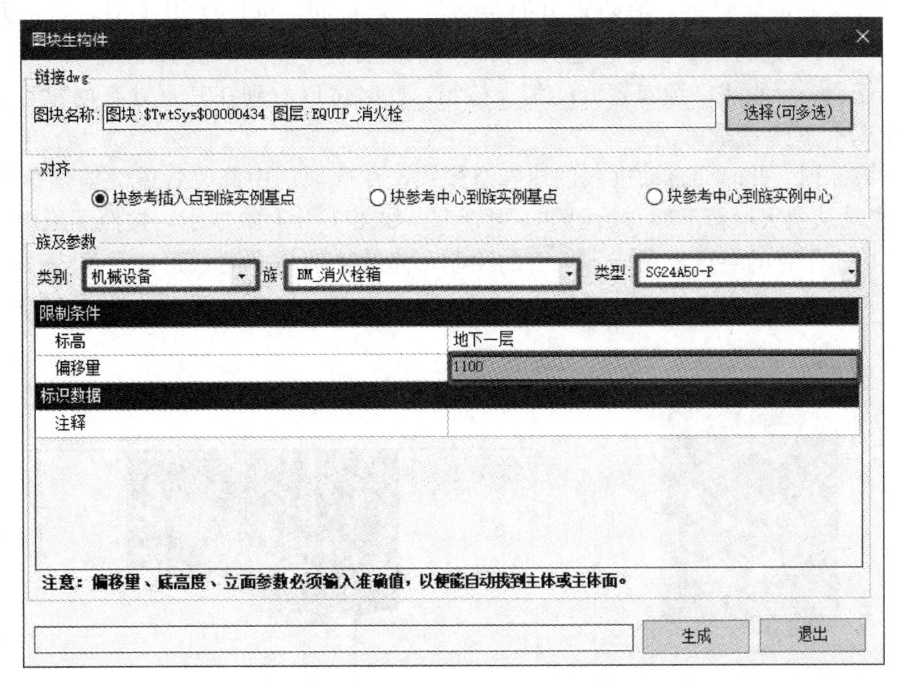


图 3.4.2-15　对齐方式及偏移量设置

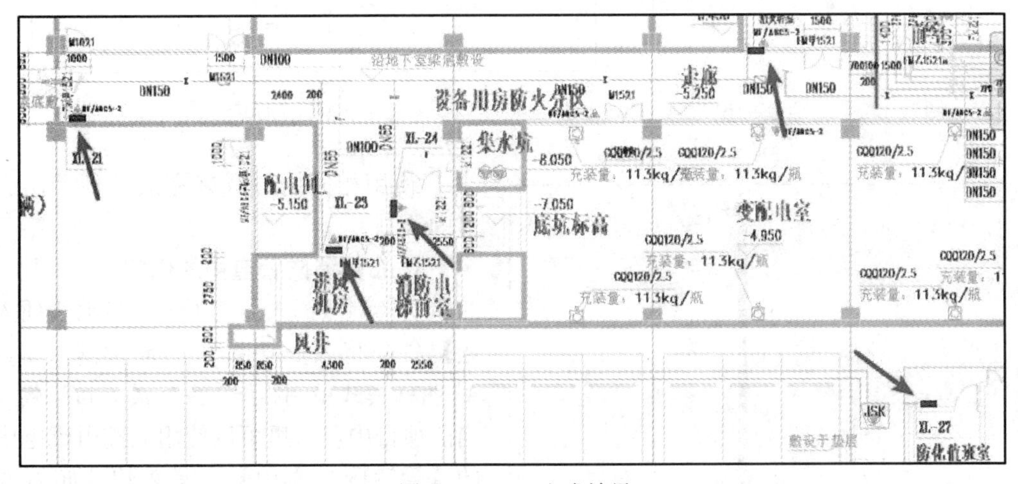


图 3.4.2-16　生成效果

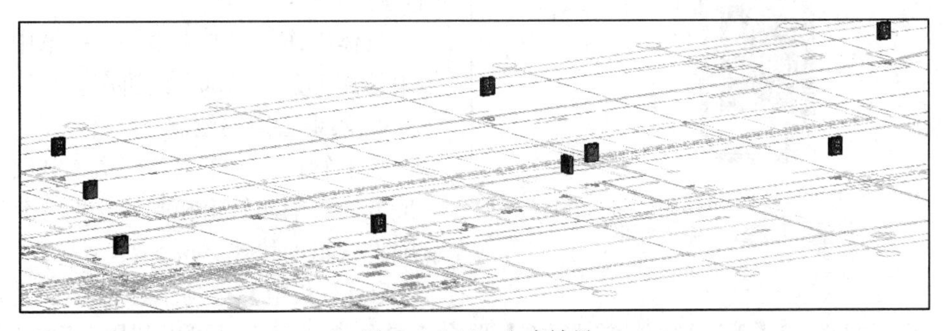

图 3.4.2-17　生成效果

继续来绘制消防管道。消防管道的绘制与水管相同，可以使用【GLS 机电】中的【线生管】工具来进行批量创建，这里主要讲解消防管道中立管的绘制方法。

选中任意一个刚才已经布置好的消火栓箱，此时可以看到在其下方有创建管道的标识，如图 3.4.2-18 所示。

单击该标识，此时会自动进入创建管道模式，在选项栏中修改管道的偏移量为 800，Revit 将自动从消火栓箱下部开始创建一根管道，如图 3.4.2-19 所示，按照图纸中管线方向拾取该段水平管的终点，完成水平管的绘制，修改选项栏中的管道偏移值为 4000，绘制立管，再次沿管道方向拾取管道终点，完成管道绘制，单击 ESC 键退出当前命令，效果如图 3.4.2-20 所示。

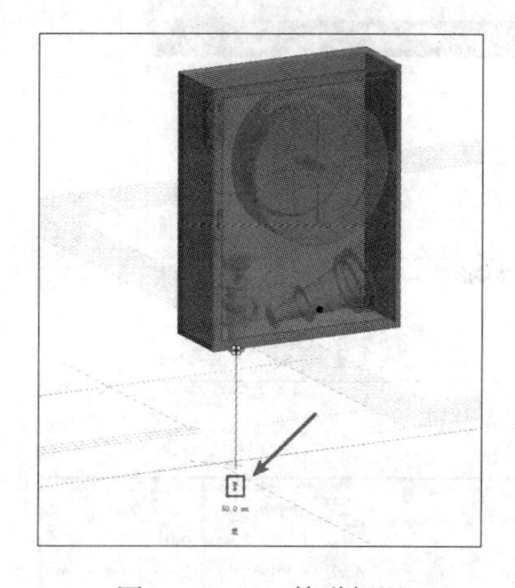

图 3.4.2-18　管道标识

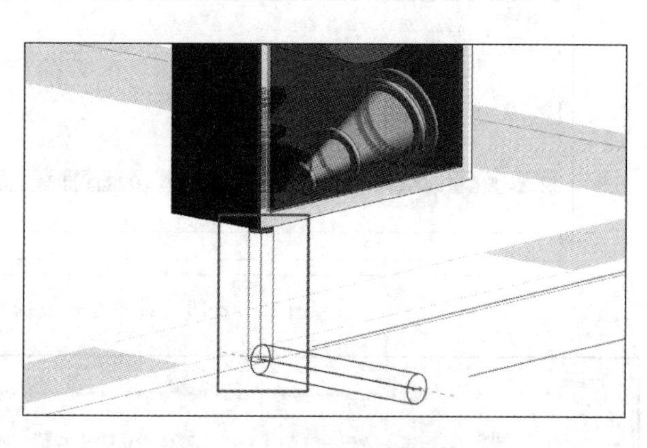

图 3.4.2-19　创建管道

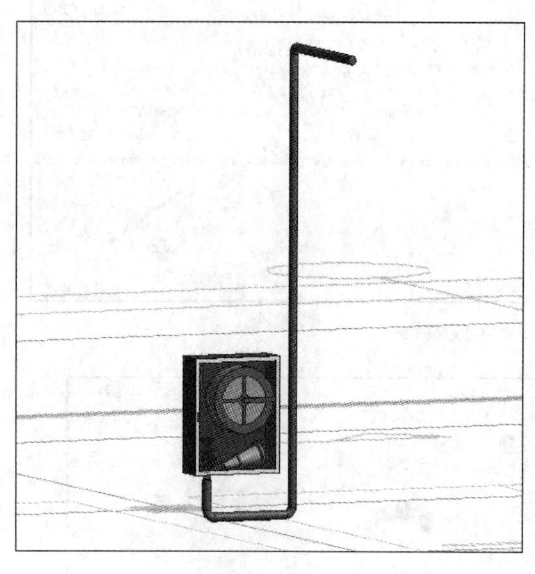

图 3.4.2-20　完成效果

使用相同的方式来完成其他消防管道的绘制。

**3. 布置消防管道中的阀门**

切换到【插入】选项卡，启动【插入族】命令将教材中提供的族“闸阀-Z41 型-明杆楔式单闸板 — 法兰式 .rfa”载入当前项目中，这里可以使用橄榄山机电中的【管道附件翻模】工具来快速布置阀门，见图 3.4.2-21。

具体操作可以参考本书第一章中【管道附件翻模】工具部分的讲解。

**4. 喷淋管道的绘制**

喷淋管道也属于消防管道，其绘制的一般方法与消防管道相同，这里仅介绍绘制喷淋管道的快速方法。

【GLS 机电】选项卡中提供了【管道翻模 AutoCAD】和【管道翻模链接 DWG】两个工具，这两个工具可以利用 DWG 图纸，

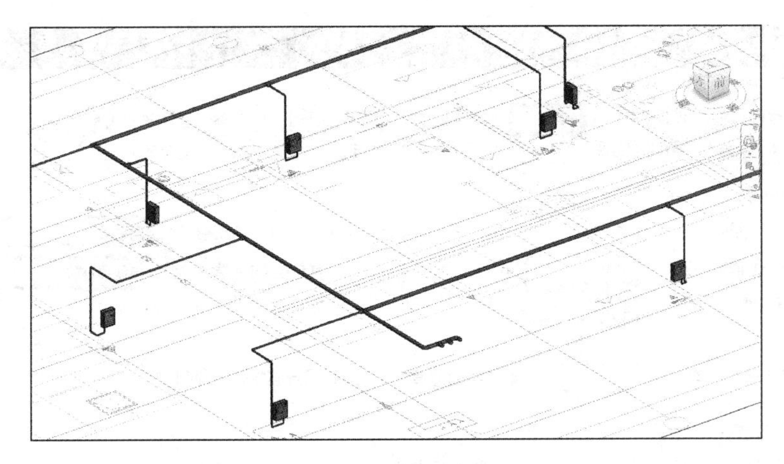

图 3.4.2-21 完成效果

图 3.4.2-22 布置完成效果

在 Revit 中批量生成喷淋管道，见图 3.4.2-22。

翻模 AutoCAD】工具为例来进行讲解。【管道翻模链接 DWG】工具的使用，除需要先将图纸链接到 Revit 中外，其余操作与【管道翻模 AutoCAD】类似，这里不再赘述。

在 CAD 中打开本书提供的“喷淋 .dwg”文件，使用橄榄山【喷淋（导出管道 DWG 数据)】工具对喷淋管道的图纸进行数据提取，提取的具体操作可以参考本书第一章中【喷淋管道翻模】工具的讲解，提取信息如图 3.4.2-23 所示。

在 Revit 中利用生成的中间数据文件，对该图纸进行翻模操作，设置界面如图 3.4.2-24 所示，翻模后如图 3.4.2-25 所示。

绘制完成后对当前模型进行保存。

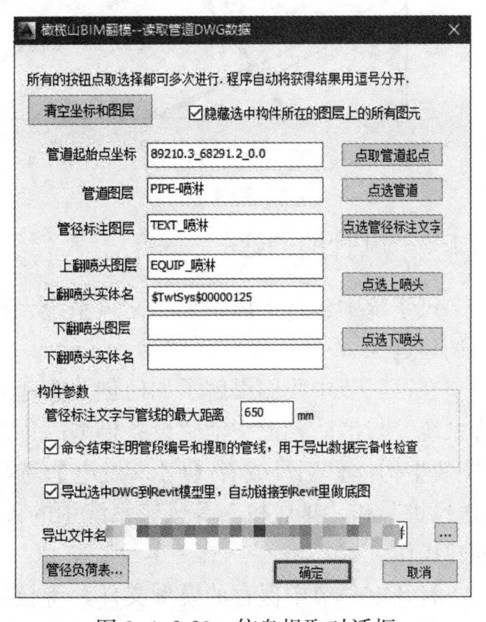


图 3.4.2-23 信息提取对话框

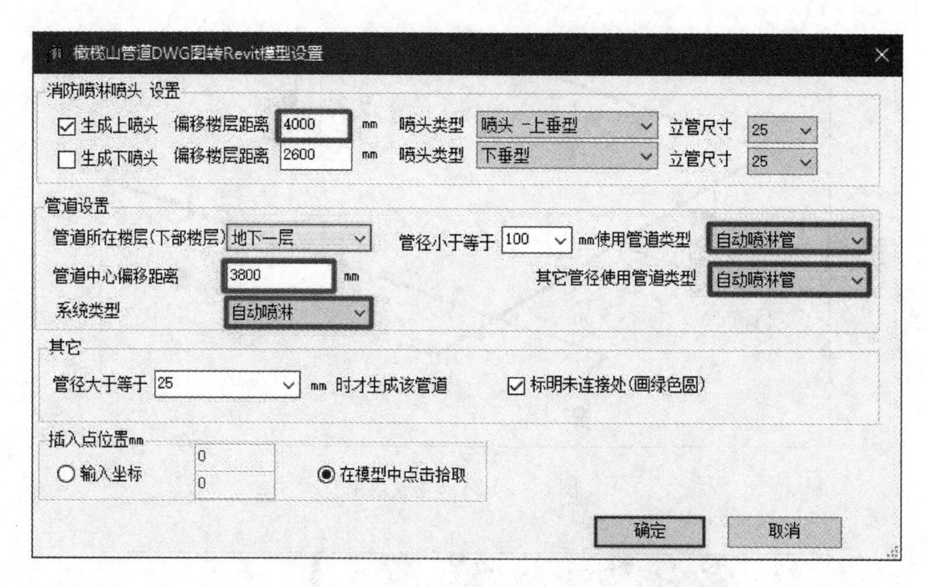


图 3.4.2-24　管道翻模设置对话框

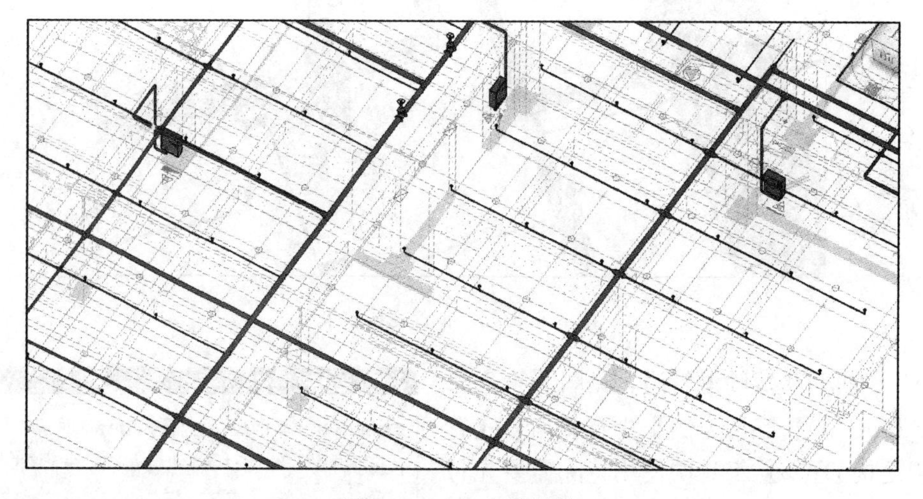

图 3.4.2-25　生成效果

## 3.4.3　风管的创建

风系统中包含送风系统、回风系统、排风系统和新风系统等，本节将讲解风系统模型的创建过程。

在第一节中我们讲解了如何创建管道系统，可以使用相同的方法来创建项目需要的风管系统。与消防管道中消防设备模型的创建类似，在创建风管模型之前，可以使用橄榄山【图块生构件】工具或者【GLS 机电】选项卡中的【设备翻模】工具来快速地布置诸如“送风机”和“排风机”等风管系统中的设备模型，这里不再赘述。下面着重讲解风管的创建操作。

打开上一节中保存的模型文件，将教材中提供的“风.dwg”图纸链接到当前项目中，使用对齐命令将图纸与当前项目中的轴网进行对齐。

## 1. 风管的绘制

(1) 一般方法

切换到【系统】选项卡，启动【风管】命令，此时会在选项栏中激活风管的设置选项，根据图纸要求，依次设定风管的宽度、高度和偏移量，如图 3.4.3-1 所示。

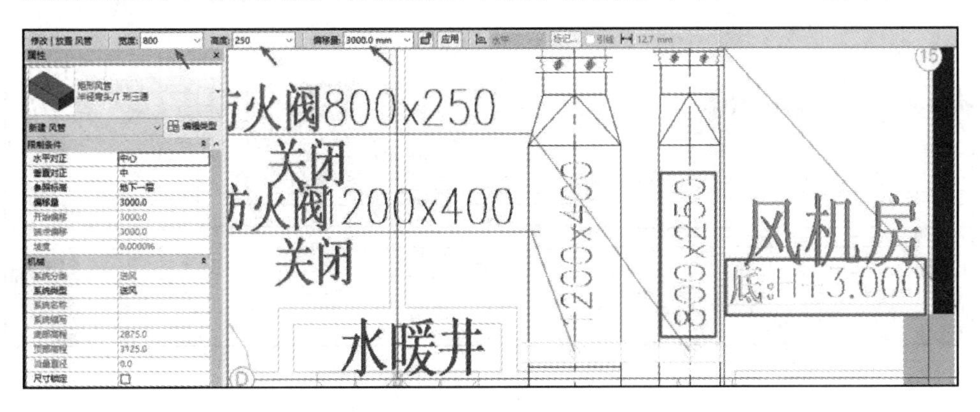


图 3.4.3-1 设定风管

在属性面板中设定系统类型为“排风”，移动鼠标至图纸中管道上方，单击鼠标左键，指定风管起点位置，移动鼠标并单击，指定风管终点位置，双击 ESC 键退出当前绘制命令，完成风管的绘制。可以使用相同的方法连续绘制风管，即在指定完成一段风管的终点后，Revit 将会以该点作为下一段管段的起点，再次指定风管终点后，可以完成两段风管的绘制，同时 Revit 会对两根管段进行自动连接，如图 3.4.3-2 所示。自动连接所使用的管道连接件是根据“布管系统配置”中的设定来生成的。

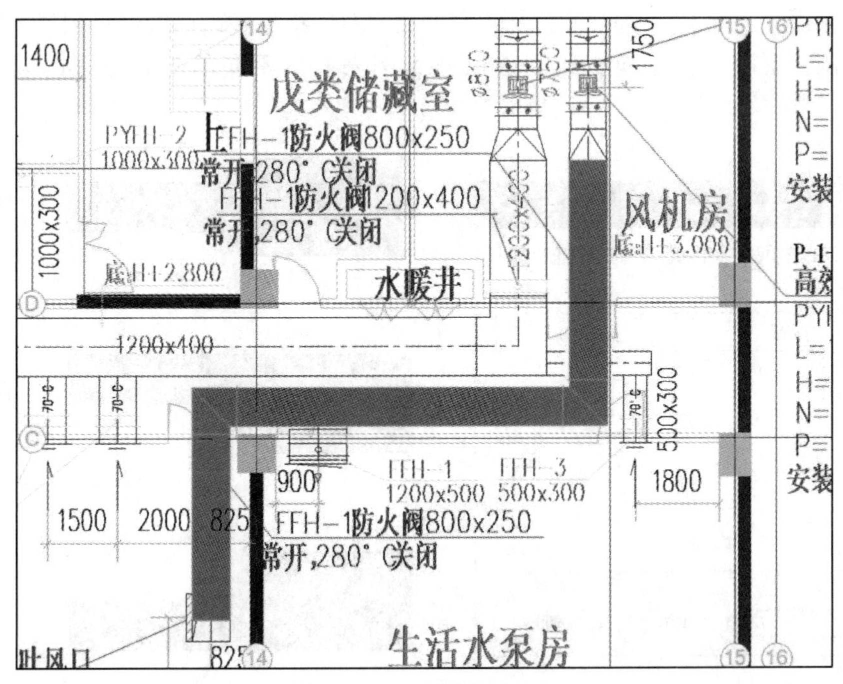


图 3.4.3-2 风管自动连接

可以使用相同的方法来绘制其他管道，下面来讲解一下关于风管对齐的操作。如图 3.4.3-3 中所示，变径风管处要求一侧对齐，并且在高度方向上底部对齐。启动【风管】命令，在【修改｜放置风管】选项卡中点击【对正】工具，如图 3.4.3-4 所示，打开“对正设置”对话框。

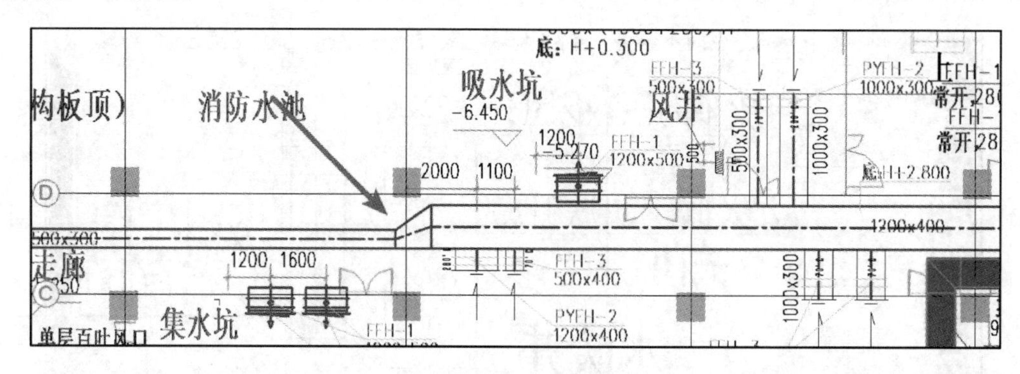


图 3.4.3-3　风管变径

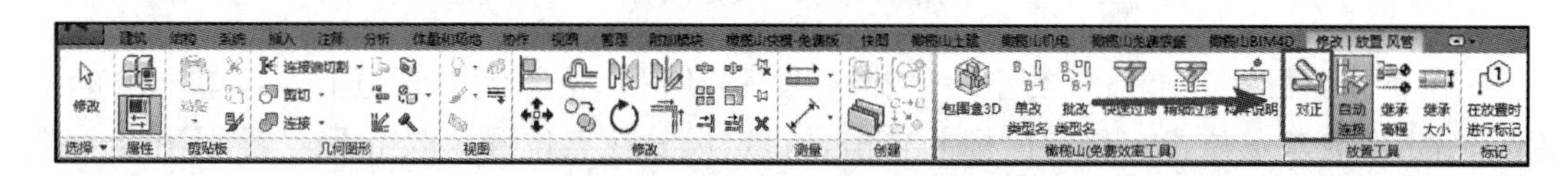

图 3.4.3-4　对正命令

对话框中提供了三个对正设置选项，分别是“水平对正”、“水平偏移”和“垂直对正”，见图 3.4.3-5。

水平对正：在当前视图中，以风管的“中心”、“左”或“右”侧边缘为参照，将相邻的两段风管边缘进行水平方向的对齐。“左”和“右”指的是由风管起点到风管终点方向的左右两侧。下面以自左向右绘制的风管为例来表示不同的对齐方式的效果，见图 3.4.3-6。

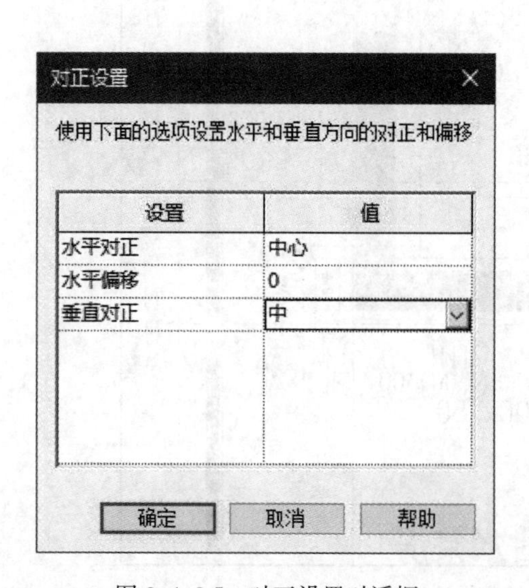

对正设置

使用下面的选项设置水平和垂直方向的对正和偏移

| 设置 | 值 |
| --- | --- |
| 水平对正 | 中心 |
| 水平偏移 | 0 |
| 垂直对正 | 中 |

确定　取消　帮助

图 3.4.3-5　对正设置对话框

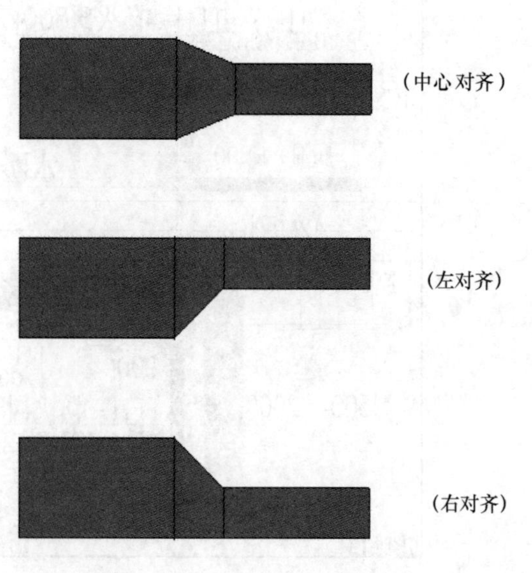


图 3.4.3-6　三种水平对齐方式

水平偏移：用于指定风管边缘与实际绘制参考线之间的距离，距离的位置与所选择的对齐方式相关，见图 3.4.3-7。下面以自左向右绘制的风管为例，设定偏移距离为 1000，通过设定不同的对齐方式来表达所产生的偏移位置的不同，见图 3.4.3-8、图 3.4.3-9。

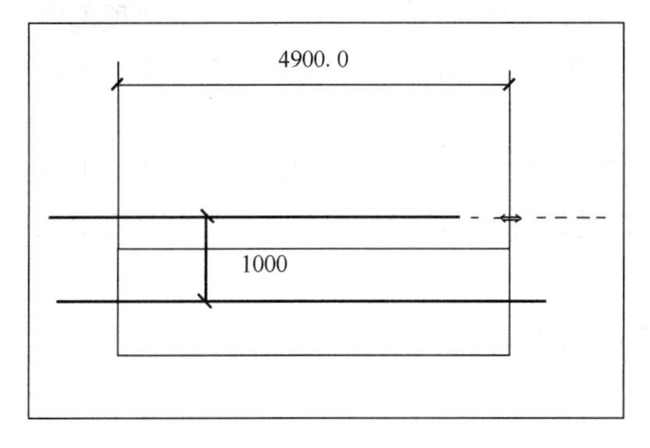


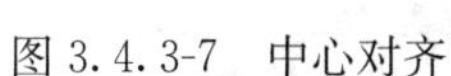
图 3.4.3-7 中心对齐

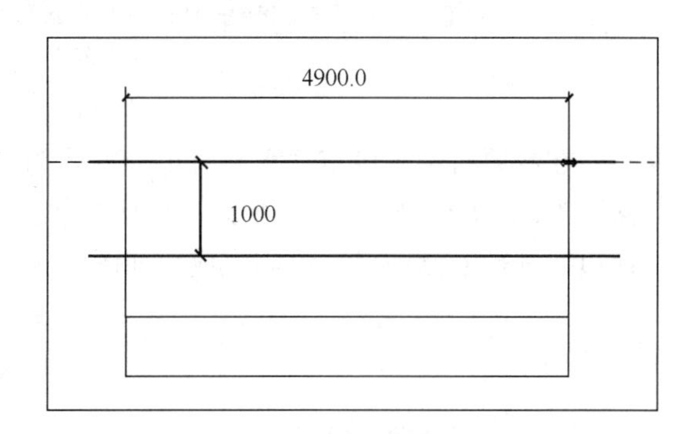


图 3.4.3-8 左对齐

垂直对正：在当前视图中，以风管的“中心”、“顶”或“底”侧边缘为参照，将相邻的两段风管边缘进行垂直对齐。“垂直对齐”的不同设置，在相同的偏移量下，将会产生不同的对齐效果。下面以不同的“垂直对齐”设置来设定相同的 1000mm 偏移的风管为例，见图 3.4.3-10～图 3.4.3-12。

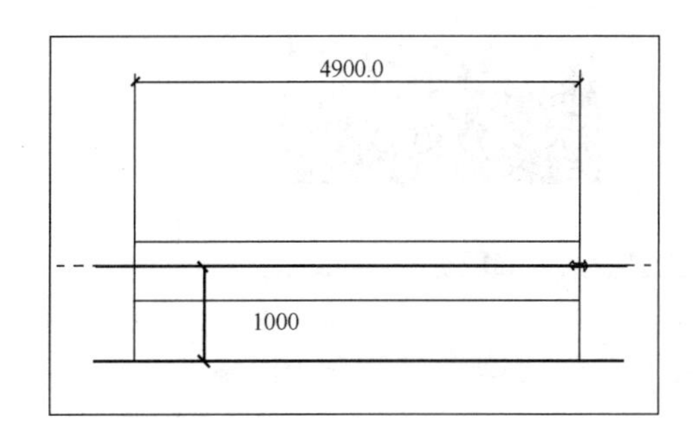


图 3.4.3-9 右对齐

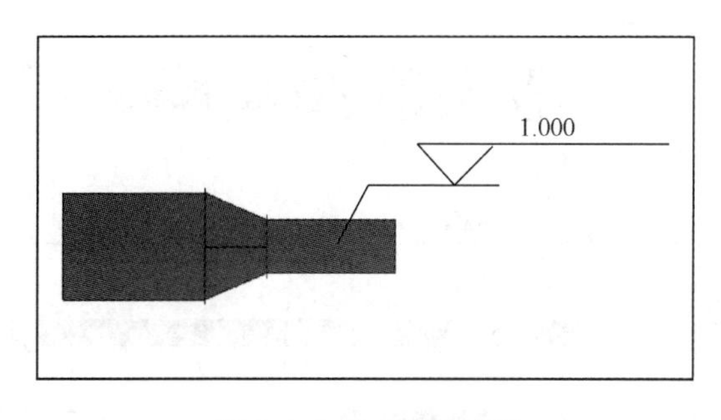


图 3.4.3-10 中心对齐

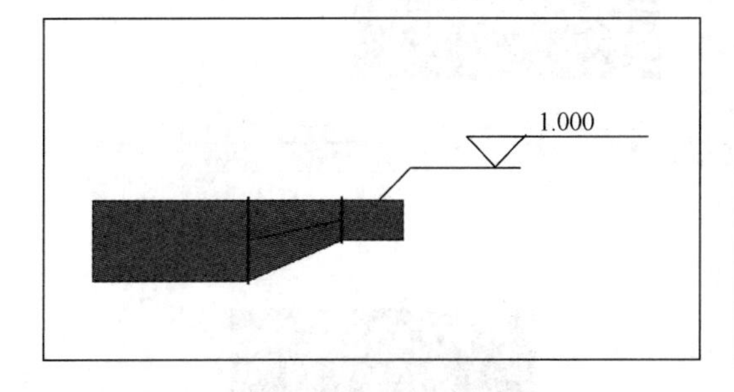


图 3.4.3-11 顶部对齐

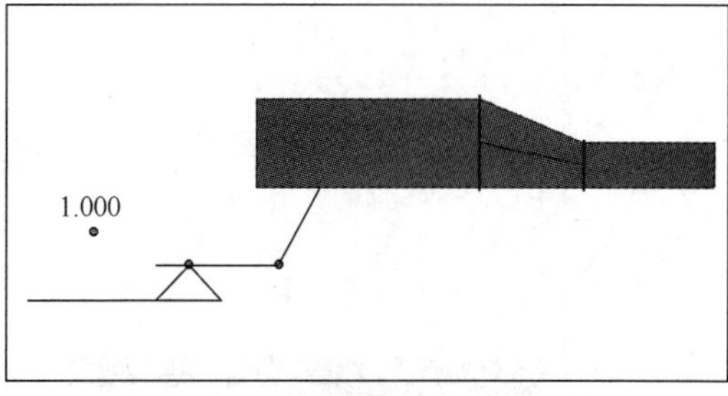


图 3.4.3-12 底部对齐

除了可以在风管绘制前，使用【对正】工具来进行对齐的设定外，也可以在风管完成后对风管进行对齐设置。选中已经创建好的风管，在上下文关联选项卡中启动【对正】工

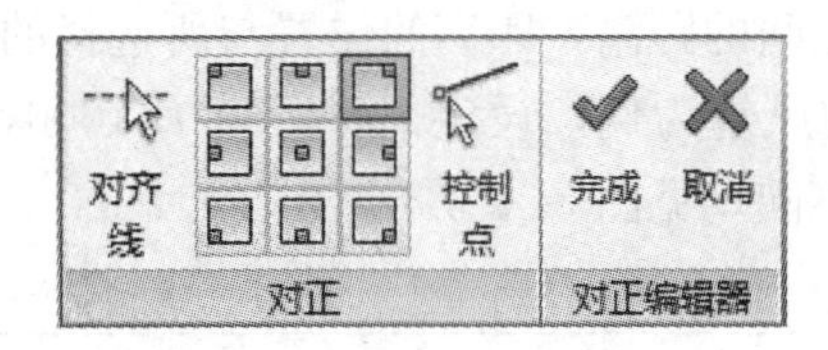


图 3.4.3-13　对正选项

具，此时会进入【对正编辑器】选项卡，如图 3.4.3-13 所示。在【对正】面板中也提供了对齐的选择工具，指定需要的对齐方式后，单击“完成”按键，即可完成对齐操作，如图 3.4.3-14 所示，使用“顶部左对齐”方式，单击“完成”后，效果如图 3.4.3-15 所示。

在本项目中，设定“水平对正”方式为“左”，“垂直对正”方式为“底”，“水平偏移”为 0，如图 3.4.3-16 所示，单击“确定”，移动鼠标至风管起点位置，按照图纸中风管边线进行绘制即可，绘制完成后如图 3.4.3-17 所示。

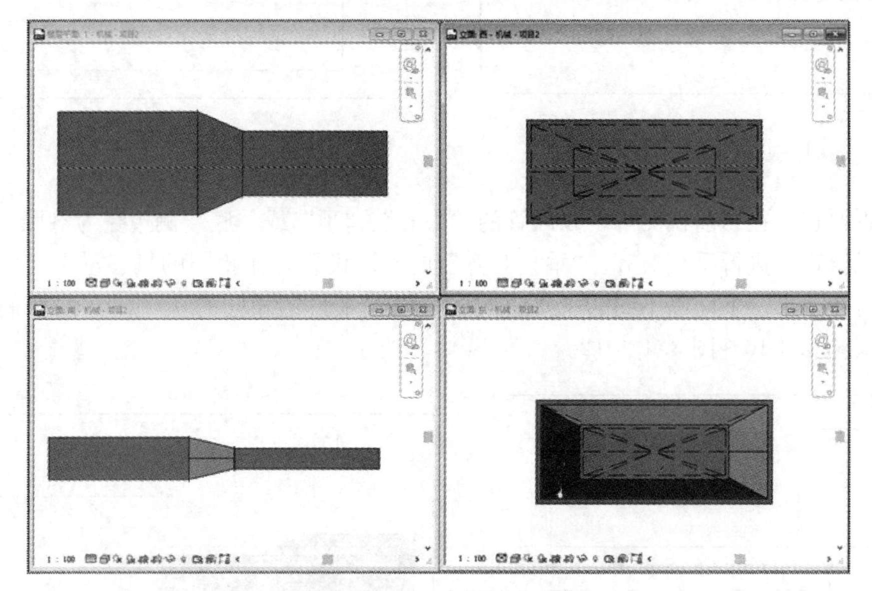

图 3.4.3-14　中间居中对齐

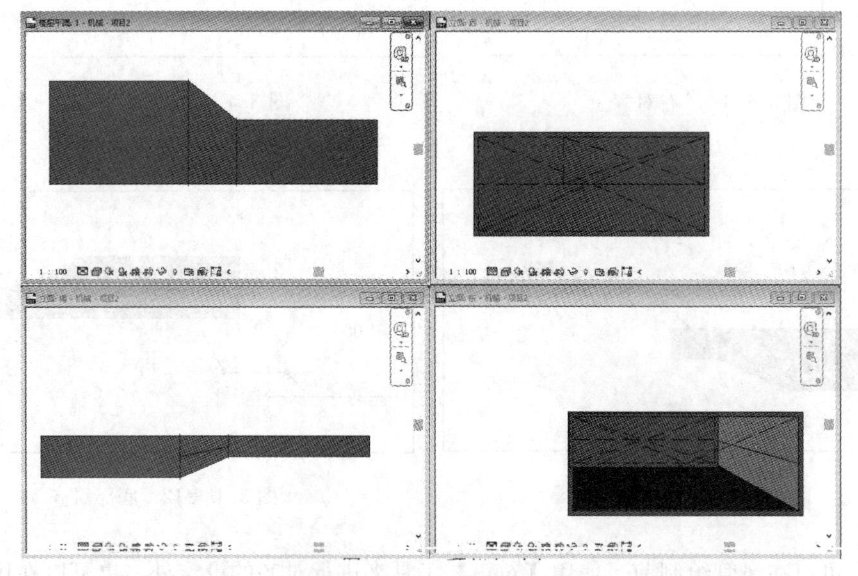

图 3.4.3-15　顶部左对齐

可以使用相同的方式来绘制其他风管。

(2) 快速方法

橄榄山软件提供了【风管翻模链接 DWG】工具，可以利用现有的 DWG 图纸，快速将图纸中的风管内容在 Revit 中生成模型。

在 Revit 中切换到【GLS 机电】选项卡，启动【风管翻模链接 DWG】工具，打开【风系统翻模—风管及管件】对话框，如图 3.4.3-18 所示，依次按照对话框中的选项进行设置，对图纸中 A 轴附近的风管进行翻模操作(具体选项表达的含义和操作请参考第一章中关于风系统翻模部分的讲解)。

翻模完成后效果如图 3.4.3-19 所示。

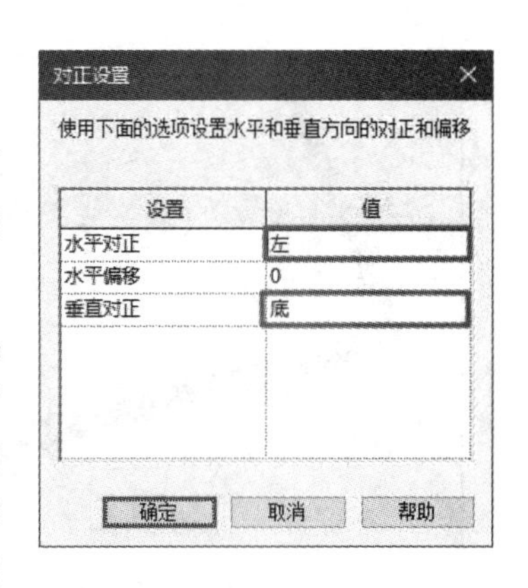


图 3.4.3-16 对正设置

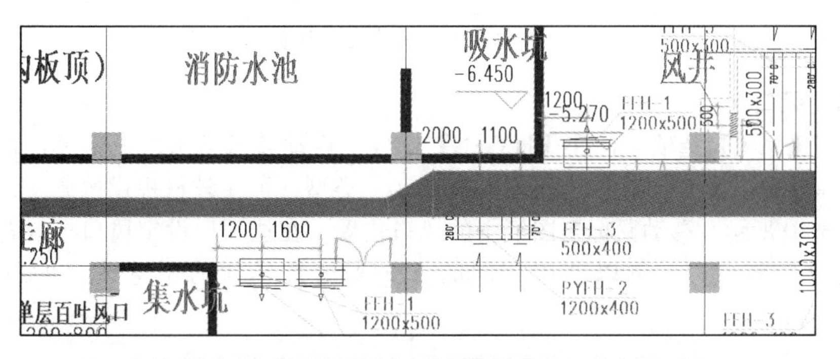


图 3.4.3-17 绘制完成效果

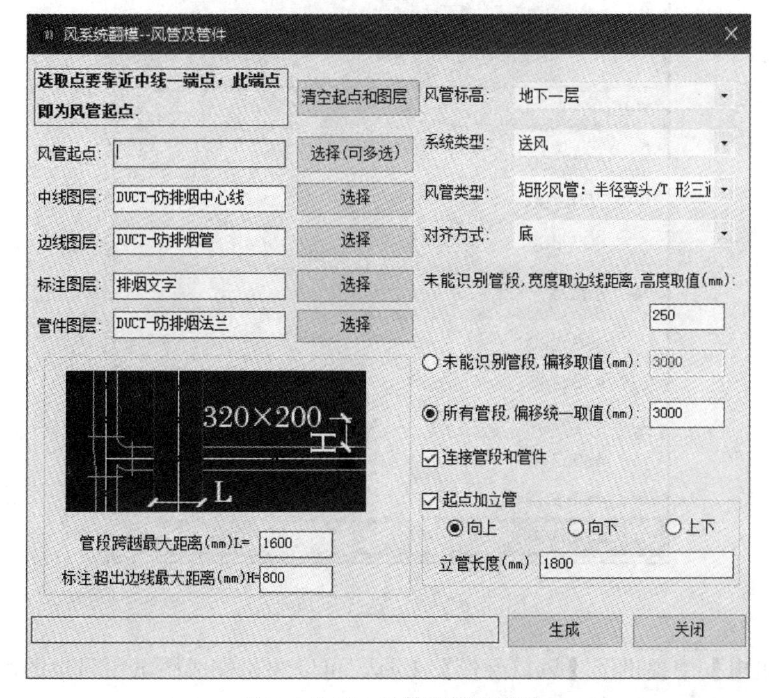


图 3.4.3-18 风管翻模对话框

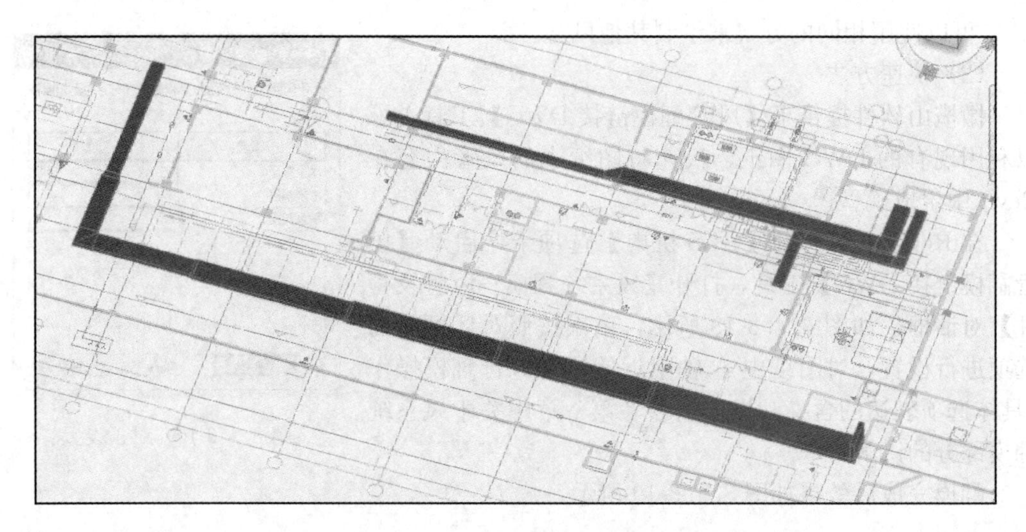

图 3.4.3-19　翻模完成效果

**2. 布置风口**

切换到【系统】选项卡，在【HVAC】面板中启动【风道末端】工具，在属性面板的类型选择器中选择“散流器—矩形 480×360”类型（可在教材提供的族文件中加载），如图 3.4.3-20 所示。移动鼠标至图纸中的风口位置，在选项栏设定风口标放置高后单击鼠标左键放置该风口。可以使用相同的方式来进行其他的位置风口的放置，见图 3.4.3-21。

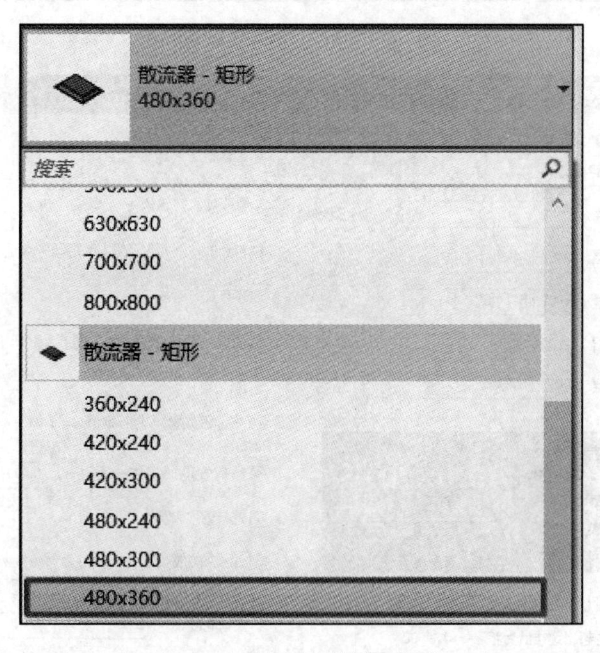


图 3.4.3-20　选择风口类型

【GLS 机电】中提供了【风口翻模】工具，可以快速完成图纸中风口的翻模。切换到【GLS 机电】选项卡，在【风系统翻模】面板中启动【风口翻模】命令，打开【风系统翻

图 3.4.3-21 布置效果

模-风口】对话框，如图 3.4.3-22 所示。

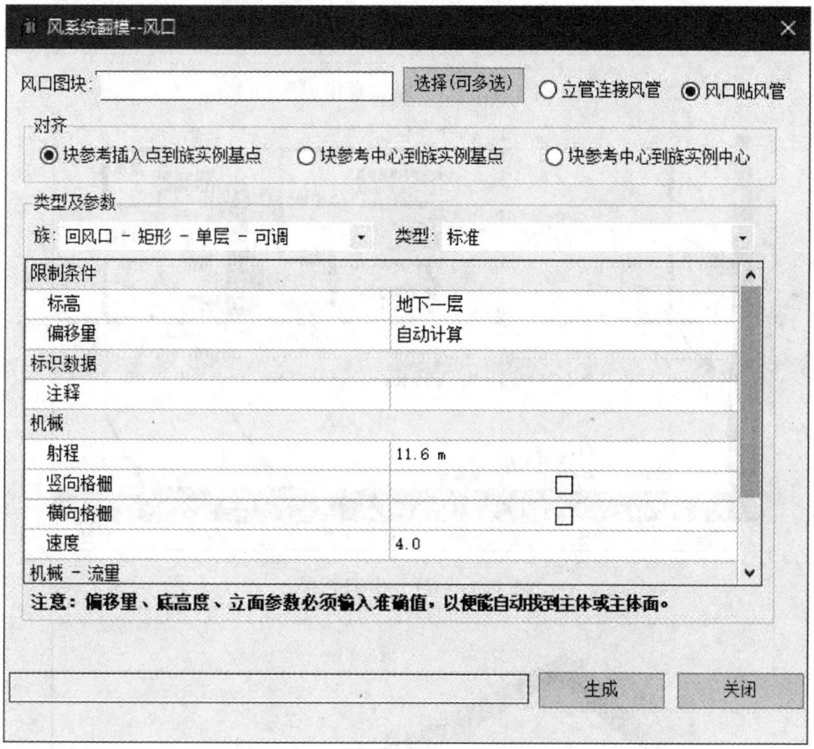

风系统翻模--风口
风口图块： 选择(可多选) 立管连接风管 风口贴风管
对齐
块参考插入点到族实例基点 块参考中心到族实例基点 块参考中心到族实例中心
类型及参数
族：回风口 - 矩形 - 单层 - 可调 类型：标准

| 限制条件 | |
|---|---|
| 标高 | 地下一层 |
| 偏移量 | 自动计算 |
| 标识数据 | |
| 注释 | |
| 机械 | |
| 射程 | 11.6 m |
| 竖向格栅 | □ |
| 横向格栅 | □ |
| 速度 | 4.0 |
| 机械 - 流量 | |

**注意：偏移量、底高度、立面参数必须输入准确值，以便能自动找到主体或主体面。**
生成 关闭

图 3.4.3-22 风口翻模对话框

选择“风口贴风管”方式，族指定为“散流器—矩形”，类型选择为“480x360”，偏移量选择“自动计算”，如图 3.4.3-23 所示，单击“生成”即可（具体操作和使用方法以及注意事项请参考第一章中有关风系统翻模部分的讲解），效果如图 3.4.3-24 和 3.4.3-25 所示。可以使用相同的方式来完成其他风口的布置。

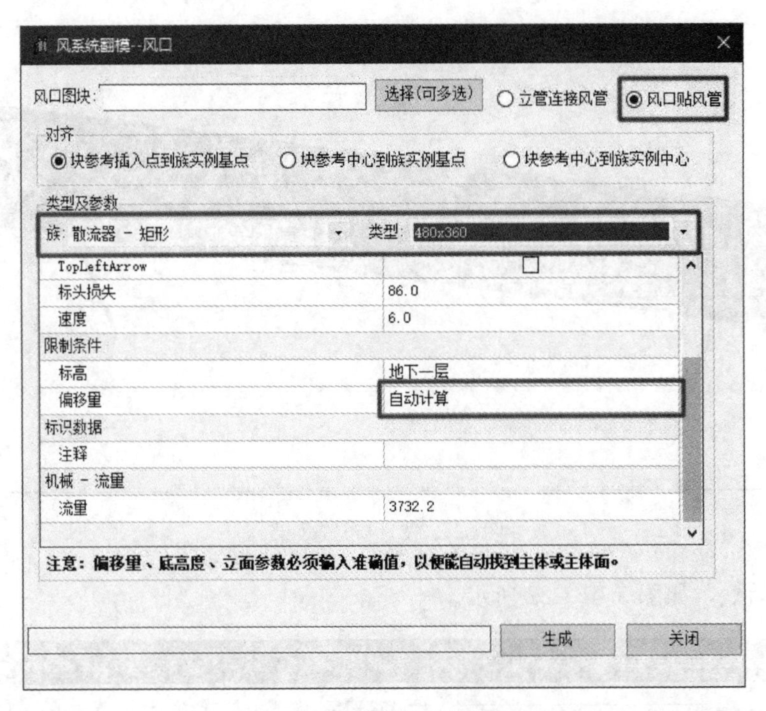


图 3.4.3-23 风口翻模设置

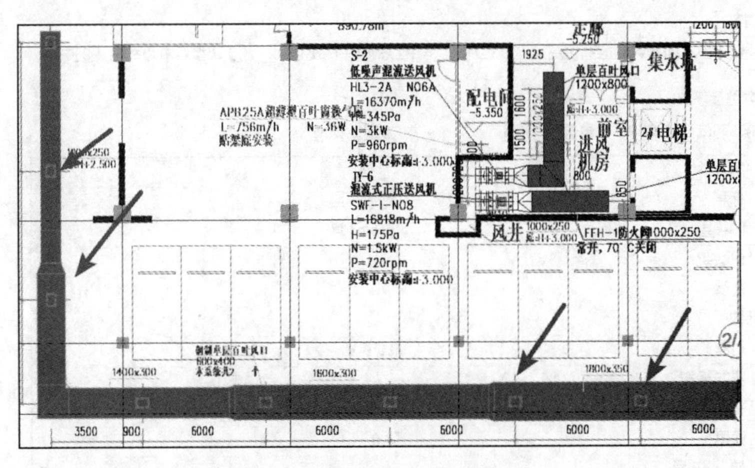


图 3.4.3-24 生成效果

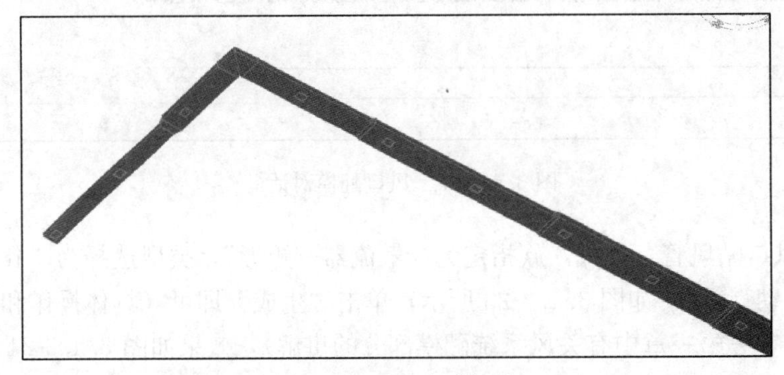

图 3.4.3-25 生成效果

### 3. 阀门的布置

(1) 一般方法

在【GLS免费族库】中启动【海量云族库】命令，打开“族管家”对话框，如图3.4.3-26所示，勾选“搜索远程”选项，在搜索框中输入“防火阀”。

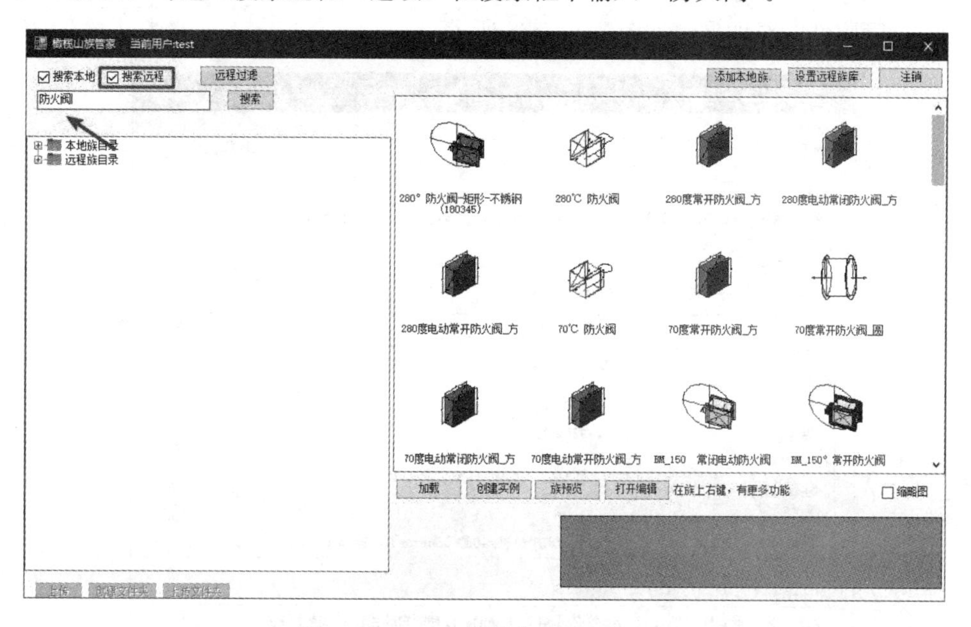


图3.4.3-26 在族管家中搜索放火阀

在右侧的搜索结果中找到并选择“BM _ 280℃防火阀”，右击载入到当前项目中。

在【系统】选项卡中的【HVAC】面板中启动【风管附件】工具，在属性面板的类型选择器中选择“BM _ 280℃防火阀 280℃”类型，拖动鼠标至平面图中防火阀所示的位置，选取到风管，单击鼠标左键即可放置阀门，如图3.4.3-27所示。

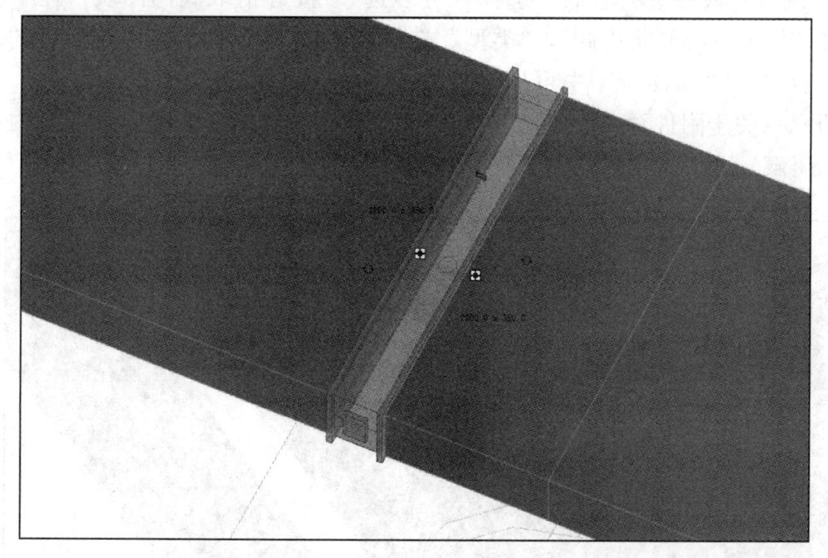

图3.4.3-27 放置阀门

（2）快速方法

【GLS 机电】中提供了【附件翻模】工具，可以快速对风系统中的附件进行翻模，使用这个工具的要求是图纸中的风管附件（阀门等）是图块，否则无法使用该工具。

切换到【GLS 机电】，在【风系统翻模】面板中启动【附件翻模】工具，打开“风系统翻模—风管附件”对话框，如图 3.4.3-28 所示。

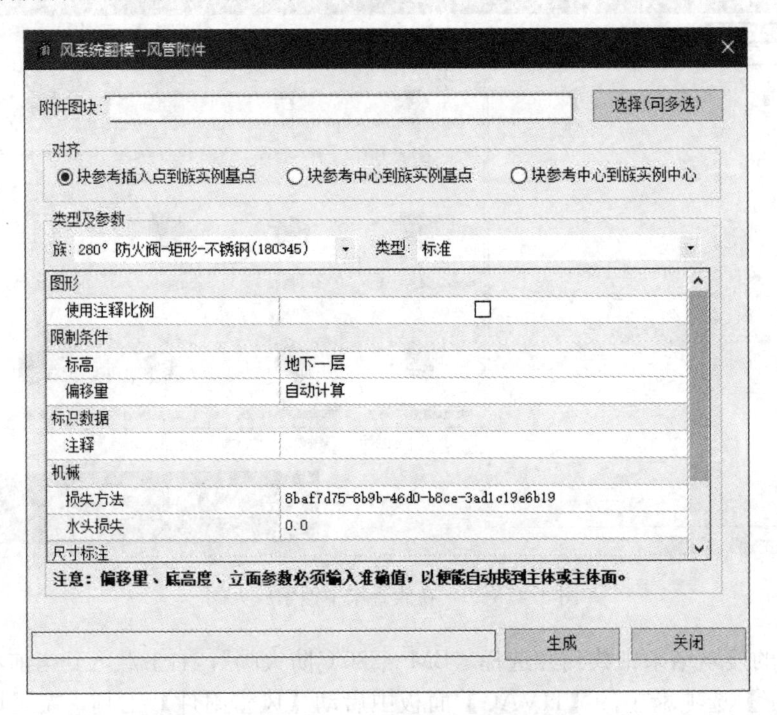


图 3.4.3-28　风管附件翻模对话框

点击“附件图块”选项后的“选择（可多选）”按键拾取阀门图块，在“类型及参数”中选择“BM _ 280℃防火阀”，“类型”选择为“280℃”即可，由于使用的是非基于主体的族，所以在“偏移量”中可以设定为自动计算，单击“生成”即可，效果如图 3.4.3-29 所示（关于附件翻模工具的具体使用方法和注意事项请参照第一章中有关附件翻模部分的讲解）。

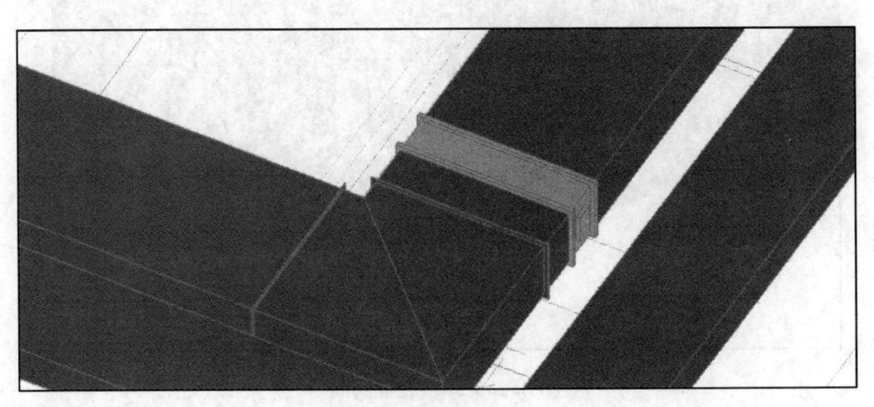

图 3.4.3-29　生成效果

可以使用相同的方法来布置其他的风管阀门。

## 3.4.4 桥架的创建

本节来讲解如何在 Revit 中创建电气模型。

将教材中提供的“电气 .dwg”链接到当前项目中，使用对齐工具，将图纸与当前项目对齐，如图 3.4.4-1 所示。

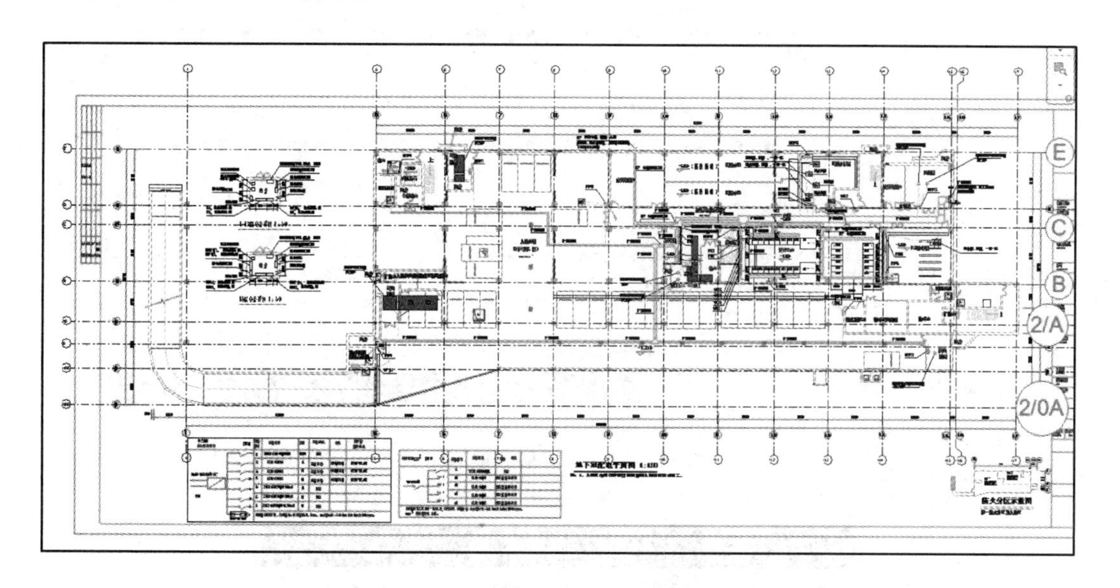


图 3.4.4-1 链接并对齐图纸

切换到【系统】选项卡，在【电气】面板中启动【电缆桥架】命令，此时会激活电缆桥架的选项设置，在选项栏中设定“宽度”为 800，“高度”为 100，“偏移量”为 3500，属性面板中设定“水平对正”方式为“中心”，“垂直对正”方式为“底”，将鼠标移动至 D—15 轴交点附近，适当放大视图，按照图纸中桥架的表达，选择桥架的布置起点，单击鼠标左键来进行选择，再次拖动鼠标并单击鼠标左键，即可完成一段桥架的绘制。若要创建连续的桥架，则需要先准备并设定好用来连接桥架的连接件。

将教材中提供的“电缆桥架配件文件”中的桥架连接件族载入到当前项目中。可以使用橄榄山云族库将该文件夹添加到本地族库中，然后批量选择进行加载，如图 3.4.4-2 所示。

选中刚才创建好的桥架，点击“属性”面板中的编辑类型按键，打开“类型属性”对话框，如图 3.4.4-3 所示。

在“管件”一项中，可以对不同的桥架连接情况进行不同类型的连接件设定。例如点击“水平弯头”后的“无”，在下拉菜单中选择“槽式电缆桥架水平弯通：标准”即可完成对水平弯头使用的连接件的设定，如图 3.4.4-4 所示。依次完成其他连接件的设定，完成后如图 3.4.4-5 所示。单击“确定”即可完成设定。

以绘制完成的桥架末端作为新绘制桥架的起点，转动一个角度后绘制桥架，Revit 将会自动创建桥架连接件，如图 3.4.4-6 所示。完成效果见图 3.4.4-7。

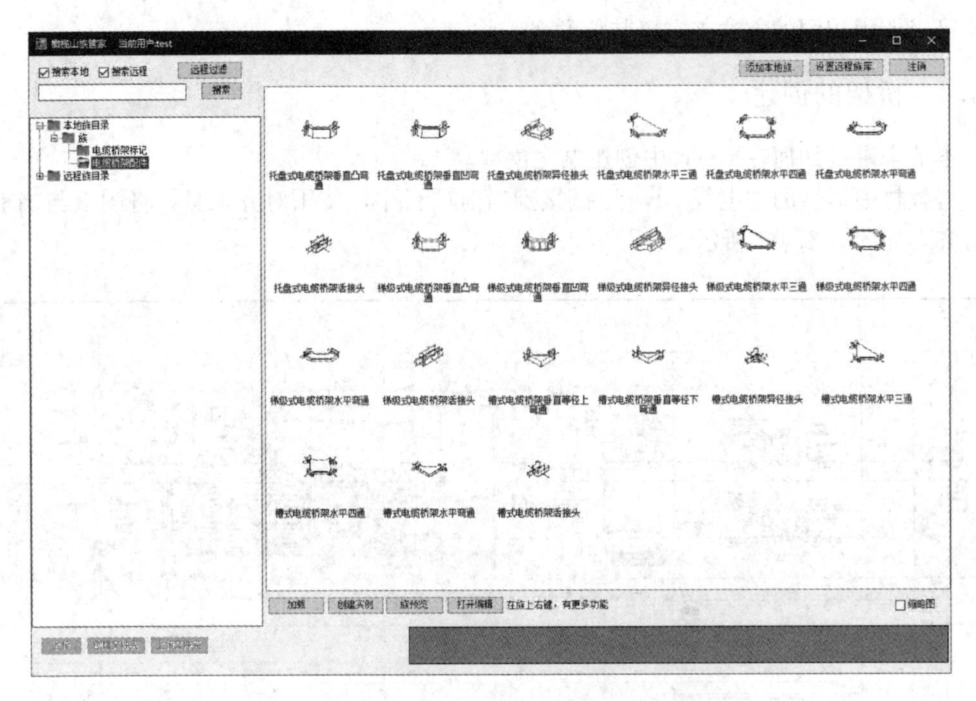


图 3.4.4-2　添加本地族库

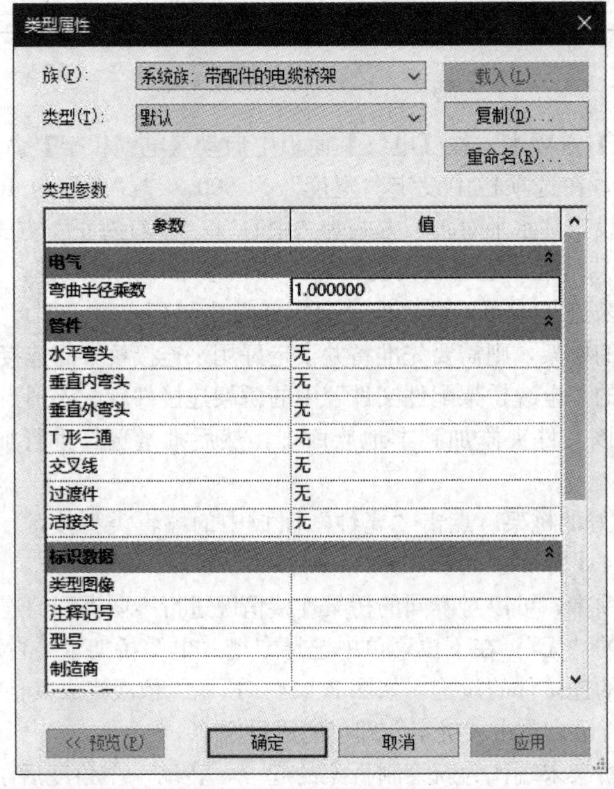


图 3.4.4-3　类型属性对话框

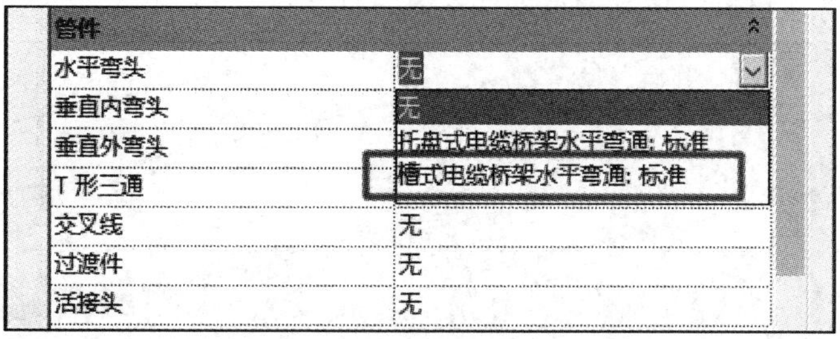

| 管件 | |
|---|---|
| 水平弯头 | 无<br>无<br>托盘式电缆桥架水平弯通: 标准<br>槽式电缆桥架水平弯通: 标准 |
| 垂直内弯头 | |
| 垂直外弯头 | |
| T 形三通 | |
| 交叉线 | 无 |
| 过渡件 | 无 |
| 活接头 | 无 |

图 3.4.4-4 设定弯头类型

| 参数 | 值 |
|---|---|
| **电气** | |
| 弯曲半径乘数 | 1.000000 |
| **管件** | |
| 水平弯头 | 槽式电缆桥架水平弯通: 标准 |
| 垂直内弯头 | 槽式电缆桥架垂直等径下弯通: 标 |
| 垂直外弯头 | 槽式电缆桥架垂直等径上弯通: 标 |
| T 形三通 | 槽式电缆桥架水平三通: 标准 |
| 交叉线 | 槽式电缆桥架水平四通: 标准 |
| 过渡件 | 槽式电缆桥架异径接头: 标准 |
| 活接头 | 槽式电缆桥架活接头: 标准 |
| **标识数据** | |
| 类型图像 | |
| 注释记号 | |
| 型号 | |
| 制造商 | |

图 3.4.4-5 设定完成

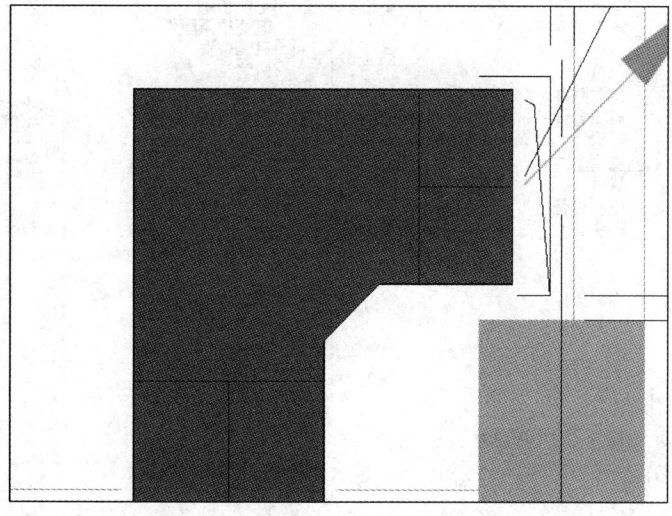

图 3.4.4-6 绘制情况

使用相同的方法可以完成其他桥架的绘制。

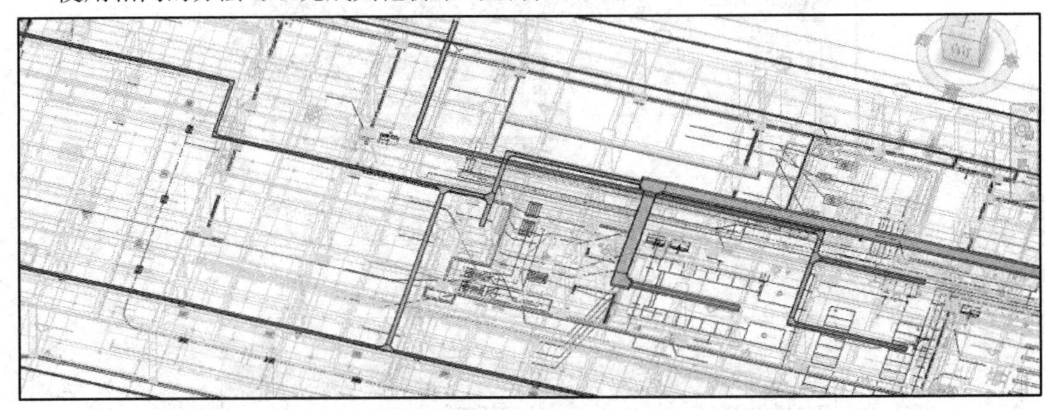

图 3.4.4-7　完成效果

## 3.4.5　管线调整

在前几节中，介绍和讲解了相关机电模型的创建过程和方法，通常在各专业模型绘制完成后，由于各管道标高不同，可能会出现不同专业之间的管道产生碰撞的情况，所以需要对管线进行碰撞检测和避让等调整，本节将讲解管道调整的相关操作。

**1. 碰撞检查**

【GLS 机电】中提供了【碰撞报告】工具，可以对指定模型中的指定类别构件进行碰撞检查，利用这个工具可以对模型中的管道进行碰撞检查。

切换到【GLS 机电】选项卡，在【净空分析】面板中启动【碰撞报告】工具，打开"橄榄山碰撞检查"对话框，如图 3.4.5-1 所示。"检查模型"和"碰撞模型"均选择当前

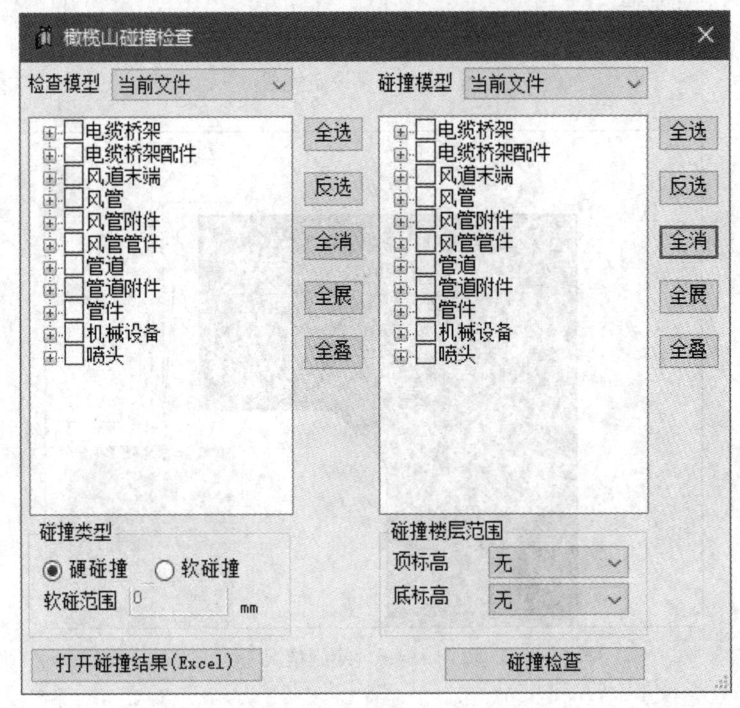


图 3.4.5-1　碰撞检查对话框

文件（若需要检查管线与结构构件之间的碰撞，则碰撞模型可以选择为链接模型），在左侧检查构件类型中勾选需要检查的构件类型，这里全部勾选，在右侧检查构件类型中也全部勾选，碰撞楼层范围的顶部标高设置为“一层”，底标高设置为“地下一层”，碰撞类型设置为“硬碰撞”，设置内容如图 3.4.5-2 所示，单击“碰撞检查”按键来执行检查命令。

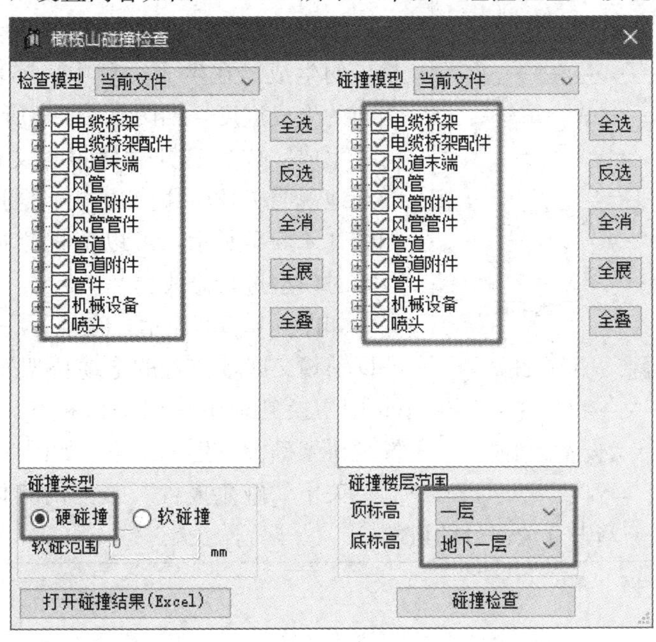


图 3.4.5-2　对检查内容进行设定

碰撞检查完成后，会弹出“硬碰撞结果”对话框，对话框中显示了当前模型中发生碰撞的构件类型和碰撞位置等信息，如图 3.4.5-3 所示，单击选中任意一项，软件会自动将视图跳转到发生碰撞的位置，单击“生成报告（Word）”按键，此时会打开“报告设置”

硬碰撞记录

| 序号 | 检查构件ID | 检查构件类型 | 碰撞构件ID | 碰撞构件类型 | 碰撞点楼层 | 碰撞轴网位置 | 碰撞点坐标 | 问题描述(可… | 备注(可修改) |
|---|---|---|---|---|---|---|---|---|---|
| 7 | 730067 | 排风风管 2200x350 | 725702 | 自动喷淋25 mm | (地下一层,一层) | (15,14);(A,2… | (368.767447232, 30.163901213… | | |
| 8 | 730067 | 排风风管 2200x350 | 725724 | 自动喷淋25 mm | (地下一层,一层) | (15,14);(A,2… | (368.767447232, 30.163901213… | | |
| 9 | 730067 | 排风风管 2200x350 | 725727 | 喷头 -上垂型 喷头 -… | (地下一层,一层) | (15,14);(A,2… | (368.767447232, 30.163901213… | | |
| 10 | 730067 | 排风风管 2200x350 | 725728 | 喷头 - 常规 标准 | (地下一层,一层) | (15,14);(A,2… | (368.767447232, 30.163901213… | | |
| 11 | 717510 | 湿式消防系统150 mm | 719662 | 市政给水100 mm | (地下一层,一层) | (14,15);(C,D) | (345.006368869, 87.906725722… | | |
| 12 | 717519 | 湿式消防系统150 mm | 714378 | 市政给水100 mm | (地下一层,一层) | (13,14);(C,D) | (314.628210065, 87.906725722… | | |
| 13 | 717690 | 湿式消防系统150 mm | 727205 | 自动喷淋25 mm | (地下一层,一层) | (8,7);(1/0A,A) | (173.638561276, 21.653597792… | | |
| 14 | 717690 | 湿式消防系统150 mm | 727208 | 喷头 -上垂型 喷头 -… | (地下一层,一层) | (8,7);(1/0A,A) | (173.638561276, 21.511265097… | | |
| 15 | 717702 | 湿式消防系统150 mm | 727598 | 自动喷淋25 mm | (地下一层,一层) | (8,7);(C,D) | (173.638561276, 89.204871065… | | |
| 16 | 717702 | 湿式消防系统150 mm | 727601 | 喷头 -上垂型 喷头 -… | (地下一层,一层) | (8,7);(C,D) | (173.638561276, 89.131822968… | | |
| 17 | 717923 | 湿式消防系统150 mm | 720231 | 闸阀 - Z41 型 - 明杆… | (地下一层,一层) | (12,13);(A,1… | (293.486034238, 23.047920413… | | |
| 18 | 718272 | 湿式消防系统150 mm | 720230 | 闸阀 - Z41 型 - 明杆… | (地下一层,一层) | (8,7);(B,C) | (173.638561276, 66.986573547… | | |
| 19 | 718272 | 湿式消防系统150 mm | 726819 | 自动喷淋25 mm | (地下一层,一层) | (8,7);(B,2/A) | (173.638561276, 53.321631638… | | |
| 20 | 718272 | 湿式消防系统150 mm | 726822 | 喷头 -上垂型 喷头 -… | (地下一层,一层) | (8,7);(B,2/A) | (173.638561276, 53.229300950… | | |
| 21 | 718272 | 湿式消防系统150 mm | 726910 | 自动喷淋25 mm | (地下一层,一层) | (8,7);(B,C) | (173.638561276, 62.462369807… | | |
| 22 | 718272 | 湿式消防系统150 mm | 726913 | 喷头 -上垂型 喷头 -… | (地下一层,一层) | (8,7);(B,C) | (173.638561276, 62.370039119… | | |
| 23 | 718272 | 湿式消防系统150 mm | 726996 | 自动喷淋25 mm | (地下一层,一层) | (8,7);(B,C) | (173.638561276, 71.328115910… | | |
| 24 | 718272 | 湿式消防系统150 mm | 726999 | 喷头 -上垂型 喷头 -… | (地下一层,一层) | (8,7);(B,C) | (173.638561276, 71.233785222… | | |
| 25 | 718298 | 湿式消防系统150 mm | 726728 | 自动喷淋25 mm | (地下一层,一层) | (8,7);(2/A,B) | (173.638561276, 43.958386292… | | |
| 26 | 718298 | 湿式消防系统150 mm | 726731 | 喷头 -上垂型 喷头 -… | (地下一层,一层) | (8,7);(2/A,B) | (173.638561276, 43.815440098… | | |
| 27 | 718298 | 湿式消防系统150 mm | 727226 | 自动喷淋25 mm | (地下一层,一层) | (8,7);(A,2/A) | (173.638561276, 32.808583142… | | |
| 28 | 718298 | 湿式消防系统150 mm | 727229 | 喷头 -上垂型 喷头 -… | (地下一层,一层) | (8,7);(A,2/A) | (173.638561276, 32.665636948… | | |
| 29 | 718388 | 湿式消防系统150 mm | 720229 | 闸阀 - Z41 型 - 明杆… | (地下一层,一层) | (8,7);(C,D) | (173.638561276, 76.621703058… | | |
| 30 | 718388 | 湿式消防系统150 mm | 727068 | 自动喷淋25 mm | (地下一层,一层) | (8,7);(C,D) | (173.638561276, 80.217246148… | | |
| 31 | 718388 | 湿式消防系统150 mm | 727071 | 喷头 -上垂型 喷头 -… | (地下一层,一层) | (8,7);(C,D) | (173.638561276, 80.084077885… | | |
| 32 | 718772 | 湿式消防系统150 mm | 720227 | 闸阀 - Z41 型 - 明杆… | (地下一层,一层) | (10,9);(D,C) | (226.983516166, 90.039271653… | | |
| 33 | 719153 | 湿式消防系统150 mm | 719679 | 市政给水100 mm | (地下一层,一层) | (14,15);(C,D) | (340.798364024, 86.265216308… | | |
| 34 | 719153 | 湿式消防系统150 mm | 720226 | 闸阀 - Z41 型 - 明杆… | (地下一层,一层) | (14,15);(C,D) | (340.798364024, 86.702591722… | | |

删除选中　　导出结果(Excel)　生成报告(Word)

图 3.4.5-3　碰撞检查结果

报告设置

注意：导出碰撞报告可能会花费您较长时间，请耐心等待。请在截图过程中保持Revit工作区界面不要有遮挡，不要切换界面。

文字选项

项目名称 某项目

检查人 Frank

检查时间 2017年 7月27日

图片选项

检查构件颜色 ff000

碰撞构件颜色 fffff

☑出三维图 ☑出平面图

确定 取消

图 3.4.5-4 报告设置对话框

对话框，如图 3.4.5-4 所示，在“报告设置”对话框中可以设置项目名称及检查人名称和检查时间等，单击“确定”按键来指定碰撞报告存放的路径，如图 3.4.5-5 和 3.4.5-6 所示。

单击“保存”按键，程序将会自动进行碰撞报告的生成，在生成过程中，屏幕左上角会显示当前的生成进度，如图 3.4.5-7 所示。

生成完成后打开碰撞报告文件，碰撞报告中详细地说明了发生碰撞的构件类别以及碰撞位置，如图 3.4.5-8 所示，可以依据碰撞报告当中的内容，对模型进行修改。

如图 3.4.5-8 所示，在地下一层中 11-12 轴与 C-D 轴相交区域位置的电缆桥架发生了碰撞，Revit 中切换到地下一层平面视图，并找到该位置，发现桥架确实发生了碰撞，如图 3.4.5-9 所示。

关于“碰撞报告”工具的具体使用方法和注意事项，请参考第一章中有关部分的讲解。

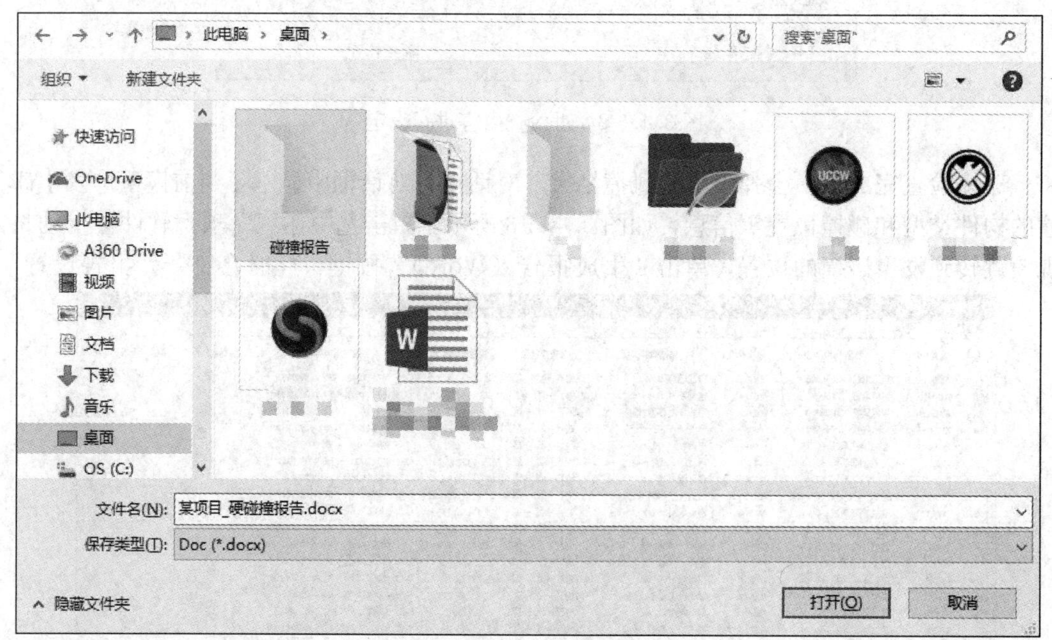


图 3.4.5-5 设定保存路径

**2. 管线翻弯**

针对发生碰撞的位置，需要进行管道的翻弯调整。在进行管线调整时，通常有以下几种避让规则：

（1）小管道避让大管道。

（2）有压管道避让无压管道。

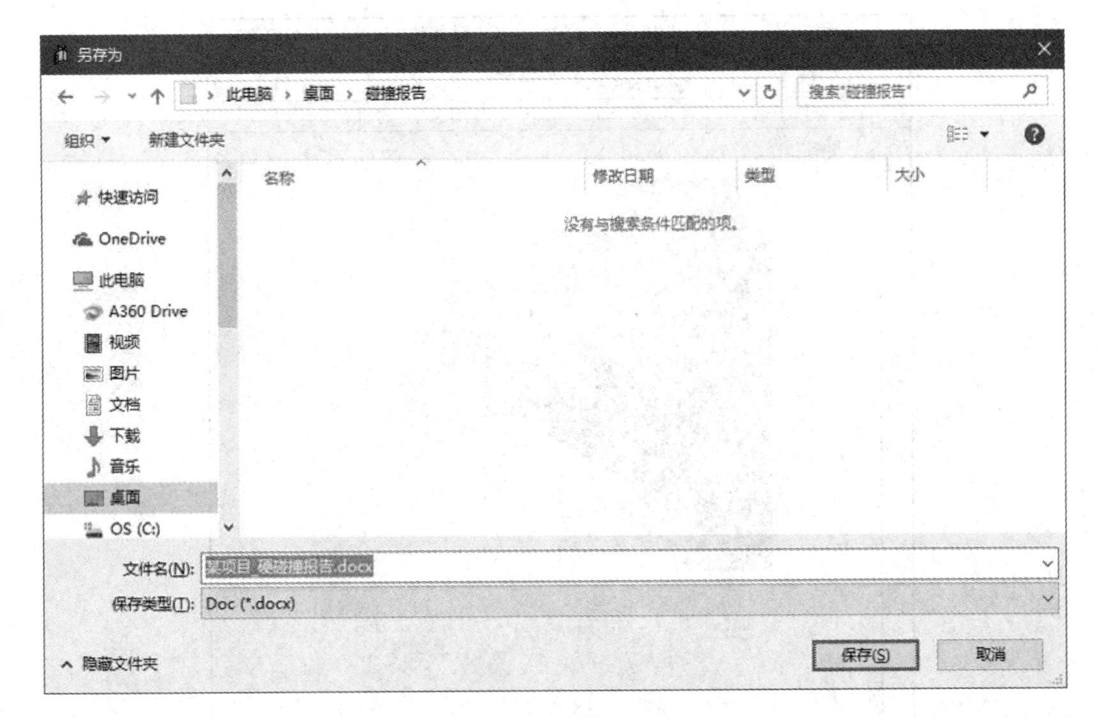


图 3.4.5-6 进行保存

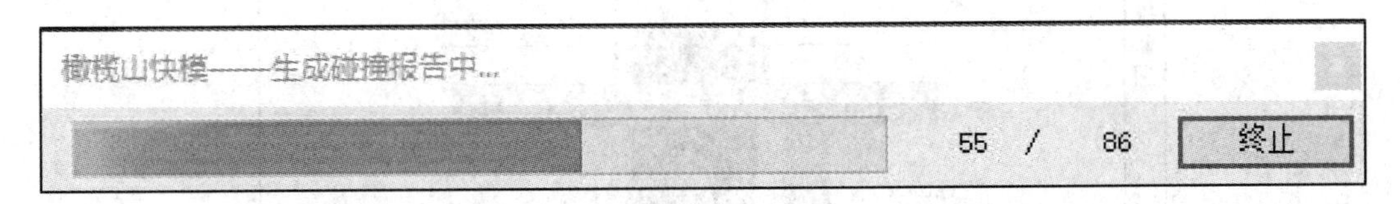


图 3.4.5-7 进度条

（3）低压管道避让高压管道。

（4）分支管线避让主干管线。

针对在碰撞报告中检测出来的发生碰撞的构件，需要按照一定的避让和调整规则去进行修改，下面以图 3.4.5-9 所示的碰撞位置为例来进行避让的调整操作。

【GLS 机电】工具中提供了管线避让工具【智能翻弯】、【升降连接件】和【长管连续避让】，可以对管线进行翻弯和避让的调整。根据避让规则，图 3.4.5-9 所示的尺寸较小的桥架需要避让尺寸较大的桥架，这里可以使用【智能翻弯】工具对小尺寸桥架进行翻弯。

切换到【GLS 机电】选项卡，启动【智能翻弯】工具，打开“管线翻弯”对话框，如图 3.4.5-10 所示。

这里，“偏移方式”选择“双侧偏移”，“翻弯起点和终点”方式选择第一种“点选翻弯起点和终点”，“避让方向”选择“向下”，“翻弯偏移距离”的指定方式选择为“管线中心对中心距离 H1”，并指定距离为 45°，角度设置中选择“45°”，不勾选“同时翻弯多根平行管线”选项，设置内容如图 3.4.5-11 所示。

单击“确定”按键，移动鼠标至需要翻弯的桥架附近，依次选取翻弯起点和终点，拾

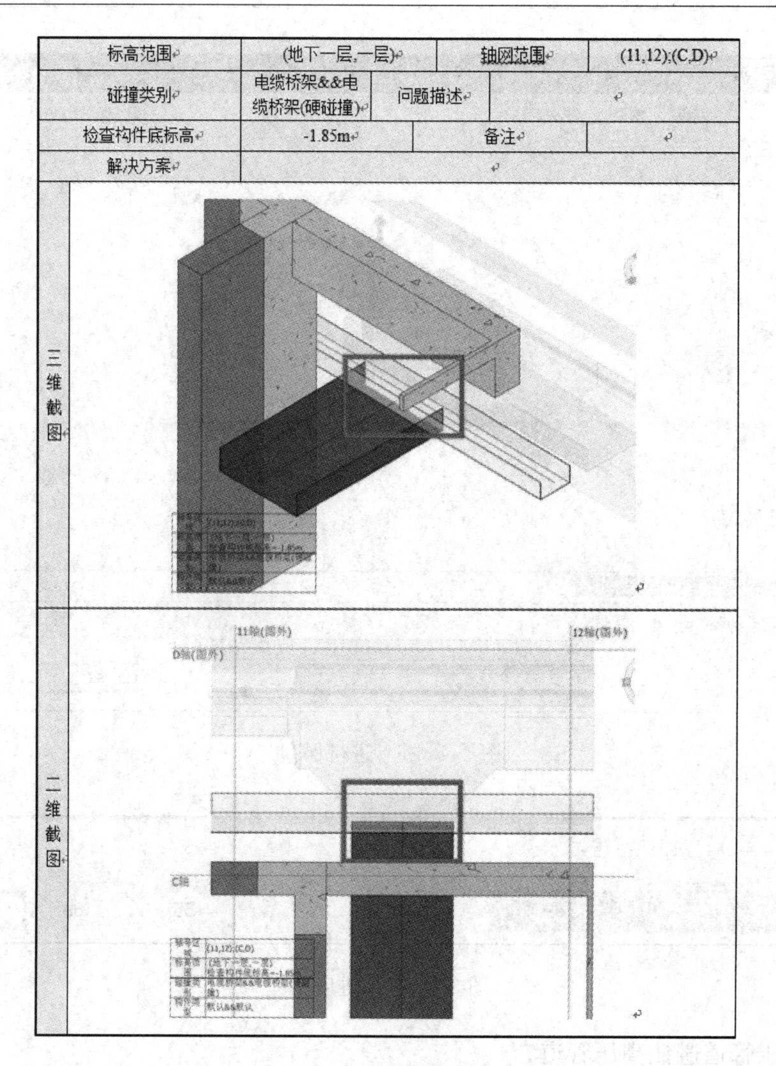

| 标高范围 | (地下一层,一层) | 轴网范围 | (11,12);(C,D) |
| --- | --- | --- | --- |
| 碰撞类别 | 电缆桥架&&电缆桥架(硬碰撞) | 问题描述 | |
| 检查构件底标高 | -1.85m | 备注 | |
| 解决方案 | | | |
| 三维截图 | | | |
| 二维截图 | | | |



图 3.4.5-8　碰撞检查报告

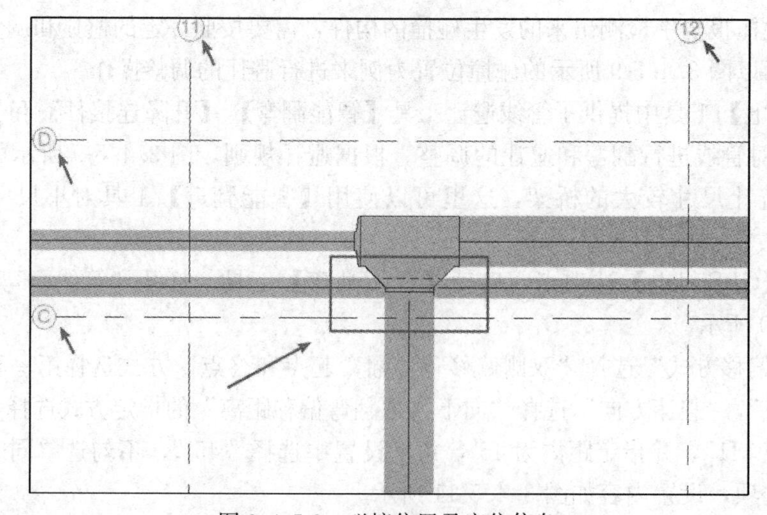



图 3.4.5-9　碰撞位置及定位信息

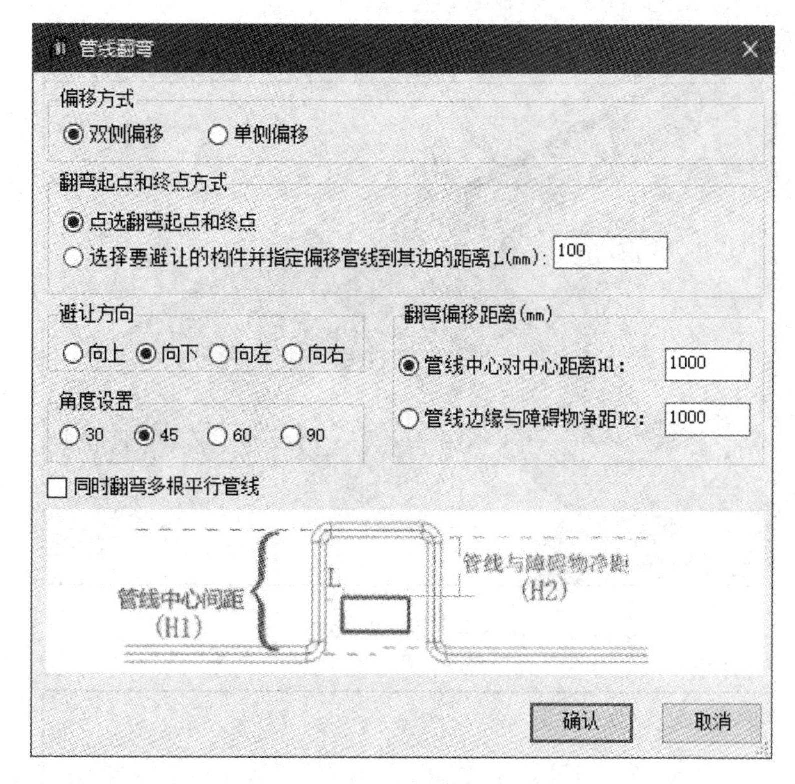


图 3.4.5-10 管线翻弯对话框

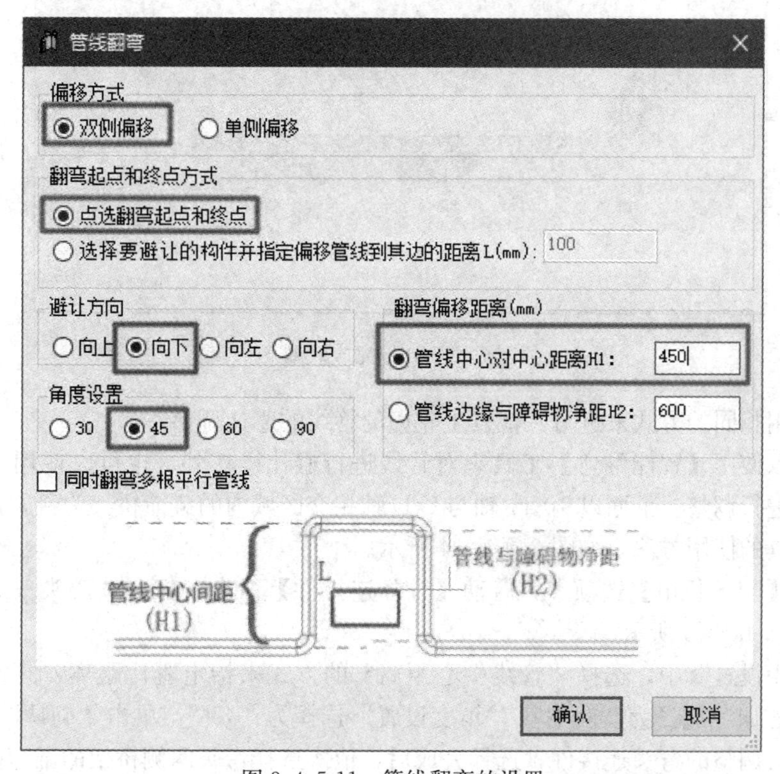


图 3.4.5-11 管线翻弯的设置

取完成后，桥架将自动进行翻弯，效果如图 3.4.5-12 和图 3.4.5-13 所示。

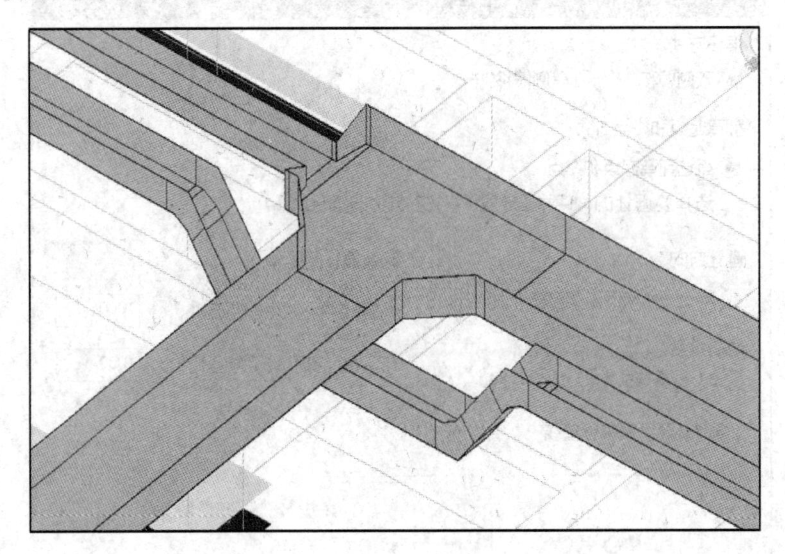

图 3.4.5-12　翻弯效果

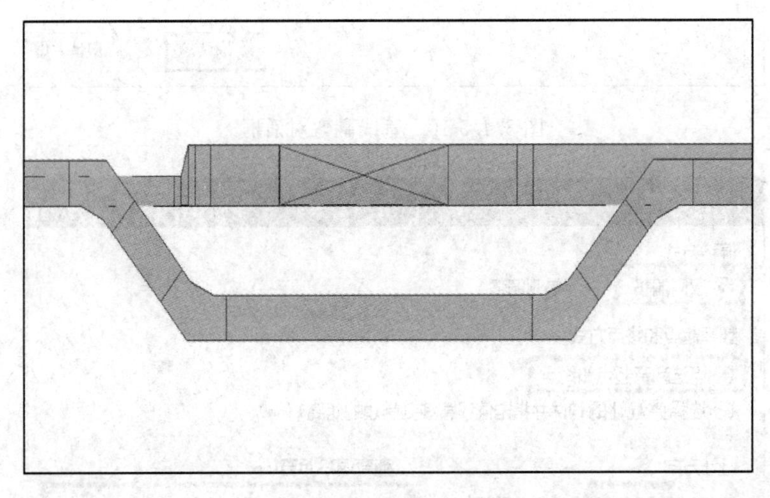

图 3.4.5-13　完成效果

可以使用相同的方式来进行其他发生碰撞的管线的避让调整。

除了可以使用【智能翻弯】工具来对管线进行避让操作外，也可以使用【升降连接件】对管线进行调整。下面以 10-11 轴与 C-D 轴相交区域内的碰撞桥架为例，讲解【升降连接件】工具的使用方法，如图 3.4.5-14 所示。

切换到【GLS 机电】选项卡，启动【升降连接件】命令，打开“弯头三通避让”对话框，如图 3.4.5-15 所示。

在“间距设置”中，选择“管线中心距离”的方式来指定避让距离，并设定数值为 450，“避让方向”选择为“向下”，“角度设置”选择为“45°”，单击“确认”，移动鼠标选择需要进行调整的弯头连接件，选择完成后，依次选择弯头两侧桥架的翻弯起点，选择完成后即可自动调整，如图 3.4.5-16 所示。

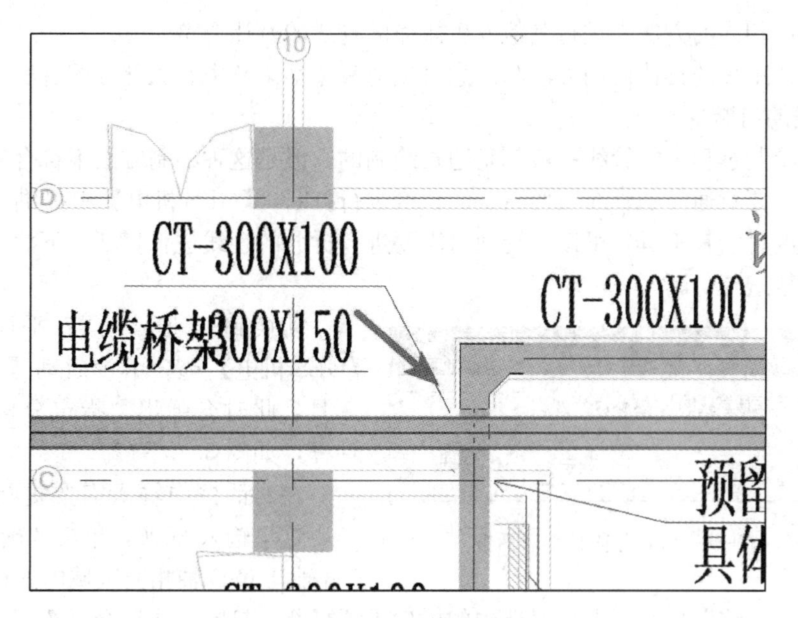


图 3.4.5-14 碰撞位置

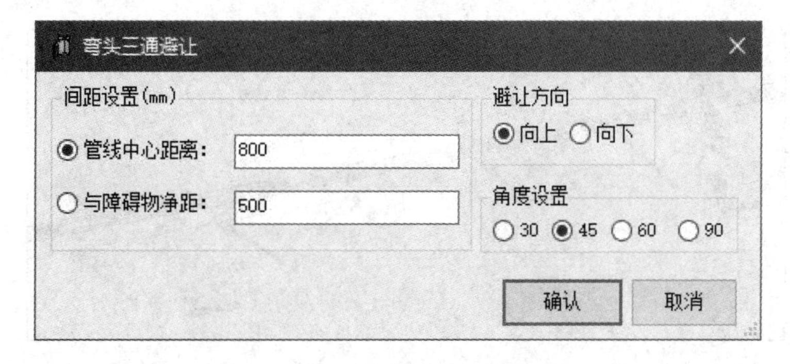


图 3.4.5-15 弯头三通避让对话框

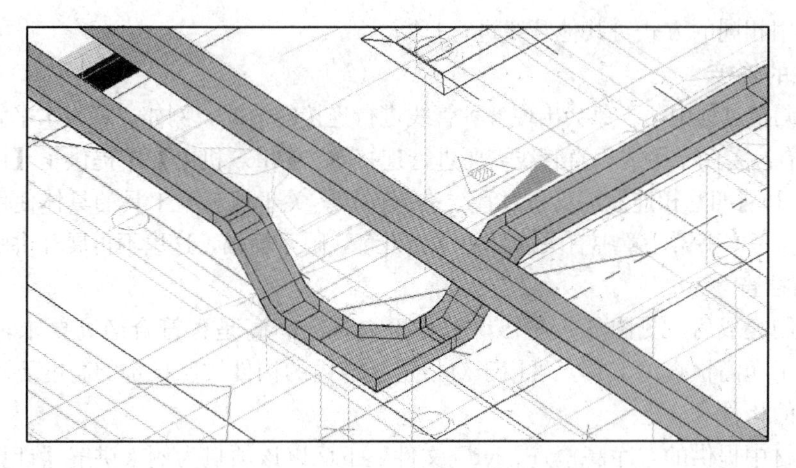

图 3.4.5-16 避让对话框

可以使用相同的方法来进行其他发生碰撞的管线的避让调整。

关于避让工具的具体使用方法和注意事项请参考第一章中有关部分的讲解。

**3. 管线的打断**

模型的绘制过程中，管线一般都是通长绘制的，但是这种绘制方法不符合施工模型的要求，所以需要对通长的管线按照指定的长度进行打断。【GLS 机电】中提供了【两点打断】和【长度打断】工具，可以便捷地对需要进行拆分的管线进行打断。下面我们使用这个工具对桥架进行打断。

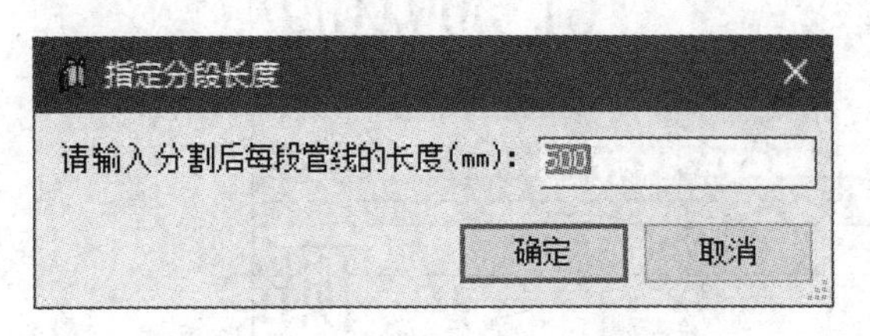

图 3.4.5-17 指定分段长度对话框

切换到“地下一层”平面视图，在【GLS 机电】选项卡中启动【长度打断】工具，此时会弹出“指定分段长度”对话框，如图 3.4.5-17。

在对话框中输入需要进行打断的距离，这里输入 2000，单击“确定”，选择 5-8 轴与 C-D 轴相交区域内的桥架，单击选项栏中的“完成”按键，即可对选中的桥架进行打断，打断完成后会对桥架自动进行连接，如图 3.4.5-18 所示。

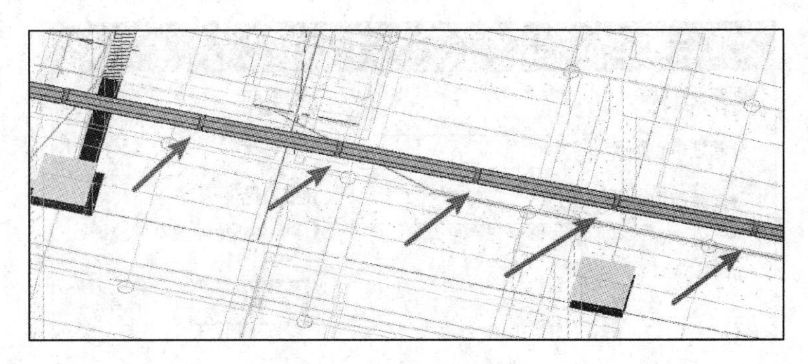
图 3.4.5-18 完成效果

可以使用相同的方式对其他管线进行打断。

**4. 管线的连接**

在模型调整过程中，不免会出现各种管线进行连接的情况，例如立管与水平管道之间进行连接，具有高差的水平或垂直管线需要进行连接等，【GLS 机电】中提供了【两管相连】、【三管相连】和【四管相连】工具来对管线进行连接。关于这三个工具的具体使用方法和注意事项，请参考本书第一章中有关部分的详细讲解，限于篇幅，这里不再展开讲解。

**5. 净高检查**

模型绘制完成后，见图 3.4.5-19，需要检查管线净高是否符合净高要求，【GLS 机电】中提供了净高检查的工具，可用于对指定区域内的构件按照指定的高度要求查找不符合净高要求的构件。

打开教材中提供的“净高检查 . rvt”文件，下面以该项目为例来讲解【计算净高】和【查找低于净高构件】的使用。

切换到【GLS 机电】选项卡，在【净空分析】面板中启动【计算净高】工具，打开

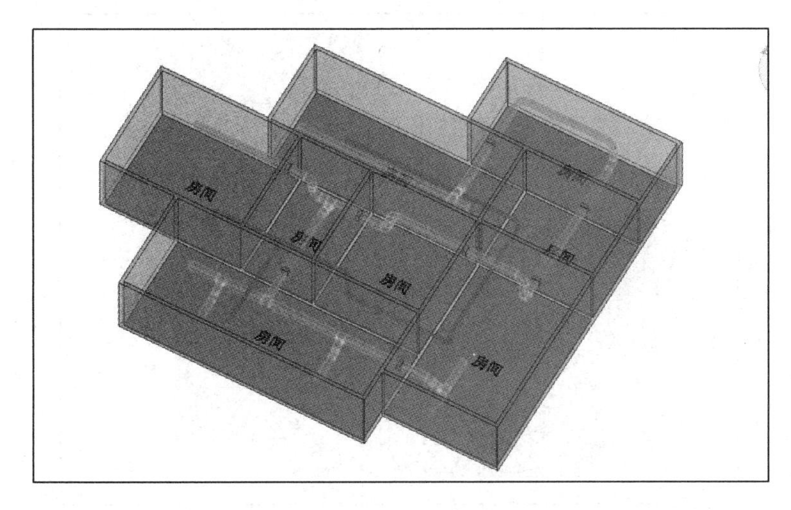


图 3.4.5-19 示例模型

“净高分布图”对话框，如图 3.4.5-20 所示。该工具通过房间和楼板来指定需要进行净高计算的区域，同时支持链接模型。这里选择房间在当前文件中，在下方勾选需要进行计算的构件类型，这里可以勾选“管道”和“风管”，不计算净高高度范围内的顶高和底高可以根据需要进行填写，这里输入顶高为 3500，底高为 800，单击“绘制净高分布图”，选择当前楼层中的所有房间，单击选项栏中的“完成”按键即可对指定房间区域进行构件的净高计算，计算完成后会自动在平面视图中标记出当前房间内最低构件的名称，并且用选定的颜色对净高进行显示，颜色的深浅代表了净高的大小，净高越低，颜色越深，净高越高，颜色越浅，完成效果如图 3.4.5-21 所示。

继续来看一下【查找低于净高构件】工具的使用方法。切换到【GLS 机电】选项卡，启动【查找低于净高构件】命令，此时会弹出“分析选项”对话框。与【计算净高】工具类似，该工具也是通过房间和楼板来指定计算净高的区域，同时支持链接模型，这里选择“房间在当前模型”选项，如图 3.4.5-22 所示。单击“确定”，选择需要进行净高计算的房间，这里框选所有房间，单击选项栏中的“完成”按键，此时会弹出“房间净高分析”对话框，如图 3.4.5-23 所示。

对话框中的“预期净高”选项根据需要进行填写，这里填写 2900，“分析相对标高”选择为“标高 1”，在左侧勾选需要进行净高分析的构件类别，

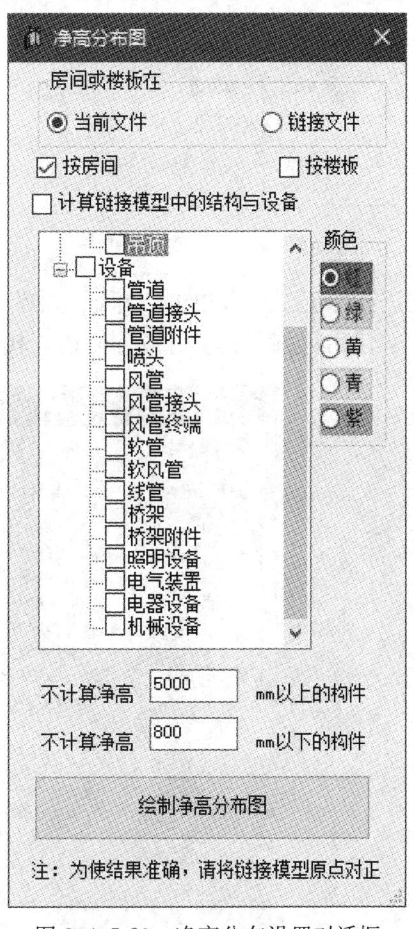


图 3.4.5-20 净高分布设置对话框

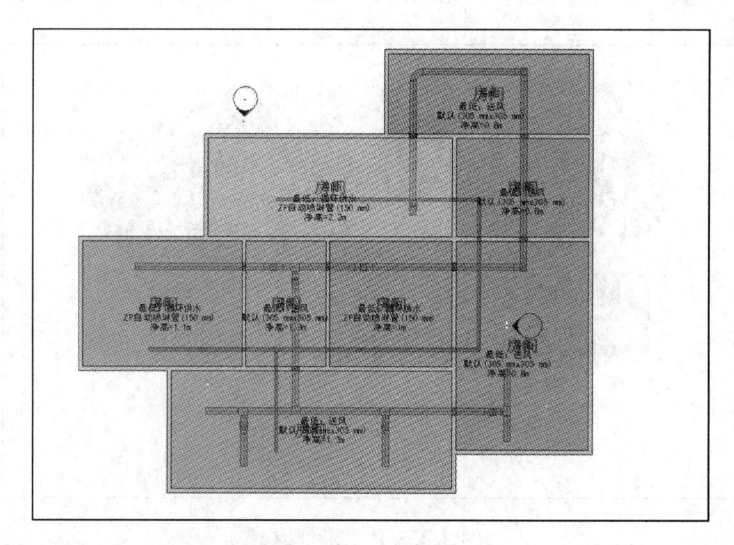

图 3.4.5-21　完成效果

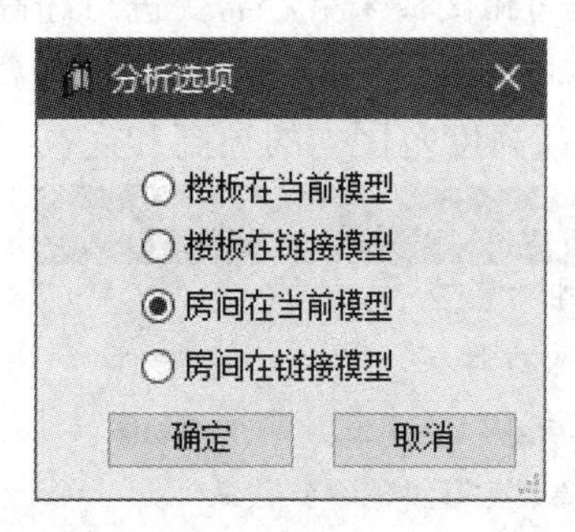


图 3.4.5-22　分析选项对话框

这里可以勾选“管道”和“风管”，右侧上方会显示当前选中的房间名称以及相关房间信息，单击“净高分析”按键即可对所选中的房间进行净高分析。分析完成后在“高度线下的构件”选项中会显示当前选中的房间内不符合净高的构件信息，如图 3.4.5-24 所示。

可以看到，在房间 19 区域内，有 4 个不符合净高要求的管道，并且分别对不符合要求的管道的净高进行了显示，当选中其中任意一个管道时，程序会自动跳转到三维视图中该管道所在位置，便于查看和修改，若需要对该管道进行标记，可以单击“标记选中”按键，如图 3.4.5-25 所示。

使用这些工具就可以方便地查找不符合要求的构件类型。

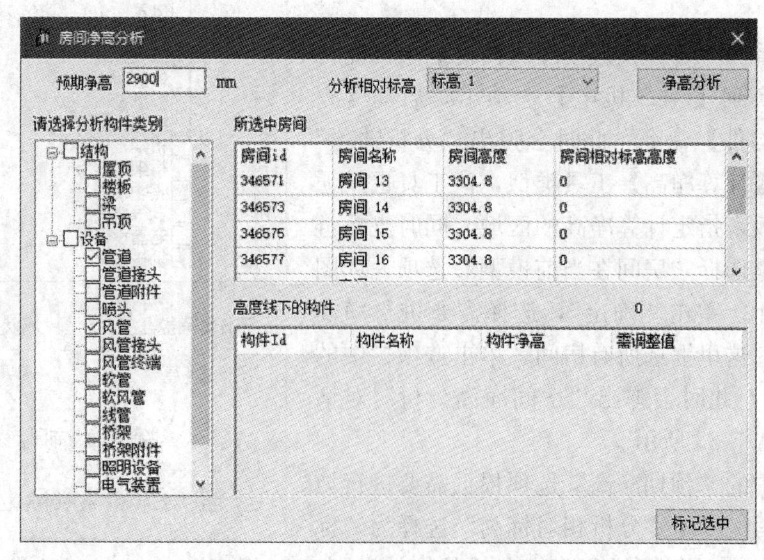


图 3.4.5-23　房间净高分析对话框

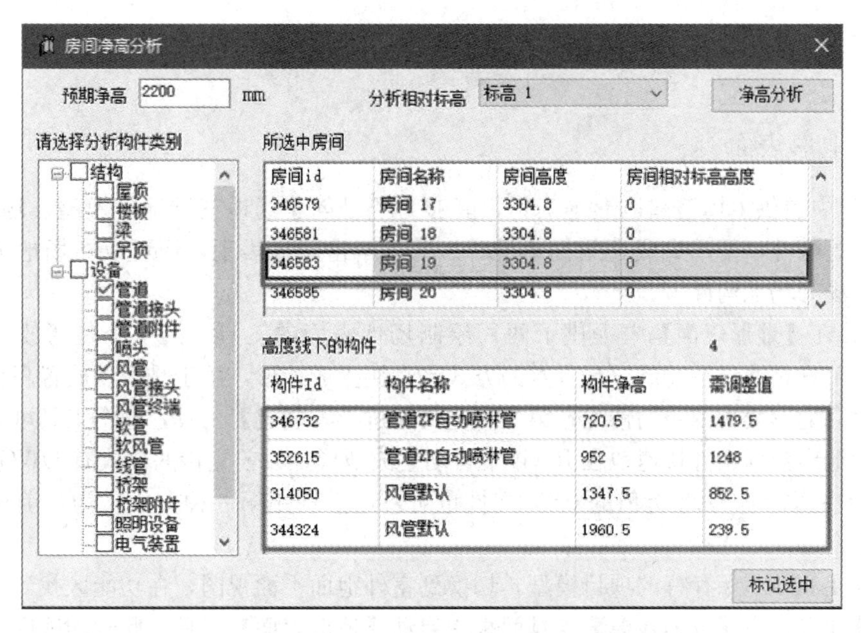


图 3.4.5-24　指定房间内的不符合构件

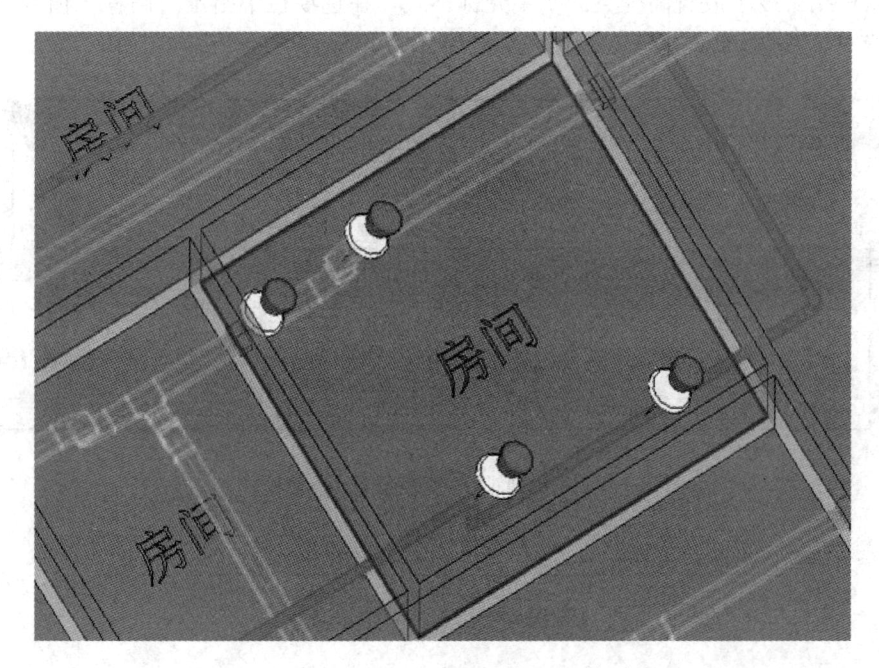


图 3.4.5-25　对问题构件进行标注

关于净高分析工具的具体使用方法和注意事项，请参考第一章中有关部分的讲解。

通过对模型进行碰撞检查、管线翻弯、管线打断、管线连接和净高分析等操作过后，就可以得到一个满足要求的模型。

# 3.5　室外地坪及场地构件

## 3.5.1　地形表面

Revit 中提供了场地和地形等工具，能够为项目创建场地三维地形模型、场地红线、建筑地坪等构件，帮助完成建筑场地设计。为了丰富场地表现，还可以在场地中添加植物、停车场等场地构件。

Revit 在【地形表面】中提供了两种绘制场地表面的工具。第一个是【放置点】工具，这个工具是通过手动放置高程点的方式来直接生成地形，由于是手动放置高程点，所以比较适合地形较为简单的情况；第二个是【通过导入创建】工具，这个工具可以利用多种格式的地形数据文件快速地在 Revit 中自动生成地形，目前支持的格式有 DWG、DXF、DGN，带有 X、Y、Z 坐标值的 CSV 文件也可。这里利用第一种方式来为当前模型绘制简单地形。

打开在 3.3 节保存好的项目模型，切换到室外地面平面视图，在功能区找到【体量和场地】选项卡，在【场地建模】工具面板中启动【地形表面】工具，此时功能区自动切换到【修改 | 编辑表面】选项卡，默认使用【放置点】命令来进行地形绘制，如图 3.5.1-1 所示，鼠标指针变为放置高程点的十字光标样式，在选项栏中指定“高程”值为-450，设定为“绝对高程”，如图 3.5.1-2 所示。

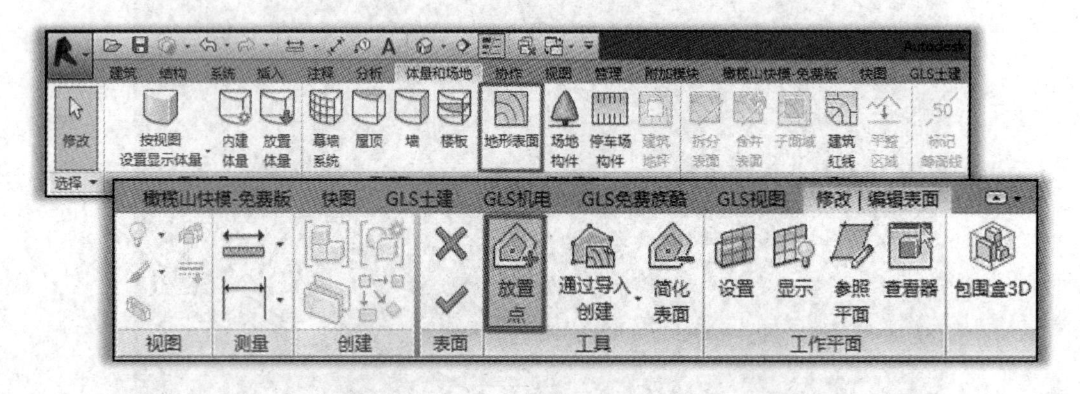


图 3.5.1-1　使用地形表面工具绘制地形

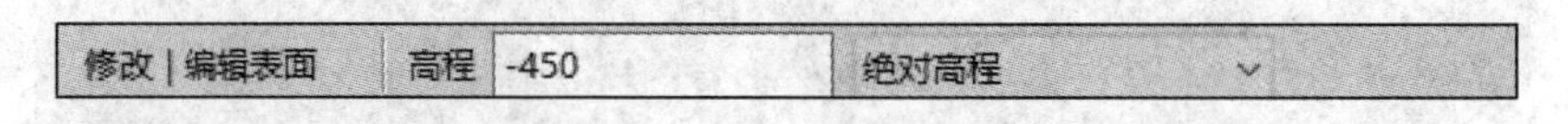


图 3.5.1-2　设定绝对高程

在建筑四周合适位置放置四个高程点，如图 3.5.1-3 所示。

单击属性面板中的“材质”选项，修改当前地形的“材质”为草，如图 3.5.1-4 所示，单击上下文关联选项卡中的“完成表面”按键，完成对地形表面的绘制，如图 3.5.1-5 所示。

在属性面板中找到并勾选“剖面框”选项，激活视图中的剖面框，单击并拖动剖面框的控制柄使剖面框与地形相切，查看当前地形的剖面，如图 3.5.1-6 所示。

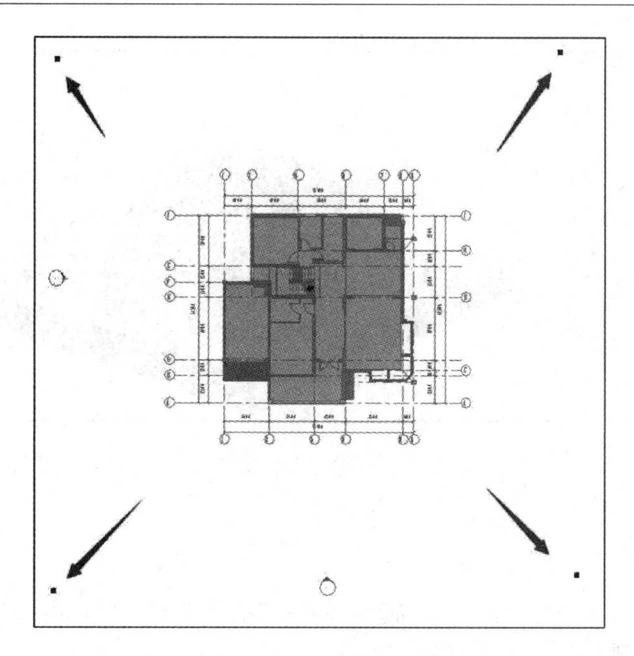

图 3.5.1-3　放置高程点

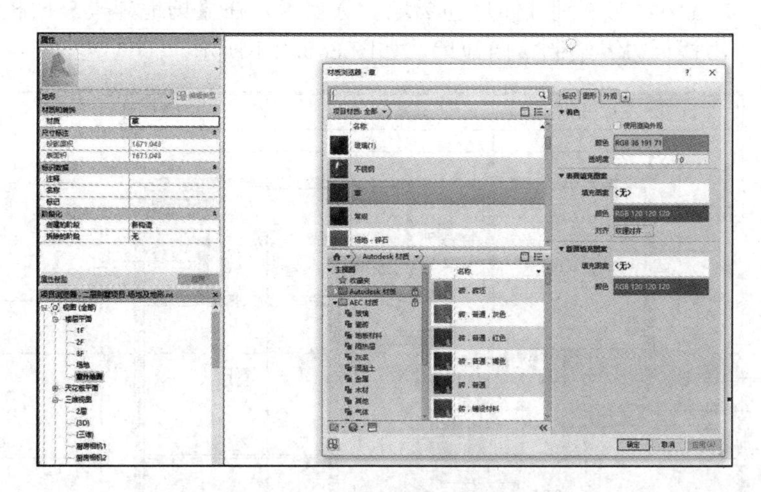

图 3.5.1-4　设置地坪材质

图 3.5.1-5　完成效果

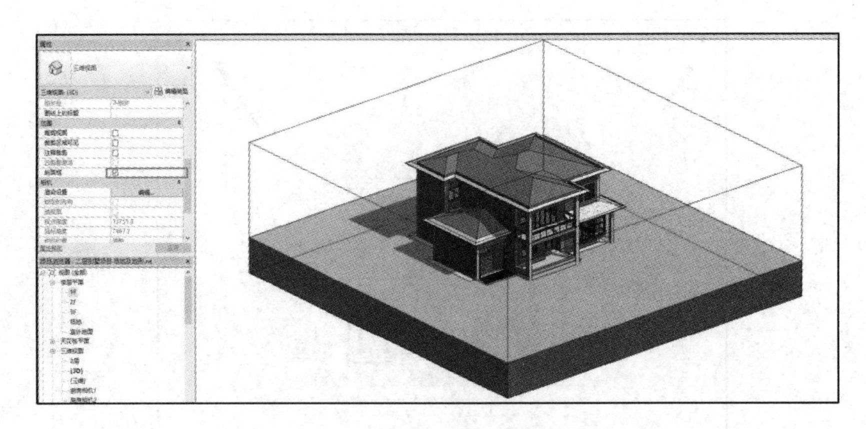

图 3.5.1-6　查看剖面

## 3.5.2　建筑地坪

由于室内地面与室外地面间存在高差，创建“地形表面”后，需要为建筑添加建筑地坪。建筑地坪的绘制方法与楼板类似。

打开 1F 平面视图，切换到【体量和场地】选项卡，在【场地建模】面板中点击【建筑地坪】工具，沿楼板边界绘制室内地坪，如图 3.5.2-1 所示。

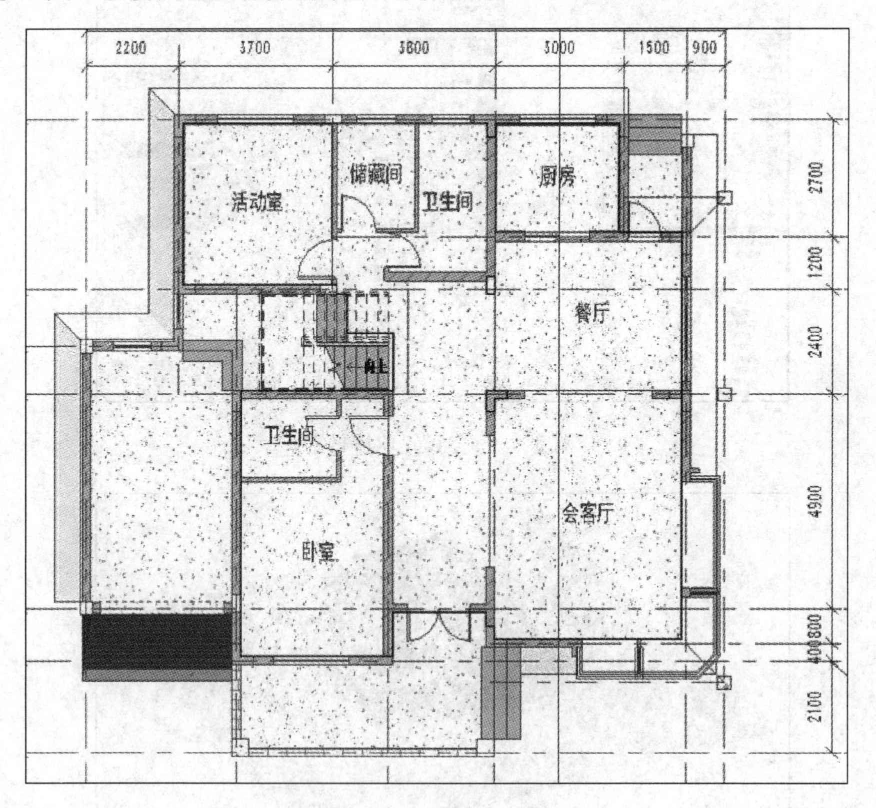


图 3.5.2-1　绘制建筑地坪

编辑完成后，选中刚刚创建的室内地坪，在属性面板中点击“编辑类型”按键打开

“类型属性”对话框，在“结构”选项中修改建筑地坪的材质为碎石，其修改方法与楼板类似，这里不再赘述。创建剖面视图查看室内地坪，如图 3.5.2-2 所示。将模型文件存入指定路径并命名为“二层别墅项目-场地及地坪”。

图 3.5.2-2　完成地坪绘制

## 3.5.3　场地构件

场地布置完成后，为了能够使模型表达更加丰富，可以为模型添加场地构件。

利用 Revit 中的【子面域】工具可以将当前的场地划分为不同的区域，并为不同的区域指定不同的材质，这样可以为场地模型绘制道路或其他景观。

打开“室外地面”平面视图，切换到【体量和场地】选项卡，启动【子面域】工具，如图 3.5.3-1 所示，沿建筑周边绘制道路，如图 3.5.3-2 所示。

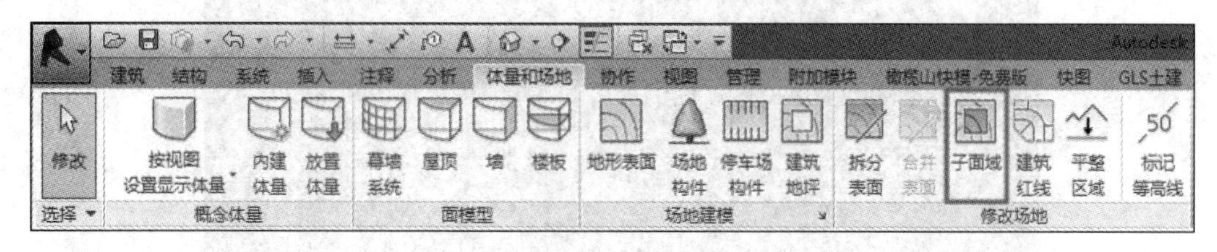


图 3.5.3-1　子面域

与建筑地坪类似，赋予其材质为“卵石”，完成效果如图 3.5.3-3 所示。

继续为模型添加场地构件。场地构件均属于可载入族，在布置前需将构件族载入到当前项目中。这里载入一些树木构件与人物和车辆构件，载入类型可以自选，若 Revit 默认族库中无合适构件，可通过橄榄山软件的【海量云族库】工具来进行搜索和加载，如图 3.5.3-4 所示。

在【建筑】选项卡中，单击【构件】的下拉三角，选择【放置构件】命令，通过属性栏中的类型过滤器选择需要的植物或配景构件，如图 3.5.3-5 所示。

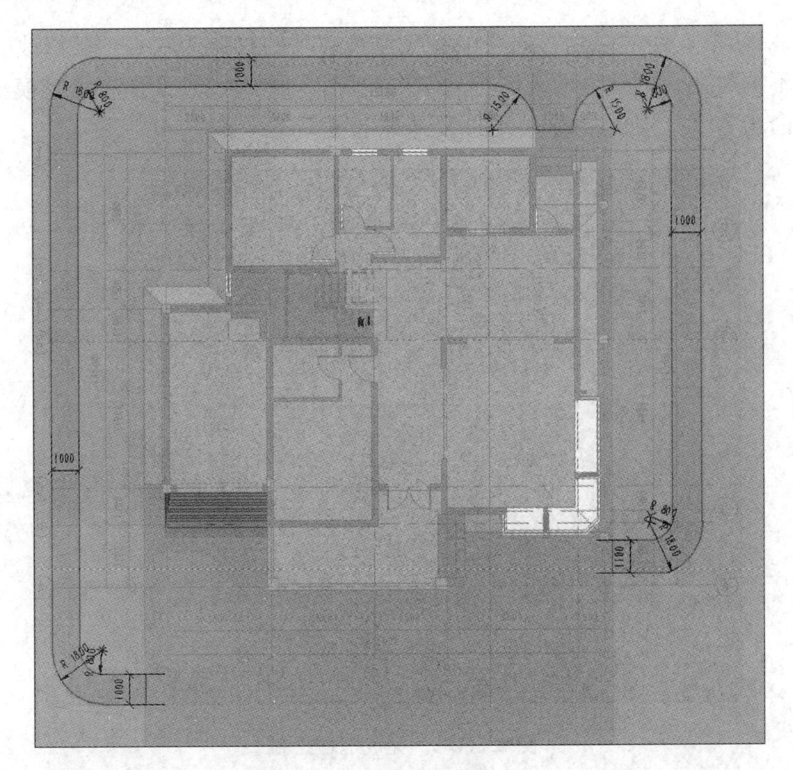


图 3.5.3-2　绘制子面域

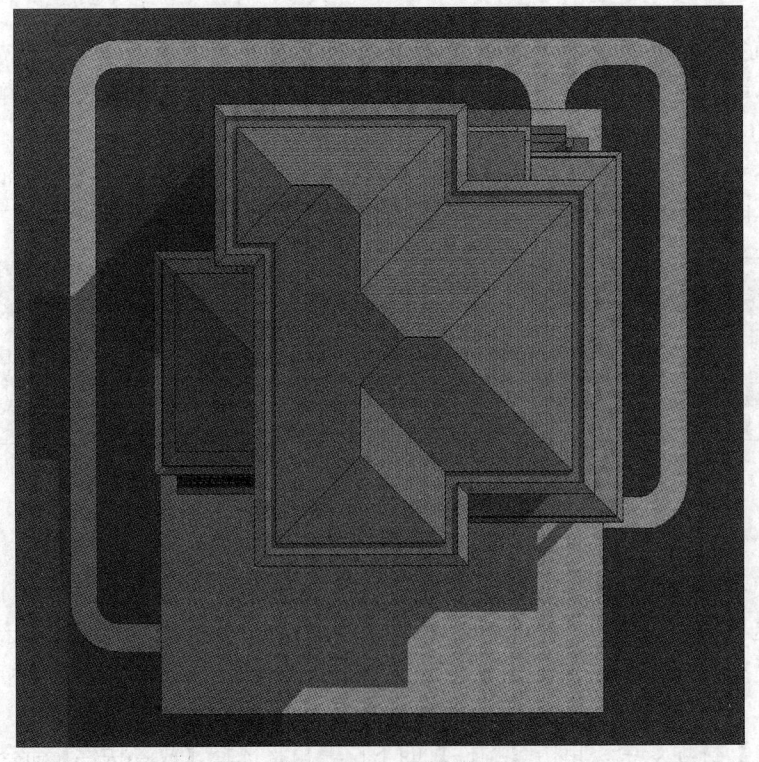

图 3.5.3-3　完成效果

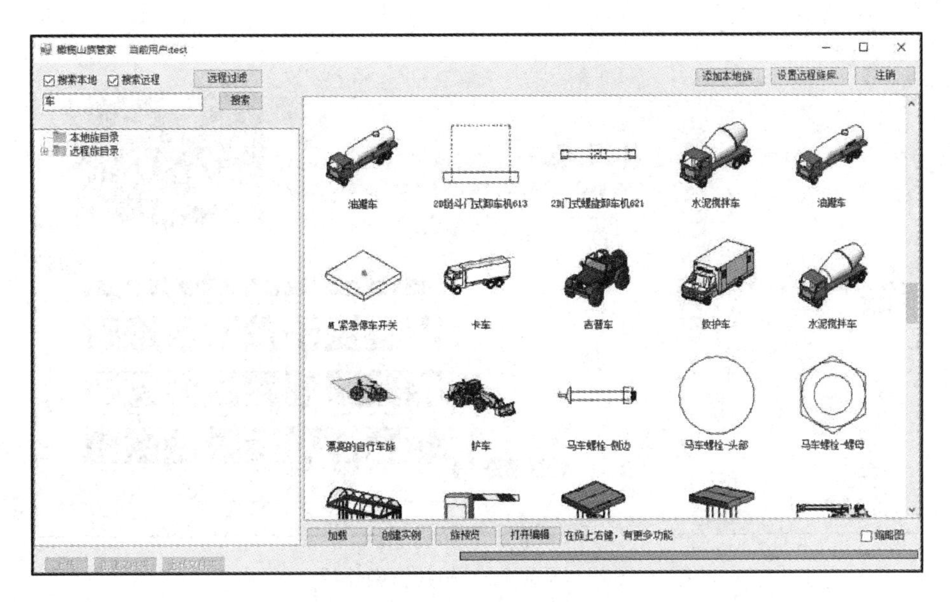


图 3.5.3-4　搜索并载入族

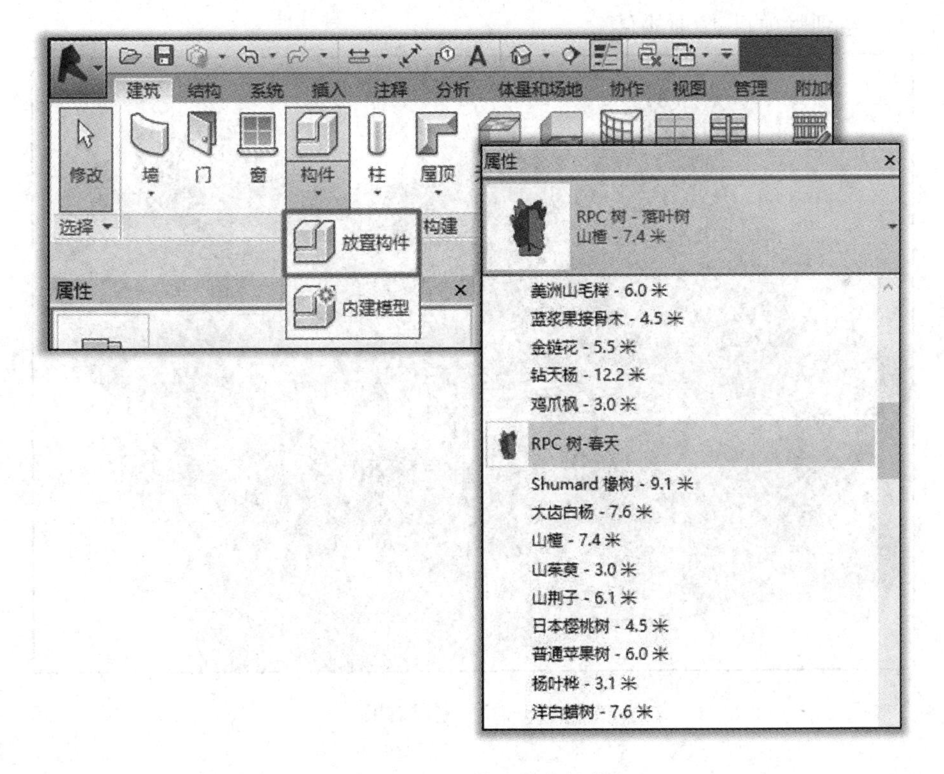


图 3.5.3-5　放置植物构件

选择需要的植物类型，单击“编辑类型”按键，打开“类型属性”对话框，单击“标识数据”栏中的“渲染外观”后的选择按键，打开“渲染外观库”，可以任意选择对选定植物的渲染外观效果样式，如图 3.5.3-6 所示。

选择完成后，移动鼠标至场地中的合适位置，单击鼠标左键放置该植物。可以使用相

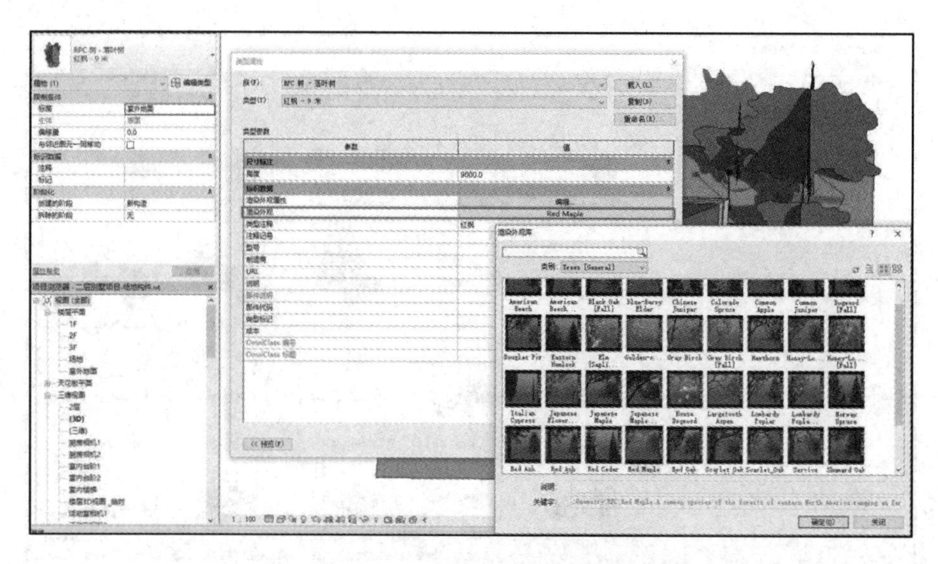

图 3.5.3-6　修改植物渲染外观

同的方法放置其他场地构件，完成后效果如图 3.5.3-7 所示。将模型文件存入指定路径并命名为“二层别墅项目-场地构件”。

图 3.5.3-7　完成效果

## 3.6　模型表现

利用 Revit 的视图工具可以对模型进行表现和展示，同时 Revit 还提供了图形渲染工具，能够输出基于真实材质的模型渲染图片。本节主要讲解通过视图和相机工具来调整和增强模型表现的方法。

### 3.6.1 相机视图

Revit 中的三维视图分为正交图和透视图。正交三维视图中构件不会随距离的远近而改变大小；透视三维视图中会根据距离的远近而改变大小。默认三维视图为正交视图。

**1. 正交图**

打开“1F”平面视图，切换到【视图】选项卡，在【创建】工具面板中单击【三维视图】工具的下拉三角，选择【相机】工具，如图 3.6.1-1 所示；此时鼠标指针出现相机图标，不勾选选项栏中的“透视图”选项，“偏移量”默认为 1750，不修改，如图 3.6.1-2 所示；拖动鼠标至入户门下方合适位置，单击鼠标左键放置该相机，继续移动鼠标至建筑上方，再次单击鼠标左键放置相机，如图 3.6.1-3 所示；此时 Revit 将自动创建名称为“三维视图 1”的视图，并且自动切换到相机平面视图，如图 3.6.1-4 所示。

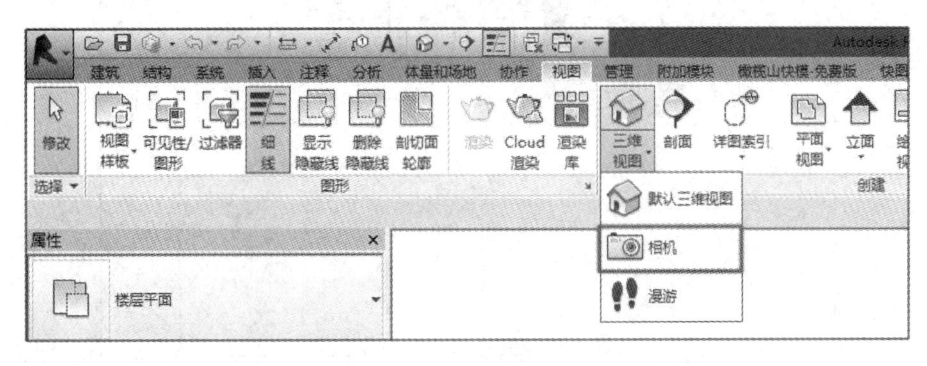


图 3.6.1-1 相机工具

图 3.6.1-2 透视图选项

展开项目浏览器中的三维视图项目，找到“三维视图 1”，选中并右击，在右键菜单中选择“重命名”，更改其名称为“正视图”。

可以在图 3.6.1-4 中看到当前正视图的视图范围边框，选中该边框，可以拖动边框控制点来更改当前视图范围的大小。使用相同的方式可以创建其他方向的正交图。

**2. 透视图**

创建透视图和正视图的方法相同，不同的是，在放置相机前需要勾选选项栏中的“透视图”选项，可以通过修改偏移量来更改相机相对当前楼层标高的高度。创建与正视图相同位置的相机，并修改其名称为“透视图”，效果如图 3.6.1-5。

可以看到，相同位置的相机在正交图和透视图中的表现是不相同的，在透视图中，构件线条根据距离的远近出现了拉伸和变形，以此来表现构件的远近和大小关系。

**3. 相机视图的修改**

由于在放置相机时 Revit 不能进行自动捕捉，所以在放置完成后可能需要对相机视图进行修改。

进入“透视图”，同时按住 shift 键和鼠标右键进行旋转可查看建筑物，若需要恢复操

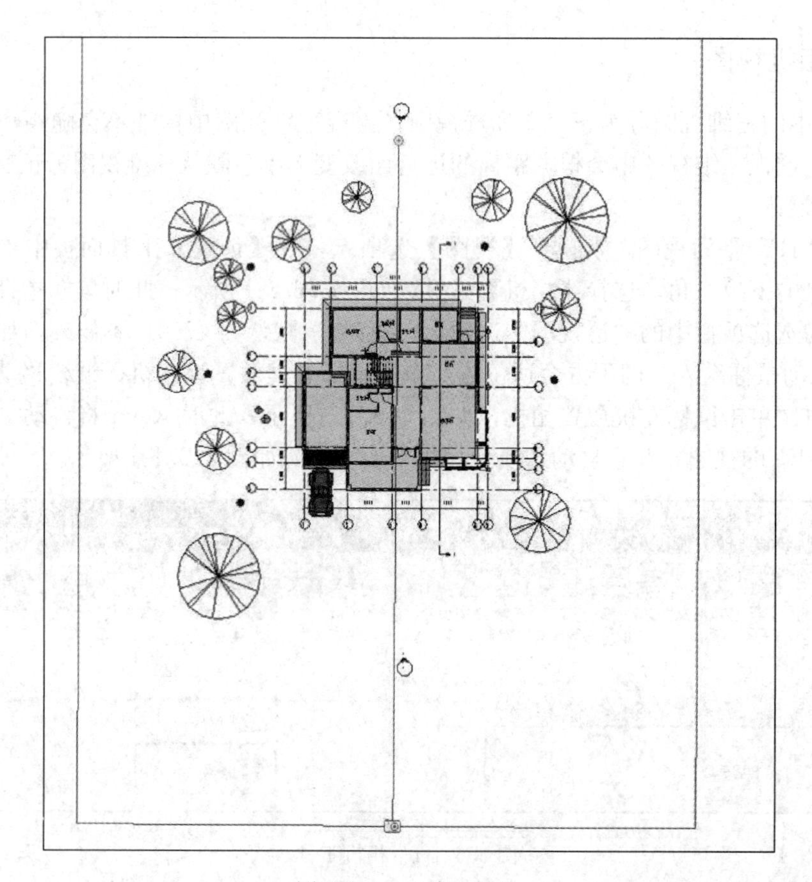

图 3.6.1-3　放置相机

图 3.6.1-4　正视图

图 3.6.1-5　透视图

作之前的视角，可单击【修改｜相机】选项卡中的【重置目标】工具。在 Revit2016 中，新增加了透视图和正视图之间的切换功能。在透视图中，鼠标右键单击绘图区域中的 ViewCube，选择“切换到平行三维视图”即可切换到正视图，如果想要切回到透视图，再次右键单击 ViewCube，选择“切换到透视三维视图”即可。

修改相机位置需要进入平面视图。进入平面视图后，在项目浏览器中的“透视图”名称上方单击鼠标右键，在右键菜单中选择“显示相机”选项，如图 3.6.1-6 所示，则此时在平面视图中就会显示当前相机的所在位置，选中相机后可以对相机位置进行操作和修改，如图 3.6.1-7 所示。

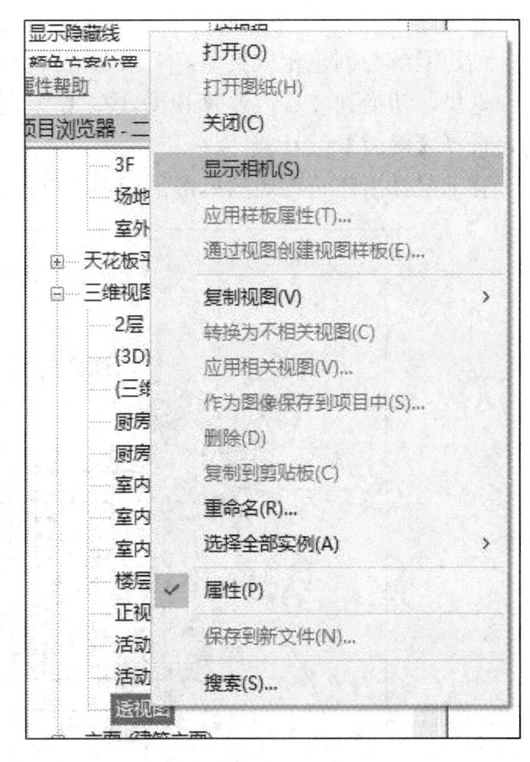


图 3.6.1-6　显示相机

## 3.6.2　漫游动画

Revit 中，漫游动画是基于在路径中创建的多个移动的相机三维视图而成的，其中一个关键帧对应一个相机视图，所以漫游与相机类似，可以设置为正交视图或者透视视图。由相机和路径创建的建筑物漫游，

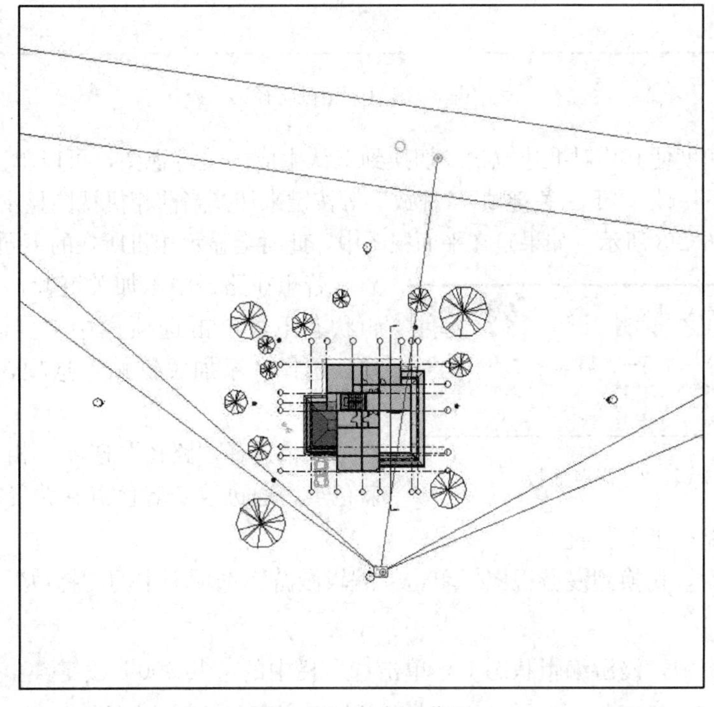

图 3.6.1-7　相机位置

可以直接导出为 AVI 格式或者图片格式。

创建漫游与创建相机类似，可以在平面视图中创建，也可以在其他视图中创建。

这里，切换到“1F”平面视图，在【视图】选项卡中找到【三维视图】，单击下拉三角，选择【漫游】工具。

移动鼠标沿建筑物周围单击鼠标左键放置和创建相机，其路径如图 3.6.2-1 所示。

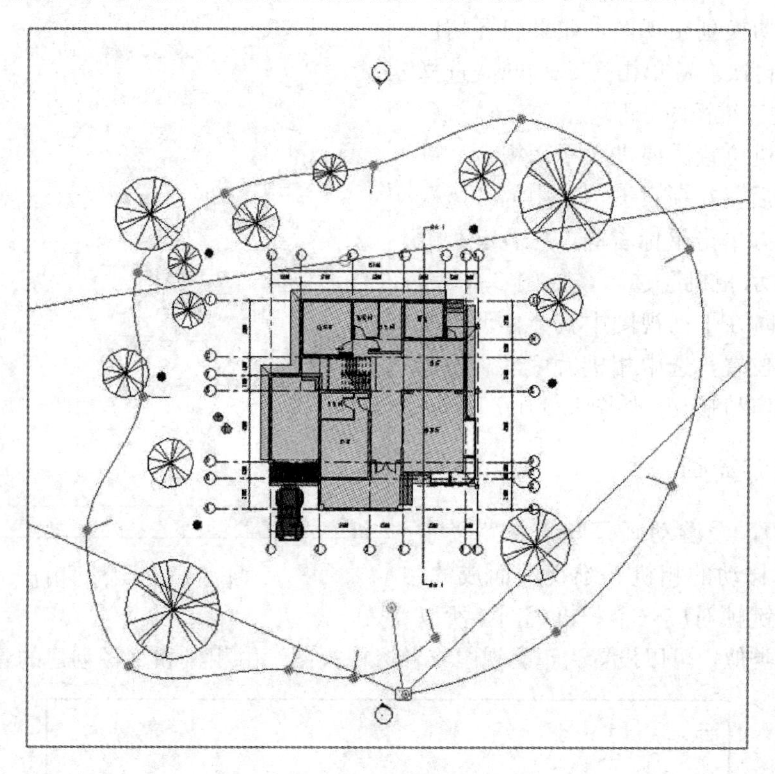

图 3.6.2-1　相机路径

修改相机角度使其均对准建筑物。切换到默认生成的漫游视图，可以单击“编辑漫游”选项卡中的“下一帧”“下一关键帧”“播放”等按键来切换当前相机视图显示的图像，如图 3.6.2-2、图 3.6.2-3 所示。如果是在平面视图中，此时会显示相机所在的不同位置。

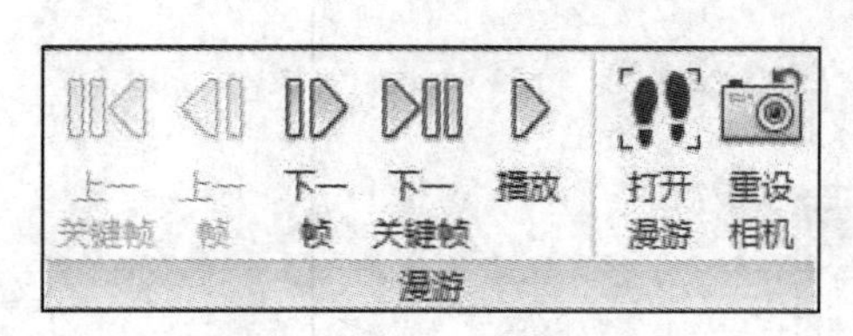


图 3.6.2-2　漫游面板

若想在路径中添加关键帧，可以在漫游编辑状态下，单击选项栏中“控制”的下拉菜单，选择“添加关键帧”选项，如图 3.6.2-4 所示。

如果选择“路径”选项，相机位置会变为蓝色点，通过改变蓝色点在路径上的位置，来修改关键帧在路径上的位置。

编辑完成后，切换到漫游视图，单击“编辑漫游”选项卡中的“播放”按键来查看当前漫游动画。

在漫游视图中，漫游编辑状态下，单击选项栏中的“共 300”按键 300，此时会弹出“漫游帧”对话框，如图 3.6.2-5 所示。“漫游帧”对话框中，“总帧数”除以“帧/秒”即

图 3.6.2-3 某一关键帧位置显示的图像

为“总时间”。若勾选“匀速”选项，则每个关键帧速度都相同，若不勾选，可以通过更改“加速器”数值来更改每个关键帧位置的速度。加速器的范围是 0.1～10。若勾选“指示器”选项，并且设定其“帧增量”数值为 5，在当前漫游路径中会按照每 5 帧一个的间隔来显示相机位置，如图 3.6.2-6 所示。

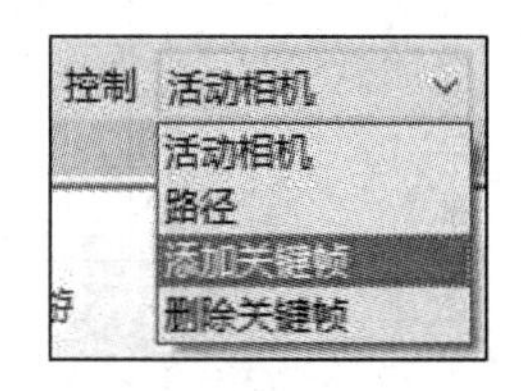


图 3.6.2-4 添加关键帧

在 Revit 中可以直接观看漫游动画，也可以通过“导出”选项，将漫游动画导出为 AVI 格式动画，这样可以直接通过播放媒体来查看漫游动画。除了可以导出为动画外，还可以导出为图片。

打开漫游视图，单击“应用程序菜单”按键，在“导出”选项中选择“图像和动画”，在三级菜单中选择“漫游”，如图 3.6.2-7 所示。

此时会打开“长度/格式”对话框。在“长度/格式”对话框中可以自定义设置输出的时长和格式，如图 3.6.2-8。

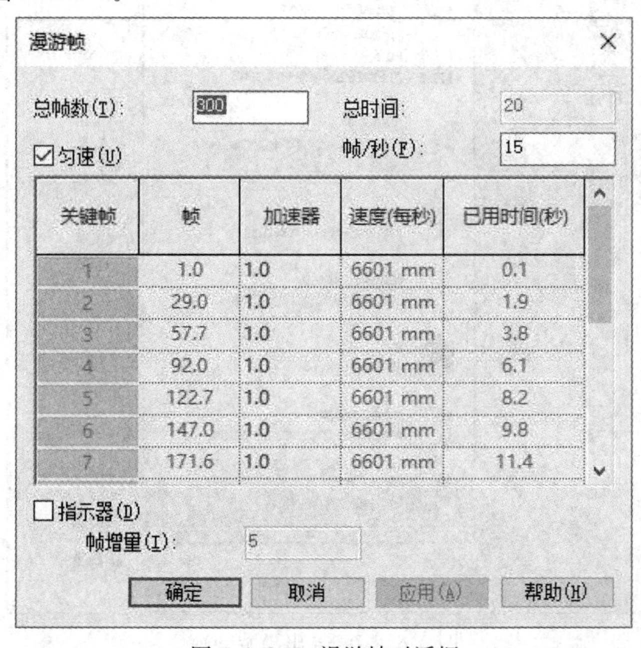


图 3.6.2-5 漫游帧对话框

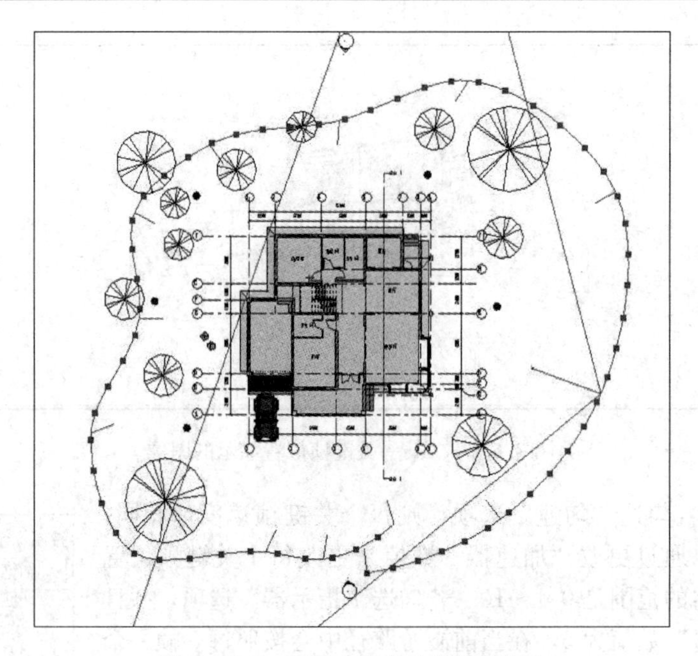

图 3.6.2-6　每隔 5 帧来显示相机位置

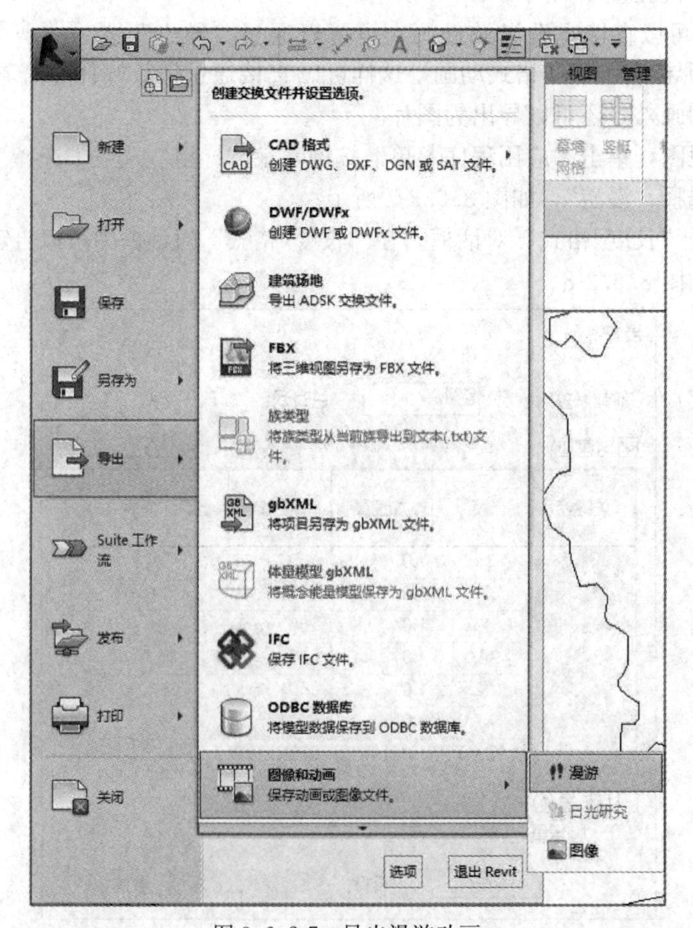


图 3.6.2-7　导出漫游动画

在“输出长度”选项中可选择“全部帧”或“帧范围”。若选择“全部帧”，可将全部帧导出为动画；若选择“帧范围”，则仅会对指定的帧进行导出，此时可以自定义设置导出帧的起点位置和终点位置，见图 3.6.2-8。

“格式”选项中，可以选择导出时的视觉样式，同时可以对动画尺寸和时间、日期进行设置。

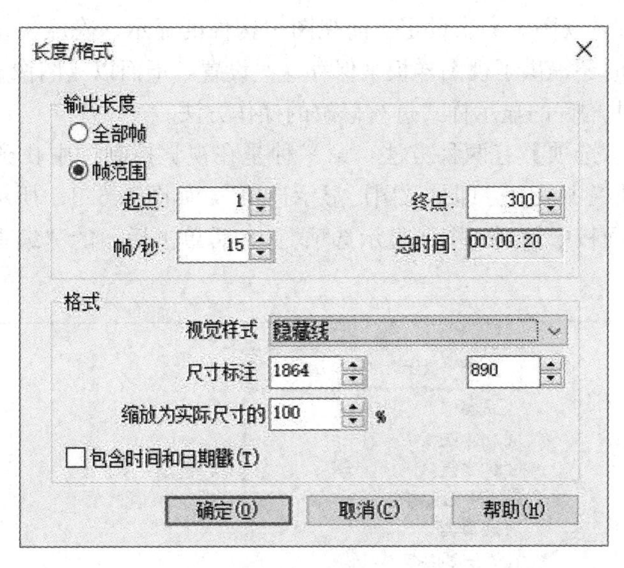


图 3.6.2-8　长度/格式对话框

单击“确定”按键，会弹出“导出漫游”对话框，在该对话框中指定动画的保存路径和导出格式，如图 3.6.2-9 所示。

如果选择为图片格式，Revit 会将每一帧图像单独导出为一张图片，例如导出动画长

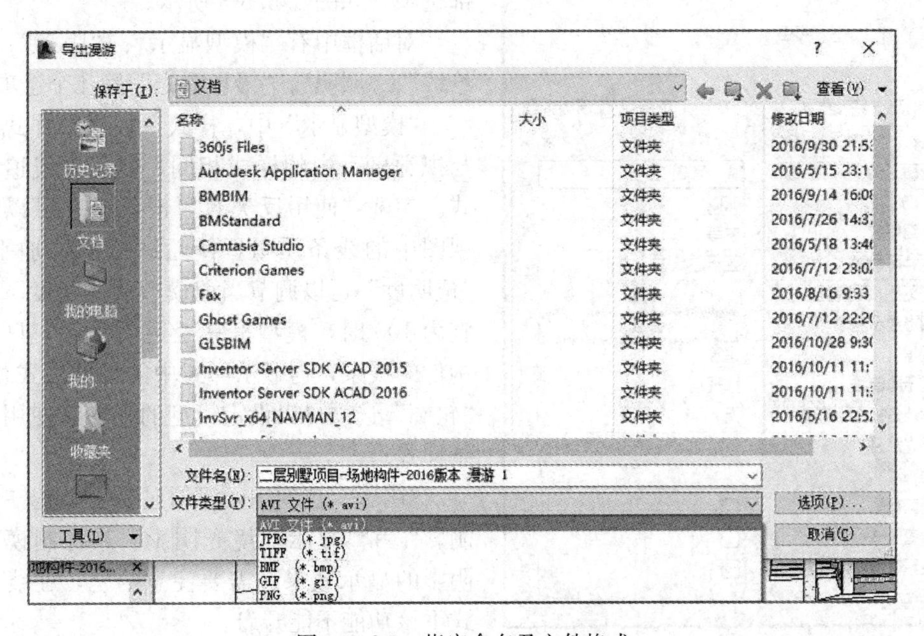


图 3.6.2-9　指定命名及文件格式

度为 300 帧，则会导出 300 张图片。

这里选择 AVI 文件，单击保存，此时会弹出“视频压缩”对话框，选择电脑中已经安装的压缩程序来对动画进行压缩即可。

### 3.6.3　视觉样式及视图样板

Revit 提供了多种视图工具来设定当前视图中构件的显示、隐藏、显示样式、日光以及阴影效果等，同时还提供了视图样板来保存这些设置，下面以【图像显示选项】命令为例来讲解对 Revit 中构件的显示样式进行修改的操作方法。

打开【图形显示选项】有两种方法：第一种是在视觉控制栏中找到并单击“显示样式”，在弹出的选项栏中最上方即是“图形显示选项”，如图 3.6.3-1 所示；第二种方法是在当前视图的属性面板中找到“图形显示选项”，然后单击后面的“编辑”按键打开，如图 3.6.3-2 所示。

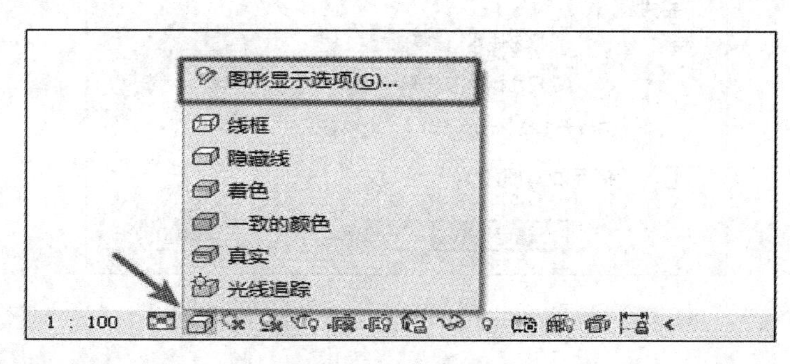


图 3.6.3-1　显示样式

图 3.6.3-2　属性面板中的图形显示选项

打开“图形显示选项”对话框，展开全部选项，如图 3.6.3-3 所示。

对话框中有“模型显示”、“阴影”、“勾绘线”、“照明”、“摄影曝光”等几个选项。

“模型显示”中，样式一栏中的样式类型与视觉显示中的样式相同，但无光线追踪模式。勾选“使用反失真平滑线条”可以提高视图中的线条质量，使轮廓显示更加平滑；“透明度”可以调节当前模型的透明度，当调整为 100 时，模型呈完全透明状态，只保留构件的线条，与显示样式中的线框模式相同；“轮廓”选项可以设定模型的外轮廓使用的线条样式。

“阴影”选项中，可通过是否勾选“投射阴影”和“显示环境光阴影”来控制模型中阴影的显示效果，需要注意的是，在线框模式下该功能不能开启。

“勾绘线”选项是 Revit2015 添加的新功

能，若勾选该选项，则模型边界轮廓线将变为勾绘线条，如图 3.6.3-4 所示，可以通过设置“抖动”和“延伸”来控制勾绘线条的抖动程度以及在边角的延伸长度。

“照明”选项可以调整 Revit 中日光的设置，在“真实视觉样式”中可以通过调整该选项来增强模型的显示效果。

“摄影曝光”选项仅在选择“真实视觉样式”时可以使用，曝光控制可以设置为自动或者手动。激活该选项时，会点亮“图像”选项，可在“图像”的颜色修正中对当前模型的阴影、饱和度以及白点等进行设定。

“背景”选项可以更改当前视图的背景图像。Revit 提供了天空、图像和渐变三种选择。需要注意的是，“背景”选项不能在平面视图中使用。

Revit 中提供了视图样板工具，可以将上述所有显示样式的设置保存为一个样板，并支持将该视图样板应用到其他视图中。例如将当前默认三维视图中的“勾绘线”选项作为视图样板，应用到其他立面视图中。下面来讲解一下为南立面视图应用当前三维视图中勾绘线的操作方法。

首先来看在未应用视图样板之前的南立面视图，如图 3.6.3-5 所示。

切换到默认三维视图，在【视图】选项卡中的【图形】工具面板中找到【视图样板】工具，单击该工具的下拉三角，在下拉菜单选项中选择“从当前视图创建样板”，如图 3.6.3-6 所示。

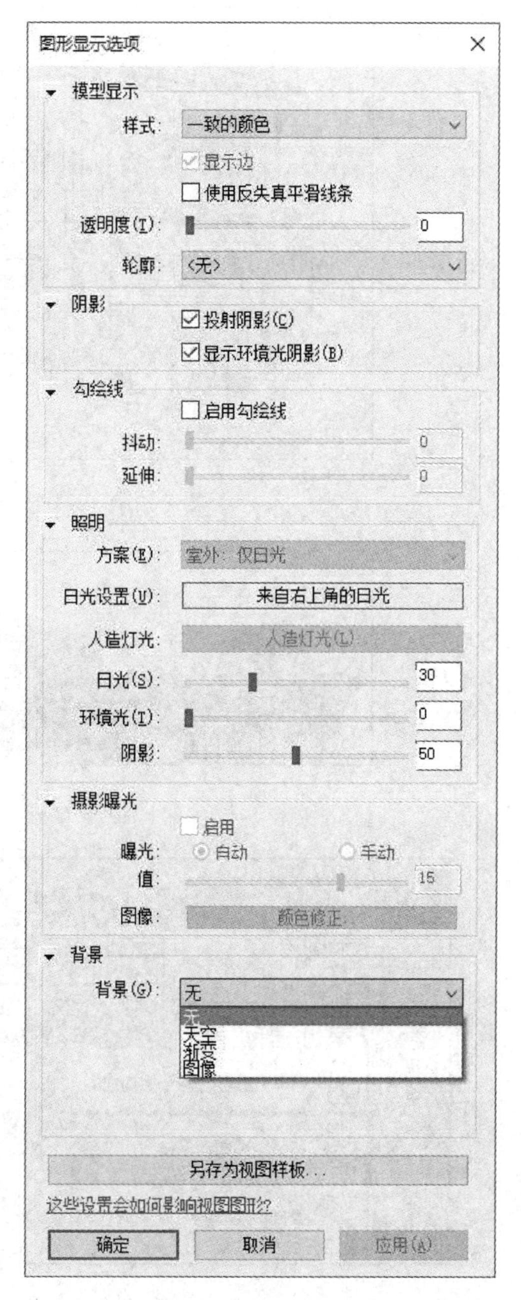


图 3.6.3-3　图形显示选项

为新创建的视图样板命名为“勾绘线”，如图 3.6.3-7 所示，单击“确定”，弹出“视图样板”对话框，如图 3.6.3-8 所示。

对话框左侧设有“规程过滤器”和“视图类型过滤器”，利用两种过滤器能够快速地找到目前已有的视图样板。在下方名称一栏中显示了当前项目中已有的视图样板。

对话框右侧显示了应用当前视图样板的内容，若有不需要的，勾选掉即可。

切换到南立面视图，在【视图】选项卡中再次单击【视图样板】工具的下拉三角，选择“将样板属性应用于当前视图”，此时会弹出“应用视图样板”对话框，见图 3.6.3-9。

利用过滤器找到刚才创建好的“勾绘线”视图样板，单击对话框下方的“确定”按键

图 3.6.3-4　勾绘线条效果

图 3.6.3-5　南立面视图

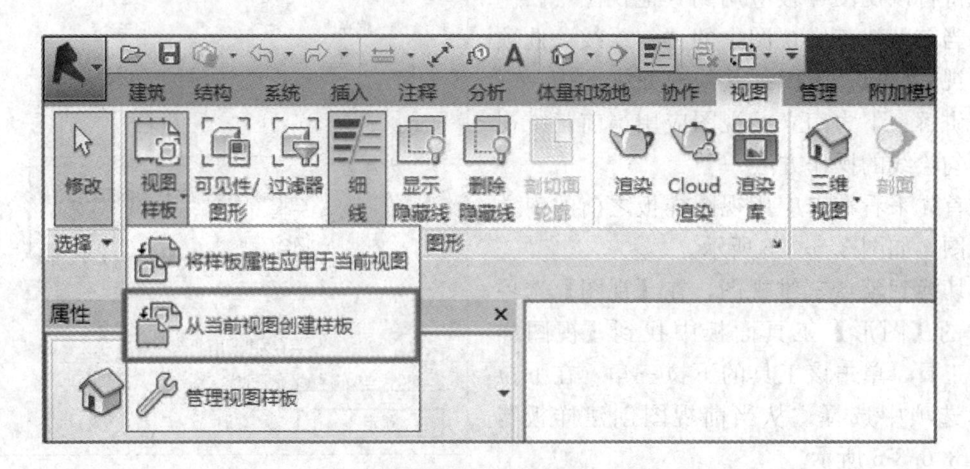


图 3.6.3-6　创建视图样板

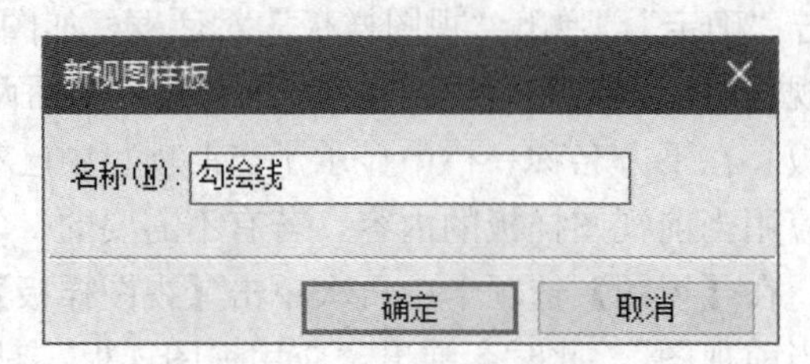


图 3.6.3-7　命名新的视图样板

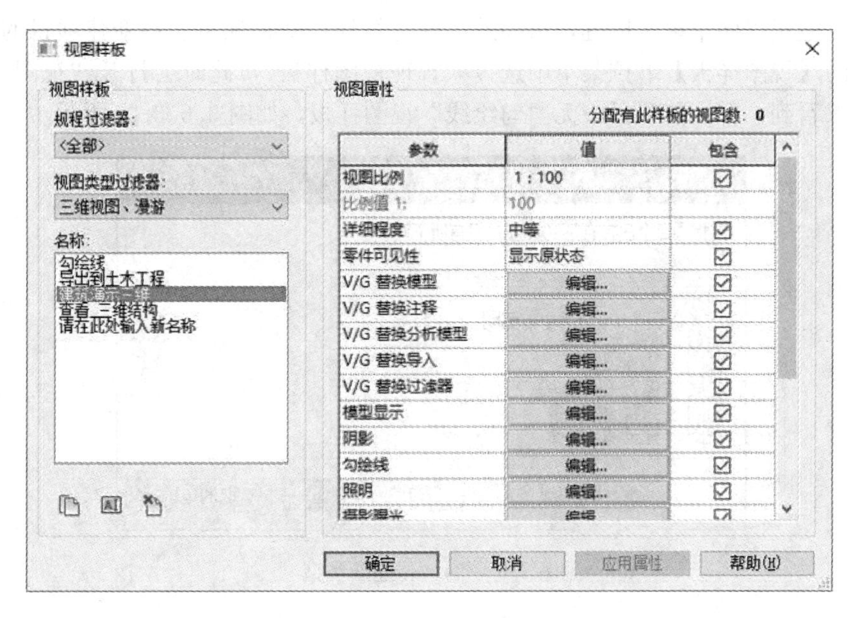


图 3.6.3-8　视图样板对话框

图 3.6.3-9　应用视图样板

来应用“勾绘线”视图样板，效果如图 3.6.3-10 所示。

图 3.6.3-10　应用后效果

可以看到，南立面视图中的视图显示与三维视图中的设置一致了。

视图样板不仅可以在当前项目中的不同视图中应用，还可以通过项目传递的方式应用到其他项目中。同样，当前项目也可以应用其他项目中的视图样板。下面来看一下如何将当前项目中的视图样板应用到其他项目中。

单击“应用程序菜单”按键，选择默认的建筑样板新建项目。在新建项目的【视图】选项卡中的【视图样板】下拉菜单中选择“管理视图样板”，此时会打开“视图样板”对话框。可以看到，在当前项目中无“勾绘线”视图样板，如图 3.6.3-11 所示。

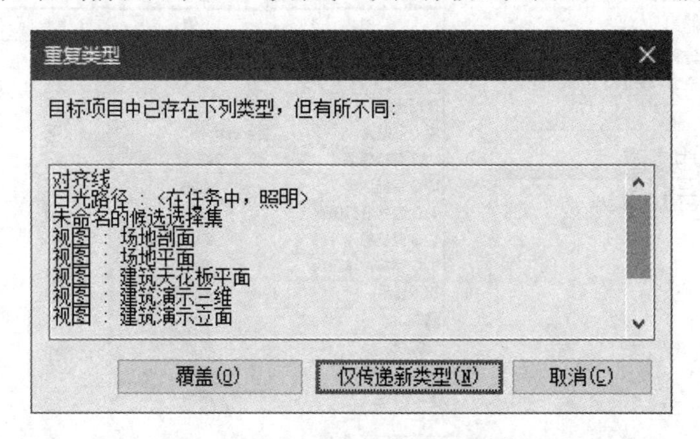


图 3.6.3-11 传递新类型

打开刚才新建项目，再次打开“管理视图样板”就可以看到“勾绘线”样板了，如图 3.6.3-12 所示。

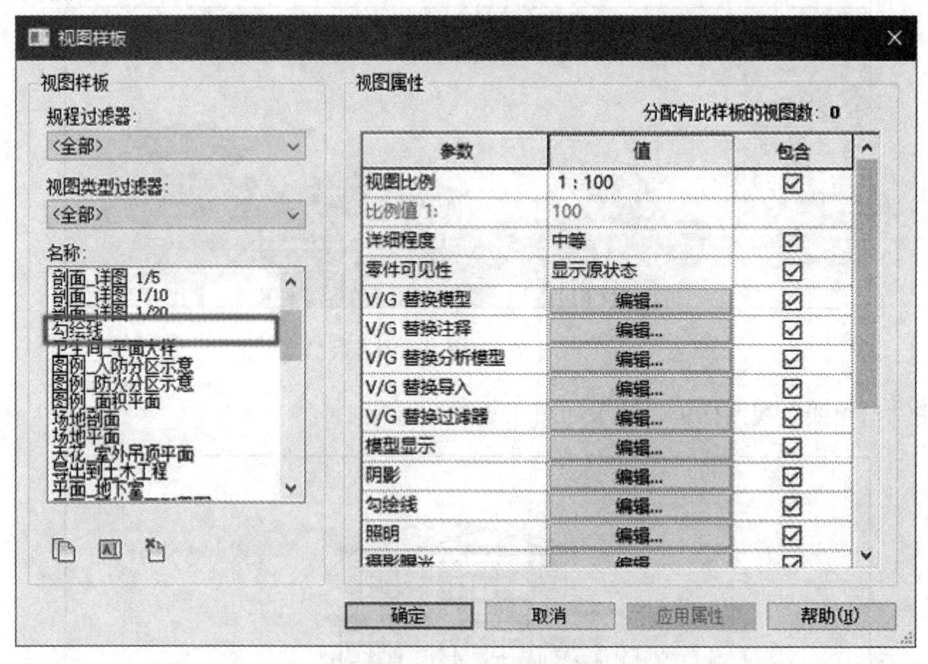


图 3.6.3-12 复制完成

## 3.7 图纸深化

Revit 中提供了尺寸标注、高程点、坡度等注释工具，为模型添加必要的尺寸标注、高程点等文字注释信息。

施工图中，按照视图表达的内容和性质可分为平面图、立面图、剖面图和大样图等几种类型，不同类型的图纸负责表达建筑中不同的信息。下面来讲解为当前项目模型不同类别的图纸添加注释信息的操作方法。

## 3.7.1 平面图深化

平面图纸中需要详细表达建筑的总尺寸、轴网尺寸以及门窗平面定位尺寸，即“三道尺寸线”，除此之外，还应表达平面中各构件图元的定位信息，平面中各楼板、室内室外的标高，屋顶排水方向、坡度等。首层平面图中还应放置指北针或风玫瑰等。

为满足不同规范下的施工图设计要求，需要为图纸中的尺寸标注图元进行诸如标注字体的样式、尺寸大小、粗细以及尺寸界线长短之类的属性设置。下面以首层平面图为例来进行讲解。

在上一节中已经讲到如何对视图进行显示样式的设置和如何应用视图样板。在进行图纸标注前，需要为当前视图设定符合国家规范要求的视图显示样式，用户可提前在样板文件中设定好，然后为需要出图的视图直接应用视图样板即可。切换到“1F”平面视图，在【注释】选项卡的【尺寸标注】工具面板中单击【线性】命令，如图 3.7.1-1 所示。

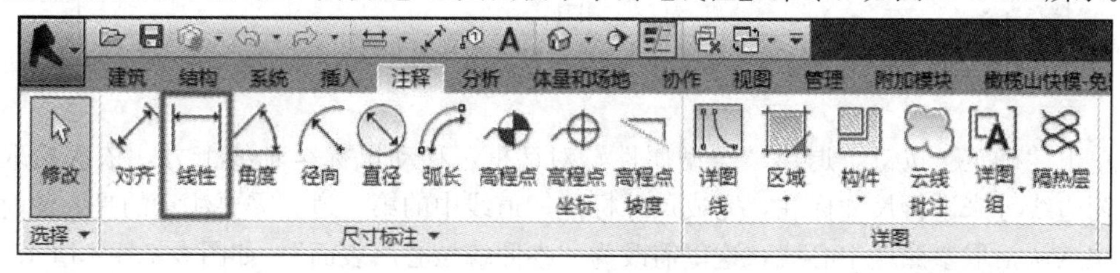


图 3.7.1-1 线性标注工具

在当前默认的注释类型基础上创建新的标注类型。单击属性面板中的“编辑类型”按键，打开“类型属性”对话框，单击【复制】按键，命名新的尺寸标注样式类型为“线性尺寸标注样式：固定尺寸界线”，如图 3.7.1-2 所示。

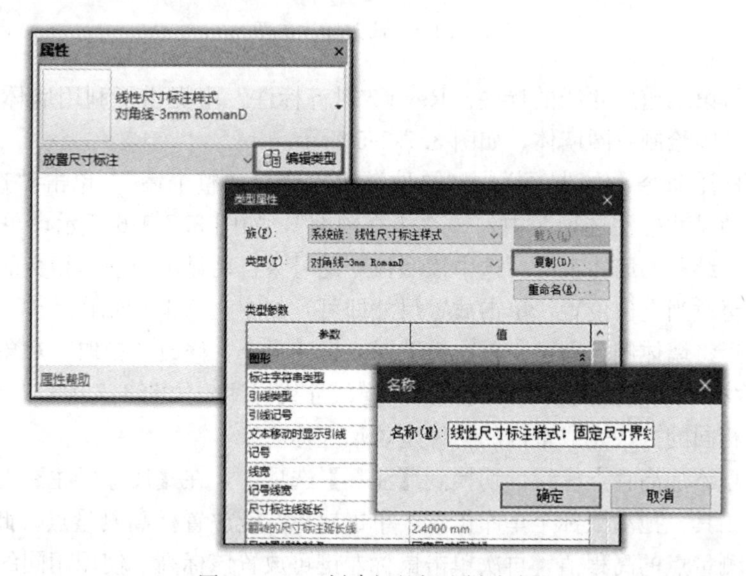


图 3.7.1-2 创建新的标注样式类型

新类型的详细设置如图 3.7.1-3 所示。

| 文字 | |
|---|---|
| 宽度系数 | 1.000000 |
| 下划线 | ☐ |
| 斜体 | ☐ |
| 粗体 | ☐ |
| 文字大小 | 3.5000 mm |
| 文字偏移 | 0.5000 mm |
| 读取规则 | 向上，然后向左 |
| 文字字体 | 仿宋 |
| 文字背景 | 透明 |
| 单位格式 | 1235 [mm] |
| 备用单位 | 无 |
| 备用单位格式 | 1235 [mm] |
| 备用单位前缀 | |
| 备用单位后缀 | |
| 显示洞口高度 | ☐ |
| 消除空格 | ☐ |

图 3.7.1-3　设置内容

单击“确定”按键，退出“类型属性”对话框，移动鼠标至轴线上方，依次拾取轴线、窗边线等来进行尺寸标注，完成尺寸标注三道线中的第三道。需要注意的是，此时选项栏中默认拾取参照墙中心线，这里需改为“参照墙核心层表面”，如图 3.7.1-4 所示。

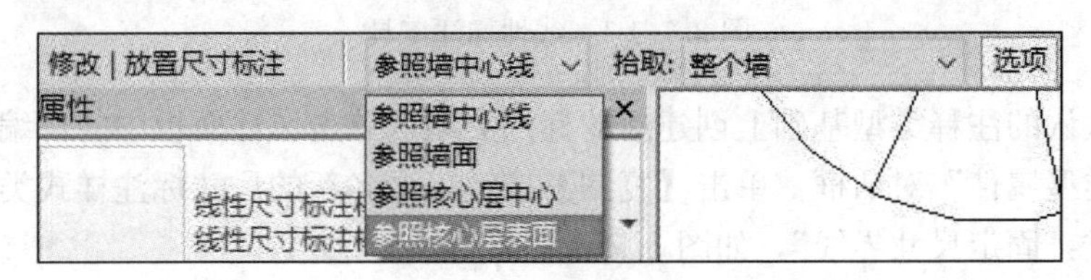


图 3.7.1-4　修改标注参照

下面来进行第二道尺寸线的标注。Revit“对齐标注”中提供了利用墙体进行标注的方式。沿建筑外围绘制一圈墙体，如图 3.7.1-5 所示。

启动对齐标注命令，在选项栏中“拾取”对象选择“整个墙”，单击“选项”按键，在弹出的“自动尺寸标注选项”中勾选“相交轴网”，如图 3.7.1-6 所示，单击“确定”，拖动鼠标至刚才绘制的墙体上方，选中该墙体，此时会自动显示与该墙相交的轴网标注尺寸，拖动鼠标至适当空白位置，单击放置尺寸即可，如图 3.7.1-7 所示。

绘制完成后将墙体删除即可。再次启动对齐标注命令，修改“拾取”对象为“单个参照点”，并依次拾取端点位置轴线，完成第一道尺寸线标注，如图 3.7.1-8 所示。

可以使用相同的方法完成室内的构件定位尺寸标注。

下面为模型添加高程点标注。切换到【注释】选项卡，在【尺寸标注】工具面板中选择【高程点】工具，拖动鼠标至车库位置，单击鼠标左键放置标高测量点，此时 Revit 会自动显示当前测量点的高程值，再次单击鼠标左键可放置该标高。使用相同的方法为平面图中的其他位置进行高程点标注，如图 3.7.1-9 所示。需要注意的是，与对齐尺寸标注相

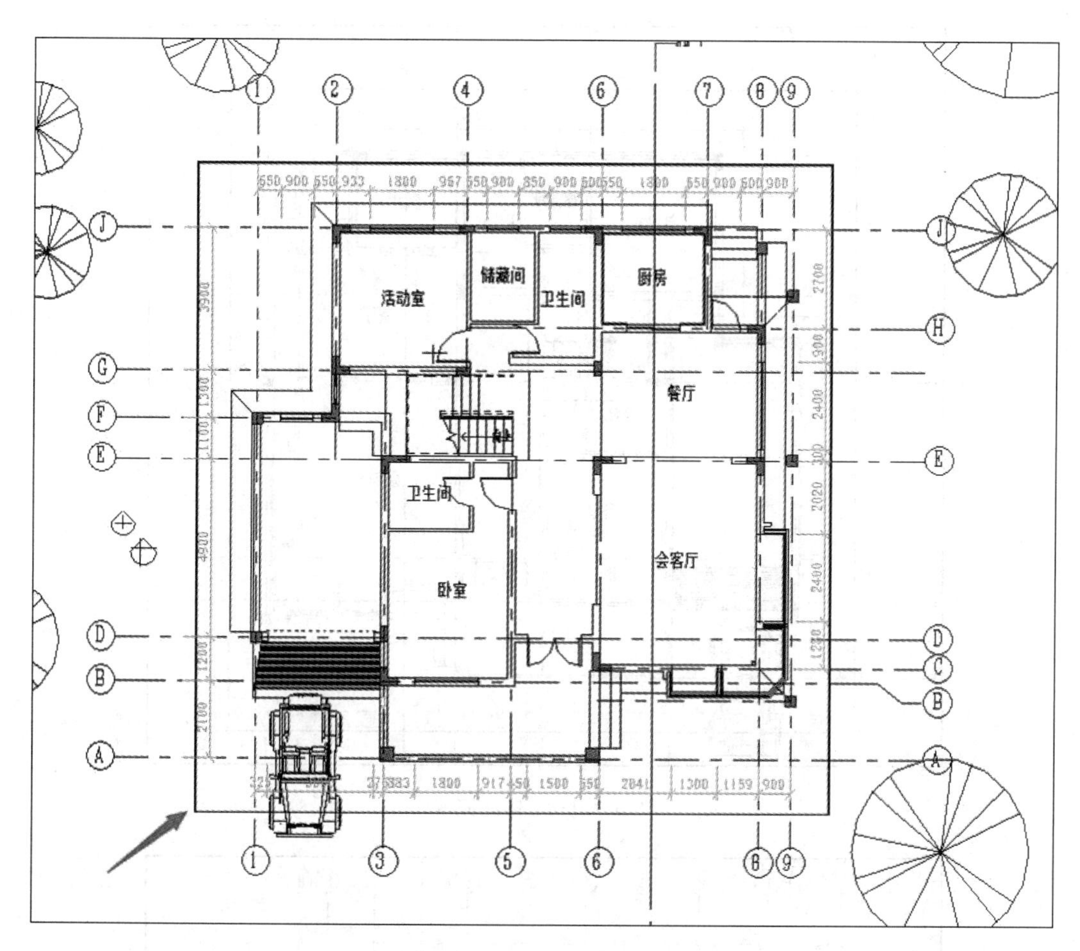


图 3.7.1-5 绘制墙体

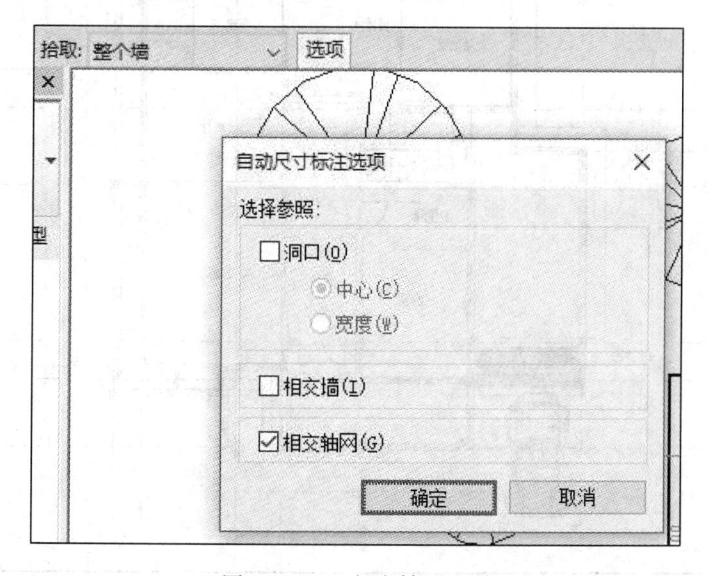


图 3.7.1-6 相交轴网选项

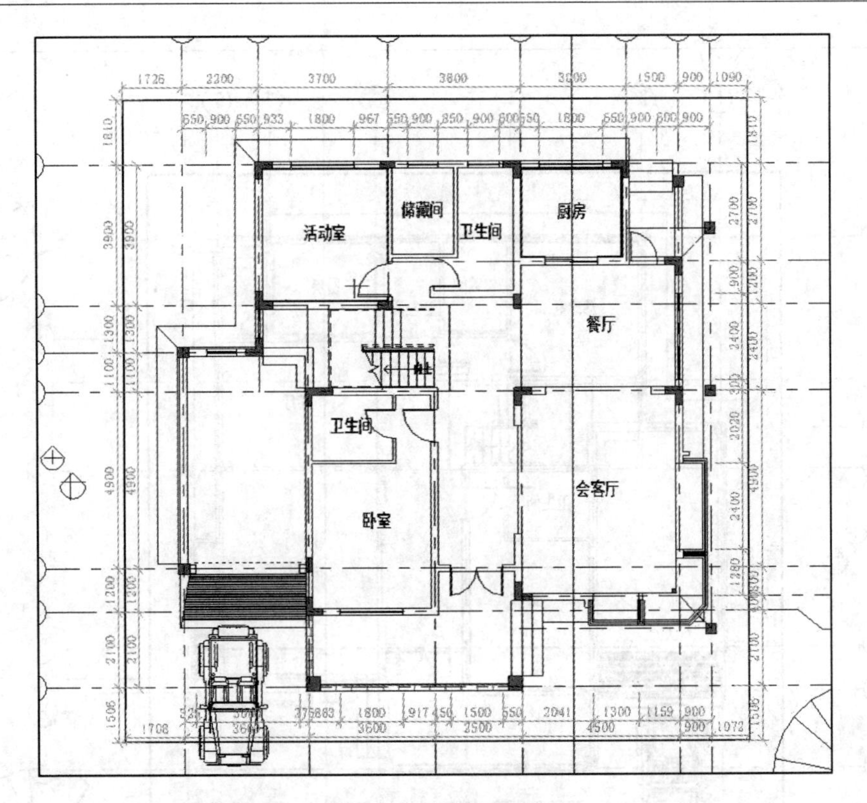


图 3.7.1-7　标注完成

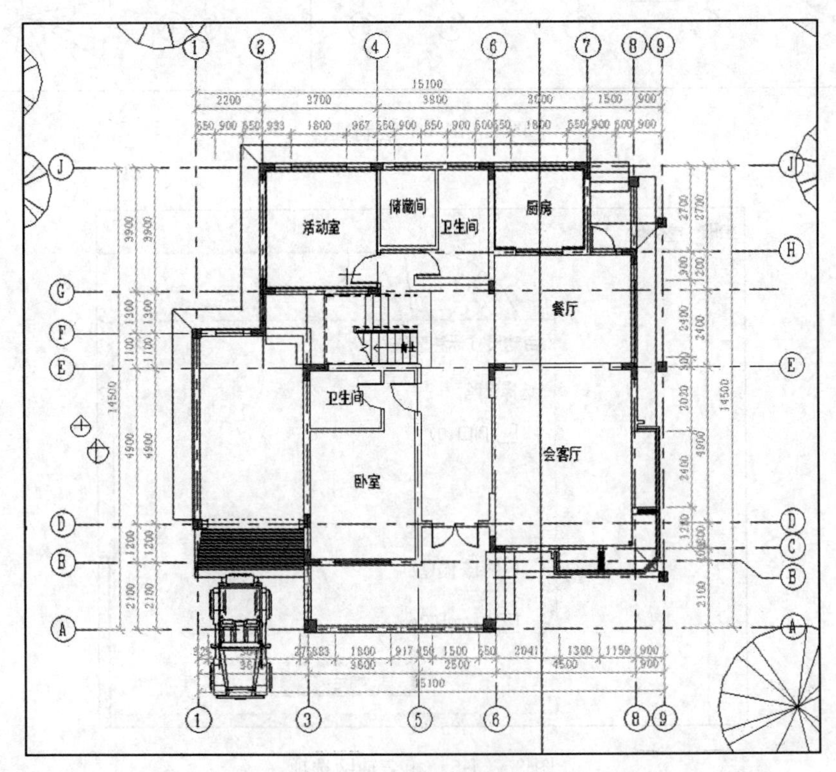


图 3.7.1-8　完成尺寸标注

同，需要为高程点标注中的标注类型进行格式设定。

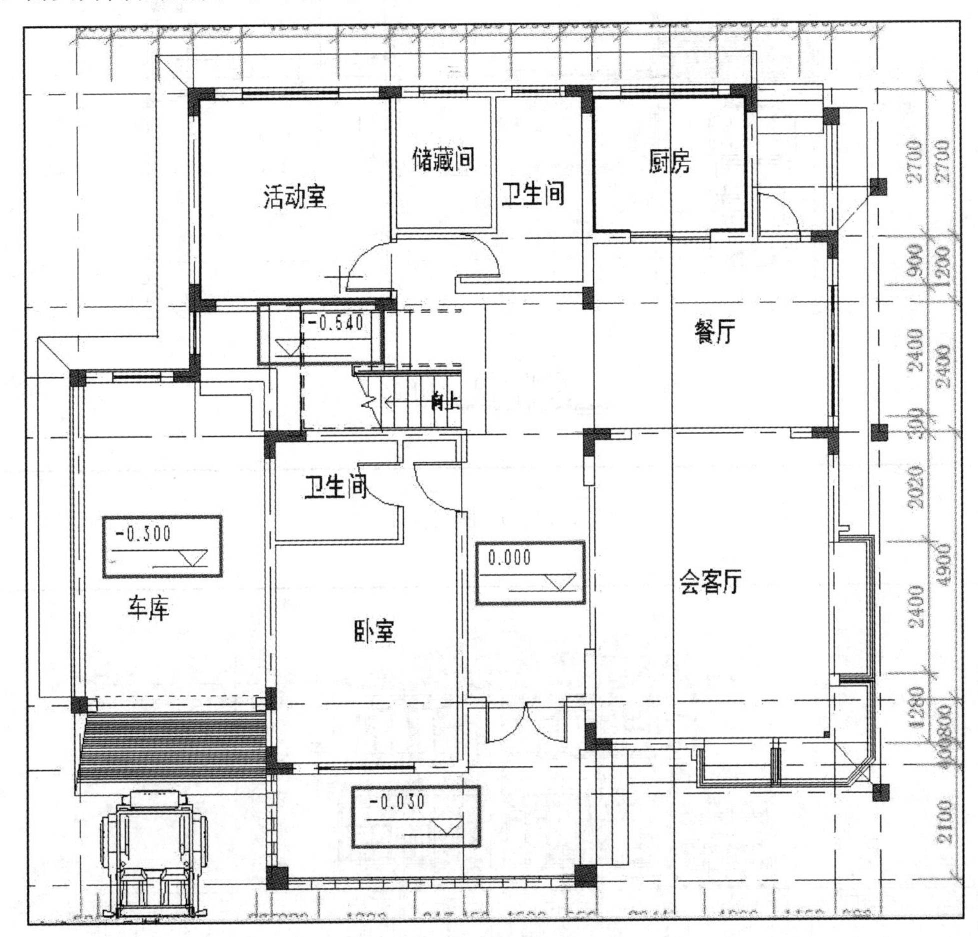


图 3.7.1-9　标高标注

完成尺寸标注后，需要为图纸添加图名标注。在【注释】选项卡中的【详图】工具面板中选择【详图组】工具，此时，鼠标指针位置出现详图组预览，拖动鼠标至图纸下方适当位置，单击鼠标左键放置该详图组。Revit 默认放置总图说明详图组，这里使用的详图组为提前准备好的，读者可在【详图组】工具的下拉菜单中选择【创建组】命令来进行自定义设定。选中该详图组，单击上下文关联选项卡中的“解组”命令，使该详图组变为可编辑模式，双击该视图名称，修改其内容为“一层平面图”，拖动至适当位置即可，如图 3.7.1-10 所示。

## 3.7.2　立面图深化

与平面图一样，在进行注释信息标注时需要先修改立面的视图显示，这里可以直接应用用户提前准备好的视图样板。

展开项目浏览器，双击打开南立面视图，使用与平面图中的标注相同的方法完成尺寸标注与高程点标注。具体操作可参考上一节内容，这里不再赘述，完成效果如图 3.7.2-1 所示。

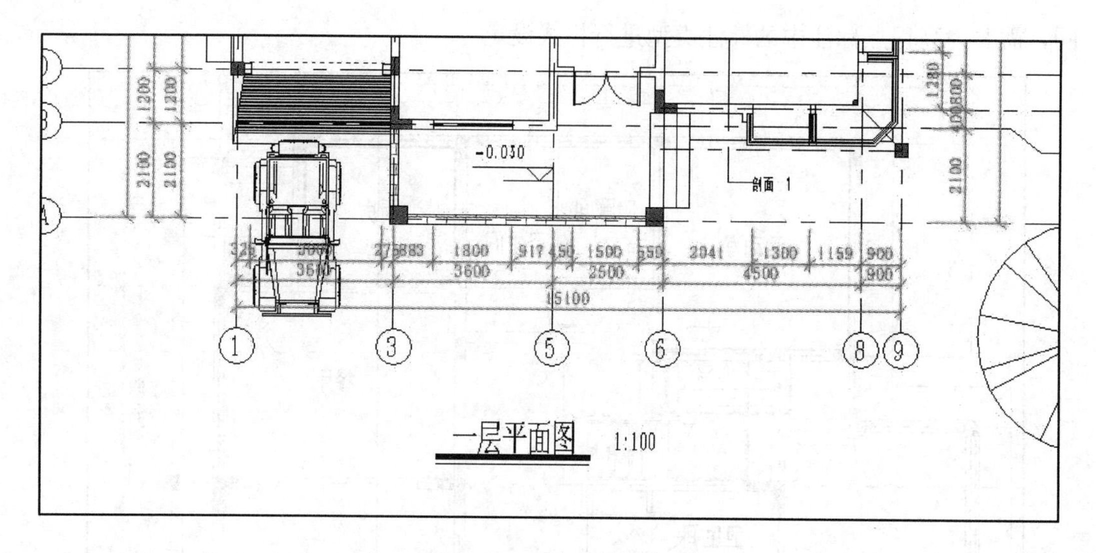


图 3.7.1-10 图名标注

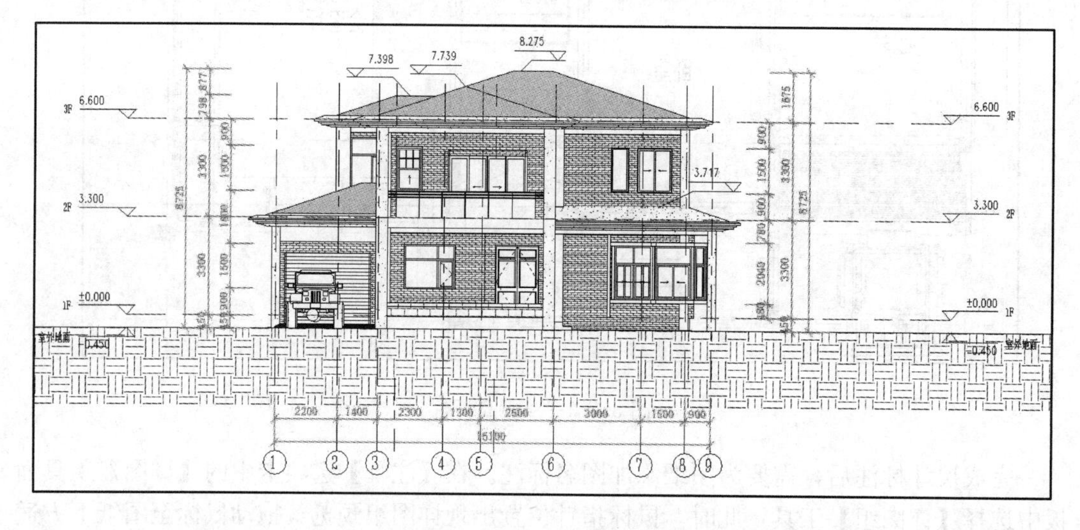


图 3.7.2-1 立面标注

## 3.7.3 剖面图深化

首先需要为当前项目创建剖面视图。在之前的章节中讲解了关于如何创建平面视图的操作，创建剖面视图的方法与之类似。切换到 1F 平面视图，打开【视图】选项卡，在【创建】工具面板中找到【剖面】工具，单击启动该工具，在 E 轴与 F 轴中间的适当位置沿东西方向绘制剖面线，保证楼梯位置与剖面线相交，如图 3.7.3-1 所示。

双击剖面线端部的剖面名称可自动切换到剖面视图。展开项目浏览器，在剖面类型中找到当前创建的剖面名称，右击选择“重命名”选项，更改其名称为“1”。

通过切换剖面视图中的裁剪框边线的控制点来控制其裁剪范围，或者单击上下文关联选项卡中的【编辑剪裁】命令，此时会进入裁剪框的绘制草图模式，可以对裁剪框草图进行自定义编辑，如图 3.7.3-2 所示。

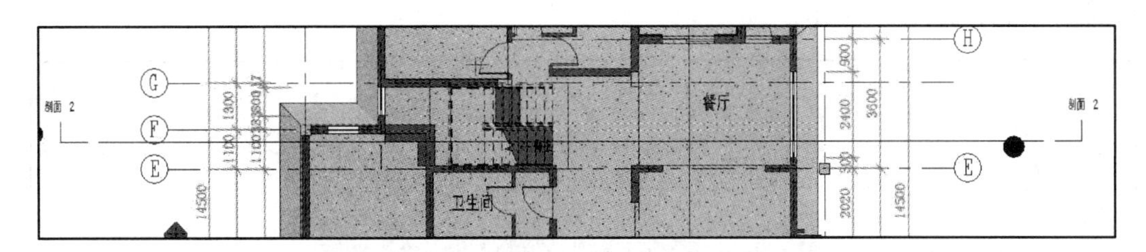


图 3.7.3-1 绘制剖面

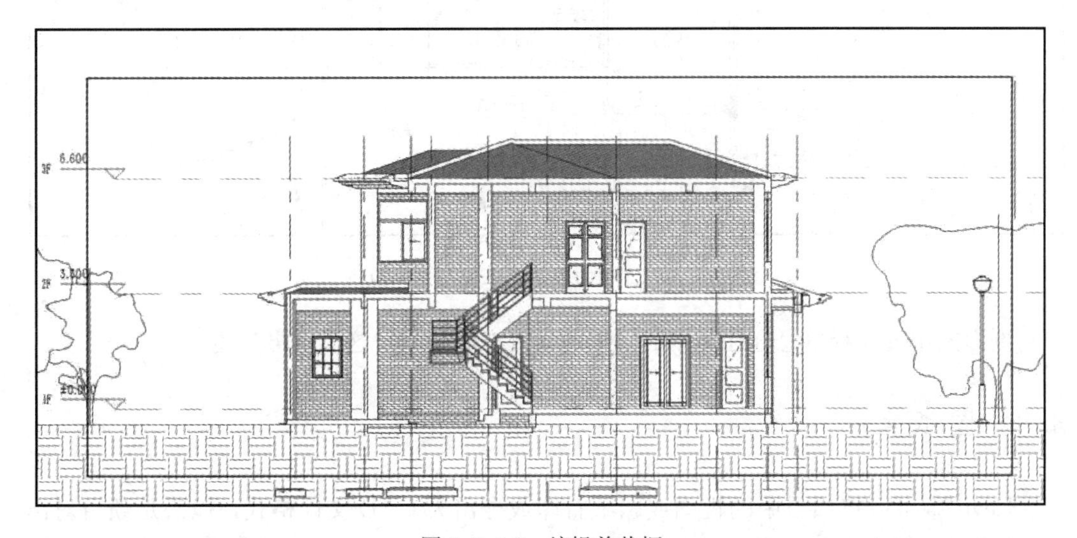


图 3.7.3-2 编辑剪裁框

可适当调整当前裁剪框范围，以满足剖面图中图形及信息的显示。在某些情况下，我们需要对建筑物的某些部位进行折线剖切。下面我们来看一下如何创建折线剖面线。

切换回 1F 平面视图，选中当前创建的剖面线，单击上下文关联选项卡中的【拆分线段】工具，此时鼠标指针变为铅笔样式，拖动鼠标至剖面线上需要进行弯折的位置，单击鼠标左键，剖面线从弯折部位开始，会跟随鼠标移动，拖动鼠标至合适位置，放置该剖面线，完成折线剖面的绘制，如图 3.7.3-3。

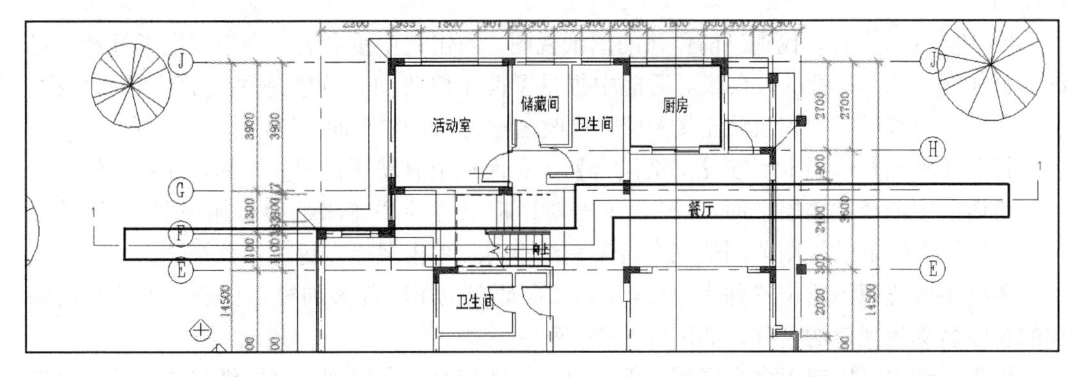


图 3.7.3-3 折线剖面

与剖面图中的控制点相似，在平面图中，可以通过修改剖面线的剖面范围来控制其剖切深度，如图 3.7.3-4 所示。

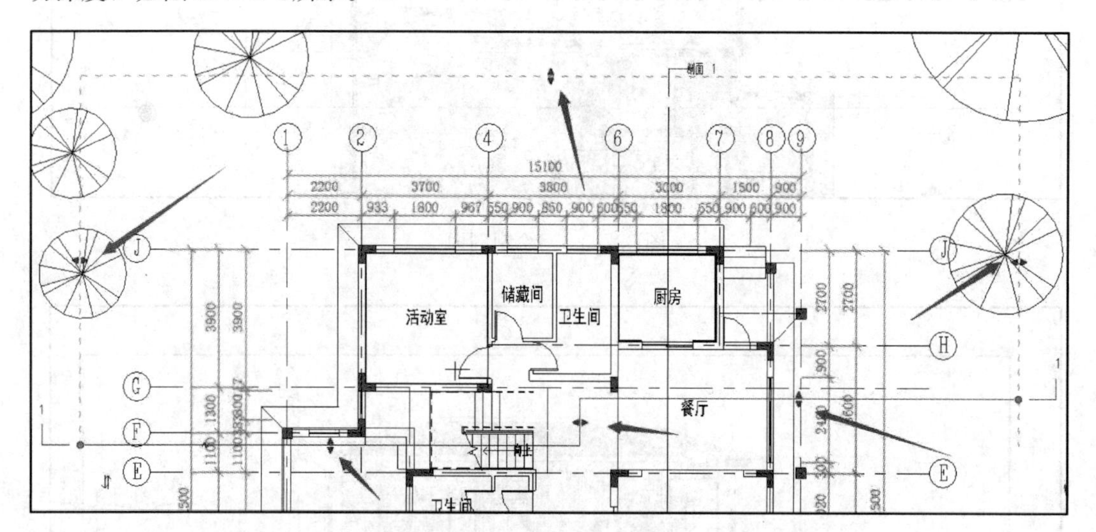


图 3.7.3-4　利用控制柄来控制剖面范围

剖面图中的注释信息标注与平面图中的操作方法相同，这里不再赘述。

## 3.8　图纸生成

Revit 中可以将项目中的视图或图纸打印或导出为 CAD 文件格式，以满足项目对出图的需要和信息传递的要求。

### 3.8.1　创建图纸

打开【视图】选项卡，在【图纸组合】工具面板中单击【图纸】工具，打开“新建图纸”对话框，如图 3.8.1-1 所示，选择“A2 公制 ：A2”，单击对话框中的“确定”按键。

此时将自动切换到图纸平面视图，由于使用的是默认样式，所以其标题栏和会签栏等可能与要求不符，如图 3.8.1-2 所示，读者可自定义创建新的图纸并载入到当前项目中进行使用。

展开项目浏览器，找到当前创建的图纸视图，右击选中重命名，弹出“图纸标题”对话框，如图 3.8.1-3 所示，在该对话框中提供了两个修改项，分别是图纸的编号和名称，这里我们修改编号为“建筑施工图-01”，修改名称为“一层平面图”。

打开【视图】选项卡，在【图纸组合】工具面板中启动【视图】工具，在弹出的“视图”对话框中选择“楼层平面：1F”，单击对话框下方的“在图纸中添加视图”，拖动鼠标，在鼠标指针下的视图范围框完全位于图纸中时，单击鼠标左键放置该视图。

图纸中放置视图的位置称为视口，Revit 自动在视图底部添加视口标题，默认当前添加的视图名称为视口的名称，如图 3.8.1-4 所示。

每张图纸中可以布置多个视图，但是每个视图仅可以放置到一张图纸当中，若需要将同一个视图放置在多张图纸中，可以通过复制的方式来创建视图副本，视图副本可以布置在不同的图纸视图当中。展开项目浏览器，在视图名称中找到需要放置的视图，然后右击

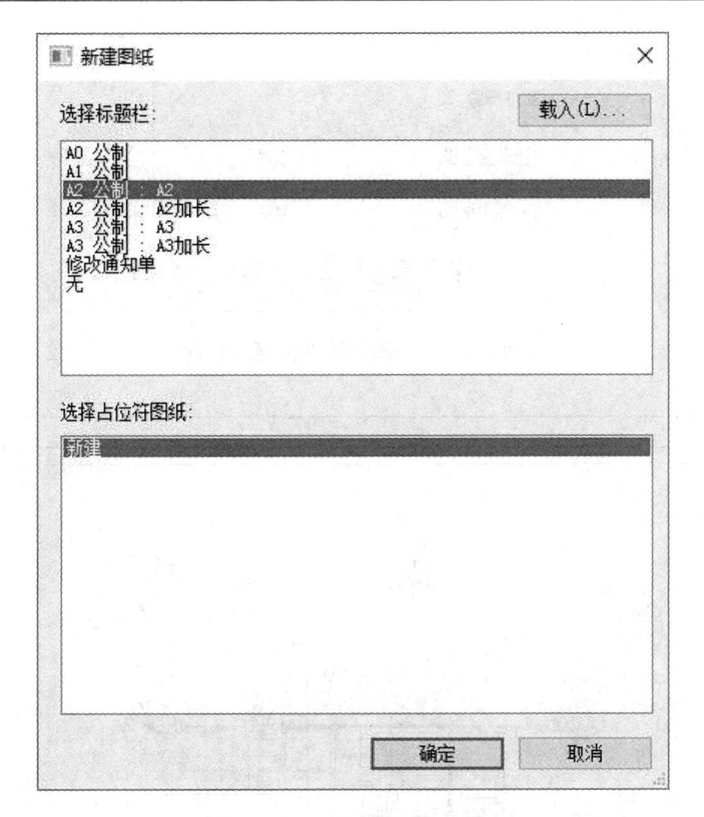


图 3.8.1-1　新建图纸对话框

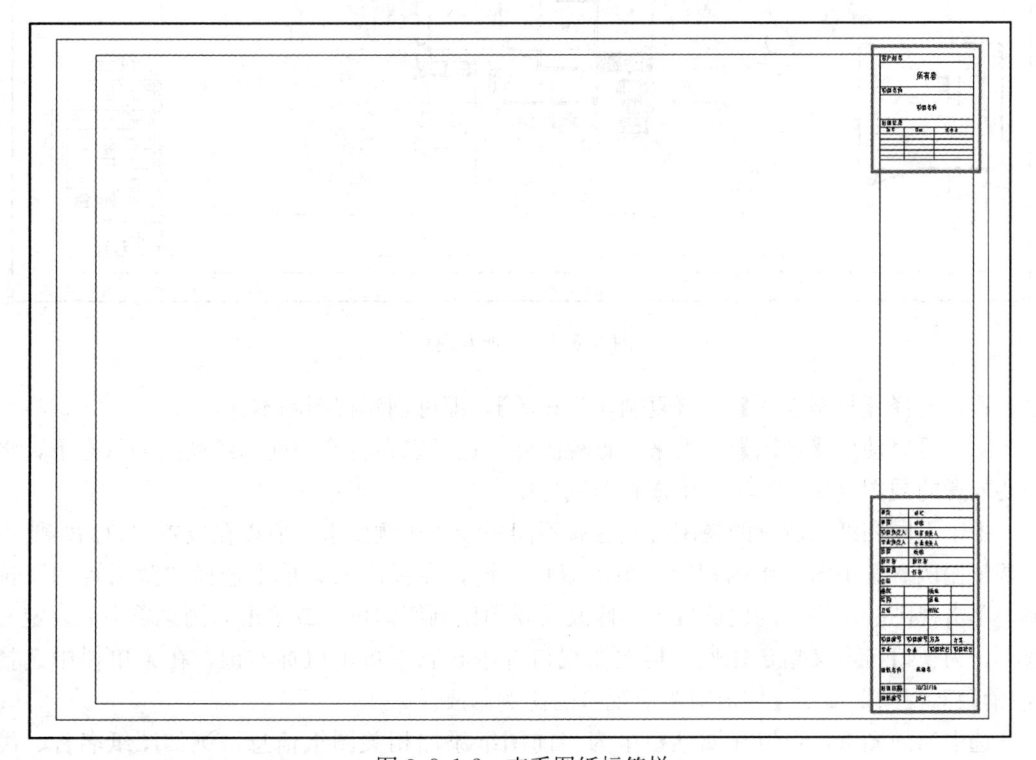

图 3.8.1-2　查看图纸标签栏

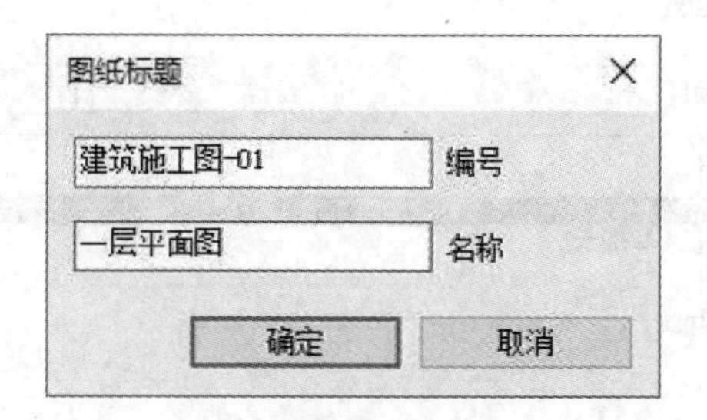


图 3.8.1-3　修改图纸标题及名称

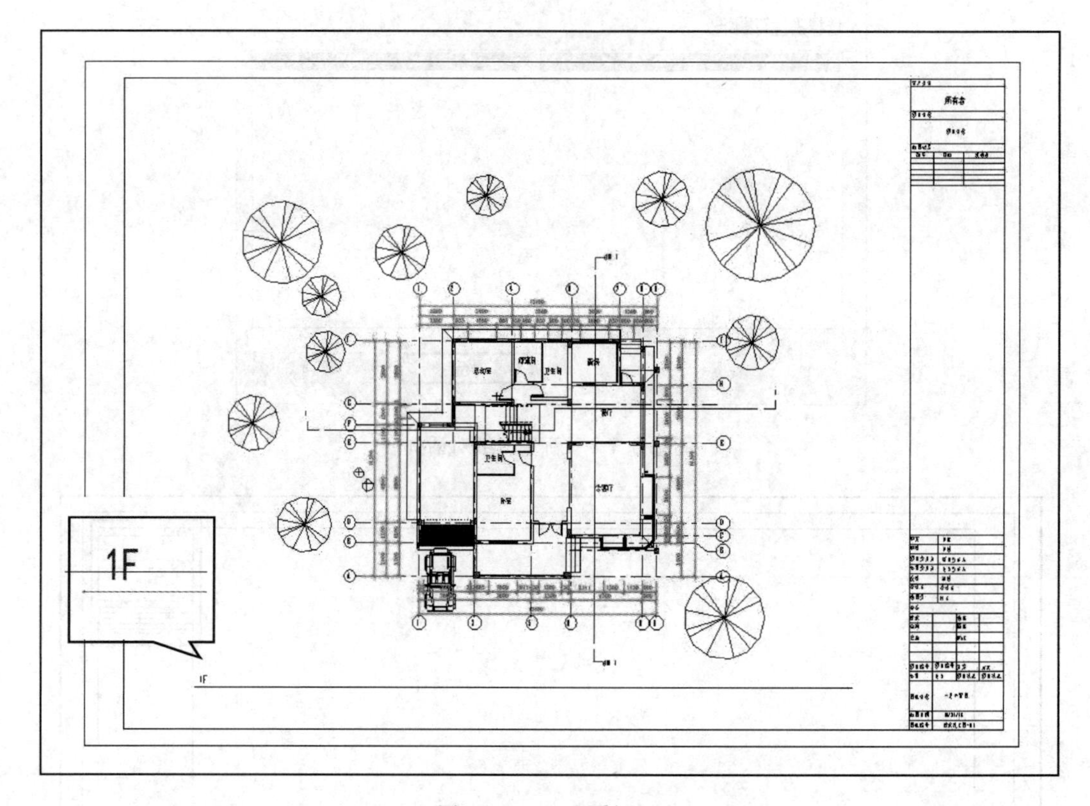


图 3.8.1-4　查看视口

该名称，选择【复制视图】→【复制作为相关】，即可创建视图副本。

除了可以使用【视图】工具来放置视图外，还可以在打开当前图纸视图的状态下，将需要放置的视图直接从选项栏中拖到图纸当中。

由于不同图纸中放置的视图可能会有不同的绘图比例要求，所以在放置视口后需要为其调整比例。选中图纸中的视口，单击鼠标右键，在弹出的菜单中选择“激活视图”选项，单击视图控制栏中的比例按键，修改需要的比例值即可，或单击比例菜单中的自定义选项，为视口自定义指定比例。再次在视口选中状态下单击鼠标右键，在菜单栏中选择“取消激活视图”命令，完成对当前视口的比例修改。

选中当前图纸，可以在属性栏中为当前图纸添加相关图纸信息，例如图纸名称、编号、绘图员、设计者、审核者等，如图 3.8.1-5 所示，需要注意的是，这些标识数据的显示均是与使用的图纸族相关。

### 3.8.2 设置项目信息

除了可以使用图纸中的标识数据来显示图纸信息外，还可以使用【项目信息】工具来设置项目的公用信息参数。

打开【管理】选项卡，在【项目设置】面板中选择【项目信息】工具，此时会弹出“项目属性”对话框，如图 3.8.2-1 所示，可以在对话框中设定项目信息。

### 3.8.3 图纸打印

图纸布置完成后，可以利用打印机将已经布置完成的图纸视图打印为图档，或将指定的视图或图纸视图导出为 CAD 文件，方便进行数据传递和设计成果转交。

单击“应用程序菜单”按键，在弹出的菜单栏中选择“打印”命令，在三级菜单中选择“打印”，打开“打印”对话框，如图 3.8.3-1 所示。

可以在“所选视图/图纸”选项中选择需要打印的图纸，如图 3.8.3-2 所示。

在“视图/图纸集”对话框中，勾选需要进行打印的图纸，Revit 支持将当前的打印图纸保存为打印选项，方便在下次打印时进行快速选择。

属性

A2 公制
A2

图框 (1)　编辑类型

| 图形 | |
|---|---|
| 比例 | 1 : 100 |
| **标识数据** | |
| 图纸名称 | 一层平面图 |
| 图纸编号 | 建筑施工图-01 |
| 日期/时间标记 | 10/31/16 |
| 图纸发布日期 | 10/31/16 |
| 绘图员 | 作者 |
| 审图员 | 审图员 |
| 设计者 | 设计者 |
| 审核者 | 审核者 |
| 图纸宽度 | 657.1 |
| 图纸高度 | 420.0 |
| **其他** | |
| 方案 | 方案 |
| 项目负责人 | 项目负责人 |
| 专业负责人 | 专业负责人 |
| 专业 | 专业 |
| 校核 | 校核 |
| 审定 | 审定 |
| 审核 | 审核 |

图 3.8.1-5　查看图纸属性信息

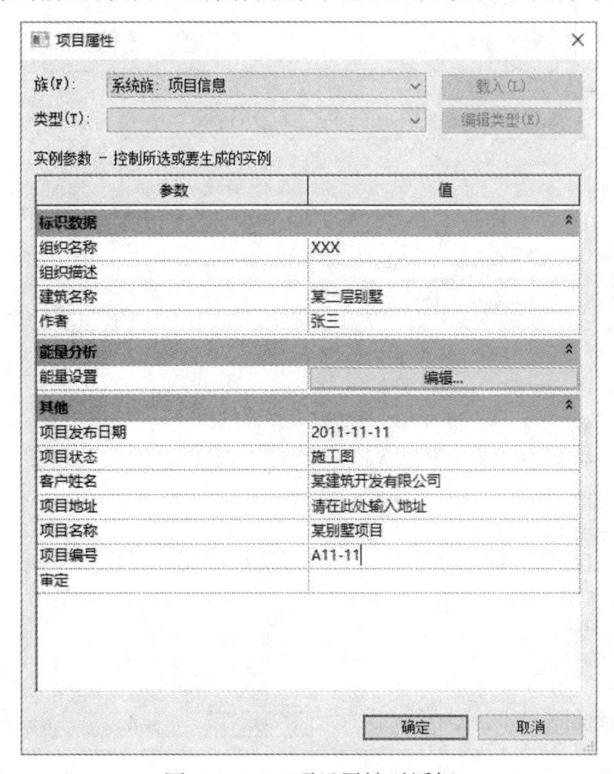


图 3.8.2-1　项目属性对话框

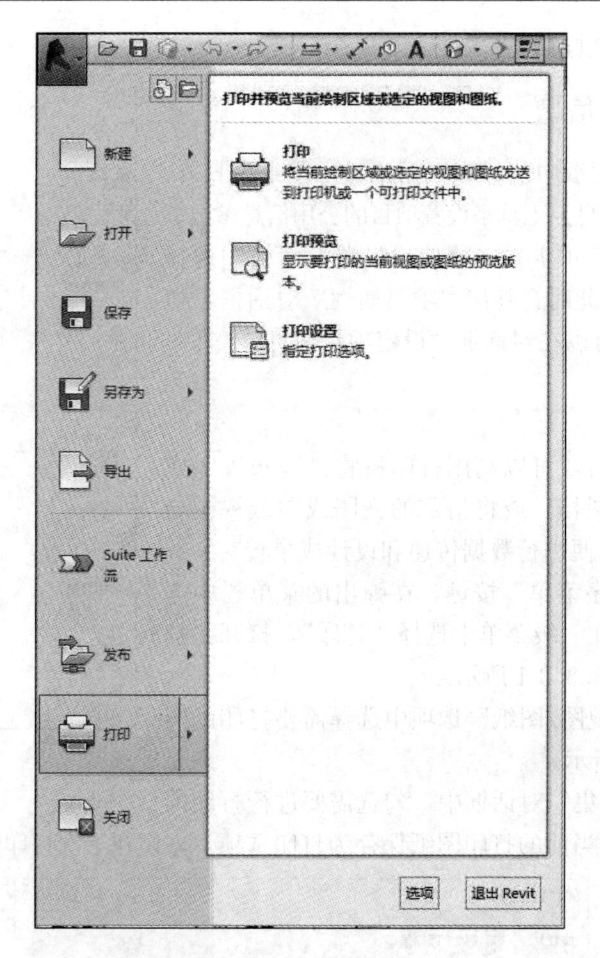


图 3.8.3-1　打印图纸

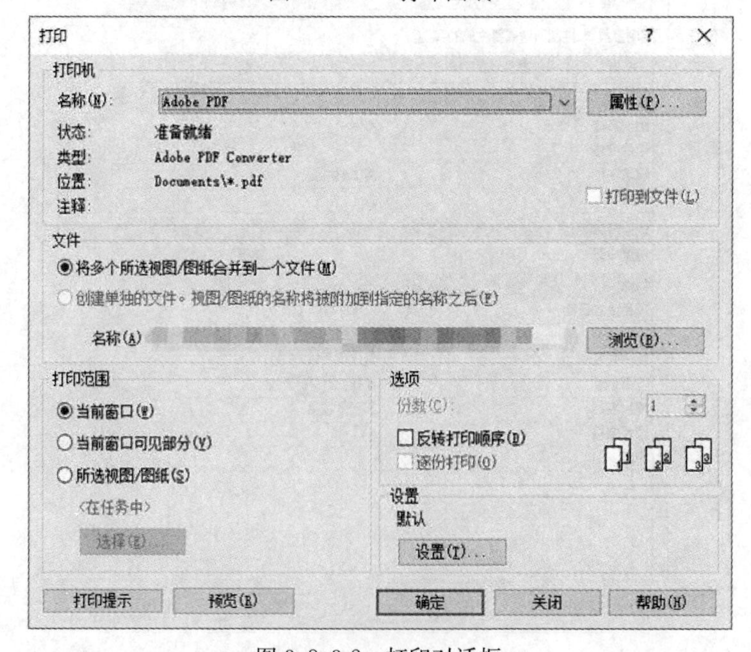


图 3.8.3-2　打印对话框

“打印”对话框中提供了“设置”选项来完成打印图纸的相关设置，如图 3.8.3-3 所示。

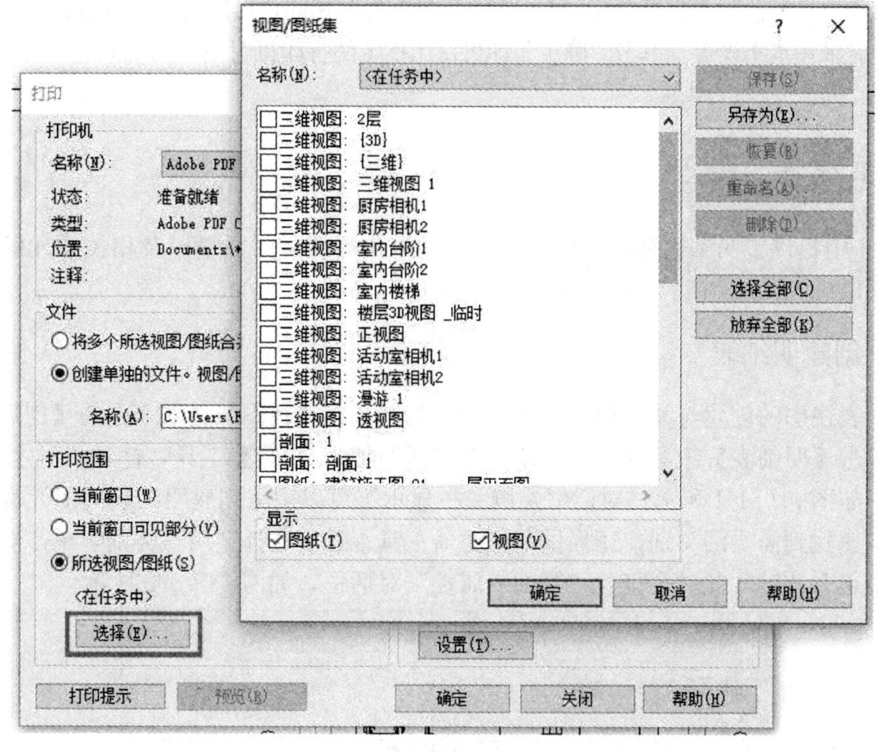


图 3.8.3-3 选择要打印的视图

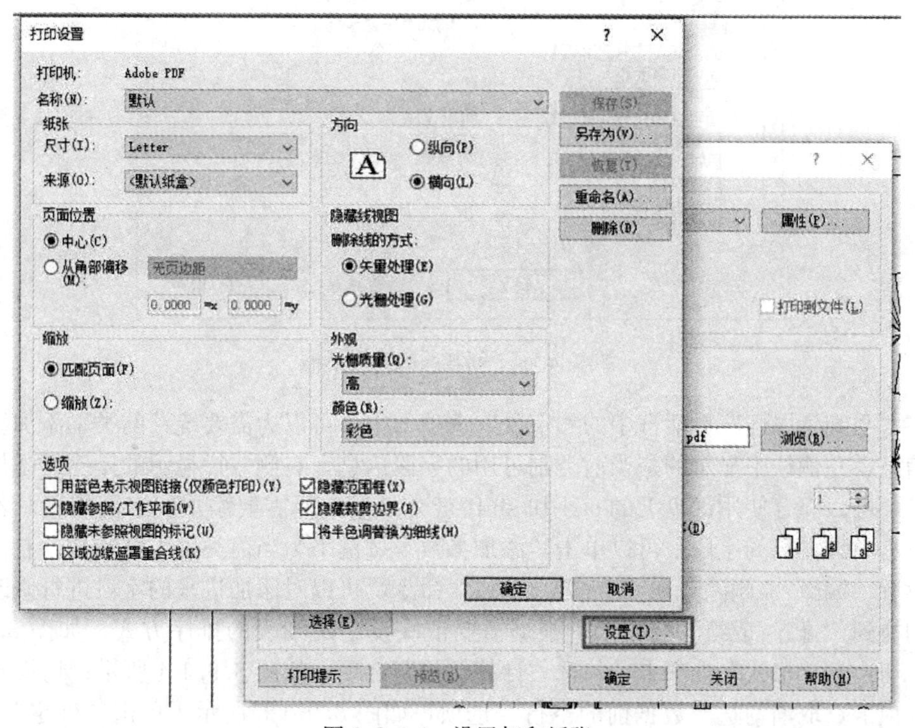


图 3.8.3-4 设置打印纸张

在“打印设置”对话框中可以对打印采用的纸张尺寸、打印方向、页面方位方式、打印缩放以及打印质量和色彩等进行设定，与“视图/图纸集”相同，可以将打印设置保存，并在下一次打印时采用本次设置。单击“确定”即可使用指定的打印机对指定的视图进行打印了，见图3.8.3-4。

## 3.9　工程量明细表

Revit中提供了明细表视图，可以统计项目中各类图元的数量以及相关图元的属性信息。下面以统计二层别墅项目中的门窗为例来进行讲解。

### 3.9.1　创建明细表

明细表视图的创建与其他视图的创建方式相同，在【视图】选项卡中的【创建】工具面板中单击【明细表】工具的下拉三角，选择【明细表/数量】工具，打开“新建明细表”对话框，如图3.9.1-1所示。对话框左侧一栏显示了可以用来创建明细表的图元类别，为了能够快速找到需要的类别，还提供了过滤器工具。这里选择“门”类别，单击对话框下方的“确定”按键，此时会打开“明细表属性”对话框，如图3.9.1-2所示。

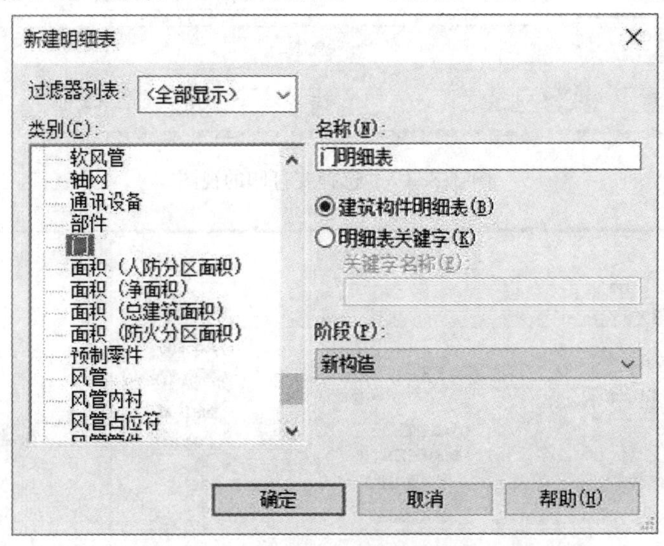


图3.9.1-1　新建明细表对话框

在“明细表属性”对话框中的“字段”选项卡中，可以为需要统计的类别添加统计的字段信息，左侧栏中显示的是当前类别可用的字段信息，右侧一栏显示的是已经添加的字段信息，可以配合使用键盘上的ctrl和shift键来批量选择需要添加的字段信息。若当前字段信息中无需要的字段，可以单击“添加参数”按键来为当前类别添加参数。右侧一栏下方设有“编辑”“删除”和“上移”“下移”命令，可以对添加进来的字段进行修改。

切换到“排序/成组”选项卡，根据需要依次设定明细表的排序方式，如图3.9.1-3所示；切换到“格式”选项卡，勾选“计算总数”选项，如图3.9.1-4所示；切换到“外观”选项卡，取消勾选“数据前的空行”选项，如图3.9.1-5所示，单击“确定”按键，完成明细表的设置，明细表如图3.9.1-6所示。

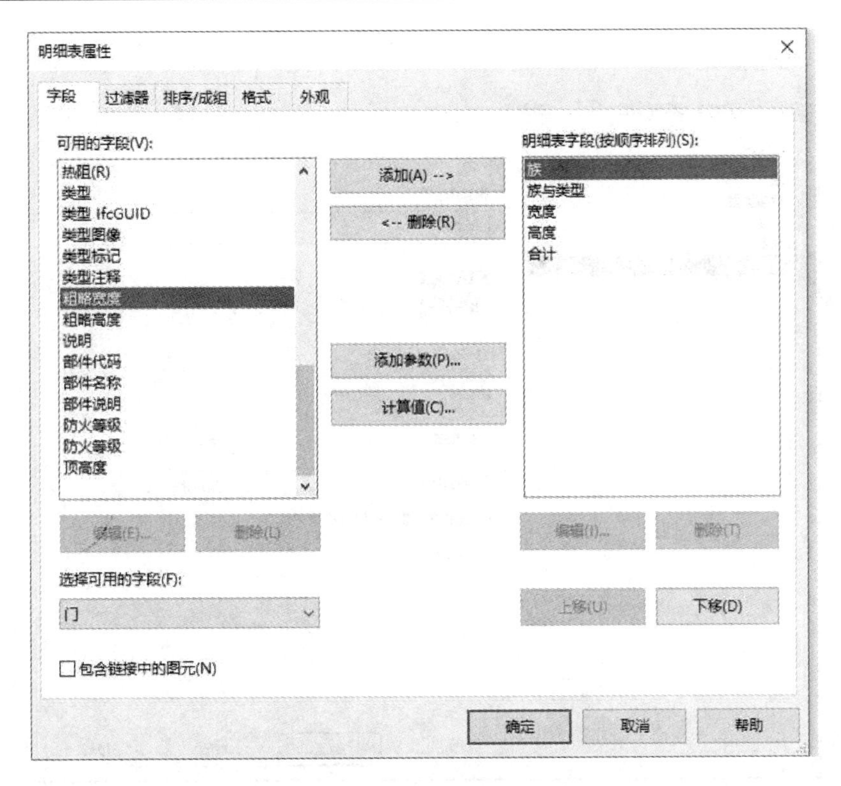


图 3.9.1-2　明细表属性对话框

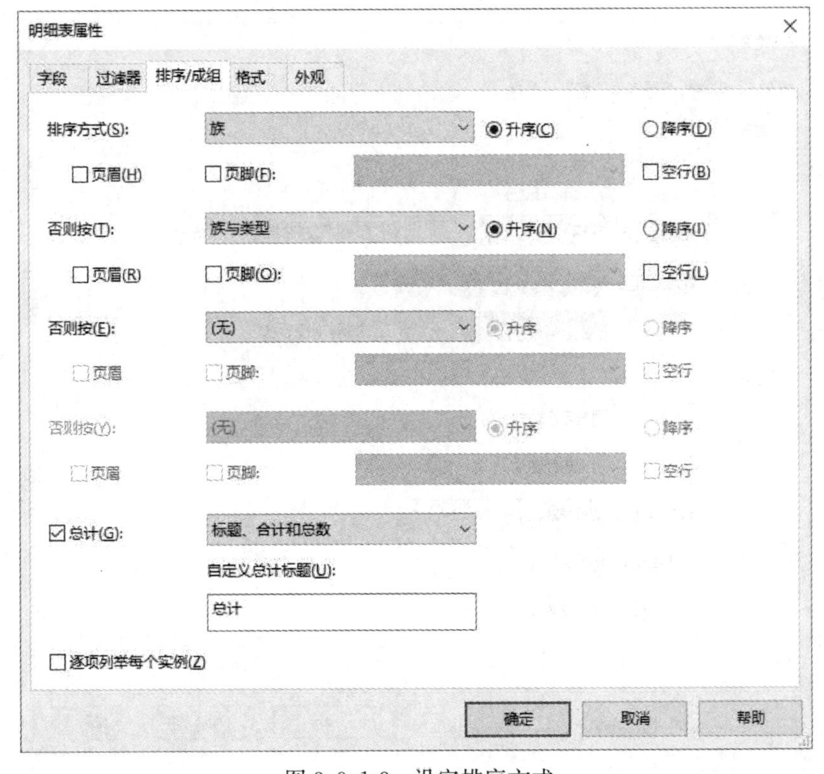


图 3.9.1-3　设定排序方式

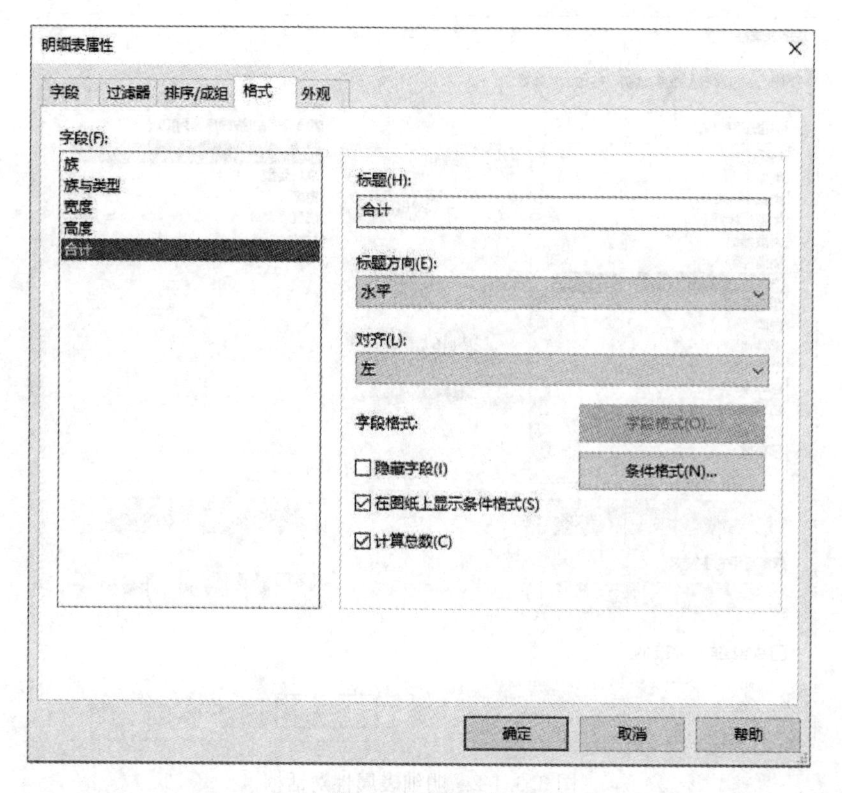


图 3.9.1-4 格式

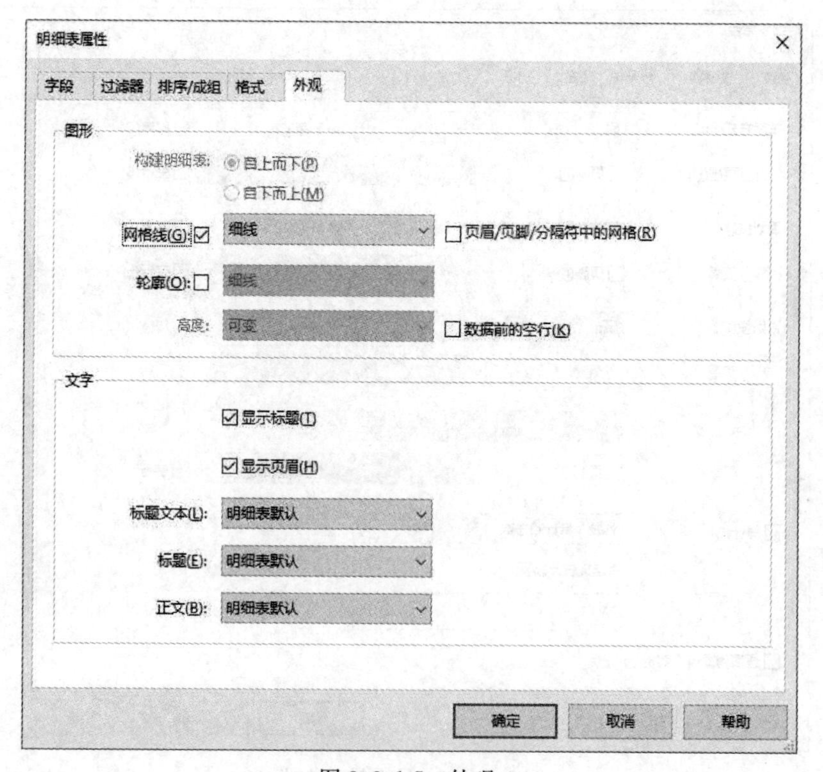


图 3.9.1-5 外观

| <门明细表> | | | | |
|---|---|---|---|---|
| A | B | C | D | E |
| 族 | 族与类型 | 宽度 | 高度 | 合计 |
| 单扇平开木门 | 单扇平开木门2 | 800 | 2100 | 8 |
| 单扇平开木门 | 单扇平开木门2 | 900 | 2100 | 2 |
| 双扇平开木门 | 双扇平开木门7 | 1200 | 2100 | 2 |
| 双扇平开木门 | 双扇平开木门7 | 1500 | 2400 | 1 |
| 双扇推拉门2 | 双扇推拉门2: 1 | 1500 | 2100 | 1 |
| 四扇推拉门 2 | 四扇推拉门 2: | 2700 | 2100 | 1 |
| 水平卷帘门 | 水平卷帘门: 30 | 3000 | 2400 | 1 |

图 3.9.1-6 生成明细表

使用相同的方法可以创建其他类别构件的明细表。

多类别明细表的使用方法与明细表相同，这里不再赘述。

## 3.9.2 明细表关键字

利用明细表工具还可以创建“明细表关键字”。所谓明细表关键字，是指通过新建“关键字”控制构件图元的其他参数值。通过在“明细表关键字”中为构件类型添加项目参数，并且与明细表中的参数共同作为统计字段信息进行列表，可以实现在原明细表中的参数与参数之间的关联，便于为明细表添加信息和进行修改、统计等。

## 3.9.3 导出明细表

Revit 支持将生成的明细表视图以表格的形式导出，以便进行数据的查看和传递。

将视图切换到需要进行数据导出的明细表视图，单击“应用程序菜单”，依次选择“导出”、“报告”、“明细表”，在弹出的“导出明细表”对话框中指定明细表的名称和路径，如图 3.9.3-1 所示，单击“确定”，此时会弹出“导出明细表”对话框，如图 3.9.3-2，可在该对话框中对明细表的导出进行设置。

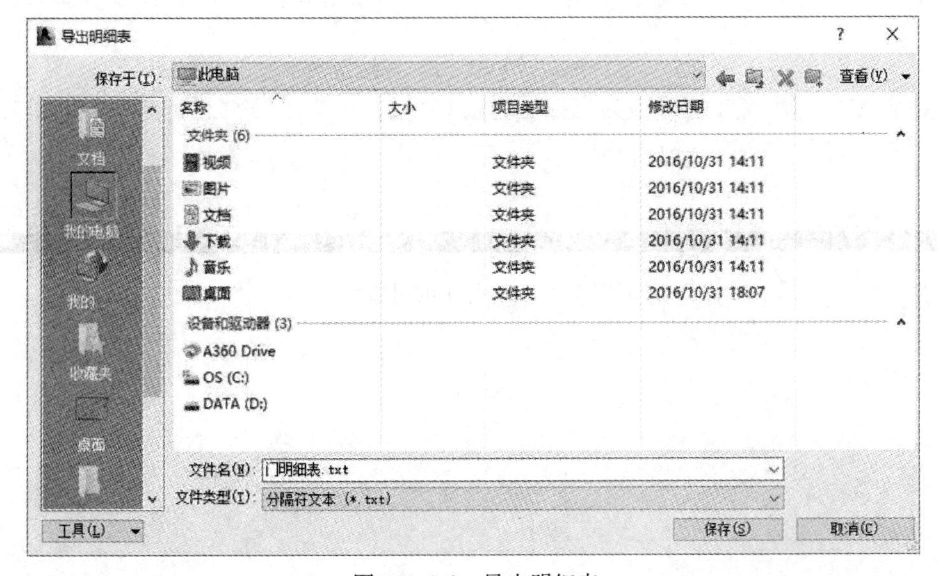


图 3.9.3-1 导出明细表

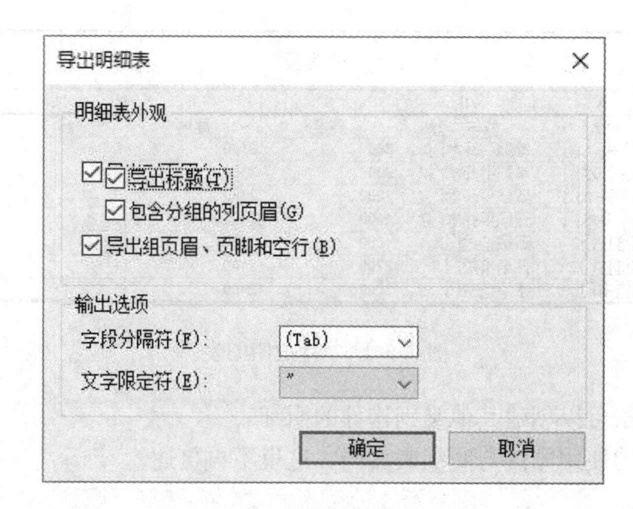


图 3.9.3-2　导出明细表对话框

单击“确定”，进行明细表的导出。打开刚才指定的文件存放路径，找到导出文件，打开并进行查看，如图 3.9.3-3 所示。

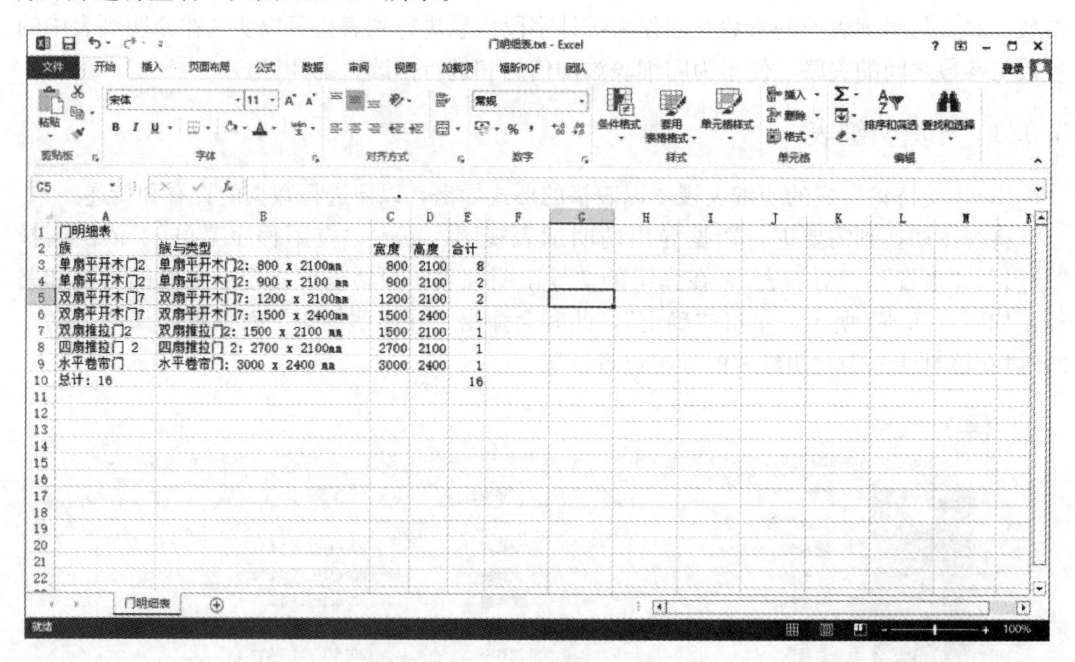

| 门明细表 | | | | |
|---|---|---|---|---|
| 族 | 族与类型 | 宽度 | 高度 | 合计 |
| 单扇平开木门2 | 单扇平开木门2: 800 x 2100mm | 800 | 2100 | 8 |
| 单扇平开木门2 | 单扇平开木门2: 900 x 2100 mm | 900 | 2100 | 2 |
| 双扇平开木门7 | 双扇平开木门7: 1200 x 2100mm | 1200 | 2100 | 2 |
| 双扇平开木门7 | 双扇平开木门7: 1500 x 2400mm | 1500 | 2400 | 1 |
| 双扇推拉门2 | 双扇推拉门2: 1500 x 2100 mm | 1500 | 2100 | 1 |
| 四扇推拉门 2 | 四扇推拉门 2: 2700 x 2100mm | 2700 | 2100 | 1 |
| 水平卷帘门 | 水平卷帘门: 3000 x 2400 mm | 3000 | 2400 | 1 |
| 总计: 16 | | | | 16 |

图 3.9.3-3　导出的明细表

# 附件　建筑信息化 BIM 技术系列岗位专业技能考试管理办法

# 北京绿色建筑产业联盟文件

联盟　通字　【2018】09 号

---

## 通　　知

**各会员单位，BIM 技术教学点、报名点、考点、考务联络处以及有关参加考试的人员：**

根据国务院《2016－2020 年建筑业信息化发展纲要》《关于促进建筑业持续健康发展的意见》（国办发［2017］19 号），以及住房和城乡建设部《关于推进建筑信息模型应用的指导意见》《建筑信息模型应用统一标准》等文件精神，北京绿色建筑产业联盟组织开展的全国建筑信息化 BIM 技术系列岗位人才培养工程项目，各项培训、考试、推广等工作均在有效、有序、有力的推进。为了更好地培养和选拔优秀的实用性 BIM 技术人才，搭建完善的教学体系、考评体系和服务体系。我联盟根据实际情况需要，组织建筑业行业内 BIM 技术经验丰富的一线专家学者，对于本项目在 2015 年出版的 BIM 工程师培训辅导教材和考试管理办法进行了修订。现将修订后的《建筑信息化 BIM 技术系列岗位专业技能考试管理办法》公开发布，2018 年 6 月 1 日起开始施行。

特此通知，请各有关人员遵照执行！

附件：建筑信息化 BIM 技术系列岗位专业技能考试管理办法　全文

二〇一八年三月十五日

附件：

# 建筑信息化 BIM 技术系列岗位专业技能考试管理办法

根据中共中央办公厅、国务院办公厅《关于促进建筑业持续健康发展的意见》（国发办［2017］19 号）、住建部《2016—2020 年建筑业信息化发展纲要》（建质函［2016］183 号）和《关于推进建筑信息模型应用的指导意见》（建质函［2015］159 号），国务院《国家中长期人才发展规划纲要（2010—2020 年）》《国家中长期教育改革和发展规划纲要（2010—2020 年）》，教育部等六部委联合印发的《关于进一步加强职业教育工作的若干意见》等文件精神，北京绿色建筑产业联盟结合全国建设工程领域建筑信息化人才需求现状，参考建设行业企事业单位用工需要和工作岗位设置等特点，制定 BIM 技术专业技能系列岗位的职业标准、教学体系和考评体系，组织开展岗位专业技能培训与考试的技术支持工作。参加考试并成绩合格的人员，由工业和信息化部教育与考试中心（电子通信行业职业技能鉴定指导中心）颁发相关岗位技术与技能证书。为促进考试管理工作的规范化、制度化和科学化，特制定本办法。

**一、岗位名称划分**

1. BIM 技术综合类岗位：

BIM 建模技术，BIM 项目管理，BIM 战略规划，BIM 系统开发，BIM 数据管理。

2. BIM 技术专业类岗位：

BIM 技术造价管理，BIM 工程师（装饰），BIM 工程师（电力）

**二、考核目的**

1. 为国家建设行业信息技术（BIM）发展选拔和储备合格的专业技术人才，提高建筑业从业人员信息技术的应用水平，推动技术创新，满足建筑业转型升级需求。

2. 充分利用现代信息化技术，提高建筑业企业生产效率、节约成本、保证质量，高效应对在工程项目策划与设计、施工管理、材料采购、运营维护等全生命周期内进行信息共享、传递、协同、决策等任务。

**三、考核对象**

1. 凡中华人民共和国公民，遵守国家法律、法规，恪守职业道德的。土木工程类、工程经济类、工程管理类、环境艺术类、经济管理类、信息管理与信息系统、计算机科学与技术等有关专业，具有中专以上学历，从事工程设计、施工管理、物业管理工作的社会企事业单位技术人员和管理人员，高职院校的在校大学生及老师，涉及 BIM 技术有关业务，均可以报名参加 BIM 技术系列岗位专业技能考试。

2. 参加 BIM 技术专业技能和职业技术考试的人员，除符合上述基本条件外，还需具备下列条件之一：

（1）在校大学生已经选修过 BIM 技术有关岗位的专业基础知识、操作实务相关课程的；或参加过 BIM 技术有关岗位的专业基础知识、操作实务的网络培训；或面授培训，或实习实训达到 140 学时的。

（2）建筑业企业、房地产企业、工程咨询企业、物业运营企业等单位有关从业人员，参加过BIM技术基础理论与实践相结合的系统培训和实习达到140学时，具有BIM技术系列岗位专业技能的。

**四、考核规则**

1. 考试方式

（1）网络考试：不设定统一考试日期，灵活自主参加考试，凡是参加远程考试的有关人员，均可在指定的远程考试平台上参加在线考试，卷面分数为100分，合格分数为80分。

（2）大学生选修学科考试：不设定统一考试日期，凡在校大学生选修BIM技术相关专业岗位课程的有关人员，由各院校根据教学计划合理安排学科考试时间，组织大学生集中考试。卷面分数为100分，合格分数为60分。

（3）集中考试：设定固定的集中统一考试日期和报名日期，凡是参加培训学校、教学点、考点考站、联络办事处、报名点等机构进行现场面授培训学习的有关人员，均需凭准考证在有监考人员的考试现场参加集中统一考试，卷面分数为100分，合格分数为60分。

2. 集中统一考试

（1）集中统一报名计划时间：（以报名网站公示时间为准）

夏季：每年4月20日10：00至5月20日18：00。

冬季：每年9月20日10：00至10月20日18：00。

各参加考试的有关人员，已经选择参加培训机构组织的BIM技术培训班学习的，直接选择所在培训机构报名，由培训机构统一代报名。网址：www.bjgba.com（建筑信息化BIM技术人才培养工程综合服务平台）

（2）集中统一考试计划时间：（以报名网站公示时间为准）

夏季：每年6月下旬（具体以每次考试时间安排通知为准）。

冬季：每年12月下旬（具体以每次考试时间安排通知为准）。

考试地点：准考证列明的考试地点对应机位号进行作答。

3. 非集中考试

各高等院校、职业院校、培训学校、考点考站、联络办事处、教学点、报名点、网教平台等组织大学生选修学科考试的，应于确定的报名和考试时间前20天，向北京绿色建筑产业联盟测评认证中心BIM技术系列岗位专业技能考评项目运营办公室提报有关统计报表。

4. 考试内容及答题

（1）内容：基于BIM技术专业技能系列岗位专业技能培训与考试指导用书中，关于BIM技术工作岗位应掌握、熟悉、了解的方法、流程、技巧、标准等相关知识内容进行命题。

（2）答题：考试全程采用BIM技术系列岗位专业技能考试软件计算机在线答题，系统自动组卷。

（3）题型：客观题（单项选择题、多项选择题），主观题（案例分析题、软件操作题）。

（4）考试命题深度：易30%，中40%，难30%。

5. 各岗位考试科目

| 序号 | BIM 技术系列岗位专业技能考核 | 考核科目 | | | |
|---|---|---|---|---|---|
| | | 科目一 | 科目二 | 科目三 | 科目四 |
| 1 | BIM 建模技术岗位 | 《BIM 技术概论》 | 《BIM 建模应用技术》 | 《BIM 建模软件操作》 | |
| 2 | BIM 项目管理岗位 | 《BIM 技术概论》 | 《BIM 建模应用技术》 | 《BIM 应用与项目管理》 | 《BIM 应用案例分析》 |
| 3 | BIM 战略规划岗位 | 《BIM 技术概论》 | 《BIM 应用案例分析》 | 《BIM 技术论文答辩》 | |
| 4 | BIM 技术造价管理岗位 | 《BIM 造价专业基础知识》 | 《BIM 造价专业操作实务》 | | |
| 5 | BIM 工程师（装饰）岗位 | 《BIM 装饰专业基础知识》 | 《BIM 装饰专业操作实务》 | | |
| 6 | BIM 工程师（电力）岗位 | 《BIM 电力专业基础知识与操作实务》 | 《BIM 电力建模软件操作》 | | |
| 7 | BIM 系统开发岗位 | 《BIM 系统开发专业基础知识》 | 《BIM 系统开发专业操作实务》 | | |
| 8 | BIM 数据管理岗位 | 《BIM 数据管理业基础知识》 | 《BIM 数据管理专业操作实务》 | | |

6. 答题时长及交卷

客观题试卷答题时长 120 分钟，主观题试卷答题时长 180 分钟，考试开始 60 分钟内禁止交卷。

7. 准考条件及成绩发布

（1）凡参加集中统一考试的有关人员应于考试时间前 10 天内，在 www.bjgba.com（建筑信息化 BIM 技术人才培养工程综合服务平台）打印准考证，凭个人身份证原件和准考证等证件，提前 10 分钟进入考试现场。

（2）考试结束后 60 天内发布成绩，在 www.bjgba.com 平台查询成绩。

（3）考试未全科目通过的人员，凡是达到合格标准的科目，成绩保留到下一个考试周期，补考时仅参加成绩不合格科目考试，考试成绩两个考试周期有效。

**五、技术支持与证书颁发**

1. 技术支持：北京绿色建筑产业联盟内设 BIM 技术系列岗位专业技能考评项目运营办公室，负责构建教学体系和考评体系等工作；负责组织开展编写培训教材、考试大纲、题库建设、教学方案设计等工作；负责组织培训及考试的技术支持工作和运营管理工作；负责组织优秀人才评估、激励、推荐和专家聘任等工作。

2. 证书颁发及人才数据库管理

（1）凡是通过 BIM 技术系列岗位专业技能考试，成绩合格的有关人员，专业类可以获得《职业技术证书》，综合类可以获得《专业技能证书》，证书代表持证人的学习过程和考试成绩合格证明，以及岗位专业技能水平。

（2）工业和信息化部教育与考试中心（电子通信行业职业技能鉴定指导中心）颁发证书，并纳入工业和信息化部教育与考试中心信息化人才数据库。

**六、考试费收费标准**

1. BIM技术综合类岗位考试收费标准：BIM建模技术830元/人，BIM项目管理950元/人，BIM系统开发950元/人，BIM数据管理950元/人，BIM战略规划980元/人（费用包括：报名注册、平台数据维护、命题与阅卷、证书发放、考试场地租赁、考务服务等考试服务产生的全部费用）。

2. BIM技术专业类岗位考试收费标准：BIM工程师（装饰）等各个专业类岗位830元/人（费用包括：报名注册、平台数据维护、命题与阅卷、证书发放、考试场地租赁、考务服务等考试服务产生的全部费用）。

**七、优秀人才激励机制**

1. 凡取得BIM技术系列岗位相关证书的人员，均可以参加BIM工程师“年度优秀工作者”评选活动，对工作成绩突出的优秀人才，将在表彰颁奖大会上公开颁奖表彰，并由评委会颁发“年度优秀工作者”荣誉证书。

2. 凡主持或参与的建设工程项目，用BIM技术进行规划设计、施工管理、运营维护等工作，均可参加“工程项目BIM应用商业价值竞赛”BVB奖（Business Value of BIM）评选活动，对于产生良好经济效益的项目案例，将在颁奖大会上公开颁奖，并由评委会颁发“工程项目BIM应用商业价值竞赛”BVB奖获奖证书及奖金，其中包括特等奖、一等奖、二等奖、三等奖、鼓励奖等奖项。

**八、其他**

1. 本办法根据实际情况，每两年修订一次，同步在www.bjgba.com平台进行公示。本办法由BIM技术系列岗位专业技能人才考评项目运营办公室负责解释。

2. 凡参与BIM技术系列岗位专业技能考试的人员、BIM技术培训机构、考试服务与管理、市场传推广、命题判卷、指导教材编写等工作的有关人员，均适用于执行本办法。

3. 本办法自2018年6月1日起执行，原考试管理办法同时废止。

北京绿色建筑产业联盟

（BIM技术系列岗位专业技能人才考评项目运营办公室）

二〇一八年三月